Korsch

Mathematische Grundlagen für Physiker

Hans Jürgen Korsch

Mathematische Grundlagen für Physiker

Ein begleitendes Lehrbuch für die Experimentalphysik

5., aktualisierte und erweiterte Auflage

HANSER

Autor:

Prof. Dr. Hans Jürgen Korsch
Technische Universität Kaiserslautern
Fachbereich Physik

MIX
Papier aus verantwortungsvollen Quellen
FSC® C083411

Bibliografische Information der Deutschen Nationalbibliothek:
Die Deutsche Nationalbibliothek verzeichnet diese Publikation in der Deutschen Nationalbibliografie; detaillierte bibliografische Daten sind im Internet über
http://dnb.d-nb.de abrufbar.

Internet: www.hanser-fachbuch.de

Lektorat: Frank Katzenmayer
Herstellung: Anne Kurth
Covergestaltung: Max Kostopoulos
Coverkonzept: Marc Müller-Bremer, www.rebranding.de, München
Satz: Hans Jürgen Korsch
Druck und Bindung: CPI books GmbH, Leck
Printed in Germany

Print-ISBN 978-3-446-47134-4
E-Book-ISBN 978-3-446-47152-8

Vorwort zur ersten Auflage

Dieses Buch richtet sich an Studienanfänger der Physik. Schon zu Beginn des Studiums wird klar, dass wohl das wichtigste Handwerkszeug des Physikers die Mathematik ist. Ja, man kann sogar behaupten, dass die Mathematik die eigentliche Sprache der Physik ist. In dieser Sprache werden die physikalischen Gesetzmäßigkeiten und Theorien formuliert, und zwar auch schon zu Beginn des Studiums. Sehr schnell stellt sich heraus, dass der dazu notwendige mathematische Apparat deutlich über den der Schulmathematik hinausgeht. Man muss seine Kenntnisse und Fertigkeiten kontinuierlich ausbauen, um den Inhalt der Physikvorlesungen zu verstehen.

Die Vorlesungen zur Mathematik, die jeder Physikstudent hören muss, werden ihn sorgfältig und in einem logischen Aufbau in diese Mathematik einführen. Man kann jedoch mit der Physik nicht warten, bis diese Mathematik vermittelt und verfügbar ist.

Der hier beschrittene Weg ist in vielen Aspekten pragmatisch. Dieses Skript enthält den Inhalt einer zweisemestrigen Vorlesung mit einem Umfang von zwei Wochenstunden, die eine vierstündige Vorlesung zur Experimentalphysik begleitet. Ziel dieser Ergänzungsvorlesung ist eine theoretisch-physikalische und mathematische Vertiefung des Stoffes der Grundvorlesungen in Physik. Dabei wird - nach Möglichkeit parallel zu dem Vorgehen in der Experimentalphysik - das mathematische Handwerkszeug des Physikers vermittelt. Solch ein Vorgehen ist nicht unproblematisch: Einerseits muss notgedrungen auf eine volle mathematische Strenge verzichtet werden, um nicht hoffnungslos hinter den experimentellen Teil zurückzufallen. Andererseits sollte dennoch ein (durch die Physik motivierter!) logischer Aufbau geboten werden, der auch ohne die begleitende Experimentalphysik in sich schlüssig ist und der die mathematischen Schwierigkeiten nicht verharmlost.

Die Stoffauswahl orientiert sich an den wesentlichen Inhalten der ersten Grundvorlesungen zur Physik und konzentriert sich in der Hauptsache auf die Mechanik und die Elektrostatik. Dazu werden die Grundlagen der Vektorrechnung, der Vektoranalysis sowie der gewöhnlichen und partiellen Differentialgleichungen und der Wahrscheinlichkeitstheorie entwickelt.

Einige ergänzende Hinweise:

- Der mathematische Stoff wird dabei nicht in „Reinkultur“ entwickelt, sondern nach Möglichkeit durch physikalische Problemstellungen motiviert und durch physikalische Beispiele verdeutlicht.

- Einige Gebiete aus der Schulmathematik, die oft nur unzureichend bekannt sind, z.B. komplexe Zahlen und Kegelschnitte, werden im Anhang dargestellt.

- Einen größeren Raum nimmt die Behandlung nichtlinearer Phänomene in der Dynamik ein, ein Gebiet, in dem spezielle mathematische Techniken Anwendung finden.

- An einigen Stellen erschien es angebracht erste elementare Techniken der Numerischen Physik anzusprechen. Solche Methoden werden schon im frühen Physik-Studium eingesetzt (z.B. Computersimulationen in der nichtlinearen Dynamik oder bei Auswertungen von Messreihen im Physikalischen Praktikum).

- Abschnitte mit Hintergrundinformation oder weiterführenden Methoden sind mit einem * gekennzeichnet und können bei einem ersten Durchgang übersprungen werden.

- Im gesamten Text sind zahlreiche Beispiele ausführlich behandelt. Die zusätzlichen Aufgaben am Ende jedes Kapitels sollten in eigener Regie gelöst werden. Zur Kontrolle findet man Lösungen am Schluss des Buches.

Die eigentliche Motivation zur Niederschrift dieses Vorlesungsskripts entstand durch unser FiPS-Fernstudienprojekt. FiPS steht für *Früheinstieg ins Physik-Studium*: „... begabten Abiturient(inn)en, die sich während Zivildienst, Bundeswehrdienst, Freiwilligem Sozialen Jahr oder anderer Wartezeiten bereits intensiv mit ihrem angestrebten Studienfach Physik beschäftigen wollen, wird die Möglichkeit geboten, in einem multimedialen Fernstudiengang wesentliche Lehrinhalte der ersten beiden Fachstudiensemester zu erwerben...“ – diese Information und mehr über das FiPS-Fernstudienprojekt findet man unter `http://www-fips.physik.uni-kl.de`. Im Rahmen dieses Projekts wurde – neben dem benutzten Physik-Textbuch[1] – eine schriftliche Ausarbeitung unseres mathematischen Ergänzungskurses als Arbeitsgrundlage benötigt.

Besonders verdient gemacht haben sich unsere ersten externen FiPS-Studenten, die viele Fehler und Ungereimtheiten in der Vorversion dieses Skriptes entdeckt und mich in ihren zahlreichen E-Mails darauf hingewiesen haben; insbesondere wären dabei Alexander André, Benjamin Bahr, Johannes Hecht, Henning Jürgens, Ralf Kaminke, Jan Koch, Aaron Lindner, Frederick Wagner, Karl Wunderle zu nennen. Außerdem hat mich unser FiPS-Team – Christian Bayer,

[1] W. Demtröder: *Experimentalphysik I und II* (Springer-Verlag, 1998/99)

Monika Kantner, Daniel Roth und Frank Schweickert – immer unterstützt und angespornt.

Danken möchte ich auch allen „regulären“ Physikstudenten an der Universität Kaiserslautern, die mit ihrer Kritik und vielen Verbesserungsvorschlägen zu dieser Ausarbeitung beigetragen haben, insbesondere Steffen Blomeier, Michael Deveaux und Eva Schuster.

Mein Dank gilt auch den Studenten und Mitarbeitern aus meiner Forschungsgruppe, Markus Glück, Michael Hankel, Christian Hebell, Frank Keck und Bernd Schellhaaß, die viele Texte korrekturgelesen und kritisch kommentiert haben, sowie Frau Wollscheid für die Mühe, die sie sich mit der Anfertigung der zahlreichen Bilder gemacht hat.

Schließlich möchte ich meiner Frau danken, die die vielen Arbeitswochenenden und -abende mit großer Gelassenheit ertragen hat und die durch ihre Hilfe meine Arbeit an diesem Skript erst möglich gemacht hat.

Das vorliegende Skript ist mit Sicherheit noch verbesserungsbedürftig, deshalb freue ich mich über jeden Vorschlag und Hinweis auf sicherlich noch vorhandene Fehler (möglichst an die unten angegebene E-Mail Adresse).

Kaiserslautern,
September 1999

Hans Jürgen Korsch
FB Physik, Universität Kaiserslautern,
67653 Kaiserslautern
E-Mail: h.j.korsch@gmail.de

Vorwort zur fünften Auflage

Dieses Buch mit dem Titel *Mathematische Grundlagen für Physiker – Ein begleitendes Lehrbuch für die Experimentalphysik* ist eine überarbeitete Neuauflage des Buches *Mathematische Ergänzungen zur Einführung in die Physik*, erschienen im Binomi Verlag. Ich möchte Herrn Gerhard Merziger vom Binomi Verlag für die langjährige Zusammenarbeit herzlich danken und auch für die Anregung zu einer neuen Auflage dieses Textes im Carl Hanser Verlag. Vielen Dank auch an den Carl Hanser Verlag für die Bereitschaft, dieses Buch in ihr Verlagsprogramm zu übernehmen. Ganz besonders geholfen haben mir dabei Herr Frank Katzenmayer, Frau Christina Kubiak und Frau Anne Kurth vom Carl Hanser Verlag mit ihrer kompetenten Betreuung und vielen Verbesserungsvorschlägen.

Für diese fünfte Auflage wurde der Text erneut überarbeitet und ergänzt. Dabei waren die vielen Hinweise aus dem Leserkreis eine wertvolle Hilfe. Besonders zu erwähnen sind auch hier wieder die Anregungen von Stephan Bogendörfer.

Weitere Kommentare, kritische Bemerkungen und Hinweise auf Fehler bitte an die unten angegebene E-Mail Adresse. Eine von Zeit zu Zeit aktualisierte Korrekturliste findet man im Internet unter:

`https://www.hanser-kundencenter.de/fachbuch`

Dieses Buch wird im Fernstudiengang „Früheinstieg ins Physik-Studium“ (FiPS) der Technischen Universität Kaiserslautern als Lehrbuch benutzt. Weitere Informationen unter

`http://www.fernstudium-physik.de/`.

Für Anfänger im Studium der Physik (und teilweise auch in den anderen Naturwissenschaften und den Ingenieurwissenschaften) stellt die Mathematik ein großes Problem dar. Gute Kenntnisse der Schulmathematik werden dabei stillschweigend vorausgesetzt, aber nicht jeder bringt hier die gleichen Voraussetzungen mit. Zum Ausgleich unterschiedlicher mathematischer Vorkenntnisse dienen an vielen Universitäten Vorkurse für Studienanfänger. Ein Skript zu einem solchen Vorkurs in Mathematik, der an der Technischen Universität Kaiserslautern seit vielen Jahren für die Studienanfänger in Physik angeboten wird, ist als Buch erhältlich:

> H. J. Korsch, „Mathematischer Vorkurs für Studienanfänger der Physik und der Ingenieurwissenschaften“ (Binomi Verlag 2004), 119 Seiten
> `http://www.binomi.de`.

Dieses Buch ist als Brücke zwischen mathematischem Schulwissen und Anforderungen der Vorlesungen gedacht. Es eignet sich als Begleitliteratur zu einem Universitäts-Vorkurs oder zum Selbststudium und wird allen Studienanfängern der Physik oder der Ingenieurwissenschaften empfohlen.

Kaiserslautern,
August 2021

Hans Jürgen Korsch
E-Mail: h.j.korsch@gmail.com

Inhaltsverzeichnis

Kapitel 1

Vektoren

1.1 Vektoren und Tensoren in der Physik

Die Physik befasst sich mit der Beschreibung von Vorgängen in Zeit und Raum, genauer: mit ihrer *mathematischen* Beschreibung. Von Raum und Zeit haben wir einige mehr oder weniger vage Grundvorstellungen, die mit zunehmenden physikalischen Kenntnissen präzisiert, korrigiert oder erweitert werden. Hier sollen unsere anschaulichen Vorstellungen aber zunächst ausreichen.

Zu einer mathematischen Formulierung der physikalischen Gesetze (beispielsweise zu einer Beschreibung einer Bewegung im Raum) benötigen wir zunächst ein passendes mathematisches Handwerkszeug. In einer eindimensionalen Welt wäre das kein großes Problem: Die Position im „Raum" ist durch eine einzige (reelle) Variable (eine „Koordinate") gekennzeichnet, die wir zum Beispiel mit dem Buchstaben x bezeichnen können, und ein physikalisches Gesetz wie die Bewegungsgleichung „Kraft gleich Masse mal Beschleunigung" schreibt sich als $F = ma$. Dabei steht F für die Kraft, m für die Masse und a für die Beschleunigung.

Im dreidimensionalen Raum ist das nicht mehr so einfach. Man kann sich damit helfen, indem man alles auf ein vorgegebenes Koordinatensystem bezieht. Aber dann sind eben nach Konstruktion(!) alle physikalischen Gesetze für dieses eine Koordinatensystem formuliert. Das ist ganz offensichtlich sehr unflexibel, denn die mathematische Form physikalischer Gesetze, bei denen auf Koordinatensysteme bezogene Größen beteiligt sind, kann unmöglich von der (willkürlichen!) Wahl des Koordinatensystems abhängen, denn sonst gäbe es unendlich viele

Formulierungen ein und desselben Gesetzes. Wir benötigen also eine mathematische Beschreibung durch Größen, die unabhängig sind von den speziellen Koordinatensystemen (oder sich nach passenden Regeln transformieren) und so die Invarianz der physikalischen Gesetze gewährleisten.

Mathematische Größen, die das leisten, sind die *Tensoren*, ein einfacher Spezialfall davon sind die *Vektoren*. Neben ihrer Invarianz gegenüber Koordinatentransformationen erlauben sie auch eine Reihe von Rechenoperationen. Wie wir sehen werden, haben sie eine sehr wichtige mathematische Struktur, *linearer Raum* genannt. Eine Realisierung einer solchen Struktur stellt z.B. die Menge aller Translationen im Raum dar, also ganz anschaulich: die Menge aller parallelgleichen Pfeile. Der Tensorkalkül ist nicht nur nützlich, sondern für die Bewältigung vieler physikalischer Probleme unbedingt notwendig, wie zum Beispiel für Albert Einstein bei der Formulierung seiner Allgemeinen Relativitätstheorie.

Wie so oft, wird man erst später die oben verlangte Invarianz der Größen gegenüber Transformationen des Koordinatensystems richtig verstehen können. Das liegt auch daran, dass man zur mathematischen Formulierung bequemerweise schon den Tensor-Formalismus benutzen müsste, der ja eigentlich erklärt werden soll! Wir gehen hier heuristisch vor, wobei wir die wesentlichen Gedanken zunächst einmal für den $\mathbb{R}^2$ formulieren, also den zweidimensionalen Raum der Zahlenpaare (x, y). Diese Zahlenpaare lassen sich als Punkte der x,y-Ebene darstellen, und wir würden gerne durch dieses Zahlenpaar einen Vektor erklären, also eine Größe, die einen Betrag und eine Richtung hat, gekennzeichnet durch den Pfeil im Bild 1.1. Wir schreiben solche vektoriellen Größen als $\vec{a}$, wobei der Pfeil über dem Buchstaben auf ihre Richtungseigenschaft hinweisen soll (außerdem findet man in der Literatur auch eine Kennzeichnung von Vektoren durch fett gedruckte Buchstaben). Der Betrag, geschrieben als

$$a = |\,\vec{a}\,|\,, \quad a \in \mathbb{R}\,, \tag{1.1}$$

ist hier die Länge des Vektorpfeils, also $a = \sqrt{x^2 + y^2}$.

Was geschieht nun, wenn wir zu einem Koordinatensystem übergehen, das um einen Winkel φ gedreht ist? In dem gedrehten Koordinatensystem hat der *gleiche* Vektor $\vec{a}$ statt der Koordinaten (x, y) die Koordinaten (u, v). Man kann sich überlegen, dass man durch

$$\begin{aligned} u &= +x\cos\varphi + y\sin\varphi \\ v &= -x\sin\varphi + y\cos\varphi \end{aligned} \tag{1.2}$$

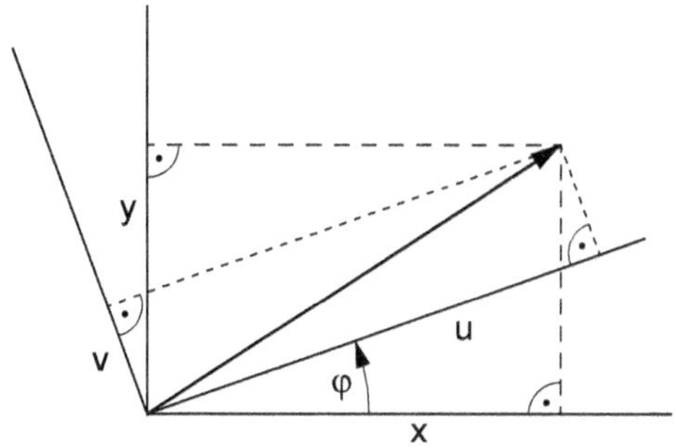

Bild 1.1: Bei einer Drehung des Koordinatensystems transformieren sich die Koordinaten (x, y) in die Koordinaten (u, v).

aus den (x, y) die (u, v) berechnen kann. Der Betrag des Vektors $\vec{a}$ in den neuen Koordinaten ist gleich $\sqrt{u^2 + v^2}$, und wir sehen mit

$$\begin{aligned} u^2 + v^2 &= (+x\cos\varphi + y\sin\varphi)^2 + (-x\sin\varphi + y\cos\varphi)^2 \\ &= x^2\cos^2\varphi + 2xy\cos\varphi\sin\varphi + y^2\sin^2\varphi \\ &\quad +x^2\sin^2\varphi - 2xy\sin\varphi\cos\varphi + y^2\cos^2\varphi \\ &= x^2(\sin^2\varphi + \cos^2\varphi) + y^2(\sin^2\varphi + \cos^2\varphi) \\ &= x^2 + y^2\,, \end{aligned} \tag{1.3}$$

dass der Betrag des Vektors $\vec{a}$ sich bei der Drehung des Koordinatensystems nicht ändert. Jetzt dreht man den Spieß um und bezeichnet jede Größe, die durch ein Paar reeller Zahlen beschrieben wird, als einen *Vektor*, falls diese beiden Zahlen, die Koordinaten, sich bei einer Drehung des Koordinatensystems um einen Winkel φ wie (1.2) transformieren. Eine Größe, die sich bei einer Drehung nicht ändert, nennt man einen *Skalar*. Ein solcher Skalar ist uns schon bekannt: Der Betrag eines Vektors ist ein Skalar.

Ganz genauso kann man jetzt Vektoren im dreidimensionalen Raum als Zahlentripel (x, y, z) der drei Koordinaten bezüglich eines rechtwinkligen Koordinatensystems darstellen, die sich bei Transformationen (Drehungen) des Koordinatensystems in einer bestimmten Weise transformieren. Allerdings ist hier die Formulierung einer Drehung komplizierter, so dass wir einen anderen Weg einschlagen und uns im nächsten Abschnitt überlegen, dass man mit solchen Vektoren auch rechnen kann.

Wir werden sehen, dass man auch Vektoren in höherdimensionalen Räumen bilden kann. Es ist deshalb zweckmäßig, eine Indexschreibweise zu benutzen und die Komponenten eines Vektors $\vec{a}$ im $\mathbb{R}^3$ mit (a_1, a_2, a_3) zu bezeichnen. Unser physikalisches Gesetz „Kraft gleich Masse mal Beschleunigung" kann man dann als $\vec{F} = m\vec{a}$ ausdrücken mit den Vektoren für die gerichteten Größen Kraft und Beschleunigung und einem Skalar für die Masse. Diese Formulierung ist koordinatenfrei.

Es wird leider noch etwas schwieriger, denn es lässt sich später nicht vermeiden mit Größen umzugehen, die noch komplizierter sind als Vektoren: mit *Tensoren*. Das hat allerdings noch etwas Zeit, deshalb hier nur ein Appetitmacher: Ein Tensor k-ter Stufe ist eine k-fach indizierte Größe, die sich in allen Indizes so transformiert wie ein Vektor. Ein Vektor selbst ist also ein Tensor erster Stufe, ein Skalar ein Tensor nullter Stufe. Tensoren zweiter Stufe werden wir als Matrizen kennen lernen, die beispielsweise die erwähnten Drehungen beschreiben. Eigentlich also ganz einfach...

1.2 Vektorrechnung

Im vorangehenden Abschnitt wurde der Vektorbegriff motiviert. Ein zweidimensionaler Vektor ist danach ein Zahlenpaar, ein dreidimensionaler Vektor ein Zahlentripel, die sich bei Transformationen der Koordinatensysteme in geeigneter Weise verhalten.

Wir werden jetzt zeigen, dass man mit solchen Größen rechnen kann, und dann eine präzise Definition des Vektors nachliefern. Ein Beispiel vektorieller Größen liefern die Verschiebungen (oder *Translationen*) der Punkte des Raumes

$$P_1 = (x_1, y_1, z_1) \Longrightarrow P_2 = (x_2, y_2, z_2)\,, \tag{1.4}$$

wobei (x_1, y_1, z_1) und (x_2, y_2, z_2) die Koordinaten der Punkte bezeichnen.

Wir werden im Folgenden die Rechenoperationen und ihre Eigenschaften einführen und am Beispiel der Verschiebungen im dreidimensionalen Raum illustrieren. Der abstrakte und verallgemeinerte Vektorbegriff im n-dimensionalen Raum wird dann definiert mithilfe dieser Rechenoperationen: Eine Menge, in der diese Rechenoperationen mit ihren bestimmten (einfachen und plausiblen!) Eigenschaften erklärt sind, heißt *Vektorraum* oder auch *linearer Raum*, und die Elemente dieser Menge heißen *Vektoren*.

Eine spezielle Klasse von Vektoren kennzeichnen wir durch ein Dachsymbol statt eines Vektorpfeils. Solch ein Vektor $\hat{a}$ hat die gleiche Richtung wie $\vec{a}$ und den Betrag $|\hat{a}\,| = 1$. Man bezeichnet solche Vektoren als *Einheitsvektoren* (siehe Bild 1.2).

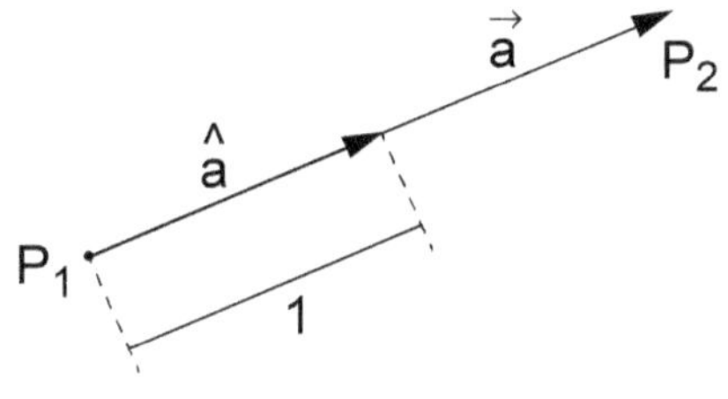

Bild 1.2: Vektor $\vec{a}$ und Einheitsvektor $\hat{a} = \vec{a}/a$.

1.2.1 Rechnen mit Vektoren

Es gibt zwei unterschiedliche Rechenoperationen mit Vektoren, die Multiplikation mit Zahlen (Skalaren), die wir im Folgenden mit griechischen Buchstaben wie α, β,... bezeichnen, und die Addition von Vektoren, die eine Reihe von Verträglichkeitsregeln erfüllen. Im Wesentlichen sagt diese Verträglichkeit aus, dass man rechnen darf „wie gewohnt". Es geht also hier nicht darum, etwas Besonderes oder gar Außergewöhnliches zu lernen. Als anschaulichen Hintergrund zur Motivation der verschiedenen Rechenoperationen verwenden wir als Bild für die Vektoren die Verschiebungen im Raum in eine bestimmte Richtung um einen bestimmten Betrag.

Multiplikation eines Vektors mit einem Skalar: Das Produkt eines Vektors $\vec{a}$ mit einem Skalar α ergibt als Resultat ist wieder einen Vektor

$$\vec{b} = \alpha\vec{a}\,, \tag{1.5}$$

mit der Eigenschaft, dass der Betrag um den Faktor $|\alpha|$ geändert wird:

$$|\vec{b}\,| = |\alpha|\,|\vec{a}\,|\,. \tag{1.6}$$

Damit kann man schreiben

$$\vec{a} = |\,\vec{a}|\,\hat{a} = a\hat{a}\,. \tag{1.7}$$

Für positives $\alpha > 0$ ist die Richtung von $\vec{b}$ in (1.5) gleich der von $\vec{a}$, für $\alpha < 0$ entgegengesetzt. Das lässt sich schreiben als

$$\hat{b} = \mathrm{sign}(\alpha)\,\hat{a}\,, \tag{1.8}$$

wobei mit sign(α) das Vorzeichen von α bezeichnet wird. Diese Multiplikation ist assoziativ:

$$(\alpha\beta)\,\vec{a} = \alpha(\beta\vec{a}\,)\,. \tag{1.9}$$

Für die Verschiebungen im Raum wird also der Betrag der Verschiebung um den Faktor $|\alpha|$ geändert, die Richtung wird beibehalten ($\alpha > 0$) oder umgekehrt ($\alpha < 0$).

Einige einfache Folgerungen:

(1) Mit $\alpha = 0$ ergibt sich der *Nullvektor* $\vec{0} = 0\,\vec{a}$. Der Nullvektor hat keine bestimmte Richtung.

(2) Mit $\alpha = -1$ erhält man $\vec{b} = -\vec{a}$, einen Vektor gleicher Länge in umgekehrter Richtung (vgl. Bild 1.3).

(3) Mit $\alpha = 1/a$ ($a = |\,\vec{a}| \neq 0$) ergibt sich der Einheitsvektor in Richtung von $\vec{a}$:

$$\frac{1}{a}\,\vec{a} = \frac{1}{a}\,a\,\hat{a} = \hat{a}\,. \tag{1.10}$$

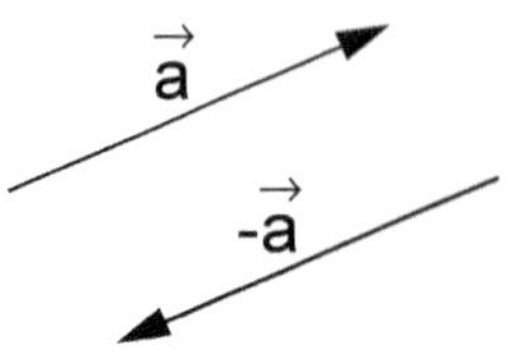

Bild 1.3: Umkehrung der Richtung eines Vektors bei negativem Vorzeichen.

Addition zweier Vektoren: Für die Verschiebungen im Raum lässt sich eine Addition als Hintereinanderausführung der beiden Verschiebungen definieren. Das Ergebnis ist wieder eine Verschiebung. Wir definieren also die Summe zweier Vektoren

$$\vec{c} = \vec{a} + \vec{b}\,, \tag{1.11}$$

wie im Bild 1.4 dargestellt. Die Addition ist kommutativ:

$$\vec{a} + \vec{b} = \vec{b} + \vec{a}\,. \tag{1.12}$$

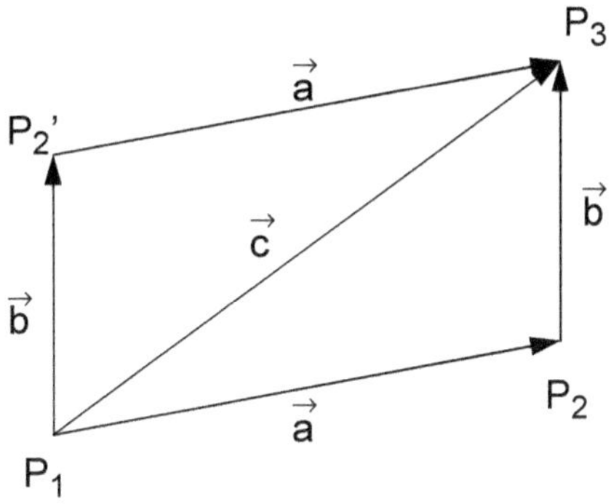

Bild 1.4: Addition von Vektoren $\vec{a}+\vec{b}=\vec{b}+\vec{a}=\vec{c}$.

Die Addition von drei Vektoren erfolgt schrittweise durch aufeinanderfolgende Addition zweier Vektoren; sie ist assoziativ und distributiv:

$$\begin{aligned} \vec{a}+(\vec{b}+\vec{c}) &= (\vec{a}+\vec{b})+\vec{c}=\vec{a}+\vec{b}+\vec{c} \\ \alpha(\vec{a}+\vec{b}) &= \alpha\vec{a}+\alpha\vec{b} \\ (\alpha+\beta)\,\vec{a} &= \alpha\vec{a}+\beta\vec{a}\,. \end{aligned} \tag{1.13}$$

1.2.2 Abstraktion des Vektorbegriffs

Nachdem wir jetzt anhand der anschaulichen Verschiebungsvektoren die elementaren Rechenregeln von Vektoren erläutert haben, können wir davon abstrahieren. Wir betrachten eine allgemeine Menge, deren Elemente wir mit $\vec{a}$, $\vec{b}$, ... bezeichnen, in der eine Addition mit den folgenden Eigenschaften erklärt ist:

(G1) Es gilt das Assoziativgesetz $\vec{a}+(\vec{b}+\vec{c})=(\vec{a}+\vec{b})+\vec{c}$.

(G2) Der Nullvektor $\vec{0}$ ist „neutrales Element“: $\vec{a}+\vec{0}=\vec{a}$ für alle $\vec{a}$.

(G3) Zu jedem Vektor $\vec{a}$ existiert ein „inverser Vektor“ $\vec{b}=-\vec{a}$, mit $\vec{a}+\vec{b}=\vec{0}$.

(G4) Die Addition ist kommutativ: $\vec{a}+\vec{b}=\vec{b}+\vec{a}$.

Diese Struktur definiert eine *kommutative Gruppe*, auch *abelsche Gruppe* genannt.

Weiterhin sei eine Multiplikation $\alpha\vec{a}$ mit einem Skalar α (einem Element aus dem „Körper“ der reellen Zahlen) erklärt mit:

(K1) Es gelten die Distributivgesetze $\alpha(\vec{a} + \vec{b}) = \alpha\vec{a} + \alpha\vec{b}$ und $(\alpha + \beta)\vec{a} = \alpha\vec{a} + \beta\vec{a}$.

(K2) Es gilt das Assoziativgesetz $\alpha(\beta\vec{a}) = (\alpha\beta)\vec{a}$.

(K3) Die Zahl 1 (das „Einselement des Zahlenkörpers“) erfüllt die Gleichung $1\vec{a} = \vec{a}$ für alle $\vec{a}$.

Man nennt eine solche Menge von Elementen mit Rechenoperationen, die die Regeln (G1) – (G4) und (K1) – (K3) erfüllen, *linearer Raum* (auch *Vektorraum* über dem Körper der reellen Zahlen.

Wenn eine Menge $\{\vec{x}_1, \vec{x}_2, \ldots, \vec{x}_k\}$ von k Vektoren gegeben ist, so interessiert man sich oft für die Menge der Linearkombinationen

$$\vec{x} = \alpha_1\vec{x}_1 + \alpha_2\vec{x}_2 + \ldots + \alpha_k\vec{x}_k = \sum_{j=1}^{k} \alpha_j\vec{x}_j \;, \alpha_j \in \mathbb{R}\,, \tag{1.14}$$

die durch diese Vektoren erzeugt werden können. Man nennt diese Menge die *lineare Hülle* dieser Vektoren, die von ihnen *aufgespannt* wird.

Falls einer der Vektoren, z.B. x_m, als Linearkombination der restlichen dargestellt werden kann,

$$\vec{x}_m = \sum_{j=1, j\neq m}^{k} \gamma_j\,\vec{x}_j \;, \quad \gamma_j \in \mathbb{R}\,, \tag{1.15}$$

oder bequemer: wenn man schreiben kann

$$\beta_1\vec{x}_1 + \beta_2\vec{x}_2 + \ldots + \beta_k\vec{x}_k = \sum_{j=1}^{k} \beta_j\vec{x}_j = \vec{0}\;, \quad \beta_j \in \mathbb{R}\,, \tag{1.16}$$

mit irgendwelchen Koeffizienten $\beta_j \in \mathbb{R}$, die nicht alle gleich null sind, dann ist zumindest einer dieser Vektoren in einer gewissen Weise überflüssig, denn auch ohne ihn wird die gleiche lineare Hülle erzeugt. Man nennt die Vektoren $\{\vec{x}_1, \vec{x}_2, \ldots, \vec{x}_k\}$ in einem solchen Fall *linear abhängig* und anderenfalls *linear unabhängig*.

Die Anzahl linear unabhängiger Vektoren eines Vektorraumes, die diesen Vektorraum aufspannen, ist stets dieselbe und heißt *Dimension* dieses Vektorraums, und eine solche linear unabhängige Menge heißt *Basis* dieses Raumes.

Beispiele von Vektorräumen:

Die Translationen: Die Translationen oder Verschiebungen im dreidimensionalen Raum $\mathbb{R}^3$ bilden den wohl bekanntesten Vektorraum, der meist schon in der Schule behandelt wird. Eine solche Translation T_a verschiebt alle Punkte parallel. Insbesondere wird der Nullpunkt mit den Koordinaten $(0, 0, 0)$ in einem kartesischen Koordinatensystem in einen Punkt mit den Koordinaten (a_1, a_2, a_3) verschoben. Diese drei Zahlen a_i, $i = 1, 2, 3$, charakterisieren die Verschiebung in eindeutiger Weise. Ein beliebiger Punkt mit den Koordinaten (r_1, r_2, r_3) wird durch T_a in den Punkt $(r_1 + a_1, r_2 + a_2, r_3 + a_3)$ verschoben.

Eine Addition zweier Verschiebungen T_a und T_b erklärt man durch die Hintereinanderschaltung der beiden Operationen. Dabei wird der Nullpunkt zuerst durch T_a nach (a_1, a_2, a_3) und dann durch T_b, beschrieben durch (b_1, b_2, b_3), nach $(a_1 + b_1, a_2 + b_2, a_3 + b_3)$ verschoben. Formal schreibt man das als

$$(a_1, a_2, a_3) + (b_1, b_2, b_3) = (a_1 + b_1, a_2 + b_2, a_3 + b_3)\,. \tag{1.17}$$

Eine Multiplikation einer Translation T_a mit einer Zahl α ist eine Verschiebung in die gleiche Richtung wie T_a, aber um den Faktor α skaliert. Dadurch entsteht eine Translation, die den Nullpunkt nach $(\alpha a_1, \alpha a_2, \alpha a_3)$ verschiebt. Formal schreibt man das als

$$\alpha(a_1, a_2, a_3) = (\alpha a_1, \alpha a_2, \alpha a_3)\,. \tag{1.18}$$

Es ist offensichtlich, dass diese Operationen die Regeln (G1) – (G4), (K1) – (K3) erfüllen: Die Translationen bilden einen Vektorraum. Dieser Vektorraum ist dreidimensional: Die drei Translationen $(1, 0, 0)$, $(0, 1, 0)$, $(0, 0, 1)$ sind linear unabhängig (Beweis?) und jede Translation (a_1, a_2, a_3) lässt sich durch eine Linearkombination dieser drei Vektoren darstellen (Beweis?). Die drei Vektoren bilden also eine Basis.

Weiterhin kann man sich leicht davon überzeugen, dass man in genau der gleichen Weise Translationen in einem n-dimensionalen Raum $\mathbb{R}^n$ erklären kann, die man durch die n Koordinaten $(a_1, a_2, \ldots, a_n)$ beschreibt.

Die Polynome: Neben den Translationen erfüllen eine Reihe anderer mathematischer Strukturen die Regeln (G1) – (G4), (K1) – (K3) und bilden folglich einen Vektorraum. Viele dieser Vektorräume sind in der Physik von Bedeutung. Ein Beispiel eines solchen abstrakten Vektorraums ist die Menge aller Polynome

$$P(x) = a_0 + a_1 x + a_2 x^2 + \ldots + a_n x^n = \sum_{j=0}^{n} a_j x^j \tag{1.19}$$

mit Grad $\leq n$. In Anhang A wird gezeigt, dass diese Menge eine Vektorraumstruktur besitzt. Sie bildet einen Vektorraum der Dimension $n + 1$, und man kann daher mit diesen Polynomen rechnen wie mit Vektoren.

1.2.3 Das Skalarprodukt

Das *Skalarprodukt*, das auch *inneres Produkt* genannt wird, ist ein Produkt zweier Vektoren, dessen Resultat eine Zahl ist, ein Skalar. Man kennzeichnet dieses Produkt durch einen Punkt. Es ist definiert als

$$\vec{a} \cdot \vec{b} = ab \cos \varphi \,. \tag{1.20}$$

Dabei ist φ der Winkel zwischen den beiden Vektoren (vgl. Bild 1.5). Zunächst sollten wir uns überlegen, dass das Resultat dieses Produkts wirklich einen Skalar liefert, denn sowohl die Beträge der beiden Vektoren als auch der Winkel zwischen ihnen bleiben bei einer Drehung des Koordinatensystems unverändert, und dies war ja die Forderung an eine skalare Größe (vgl. Seite 19).

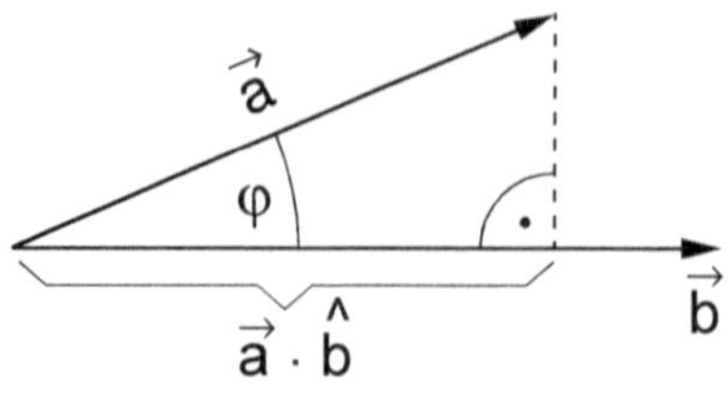

Bild 1.5: Skalarprodukt zweier Vektoren. Die Projektion eines Vektors $\vec{a}$ auf die Richtung des Vektors $\vec{b}$ hat die Länge $\vec{a} \cdot \hat{b} = a \cos \varphi$.

Eigenschaften des Skalarprodukts:

$$\vec{a} \cdot \vec{b} = \vec{b} \cdot \vec{a} \quad \text{(kommutativ)} \tag{1.21}$$

$$\vec{a} \cdot (\vec{b} + \vec{c}) = \vec{a} \cdot \vec{b} + \vec{a} \cdot \vec{c} \quad \text{(distributiv)} \tag{1.22}$$

$$\alpha(\vec{a} \cdot \vec{b}) = (\alpha\vec{a}) \cdot \vec{b} = \vec{a} \cdot (\alpha\vec{b}) \quad \text{(homogen)}\,. \tag{1.23}$$

Einige Spezialfälle:

$$\begin{aligned}
\vec{a} \text{ orthogonal } \vec{b} &\Longrightarrow \vec{a} \cdot \vec{b} = 0 \\
\vec{a} \text{ parallel } \vec{b} &\Longrightarrow \vec{a} \cdot \vec{b} = ab \\
\vec{a} \text{ antiparallel } \vec{b} &\Longrightarrow \vec{a} \cdot \vec{b} = -ab \\
\vec{a} = \vec{b} &\Longrightarrow \vec{a} \cdot \vec{a} = a^2 \\
\vec{a} = \vec{0} \quad \text{oder} \quad \vec{b} = \vec{0} &\Longrightarrow \vec{a} \cdot \vec{b} = 0\,.
\end{aligned} \tag{1.24}$$

Zwei Vektoren sind also *orthogonal*, wenn ihr Skalarprodukt verschwindet. Weiterhin gilt die *schwarzsche Ungleichung*

$$-ab \leq \vec{a} \cdot \vec{b} \leq ab\,. \tag{1.25}$$

Man kann mithilfe des Skalarprodukts sehr einfach die *Projektion* eines Vektors $\vec{a}$ auf eine Richtung (beschrieben durch einen Einheitsvektor $\hat{b}$) definieren. Für den Wert dieser Projektion gilt

$$a_{\mathrm{b}} = a \cos\varphi = \vec{a} \cdot \hat{b} \tag{1.26}$$

($|\hat{b}| = 1$). Um den projizierten Vektor zu erhalten, multipliziert man einfach den Einheitsvektor $\hat{b}$ mit dem Betrag a_{b}:

$$\vec{a}_{\mathrm{b}} = a_{\mathrm{b}}\,\hat{b} = \left(\vec{a} \cdot \hat{b}\right)\hat{b}\,. \tag{1.27}$$

Als Beispiel für eine Anwendung des Skalarprodukts beweisen wir den Kosinus-Satz: Für die Seitenlängen im Dreieck gilt

$$c^2 = a^2 + b^2 - 2ab\cos\gamma\,, \tag{1.28}$$

wobei der Winkel γ der Seite c gegenüberliegt (vgl. Bild 1.6). Der Beweis ist sehr einfach:

$$\begin{aligned}
c^2 &= \vec{c} \cdot \vec{c} = (\vec{a} - \vec{b}) \cdot (\vec{a} - \vec{b}) \\
&= \vec{a} \cdot \vec{a} + \vec{b} \cdot \vec{b} - \vec{a} \cdot \vec{b} - \vec{b} \cdot \vec{a} = a^2 + b^2 - 2ab\cos\gamma\,.
\end{aligned} \tag{1.29}$$

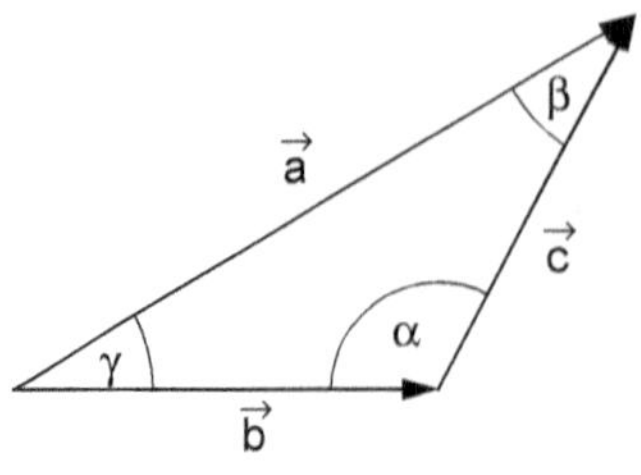

Bild 1.6: Dreieck aus den Vektoren $\vec{b}$, $\vec{c}$ und $\vec{a} = \vec{b} + \vec{c}$.

Man kann sogar sagen, dass man – sobald man das Skalarprodukt zur Verfügung hat – den Kosinus-Satz vergessen kann.

Hier sind wir bei der Definition des Skalarprodukts von der anschaulichen Bedeutung eines Vektors ausgegangen, der insbesondere eine Richtung im Raum besitzt. Der Winkel zwischen zwei solchen Vektoren ist dabei anschaulich klar. In einer abstrakteren Definition eines Vektorraums (vgl. Abschnitt 1.2.2) ist das aber nicht der Fall. Hier kann man das Skalarprodukt durch die Eigenschaften (1.21) – (1.23) sowie $\vec{a} \cdot \vec{a} > 0$ für $\vec{a} \neq \vec{0}$ *definieren.* Allerdings existiert ein solches Skalarprodukt nicht für jeden Vektorraum. Ein Beispiel für einen abstrakten Vektorraum mit einem Skalarprodukt ist der Vektorraum der Polynome in Anhang A. Dort wird gezeigt, dass man sogar in abstrakter Weise einen „Winkel“ zwischen zwei Polynomen definieren kann.

1.2.4 Das Vektorprodukt

Neben dem Skalarprodukt zweier Vektoren existiert im dreidimensionalen Fall $\mathbb{R}^3$ noch ein zweites Produkt, dessen Resultat aber ein Vektor ist. Man nennt dieses *Vektorprodukt* auch *Kreuzprodukt* oder *äußeres Produkt.* Es ist definiert als

$$\vec{c} = \vec{a} \times \vec{b} \quad \text{mit} \quad c = ab\,|\sin\varphi|\;, \tag{1.30}$$

das heißt, der Betrag des Vektors $\vec{c}$ ist gleich der Fläche des von den beiden Vektoren $\vec{a}$ und $\vec{b}$ aufgespannten Parallelogramms. Diese Fläche ist das Produkt der Länge der Grundseite a und der Höhe $h = b\,|\sin\varphi|$:

$$\text{Fläche} = ah = ab\,|\sin\varphi|\,. \tag{1.31}$$

Der Vektor $\vec{c} = \vec{a} \times \vec{b}$ steht auf $\vec{a}$ und $\vec{b}$ senkrecht. Dabei wird diejenige der beiden dabei möglichen Richtungen von $\vec{c}$ durch die *Rechtsschraubenregel* festgelegt: Dreht man den ersten Vektor, $\vec{a}$, des Vektorprodukts $\vec{a} \times \vec{b}$ auf dem

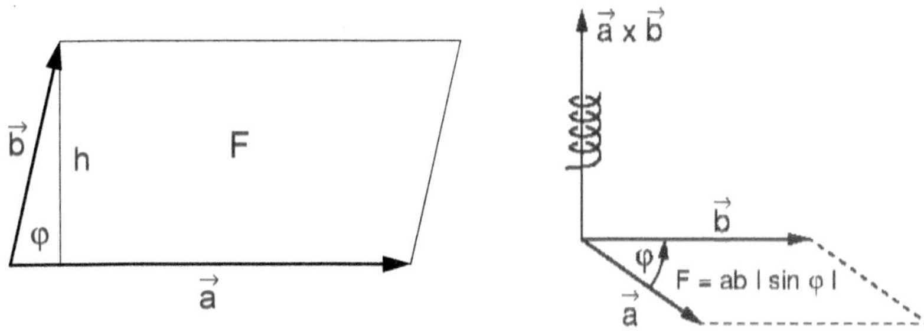

Bild 1.7: Der Betrag des Vektorprodukts ist gleich der Fläche des aufgespannten Parallelogramms, seine Richtung wird bestimmt durch die Rechtsschraubenregel.

kürzestem Weg in Richtung des zweiten Vektors, $\vec{b}$, so hat der Vektor $\vec{c} = \vec{a} \times \vec{b}$ die Richtung, in der sich eine Rechtsschraube bei dieser Drehung fortbewegen würde. Alternativ kann man sich diese Richtung auch mittels der „Daumenregel der rechten Hand“ merken: Orientiert man die rechte Hand so, dass die Finger der Richtung vom ersten Vektor zum zweiten folgen, so zeigt der Daumen in Richtung des Vektorprodukts.

Eigenschaften des Vektorprodukts:

$$\vec{a} \times \vec{b} = -\vec{b} \times \vec{a} \quad \text{(antikommutativ)} \tag{1.32}$$

$$\vec{a} \times (\vec{b} + \vec{c}) = \vec{a} \times \vec{b} + \vec{a} \times \vec{c} \quad \text{(distributiv)} \tag{1.33}$$

$$\alpha(\vec{a} \times \vec{b}) = (\alpha\vec{a}) \times \vec{b} = \vec{a} \times (\alpha\vec{b}) \quad \text{(homogen)}. \tag{1.34}$$

Bis auf den Vorzeichenwechsel bei der Vertauschung der Reihenfolge stimmen alle diese Rechenregeln mit denen des Skalarprodukts überein.

Einige Spezialfälle:

$$\begin{aligned}
\vec{a} \text{ orthogonal } \vec{b} &\Longrightarrow \left|\vec{a} \times \vec{b}\right| = ab \\
\vec{a} \text{ parallel } \vec{b} &\Longrightarrow \vec{a} \times \vec{b} = \vec{0} \\
\vec{a} \text{ antiparallel zu } \vec{b} &\Longrightarrow \vec{a} \times \vec{b} = \vec{0} \\
\vec{a} = \vec{b} &\Longrightarrow \vec{a} \times \vec{a} = \vec{0} \\
\vec{a} = \vec{0} \text{ oder } \vec{b} = \vec{0} &\Longrightarrow \vec{a} \times \vec{b} = \vec{0}\,.
\end{aligned} \tag{1.35}$$

Als Beispiel für eine Anwendung des Vektorprodukts beweisen wir den Sinus-Satz: Für die Seitenlängen im Dreieck gilt

$$\frac{a}{b} = \frac{\sin\alpha}{\sin\beta}, \tag{1.36}$$

wobei der Winkel α bzw. β der Seite a bzw. b gegenüberliegt (vgl. Bild 1.6). Entsprechendes gilt für die anderen Seiten und Winkel. Der Beweis ist wieder einfach:

$$\begin{aligned} 2 \times \text{Fläche des Dreiecks} &= |\vec{a} \times \vec{b}| = |\vec{c} \times \vec{b}| = |\vec{a} \times \vec{c}| \\ &= ab\sin\gamma = cb\sin\alpha = ac\sin\beta\,. \end{aligned} \tag{1.37}$$

Die letzte Gleichung liefert beispielsweise $cb\sin\alpha = ac\sin\beta$ und nach Division durch c die gesuchte Gleichung (1.36).

1.2.5 Komponentendarstellung

Wir definieren im dreidimensionalen Raum drei paarweise aufeinander senkrecht stehende Einheitsvektoren, die wir mit

$$\hat{x}\,,\ \hat{y}\,,\ \hat{z} \tag{1.38}$$

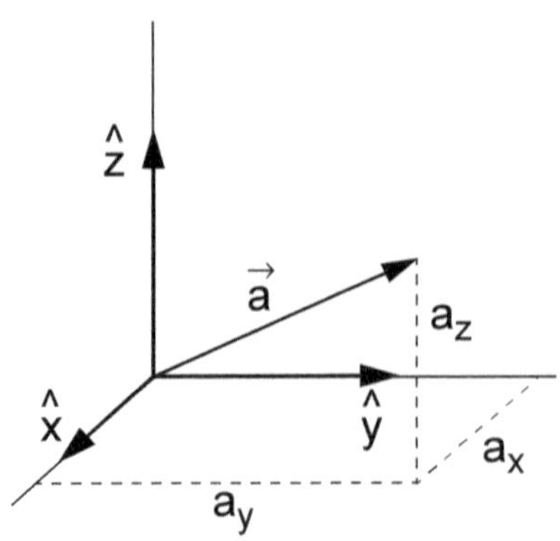

Bild 1.8: Die drei Einheitsvektoren $\hat{x}$, $\hat{y}$ und $\hat{z}$ stehen paarweise aufeinander senkrecht.

bezeichnen. Wie Bild 1.8 illustriert, wird dadurch das bekannte kartesische Koordinatensystem des $\mathbb{R}^3$ erzeugt. Man sollte außerdem die Bezeichnungen so wählen, dass $\hat{x} \times \hat{y} = \hat{z}$ gilt (ein so genanntes *Rechtssystem*). Es gilt also

$$\begin{aligned} \hat{x} \cdot \hat{x} = \hat{y} \cdot \hat{y} = \hat{z} \cdot \hat{z} = 1 \\ \hat{x} \cdot \hat{y} = \hat{x} \cdot \hat{z} = \hat{y} \cdot \hat{z} = 0 \end{aligned} \tag{1.39}$$

und

$$\begin{aligned} \hat{x} \times \hat{y} = \hat{z}\ ,\ \hat{y} \times \hat{z} = \hat{x}\ ,\ \hat{z} \times \hat{x} = \hat{y} \\ \hat{y} \times \hat{x} = -\hat{z}\ ,\ \hat{z} \times \hat{y} = -\hat{x}\ ,\ \hat{x} \times \hat{z} = -\hat{y}\,. \end{aligned} \tag{1.40}$$

Man sollte sich auch an andere Schreibweisen dieser Einheitsvektoren gewöhnen, die oft benutzt werden, wie etwa

$$\vec{e}_x\ ,\ \vec{e}_y\ ,\ \vec{e}_z \quad \text{oder} \quad \vec{e}_1\ ,\ \vec{e}_2\ ,\ \vec{e}_3\,, \quad \text{oder auch} \quad \hat{e}_1\ ,\ \hat{e}_2\ ,\ \hat{e}_3\,. \tag{1.41}$$

Dabei steht das e für „Einheitsvektor“ (in der englischsprachigen Literatur erscheint dann entsprechend u für „unit vector“). Weiterhin findet man auch $\hat{1}$, $\hat{2}$, $\hat{3}$, oder allgemein $\hat{i}$, $\hat{j}$, $\hat{k}$.

An dieser Stelle ist es angebracht, den dreidimensionalen Raum unserer Anschauung zu verallgemeinern. In einem Vektorraum der Dimension n (vgl. Seite 25) bildet ein System von n orthonormierten Vektoren $\hat{e}_1$, $\hat{e}_2$,…, $\hat{e}_n$ eine orthonormierte *Basis*.

Wir notieren zur Übung einmal die Gleichungen (1.39) und (1.40) mithilfe der $\hat{e}_i$ als

$$\hat{e}_i \cdot \hat{e}_j \;=\; \delta_{ij}\,, \quad \hat{e}_i \times \hat{e}_j = \hat{e}_k \ \text{ für } \ i,j,k \in \{1,2,3\} \text{ zyklisch} \tag{1.42}$$

mit der zweckmäßigen Abkürzung

$$\delta_{ij} = \begin{cases} 1 & i = j \\ 0 & i \neq j \end{cases}\,, \tag{1.43}$$

dem *Kronecker-Symbol*. Dabei nennt man eine Reihenfolge $(i\,j\,k)$ zyklisch, wenn sie eine gerade Permutation[1] von $(1\,2\,3)$ darstellt, antizyklisch bei einer ungeraden Permutation; z.B. ist $(3\,1\,2)$ eine gerade (zyklisch) und $(2\,1\,3)$

[1]Eine Permutation ist eine Umordnung von Elementen. Man kann jede Permutation durch eine Folge von Vertauschungen zweier Elemente erzeugen. Ist deren Anzahl (un)gerade, nennt man die Permutation (un)gerade.

eine ungerade Permutation (antizyklisch); die Kombination (2 3 2) ist keines von beiden. Es gilt dann also auch

$$\hat{e}_i \times \hat{e}_j = -\hat{e}_k \quad \text{für} \quad i,j,k \in \{1,2,3\} \text{ antizyklisch}. \tag{1.44}$$

Man kann nun jeden Vektor durch seine Komponenten bezüglich der orthogonalen Basis darstellen:

$$\vec{a} = a_x\,\hat{x} + a_y\,\hat{y} + a_z\,\hat{z} \tag{1.45}$$

mit

$$a_x = \vec{a}\cdot\hat{x}\ ,\ a_y = \vec{a}\cdot\hat{y}\ ,\ a_z = \vec{a}\cdot\hat{z}\,. \tag{1.46}$$

In einer abgekürzten Schreibweise notiert man nur die Komponenten in der Form

$$\vec{a} = (a_x,\, a_y,\, a_z)\ . \tag{1.47}$$

Man rechnet mit solchen Vektoren in der verkürzten Schreibweise wie

$$\begin{aligned} \alpha\vec{a} &= \alpha\,(a_x,\, a_y,\, a_z) = \alpha(a_x\,\hat{x} + a_y\,\hat{y} + a_z\,\hat{z}) \\ &= (\alpha a_x)\,\hat{x} + (\alpha a_y)\,\hat{y} + (\alpha a_z)\,\hat{z} = (\alpha a_x,\, \alpha a_y,\, \alpha a_z) \end{aligned} \tag{1.48}$$

und

$$\begin{aligned} \vec{a}+\vec{b} &= (a_x,\, a_y,\, a_z) + (b_x,\, b_y,\, b_z) \\ &= a_x\hat{x} + a_y\,\hat{y} + a_z\,\hat{z} + b_x\hat{x} + b_y\,\hat{y} + b_z\,\hat{z} \\ &= (a_x + b_x)\hat{x} + (a_y + b_y)\,\hat{y} + (a_z + b_z)\,\hat{z} = (a_x + b_x,\, a_y + b_y,\, a_z + b_z)\,. \end{aligned} \tag{1.49}$$

Ein Vergleich mit den entsprechenden Operationen für die Translationen im $\mathbb{R}^3$ in (1.17) und (1.18) zeigt die Verwandtschaft dieser Darstellungen.
Die Komponentendarstellung des Skalarprodukts ist

$$\vec{a}\cdot\vec{b} = (a_x\,\hat{x} + a_y\,\hat{y} + a_z\,\hat{z})\cdot(b_x\,\hat{x} + b_y\,\hat{y} + b_z\,\hat{z}) = a_x b_x + a_y b_y + a_z b_z \tag{1.50}$$

und speziell

$$a^2 = \vec{a}\cdot\vec{a} = a_x^2 + a_y^2 + a_z^2 \tag{1.51}$$

oder

$$a = \sqrt{a_x^2 + a_y^2 + a_z^2}\,. \tag{1.52}$$

Zur Übung formulieren wir diese Gleichungen noch einmal in einer alternativen kompakteren Schreibweise. Mit

$$\vec{a} = \sum_{i=1}^{3} a_i\, \hat{e}_i = \sum_i a_i\, \hat{e}_i \tag{1.53}$$

haben wir

$$\alpha\vec{a} \;=\; \alpha \sum_i a_i\, \hat{e}_i = \sum_i (\alpha a_i)\, \hat{e}_i\,, \tag{1.54}$$

$$\vec{a} + \vec{b} = \sum_i a_i\, \hat{e}_i + \sum_i b_i\, \hat{e}_i = \sum_i (a_i + b_i)\, \hat{e}_i\,, \tag{1.55}$$

und

$$\vec{a}\cdot\vec{b} = \sum_i a_i\, \hat{e}_i \cdot \sum_j b_j\, \hat{e}_j = \sum_{ij} a_i b_j\, \hat{e}_i \cdot \hat{e}_j = \sum_{ij} a_i b_j\, \delta_{ij} = \sum_i a_i b_i\,. \tag{1.56}$$

Die Komponentendarstellung des Vektorprodukts gestaltet sich etwas umfangreicher, ist aber problemlos. Zunächst schreiben wir ausführlich

$$\begin{aligned} \vec{a}\times\vec{b} &= (a_x\,\hat{x} + a_y\,\hat{y} + a_z\,\hat{z}) \times (b_x\,\hat{x} + b_y\,\hat{y} + b_z\,\hat{z}) \\ &= a_x b_x\,\hat{x}\times\hat{x} + a_x b_y\,\hat{x}\times\hat{y} + a_x b_z\,\hat{x}\times\hat{z} \\ &\quad + a_y b_x\,\hat{y}\times\hat{x} + a_y b_y\,\hat{y}\times\hat{y} + a_y b_z\,\hat{y}\times\hat{z} \\ &\quad + a_z b_x\,\hat{z}\times\hat{x} + a_z b_y\,\hat{z}\times\hat{y} + a_z b_z\,\hat{z}\times\hat{z} \\ &= (a_y b_z - a_z b_y)\,\hat{x} + (a_z b_x - a_x b_z)\,\hat{y} + (a_x b_y - a_y b_x)\,\hat{z} \end{aligned} \tag{1.57}$$

mit $\hat{x}\times\hat{x} = \hat{y}\times\hat{y} = \hat{z}\times\hat{z} = 0$ und $\hat{x}\times\hat{y} = -\hat{y}\times\hat{x} = \hat{z}\,$.
Den Ausdruck (1.57) kann man sich leichter merken mithilfe einer Schreibweise als Determinante:

$$\vec{a}\times\vec{b} = \begin{vmatrix} \hat{x} & \hat{y} & \hat{z} \\ a_x & a_y & a_z \\ b_x & b_y & b_z \end{vmatrix}\,. \tag{1.58}$$

Wenn man den formalen Ausdruck (1.58) nach den Regeln der 3×3-Determinanten auswertet (mehr über Determinanten findet man in Kapitel 5 auf Seite 137), erhält man genau das Ergebnis von (1.57).

In der Theoretischen Physik schreibt man das Vektorprodukt in der Komponentendarstellung auch gerne in der kompakten, aber etwas gewöhnungsbedürftigen Form

$$\vec{a} \times \vec{b} = \sum_{ijk} \epsilon_{ijk}\, a_i b_j\, \hat{e}_k\,, \tag{1.59}$$

wobei die i, j, k unabhängig von 1 bis 3 laufen. Die $\hat{e}_k$ sind die Einheitsvektoren in kartesischen Koordinaten. Die dreifach indizierten Größen ϵ_{ijk} sind durch

$$\epsilon_{ijk} = \begin{cases} 1 & i,\, j,\, k \text{ zyklisch} \\ -1 & i,\, j,\, k \text{ antizyklisch} \\ 0 & \text{sonst} \end{cases} \tag{1.60}$$

definiert, das *Levi-Civita-Symbol*. Für die Komponenten des Vektorprodukts, z.B. der Komponente bezüglich $\hat{e}_2$, bestätigt man leicht, dass gilt

$$\left(\vec{a} \times \vec{b}\right)_2 = \sum_{ij=1}^{3} \epsilon_{ij2}\, a_i b_j = a_3 b_1 - a_1 b_3 \tag{1.61}$$

(vgl. (1.57)), und genauso für die anderen Komponenten.

Man sagt (aber das muss man jetzt noch nicht genauer verstehen): Die ϵ_{ijk} sind die „Komponenten des total-antisymmetrischen Tensors dritter Stufe". Hier bedeutet total-antisymmetrisch, dass ϵ_{ijk} bei einer beliebigen Vertauschung zweier Indizes das Vorzeichen wechselt, und die dritte Stufe weist auf eine dreifach indizierte Größe hin. Mehr dazu in Kapitel 5. Zum Abschluss sei noch die nützliche Summationsregel

$$\sum_{i=1}^{3} \epsilon_{ijk}\, \epsilon_{ilm} = \delta_{jl}\, \delta_{km} - \delta_{jm}\, \delta_{kl} \tag{1.62}$$

erwähnt. Von der Gültigkeit dieser Gleichung sollte man sich überzeugen, um noch etwas besser mit dem ϵ_{ijk}-Symbol vertraut zu werden. Eine Demonstration für den Umgang mit dieser Summationsregel findet man auf Seite 38.

1.2.6 Das Spatprodukt

Mit dem Skalarprodukt und dem Vektorprodukt haben wir zwei wichtige Produkte von Vektoren kennen gelernt. Das *Spatprodukt* ist kein weiteres Produkt, sondern eine nützliche Kombination aus einem Skalar- und einem Vektorprodukt:

$$\left(\vec{a}\times\vec{b}\right)\cdot\vec{c}\,. \tag{1.63}$$

Wie im Bild 1.9 dargestellt, spannen die drei Vektoren $\vec{a}$, $\vec{b}$, $\vec{c}$ einen Körper auf (*Parallelepiped*, *Parallelflächner* oder auch einfach *Spat* genannt; Kristalle wie Kalkspat kristallisieren in dieser Form.). Mathematisch werden wir die Menge aller Punkte innerhalb des „Spates" beschreiben als die Menge aller Vektoren $\vec{r}$, die die folgende Bedingung erfüllen:

$$\vec{r}=\alpha\,\vec{a}+\beta\,\vec{b}+\gamma\,\vec{c}\quad\text{mit}\quad 0\le\alpha,\beta,\gamma\le 1\,. \tag{1.64}$$

Im Moment wollen wir jedoch nur das Volumen dieses „Spates" berechnen. Wir erinnern uns noch daran, dass wir das Volumen eines Körpers, der in „gleichen Höhen über der Grundfläche gleiche Schnittflächen besitzt", mithilfe der Formel

$$\textit{Volumen} = V = \textit{Grundfläche mal Höhe}$$

berechnen können. Die Grundfläche ist hier gleich $|\,\vec{a}\times\vec{b}\,|$ und die Höhe ist gleich der Projektion $h=|\,\vec{c}\cdot\hat{e}|$ von $\vec{c}$ auf einen Einheitsvektor $\hat{e}$, der senkrecht auf der Grundfläche steht. Solch ein Vektor ist gegeben durch

$$\hat{e}=\frac{\vec{a}\times\vec{b}}{|\,\vec{a}\times\vec{b}\,|}\,, \tag{1.65}$$

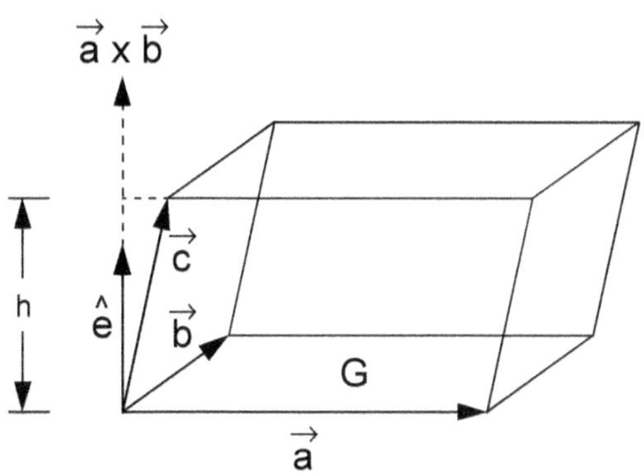

Bild 1.9: Das Spatprodukt.

und man erhält das Spatvolumen als

$$V = |\vec{a} \times \vec{b}|\, h = |\vec{a} \times \vec{b}| \left| \vec{c} \cdot \frac{\vec{a} \times \vec{b}}{|\vec{a} \times \vec{b}|} \right| = \left| \left(\vec{a} \times \vec{b} \right) \cdot \vec{c} \right| . \tag{1.66}$$

Dieses Volumen ist wegen der Betragsstriche in Gleichung (1.66) nicht-negativ, aber das Spatprodukt selbst kann natürlich sowohl positiv als auch negativ sein. Das sieht man sofort wegen der Antikommutativität des Vektorprodukts (1.32):

$$\left(\vec{a} \times \vec{b} \right) \cdot \vec{c} = -\left(\vec{b} \times \vec{a} \right) \cdot \vec{c}. \tag{1.67}$$

Man kann drei Objekte auf sechs verschiedene Arten anordnen, also können wir mit den drei Vektoren $\vec{a}$, $\vec{b}$, $\vec{c}$ sechs verschiedene Spatprodukte bilden, deren Betrag gleich ist (der aufgespannte Spat ist immer gleich). Wegen (1.67) haben drei der sechs Produkte unterschiedliches Vorzeichen. Es gilt

$$\left(\vec{a} \times \vec{b} \right) \cdot \vec{c} = \left(\vec{b} \times \vec{c} \right) \cdot \vec{a} = \left(\vec{c} \times \vec{a} \right) \cdot \vec{b}, \tag{1.68}$$

d.h. das Spatprodukt ist invariant bei zyklischer Vertauschung der Vektoren, und wegen (1.67) wechselt es das Vorzeichen bei einer antizyklischen Vertauschung. Ein Beweis dieser Formel ergibt sich ein paar Zeilen weiter.

Ausserdem können wir in (1.68) mithilfe der Kommutativität des Skalarprodukts umordnen,

$$\left(\vec{a} \times \vec{b} \right) \cdot \vec{c} = \left(\vec{b} \times \vec{c} \right) \cdot \vec{a} = \vec{a} \cdot \left(\vec{b} \times \vec{c} \right), \tag{1.69}$$

d.h. es gilt eine Vertauschungsrelation von Vektor- und Skalarprodukt:

$$\left(\vec{a} \times \vec{b} \right) \cdot \vec{c} = \vec{a} \cdot \left(\vec{b} \times \vec{c} \right). \tag{1.70}$$

Es ist sehr nützlich, einen expliziten Ausdruck für das Spatprodukt in einer Komponentendarstellung zur Verfügung zu haben. Eine kurze Rechnung ergibt:

$$\begin{aligned}
&\left(\vec{a} \times \vec{b} \right) \cdot \vec{c} \\
&= \left((a_x\,\hat{x} + a_y\,\hat{y} + a_z\,\hat{z}) \times (b_x\,\hat{x} + b_y\,\hat{y} + b_z\,\hat{z}) \right) \cdot (c_x\,\hat{x} + c_y\,\hat{y} + c_z\,\hat{z}) \\
&= \left((a_y b_z - a_z b_y)\,\hat{x} + (a_z b_x - a_x b_z)\,\hat{y} + (a_x b_y - a_y b_x)\,\hat{z} \right) \cdot (c_x\,\hat{x} + c_y\,\hat{y} + c_z\,\hat{z}) \\
&= (a_y b_z - a_z b_y) c_x + (a_z b_x - a_x b_z) c_y + (a_x b_y - a_y b_x) c_z\,.
\end{aligned} \tag{1.71}$$

Die letzte Zeile identifiziert man mit dem Wert einer 3×3-Determinante (vgl. Abschnitt 5.2), die zeilenweise aus den drei Vektoren $\vec{a}$, $\vec{b}$ und $\vec{c}$ aufgebaut ist:

$$\left(\vec{a} \times \vec{b}\right) \cdot \vec{c} \;=\; \begin{vmatrix} a_x & a_y & a_z \\ b_x & b_y & b_z \\ c_x & c_y & c_z \end{vmatrix} . \tag{1.72}$$

Man sieht aus dieser Formel, dass der Vorzeichenwechsel des Spatprodukts bei einer Vertauschung zweier Vektoren dem Vorzeichenwechsel einer Determinante bei Vertauschung zweier Zeilen entspricht. Damit folgt Gleichung (1.68).

Wir können jetzt eine sehr einfache Antwort auf die folgende Frage geben: Wann liegen die drei Vektoren $\vec{a}$, $\vec{b}$, $\vec{c}$ in einer Ebene? – Eine Lösung liefert die Überlegung, dass in diesem Fall der von den drei Vektoren aufgespannte „Spat" zu einer Fläche, einem Parallelogramm, degeneriert. Sein Volumen V ist daher gleich null, was man testen kann durch Berechnung des Spatprodukts:

$$V = \left(\vec{a} \times \vec{b}\right) \cdot \vec{c} = 0\,, \tag{1.73}$$

d.h. die Vektoren liegen genau dann in einer Ebene, wenn das Spatprodukt verschwindet.

Eine andere Antwort ist: Alle Vektoren $\vec{x}$, die in einer von $\vec{a}$ und $\vec{b}$ aufgespannten Ebene liegen, lassen sich schreiben als

$$\vec{x} = \alpha\vec{a} + \beta\vec{b}\,. \tag{1.74}$$

Man nennt $\vec{x}$ eine *Linearkombination* von $\vec{a}$ und $\vec{b}$ (vgl. Bild 1.10). Wenn also der Vektor $\vec{c}$ in dieser Ebene liegt, muss es Zahlen α und β geben mit

$$\vec{c} = \alpha\vec{a} + \beta\vec{b}\,. \tag{1.75}$$

Man prüft sofort nach, dass dann auch das Spatprodukt verschwindet:

$$\left(\vec{a} \times \vec{b}\right) \cdot \vec{c} = \left(\vec{a} \times \vec{b}\right) \cdot \left(\alpha\vec{a} + \beta\vec{b}\right) = \alpha\left(\vec{a} \times \vec{b}\right) \cdot \vec{a} + \beta\left(\vec{a} \times \vec{b}\right) \cdot \vec{b} = 0\,. \tag{1.76}$$

Die drei Vektoren sind in diesem Fall linear abhängig.

1.2.7 Das doppelte Vektorprodukt

Neben dem Spatprodukt (1.63) lässt sich noch ein weiteres Mehrfachprodukt aufschreiben, das *doppelte Vektorprodukt*

$$\left(\vec{a} \times \vec{b}\right) \times \vec{c}\,. \tag{1.77}$$

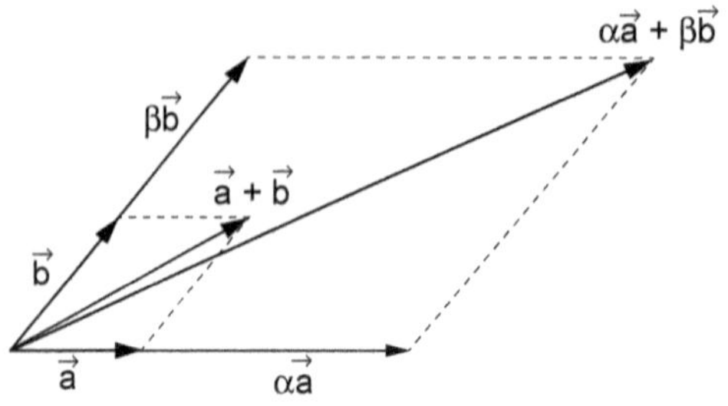

Bild 1.10: Die Menge aller Linearkombinationen $\alpha\vec{a} + \beta\vec{b}$ spannt eine Ebene auf.

Man überzeugt sich leicht, dass im Allgemeinen gilt

$$(\vec{a} \times \vec{b}) \times \vec{c} \neq \vec{a} \times (\vec{b} \times \vec{c}), \tag{1.78}$$

denn es ist zum Beispiel

$$(\hat{x} \times \hat{x}) \times \hat{y} = \vec{0} \times \hat{y} = \vec{0} \quad \text{und} \quad \hat{x} \times (\hat{x} \times \hat{y}) = \hat{x} \times \hat{z} = -\hat{y}\,. \tag{1.79}$$

Der *Entwicklungssatz*

$$\vec{a} \times (\vec{b} \times \vec{c}) = \vec{b}(\vec{a} \cdot \vec{c}) - \vec{c}(\vec{a} \cdot \vec{b}) \tag{1.80}$$

(manchmal auch als die *bac-cab-Regel* bezeichnet) wird oft benutzt, um ein doppeltes Vektorprodukt in Formeln zu vereinfachen. Zur Übung beweisen wir diesen Satz mithilfe der Formel (1.59) für das Vektorprodukt (1.59), die das Levi-Civita-Symbol ϵ_{ijk} enthält. Das gibt uns auch Gelegenheit, die Summationsregel (1.62) auszuprobieren. Man sollte sich durch die vielen Indizes nicht abschrecken lassen, denn der Vorteil dieses Vorgehens ist die simple Tatsache, dass alles (fast) automatisch abläuft:

$$\begin{aligned}
\vec{a} \times (\vec{b} \times \vec{c}) &= \vec{a} \times \Big(\sum_{ijk} \epsilon_{ijk} b_i c_j \hat{e}_k\Big) = \Big(\sum_{ijk} \epsilon_{ijk} b_i c_j\Big)\Big(\sum_{\ell mn} \epsilon_{\ell mn} a_\ell \delta_{mk} \hat{e}_n\Big) \\
&= \sum_{ijk\ell n} \epsilon_{ijk}\epsilon_{\ell kn} a_\ell b_i c_j \hat{e}_n = \sum_{ij\ell n} \Big(\sum_k \epsilon_{kij}\epsilon_{kn\ell}\Big) a_\ell b_i c_j \hat{e}_n \\
&= \sum_{ij\ell n} (\delta_{in}\delta_{j\ell} - \delta_{jn}\delta_{i\ell}) a_\ell b_i c_j \hat{e}_n = \sum_{ij} a_j b_i c_j \hat{e}_i - \sum_{ij} a_i b_i c_j \hat{e}_j \\
&= \Big(\sum_i b_i \hat{e}_i\Big)\Big(\sum_j a_j c_j\Big) - \Big(\sum_j c_j \hat{e}_j\Big)\Big(\sum_i a_i b_i\Big) = \vec{b}(\vec{a} \cdot \vec{c}) - \vec{c}(\vec{a} \cdot \vec{b})\,.
\end{aligned} \tag{1.81}$$

Wir haben dabei in der ersten Formelzeile die Komponenten des Einheitsvektors $\hat{e}_k$ als δ_{mk} ausgedrückt und in der zweiten Formelzeile die Indizes zyklisch vertauscht, um dann die Summationsregel (1.62) anzuwenden.

Für das doppelte Vektorprodukt gilt die *Jacobi-Identität*

$$\vec{a} \times (\vec{b} \times \vec{c}) + \vec{b} \times (\vec{c} \times \vec{a}) + \vec{c} \times (\vec{a} \times \vec{b}) = \vec{0}\,. \tag{1.82}$$

Wenn man also die doppelten Vektorprodukte der drei möglichen zyklischen Anordnungen dreier Vektoren summiert, so erhält man die Null. Der Beweis dieser Identität ist einfach und folgt direkt aus dem Entwicklungssatz (1.80). Für die drei Produkte gilt

$$\begin{aligned}
\vec{a} \times (\vec{b} \times \vec{c}) &= \vec{b}\,(\vec{a} \cdot \vec{c}) - \vec{c}\,(\vec{a} \cdot \vec{b}) \\
\vec{b} \times (\vec{c} \times \vec{a}) &= \qquad\qquad\quad \vec{c}\,(\vec{a} \cdot \vec{b}) - \vec{a}(\vec{b} \cdot \vec{c}) \\
\vec{c} \times (\vec{a} \times \vec{b}) &= -\vec{b}\,(\vec{a} \cdot \vec{c}) \qquad\qquad\quad + \vec{a}\,(\vec{b} \cdot \vec{c})\,.
\end{aligned} \tag{1.83}$$

Summation dieser Gleichungen liefert dann (1.82).

1.3 Differentiation

In diesem Abschnitt befassen wir uns mit der Differentiation in einem dreidimensionalen Raum. Dabei geht es zunächst um die Ableitung von vektorwertigen Funktionen. Ein Beispiel einer solchen Funktion ist eine Bahnkurve im Raum, also ein Vektor $\vec{r} = \vec{r}(t)$, der von einem Parameter t abhängt, der beispielsweise als die Zeit gewählt sein kann. Die Ableitungen dieser Funktion nach t liefern die Geschwindigkeit und Beschleunigung. Weiterhin betrachten wir im folgenden Abschnitt Funktionen, die von den drei Raumkoordinaten abhängen und werden den Ableitungsbegriff auf Funktionen erweitern, die von mehreren Variablen abhängen.

Die Ableitung einer Funktion $f(x)$ nach der Variablen x in einem Punkt x_0 ist definiert durch den Differentialquotienten

$$f'(x_0) = \left.\frac{\mathrm{d}f}{\mathrm{d}x}\right|_{x_0} = \lim_{\Delta x \to 0} \frac{\Delta f}{\Delta x} = \lim_{x \to x_0} \frac{f(x) - f(x_0)}{x - x_0}\,, \tag{1.84}$$

mit $x = x_0 + \Delta x$. Der Differentialquotient ist also der Grenzwert des Differenzenquotienten $[f(x) - f(x_0)]/\Delta x$ für einen beliebig kleinen Zuwachs Δx (vorausgesetzt natürlich, dass dieser Grenzwert existiert). Anschaulicher ausgedrückt: Die Ableitung ist die Steigung der Funktion im Punkt x_0, definiert als Grenzwert der Steigung im Intervall $[x_0, x]$ (vgl. Bild 1.11).

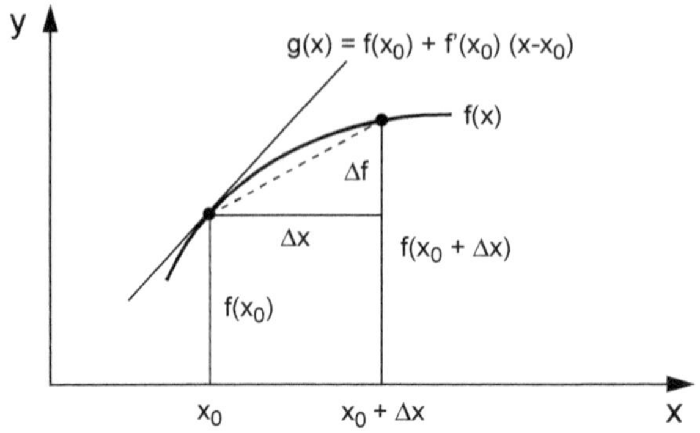

Bild 1.11: Die Ableitung $f'(x_0)$ einer Funktion $f(x)$ an der Stelle x_0 ist der Grenzwert der Intervallsteigung für $\Delta x \to 0$.

Die Taylor-Entwicklung: In vielen Anwendungen in der Physik benutzen wir die Ableitung einer Funktion auch, um einen Funktionswert an einer Stelle x durch den Funktionswert an der Stelle $x_0 \approx x$ zu approximieren. Für kleines $\Delta x = x - x_0$ gilt näherungsweise

$$f'(x_0) \approx \frac{f(x) - f(x_0)}{x - x_0}, \tag{1.85}$$

oder umgeformt

$$f(x) \approx f(x_0) + f'(x_0)(x - x_0). \tag{1.86}$$

Das bedeutet eine Approximation von $f(x)$ durch die lineare Funktion

$$g(x) = f(x_0) + f'(x_0)(x - x_0), \tag{1.87}$$

die mit $f(x)$ und ihrer ersten Ableitung an der Stelle x_0 übereinstimmt. Man kann diese Näherung noch verbessern durch

$$f(x) \approx f(x_0) + f'(x_0)(x - x_0) + \frac{f''(x_0)}{2}(x - x_0)^2, \tag{1.88}$$

also durch die Approximation von $f(x)$ durch ein Polynom zweiten Grades. Durch Differenzieren sieht man, dass in dieser Näherung auch noch die zweiten Ableitungen bei x_0 übereinstimmen.

Eine Verallgemeinerung liefert die *Taylor-Entwicklung*

$$\begin{aligned} f(x) &= \sum_{n=0}^{m} \frac{f^{(n)}(x_0)}{n!}(x-x_0)^n + R_m(x) \\ &= \sum_{n=0}^{\infty} \frac{f^{(n)}(x_0)}{n!}(x-x_0)^n , \end{aligned} \tag{1.89}$$

falls diese Reihe konvergiert, und dass das Restglied der Reihe, das man schreiben kann als

$$R_m(x) = \frac{f^{(m+1)}(x_0+\eta(x-x_0))}{(m+1)!}(x-x_0)^{m+1} , \qquad 0<\eta<1 , \tag{1.90}$$

mit wachsendem m gegen null geht. Weiterhin ist die Taylor-Entwicklung eindeutig, d.h. es existiert in der Umgebung von x_0 keine andere Potenzreihendarstellung $f(x) = \sum_{n=0}^{\infty} a_n(x-x_0)^n$.

Ein Beispiel ist die Taylor-Entwicklung der Exponentialfunktion $f(x) = \mathrm{e}^x$ um den Punkt $x_0 = 0$. Mit der Ableitung $f'(x) = \mathrm{e}^x = f(x)$ sehen wir, dass alle Ableitungen übereinstimmen. Ihr Wert an der Stelle $x_0 = 0$ ist gleich

$$f^{(n)}(0) = \mathrm{e}^0 = 1 . \tag{1.91}$$

Damit ergibt sich die Taylor-Reihe

$$\mathrm{e}^x = \sum_{n=0}^{\infty} \frac{x^n}{n!} , \tag{1.92}$$

da das Restglied für $m \to \infty$ gegen null geht:

$$R_m(x) = \tfrac{\mathrm{e}^\eta}{(m+1)!}\, x^{m+1} \leq \tfrac{\mathrm{e}^x}{(m+1)!}\, x^{m+1} \xrightarrow[m\to\infty]{} 0 . \tag{1.93}$$

In gleicher Weise findet man die Taylor-Reihen für die Sinus- und Kosinus-Funktionen in (B.34). In vielen Anwendungen werden diese Reihenentwicklungen schon nach wenigen Termen abgebrochen, d.h. man benutzt dann Näherungen wie

$$e^x \approx 1 + x + x^2/2 \tag{1.94}$$

$$\sin x \approx x - x^3/6 \tag{1.95}$$

$$\cos x \approx 1 - x^2/2 \tag{1.96}$$

$$\frac{1}{1+x} \approx 1 - x \tag{1.97}$$

$$\sqrt{1+x} \approx 1 + x/2\,. \tag{1.98}$$

Man sollte sich aber auch klarmachen, dass es Funktionen gibt, die sich *nicht* in dieser Weise approximieren lassen. Das wohl bekannteste Beispiel ist die Funktion $f(x) = e^{-1/x^2}$ für $x \neq 0$. Man überzeugt sich leicht, dass $f(x) \to 0$ für $x \to 0$. Wenn wir also definieren

$$f(x) = \begin{cases} e^{-1/x^2} & x \neq 0 \\ 0 & x = 0\,, \end{cases} \tag{1.99}$$

so ist $f(x)$ in $x = 0$ stetig, ja sogar differenzierbar, und zwar beliebig oft. Allerdings ist $f(x)$ bei $x = 0$ extrem flach: Alle Ableitungen verschwinden dort, und damit natürlich auch alle Terme der Taylor-Reihe. Da nun gilt $f(x) > 0$ für $x \neq 0$, konvergiert das Restglied niemals gegen null, sondern ist immer gleich der Funktion selbst.

Das Differential: Neben der Ableitung einer Funktion benutzt man (nicht nur) in der Physik so genannte *Differentiale*. Anwendungen finden sich z.B. bei Integraltransformationen, der Behandlung von Differentialgleichungen und in der Fehlerrechnung. In allen Fällen lässt sich die Verwendung von derartigen Differentialen vermeiden, aber wegen ihrer Zweckmäßigkeit werden sie mehr oder weniger kommentarlos in vielen Lehrbüchern und Vorlesungen benutzt. Deshalb hier einige Klarstellungen. Zunächst wieder die Anschauung. Es sei Δx eine kleine Differenz der Größe x, also $\Delta x = x_2 - x_1$, was man sich als „Rütteln" an der Größe x vorstellen kann. Wenn nun eine andere Größe, wie z.B. y, mit x zusammenhängt, geschrieben als $y = f(x)$, dann ändert sich diese Größe auch, d.h. die Änderung Δy ist starr mit Δx verknüpft. Es gilt

$$\Delta y \approx f'(x)\Delta x \tag{1.100}$$

(dabei ist das Argument x von $f'(x)$ aus dem Intervall $[x_1, x_2]$). Wenn man jetzt das Intervall immer kleiner macht, dann wird aus dem $\approx$ ein $=$ und aus den kleinen Differenzen Δx und Δy werden die Differentiale $\mathrm{d}x$ und $\mathrm{d}y$. Das einzige Problem, das man hier noch zu bewältigen hat, ist die Tatsache, dass diese Differentiale dann wegen $\Delta x \to 0$ null werden. Man benötigt also einen Trick, um das zu umgehen.

Will man den Formalismus isolierter Differentiale streng mathematisch einführen, benötigt man etwas mehr höhere Mathematik, hat dann aber auch ein wesentlich flexibleres Handwerkszeug zur Verfügung (Differentialformen, Nonstandard-Analysis). Hier versuchen wir erste Schritte in diese Richtung. Ist die Funktion $y = f(x)$ an der Stelle x differenzierbar, so nennt man das Produkt

$$f'(x)\,h \tag{1.101}$$

das zu dem beliebigen(!) h gehörige *Differential* von $f(x)$ an der Stelle x und bezeichnet es mit

$$\mathrm{d}y \qquad \text{oder} \qquad \mathrm{d}f(x)\,, \tag{1.102}$$

wobei es meist nicht nötig ist, h gesondert anzugeben. Wichtig ist, dass h nicht „klein" sein muss; $x + h$ braucht nicht einmal dem Definitionsbereich von f anzugehören.

Betrachtet man insbesondere die Funktion $f(x) = x$, so ist ihre Ableitung gleich 1 und es gilt

$$\mathrm{d}x = h \tag{1.103}$$

(statt h verwendet man oft auch Δx). Dann gilt auch

$$\mathrm{d}y = f'(x)\,\mathrm{d}x\,, \tag{1.104}$$

und die Ableitung ist damit *exakt* gleich dem Quotienten der Differentiale

$$f'(x) = \frac{\mathrm{d}y}{\mathrm{d}x}\,, \tag{1.105}$$

wodurch sich auch der Name *Differentialquotient* für die Ableitung rechtfertigt.

1.3.1 Differentiation von Vektorfunktionen

Wir betrachten in diesem Abschnitt Vektoren $\vec{r} = (x, y, z)$, die von einer skalaren Größe t abhängen, also

$$\vec{r} = \vec{r}(t) = \big(x(t), y(t), z(t)\big)\,. \tag{1.106}$$

Als konkretes Beispiel kann man sich die Bahn eines Teilchens im Raum als Funktion der Zeit t vorstellen (vgl. Bild 1.12).

Die Differenz der Positionen zu den Zeiten t und $t + \Delta t$ ist

$$\Delta\vec{r} = \vec{r}\,(t + \Delta t) - \vec{r}(t)\,, \tag{1.107}$$

und die komponentenweise Differentiation (bei einer zeitunabhängigen Basis)

$$\begin{aligned} \dot{\vec{r}} &= \frac{\mathrm{d}\vec{r}}{\mathrm{d}t} = \lim_{\Delta t \to 0} \frac{\Delta\vec{r}}{\Delta t} \\ &= \lim_{\Delta t \to 0} \frac{\vec{r}\,(t + \Delta t) - \vec{r}\,(t)}{\Delta t} = \left(\frac{\mathrm{d}x}{\mathrm{d}t}, \frac{\mathrm{d}y}{\mathrm{d}t}, \frac{\mathrm{d}z}{\mathrm{d}t} \right) \end{aligned} \tag{1.108}$$

ist die Ableitung des Vektors $\vec{r}\,(t)$ nach dem Skalar t. Es sei erwähnt, dass diese Ableitung natürlich nur dann existiert, wenn die Komponenten x, y, z des Vektors $\vec{r}$ nach t differenzierbar sind. Man nennt $\dot{\vec{r}}$ auch die *Geschwindigkeit* und schreibt $\vec{v} = \dot{\vec{r}}$. Der Geschwindigkeitsvektor ist ein Tangentialvektor an die Bahnkurve.

Da die Geschwindigkeit im Allgemeinen wieder von der Zeit t abhängt, können wir abermals nach t differenzieren und erhalten damit die *Beschleunigung*

$$\vec{a} = \dot{\vec{v}} = \ddot{\vec{r}} = \frac{\mathrm{d}^2\vec{r}}{\mathrm{d}t^2}\,. \tag{1.109}$$

Für die Ableitung von Vektorfunktionen nach einem Skalar gelten die folgenden Rechenregeln, die sich direkt aus den Differentiationsregeln für die Summe und

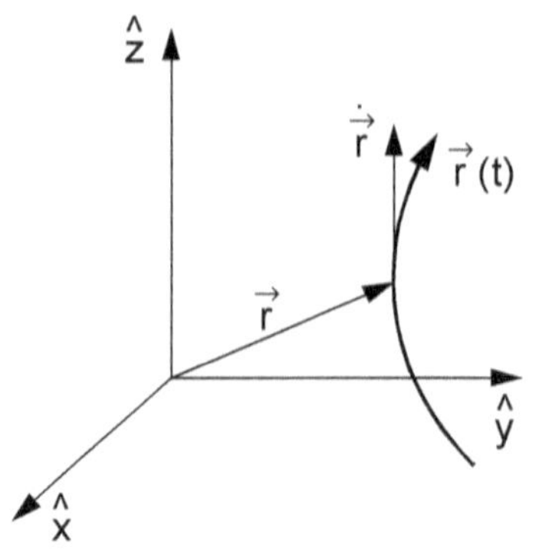

Bild 1.12: Bahnkurve der Bewegung eines Massepunktes. Die Bahngeschwindigkeit $\dot{\vec{r}}$ steht tangential zur Bahn.

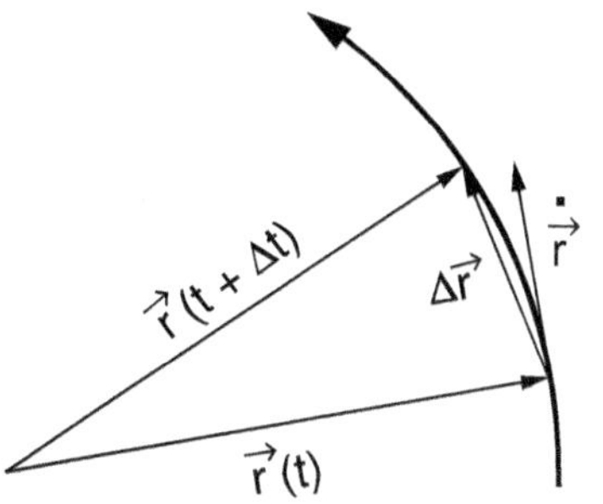

Bild 1.13: Die Differenz der Positionen zur Zeit t und $t + \Delta t$ dividiert durch Δt liefert für $\Delta t \to 0$ die Bahngeschwindigkeit $\dot{\vec{r}}$.

das Produkt von Funktionen ergeben:

$$\frac{\mathrm{d}}{\mathrm{d}t}(\vec{a} + \vec{b}) = \frac{\mathrm{d}\vec{a}}{\mathrm{d}t} + \frac{\mathrm{d}\vec{b}}{\mathrm{d}t} \tag{1.110}$$

$$\frac{\mathrm{d}}{\mathrm{d}t}(\vec{a} \cdot \vec{b}) = \frac{\mathrm{d}\vec{a}}{\mathrm{d}t} \cdot \vec{b} + \vec{a} \cdot \frac{\mathrm{d}\vec{b}}{\mathrm{d}t} \tag{1.111}$$

$$\frac{\mathrm{d}}{\mathrm{d}t}(\vec{a} \times \vec{b}) = \frac{\mathrm{d}\vec{a}}{\mathrm{d}t} \times \vec{b} + \vec{a} \times \frac{\mathrm{d}\vec{b}}{\mathrm{d}t} \tag{1.112}$$

$$\frac{\mathrm{d}}{\mathrm{d}t}(f\,\vec{a}) = \frac{\mathrm{d}f}{\mathrm{d}t}\vec{a} + f\,\frac{\mathrm{d}\vec{a}}{\mathrm{d}t} \tag{1.113}$$

$$\frac{\mathrm{d}}{\mathrm{d}t}(\vec{a} \cdot (\vec{b} \times \vec{c})) = \frac{\mathrm{d}\vec{a}}{\mathrm{d}t} \cdot (\vec{b} \times \vec{c}) + \vec{a} \cdot (\frac{\mathrm{d}\vec{b}}{\mathrm{d}t} \times \vec{c}) + \vec{a} \cdot (\vec{b} \times \frac{\mathrm{d}\vec{c}}{\mathrm{d}t}). \tag{1.114}$$

Man kann also mit derartigen Ausdrücken rechnen wie gewohnt, allerdings unter Beachtung der Reihenfolge der Vektoren in den Produkten.

Man beweist diese Beziehungen durch direkte Berechnung. Als Beispiel sei der Beweis für (1.111) angeführt:

$$\begin{aligned}\frac{\mathrm{d}}{\mathrm{d}t}(\vec{a} \cdot \vec{b}) &= \frac{\mathrm{d}}{\mathrm{d}t}\sum_i a_i b_i = \sum_i (\dot{a}_i b_i + a_i \dot{b}_i) \\ &= \sum_i \dot{a}_i b_i + \sum_i a_i \dot{b}_i = \dot{\vec{a}} \cdot \vec{b} + \vec{a} \cdot \dot{\vec{b}},\end{aligned} \tag{1.115}$$

sowie der Beweis von Gleichung (1.112):

$$\begin{aligned}\frac{\mathrm{d}}{\mathrm{d}t}(\vec{a}\times\vec{b}) &= \frac{\mathrm{d}}{\mathrm{d}t}\sum_{ijk}\epsilon_{ijk}\,a_i b_j\,\hat{e}_k = \sum_{ijk}\epsilon_{ijk}\left(\dot{a}_i b_j + a_i\dot{b}_j\right)\hat{e}_k \\ &= \sum_{ijk}\epsilon_{ijk}\,\dot{a}_i b_j\,\hat{e}_k + \sum_{ijk}\epsilon_{ijk}\,a_i\dot{b}_j\,\hat{e}_k = \dot{\vec{a}}\times\vec{b}+\vec{a}\times\dot{\vec{b}}\,. \qquad (1.116)\end{aligned}$$

1.3.2 Die partielle Ableitung

Für die Differentiation von Funktionen von mehreren Variablen $f(x,y,z)$ ist der Begriff der *partiellen Ableitung* $\partial f/\partial x$ von großer Bedeutung. Kurz gesagt wird hierbei nach der Variablen x so differenziert, als ob f nur eine Funktion von x allein wäre und alle anderen Variablen als Konstanten betrachtet werden:

$$\frac{\partial f}{\partial x} = \lim_{\Delta x\to 0}\frac{f(x+\Delta x,y,z)-f(x,y,z)}{\Delta x}\,. \qquad (1.117)$$

Entsprechend definiert man

$$\frac{\partial f}{\partial y} = \lim_{\Delta y\to 0}\frac{f(x,y+\Delta y,z)-f(x,y,z)}{\Delta y} \qquad (1.118)$$

und

$$\frac{\partial f}{\partial z} = \lim_{\Delta z\to 0}\frac{f(x,y,z+\Delta z)-f(x,y,z)}{\Delta z}\,. \qquad (1.119)$$

Falls es irgendeinen Zweifel geben sollte, welche Variable oder welche Variablen bei der partiellen Differentiation konstant gehalten werden, kann man das durch die folgende Schreibweise festhalten:

$$\left(\frac{\partial f}{\partial x}\right)_{y,z}\,. \qquad (1.120)$$

Dies bedeutet, dass nach x differenziert wurde, wobei die Werte von y und z festgehalten wurden. Man schreibt die partiellen Ableitungen auch alternativ in der Kurzform

$$f_x = \frac{\partial f}{\partial x}\,,\quad f_y = \frac{\partial f}{\partial y}\quad \text{und}\quad f_z = \frac{\partial f}{\partial z}\,, \qquad (1.121)$$

wobei allerdings Verwechslungen (z.B. mit den Komponenten eines Vektors) möglich sind. Entsprechend lassen sich auch höhere partielle Ableitungen bilden, wie zum Beispiel

$$f_{xx} = \frac{\partial}{\partial x}\left(\frac{\partial f}{\partial x}\right) = \frac{\partial^2 f}{\partial x^2} \tag{1.122}$$

oder – und das ist neu im Vergleich zu der Differentiation von Funktionen mit nur einer Variablen – auch gemischte Ableitungen, wie

$$f_{xy} = \frac{\partial}{\partial y}\left(\frac{\partial f}{\partial x}\right) = \frac{\partial^2 f}{\partial y \partial x}\,, \tag{1.123}$$

d.h. die zweite partielle Ableitung, die sich ergibt, wenn man zuerst nach x und danach nach y partiell differenziert.

Als Beispiel berechnen wir alle ersten und zweiten partiellen Ableitungen der Funktion

$$f(x, y) = 4x^5 + 2x^2y + 9xy^3 \tag{1.124}$$

von zwei Veränderlichen x und y. Für die ersten Ableitungen ergibt sich

$$f_x = 20x^4 + 4xy + 9y^3\,, \quad f_y = 2x^2 + 27xy^2 \tag{1.125}$$

und für die zweiten partiellen Ableitungen

$$\begin{aligned} f_{xx} &= 80x^3 + 4y\,, & f_{yy} &= 54xy\,, \\ f_{xy} &= 4x + 27y^2\,, & f_{yx} &= 4x + 27y^2. \end{aligned} \tag{1.126}$$

Man beobachtet hier, dass die beiden gemischten Ableitungen unabhängig sind von der Reihenfolge der Differentiation, also $f_{xy} = f_{yx}$. Das gilt mit recht großer Allgemeinheit nach dem *Satz von Schwarz* unter der Voraussetzung, dass die zweiten partiellen Ableitungen existieren und stetig sind.

Wenn nun die Variablen x, y und z von einer skalaren Variablen t abhängen:

$$f(t) = f\big(x(t), y(t), z(t)\big)\,, \tag{1.127}$$

so kann man die Funktion $f(t)$ wie bekannt nach t differenzieren. Es gilt dabei eine erweiterte *Kettenregel*:

$$\frac{\mathrm{d}f}{\mathrm{d}t} = \frac{\partial f}{\partial x}\frac{\mathrm{d}x}{\mathrm{d}t} + \frac{\partial f}{\partial y}\frac{\mathrm{d}y}{\mathrm{d}t} + \frac{\partial f}{\partial z}\frac{\mathrm{d}z}{\mathrm{d}t}\,. \tag{1.128}$$

Das beweist man mithilfe von

$$\frac{f(t+\Delta t)-f(t)}{\Delta t}=\frac{f\big(x(t+\Delta t),y(t+\Delta t),z(t+\Delta t)\big)-f(x,y,z)}{\Delta t}$$

$$=\frac{f(x+\Delta x,y+\Delta y,z+\Delta z)-f(x,y,z)}{\Delta t} \qquad \text{(vgl. (1.107))}$$

$$=\frac{1}{\Delta t}\Big\{f(x+\Delta x,y+\Delta y,z+\Delta z)-f(x,y+\Delta y,z+\Delta z)$$

$$+f(x,y+\Delta y,z+\Delta z)-f(x,y,z+\Delta z)+f(x,y,z+\Delta z)-f(x,y,z)\Big\}$$

$$=\frac{f(x+\Delta x,y+\Delta y,z+\Delta z)-f(x,y+\Delta y,z+\Delta z)}{\Delta x}\frac{\Delta x}{\Delta t}$$

$$+\frac{f(x,y+\Delta y,z+\Delta z)-f(x,y,z+\Delta z)}{\Delta y}\frac{\Delta y}{\Delta t}$$

$$+\frac{f(x,y,z+\Delta z)-f(x,y,z)}{\Delta z}\frac{\Delta z}{\Delta t}$$

$$\xrightarrow[\Delta t\to 0]{} \frac{\partial f}{\partial x}\frac{\mathrm{d}x}{\mathrm{d}t}+\frac{\partial f}{\partial y}\frac{\mathrm{d}y}{\mathrm{d}t}+\frac{\partial f}{\partial z}\frac{\mathrm{d}z}{\mathrm{d}t}\,. \tag{1.129}$$

Unter Verzicht auf das explizite Hinschreiben der Differentiation nach der Variablen t lässt sich (1.128) auch abgekürzt schreiben als

$$\mathrm{d}f=\frac{\partial f}{\partial x}\,\mathrm{d}x+\frac{\partial f}{\partial y}\,\mathrm{d}y+\frac{\partial f}{\partial z}\,\mathrm{d}z\,. \tag{1.130}$$

Dieses *totale Differential* gibt die Änderung des Wertes der Funktion f an, falls die Variable x um $\mathrm{d}x$ verändert wird, y um $\mathrm{d}y$ und z um $\mathrm{d}z$ (vgl. dazu auch Seite 42).

Bei manchen Anwendungen möchte man diese Beziehung für *endliche*, nicht infinitesimale Größen benutzen. Man schreibt dann Δ statt d, also

$$\Delta f\approx\frac{\partial f}{\partial x}\,\Delta x+\frac{\partial f}{\partial y}\,\Delta y+\frac{\partial f}{\partial z}\,\Delta z\,, \tag{1.131}$$

wobei natürlich aus dem „=“ ein „≈“ wurde (vgl. Bild 1.14).

Als Beispiel betrachten wir die Funktion

$$f(x,y,z)=(1+z)\,\mathrm{e}^{x+y^2}\,. \tag{1.132}$$

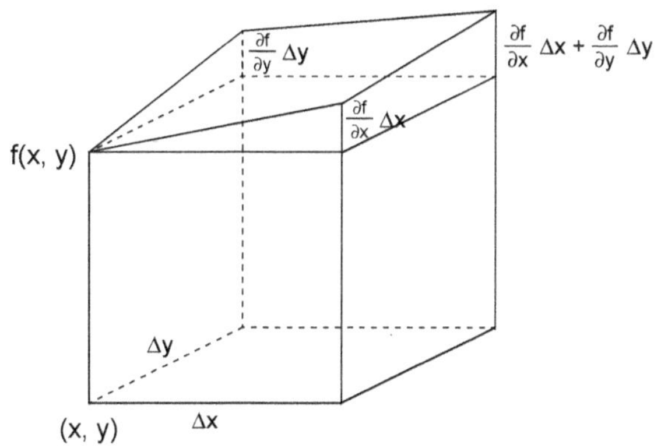

Bild 1.14: Zuwachs einer Funktion $f(x, y)$ bei Änderung von x um Δx und y um Δy.

Die partiellen Ableitungen sind

$$\frac{\partial f}{\partial x} = (1+z)\,\mathrm{e}^{x+y^2}\,, \quad \frac{\partial f}{\partial y} = 2y(1+z)\,\mathrm{e}^{x+y^2}\,, \quad \frac{\partial f}{\partial z} = \mathrm{e}^{x+y^2}\,. \tag{1.133}$$

An der Stelle $(x, y, z) = (0, 0, 0)$ ist der Funktionswert $f(0, 0, 0) = 1$ bekannt. Bei einem Zuwachs um $(\Delta x, \Delta y, \Delta z) = (0.1, 0.1, 0.1)$ ändert sich der Funktionswert nach Gleichung (1.131) näherungsweise um

$$\Delta f \approx \left.\frac{\partial f}{\partial x}\right|_0 \Delta x + \left.\frac{\partial f}{\partial y}\right|_0 \Delta y + \left.\frac{\partial f}{\partial z}\right|_0 \Delta z\,. \tag{1.134}$$

Dabei bezeichnet $\partial f/\partial x|_0$ den Wert der partiellen Ableitung an der Stelle $(x, y, z) = (0, 0, 0)$. Wir erhalten

$$\Delta f = 1 \cdot 0.1 + 0 \cdot 0.1 + 1 \cdot 0.1 = 0.2 \tag{1.135}$$

und daher nach Gleichung (1.86) einen approximativen Funktionswert von $f(0.1, 0.1, 0.1) \approx f(0, 0, 0) + \Delta f = 1 + 0.2 = 1.2$. Ein Vergleich mit der exakten Berechnung von $f(0.1, 0.1, 0.1) = (1 + 0.1)\,\mathrm{e}^{0.1+0.01} \approx 1.227$ zeigt eine recht gute Übereinstimmung.

1.4 Krummlinige Koordinaten I

Im Abschnitt 1.2 haben wir die Komponenten eines Vektors in einem dreidimensionalen kartesischen Koordinatensystem dargestellt. Im vorangehenden Abschnitt haben wir gelernt, in diesen Koordinaten zu differenzieren. Die Wahl eines solchen Koordinatensystems ist aber beliebig. Man kann z.B. ein kartesisches Koordinatensystem in geeigneter Weise orientieren; man kann aber auch ganz andere Koordinatensysteme – man nennt sie ganz allgemein *krummlinige Koordinaten* – wählen, die beispielsweise der Symmetrie eines Systems angepasst sind. Ein bekanntes Beispiel sind die Längen- und Breitengrade auf der Erdkugel. Wir bezeichnen hier ganz allgemein solche (dreidimensionalen) Koordinaten mit u, v, w. Unsere Aufgabe ist es nun, in diesen Koordinaten zu rechnen, also beispielsweise zu differenzieren.

Bei einer Transformation von den kartesischen Koordinaten x, y, z auf beliebige andere Koordinaten u, v, w können wir ganz ähnlich vorgehen wie im vorigen Abschnitt. Der Vektor $\vec{r} = (x, y, z)$ hängt jetzt von den Variablen u, v, w ab, d.h. $\vec{r} = \big(x(u,v,w),\, y(u,v,w),\, z(u,v,w) \big)$.

Dann gilt wie oben bei alleiniger Änderung der Bezeichnungen

$$\mathrm{d}x = \frac{\partial x}{\partial u}\,\mathrm{d}u + \frac{\partial x}{\partial v}\,\mathrm{d}v + \frac{\partial x}{\partial w}\,\mathrm{d}w\,, \tag{1.136}$$

sowie ein ganz analoger Ausdruck für $\mathrm{d}y$ bzw. $\mathrm{d}z$. Damit erhält man das so genannte *Linienelement* als

$$\mathrm{d}\vec{r} = (\mathrm{d}x, \mathrm{d}y, \mathrm{d}z) = \mathrm{d}x\,\hat{e}_x + \mathrm{d}y\,\hat{e}_y + \mathrm{d}z\,\hat{e}_z \tag{1.137}$$

Mithilfe von

$$\begin{aligned}
&\left(\frac{\partial x}{\partial u}\,\mathrm{d}u + \frac{\partial x}{\partial v}\,\mathrm{d}v + \frac{\partial x}{\partial w}\,\mathrm{d}w \right) \hat{e}_x + \left(\frac{\partial y}{\partial u}\,\mathrm{d}u + \frac{\partial y}{\partial v}\,\mathrm{d}v + \frac{\partial y}{\partial w}\,\mathrm{d}w \right) \hat{e}_y \\
&\qquad + \left(\frac{\partial z}{\partial u}\,\mathrm{d}u + \frac{\partial z}{\partial v}\,\mathrm{d}v + \frac{\partial z}{\partial w}\,\mathrm{d}w \right) \hat{e}_z \\
&= \left(\frac{\partial x}{\partial u}\hat{e}_x + \frac{\partial y}{\partial u}\hat{e}_y + \frac{\partial z}{\partial u}\hat{e}_z \right) \mathrm{d}u + \left(\frac{\partial x}{\partial v}\hat{e}_x + \frac{\partial y}{\partial v}\hat{e}_y + \frac{\partial z}{\partial v}\hat{e}_z \right) \mathrm{d}v \\
&\qquad + \left(\frac{\partial x}{\partial w}\hat{e}_x + \frac{\partial y}{\partial w}\hat{e}_y + \frac{\partial z}{\partial w}\hat{e}_z \right) \mathrm{d}w
\end{aligned} \tag{1.138}$$

lässt sich dies umschreiben als

$$\mathrm{d}\vec{r} = \frac{\partial \vec{r}}{\partial u}\,\mathrm{d}u + \frac{\partial \vec{r}}{\partial v}\,\mathrm{d}v + \frac{\partial \vec{r}}{\partial w}\,\mathrm{d}w \tag{1.139}$$

mit

$$\frac{\partial \vec{r}}{\partial u} = \left(\frac{\partial x}{\partial u}, \frac{\partial y}{\partial u}, \frac{\partial z}{\partial u}\right) . \tag{1.140}$$

Gleichung (1.139) beschreibt die Änderung des Vektors $\vec{r}$ bei Änderung der Koordinate u um du, v um dv und w um dw.

Im folgenden Abschnitt werden wir diese Formeln benutzen, um spezielle wichtige krummlinige Koordinatensysteme kennen zu lernen.

1.4.1 Ebene Polarkoordinaten

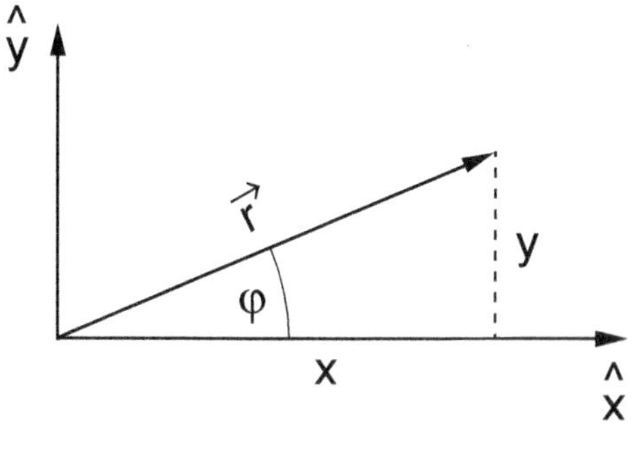

Bild 1.15: Ebene Polarkoordinaten.

Die wohl einfachsten und bekanntesten krummlinigen Koordinaten sind die ebenen Polarkoordinaten. Man benutzt zur Beschreibung eines Punktes in der (x, y)-Ebene den Abstand r vom Ursprung des Koordinatensystems und den Winkel φ zur x-Achse (siehe Bild 1.15). Die Transformation zwischen den kartesischen Koordinaten x, y und den Polarkoordinaten r, φ ist gegeben durch die Gleichungen

$$x = r\cos\varphi \; , \quad y = r\sin\varphi \tag{1.141}$$

mit der Umkehrung

$$r = \sqrt{x^2 + y^2} \; , \quad \varphi = \pm \arccos\frac{x}{r} \quad \text{für} \quad y \gtrless 0 \, . \tag{1.142}$$

Die beiden Vektoren

$$\hat{e}_r = (\cos\varphi, \sin\varphi) \; , \quad \hat{e}_\varphi = (-\sin\varphi, \cos\varphi) \tag{1.143}$$

sind Einheitsvektoren ($|\hat{e}_r| = |\hat{e}_\varphi| = \sqrt{\sin^2\varphi + \cos^2\varphi} = 1$), die aufeinander senkrecht stehen ($\hat{e}_r \cdot \hat{e}_\varphi = -\cos\varphi\sin\varphi + \sin\varphi\cos\varphi = 0$). Diese Vektoren zeigen in die beiden Koordinatenrichtungen, also $\hat{e}_r$ in radiale Richtung und $\hat{e}_\varphi$ in azimutale Richtung, wie im Bild 1.16 dargestellt.

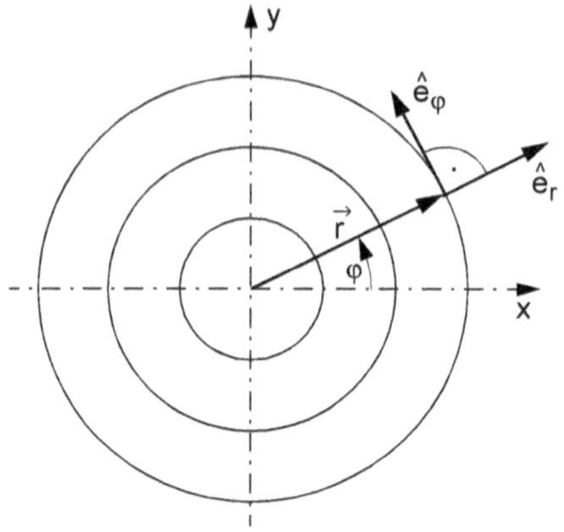

Bild 1.16: Einheitsvektoren der ebenen Polarkoordinaten.

In diesem einfachen Fall lassen sich die beiden Einheitsvektoren erraten, aber für kompliziertere Situationen benötigt man ein allgemeines Konstruktionsverfahren. Das lässt sich leicht angeben: Einen Vektor „in Richtung einer Koordinate u“ erhält man durch die Änderung $\Delta\vec{r}$ des Vektors $\vec{r}$ bei *alleiniger* Änderung der Koordinate u um einen kleinen Wert Δu, also einen Vektor in Richtung $\partial\vec{r}/\partial u$. Um einen Einheitsvektor in diese Richtung zu erhalten, muss man den Vektor noch durch seinen Betrag dividieren:

$$\hat{e}_u = \frac{1}{b_u}\frac{\partial\vec{r}}{\partial u} \quad \text{mit} \quad b_u = \left|\frac{\partial\vec{r}}{\partial u}\right| . \tag{1.144}$$

Als Test verifizieren wir mithilfe von (1.144) und

$$\vec{r} = (r\cos\varphi, r\sin\varphi) \tag{1.145}$$

die Einheitsvektoren (1.143) für die ebenen Polarkoordinaten. Zunächst berechnen wir

$$\frac{\partial\vec{r}}{\partial r} = (\cos\varphi, \sin\varphi) \quad , \quad \frac{\partial\vec{r}}{\partial\varphi} = (-r\sin\varphi, r\cos\varphi) \tag{1.146}$$

und ihre Beträge

$$\begin{aligned} b_r &= \sqrt{\cos^2\varphi + \sin^2\varphi} = 1 \\ b_\varphi &= \sqrt{r^2\sin^2\varphi + r^2\cos^2\varphi} = r\,. \end{aligned} \tag{1.147}$$

Damit finden wir

$$\hat{e}_r = \frac{1}{b_r}\frac{\partial\vec{r}}{\partial r} = (\cos\varphi, \sin\varphi) \tag{1.148}$$

und

$$\hat{e}_\varphi = \frac{1}{b_\varphi}\frac{\partial\vec{r}}{\partial\varphi} = (-\sin\varphi, \cos\varphi) \tag{1.149}$$

in Übereinstimmung mit (1.143).

Die Bahnkurve ist in ebenen Polarkoordinaten gegeben durch

$$\vec{r} = \vec{r}(t) = r(t)\,\hat{e}_r(t)\,. \tag{1.150}$$

Dabei muss man beachten, dass der Basisvektor $\hat{e}_r$ an den verschiedenen Punkten im Raum unterschiedliche Richtungen hat, d.h. er dreht sich auf der Bahn und es gilt $\hat{e}_r = \hat{e}_r(t)$. Aus (1.150) erhält man unter Benutzung der Formel

$$\dot{\hat{e}}_r = \frac{\mathrm{d}\hat{e}_r}{\mathrm{d}\varphi}\frac{\mathrm{d}\varphi}{\mathrm{d}t} = (-\sin\varphi, \cos\varphi)\,\dot{\varphi} = \dot{\varphi}\,\hat{e}_\varphi$$

durch Differentiation die Bahngeschwindigkeit

$$\dot{\vec{r}} = \dot{r}\,\hat{e}_r + r\,\dot{\hat{e}}_r = \dot{r}\,\hat{e}_r + r\dot{\varphi}\,\hat{e}_\varphi\,. \tag{1.151}$$

Die Geschwindigkeit (1.151) lässt sich auch schreiben als

$$\vec{v} = v_r\,\hat{e}_r + v_\varphi\,\hat{e}_\varphi \tag{1.152}$$

mit der *Radialgeschwindigkeit*

$$v_r = \dot{r} \tag{1.153}$$

und der Geschwindigkeit

$$v_\varphi = r\dot{\varphi} \tag{1.154}$$

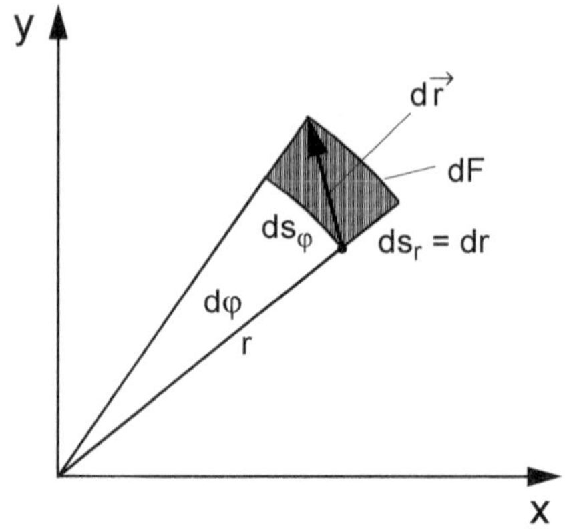

Bild 1.17: Differentielle Linienelemente in ebenen Polarkoordinaten.

in azimutaler Richtung; $\dot{\varphi}$ bezeichnet man als *Winkelgeschwindigkeit.* Mithilfe von

$$\dot{\hat{e}}_\varphi = (-\cos\varphi, -\sin\varphi)\,\dot{\varphi} = -\dot{\varphi}\,\hat{e}_r \tag{1.155}$$

berechnen wir die Beschleunigung in Polarkoordinaten als

$$\begin{aligned}\vec{a} &= \ddot{\vec{r}} = \dot{\vec{v}} \\ &= \frac{\mathrm{d}}{\mathrm{d}t}\left(v_r\,\hat{e}_r + v_\varphi\,\hat{e}_\varphi\right) = \frac{\mathrm{d}}{\mathrm{d}t}\left(\dot{r}\,\hat{e}_r + r\dot{\varphi}\,\hat{e}_\varphi\right) \\ &= \ddot{r}\,\hat{e}_r + \dot{r}\,\dot{\hat{e}}_r + \dot{r}\dot{\varphi}\,\hat{e}_\varphi + r\ddot{\varphi}\,\hat{e}_\varphi + r\dot{\varphi}\,\dot{\hat{e}}_\varphi \\ &= (\ddot{r} - r\dot{\varphi}^2)\,\hat{e}_r + (r\ddot{\varphi} + 2\dot{r}\dot{\varphi})\,\hat{e}_\varphi\end{aligned} \tag{1.156}$$

oder

$$\vec{a} = a_r\,\hat{e}_r + a_\varphi\,\hat{e}_\varphi \tag{1.157}$$

mit der *Radialbeschleunigung*

$$a_r = \ddot{r} - r\dot{\varphi}^2 \tag{1.158}$$

und der *Winkelbeschleunigung*

$$a_\varphi = r\ddot{\varphi} + 2\dot{r}\dot{\varphi}\,. \tag{1.159}$$

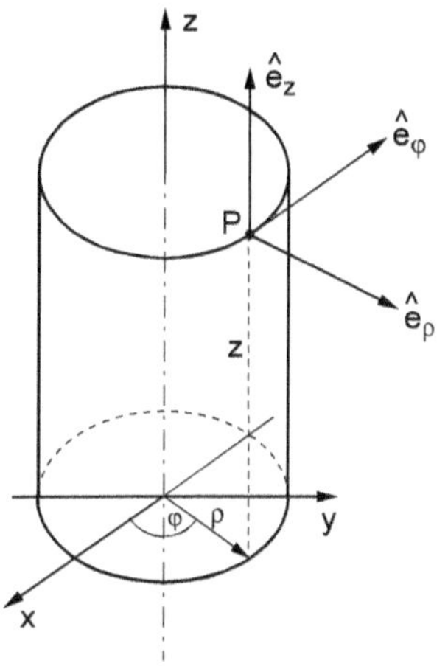

Bild 1.18: Zylinderkoordinaten.

Zum Abschluss berechnen wir noch das *Linienelement* (1.139) in Polarkoordinaten:

$$\begin{aligned} \mathrm{d}\vec{r} &= \frac{\partial \vec{r}}{\partial r}\,\mathrm{d}r + \frac{\partial \vec{r}}{\partial \varphi}\,\mathrm{d}\varphi \\ &= \mathrm{d}r\,\hat{e}_r + r\,\mathrm{d}\varphi\,\hat{e}_\varphi = \mathrm{d}s_r\,\hat{e}_r + \mathrm{d}s_\varphi\,\hat{e}_\varphi\,. \end{aligned} \tag{1.160}$$

Die Linienelemente in die beiden Koordinatenrichtungen $\hat{e}_r$ und $\hat{e}_\varphi$ nennt man auch *Längenelemente* und bezeichnet sie mit $\mathrm{d}s$, also

$$\mathrm{d}s_r = \mathrm{d}r \quad \text{und} \quad \mathrm{d}s_\varphi = r\,\mathrm{d}\varphi \tag{1.161}$$

(vgl. Bild 1.17). Da die beiden Vektoren $\hat{e}_r$ und $\hat{e}_\varphi$ aufeinander senkrecht stehen, erhalten wir für das differentiell kleine *Flächenelement* $\mathrm{d}F = \mathrm{d}x\,\mathrm{d}y$ in ebenen Polarkoordinaten die Formel

$$\mathrm{d}F = \mathrm{d}s_r \mathrm{d}s_\varphi = r\,\mathrm{d}r\,\mathrm{d}\varphi\,. \tag{1.162}$$

1.4.2 Zylinderkoordinaten

In den Zylinderkoordinaten werden die beiden kartesischen Koordinaten x und y durch ebene Polarkoordinaten ersetzt, die hier zur Unterscheidung von den Kugelkoordinaten (vgl. Abschnitt 1.4.3) mit ρ und φ bezeichnet werden. Die Transformationsgleichungen lauten

$$x = \rho\cos\varphi\,, \quad y = \rho\sin\varphi\,, \quad z = z \tag{1.163}$$

mit der Umkehrung

$$\rho = \sqrt{x^2 + y^2}\,, \quad \varphi = \arctan\frac{y}{x} \;\{+\pi \text{ falls } x < 0\}, \quad z = z\,. \tag{1.164}$$

Genau wie oben findet man die Einheitsvektoren als

$$\begin{aligned} \hat{e}_\rho &= (\ \cos\varphi, \sin\varphi, 0) \\ \hat{e}_\varphi &= (-\sin\varphi, \cos\varphi, 0) \\ \hat{e}_z &= (0, 0, 1) \end{aligned} \tag{1.165}$$

mit

$$\hat{e}_\rho \cdot \hat{e}_\varphi = \hat{e}_\rho \cdot \hat{e}_z = \hat{e}_\varphi \cdot \hat{e}_z = 0\,, \tag{1.166}$$

das heißt, die Einheitsvektoren stehen paarweise aufeinander senkrecht und bilden wegen $\hat{e}_\rho \times \hat{e}_\varphi = \hat{e}_z$ ein Rechtssystem.

Das Linienelement (1.139) ergibt sich genau wie für die ebenen Polarkoordinaten in (1.160) als

$$\begin{aligned} \mathrm{d}\vec{r} &= \mathrm{d}\rho\,\hat{e}_\rho + \rho\mathrm{d}\varphi\,\hat{e}_\varphi + \mathrm{d}z\,\hat{e}_z \\ &= \mathrm{d}s_\rho\,\hat{e}_\rho + \mathrm{d}s_\varphi\hat{e}_\varphi + \mathrm{d}s_z\,\hat{e}_z\,. \end{aligned} \tag{1.167}$$

Das Volumenelement ist gleich dem Volumen eines von den Längenelementen $\mathrm{d}s_\rho = \mathrm{d}\rho$, $\mathrm{d}s_\varphi = \rho\,\mathrm{d}\varphi$ und $\mathrm{d}s_z = \mathrm{d}z$ aufgespannten differentiell kleinen Quaders, also

$$\mathrm{d}V = \mathrm{d}s_\rho \mathrm{d}s_\varphi \mathrm{d}s_z = \rho\,\mathrm{d}\rho\,\mathrm{d}\varphi\,\mathrm{d}z\,. \tag{1.168}$$

Als direkte Erweiterung von (1.151) und (1.156) (oder auch als Folgerung von (1.167)) schreiben sich Geschwindigkeit und Beschleunigung in Zylinderkoordinaten als

$$\vec{v} = \dot{\rho}\,\hat{e}_\rho + \rho\dot{\varphi}\,\hat{e}_\varphi + \dot{z}\,\hat{e}_z \tag{1.169}$$

und

$$\vec{a} = (\ddot{\rho} - \rho\dot{\varphi}^2)\,\hat{e}_\rho + (2\dot{\rho}\dot{\varphi} + \rho\ddot{\varphi})\,\hat{e}_\varphi + \ddot{z}\,\hat{e}_z\,. \tag{1.170}$$

1.4.3 Kugelkoordinaten

Die Transformation von kartesischen Koordinaten auf krummlinige Koordinaten lässt sich ganz allgemein behandeln. Wir wollen diese Technik hier einmal anhand des Beispiels der Kugelkoordinaten genauer darstellen.

Kugelkoordinaten oder *sphärische Polarkoordinaten* beschreiben einen Punkt mit den kartesischen Koordinaten x, y, z durch die folgenden drei Angaben: Den Abstand r vom Koordinatenmittelpunkt, den Winkel ϑ zwischen $\vec{r}$ und der z-Achse und den Drehwinkel φ der Projektion von $\vec{r}$ auf die x, y-Ebene bezüglich der x-Richtung.

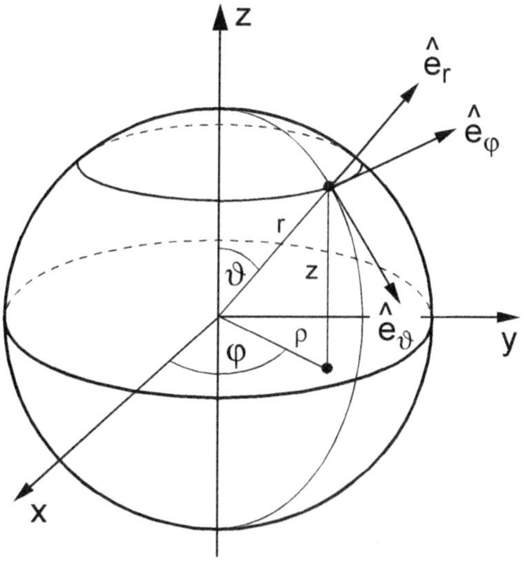

Bild 1.19: Sphärische Polarkoordinaten oder auch Kugelkoordinaten.

Wie man sich aus der Zeichnung 1.19 klarmacht, ist die z-Komponente die Projektion von $\vec{r}$ auf die z-Achse:

$$z = r\cos\vartheta\,. \tag{1.171}$$

Mit der Projektion von $\vec{r}$ auf die x, y-Ebene,

$$\rho = r\sin\vartheta\,, \tag{1.172}$$

erhält man durch weitere Projektion auf die Koordinatenachsen die x- und y-Komponenten:

$$x = \rho\cos\varphi\,, \qquad y = \rho\sin\varphi\,. \tag{1.173}$$

Insgesamt sind die Transformationsgleichungen dann gegeben durch

$$\begin{aligned} x &= r\,\sin\vartheta\cos\varphi \\ y &= r\,\sin\vartheta\sin\varphi \\ z &= r\,\cos\vartheta\,. \end{aligned} \tag{1.174}$$

Zunächst konstruieren wir einen Vektor „in Richtung der Koordinate r“, d.h. in der Richtung, in der sich der Vektor $\vec{r}$ ändert, wenn man *nur* die Koordinate r ändert und die beiden anderen Koordinaten ϑ und φ festhält. Nach Definition ist das die partielle Ableitung

$$\frac{\partial\vec{r}}{\partial r} = (\sin\vartheta\cos\varphi, \sin\vartheta\sin\varphi, \cos\vartheta) \tag{1.175}$$

mit

$$\begin{aligned} b_r = \left|\frac{\partial\vec{r}}{\partial r}\right| &= \sqrt{\sin^2\vartheta\cos^2\varphi + \sin^2\vartheta\sin^2\varphi + \cos^2\vartheta} \\ &= \sqrt{\sin^2\vartheta\big(\cos^2\varphi + \sin^2\varphi\big) + \cos^2\vartheta} = 1\,. \end{aligned} \tag{1.176}$$

Als Einheitsvektor in r-Richtung erhalten wir folglich

$$\hat{e}_r = \frac{1}{b_r}\,\frac{\partial\vec{r}}{\partial r} = (\sin\vartheta\cos\varphi, \sin\vartheta\sin\varphi, \cos\vartheta) \tag{1.177}$$

und damit

$$\vec{r} = r\,\hat{e}_r\,. \tag{1.178}$$

Entsprechend verfahren wir mit den beiden anderen Koordinaten:

$$\begin{aligned} \hat{e}_\vartheta &= \frac{1}{b_\vartheta}\,\frac{\partial\vec{r}}{\partial\vartheta} = \\ &= \frac{1}{r}\,\big(r\cos\vartheta\cos\varphi, r\cos\vartheta\sin\varphi, -r\sin\vartheta\big) \\ &= (\cos\vartheta\cos\varphi, \cos\vartheta\sin\varphi, -\sin\vartheta) \end{aligned} \tag{1.179}$$

mit

$$b_\vartheta = \left|\frac{\partial\vec{r}}{\partial\vartheta}\right| = \sqrt{r^2\,\big(\cos^2\varphi + \sin^2\varphi\big)\cos^2\vartheta + r^2\sin^2\vartheta} = r \tag{1.180}$$

und

$$\begin{aligned}\hat{e}_\varphi &= \frac{1}{b_\varphi}\frac{\partial\vec{r}}{\partial\varphi} \\ &= \frac{1}{r\sin\vartheta}\big(-r\sin\vartheta\sin\varphi, r\sin\vartheta\cos\varphi, 0\big) \\ &= (-\sin\varphi, \cos\varphi, 0)\end{aligned} \tag{1.181}$$

mit

$$b_\varphi = \left|\frac{\partial\vec{r}}{\partial\varphi}\right| = \sqrt{r^2\sin^2\vartheta\,(\sin^2\varphi + \cos^2\varphi)} = r\sin\vartheta\,. \tag{1.182}$$

Man prüft leicht nach, dass gilt $\hat{e}_r\cdot\hat{e}_\vartheta = \hat{e}_r\cdot\hat{e}_\varphi = \hat{e}_\vartheta\cdot\hat{e}_\varphi = 0$, d.h. die drei Einheitsvektoren sind paarweise orthogonal.

Das Linienelement in kartesischen Koordinaten

$$\mathrm{d}\vec{r} = (\mathrm{d}x, \mathrm{d}y, \mathrm{d}z) = \mathrm{d}x\,\hat{e}_x + \mathrm{d}y\,\hat{e}_y + \mathrm{d}z\,\hat{e}_z \tag{1.183}$$

schreibt man in den neuen Koordinaten wie

$$\mathrm{d}\vec{r} = \mathrm{d}s_r\,\hat{e}_r + \mathrm{d}s_\vartheta\,\hat{e}_\vartheta + \mathrm{d}s_\varphi\,\hat{e}_\varphi\,. \tag{1.184}$$

Vergleicht man mit

$$\begin{aligned}\mathrm{d}\vec{r} &= \frac{\partial\vec{r}}{\partial r}\,\mathrm{d}r + \frac{\partial\vec{r}}{\partial\vartheta}\,\mathrm{d}\vartheta + \frac{\partial\vec{r}}{\partial\varphi}\,\mathrm{d}\varphi \\ &= \left|\frac{\partial\vec{r}}{\partial r}\right|\mathrm{d}r\,\hat{e}_r + \left|\frac{\partial\vec{r}}{\partial\vartheta}\right|\mathrm{d}\vartheta\,\hat{e}_\vartheta + \left|\frac{\partial\vec{r}}{\partial\varphi}\right|\mathrm{d}\varphi\,\hat{e}_\varphi \\ &= b_r\,\mathrm{d}r\,\hat{e}_r + b_\vartheta\,\mathrm{d}\vartheta\,\hat{e}_\vartheta + b_\varphi\,\mathrm{d}\varphi\,\hat{e}_\varphi\end{aligned} \tag{1.185}$$

(siehe auch (1.139)), so erhält man für die Längenelemente

$$\mathrm{d}s_r = b_r\,\mathrm{d}r \quad , \quad \mathrm{d}s_\vartheta = b_\vartheta\,\mathrm{d}\vartheta \quad , \quad \mathrm{d}s_\varphi = b_\varphi\,\mathrm{d}\varphi \tag{1.186}$$

und

$$\mathrm{d}\vec{r} = \mathrm{d}r\,\hat{e}_r + r\,\mathrm{d}\vartheta\,\hat{e}_\vartheta + r\sin\vartheta\,\mathrm{d}\varphi\,\hat{e}_\varphi\,. \tag{1.187}$$

Das Volumenelement ist schließlich

$$\mathrm{d}V = \mathrm{d}s_r\,\mathrm{d}s_\vartheta\,\mathrm{d}s_\varphi = b_r b_\vartheta b_\varphi\,\mathrm{d}r\,\mathrm{d}\vartheta\,\mathrm{d}\varphi = r^2\sin\vartheta\,\mathrm{d}r\,\mathrm{d}\vartheta\,\mathrm{d}\varphi\,. \tag{1.188}$$

Oft ist es zweckmäßig, die Radial- und Winkelanteile zu trennen. Man findet dann oft eine Schreibweise des Volumenelements als

$$\mathrm{d}V = r^2\,\mathrm{d}r\,\mathrm{d}\Omega \tag{1.189}$$

mit dem *Raumwinkelelement*

$$\mathrm{d}\Omega = \sin\vartheta\,\mathrm{d}\vartheta\,\mathrm{d}\varphi\,, \tag{1.190}$$

das man als Flächenelement auf der Einheitskugel verstehen kann (das Integral über alle Winkel ist gleich der Fläche der Einheitskugel: $\int \mathrm{d}\Omega = 4\pi$).

Für die Beschreibung der *Bewegung eines Massepunkts* in Kugelkoordinaten benötigen wir außerdem noch die Geschwindigkeit und die Beschleunigung ausgedrückt in den Basisvektoren $\hat{e}_r$, $\hat{e}_\vartheta$, $\hat{e}_\varphi$.

Für die *Geschwindigkeit* ist das recht einfach: Wir differenzieren $\vec{r}(t) = r\hat{e}_r$ nach der Zeit und beachten dabei, dass sich entlang der Bahn auch der Vektor $\hat{e}_r$ ändert. Nach der Kettenregel ergibt sich

$$\begin{aligned}\dot{\hat{e}}_r &= \frac{\partial\hat{e}_r}{\partial\vartheta}\dot{\vartheta} + \frac{\partial\hat{e}_r}{\partial\varphi}\dot{\varphi} \\ &= \dot{\vartheta}\,(\cos\vartheta\cos\varphi, \cos\vartheta\sin\varphi, -\sin\vartheta) + \dot{\varphi}\,(-\sin\vartheta\sin\varphi, \sin\vartheta\cos\varphi, 0) \\ &= \dot{\vartheta}\,\hat{e}_\vartheta + \dot{\varphi}\sin\vartheta\,\hat{e}_\varphi\,. \end{aligned} \tag{1.191}$$

Insgesamt also:

$$\begin{aligned}\vec{v}(t) &= \dot{\vec{r}} = v_r\,\hat{e}_r + v_\vartheta\,\hat{e}_\vartheta + v_\varphi\,\hat{e}_\varphi \\ &= \dot{r}\,\hat{e}_r + r\dot{\vartheta}\,\hat{e}_\vartheta + r\sin\vartheta\,\dot{\varphi}\,\hat{e}_\varphi\,. \end{aligned} \tag{1.192}$$

Das hätte man natürlich auch schneller aus dem Differential für $\mathrm{d}\vec{r}$ in Gleichung (1.187) erhalten können. Die Berechnung der *Beschleunigung* (die ja direkt in die Bewegungsgleichungen eingeht!) ist etwas umfangreicher. Zunächst ermitteln wir analog zu dem Vorgehen für $\dot{\hat{e}}_r$ die Zeitableitungen der beiden anderen Basisvektoren. Wir erhalten

$$\dot{\hat{e}}_\vartheta = -\dot{\vartheta}\,\hat{e}_r + \dot{\varphi}\cos\vartheta\,\hat{e}_\varphi \tag{1.193}$$

$$\dot{\hat{e}}_\varphi = -\dot{\varphi}\sin\vartheta\,\hat{e}_r - \dot{\varphi}\cos\vartheta\,\hat{e}_\vartheta \tag{1.194}$$

und damit

$$\begin{aligned}\vec{a}(t) &= \dot{\vec{v}} = \ddot{\vec{r}} \\ &= a_r\,\hat{e}_r + a_\vartheta\,\hat{e}_\vartheta + a_\varphi\,\hat{e}_\varphi \end{aligned} \tag{1.195}$$

mit den Komponenten

$$a_r = \ddot{r} - r\dot{\vartheta}^2 - r\sin^2\vartheta\,\dot{\varphi}^2 \tag{1.196}$$

$$a_\vartheta = r\ddot{\vartheta} + 2\dot{r}\dot{\vartheta} - r\sin\vartheta\cos\vartheta\,\dot{\varphi}^2 \tag{1.197}$$

$$a_\varphi = r\sin\vartheta\,\ddot{\varphi} + 2\sin\vartheta\,\dot{r}\dot{\varphi} + 2r\cos\vartheta\,\dot{\vartheta}\dot{\varphi}\,. \tag{1.198}$$

1.4.4 Allgemeine orthogonale Koordinatensysteme

Zum Abschluss dieses Abschnittes sollen einige wichtige Formeln für allgemeine orthogonale Koordinatensysteme zusammengestellt werden. Wir werden in diesem Abschnitt die kartesischen Koordinaten x, y, z mit x_1, x_2, x_3 bezeichnen und die kartesischen Einheitsvektoren mit $\hat{e}_1, \hat{e}_2, \hat{e}_3$. Ein beliebiger Vektor $\vec{r}$ hat dann die Darstellung

$$\vec{r} = \sum_{i=1}^{3} x_i\,\hat{e}_i\,. \tag{1.199}$$

Die neuen, krummlinigen Koordinaten seien mit y_1, y_2, y_3 bezeichnet. Mit den Transformationsgleichungen

$$x_i = x_i(y_1, y_2, y_3) \tag{1.200}$$

zwischen den Koordinatensystemen lassen sich die neuen Einheitsvektoren in den Richtungen der neuen Koordinaten berechnen:

$$\hat{u}_k = \frac{1}{b_k}\frac{\partial\vec{r}}{\partial y_k} \quad , \quad b_k = \left|\frac{\partial\vec{r}}{\partial y_k}\right| \quad , \quad k = 1, 2, 3\,. \tag{1.201}$$

Hierzu sei angemerkt, dass der Vektor $\frac{\partial\vec{r}}{\partial y_k}$ in die Richtung der Änderung von $\vec{r}$ bei alleiniger Änderung der Koordinate y_k zeigt; b_k ist der Betrag dieses Vektors, und die Division durch b_k normiert $\hat{u}_k$ auf den Betrag eins.

Wir fordern jetzt zusätzlich, dass die Vektoren $\hat{u}_k$ paarweise aufeinander senkrecht stehen, wie z.B. bei den sphärischen Polarkoordinaten. Wir fordern deshalb

$$\hat{u}_i \cdot \hat{u}_k = \delta_{ik} \qquad i, k = 1, 2, 3\,. \tag{1.202}$$

Man nennt solche Koordinaten dann *lokal orthogonal.* Das Wort *lokal* unterstreicht hier noch einmal, dass diese Orthogonalität in jedem Punkt des Raumes gilt, denn die Vektoren $\hat{u}_k$ hängen ja von den Koordinaten ab und zeigen in verschiedenen Raumpunkten in unterschiedliche Richtungen.[2]

Mit Gleichung (1.139) erhält man für das Linienelement

$$\mathrm{d}\vec{r} = \sum_i \mathrm{d}x_i \, \hat{e}_i = \sum_k \frac{\partial \vec{r}}{\partial y_k} \, \mathrm{d}y_k \tag{1.203}$$

unter Benutzung von (1.201) den Ausdruck

$$\mathrm{d}\vec{r} = \sum_k \mathrm{d}s_k \, \hat{u}_k \tag{1.204}$$

mit den Längenelementen

$$\mathrm{d}s_k = b_k \, \mathrm{d}y_k \, . \tag{1.205}$$

Wegen der Orthogonalität der Basisvektoren sind dann die Flächenelemente gegeben als die Fläche eines Rechtecks mit den Seitenlängen $\mathrm{d}s_j$ und $\mathrm{d}s_k$, z.B.

$$\mathrm{d}F_{12} = \mathrm{d}s_1 \, \mathrm{d}s_2 = b_1 b_2 \, \mathrm{d}y_1 \, \mathrm{d}y_2 \tag{1.206}$$

und das Volumenelement als Volumen eines Quaders mit den Kantenlängen $\mathrm{d}s_k$:

$$\mathrm{d}V = \prod_{k=1}^{3} \mathrm{d}s_k = \prod_{k=1}^{3} b_k \, \mathrm{d}y_k = b_1 b_2 b_3 \, \mathrm{d}y_1 \, \mathrm{d}y_2 \, \mathrm{d}y_3 \, . \tag{1.207}$$

1.5 Aufgaben

Aufgabe 1.1 (Lösung Seite 431): Beweisen Sie die Dreiecksungleichung

$$|a - b| \leq |\vec{a} + \vec{b}\,| \leq a + b \, .$$

Aufgabe 1.2 (Lösung Seite 431): Beweisen Sie mithilfe der Vektorrechnung den *Satz von Thales*: „Der Umfangswinkel über dem Durchmesser eines Kreises ist ein rechter Winkel."

[2]Klarerweise ist die Orthogonalität eine starke Einschränkung, die in keiner Weise notwendig ist. Man kann auch mit nicht-orthogonalen Koordinaten arbeiten, wobei sich allerdings einige Rechnungen umständlicher darstellen.

Aufgabe 1.3 (Lösung Seite 432): Gegeben sind die beiden Vektoren

$$\vec{a} = 4\hat{e}_x + 3\hat{e}_y - 5\hat{e}_z \quad \text{und} \quad \vec{b} = -\hat{e}_x + 4\hat{e}_y + \hat{e}_z\,.$$

(a) Berechnen Sie den Winkel zwischen $\vec{a}$ und $\vec{b}$.

(b) Berechnen Sie das Vektorprodukt $\vec{a}\times\vec{b}$. Verifizieren Sie die Beziehung

$$\left|\vec{a}\times\vec{b}\right|^2 = a^2b^2 - \left(\vec{a}\cdot\vec{b}\right)^2$$

durch getrennte Berechnung beider Seiten.

(c) Wie müssen die Koeffizienten α und β der Linearkombination

$$\vec{c} = \alpha\left(\vec{a}+\vec{b}\right) + \beta\left(\vec{a}\times\vec{b}\right)$$

gewählt werden, damit die Projektion von $\vec{c}$ auf $\vec{b}$ die Länge $p = 7/\sqrt{2}$ erhält und die drei Vektoren $\vec{a}$, $\vec{b}$, $\vec{c}$ ein Parallelepiped mit Volumen $V = 297$ aufspannen? Lösen Sie die Bestimmungsgleichungen für α und β zunächst allgemein und setzen Sie dann Zahlenwerte ein.

Aufgabe 1.4 (Lösung Seite 433): Der Vektorbegriff wurde zunächst über die Invarianz bei Drehungen motiviert. Später wurden dann die Vektoren als Elemente eines linearen Raumes definiert. Vergewissern Sie sich für den zweidimensionalen Fall, dass Vektoraddition und Multiplikation mit einer Zahl unter Drehungen invariant sind und dass das Skalarprodukt einen Skalar ergibt.

Aufgabe 1.5 (Lösung Seite 434): Berechnen Sie unter Verwendung der Differentiationsregeln für Vektoren $\vec{r} = \vec{r}(t)$ die Ableitungen

$$(a)\ \frac{\mathrm{d}}{\mathrm{d}t}\left|\vec{r}\right| \quad , \quad (b)\ \frac{\mathrm{d}}{\mathrm{d}t}\left(\vec{r}\times\dot{\vec{r}}\right) \quad , \quad (c)\ \frac{\mathrm{d}}{\mathrm{d}t}\left[\vec{r}\cdot\left(\dot{\vec{r}}\times\ddot{\vec{r}}\right)\right].$$

Aufgabe 1.6 (Lösung Seite 434): In ebenen Polarkoordinaten r, φ wird die Bahnkurve eines Teilchens durch

$$\vec{r}(\varphi) = r(\varphi)\,\hat{e}_r\,, \quad r(\varphi) = \frac{k}{1+\varepsilon\cos\varphi}$$

mit $0 \le \varepsilon < 1$ beschrieben.

(a) Berechnen Sie die Minimal- und Maximalwerte von r, und skizzieren Sie die Bahnkurve.

(b) Berechnen Sie einen Einheitsvektor $\hat{t}$ tangential zur Bahnkurve.

Aufgabe 1.7 (Lösung Seite 435): Die *parabolischen Koordinaten* u, v sind gegeben durch die Transformationsgleichungen

$$x = uv\,, \quad y = \left(v^2 - u^2\right)/2\,.$$

(a) Skizzieren Sie in der x, y-Ebene die Kurven mit konstantem u bzw. v.

(b) Bestimmen Sie die Einheitsvektoren $\hat{e}_u$, $\hat{e}_v$ und zeigen Sie, dass sie aufeinander senkrecht stehen.

(c) Berechnen Sie das Linienelement und das Flächenelement in diesen Koordinaten.

Kapitel 2

Datenanalyse und Fehlerrechnung*

Die Datenanalyse und Fehlerrechnung, mit denen wir uns in diesem Kapitel befassen werden, sind Teilgebiete der mathematischen Statistik und der Wahrscheinlichkeitstheorie. Es geht kurz gesagt darum, aus unvermeidlich fehlerbehafteten Messwerten einer gesuchten Größe einen Schätzwert zu ermitteln und anzugeben, wie genau dieser Wert ist. Hier kann nur ein erster Einblick in dieses Gebiet gegeben werden; mehr Information findet sich in der Literatur.[1]

Man kann die Fehler in *systematische Fehler* und *statistische Fehler* aufteilen, wobei diese Unterschiede oft nicht sehr klar definiert sind:

- *Systematische Fehler* entstehen beispielsweise durch apparative Fehler, durch Versäumnisse bei der Analyse des Problems – wie zum Beispiel die Nichtberücksichtigung der Lichtbrechung in der Atmosphäre bei der Messung von Sternpositionen – und ähnliche Ungereimtheiten. Solche Fehler werden bei einer Fehlerrechnung *nicht* berücksichtigt.

- *Statistische Fehler* entstehen durch „zufällige" Schwankungen in den Messwerten durch unkontrollierbare Einflüsse auf die Versuchsbedingungen.

Eine solche Unterscheidung sollte aber nicht überbewertet werden, denn oft ist die Unterteilung sehr willkürlich. Betrachten wir beispielsweise die Beeinflus-

---

[1] Siehe zum Beispiel S. Brandt: *Datenanalyse* (Spektrum, 1992) oder R. J. Taylor: *Fehleranalyse* (VCH-Verlag, Weinheim, 1988).

sung von Gewichtsmessungen mit einer Waage durch in einiger Entfernung vorbeifahrende Autos. Hier kann man sicherlich den Standpunkt vertreten, dass eine „gute“ Messapparatur die Erschütterungen durch den Autoverkehr abschirmen sollte; andererseits kann man derartige Einflüsse auch als zufällige Störungen ansehen und in Kauf nehmen. Einige Klarheit über das Vorgehen verschafft oft eine Untersuchung der Verteilung der Messwerte, aber in allen solchen Fällen bleibt immer ein Spielraum der Unsicherheit, und man ist oft auf reine Mutmaßungen über die statistischen Eigenschaften der „Fehler“ angewiesen, wenn es auch nicht immer klar geäußert wird.

2.1 Messungen und Messfehler

Wir betrachten die Messung einer Größe x. Ein erster Messwert sei x_1, eine zweite Messung unter gleichen Bedingungen liefert den Wert x_2, der wegen der unvermeidlichen „statistischen“ Fehler von x_1 abweichen wird. Wenn wir dies fortsetzen, erhalten wir eine Folge von n Messwerten x_1, x_2,..., x_n. Der (in der Regel unbekannte) wahre Wert dieser Größe sei x_w. Einen Schätzwert für den „wahren Wert“ x_w erhält man durch den *Mittelwert*

$$\overline{x} = \frac{1}{n} \sum_{i=1}^{n} x_i \,. \tag{2.1}$$

Bild 2.1: Mittelalterliche Bestimmung der Längeneinheit „Fuß“ durch Mittelwertbildung.

Bild 2.1 zeigt beispielsweise eine mittelalterliche Bestimmung der Längeneinheit „Fuß“. Dabei wird – wegen der unterschiedlichen Fußlängen der Menschen – über $n = 16$ Einzelwerte gemittelt. Wenn man unterstellt, dass die einzelnen Probanden dabei eine „repräsentative“ Auswahl aus der Bevölkerung darstellen (was das heißt, wäre natürlich noch zu definieren), dann ist eine solche Messung intuitiv betrachtet genauer als eine wahllos herausgegriffene Einzelmessung. Aber wie genau? Umgekehrt kann man fragen, wie viele Messungen man ausführen muss, um eine angestrebte Genauigkeit zu erzielen. Im Folgenden werden wir versuchen, eine erste Antwort auf derartige Fragen zu geben.

Ein nützliches Hilfsmittel zur Untersuchung einer Menge von n Messwerten x_1, $x_2, \ldots, x_n$ ist ein Blick auf ihre Verteilung in einem *Histogramm*. Dazu teilt man den relevanten Bereich der x-Achse in m Intervalle der Breite δx ein:

$$I_j = \left\{ x \,\middle|\, \tilde{x}_j - \delta x/2 \leq x < \tilde{x}_j + \delta x/2 \right\}, \; j = 1, \ldots, m \,, \; \text{mit } \tilde{x}_j = \tilde{x}_0 + j\,\delta x \quad (2.2)$$

und trägt die Verteilung

$$h_j = \frac{1}{n} \left\{ \text{Anzahl der } x_i \in I_j \right\} \quad (2.3)$$

auf. Es gilt $\sum_j h_j = 1$. Bild 2.2 zeigt ein solches Histogramm für eine Menge von $n = 1000$ Messwerten und $m = 20$ Intervalle. Die dargestellte Verteilung

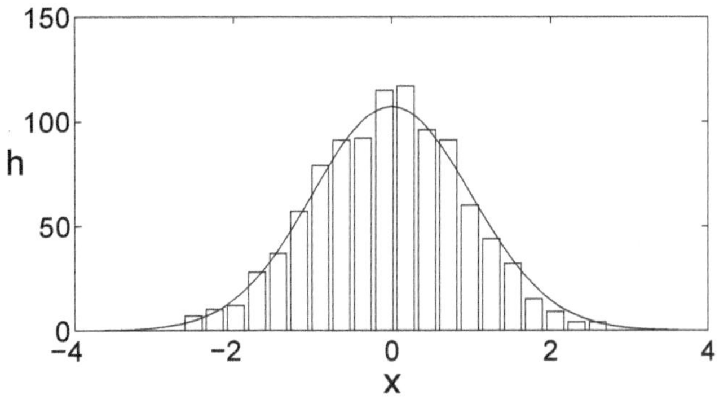

Bild 2.2: Histogramm einer Verteilung von Messwerten x_i im Vergleich mit einer Gauß-Verteilung.

streut um einen Mittelwert

$$\overline{x} = \frac{1}{n}\sum_{i=1}^{n} x_i \,. \tag{2.4}$$

Die „Breite“ dieser Verteilung lässt sich charakterisieren durch die mittlere quadratische Abweichung vom Mittelwert Δx mit

$$\Delta x^2 = \overline{(x-\overline{x})^2} = \frac{1}{n}\sum_{i=1}^{n}(x_i-\overline{x})^2 \,. \tag{2.5}$$

Durch Ausquadrieren dieser Gleichung kann man das auch schreiben als

$$\begin{aligned} \Delta x^2 &= \frac{1}{n}\sum_{i=1}^{n}(x_i-\overline{x})^2 = \frac{1}{n}\sum_{i=1}^{n}\left(x_i^2 - 2\,\overline{x}\,x_i + \overline{x}^{\,2}\right) \\ &= \frac{1}{n}\sum_{i=1}^{n} x_i^2 - 2\overline{x}\,\frac{1}{n}\sum_{i=1}^{n} x_i + \overline{x}^{\,2}\,\frac{1}{n}\sum_{i=1}^{n} 1 = \overline{x^2} - \overline{x}^{\,2} \,, \end{aligned} \tag{2.6}$$

d.h. es gilt

$$\Delta x = \sqrt{\overline{x^2} - \overline{x}^{\,2}} \,. \tag{2.7}$$

Für die im Bild 2.2 dargestellten Daten berechnet sich der Mittelwert als $\overline{x} \approx -0.04$ und die Breite als $\Delta x \approx 0.94$.

Oft folgen die Messwerte einer *Normalverteilung*, d.h. sie folgen näherungsweise einer Gauß-Verteilung, die wir im nächsten Abschnitt genauer diskutieren werden. Die durchgezogene Kurve im Bild 2.2 zeigt eine solche Näherung.

2.1.1 Die Normalverteilung

Eine wichtige Rolle bei jeder Datenanalyse spielt die so genannte *Normalverteilung* oder *Gauß-Verteilung*

$$p_{\mathrm{G}}(x) = \frac{1}{\sigma\sqrt{2\pi}}\,\mathrm{e}^{-(x-\mu)^2/2\sigma^2} \tag{2.8}$$

mit Normierung

$$1 = \int_{-\infty}^{+\infty} p_{\mathrm{G}}(x)\,\mathrm{d}x = \frac{1}{\sigma\sqrt{2\pi}}\int_{-\infty}^{+\infty}\mathrm{e}^{-(x-\mu)^2/2\sigma^2}\,\mathrm{d}x \,. \tag{2.9}$$

Diese Normierung rechnet man leicht nach mithilfe eines kleinen Tricks und einer Transformation in Polarkoordinaten (wir erinnern uns an die Beziehung $\mathrm{d}x\,\mathrm{d}y = r\,\mathrm{d}r\,\mathrm{d}\varphi$ in (1.162) für die Flächenelemente):

$$\begin{aligned}\left\{\int_{-\infty}^{+\infty} \mathrm{e}^{-x^2/2\sigma^2}\,\mathrm{d}x\right\}^2 &= \int_{-\infty}^{+\infty}\int_{-\infty}^{+\infty} \mathrm{e}^{-(x^2+y^2)/2\sigma^2}\,\mathrm{d}x\,\mathrm{d}y \\ &= \int_0^{2\pi}\left[\int_0^{\infty} \mathrm{e}^{-r^2/2\sigma^2} r\,\mathrm{d}r\right]\mathrm{d}\varphi = 2\pi\left[-\sigma^2\,\mathrm{e}^{-r^2/2\sigma^2}\right]_0^{\infty} = 2\pi\sigma^2 .\end{aligned} \tag{2.10}$$

Differenziert man die Normierungsgleichung nach dem Parameter μ, so erhält man

$$\begin{aligned}0 = \frac{\mathrm{d}1}{\mathrm{d}\mu} &= \frac{1}{\sigma\sqrt{2\pi}}\frac{1}{\sigma^2}\int_{-\infty}^{+\infty}(x-\mu)\mathrm{e}^{-(x-\mu)^2/2\sigma^2}\,\mathrm{d}x \\ &= \frac{1}{\sigma^2}\int_{-\infty}^{+\infty}(x-\mu)p_{\mathrm{G}}(x)\,\mathrm{d}x\,.\end{aligned} \tag{2.11}$$

Daraus folgt

$$\int_{-\infty}^{+\infty} x\,p_{\mathrm{G}}(x)\,\mathrm{d}x = \mu\int_{-\infty}^{+\infty} p_{\mathrm{G}}(x)\,\mathrm{d}x = \mu \tag{2.12}$$

und wir erhalten für den Mittelwert

$$\overline{x} = \int_{-\infty}^{+\infty} x p_{\mathrm{G}}(x)\,\mathrm{d}x = \mu\,. \tag{2.13}$$

Entsprechend ergibt sich durch nochmalige Differentiation

$$\begin{aligned}0 &= \frac{\mathrm{d}^2 1}{\mathrm{d}\mu^2} \\ &= \frac{1}{\sigma^5\sqrt{2\pi}}\int_{-\infty}^{+\infty}(x-\mu)^2\mathrm{e}^{-(x-\mu)^2/2\sigma^2}\mathrm{d}x - \frac{1}{\sigma^3\sqrt{2\pi}}\int_{-\infty}^{+\infty}\mathrm{e}^{-(x-\mu)^2/2\sigma^2}\mathrm{d}x \\ &= \frac{1}{\sigma^4}\int_{-\infty}^{+\infty}(x-\mu)^2 p_{\mathrm{G}}(x)\mathrm{d}x - \frac{1}{\sigma^2}\int_{-\infty}^{+\infty} p_{\mathrm{G}}(x)\mathrm{d}x\end{aligned} \tag{2.14}$$

und damit für die mittlere quadratische Abweichung vom Mittelwert

$$\Delta x^2 = \int_{-\infty}^{+\infty}(x-\overline{x})^2 p_{\mathrm{G}}(x)\,\mathrm{d}x = \sigma^2\,. \tag{2.15}$$

In einem Abstand σ vom Mittelwert $\overline{x} = \mu$ ist die Verteilungskurve auf einen Wert

$$\frac{p_{\mathrm{G}}(\mu \pm \sigma)}{p_{\mathrm{G}}(\mu)} = \mathrm{e}^{-1/2} \approx 0.6065 \tag{2.16}$$

abgefallen. Die so genannte *Halbwertsbreite* $\delta_{1/2}$ definiert man durch den Wert von $x - \overline{x}$, für den die Verteilung auf den halben Maximalwert abgefallen ist. Das ergibt für die Normalverteilung (2.8)

$$\mathrm{e}^{-\delta_{1/2}^2/2\sigma^2} = \frac{1}{2} \quad \text{oder} \quad \delta_{1/2} = \sqrt{2\ln 2}\,\sigma \approx 1.18\,\sigma\,, \tag{2.17}$$

also einen Wert, der etwas größer ist als σ.

Man sollte beachten, dass oft der doppelte Wert dieser Breiten angegeben wird, also die Größe des Intervalls $[\overline{x} - \delta, \overline{x} + \delta]$ oder $[\overline{x} - \sigma, \overline{x} + \sigma]$. Man spricht dann genauer von der „vollen Breite". Weiterhin kann man zeigen, dass gilt

$$\int_{\mu-\sigma}^{\mu+\sigma} p_{\mathrm{G}}(x)\,\mathrm{d}x \approx 0.68\,, \tag{2.18}$$

d.h. in dem Intervall $[\mu-\sigma, \mu+\sigma]$ liegen 68% der Verteilung, in $[\mu-2\sigma, \mu+2\sigma]$ 95% und in $[\mu - 3\sigma, \mu + 3\sigma]$ 99.7% der Verteilung. Man nennt diese Intervalle *Vertrauensintervalle* oder *Konfidenzintervalle.*

2.1.2 Die Lorentz-Verteilung

Als ein weiteres Beispiel einer Wahrscheinlichkeitsverteilung betrachten wir die *Lorentz-Verteilung*

$$p_{\mathrm{L}}(x) = \frac{1}{\pi}\,\frac{\gamma}{(x-\mu)^2 + \gamma^2}\,. \tag{2.19}$$

Wie man leicht nachrechnet, ist diese Verteilung normiert

$$\begin{aligned}\int_{-\infty}^{+\infty} p_{\mathrm{L}}(x)\mathrm{d}x &= \frac{\gamma}{\pi}\int_{-\infty}^{+\infty}\frac{\mathrm{d}x}{(x-\mu)^2+\gamma^2}\\ &= \frac{\gamma}{\pi}\int_{-\infty}^{+\infty}\frac{\mathrm{d}u}{u^2+\gamma^2} = \frac{1}{\pi}\arctan\frac{u}{\gamma}\bigg|_{-\infty}^{+\infty} = 1\,.\end{aligned} \tag{2.20}$$

Der Mittelwert von x ist

$$\overline{x} = \int_{-\infty}^{+\infty} x\,p_{\mathrm{L}}(x)\mathrm{d}x = \mu\,, \tag{2.21}$$

denn die Verteilung ist symmetrisch zu $x = \mu$. In diesem Wert hat die Lorentz-Verteilung ein Maximum mit einer Höhe von $p_{\mathrm{L\,max}} = 1/(\pi\gamma)$ und ist bei $x = \mu \pm \gamma$ auf einen Wert

$$p_{\mathrm{L}}(\mu \pm \gamma) = \frac{1}{\pi}\frac{\gamma}{\gamma^2 + \gamma^2} = \frac{p_{\mathrm{L\,max}}}{2} \tag{2.22}$$

abgefallen. Man kann also sagen, das 2γ die „Halbwertsbreite“ der Verteilung ist (genauer: dies ist die volle Breite bei dem halben Maximum).

Soweit war das Verhalten von Gauß-Verteilung und Lorentz-Verteilung qualitativ sehr ähnlich. Es gibt jedoch einen wichtigen Unterschied, denn die Lorentz-Verteilung besitzt **keinen** Erwartungswert von x^2, also auch kein Δx, denn sie fällt so langsam ab, dass das Integral über $x^2 p_{\mathrm{L}}(x)$ divergiert. Bild 2.3 zeigt einen Vergleich beider Verteilungen.

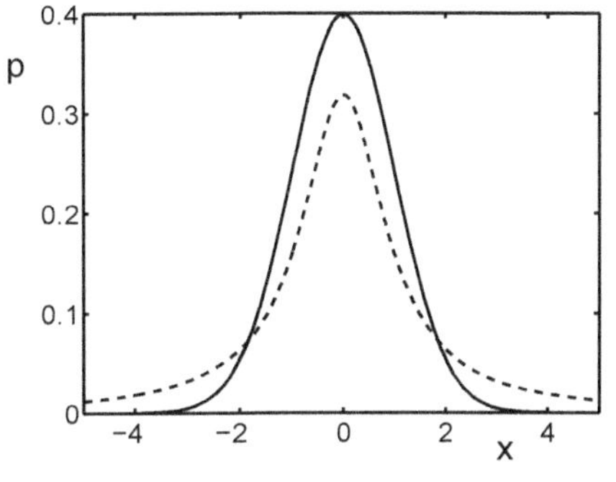

Bild 2.3: Gauß-Verteilung für $\sigma = 1$ (—) und Lorentz-Verteilung für $\gamma = 1$ (- - -) und $\mu = 0$.

2.1.3 Statistische Maße einer Messreihe

Für eine Menge von Daten (eine „Messreihe“) $x_1, x_2, \ldots, x_n$ und Histogramm-Verteilung h_j [siehe Gleichung (2.3)] ist der Mittelwert näherungsweise durch

$$\begin{aligned}\overline{x} &= \frac{1}{n}\sum_{i=1}^{n} x_i \approx \sum_{j=1}^{m} \tilde{x}_j h_j = \sum_{j=1}^{m}(\tilde{x}_0 + j\,\delta x)h_j \\ &= \tilde{x}_0 \sum_{j=1}^{m} h_j + \delta x \sum_{j=1}^{m} j h_j = \tilde{x}_0 + \delta x\,\overline{j}\end{aligned} \tag{2.23}$$

gegeben. Dabei ist $\sum_{j=1}^{m} h_j = 1$ und $\sum_{j=1}^{m} j h_j = \overline{j}$. Die *Varianz* der Messwerte ist definiert als

$$s^2 = \frac{1}{n} \sum_{i=1}^{n} (x_i - \overline{x})^2 , \tag{2.24}$$

und s nennt man *Standardabweichung*, die man auch mit Δx bezeichnet (vgl. (2.7)). Für viele Anwendungen ist die folgende Aussage wichtig:

- Die quadratische Abweichung

$$s^2(x) = \frac{1}{n} \sum_{i=1}^{n} (x_i - x)^2 \tag{2.25}$$

der Messwerte von einem Wert x ist für $x = \overline{x}$ minimal.

Zum Beweis differenzieren wir (2.25) nach x

$$\frac{\mathrm{d}}{\mathrm{d}x} s^2(x) = -\frac{1}{n} \sum_{i=1}^{n} 2(x_i - x) \stackrel{!}{=} 0 . \tag{2.26}$$

Daraus folgt

$$\overline{x} \;\; = \;\; \frac{1}{n} \sum_{i=1}^{n} x_i = \frac{1}{n} \sum_{i=1}^{n} x = \frac{n}{n}\, x = x \tag{2.27}$$

(wegen $\mathrm{d}^2 s^2/\mathrm{d}x^2 = 2 > 0$ ist das ein Minimum).

Im Folgenden betrachten wir die Genauigkeit der Daten einer Messreihe. Dazu benötigen wir eine Vorüberlegung: Die Messung entspricht einer Stichprobe aus einer *Grundgesamtheit*, der Menge aller möglichen Messungen x_i. Wir bezeichnen mit

$$\left.\begin{array}{ll} \mu & \text{den Mittelwert} \\ \sigma^2 & \text{die Varianz} \end{array}\right\} \text{ der Grundgesamtheit.}$$

Im Grenzwert $n \to \infty$ gilt dann

$$\overline{x} \to \mu \quad \text{und} \quad s^2 \to \sigma^2 . \tag{2.28}$$

Man kann nun zeigen, dass – ausgehend von einer endlichen Zahl von n Messwerten – die *beste Schätzung* für die (unbekannten) Werte von μ und σ der Grundgesamtheit gegeben sind durch

$$\mu \approx \overline{x} \quad , \quad \sigma \approx \sqrt{\frac{n}{n-1}}\, s > s . \tag{2.29}$$

Um die Qualität des Ergebnisses, also des Mittelwertes $\overline{x}$, zu beurteilen, ist eine Angabe des *Fehlers des Mittelwertes* notwendig, was sich natürlich nur auf den statistischen Fehler bezieht. Wir betrachten dazu mehrere Stichproben (Messreihen) von jeweils gleichem Umfang n. Dann gilt für die Varianz σ_M^2 des Mittelwertes[2]

$$\sigma_M^2 = \frac{\sigma^2}{n} \quad \text{oder} \quad \sigma_M = \frac{\sigma}{\sqrt{n}} . \tag{2.30}$$

Im Grenzfall unendlich vieler Messungen ($n \to \infty$) gilt $\sigma \to$ *konstant*, wobei der Wert der Konstanten von dem statistischen „Rauschen" der Messapparatur abhängt, und damit

$$\sigma_M \to 0 . \tag{2.31}$$

Die Genauigkeit σ_M wird also mit wachsender Zahl der Messungen größer. Unterstellt man eine Normalverteilung, so gelten die obigen Konfidenzintervalle, d.h. μ liegt mit 68% Wahrscheinlichkeit in $[\overline{x} - \sigma_M, \overline{x} + \sigma_M]$, usw.

2.2 Fehlerfortpflanzung

In vielen Fällen muss man aus fehlerbehafteten Größen weitere davon abhängige Größen bestimmen, wie zum Beispiel bei einer Bestimmung der Erdbeschleunigung g aus einem Fallexperiment mit einer Fallstrecke s in der Zeit t. Hier findet man nach dem bekannten Weg-Zeit-Gesetz $s = gt^2/2$ den Ausdruck $g = 2s/t^2$. Wie übertragen sich jetzt die Fehler der Messung von s und t auf den Fehler in g?

Wir wollen uns hier auf den Fall zweier Messgrößen x und y beschränken, mit den Standardabweichungen σ_{Mx} und σ_{My}. Wir nehmen zur Vereinfachung an, dass beiden Fällen die gleiche Anzahl von n Einzelmessungen zugrunde liegen, d.h. die Daten (x_i, y_i), $i = 1, 2, \ldots, n$.

Die interessierende abgeleitete Größe sei

$$z = f(x, y) . \tag{2.32}$$

Dazu überlegen wir uns, dass die Abweichungen von den Mittelwerten in der Regel klein sind. Entwickelt man die Funktion $f(x, y)$ um die Mittelwerte $(\overline{x}, \overline{y})$

[2]Ein Beweis findet sich z.B. in L. van der Waerden: *Mathematische Statistik* (Berlin, 1965), S. 78.

für kleine Änderungen δx und δy:

$$\begin{aligned} z &\approx f(\overline{x},\overline{y}) + \left.\frac{\partial f}{\partial x}\right|_{\overline{x},\overline{y}} \delta x + \left.\frac{\partial f}{\partial y}\right|_{\overline{x},\overline{y}} \delta y \\ &= f(\overline{x},\overline{y}) + \partial_x f|_{\overline{x},\overline{y}}\, \delta x + \partial_y f|_{\overline{x},\overline{y}}\, \delta y \end{aligned} \tag{2.33}$$

und berechnet daraus die mittlere Abweichung vom Mittelwert für die Größe z, so erhält man mit

$$\begin{aligned} s_z^2 &= \overline{(z - f(\overline{x},\overline{y}))^2} = \frac{1}{n}\sum_{i=1}^{n}\Big(z(x_i,y_i) - f(\overline{x},\overline{y})\Big)^2 \\ &= \frac{1}{n}\sum_{i=1}^{n}(\partial_x f\,\delta x_i + \partial_y f\,\delta y_i)^2 \\ &= \frac{1}{n}\sum_{i=1}^{n}(\partial_x f)^2\,\delta x_i^2 + 2\partial_x f\,\partial_y f\,\delta x_i\,\delta y_i + (\partial_y f)^2\,\delta y_i^2 \\ &= (\partial_x f)^2\,\frac{1}{n}\sum_{i=1}^{n}\delta x_i^2 + 2\partial_x f\,\partial_y f\,\frac{1}{n}\sum_{i=1}^{n}\delta x_i\,\delta y_i + (\partial_y f)^2\,\frac{1}{n}\sum_{i=1}^{n}\delta y_i^2 \\ &= (\partial_x f)^2\, s_x^2 + (\partial_y f)^2\, s_y^2\,, \end{aligned} \tag{2.34}$$

denn es gilt (im Mittel) $\sum_i \delta x_i \delta y_i = 0$, wenn die Fehler statistisch unabhängig sind.

Damit ergibt sich das *Fehlerfortpflanzungsgesetz*

$$\sigma_{Mz} = \sqrt{(\partial_x f)^2\,\sigma_{Mx}^2 + (\partial_y f)^2\,\sigma_{My}^2}\,. \tag{2.35}$$

Manchmal verwendet man statt dieser Gleichung auch eine etwas grobere Abschätzung des Fehlers. Wegen $a^2 + b^2 \le a^2 + b^2 + 2|a||b| = (|a| + |b|)^2$ gilt $\sqrt{a^2+b^2} \le |a| + |b|$ und damit

$$\sigma_{Mz} \lessapprox \left|\frac{\partial f}{\partial x}\right| \sigma_{Mx} + \left|\frac{\partial f}{\partial y}\right| \sigma_{My}\,. \tag{2.36}$$

Als Anwendungsbeispiel betrachten wir wieder die zu Beginn dieses Abschnittes erwähnte Bestimmung der Erdbeschleunigung. Mit

$$g = f(s,t) = \frac{2s}{t^2} \tag{2.37}$$

und

$$\frac{\partial f}{\partial s} = \frac{2}{t^2} \quad , \quad \frac{\partial f}{\partial t} = -\frac{4s}{t^3} \tag{2.38}$$

erhält man mit (2.36) für die Fehler in der berechneten Größe g den Ausdruck

$$\sigma_g \approx \frac{2}{t^2}\,\sigma_s + \frac{4s}{t^3}\,\sigma_t \tag{2.39}$$

(hier stehen s und t für die Mittelwerte $\overline{s}$ und $\overline{t}$) oder auch

$$\Delta g \approx \frac{2}{t^2}\,\Delta s + \frac{4s}{t^3}\,\Delta t\,. \tag{2.40}$$

Oft gibt man auch die *relativen Fehler* an, die man aus (2.40) durch Division durch $g = 2s/t^2$ erhält:

$$\frac{\Delta g}{g} = \frac{\Delta s}{s} + 2\frac{\Delta t}{t}\,. \tag{2.41}$$

2.3 Ausgleichsrechnung

Bei der Ausgleichsrechnung geht es darum, einen gegebenen Satz von n Daten $x_1, x_2, \ldots, x_n$ (die „Messwerte"), die für die Werte t_i einer Veränderlichen t erhalten wurden, durch eine Funktion $x = f(t)$ möglichst gut zu approximieren. Im Idealfall hätte man dann etwa

$$x_i = f(t_i)\,. \tag{2.42}$$

Das lässt sich natürlich immer erreichen, wenn die Funktion nur entsprechend kompliziert gewählt wird.

Das eigentliche Problem besteht aber darin, dass Unsicherheiten auftreten, denn:

(a) Die Funktion ist oft nicht genau bekannt. In der Regel kennt man nur eine approximative funktionale Abhängigkeit $x \approx f(t; p_1, \ldots, p_m)$, wobei die Funktion $f(t)$ von m zusätzlichen Parametern $p_1, \ldots, p_m$ abhängt, die oft a priori unbekannt sind.

(b) Die Werte x_i sind oft fehlerbehaftet und nur mit einer Ungenauigkeit σ_i bekannt.

Hier werden wir den Punkt (b) zunächst ignorieren und im Folgenden annehmen, dass die Daten genau sind, oder dass sie die gleiche Genauigkeit besitzen.

Man bestimmt eine möglichst gute Anpassung der Funktion an die Daten, indem man fordert, dass die Abweichung der Funktionswerte $f_i = f(x_i; p_1, \ldots, p_m)$ von den Messwerten x_i minimal wird, z.B. durch Minimieren der quadratischen Abweichung

$$S = \sum_{i=1}^{n} (x_i - f_i)^2 = Minimum \tag{2.43}$$

(deshalb auch als *„least squares fit“* bezeichnet). Es ist klar, dass dies nur sinnvoll ist, wenn man eine geringe Zahl von m Parametern an eine große Anzahl n von Daten anpasst.

Die weitaus häufigste Anwendung ist der lineare „Fit“ durch eine Ausgleichsgerade

$$f(t) = at + b \tag{2.44}$$

mit zwei Parametern a und b. Gleichung (2.43) lautet dann

$$S = \sum_{i=1}^{n} (x_i - at_i - b)^2 = Minimum\,. \tag{2.45}$$

Diese Forderung impliziert als Bedingung für ein Minimum

$$\begin{aligned} \frac{\partial S}{\partial a} &= -2\textstyle\sum_i (x_i - at_i - b)\, t_i &= 0 \\ \frac{\partial S}{\partial b} &= -2\textstyle\sum_i (x_i - at_i - b) &= 0 \end{aligned} \tag{2.46}$$

Diese Gleichungen lassen sich umschreiben als

$$\begin{aligned} \textstyle\sum_i x_i t_i &= a\textstyle\sum_i t_i^2 + b\textstyle\sum_i t_i \\ \textstyle\sum_i x_i &= a\textstyle\sum_i t_i + b\textstyle\sum_i 1 \end{aligned} \tag{2.47}$$

und weiter – unter Berücksichtigung von $\sum_i 1 = n$ und nach Division durch n – als

$$\begin{aligned} \overline{xt} &= a\,\overline{t^2} + b\,\overline{t} \\ \overline{x} &= a\,\overline{t} + b \end{aligned} \tag{2.48}$$

mit den Mittelwerten von x, t, t^2 und xt. Diese beiden linearen Gleichungen lassen sich nach den Unbekannten a und b auflösen, und man erhält das Endergebnis

$$a = \frac{\overline{xt} - \overline{x}\,\overline{t}}{\overline{t^2} - \overline{t}^2} \quad , \quad b = \overline{x} - a\overline{t}\,. \tag{2.49}$$

Als Beispiel zeigt Bild 2.4 eine Approximation des Datensatzes

t_i	0.2	0.7	1.7	2.4	2.9	3.6	3.9	4.9	5.9
x_i	0.8	2.4	2.8	5.8	6.2	6.4	8.1	8.2	9.4

Mit diesen Daten erhält man die Mittelwerte $\overline{x} = 5.567$, $\overline{t} = 2.911$, $\overline{t^2} = 11.62$ und $\overline{xt} = 20.97$. Damit ergeben sich die Werte für die Steigung $a = 1.516$ und den Achsenabschnitt $b = 1.153$ der Ausgleichsgeraden. Bild 2.4 stellt diese Approximation grafisch dar.

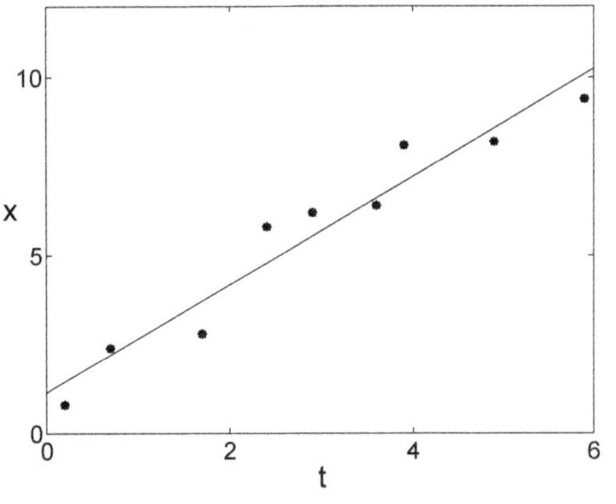

Bild 2.4: Approximation eines Datensatzes (t_i, x_i) von Werten $(*)$ durch eine Ausgleichsgerade.

In ähnlicher Weise lassen sich Daten linear approximieren, bei denen die „Messwerte" x_i unterschiedliche Standardabweichungen σ_i besitzen. Statt (2.45) minimiert man dann die Summe

$$\sum_{i=1}^{n} \left(\frac{x_i - at_i - b}{\sigma_i} \right)^2 \tag{2.50}$$

(vgl. Aufgabe 2.4). Dabei werden die genaueren Daten mit kleinem σ_i stärker gewichtet. Eine Begründung dieser Formel sowie eine Diskussion entsprechender Datenapproximationen durch nichtlineare Funktionen $f(t)$ sprengt den Rahmen dieser Einführung und wird z.B. in der Numerischen Physik behandelt.

2.4 Aufgaben

Aufgabe 2.1 (Lösung Seite 436): Eine Messreihe liefert folgende Zahlenwerte für die Messgröße x:

$$17.5\,;\ 23.0\,;\ 16.8\,;\ 19.2\,;\ 20.7\,;\ 17.6\,;\ 18.4\,;\ 19.9\,;\ 18.6\ .$$

Bestimmen Sie:

(a) den Mittelwert $\overline{x}$,
(b) die Standardabweichung s des Mittelwertes,
(c) die Standardabweichung σ der Grundgesamtheit,
(d) den mittleren Fehler des Mittelwertes.
(e) Wie viel Prozent der Messwerte liegen innerhalb der Grenzen $\overline{x} \pm \sigma$?

Aufgabe 2.2 (Lösung Seite 437): Eine Messreihe für die Größe x liefert die Werte $x_1^{(1)}$, $x_2^{(1)}$, ..., $x_n^{(1)}$ mit dem Mittelwert $\overline{x}^{(1)}$. Eine zweite Messreihe $x_1^{(2)}$, $x_2^{(2)}$, ..., $x_m^{(2)}$ den Mittelwert $\overline{x}^{(2)}$. Gilt jetzt für den den Gesamtmittelwert die Gleichung

$$\overline{x} = \frac{1}{2}\left(\overline{x}^{(1)} + \overline{x}^{(2)}\right) \quad ?$$

Aufgabe 2.3 (Lösung Seite 437): Betrachten Sie die kastenförmige Dichteverteilung

$$p_{\mathrm{K}}(x) = \begin{cases} A & |x| \leq b \\ 0 & |x| > b \end{cases}$$

Berechnen Sie die Mittelwerte $\overline{x}$, $\overline{x^2}$, sowie Δx. Wie viel Prozent der Verteilung liegt im Intervall $-\Delta x < x < +\Delta x$?

Aufgabe 2.4 (Lösung Seite 438): Die Messwerte $\Big\{(t_i, x_i), i = 1, \ldots, n\Big\}$, mit den Standardabweichungen σ_i der x_i für den Messpunkt i, sollen durch eine Ausgleichsgerade $f(t) = at + b$ approximiert werden. Bestimmen Sie die Parameter a und b durch Minimieren von

$$S = \sum_{i=1}^{n} \left(\frac{x_i - at_i - b}{\sigma_i}\right)^2 .$$

Kapitel 3

Vektoranalysis I

Wir betrachten in diesem Kapitel die Eigenschaften von Feldern. Man unterscheidet hierbei Skalarfelder

$$f(\vec{r}) = f(x, y, z)\,, \tag{3.1}$$

bei denen in jedem Punkt $\vec{r} = (x, y, z)$ des Raumes eine skalare Größe f definiert ist (ein Beispiel wäre die Temperaturverteilung in einem Raum) und Vektorfelder

$$\vec{F} = \vec{F}(\vec{r}) = \big(F_x(x, y, z), F_y(x, y, z), F_z(x, y, z)\big)\,, \tag{3.2}$$

bei denen in jedem Raumpunkt ein Vektor spezifiziert ist (ein Beispiel ist ein Kraftfeld). Wir können mit solchen Feldern verschiedene mathematische Operationen ausführen, deren anschauliche (oder „physikalische") Bedeutung uns in den folgenden Kapiteln klar wird. Hier sollen diese Operationen zunächst rein formal eingeführt werden, wobei wir uns auf kartesische Koordinaten beschränken. Die entsprechenden Ausdrücke für krummlinige Koordinaten werden in Kapitel 9 behandelt.

Der *Gradient* erzeugt aus einem skalaren Feld ein Vektorfeld (ein so genanntes Gradientenfeld), die *Divergenz* eines Vektorfeldes ist ein Skalarfeld und, als letztes, liefert die *Rotation* eines Vektorfeldes ein weiteres Vektorfeld.

3.1 Der Gradient

Aus den drei partiellen Ableitungen einer skalaren Funktion $f(\vec{r}) = f(x, y, z)$ lässt sich ein Vektor bilden, der so genannte *Gradient*

$$\mathrm{grad} f = \Big(\frac{\partial f}{\partial x}, \frac{\partial f}{\partial y}, \frac{\partial f}{\partial z}\Big) = \vec{\nabla} f \tag{3.3}$$

mit dem *Nabla-Operator*

$$\vec{\nabla} = \Big(\frac{\partial}{\partial x}, \frac{\partial}{\partial y}, \frac{\partial}{\partial z}\Big) = \big(\partial_x, \partial_y, \partial_z\big)\,. \tag{3.4}$$

Rechenregeln für den Gradienten:

Es gilt

$$\vec{\nabla}(f + g) = \vec{\nabla} f + \vec{\nabla} g \tag{3.5}$$

und

$$\vec{\nabla}(fg) = f\,\vec{\nabla} g + g\,\vec{\nabla} f\,. \tag{3.6}$$

Die beiden Relationen folgen direkt aus der Linearität der partiellen Ableitungen und aus der Produktdifferentiation. Es gilt für die x-Komponente

$$\frac{\partial(f+g)}{\partial x} = \frac{\partial f}{\partial x} + \frac{\partial g}{\partial x} \tag{3.7}$$

und

$$\frac{\partial(fg)}{\partial x} = f\,\frac{\partial g}{\partial x} + g\,\frac{\partial f}{\partial x}\,. \tag{3.8}$$

Entsprechendes gilt für die anderen Komponenten.

Drei **Beispiele** sollen die Berechnung des Gradienten illustrieren:

Beispiel (1): Der Gradient des Feldes

$$f(\vec{r}) = \vec{a}\cdot\vec{r} = a_x x + a_y y + a_z z \tag{3.9}$$

mit einem konstanten Vektor $\vec{a}$ ist – mit $\partial f/\partial x = a_x$ usw. –

$$\vec{\nabla} f = \vec{\nabla}\big(\vec{a}\cdot\vec{r}\big) = \big(a_x, a_y, a_z\big) = \vec{a}\,. \tag{3.10}$$

Beispiel (2): In vielen Fällen treffen wir auf radialsymmetrische Funktionen. Hier lohnt es sich, eine allgemeine Formel für den Gradienten einer radialsymmetrischen Funktion

$$\vec{\nabla} f(r) \quad \text{mit} \quad r = \sqrt{x^2 + y^2 + z^2} \tag{3.11}$$

herzuleiten. Die partiellen Ableitungen berechnet man als

$$\frac{\partial f(r)}{\partial x} = \frac{\mathrm{d}f(r)}{\mathrm{d}r}\,\frac{\partial r}{\partial x} = f'(r)\,\frac{x}{r} \tag{3.12}$$

und entsprechend für y und z. Damit findet man

$$\vec{\nabla} f(r) = f'(r)\left(\frac{x}{r},\,\frac{y}{r},\,\frac{z}{r}\right) = \frac{f'(r)}{r}\,\vec{r} = f'(r)\,\hat{r}\,. \tag{3.13}$$

Insbesondere ergibt sich damit für das Gradientenfeld des Gravitationspotentials c/r einer Punktmasse [siehe Kapitel 4]

$$\vec{\nabla}\,\frac{c}{r} = -\frac{c}{r^2}\,\hat{r}\,. \tag{3.14}$$

Beispiel (3): Das Potentialfeld einer Punktquelle (Masse oder Ladung) am Ort $\vec{a}$ lässt sich – bis auf einen hier unbedeutenden konstanten Faktor – beschreiben durch

$$f(\vec{r}) = \frac{1}{|\,\vec{r}-\vec{a}\,|}\,. \tag{3.15}$$

Die tiefere Ursache dieser funktionalen Abhängigkeit werden wir später kennen lernen. Hier wollen wir zunächst den Gradienten dieses Feldes berechnen, dessen physikalische Bedeutung eine Kraft ist (mehr dazu in Kapitel 4). Es wird sich als nützlich erweisen, noch etwas zu verallgemeinern, und den Gradienten des Feldes

$$f(\vec{r}) = |\,\vec{r}-\vec{a}\,|^{\nu} \tag{3.16}$$

zu berechnen. Mit $\vec{r} = (x, y, z)$ und $\vec{a} = (a_x, a_y, a_z)$ und

$$\begin{aligned}
\frac{\partial f}{\partial x} &= \frac{\partial}{\partial x}\Big[(x-a_x)^2 + (y-a_y)^2 + (z-a_z)^2\Big]^{\nu/2} \\
&= \frac{\nu}{2}\Big[(x-a_x)^2 + (y-a_y)^2 + (z-a_z)^2\Big]^{\nu/2-1} 2(x-a_x) \\
&= \nu\,\big|\vec{r}-\vec{a}\big|^{\nu-2}(x-a_x)
\end{aligned} \tag{3.17}$$

erhält man

$$\vec{\nabla}\,\big|\vec{r}-\vec{a}\big|^{\nu} = \nu\,\big|\vec{r}-\vec{a}\big|^{\nu-2}(\vec{r}-\vec{a})\,. \tag{3.18}$$

Für das Potential (3.15) mit $\nu = -1$ folgt speziell

$$\vec{\nabla}\,\frac{1}{\big|\vec{r}-\vec{a}\big|} = -\frac{\vec{r}-\vec{a}}{\big|\vec{r}-\vec{a}\big|^3}\,, \tag{3.19}$$

was für $\vec{a} = \vec{0}$ natürlich wieder das Resultat (3.14) liefert.

Das totale Differential:

Mithilfe des Gradienten kann man z.B. das totale Differential (1.130) der Funktion f schreiben als

$$\mathrm{d}f = \frac{\partial f}{\partial x}\,\mathrm{d}x + \frac{\partial f}{\partial y}\,\mathrm{d}y + \frac{\partial f}{\partial z}\,\mathrm{d}z = \vec{\nabla} f \cdot \mathrm{d}\vec{r} \tag{3.20}$$

und die Differentiation nach der Kettenregel in (1.128) als

$$\frac{\mathrm{d}f}{\mathrm{d}t} = \vec{\nabla} f \cdot \frac{\mathrm{d}\vec{r}}{\mathrm{d}t}\,. \tag{3.21}$$

Hier wollen wir uns vorerst eine wichtige Eigenschaft des Gradienten klarmachen. Zunächst überlegen wir uns, dass durch die Forderung $f(\vec{r}) = konstant$ eine Beziehung zwischen den drei Raumkoordinaten hergestellt wird. Dadurch wird eine zweidimensionale Teilmenge des Raumes ausgezeichnet, eine Fläche. Wenn z.B. die Funktion f ein Potential darstellt, spricht man von einer *Äquipotentialfläche*, wenn f ein Temperaturfeld ist, von *Isothermenflächen* usw. Man kann nun sofort einsehen, dass diese Flächen in einer einfachen Beziehung zum Gradientenvektor stehen:

- Der Gradient $\vec{\nabla} f = \mathrm{grad} f$ steht senkrecht auf den Flächen $f = konstant$,

wie im Bild 3.1 illustriert. Das sieht man direkt aus $\mathrm{d}f = \vec{\nabla} f \cdot \mathrm{d}\vec{r}$. Auf der Fläche $f = konstant$ gilt $\mathrm{d}f = 0 = \vec{\nabla} f \cdot \mathrm{d}\vec{r}$, d.h. $\vec{\nabla} f \perp \mathrm{d}\vec{r}$.

Als **Beispiel** für eine Anwendung behandeln wir das folgende Problem: Nach Anhang C.1 gilt für einen beliebigen Punkt auf einer Ellipse, dass die Summe

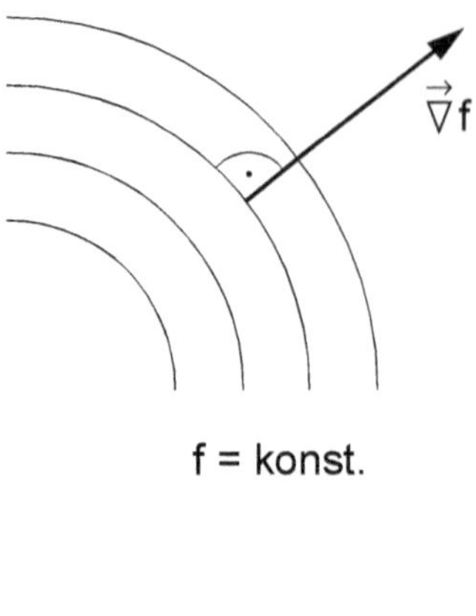

Bild 3.1: Der Gradient $\vec{\nabla} f$ steht senkrecht auf den Flächen $f = konstant$.

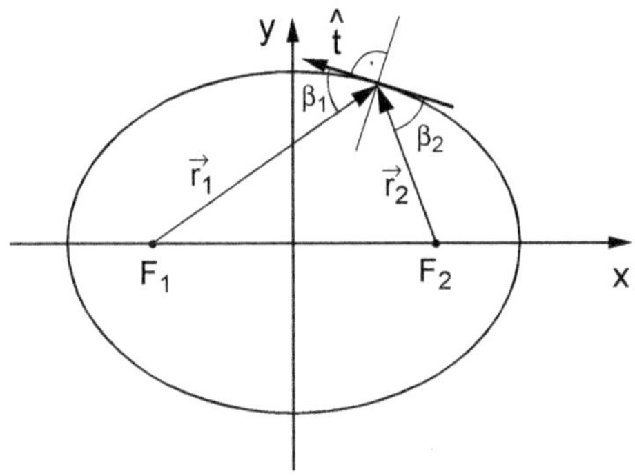

Bild 3.2: Reflexionseigenschaften einer Ellipse: Es gilt $\beta_1 = \beta_2$, d.h. die Normale halbiert den Winkel zwischen den Brennstrahlen.

der Abstände von den beiden Brennpunkten konstant ist.

$$r_1 + r_2 = \textit{konstant}, \tag{3.22}$$

wobei r_1 und r_2 den Abstand vom Brennpunkt F_1 bzw. F_2 bezeichnet. Wir wollen nun beweisen, dass die Vektoren $\vec{r}_1$ und $\vec{r}_2$ vom Brennpunkt zu einem Ellipsenpunkt mit dem Einheitsvektor $\hat{t}$ in Tangentenrichtung gleiche Winkel $\beta_1 = \beta_2$ einschließen (siehe Bild 3.2). Dazu benutzen wir die Tatsache, dass der Vektor $\vec{\nabla}(|\vec{r}_1| + |\vec{r}_2|)$ senkrecht auf der Kurve $|\vec{r}_1| + |\vec{r}_2| = \textit{konstant}$ steht, wie oben gezeigt. Es gilt also

$$\vec{\nabla}\Big(|\vec{r}_1| + |\vec{r}_2|\Big) \cdot \hat{t} = 0\,, \tag{3.23}$$

oder

$$\vec{\nabla}|\vec{r}_1| \cdot \hat{t} = -\vec{\nabla}|\vec{r}_2| \cdot \hat{t}\,. \tag{3.24}$$

Mit $\vec{\nabla} r = \vec{r}/r$ liefert das

$$\frac{1}{r_1}\,\vec{r}_1 \cdot \hat{t} = -\frac{1}{r_2}\,\vec{r}_2 \cdot \hat{t} \tag{3.25}$$

und damit

$$\cos(\pi - \beta_1) = -\cos\beta_1 = -\cos\beta_2 \tag{3.26}$$

oder $\beta_1 = \beta_2$. Damit haben wir auch die in Anhang C.1 formulierte Aussage bewiesen, dass die Brennstrahlen mit der Normalen gleiche Winkel einschließen.

Als weiteres **Beispiel** soll eine Funktion $f(\vec{r})$ in der Nähe eines Punktes $\vec{r}_0$ angenähert werden. Bei einer Verschiebung $\vec{r}_0 \longrightarrow \vec{r}$ ändert sich die Funktion nach (3.20) um den Wert $\vec{\nabla} f \cdot (\vec{r} - \vec{r}_0)$, wobei der Gradient an der Stelle $\vec{r}_0$ genommen wird. Als Approximation erster Ordnung erhalten wir damit

$$f(\vec{r}) \approx f(\vec{r}_0) + \vec{\nabla} f\Big|_{\vec{r}_0} \cdot (\vec{r} - \vec{r}_0), \tag{3.27}$$

in direkter Erweiterung der Approximation einer Funktion $f(x)$ einer einzigen Variablen x durch $f(x) \approx f(x_0) + f'(x_0)(x - x_0)$ (vgl. (1.86)). Das nächste Glied einer solchen Taylor-Entwicklung im $\mathbb{R}^n$ enthält die zweiten partiellen Ableitungen von $f(\vec{r})$. Ausgeschrieben in Komponenten, $\vec{r} = (x_1, x_2, \ldots, x_n)$, $\vec{r}_0 = (x_{01}, x_{02}, \ldots, x_{0n})$, lautet die Approximation dann

$$\begin{aligned} f(x_1, x_2, \ldots, x_n) \;\approx\; & f(x_{01}, x_{02}, \ldots, x_{0n}) + \sum_{k=1}^{n} \frac{\partial f}{\partial x_k}\Big|_{\vec{r}_0} (x_k - x_{0k}) \\ & + \frac{1}{2} \sum_{j,k=1}^{n} \frac{\partial^2 f}{\partial x_j \partial x_k}\Big|_{\vec{r}_0} (x_j - x_{0j})(x_k - x_{0k}) \end{aligned} \tag{3.28}$$

(vgl. (1.88) für Funktionen einer einzigen Variablen). Durch diesen Ausdruck wird die Funktion $f(\vec{r})$ durch ein Polynom zweiten Grades in n Variablen so approximiert, dass die Funktion und das Approximationspolynom und alle ihre ersten und zweiten partiellen Ableitungen an der Stelle $\vec{r}_0$ übereinstimmen.

Als erste Anwendung soll hier eine Approximation des Potentials $f(\vec{r}) = 1/|\vec{r} - \vec{a}|$ einer Punktquelle bei $\vec{a}$ (vgl. (3.15)) berechnet werden. An der Stelle $\vec{r}_0 = \vec{0}$ haben wir den Funktionswert $1/a$, für den Gradienten in diesem Punkt liefert Gleichung (3.19) $\vec{a}/a^3$, und damit ergibt sich für kleine Werte von r:

$$\frac{1}{|\vec{r} - \vec{a}\,|} \approx \frac{1}{a} + \frac{1}{a^3}\,\vec{a} \cdot \vec{r}\,. \tag{3.29}$$

Für die nächsthöhere Ordnung in (3.28) berechnen wir die zweiten partiellen Ableitungen mithilfe von (3.17):

$$\frac{\partial^2}{\partial x_j \partial x_k} \frac{1}{|\vec{r} - \vec{a}\,|} = \frac{\partial}{\partial x_j}\left\{ -\frac{x_k - a_k}{|\vec{r} - \vec{a}\,|^3} \right\} = -\frac{\delta_{jk}}{|\vec{r} - \vec{a}\,|^3} + 3\,\frac{(x_k - a_k)(x_j - a_j)}{|\vec{r} - \vec{a}\,|^5}\,, \tag{3.30}$$

also bei $\vec{r} = \vec{0}$:

$$\frac{\partial^2}{\partial x_j \partial x_k} \frac{1}{|\vec{r} - \vec{a}\,|}\Big|_{\vec{r}=\vec{0}} = -\frac{\delta_{jk}}{a^3} + \frac{3 a_k a_j}{a^5}\,. \tag{3.31}$$

Die Taylor-Entwicklung zweiter Ordnung ist damit

$$\frac{1}{|\vec{r}-\vec{a}\,|} \approx \frac{1}{a} + \frac{1}{a^3}\sum_k a_k r_k + \frac{1}{2a^5}\sum_{k,j}\Big(3a_j a_k - a^2\delta_{jk}\Big) r_j r_k\,, \tag{3.32}$$

wobei $\vec{r} = (r_1, r_2, r_3)$ gesetzt wurde.

3.2 Die Divergenz

Die *Divergenz* eines Vektorfeldes $\vec{F}$ ist definiert als das formale Skalarprodukt des Nabla-Operators mit dem Vektorfeld:

$$\begin{aligned} \operatorname{div}\vec{F} &= \vec{\nabla}\cdot\vec{F} \\ &= \Big(\frac{\partial}{\partial x}, \frac{\partial}{\partial y}, \frac{\partial}{\partial z}\Big)\cdot\Big(F_x\,, F_y\,, F_z\Big) \\ &= \frac{\partial F_x}{\partial x} + \frac{\partial F_y}{\partial y} + \frac{\partial F_z}{\partial z}\,. \end{aligned} \tag{3.33}$$

Das Resultat ist ein skalares Feld, das – wie wir später sehen werden – das „Auseinanderlaufen“ (die „Divergenz“) des Vektorfeldes $\vec{F}$ beschreibt, mit anderen Worten die Felderzeugung oder „Quellstärke“ von $\vec{F}(\vec{r})$ im Punkt $\vec{r}$.

Rechenregeln für die Divergenz: Die Divergenz der Summe zweier Vektorfelder $\vec{F}(\vec{r})$ und $\vec{G}(\vec{r})$ und die Divergenz des Produktes eines Skalarfeldes $g(\vec{r})$ mit einem Vektorfeld berechnen sich nach den Formeln:

$$\operatorname{div}(\vec{F}+\vec{G}\,) = \operatorname{div}\vec{F} + \operatorname{div}\vec{G} \tag{3.34}$$

$$\operatorname{div}(g\vec{F}) = g\operatorname{div}\vec{F} + (\vec{\nabla}g)\cdot\vec{F}\,. \tag{3.35}$$

Dabei hat die Gleichung (3.35) die gleiche Struktur wie die ganz normale Differentiation des Produktes zweier Funktionen, nur ist die Vektoreigenschaft berücksichtigt.
Zum Beweis von (3.34) berechnen wir direkt

$$\begin{aligned} \operatorname{div}(\vec{F}+\vec{G}\,) &= \frac{\partial}{\partial x}(F_x+G_x) + \frac{\partial}{\partial y}(F_y+G_y) + \frac{\partial}{\partial z}(F_z+G_z) \\ &= \frac{\partial}{\partial x}F_x + \frac{\partial}{\partial y}F_y + \frac{\partial}{\partial z}F_z + \frac{\partial}{\partial x}G_x + \frac{\partial}{\partial y}G_y + \frac{\partial}{\partial z}G_z \\ &= \operatorname{div}\vec{F} + \operatorname{div}\vec{G}\,. \end{aligned} \tag{3.36}$$

Der Beweis von (3.35) ist nur unwesentlich länger:

$$\begin{aligned}
\operatorname{div}(g\vec{F}) &= \frac{\partial}{\partial x}(g\,F_x) + \frac{\partial}{\partial y}(g\,F_y) + \frac{\partial}{\partial z}(g\,F_z) \\
&= \left(\frac{\partial g}{\partial x}\right)F_x + g\,\frac{\partial F_x}{\partial x} + \left(\frac{\partial g}{\partial y}\right)F_y + g\,\frac{\partial F_y}{\partial y} + \left(\frac{\partial g}{\partial z}\right)F_z + g\,\frac{\partial F_z}{\partial z} \\
&= g\left(\frac{\partial F_x}{\partial x} + \frac{\partial F_y}{\partial y} + \frac{\partial F_z}{\partial z}\right) + \left(\frac{\partial g}{\partial x}\right)F_x + \left(\frac{\partial g}{\partial y}\right)F_y + \left(\frac{\partial g}{\partial z}\right)F_z \\
&= g\operatorname{div}\vec{F} + \left(\vec{\nabla}g\right)\cdot\vec{F}\,. \qquad (3.37)
\end{aligned}$$

Beispiel (1): Für einen Der Gradient $\vec{\nabla}f$ steht senkrecht auf den Flächen $f = \mathit{konstant}$.konstanten Vektor $\vec{F}(\vec{r}) = \vec{a}$ ist $\operatorname{div}\vec{F} = 0$.

Beispiel (2): Für $\vec{F}(\vec{r}) = \vec{r} = (x,\, y,\, z)$ ist

$$\operatorname{div}\vec{r} = \frac{\partial x}{\partial x} + \frac{\partial y}{\partial y} + \frac{\partial z}{\partial z} = 1 + 1 + 1 = 3\,. \qquad (3.38)$$

Beispiel (3): Für

$$\vec{F}(\vec{r}) = \vec{\omega} \times \vec{r} \qquad (3.39)$$

mit einem konstanten Vektor $\vec{\omega}$ gilt $\operatorname{div}\vec{F} = 0$. Wir führen den Beweis auf zwei Arten: Einmal wählen wir die z-Richtung unseres Koordinatensystems in Richtung $\vec{\omega}$, d.h. $\vec{\omega} = \omega\hat{z}$. Damit ist

$$\vec{\omega} \times \vec{r} = \begin{vmatrix} \hat{x} & \hat{y} & \hat{z} \\ 0 & 0 & \omega \\ x & y & z \end{vmatrix} = -\omega y\,\hat{x} + \omega x\,\hat{y} \qquad (3.40)$$

und damit

$$\operatorname{div}\vec{F} = \frac{\partial}{\partial x}(-\omega y) + \frac{\partial}{\partial y}(\omega x) = 0\,, \qquad (3.41)$$

oder alternativ

$$\begin{aligned}
\operatorname{div}\vec{F} &= \sum_k \frac{\partial}{\partial x_k}\left(\vec{\omega} \times \vec{r}\right)_k = \sum_{ijk} \frac{\partial}{\partial x_k}\,\epsilon_{ijk}\omega_i x_j \\
&= \sum_{ijk} \epsilon_{ijk}\omega_i\delta_{jk} = \sum_{ij} \epsilon_{ijj}\omega_i = 0\,.
\end{aligned} \qquad (3.42)$$

Beispiel (4): Für den wichtigen Speizalfall eines Radialfeldes ist das Feld auf einen Punkt ausgerichtet und der Betrag des Feldes hängt nur vom Abstand ab. Wenn man diesen Punkt als Ursprung des Koordinatensystems wählt, gilt also $\vec{F}(\vec{r}) = f(r)\,\vec{r}$. Für die Divergenz eines solchen Radialfeldes erhält man mit (3.35) und (3.38)

$$\operatorname{div}\big(f(r)\,\vec{r}\big) = f(r)\operatorname{div}\vec{r} + \vec{r}\cdot\vec{\nabla}f(r) = 3f(r) + \vec{r}\cdot\vec{\nabla}f(r)\,, \tag{3.43}$$

und für den Spezialfall eines Potenzgesetzes $\vec{F}(\vec{r}) = r^k\,\vec{r}$

$$\begin{aligned}\operatorname{div}\big(r^k\,\vec{r}\big) &= 3r^k + \vec{r}\cdot\big(kr^{k-1}\hat{r}\big)\\ &= 3r^k + kr^k = (3+k)\,r^k\,.\end{aligned} \tag{3.44}$$

Für den wichtigen Spezialfall $\vec{F} = r^{-3}\vec{r} = r^{-2}\hat{r}$, also für das Gravitationsfeld einer Punktmasse oder das Coulomb-Feld einer Punktladung bei $r = 0$ [vgl. (3.14)], liefert diese Gleichung mit $k = -3$

$$\operatorname{div}\vec{F} = 0 \quad \text{für} \quad r \neq 0\,, \tag{3.45}$$

d.h. das Feld ist außerhalb des Punktes $r = 0$ quellenfrei. Genau dieses würde man ja für das Feld einer *Punktquelle* im dreidimensionalen Raum erwarten (siehe auch Aufgabe 3.6 auf Seite 92 für den n-dimensionalen Fall).

Beispiel (5): In speziellen Fällen lässt sich ein Vektorfeld als Gradient einer skalaren Funktion schreiben. Diese *Gradientenfelder* sind besonders einfach. Hier wollen wir die Divergenz eines solchen Feldes untersuchen. Wir berechnen also

$$\operatorname{div}\operatorname{grad} f(\vec{r}) = \vec{\nabla}\cdot\vec{\nabla}f(\vec{r}) = \sum_k \frac{\partial}{\partial x_k}\Big(\frac{\partial f}{\partial x_k}\Big) = \sum_k \frac{\partial^2 f}{\partial x_k^2}\,. \tag{3.46}$$

Der Operator „div grad" wird sehr häufig verwendet. Man bezeichnet ihn als den *Laplace-Operator* und schreibt

$$\Delta = \vec{\nabla}\cdot\vec{\nabla} = \vec{\nabla}^2 = \frac{\partial^2}{\partial x^2} + \frac{\partial^2}{\partial y^2} + \frac{\partial^2}{\partial z^2}\,. \tag{3.47}$$

3.3 Die Rotation

Die *Rotation* ist definiert als das formale Vektorprodukt des Nabla-Operators mit dem Vektorfeld:

$$\begin{aligned} \mathrm{rot}\vec{F} &= \vec{\nabla} \times \vec{F} = \sum_{i,j,k} \epsilon_{ijk} \frac{\partial}{\partial x_i} F_j \,\hat{e}_k \\ &= \left(\frac{\partial F_z}{\partial y} - \frac{\partial F_y}{\partial z}, \frac{\partial F_x}{\partial z} - \frac{\partial F_z}{\partial x}, \frac{\partial F_y}{\partial x} - \frac{\partial F_x}{\partial y} \right). \end{aligned} \tag{3.48}$$

Das Resultat ist wieder ein Vektorfeld, das – wie wir später sehen werden – den Grad der „Verwirbelung“ (die „Rotation“) des Vektorfeldes $\vec{F}$ beschreibt, oder mit anderen Worten die „Wirbelstärke“ von $\vec{F}(\vec{r})$ im Punkt $\vec{r}$.

Rechenregeln für die Rotation: Die wichtigsten Regeln für das Rechnen mit der Rotation sind ($\vec{F}(\vec{r})$, $\vec{G}(\vec{r})$ seien Vektorfelder und $g(\vec{r})$ ein Skalarfeld):

$$\mathrm{rot}\,(\vec{F} + \vec{G}) = \mathrm{rot}\,\vec{F} + \mathrm{rot}\,\vec{G} \tag{3.49}$$

$$\mathrm{rot}\,(g\,\vec{F}) = g\,\mathrm{rot}\,\vec{F} + (\vec{\nabla} g) \times \vec{F}\,. \tag{3.50}$$

Wir beweisen hier nur Gleichung (3.50), der Beweis von (3.49) verläuft analog. Für die x-Komponente des Vektors $\mathrm{rot}\,(g\,\vec{F})$ ergibt sich

$$\begin{aligned} \left(\mathrm{rot}\,(g\,\vec{F})\right)_x &= \frac{\partial}{\partial y}(g\,F_z) - \frac{\partial}{\partial z}(g\,F_y) \\ &= \left(\frac{\partial g}{\partial y}\right) F_z + g\,\frac{\partial F_z}{\partial y} - \left(\frac{\partial g}{\partial z}\right) F_y - g\,\frac{\partial F_y}{\partial z} \\ &= \left\{ g\,\mathrm{rot}\,\vec{F} + (\vec{\nabla} g) \times \vec{F} \right\}_x \end{aligned} \tag{3.51}$$

(entsprechend für die y- und z-Komponenten), d.h. Übereinstimmung mit Gleichung (3.50).

Beispiel (1): Die Rotation eines radialen Vektorfeldes

$$\vec{F}(\vec{r}) = f(r)\,\vec{r} \tag{3.52}$$

ist gleich null. Man sieht das mit

$$\begin{aligned} \mathrm{rot}\,\vec{r} &= \vec{\nabla} \times \vec{r} \\ &= \left(\frac{\partial z}{\partial y} - \frac{\partial y}{\partial z}, \frac{\partial x}{\partial z} - \frac{\partial z}{\partial x}, \frac{\partial y}{\partial x} - \frac{\partial x}{\partial y} \right) = \vec{0} \end{aligned} \tag{3.53}$$

und

$$\mathrm{rot}\,(f(r)\,\vec{r}\,) \;=\; f\,\mathrm{rot}\,\vec{r} + \big(\vec{\nabla}f\big)\times\vec{r} = f'(r)\,\hat{r}\times\vec{r} = \vec{0} \tag{3.54}$$

(vgl. (3.50) und (3.13)).

Beispiel (2): Als weiteres Beispiel berechnen wir die Rotation des Vektorfeldes $\vec{F} = \vec{\omega}\times\vec{r}$ mit konstantem $\vec{\omega}$ [siehe (3.39)]. Die x-Komponente ergibt sich mit

$$\vec{\omega}\times\vec{r} = \big(\omega_y z - \omega_z y\,,\,\omega_z x - \omega_x z\,,\,\omega_x y - \omega_y x\big) \tag{3.55}$$

als

$$\big\{\mathrm{rot}\,(\vec{\omega}\times\vec{r}\,)\big\}_x = \frac{\partial F_z}{\partial y} - \frac{\partial F_y}{\partial z} = \omega_x + \omega_x = 2\omega_x \tag{3.56}$$

und entsprechend die y- und z-Komponenten:

$$\big\{\mathrm{rot}\,(\vec{\omega}\times\vec{r}\,)\big\}_y = 2\omega_y \quad , \quad \big\{\mathrm{rot}\,(\vec{\omega}\times\vec{r}\,)\big\}_z = 2\omega_z \tag{3.57}$$

und damit insgesamt

$$\mathrm{rot}\,(\vec{\omega}\times\vec{r}\,) = 2\,\vec{\omega}\,. \tag{3.58}$$

3.4 Divergenz und Rotation

Von großer Bedeutung sind Vektorfelder, deren Rotation gleich null ist (man nennt sie *wirbelfrei*) und solche, deren Divergenz gleich null ist (man nennt sie *quellenfrei*). Wir werden später sehen, dass sich jedes beliebige Feld als Summe eines wirbelfreien und eines quellenfreien Feldes schreiben lässt. Ein genaueres Verständnis dieser Größen können wir erst später erarbeiten, wenn wir mit Integralen über Vektorfunktionen umgehen können.

Rechenregeln für Divergenz und Rotation: Für das Rechnen mit Divergenz und Rotation sind die folgenden Rechenregeln wichtig ($\vec{F}(\vec{r}\,)$, $\vec{G}(\vec{r}\,)$ seien Vektorfelder und $f(\vec{r}\,)$, $g(\vec{r}\,)$ Skalarfelder):

$$\mathrm{div}\,(\vec{F}\times\vec{G}\,) \;=\; \vec{G}\cdot\mathrm{rot}\,\vec{F} - \vec{F}\cdot\mathrm{rot}\,\vec{G} \tag{3.59}$$

$$\mathrm{rot}\,(\vec{F}\times\vec{G}\,) \;=\; (\vec{G}\cdot\vec{\nabla})\,\vec{F} - \vec{G}(\vec{\nabla}\cdot\vec{F}\,) - (\vec{F}\cdot\vec{\nabla})\,\vec{G} + \vec{F}(\vec{\nabla}\cdot\vec{G}\,) \tag{3.60}$$

$$\mathrm{rot}\,\mathrm{rot}\,\vec{F} \;=\; \vec{\nabla}\,(\vec{\nabla}\cdot\vec{F}\,) - \vec{\nabla}^2\vec{F} = \mathrm{grad}\big(\mathrm{div}\vec{F}\,\big) - \Delta\vec{F}\,. \tag{3.61}$$

Dabei ist Δ der Laplace-Operator (3.47).

Die Beweise dieser Beziehungen folgen dem obigen Schema. Hier sei zur Illustration nur der Beweis von (3.59) angegeben, bei dem wir die Koordinaten anstelle von x, y, z mit x_1, x_2, x_3 bezeichnen:

$$\begin{aligned}
\operatorname{div}(\vec{F} \times \vec{G}) &= \sum_k \frac{\partial}{\partial x_k} (\vec{F} \times \vec{G})_k \\
&= \sum_{ijk} \frac{\partial}{\partial x_k} \epsilon_{ijk} F_i G_j \\
&= \sum_{ijk} \epsilon_{ijk} \Big\{ \Big(\frac{\partial}{\partial x_k} F_i \Big) G_j + F_i \Big(\frac{\partial}{\partial x_k} G_j \Big) \Big\} \\
&= \sum_j G_j \sum_{ik} \epsilon_{ijk} \Big(\frac{\partial}{\partial x_k} F_i \Big) + \sum_i F_i \sum_{jk} \epsilon_{ijk} \Big(\frac{\partial}{\partial x_k} G_j \Big) \\
&= \sum_j G_j \sum_{ik} \epsilon_{kij} \Big(\frac{\partial}{\partial x_k} F_i \Big) - \sum_i F_i \sum_{jk} \epsilon_{kji} \Big(\frac{\partial}{\partial x_k} G_j \Big) \\
&= \sum_j G_j (\operatorname{rot} \vec{F})_j - \sum_i F_i (\operatorname{rot} \vec{G})_i \\
&= \vec{G} \cdot \operatorname{rot} \vec{F} - \vec{F} \cdot \operatorname{rot} \vec{G} \,.
\end{aligned} \tag{3.62}$$

Der Beweis der beiden anderen Gleichungen ist Gegenstand der Aufgaben 4 und 5.

Wir beweisen zum Abschluss noch zwei wichtige Beziehungen:

$$\operatorname{rot} \operatorname{grad} f = \vec{0} \,, \tag{3.63}$$

d.h. ein Gradientenfeld ist wirbelfrei, und

$$\operatorname{div} \operatorname{rot} \vec{F} = 0 \,, \tag{3.64}$$

d.h. ein Wirbelfeld ist quellenfrei.

Diese Beziehungen beweist man durch eine direkte Rechnung. Zunächst erhält man

$$\operatorname{grad} f = \Big(\frac{\partial f}{\partial x}, \frac{\partial f}{\partial y}, \frac{\partial f}{\partial z} \Big) \tag{3.65}$$

und damit

$$\begin{aligned}
\operatorname{rot}(\operatorname{grad} f) &= \Big(\frac{\partial}{\partial y}\frac{\partial f}{\partial z} - \frac{\partial}{\partial z}\frac{\partial f}{\partial y}, \frac{\partial}{\partial z}\frac{\partial f}{\partial x} - \frac{\partial}{\partial x}\frac{\partial f}{\partial z}, \frac{\partial}{\partial x}\frac{\partial f}{\partial y} - \frac{\partial}{\partial y}\frac{\partial f}{\partial x} \Big) \\
&= (f_{zy} - f_{yz}, f_{xz} - f_{zx}, f_{yx} - f_{xy}) = \vec{0} \,,
\end{aligned} \tag{3.66}$$

wenn man die Gültigkeit des Satzes von Schwarz (vgl. Seite 47) hier unterstellt, d.h. die Vertauschbarkeit der partiellen Ableitungen.

Die zweite Gleichung (3.64) beweist man genauso. Mit

$$\operatorname{rot}\vec{F} = \Big(\frac{\partial F_z}{\partial y} - \frac{\partial F_y}{\partial z}, \frac{\partial F_x}{\partial z} - \frac{\partial F_z}{\partial x}, \frac{\partial F_y}{\partial x} - \frac{\partial F_x}{\partial y}\Big) \tag{3.67}$$

erhält man direkt

$$\operatorname{div}\operatorname{rot}\vec{F} = \frac{\partial^2 F_z}{\partial x \partial y} - \frac{\partial^2 F_y}{\partial x \partial z} + \frac{\partial^2 F_x}{\partial y \partial z} - \frac{\partial^2 F_z}{\partial y \partial x} + \frac{\partial^2 F_y}{\partial z \partial x} - \frac{\partial^2 F_x}{\partial z \partial y} = 0\,, \tag{3.68}$$

wobei wiederum die Vertauschbarkeit der partiellen Ableitungen unterstellt ist.

Ein schneller – aber nicht ganz korrekter – „Beweis" der Gleichungen (3.63) und (3.64) benutzt den Nabla-Operator: Man erhält direkt

$$\operatorname{rot}\operatorname{grad} f = \vec{\nabla} \times \vec{\nabla} f = \vec{0} \tag{3.69}$$

und

$$\operatorname{div}\operatorname{rot}\vec{F} = \vec{\nabla} \cdot \big(\vec{\nabla} \times \vec{F}\big) = 0\,, \tag{3.70}$$

da das Vektorprodukt eines Vektors mit sich selbst sowie das Spatprodukt bei zwei gleichen Vektoren gleich null ist.

3.5 Aufgaben

Aufgabe 3.1 (Lösung Seite 438): Es sei $r = r(x, y, z)$ der Abstand eines beliebigen Punktes $P = (x, y, z)$ von einem festen Punkt $Q = (a, b, c)$. Zeigen Sie: $\vec{\nabla} r$ ist Einheitsvektor in Richtung der Verbindungslinie von P und Q.

Aufgabe 3.2 (Lösung Seite 439): Bilden Sie aus den beiden Vektorfeldern

$$\vec{A}(\vec{r}) = \big(-yz, x^2 z, xy^2\big) \quad , \quad \vec{B}(\vec{r}) = \big(yz, -xz, xy\big)$$

($\vec{r} = (x, y, z)$) das skalare Feld $f(\vec{r}) = \vec{A} \cdot \vec{B}$ und berechnen Sie den Gradienten. Überprüfen Sie auch die Gültigkeit von $\partial^2 f / \partial x \partial y = \partial^2 f / \partial y \partial x$ (Satz von Schwarz).

Aufgabe 3.3 (Lösung Seite 439): Zeigen Sie: Konfokale Ellipsen und Hyperbeln – also Ellipsen und Hyperbeln mit gleichen Brennpunkten – schneiden sich in einem rechten Winkel. (**Hinweis:** Zum Beweis kann man zeigen, dass die Gradienten im Schnittpunkt aufeinander senkrecht stehen.)

Aufgabe 3.4 (Lösung Seite 440): Gegeben sei ein Vektorfeld $\vec{F}(\vec{r}) = \vec{\omega} \times \frac{\vec{r}}{r}$.

(a) Wählen Sie die z-Achse eines kartesischen Koordinatensystems in Richtung $\vec{\omega}$ und geben Sie das Feld $\vec{F}(\vec{r})$ in kartesischen Koordinaten x, y, z an. Skizzieren Sie das Feld in der Ebene $z = 0$.

(b) Berechnen Sie $\operatorname{div} \vec{F}$ und $\operatorname{rot} \vec{F}$.

Aufgabe 3.5 (Lösung Seite 442): Beweisen Sie die Beziehung (3.60) für die Rotation eines Vektorproduktes:

$$\operatorname{rot}(\vec{F} \times \vec{G}) = (\vec{G} \cdot \vec{\nabla})\,\vec{F} - \vec{G}(\vec{\nabla} \cdot \vec{F}) - (\vec{F} \cdot \vec{\nabla})\,\vec{G} + \vec{F}(\vec{\nabla} \cdot \vec{G})$$

Aufgabe 3.6 (Lösung Seite 442): Beweisen Sie die Beziehung (3.61) für die doppelte Rotation:

$$\operatorname{rot}\operatorname{rot} \vec{F} = \vec{\nabla}\,(\vec{\nabla} \cdot \vec{F}) - \vec{\nabla}^2 \vec{F} = \operatorname{grad}(\operatorname{div}\vec{F}) - \Delta \vec{F}\,.$$

Aufgabe 3.7 (Lösung Seite 443): Die Formeln für Gradient und die Divergenz lassen sich auf n-dimensionale Räume erweitern. Berechnen Sie den Gradienten eines verallgemeinerten Kepler-Potentials ($r = |\vec{r}|$, $\vec{r} = (x_1, \ldots, x_n)$)

$$V(r) = -\frac{\alpha}{r^{n-2}}\,, \quad \alpha > 0$$

für $n \geq 3$ und zeigen Sie, dass das Gradientenfeld $\vec{F}(\vec{r}) = -\vec{\nabla} V$ für $r \neq 0$ quellenfrei ist ($\operatorname{div} \vec{F} = 0$).

Kapitel 4

Grundprobleme der Dynamik

Nachdem wir uns mit der Vektorrechnung und einigen Grundlagen der Vektoranalysis vertraut gemacht haben, wollen wir in diesem Kapitel einige wichtige Anwendungen dieser mathematischen Methoden auf physikalische Probleme kennen lernen. Eines der „einfachen" Systeme der Physik ist die Bewegung eines Teilchens unter dem Einfluss einer Kraft. Wir beschränken uns hier auf die klassische, nichtrelativistische Mechanik, d.h. alle Geschwindigkeiten sind sehr klein gegenüber der Lichtgeschwindigkeit. Ein solches „Teilchen" wird im einfachsten Fall durch einen Punkt im Raum am Ort $\vec{r}$ beschrieben, der keinerlei innere Struktur besitzt, ein *Massepunkt.* Neben dem Ort ist die einzige Eigenschaft dieses Teilchens seine *Masse* m sowie natürlich die Art und Weise, wie es mit der Außenwelt wechselwirkt. Diese Wechselwirkung besitzt eine „Größe" und wirkt in eine Richtung. Man kann sie durch einen Vektor $\vec{F}$ beschreiben.

Die *Dynamik* befasst sich mit der theoretischen Beschreibung der Bewegung eines Massepunktes unter dem Einfluss einer Kraft. Diese Bewegung wird beschrieben durch die *Newtonsche Bewegungsgleichung*

$$m\ddot{\vec{r}} = \vec{F}\,. \tag{4.1}$$

Die Kraft $\vec{F}$ kann an jedem Punkt des Raumes eine andere sein, d.h. wir haben ein Kraftfeld $\vec{F} = \vec{F}(\vec{r})$, d.h. ein Vektorfeld. Darüber hinaus kann dieses Feld noch von der Zeit t abhängen, und wir müssen allgemein schreiben

$$m\ddot{\vec{r}} = \vec{F}(\vec{r}, t)\,. \tag{4.2}$$

Die Bewegungsgleichung (4.2) ist eine *Differentialgleichung*, d.h. eine Gleichung, die von einer zu bestimmenden Funktion (hier also $\vec{r}(t)$) und ihren Ableitungen abhängt. Genauer spricht man von einer *Differentialgleichung zweiter Ordnung*, wobei die Ordnung einer Differentialgleichung die höchste auftretende Ableitung der gesuchten Funktion ist, hier also die zweite Ableitung $\ddot{\vec{r}}$. Noch präziser formuliert: Da jeder Vektor $\vec{r}$ im dreidimensionalen Raum drei Komponenten hat, lautet (4.2) – ausgeschrieben in den Komponenten x_k, $k = 1, 2, 3$ des Vektors $\vec{r}$ –

$$m\ddot{x}_k = F_k(x_1, x_2, x_3, t)\,, \quad k = 1, 2, 3\,. \tag{4.3}$$

Dies ist ein System von drei Differentialgleichungen zweiter Ordnung.

Die Bahnkurve des Teilchens, also der Ort des Massepunktes als Funktion der Zeit t, ist eine Funktion $\vec{r}(t)$, die mit ihrer Zeitableitung $\ddot{\vec{r}}$ die Bewegungsgleichung erfüllt. Jede Funktion mit dieser Eigenschaft heißt *Lösung der Differentialgleichung*. Um eine solche Bahnkurve bei vorgegebenen Bedingungen zur Zeit t_0 – zum Beispiel Ort $\vec{r}_0 = \vec{r}(t_0)$ und Geschwindigkeit $\vec{v}_0 = \dot{\vec{r}}(t_0)$ – zu finden, müssen wir die Bewegungsgleichung (4.2) „lösen“ bei der Vorgabe einer *Anfangsbedingung*. In anderen Fällen sucht man beispielsweise eine Bahn bei Vorgabe der Positionen $\vec{r}_0 = \vec{r}(t_0)$ und $\vec{r}_1 = \vec{r}(t_1)$ zu zwei Zeitpunkten, eine Lösung unter einer *Randbedingung*. Mit den Eigenschaften und Lösungsmethoden solcher Differentialgleichungen werden wir uns noch genauer befassen.

Teilchensysteme: Die Bewegungsgleichung (4.2) kann auf ein System von N Massepunkten mit Massen m_j, $j = 1, 2, \ldots, N$ erweitert werden. Man spricht dann auch von einem *N-Teilchensystem*. Dabei impliziert das Wort „Teilchen´ nicht, dass es sich um „kleine´ Objekte handelt. Ein typisches Teilchensystem modelliert zum Beispiel unser Planetensystem. Wenn wir die Position jedes Teilchens mit dem Vektor $\vec{r}_j$ bezeichnen, lautet die Bewegungsgleichung für das Teilchen j

$$m_j\ddot{\vec{r}}_j = \vec{F}_j(\vec{r}_1, \vec{r}_2, \ldots \vec{r}_N, t)\,, \quad j = 1, 2, \ldots, N\,. \tag{4.4}$$

Die Kraft kann für jedes Teilchen unterschiedlich sein (daher ihr Index j) und von der Position aller Teilchen abhängen.

Gleichung (4.4) ist ein System von $n = 3N$ Differentialgleichungen zweiter Ordnung, denn jeder der N Vektoren $\vec{r}_j$ hat ja drei Komponenten. Wir können verallgemeinern und ein solches System schreiben als

$$\ddot{\vec{r}} = \vec{f}(\vec{r}, \dot{\vec{r}}, t) \tag{4.5}$$

mit einem Ortsvektor $\vec{r}(t)$, der $n = 3N$ Komponenten besitzt, die aus den $3N$ Komponenten der $\vec{r}_j$ gebildet werden. Analog bildet man den Vektor $\vec{f}$ aus den $\vec{F}_j/m_j$. Man bezeichnet n als die Zahl der *Freiheitsgrade* des Systems. Außerdem haben wir zugelassen, dass die verallgemeinerte Kraft $\vec{f}$ auf der rechten Seite auch noch von den Zeitableitungen $\dot{\vec{r}}$ abhängen kann. Solche „geschwindigkeitsabhängigen" Kräfte findet man zum Beispiel bei Reibungseffekten (die „Bremswirkung" durch die Reibung ist abhängig vom Betrag der Geschwindigkeit) oder bei der Kraft auf ein geladenes Teilchen in einem magnetischen Feld (die *Lorentz-Kraft*). Davon abgesehen hat Gleichung (4.5) die gleiche Struktur wie die Bewegungsgleichung (4.2) eines einzigen Teilchens.

Der Phasenraum: Von der Anschauung her hat man eine gute Vorstellung von der Bahn $\vec{r}(t)$ im Ortsraum. Die Geschwindigkeit $\dot{\vec{r}}(t)$ erscheint dann als Tangente an die Bahnkurve. Es hat aber viele Vorteile, hier noch einmal zu abstrahieren und einen höherdimensionalen Raum zu betrachten, der von den Ortsvektoren $\vec{r}$ und den Geschwindigkeiten $\dot{\vec{r}}$ aufgespannt wird. Man bezeichnet diesen Raum als *Phasenraum* und die Bahnkurve $(\vec{r}(t), \dot{\vec{r}}(t))$ in diesem Raum als *Phasenbahn*. Die Dimension des Phasenraum ist also doppelt so groß wie die Anzahl n der Freiheitsgrade des Systems, er ist $2n$-dimensional.

Jetzt können wir wieder die Bezeichnungen wechseln und zum letzten Mal abstrahieren, indem wir einen Phasenraumvektor

$$\vec{u} = (\vec{r}, \dot{\vec{r}}) \tag{4.6}$$

einführen, dessen erste n Komponenten die „Positionen" und dessen folgende n Komponenten die „Geschwindigkeiten" bilden:

$$\begin{aligned} u_j &= y_j \\ u_{j+n} &= \dot{y}_j \end{aligned} \qquad j = 1, \ldots, n\,. \tag{4.7}$$

Für die Komponenten des Vektors $\vec{u}$ gelten die folgenden Bewegungsgleichungen:

$$\begin{aligned} \dot{u}_j &= \dot{y}_j = u_{n+j} \\ \dot{u}_{j+n} &= \ddot{y}_j = f_j(u_1, \ldots, u_{2n}, t) \end{aligned} \qquad j = 1, \ldots, n\,. \tag{4.8}$$

Dies sind $2n$ Differentialgleichungen *erster Ordnung*, die einen Spezialfall der ganz einfach und unschuldig aussehenden Vektor-Differentialgleichung

$$\dot{\vec{u}} = \vec{g}\,(\vec{u}, t) \tag{4.9}$$

darstellen (das sieht man leicht ein mit $g_j = u_{j+n}$ für $j = 1, \ldots, n$ und $g_j = f_{j-n}$ für $j = n+1, \ldots, 2n$).

Das Verhalten der Lösungen von Gleichung (4.9) ist aber alles andere als „einfach" und wird in der Theorie der dynamischen Systeme analysiert. Es gibt dicke hochtheoretische Bücher, die sich ausschließlich mit den Eigenschaften von Gleichung (4.9) befassen!. Einigermaßen „einfach" ist nur der Fall, in dem die Funktionen $\vec{g}$ *linear* von $\vec{u}$ abhängen. Dieser Fall wird weiter unten in den Kapiteln 6 und 7 mit den Mitteln der linearen Algebra (siehe Kapitel 5) genauer behandelt. Von großem aktuellen Interesse ist der eigentlich typische Fall einer *nichtlinearen* Bewegungsgleichung. Einige Phänomene der dann resultierenden „chaotischen" Dynamik lernen wir im Kapitel 8 kennen.

Die oben dargestellten Umformungen waren recht abstrakt. Sie werden vertrauter, wenn man ein einfaches Beispiel betrachtet: ein einzelnes Teilchen mit einem Freiheitsgrad – mit der Koordinate x bezeichnet –, auf das eine Kraft F wirkt, die von x, der Geschwindigkeit $\dot{x}$ und der Zeit t abhängen darf. Die Newtonsche Bewegungsgleichung lautet dann

$$m\ddot{x} = F(x, \dot{x}, t) \,. \tag{4.10}$$

Division durch m liefert mit $f(x, \dot{x}, t) = F(x, \dot{x}, t)/m$ die Gleichung

$$\ddot{x} = f(x, \dot{x}, t) \,. \tag{4.11}$$

Jetzt bezeichnen wir die Geschwindigkeit mit $v = \dot{x}$ und schreiben (4.11) als $\ddot{x} = \dot{v} = f(x, v, t)$. Fassen wir diese Gleichungen zusammen, so erhalten wir unser System von zwei Differentialgleichungen erster Ordnung

$$\begin{aligned} \dot{x} &= v \\ \dot{v} &= f(x, v, t) \,, \end{aligned} \tag{4.12}$$

die wir dann bei Bedarf – mit $\vec{u} = (x, v)$ und $\vec{g} = \big(v, f(x, v, t)\big)$ – auch in der Vektorform (4.9) schreiben können.

Dynamik und Erhaltungsgrößen: Die Dynamik eines Systems ergibt sich aus den Bewegungsgleichungen und ihren Lösungen. In den folgenden Abschnitten und Kapiteln werden dazu einige ausgewählte Bespiele im Detail untersucht. Sehr wichtig für ein Verständnis des Verhaltens der Lösungen sind Größen, die während der Bewegung unverändert bleiben, die *Erhaltungsgrößen* oder auch *Konstanten der Bewegung*. Zum einen wird durch die einfache Tatsache, dass auf der ganzen Bahn die Erhaltungsgrößen einen festen Wert beibehalten müssen, die Bewegung auf einen Teil des (Phasen-)Raumes eingeschränkt.

Zum anderen können viele interessante Bahndaten (z.B. Schwingungsdauern) ohne Lösung der Bewegungsgleichungen allein aus den Erhaltungsgrößen bestimmt werden. Dies wird im Folgenden durch Beispiele demonstriert. Dabei werden wir uns – wenn nicht ausdrücklich etwas Anderes gesagt wird – auf Einteilchensysteme beschränken.

4.1 Gradientenfelder und Energieerhaltung

Gradientenfelder sind besonders einfache Vektorfelder. Sie sind definiert durch die Tatsache, dass sie sich schreiben lassen als (negativer) Gradient eines skalaren Feldes, also wie

$$\vec{F}(\vec{r}) = -\vec{\nabla} V(\vec{r})\,. \tag{4.13}$$

Die skalare Ortsfunktion $V(\vec{r})$ (auch geschrieben als $E_{\text{pot}}(\vec{r})$) bezeichnet man als *potentielle Energie* oder auch kurz als *Potential*. Das Minuszeichen in Gleichung (4.13) ist eine Konvention, die darauf zurückgeht, dass diese „potentielle“ Energie eines Systems positiv gezählt wird. Man kann sich das leicht am Beispiel einer Masse im Schwerefeld veranschaulichen. Hier ist die potentielle Energie proportional zur Höhe, und die Kraft, die die Masse dann eventuell in Bewegung setzt, wirkt „nach unten“. Als *kinetische Energie* bezeichnet man die Größe

$$E_{\text{kin}} = \frac{m}{2}\dot{\vec{r}}^{\,2}\,. \tag{4.14}$$

Für Gradientenfelder ist die Summe von kinetischer und potentieller Energie, die *Gesamtenergie*

$$E = E_{\text{kin}} + E_{\text{pot}} = \frac{m}{2}\dot{\vec{r}}^{\,2} + V(\vec{r})\,, \tag{4.15}$$

zeitlich konstant, d.h. eine *Erhaltungsgröße*. Ihre zeitliche Konstanz beweist man leicht durch Differentiation nach der Zeit t unter Benutzung der Bewegungsgleichung (4.2):

$$\begin{aligned} \frac{\mathrm{d}E}{\mathrm{d}t} &= \frac{m}{2}\left(\ddot{\vec{r}}\cdot\dot{\vec{r}} + \dot{\vec{r}}\cdot\ddot{\vec{r}}\right) + \frac{\mathrm{d}V(\vec{r})}{\mathrm{d}t} = m\ddot{\vec{r}}\cdot\dot{\vec{r}} + \vec{\nabla}V\cdot\dot{\vec{r}} \\ &= \left(m\ddot{\vec{r}} + \vec{\nabla}V\right)\cdot\dot{\vec{r}} = \left(m\ddot{\vec{r}} - \vec{F}\right)\cdot\dot{\vec{r}} = 0\,. \end{aligned} \tag{4.16}$$

Die Erhaltung der Energie hat einige wichtige Konsequenzen für die Dynamik eines Systems:

- Die Bewegung im Phasenraum $(\vec{r}, \vec{v}) = (\vec{r}, \dot{\vec{r}})$ (siehe Seite 95) wird eingeschränkt auf die (Hyper-)Fläche

$$\frac{m}{2}\,\vec{v}^{\,2} + V(\vec{r}) = E = \mathit{konstant}\,. \tag{4.17}$$

- Der bei einem vorgegebenen Wert von E erreichbare Teil des Phasenraums kann endlich sein, d.h. die Bewegung bleibt für alle Zeiten beschränkt, also gebunden.
- In einfachen Fällen lässt sich aus der Energieerhaltung direkt die Zeitdauer einer periodischen Bewegung bestimmen.

Einige Beispiele werden das verdeutlichen.

4.1.1 Der schräge Wurf

Das einfachste dynamische System ist ohne Zweifel die Bewegung in einem zeitlich und räumlich konstanten Kraftfeld. Ein vertrautes Beispiel ist die Bewegung im homogenen Gravitationsfeld mit Gravitationsbeschleunigung $\vec{g}$. Da die Masse herausfällt, vereinfacht sich die Bewegungsgleichung:

$$m\ddot{\vec{r}} = m\vec{g} \quad \Longrightarrow \quad \ddot{\vec{r}} = \vec{g}\,. \tag{4.18}$$

Wir wählen den Ursprung unseres kartesischen Koordinatensystems im Anfangspunkt $\vec{r}_0$ der Bahn, orientieren die z-Achse in Richtung $-\vec{g}$ und die x-Achse so, dass die Anfangsgeschwindigkeit $\vec{v}_0$ in der (x, z)-Ebene liegt. Dann lauten die Bewegungsgleichungen

$$\ddot{x} = 0\,, \quad \ddot{y} = 0\,, \quad \ddot{z} = -g\,. \tag{4.19}$$

Die Lösung für eine Anfangsgeschwindigkeit $\vec{v}_0 = \big(v_{0x}, 0, v_{0z}\big)$ ist

$$x = v_{0x}\,t\,, \quad y = 0\,, \quad z = v_{0z}t - \frac{g}{2}\,t^2\,. \tag{4.20}$$

Dieses Szenario ist uns als „Schräger Wurf im Schwerefeld“ bekannt. Durch Elimination der Zeit $t = x/v_{0x}$ aus der Lösung der Bewegungsgleichung erhält man die Bahnkurve

$$z(x) = \frac{v_{0z}}{v_{0x}}\,x - \frac{g}{2\,v_{0x}^2}\,x^2\,, \tag{4.21}$$

also eine nach unten geöffnete Parabel (vgl. Anhang C) mit Scheitelhöhe

$$h = z_{\max} = \frac{v_{0z}^2}{2g} \tag{4.22}$$

bei $\mathrm{d}z/\mathrm{d}x = 0$. Man kann sich leicht davon überzeugen, dass sich aus der Lösung der Bewegungsgleichung die Wurfzeit [die Zeit, bis wieder $z(t_w) = z(0) = 0$ erfüllt ist] und die Wurfweite ergeben als

$$t_{\mathrm{w}} = \frac{2\, v_{0z}}{g}, \qquad x_w = x(t_{\mathrm{w}}) = \frac{2\, v_{0x}\, v_{0z}}{g}. \tag{4.23}$$

Da sich die Lösung von Differentialgleichungen nur in Ausnahmefällen in geschlossener Form angeben lässt, ist es instruktiv, hier einmal einen anderen Weg zu beschreiten und diese Größen direkt aus der Energieerhaltung zu ermitteln, also ohne Lösung der Bewegungsgleichungen. Aus

$$E = \frac{m}{2}\, \vec{v}^{\,2} + mgz = konstant \tag{4.24}$$

folgt nach Multiplikation mit $2/m$

$$v_x^2 + v_z^2 + 2gz = v_{0x}^2 + v_{0z}^2 \tag{4.25}$$

und – mit $\dot{v}_x = 0$ und folglich $v_x = v_{0x}$ –

$$v_z = \sqrt{v_{0z}^2 - 2gz}\,. \tag{4.26}$$

Die Steighöhe ist für $v_z = 0$ erreicht, also bei

$$h = \frac{v_{0z}^2}{2g}, \tag{4.27}$$

die Wurfdauer erhält man mit

$$\begin{aligned} t_{\mathrm{w}} &= \int_0^{t_{\mathrm{w}}} \mathrm{d}t = 2\int_0^h \frac{\mathrm{d}z}{v_z} = 2\int_0^h \frac{\mathrm{d}z}{\sqrt{v_{0z}^2 - 2gz}} \\ &= 2\Big[-\frac{1}{g}\sqrt{v_{0z}^2 - 2gz}\,\Big]_0^h = \frac{2v_{0z}}{g}, \end{aligned} \tag{4.28}$$

und daraus ergibt sich die Wurfweite als

$$x_{\mathrm{w}} = v_{0x} t_{\mathrm{w}} = \frac{2 v_{0x} v_{0z}}{g}. \tag{4.29}$$

Jetzt ist es eine der bekannten Standardaufgaben, bei einem fest vorgegebenen Wert des Betrags der Anfangsgeschwindigkeit v_0 die maximale Wurfweite für einen variablen Abwurfwinkel φ mit

$$\tan\varphi = \frac{v_{0z}}{v_{0x}} \tag{4.30}$$

zu bestimmen. Das Resultat ist

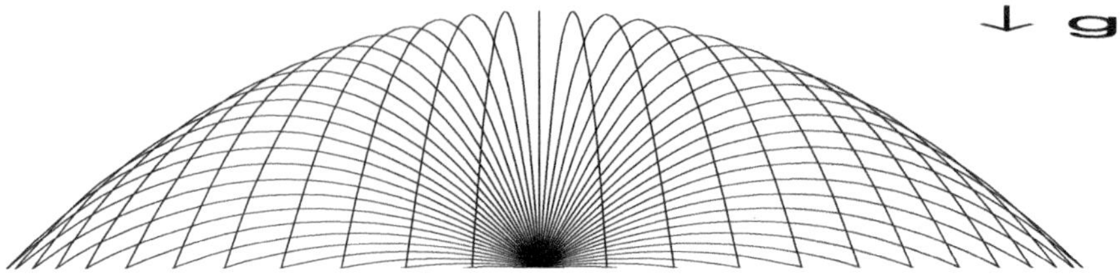

Bild 4.1: Wurfparabeln im homogenen Gravitationsfeld zu fester Anfangsgeschwindigkeit und verschiedenen Abwurfwinkeln.

$$x_{\mathrm{w}}^{\max} = \frac{v_0^2}{g}, \qquad \text{für} \qquad \varphi = \pi/4\,. \tag{4.31}$$

Bild 4.1 zeigt repräsentativ eine Auswahl solcher Bahnen, die nicht ohne Grund einem Springbrunnen ähnelt. Man beobachtet, dass die Schar der Bahnen eine Grenzkurve besitzt, eine so genannte *Einhüllende.* In der Strahlenoptik – hier spielen die Lichtstrahlen die Rolle der klassische Bahnen – wird eine solche einhüllende Kurve des Strahlenfeldes auch als *Kaustik* bezeichnet. Wegen der hohen Strahlendichte ist an der Kaustik die Helligkeit sehr hoch.

Die mathematische Berechnung der einhüllenden Kurve (jetzt Kaustik genannt) ist nicht schwierig. Man muss sich nur vor Augen halten, dass jeder Punkt der Kaustik auf einer Bahnkurve (4.21) liegt, nur variiert dabei der Abwurfwinkel φ. Führen wir

$$\tau = \tan\varphi \tag{4.32}$$

als Parameter ein, so schreibt sich die Menge aller Bahnkurven mit $v_{0x}^2 = v_0^2\cos^2\varphi = v_0^2/\big(1+\tan^2\varphi\big)$ als

$$z(x,\tau) = \tau\, x - \frac{g}{2v_0^2}\left(1+\tau^2\right)x^2\,. \tag{4.33}$$

Außerdem ist in jedem Punkt der Kaustik die Bahn tangential dazu, d.h. lokal ist der Wert von τ stationär und es muss

$$\frac{\partial z}{\partial \tau} = 0\,. \tag{4.34}$$

gelten. Führt man diese Differentiation der Bahnkurven nach dem Parameter τ durch, so liefert das eine Bedingung für den Parameterwert auf der Kaustik im Punkt (x, z):

$$\frac{\partial z}{\partial \tau} = x - \frac{g}{v_0^2}\,\tau\, x^2 = 0\,, \tag{4.35}$$

oder

$$\tau = \frac{v_0^2}{gx}\,. \tag{4.36}$$

Durch Einsetzen in (4.33) erhält man schließlich die gesuchte Gleichung für die Kaustik:

$$z_{\mathrm{K}}(x) = \frac{v_0^2}{2g} - \frac{g}{2v_0^2}\,x^2\,. \tag{4.37}$$

Dies ist – wie die einzelnen Bahnkurven – eine nach unten geöffnete Parabel (siehe Bild 4.2). Diese Kaustik-Parabel hat einen Scheitelpunkt bei $x = 0$ und $z = h_{\mathrm{max}}$, also der maximalen Wurfhöhe; sie schneidet die x-Achse bei der Wurfweite $\pm x_{\mathrm{W}} = 2h_{\mathrm{max}}$. Damit findet man leicht den Brennpunkt der Parabel: Er liegt (vgl. Anhang C.3) in einer Entfernung $k/2$ vom Scheitelpunkt mit einem Abstand $\pm k$ von der Parabelachse; dabei ist der Parameter k der Parabel in unserem Fall gleich $k = v_0^2/g = x_{\mathrm{W}}$. Der Brennpunkt der Kaustikparabel liegt damit bei $(x, z) = (0, 0)$, also exakt im Startpunkt aller Bahnen.

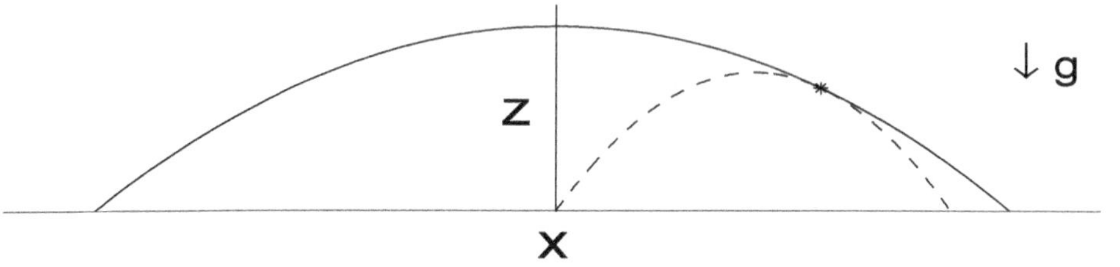

Bild 4.2: Jede Wurfparabel (gestrichelte Kurve) berührt die Kaustik (durchgezogene Kurve) in einem Punkt.

4.1.2 Das Federpendel

Ein weiteres einfaches System mit nur einem Freiheitsgrad x ist eine Masse m unter der Einwirkung einer rücktreibenden Kraft, die linear mit x anwächst wie $F = -kx$, wenn wir den Koordinatenursprung in den Punkt mit $F = 0$ legen. Die Bewegungsgleichung lautet dann

$$m\ddot{x} + kx = 0\,. \tag{4.38}$$

Die Rückstellkraft der Feder lässt sich aus der potentiellen Energie

$$V = \frac{k}{2} x^2 \tag{4.39}$$

ableiten [vgl. (4.13)]:

$$F = -\frac{\mathrm{d}V}{\mathrm{d}x} = kx \,. \tag{4.40}$$

Die wohl einfachste Realisierung eines solchen Systems ist ein Federpendel, also eine Masse, die an einer Spiralfeder aufgehängt ist. Bei kleiner Auslenkung aus der Ruhelage ist die Rückstellkraft der Feder proportional zur Auslenkung. Den Parameter k bezeichnet man dann als die *Federkonstante*. Die eigentliche Bedeutung der Bewegungsgleichung liegt aber darin, dass sich *alle* Systeme in der Nähe einer stabilen Ruhelage, also eines quadratischen Minimums der potentiellen Energie, im Grenzfall kleiner Auslenkungen auf die lineare Differentialgleichung (4.38) reduzieren. Der nächste Abschnitt wird das am Beispiel des mathematischen Pendels demonstrieren.

Nach Division durch m und Einführung von

$$\omega_0 = \sqrt{\frac{k}{m}} \tag{4.41}$$

schreibt sich die Bewegungsgleichung (4.38) in der Standardform

$$\ddot{x} + \omega_0^2 \, x = 0 \,. \tag{4.42}$$

Diese Differentialgleichung sagt aus, dass sich die Funktion $x(t)$ bei zweimaliger Differentiation bis auf einen Faktor $-\omega_0^2$ reproduziert. Genau das ist eine Eigenschaft der Sinus-Funktion, und man prüft leicht nach, dass

$$x(t) = A \sin \omega_0 t \tag{4.43}$$

die Bewegungsgleichung für die Anfangsbedingung $x(0) = 0$ erfüllt. Die Lösung (4.43) ist eine harmonische Schwingung mit Frequenz ω_0 und Periode (oder Schwingungsdauer)

$$T_0 = \frac{2\pi}{\omega_0} = 2\pi \sqrt{\frac{m}{k}} \,. \tag{4.44}$$

Die Bewegungsgleichung (4.42) für einen solchen *harmonischen Oszillator* kann durch weitere Zusatzterme erweitert werden, um beispielsweise eine Dämpfung

$\sim \dot{x}$ oder zeitabhängige Antriebskräfte zu beschreiben. Das führt dann auf die wichtige lineare Differentialgleichung

$$\ddot{x} + 2\gamma\dot{x} + \omega_0^2 x = f(t)\,. \tag{4.45}$$

In den Kapiteln 6 und 7 werden wir uns sehr ausführlich mit diesen linearen Systemen befassen.

Hier könnten wir jetzt der Grundidee dieses Kapitels folgen und – analog zum Vorgehen im vorherigen Abschnitt – die Schwingungsdauer direkt aus der Erhaltung der Energie bestimmen. Das sparen wir uns aber für ein etwas komplizierteres System im Abschnitt 4.1.3 auf.

Zunächst überlegen wir uns, dass unsere Modellierung der Dynamik eines Federpendels eine starke Idealisierung darstellt. Insbesondere wird sicher bei einer starken Auslenkung der Feder eine Abweichung von dem linearen Kraftgesetz auftreten. Im folgenden Abschnitt werden wir deshalb ein etwas realistischeres System untersuchen.

4.1.3 Das mathematische Pendel

Zur Illustration der Konsequenzen der Energieerhaltung für die Dynamik eines Systems diskutieren wir die Schwingung eines *mathematischen Pendels*, d.h. eines Massepunktes, der an einer gewichtslosen Pendelstange mit einer festen Länge ℓ schwingen kann. Das Pendel befindet sich im Schwerefeld, das wir als homogenes Feld

$$\vec{F} = -mg\,\hat{e}_z \tag{4.46}$$

beschreiben. Es ist zweckmäßig, die Position des Pendels durch den Winkel ϕ festzulegen. Die potentielle Energie ist

$$E_{\text{pot}} = mgh = mg\ell\left(1 - \cos\phi\right), \tag{4.47}$$

wobei h die vertikale Höhe des Massepunktes über dem tiefsten Punkt, der Ruhelage $\phi = 0$, bezeichnet.

Zur Herleitung der Bewegungsgleichung gibt es verschiedene Möglichkeiten. Einmal kann man argumentieren, dass in jedem Moment die Trägheitskraft, d.h. das Produkt aus Masse und Winkelbeschleunigung $ma_\phi = m\ell\ddot{\phi}$ mit der äußeren Kraft, der Komponente der Gravitationskraft in tangentialer Richtung $F_\text{t} = -mg\sin\phi$, im Gleichgewicht sein muss. Dies liefert

$$m\ell\ddot{\phi} = -mg\sin\phi \tag{4.48}$$

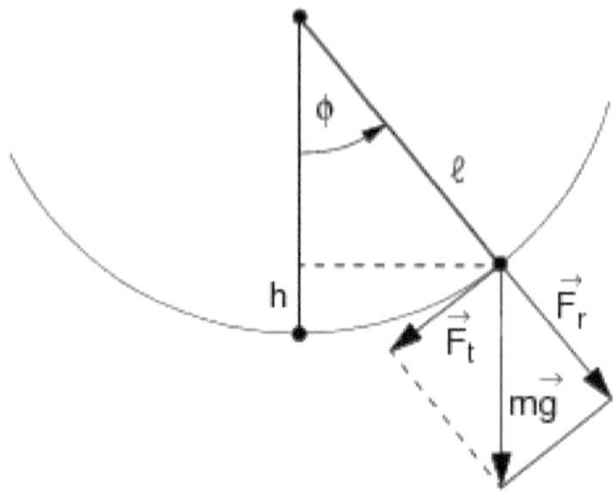

Bild 4.3: Das mathematische Pendel.

und damit

$$\ddot{\phi} + \frac{g}{\ell} \sin \phi = 0 \,. \tag{4.49}$$

Eine alternative Herleitung von (4.49) mithilfe der Darstellung der Bewegung in ebenen Polarkoordinaten findet sich im nächsten Abschnitt.

Wir betrachten zunächst die Bewegung für kleine Ausschläge ϕ. Mit $\sin \phi \approx \phi$ vereinfacht sich die Bewegungsgleichung zu

$$\ddot{\phi} + \frac{g}{\ell} \phi = 0 \,, \tag{4.50}$$

eine Gleichung wie (4.42) mit der Lösung

$$\phi(t) = A \sin \omega_0 t \,, \qquad \omega_0 = \sqrt{g/\ell} \tag{4.51}$$

mit Schwingungsdauer

$$T_0 = \frac{2\pi}{\omega_0} = 2\pi \sqrt{\frac{\ell}{g}} \,. \tag{4.52}$$

Da aber nur sehr wenige Bewegungsgleichungen eine solche Lösung in Form einer einfachen bekannten Funktion erlauben, ist es wichtig zu wissen, dass man die Periode T auch bestimmen kann *ohne* die Bewegungsgleichung zu lösen. Dabei geht man aus von der Erhaltung der Energie

$$\begin{aligned} E = E_{\text{kin}} + E_{\text{pot}} &= \frac{m}{2} \ell^2 \dot{\phi}^2 + mg\ell \,(1 - \cos \phi) \\ &= \textit{konstant} = mg\ell \,(1 - \cos \phi_0) \end{aligned} \tag{4.53}$$

mit $\phi = \phi_0$ für den maximalen Ausschlag $\dot{\phi} = 0$. Man löst nach $\dot{\phi}$ auf,

$$\dot{\phi} = \sqrt{\frac{2g}{\ell}\left(\cos\phi - \cos\phi_0\right)}\,, \tag{4.54}$$

integriert mit

$$\int \mathrm{d}t = \int \frac{\mathrm{d}\phi}{\dot{\phi}} = \sqrt{\frac{\ell}{2g}} \int \frac{\mathrm{d}\phi}{\sqrt{\cos\phi - \cos\phi_0}}\,, \tag{4.55}$$

über eine Viertelperiode

$$\begin{aligned} T &= \int_0^T \mathrm{d}t = 4\int_0^{T/4} \mathrm{d}t \\ &= 4\sqrt{\frac{\ell}{2g}} \int_0^{\phi_0} \frac{\mathrm{d}\phi}{\sqrt{\cos\phi - \cos\phi_0}} \end{aligned} \tag{4.56}$$

(die beiden Halbschwingungen „hin“ und „zurück“ dauern jeweils eine halbe Periode; weiterhin ist der Integrand hier symmetrisch in ϕ). Dieses Integral ist nicht geschlossen lösbar, aber man kann es in eine Standardform umschreiben. Dazu benutzt man zuerst

$$\cos\phi - \cos\phi_0 = 2\left\{\frac{1-\cos\phi_0}{2} - \frac{1-\cos\phi}{2}\right\} = 2\left\{\sin^2\frac{\phi_0}{2} - \sin^2\frac{\phi}{2}\right\}\,, \tag{4.57}$$

definiert zur Abkürzung

$$k = \sin^2\frac{\phi_0}{2}\,, \tag{4.58}$$

und geht von der Variablen ϕ zu ξ über, indem man $\sin\phi/2 = \sqrt{k}\,\sin\xi$ substituiert, mit der Ableitung $\frac{1}{2}\cos\left(\frac{\phi}{2}\right)\frac{\mathrm{d}\phi}{\mathrm{d}\xi} = \sqrt{k}\,\cos\xi$. Die obere Grenze ϕ_0 der ϕ-Integration wird dann zu $\pi/2$ bei der Integration über ξ. Es ergibt sich

$$\begin{aligned} \frac{1}{\sqrt{2}} \int_0^{\phi_0} \frac{\mathrm{d}\phi}{\sqrt{\cos\phi - \cos\phi_0}} &= \frac{1}{2}\int_0^{\pi/2} \frac{\mathrm{d}\phi}{\mathrm{d}\xi} \frac{\mathrm{d}\xi}{\sqrt{k - k\sin^2\xi}} \\ = \frac{1}{2}\int_0^{\pi/2} \frac{2\sqrt{k}\,\cos\xi\,\mathrm{d}\xi}{\sqrt{k}\,\cos\xi\,\cos\frac{\phi}{2}} &= \int_0^{\pi/2} \frac{\mathrm{d}\xi}{\sqrt{1-\sin^2\frac{\phi}{2}}} \\ = \int_0^{\pi/2} \frac{\mathrm{d}\xi}{\sqrt{1 - k\sin^2\xi}} &= K(k)\,. \end{aligned} \tag{4.59}$$

Die hier auftretende Funktion

$$K(k) = \int_0^{\pi/2} \frac{\mathrm{d}\xi}{\sqrt{1 - k\sin^2\xi}} \tag{4.60}$$

heißt *vollständiges elliptisches Integral* und ist eine der bekannten höheren Funktionen der mathematischen Physik.[1]

Damit erhalten wir das gesuchte Ergebnis für die Periode T der Schwingung des mathematischen Pendels:

$$T = 4\sqrt{\frac{\ell}{g}}\, K(k)\,. \tag{4.61}$$

Im Folgenden soll noch eine Näherung für T für kleine Ausschläge, d.h. für kleinen Maximalausschlag ϕ_0 oder kleines $k = \sin^2\phi_0/2$, hergeleitet werden. Dazu entwickeln wir zunächst den Integranden in (4.60) wie

$$\frac{1}{\sqrt{1-u}} \approx 1 + \frac{1}{2}u \tag{4.62}$$

– das ist der Beginn der Taylor-Entwicklung der Funktion $f(u) = f(0) + f'(0)u$ für kleines $|u|$ – und erhalten mit $u = k\sin^2\xi$

$$K(k) \approx \int_0^{\pi/2} \mathrm{d}\xi + \frac{k}{2}\int_0^{\pi/2} \mathrm{d}\xi \sin^2\xi = \frac{\pi}{2}\left(1 + \frac{k}{4}\right) \tag{4.63}$$

(dabei wurde $\int_0^{\pi/2} \sin^2 x\,\mathrm{d}x = \pi/4$ benutzt). Es ergibt sich also

$$T \approx 2\pi\sqrt{\frac{\ell}{g}}\left(1 + \frac{k}{4}\right) = T_0\left(1 + \frac{k}{4}\right) \approx T_0\left(1 + \frac{\phi_0^2}{16}\right)\,. \tag{4.64}$$

Im Grenzfall $\phi_0 \longrightarrow 0$ ergibt sich also wieder die Periode T_0 der harmonischen Näherung (4.44). Mit wachsendem Maximalausschlag ϕ_0 verlängert sich die Periode. Unter Berücksichtigung höherer Terme in der Taylor-Entwicklung (4.62) lassen sich weitere Terme in der Reihenentwicklung (4.64) angeben.

Wir wollen uns an dem Beispiel des mathematischen Pendels mit der sehr nützlichen Beschreibung der dynamischen Möglichkeiten eines Systems im Phasenraum vertraut machen (siehe Seite 95). Wenn man in einem Diagramm die

[1] Siehe z.B. Gl. (17.3.1) in M. Abramowitz, I. Stegun: *Handbook of Mathematical Functions* (Dover, 1970); in diesem Buch sind viele dieser Funktionen erläutert und auch tabelliert.

Geschwindigkeit, hier also $\dot{\phi}(t)$, gegen die Größe $\phi(t)$ aufträgt, so beschreibt der Punkt $\big(\phi(t), \dot{\phi}(t)\big)$ eine Kurve als Funktion der Zeit t, die so genannte *Phasenbahn* im *Phasenraum*. Diese Phasenbahnen lassen sich aus der Energieerhaltung

$$E = \frac{m}{2}\,\ell^2\dot{\phi}^2 + mg\ell\,\big(1 - \cos\phi\big) = \textit{konstant} \tag{4.65}$$

konstruieren:

$$\dot{\phi} = \pm\sqrt{\frac{2}{m\ell^2}\,\big(E - mg\ell(1 - \cos\phi)\big)}\,. \tag{4.66}$$

Bild 4.4 zeigt solche Phasenbahnen für verschiedene Werte der Energie E.

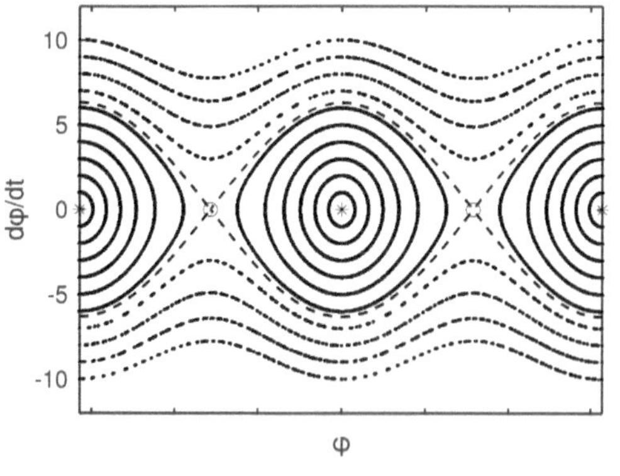

Bild 4.4: Phasenbahnen des mathematischen Pendels.

Zunächst gibt es zwei Punkte (als *Fixpunkte* bezeichnet), in denen das Pendel in Ruhe ist: Bei $(\phi, \dot{\phi}) = (0, 0)$ finden wir einen *stabilen* Fixpunkt ($\bullet$) (das Pendel hängt senkrecht nach unten), und bei $(\phi, \dot{\phi}) = (\pm\pi, 0)$ einen *instabilen* Fixpunkt ($\circ$) (das Pendel steht senkrecht nach oben). Dabei ist Stabilität und Instabilität durch das Verhalten bei einer kleinen Störung definiert: Im stabilen Fall bleibt die leicht gestörte Bahn weiterhin in einer kleinen Umgebung des Fixpunktes; im instabilen Fall ist das nicht der Fall und die Bahn entfernt sich von dem Fixpunkt.

Weiterhin unterscheidet man zwei Bereiche mit qualitativ unterschiedlicher Dynamik: Schwingungen für kleinere Energien mit Periode T und Rotationen für größere Energien. Die beiden Bereiche werden getrennt von einer *Separatrix* (– – –). Diese Separatrixbahn hat die Energie

$$E = E_{\rm sep} = mg\ell\,(1 - \cos\pi) = 2mg\ell\,. \tag{4.67}$$

Wenn man diese Energie in (4.66) einsetzt, erhält man mit $1+\cos\phi = 2\cos^2(\phi/2)$ die Gleichung

$$\dot{\phi} = 2\sqrt{\frac{g}{\ell}}\cos\frac{\phi}{2} \tag{4.68}$$

für die Separatrix. Auf dieser Kurve nähert sich die Bewegung asymptotisch dem instabilen Fixpunkt, der aber erst nach unendlich langer Zeit erreicht wird.

Wenn die Energie E von null anwächst, dann vergrößert sich die Schwingungsdauer T und wächst für $E \to E_{\text{sep}}$ über alle Grenzen. Bei $E = E_{\text{sep}}$ dauert es unendlich lange bis das Pendel den instabilen Fixpunkt, d.h. eine Vertikalstellung, erreicht. Für höhere Energie rotiert das Pendel. Die Umlaufzeit für diese Rotation erhält man aus einem Ausdruck wie (4.56), nämlich

$$T = 4\sqrt{\frac{\ell}{2g}}\int_0^{\pi/2}\left\{\cos\phi - 1 + \frac{E}{mg\ell}\right\}^{-1/2} \mathrm{d}\phi\,, \tag{4.69}$$

wobei nur der maximale Auslenkungswinkel der Schwingung für eine Viertelperiode durch den Umlaufwinkel einer Viertelrotation, $2\pi/4 = \pi/2$, ersetzt wurde. Ist die Energie sehr groß, dann nähert sich die Rotationsperiode (4.69) dem Ausdruck

$$T = \frac{2\pi}{\omega} = \pi\ell\sqrt{\frac{m}{E}}\,, \tag{4.70}$$

die Umlaufzeit einer freien Rotation mit Winkelgeschwindigkeit ω bei einer Energie $E = \frac{1}{2}\Theta\omega^2$ für ein Trägheitsmoment $\Theta = m\ell^2$.

4.1.4 Bewegungsgleichungen in Polarkoordinaten

In vielen Fällen ist es zweckmäßig, eine Bewegung in Polarkoordinaten zu beschreiben. Wir wollen uns hier auf zweidimensionale Systeme in einem Gradientenfeld $\vec{F} = -\vec{\nabla}V$ beschränken und die Bewegungsgleichungen

$$m\ddot{x} = -\frac{\partial V}{\partial x} \quad \text{und} \quad m\ddot{y} = -\frac{\partial V}{\partial y} \tag{4.71}$$

in den kartesischen Koordinaten x und y in ebene Polarkoordinaten r und φ (siehe Abschnitt 1.4.1) umschreiben.

Zunächst erhalten wir mit

$$\dot{\vec{r}} = \dot{r}\,\hat{e}_r + r\dot{\varphi}\,\hat{e}_\varphi \tag{4.72}$$

aus Gleichung (1.152) die Gesamtenergie (4.15)

$$E = E_{\mathrm{kin}}(r,\varphi) + E_{\mathrm{pot}}(r,\varphi) = \frac{m}{2}\left(\dot{r}^2 + r^2\dot{\varphi}^2\right) + V(r,\varphi)\,; \tag{4.73}$$

die kinetische Energie $E_{\mathrm{kin}}(r,\varphi)$ ist die Summe aus der kinetischen Energie der Radialbewegung, $m\dot{r}^2/2$, und der *Rotationsenergie* $E_{\mathrm{rot}} = mr^2\dot{\varphi}^2/2$.

Zur Herleitung der Bewegungsgleichung schreiben wir zunächst die Beschleunigung als

$$\ddot{\vec{r}} = (\ddot{r} - r\dot{\varphi}^2)\,\hat{e}_r + (r\ddot{\varphi} + 2\dot{r}\dot{\varphi})\,\hat{e}_\varphi \tag{4.74}$$

[vgl. Gleichung (1.156)]. Der Gradient einer Funktion f in ebenen Polarkoordinaten lässt sich in der Basis $\hat{e}_r$, $\hat{e}_\varphi$ als

$$\vec{\nabla} f = \alpha\hat{e}_r + \beta\hat{e}_\varphi \tag{4.75}$$

ausdrücken, mit noch unbekannten Koeffizienten $\alpha(r,\varphi)$ und $\beta(r,\varphi)$. Bildet man das totale Differential der Funktion $f = f(r,\varphi)$,

$$\mathrm{d}f = \frac{\partial f}{\partial r}\,\mathrm{d}r + \frac{\partial f}{\partial \varphi}\,\mathrm{d}\varphi\,, \tag{4.76}$$

und setzt diesen Ausdruck gleich mit

$$\mathrm{d}f = \vec{\nabla} f \cdot \mathrm{d}\vec{r} = (\alpha\hat{e}_r + \beta\hat{e}_\varphi)\cdot(\mathrm{d}r\,\hat{e}_r + r\mathrm{d}\varphi\,\hat{e}_\varphi) = \alpha\,\mathrm{d}r + \beta r\,\mathrm{d}\varphi \tag{4.77}$$

unter Benutzung von $\mathrm{d}\vec{r} = \mathrm{d}r\,\hat{e}_r + r\mathrm{d}\varphi\,\hat{e}_\varphi$ aus Gleichung (1.160) und der Orthonormalität der $\hat{e}_r$, $\hat{e}_\varphi$, so findet man

$$\alpha = \frac{\partial f}{\partial r} \quad \text{und} \quad \beta = \frac{1}{r}\frac{\partial f}{\partial \varphi} \tag{4.78}$$

und damit das Ergebnis

$$\vec{\nabla} f = \hat{e}_r\,\frac{\partial f}{\partial r} + \hat{e}_\varphi\,\frac{1}{r}\frac{\partial f}{\partial \varphi}\,. \tag{4.79}$$

Die Bewegungsgleichung $m\ddot{\vec{r}} = \vec{F}$ schreibt sich also in ebenen Polarkoordinaten komponentenweise als

$$m(\ddot{r} - r\dot{\varphi}^2) = -\frac{\partial V}{\partial r} \quad \text{und} \quad m(r\ddot{\varphi} + 2\dot{r}\dot{\varphi}) = -\frac{1}{r}\frac{\partial V}{\partial \varphi}\,. \tag{4.80}$$

Diese beiden Gleichungen koppeln die Radialbewegung mit der zeitlichen Änderung des Winkels φ.

Als einfache Anwendung dieser Bewegungsgleichungen betrachten wir zwei Beispiele:

Beispiel (1): Wenn man die Radialbewegung durch die Fixierung von $r = L$ verhindert, wie z.B. im Falle des mathematischen Pendels mit der Pendellänge L im vorangehenden Abschnitt, reduziert sich die zweite der Bewegungsgleichungen (4.80) auf

$$mL\ddot{\varphi} = -\frac{1}{L}\frac{\partial V}{\partial \varphi}\,. \tag{4.81}$$

Mit der potentiellen Energie in einem konstanten Gravitationsfeld wie bei dem mathematischen Pendel in (4.47)

$$E_{\text{pot}} = mgL(1 - \cos\varphi) \tag{4.82}$$

wird daraus

$$\ddot{\varphi} = -\frac{g}{L}\sin\varphi\,, \tag{4.83}$$

in Übereinstimmung mit (4.49).

Beispiel (2): Im zweiten Fall betrachten wir eine rotationssymmetrische potentielle Energie

$$E_{\text{pot}} = V(r)\,, \tag{4.84}$$

die also unabhängig ist vom Winkel φ. Dann vereinfachen sich die Gleichungen (4.80) zu

$$m(\ddot{r} - r\dot{\varphi}^2) = -\frac{\partial V}{\partial r}\,, \tag{4.85}$$

$$r\ddot{\varphi} + 2\dot{r}\dot{\varphi} = 0\,. \tag{4.86}$$

Die zweite Gleichung (4.86) können wir umschreiben als

$$\frac{\ddot{\varphi}}{\dot{\varphi}} = -2\,\frac{\dot{r}}{r} \tag{4.87}$$

und über die Zeit integrieren,

$$\int_{t_0}^{t} \frac{\ddot{\varphi}(t')}{\dot{\varphi}(t')}\,\mathrm{d}t' = -2\int_{t_0}^{t} \frac{\dot{r}(t')}{r(t')}\,\mathrm{d}t'\,, \tag{4.88}$$

mit dem Resultat

$$\ln \dot{\varphi}(t) = -2 \ln r(t) + K = \ln r^{-2}(t) + \ln C = \ln(Cr^{-2}) , \tag{4.89}$$

wobei die Konstanten K und $C = \mathrm{e}^K$ von t_0 abhängen. Durch Exponenzieren ergibt sich schließlich das Resultat

$$r^2(t)\, \dot{\varphi}(t) = C , \tag{4.90}$$

das heißt dieser Ausdruck ist zeitlich konstant. Wir werden diese Erhaltungsgröße (den Drehimpuls) im Abschnitt 4.4 genauer kennen lernen.

4.2 Impulssatz und Drehimpulssatz

Aus vielen Gründen ist es zweckmäßiger, statt der Teilchengeschwindigkeit $\vec{v}$ den Impuls

$$\vec{p} = m\vec{v} = m\dot{\vec{r}} \tag{4.91}$$

einzuführen. Die Bewegungsgleichung (4.2) lautet dann

$$\dot{\vec{p}} = \vec{F}(\vec{r}, t) . \tag{4.92}$$

Man wird dann auch den Phasenraum als den von $(\vec{r}, \vec{p})$ aufgespannten Raum einführen.

Neben dem Impuls $\vec{p}$ verwendet man oft noch den *Drehimpuls*

$$\vec{L} = m\vec{r} \times \dot{\vec{r}} = \vec{r} \times \vec{p} . \tag{4.93}$$

Dabei sollte man beachten, dass der Drehimpuls von der Wahl des Koordinatenursprungs abhängt. Differenzieren von (4.93) liefert mit (4.92) die Bewegungsgleichung

$$\dot{\vec{L}} = m\dot{\vec{r}} \times \dot{\vec{r}} + m\vec{r} \times \ddot{\vec{r}} = \vec{r} \times \vec{F} . \tag{4.94}$$

In diesem Abschnitt werden wir uns mit einem wichtigen Aspekt eines Systems von N Teilchen beschäftigen. Wir setzen dabei voraus, dass zwischen den Teilchen nur Paarwechselwirkungen auftreten, die nur von deren Abständen abhängen. Der Abstand der Teilchen j und k bei $\vec{r}_j$ bzw. $\vec{r}_k$ ist dann

$$r_{jk} = |\vec{r}_j - \vec{r}_k| = r_{kj} , \tag{4.95}$$

und die Kraft von Teilchen k auf Teilchen j ist

$$\vec{F}_{jk} = F_{jk}(r_{jk}) \frac{\vec{r}_j - \vec{r}_k}{r_{jk}} \tag{4.96}$$

mit einer skalaren Funktion $F_{jk} = F_{kj}$, die nur vom Betrag des Abstandes abhängt. Es gilt dann insbesondere

$$\vec{F}_{jk} = -\vec{F}_{kj} \, . \tag{4.97}$$

Unter diesen Voraussetzungen kann man zeigen, dass der Gesamtimpuls

$$\vec{P} = \sum_j \vec{p}_j \tag{4.98}$$

eine Erhaltungsgröße ist: Mit den Bewegungsgleichungen

$$\dot{\vec{p}}_j = \sum_{\substack{k=1 \\ k \neq j}}^{N} \vec{F}_{jk} \tag{4.99}$$

erhält man sofort

$$\dot{\vec{P}} = \sum_j \dot{\vec{p}}_j = \sum_{j \neq k} \vec{F}_{jk} = \vec{0} \, , \tag{4.100}$$

da sich wegen (4.97) die Terme der Summe paarweise aufheben.

Aus der Erhaltung des Gesamtimpulses folgt direkt, dass sich der Schwerpunkt

$$\vec{R} = \frac{1}{M} \sum_{j=1}^{N} m_j \vec{r}_j \tag{4.101}$$

mit der Gesamtmasse

$$M = \sum_{j=1}^{N} m_j \tag{4.102}$$

mit konstanter Geschwindigkeit $\vec{V} = \vec{P}/M$ bewegt.

Genauso einfach können wir unter den gleichen Voraussetzungen zeigen, dass der Gesamtdrehimpuls

$$\vec{L} = \sum_j \vec{L}_j \tag{4.103}$$

zeitlich konstant ist. Dazu differenzieren wir $\vec{L}$ und verwenden (4.94):

$$\begin{aligned}\dot{\vec{L}} &= \sum_j \dot{\vec{L}}_j = \sum_j \vec{r}_j \times \sum_{\substack{k\\ k\neq j}} \vec{F}_{jk} \\ &= \sum_{\substack{j,k\\ k\neq j}} \frac{F_{jk}(r_{jk})}{r_{jk}}\, \vec{r}_j \times \left(\vec{r}_j - \vec{r}_k\right) = -\sum_{\substack{j,k\\ k\neq j}} \frac{F_{jk}(r_{jk})}{r_{jk}}\, \vec{r}_j \times \vec{r}_k = \vec{0}\end{aligned} \tag{4.104}$$

wegen $\vec{r}_j \times \vec{r}_k = -\vec{r}_k \times \vec{r}_j$.

4.3 Das Zweiteilchensystem

Besonders übersichtlich ist ein System von zwei Teilchen mit den Massen m_1 und m_2 (ohne Beschränkung der Allgemeinheit können wir hier $m_1 \leq m_2$ annehmen), deren Lage durch die Ortsvektoren $\vec{r}_1$ und $\vec{r}_2$ gegeben ist. Wir definieren zunächst die Relativkoordinate

$$\vec{r} = \vec{r}_{12} = \vec{r}_1 - \vec{r}_2\,, \tag{4.105}$$

die *Gesamtmasse* M und die *reduzierte Masse* m:

$$M = m_1 + m_2 \qquad m = \frac{m_1 m_2}{m_1 + m_2} \tag{4.106}$$

sowie den *Schwerpunkt*

$$\vec{R} = \frac{1}{M}\left(m_1\vec{r}_1 + m_2\vec{r}_2\right). \tag{4.107}$$

Wie oben angenommen, soll nur eine innere Kraft zwischen den Teilchen wirken. Auf Teilchen 1 wirkt also die Kraft

$$\vec{F}_{12} = F(r_{12})\,\frac{\vec{r}_1 - \vec{r}_2}{r_{12}} \tag{4.108}$$

und auf Teichen 2 wirkt die Kraft

$$\vec{F}_{21} = F(r_{21})\,\frac{\vec{r}_2 - \vec{r}_1}{r_{21}} = -\vec{F}_{12}\,. \tag{4.109}$$

Wir schreiben das übersichtlicher mit der Relativkoordinate (4.105):

$$\vec{F}\left(\vec{r}\right) = \vec{F}_{12} = F(r)\,\hat{r}\,. \tag{4.110}$$

Jetzt gehen wir von den Koordinaten $\vec{r}_1$, $\vec{r}_2$ zu den Schwerpunkt- und Relativkoordinaten $\vec{R}$, $\vec{r}$ über. Dann vereinfachen sich die Bewegungsgleichungen

$$m_1\ddot{\vec{r}}_1 = \vec{F}_{12} \quad , \quad m_2\ddot{\vec{r}}_2 = \vec{F}_{21} \,. \tag{4.111}$$

Zunächst gilt

$$\ddot{\vec{R}} = \frac{1}{M}\left(m_1\ddot{\vec{r}}_1 + m_2\ddot{\vec{r}}_2\right) = \frac{1}{M}\left(\vec{F}_{12} + \vec{F}_{21}\right) = \vec{0}\,, \tag{4.112}$$

der Schwerpunkt bewegt sich also kräftefrei, wie wir schon oben allgemein für ein N-Teilchensystem gezeigt haben. Für die Relativkoordinate finden wir

$$\ddot{\vec{r}} = \ddot{\vec{r}}_1 - \ddot{\vec{r}}_2 = \frac{1}{m_1}\vec{F}_{12} - \frac{1}{m_2}\vec{F}_{21} = \left(\frac{1}{m_1} + \frac{1}{m_2}\right)\vec{F}\,(\vec{r})\,, \tag{4.113}$$

oder anders geschrieben

$$m\ddot{\vec{r}} = \vec{F}\,(\vec{r})\,. \tag{4.114}$$

Das entspricht der Bewegungsgleichung eines einzelnen Teilchens mit einer reduzierten Masse $m = m_1 m_2/M$.

Man kann analog zeigen (Aufgabe 4.3), dass sich der Gesamtdrehimpuls

$$\vec{L}_{\text{ges}} = \vec{L}_1 + \vec{L}_2 \tag{4.115}$$

(vergleiche (4.103)) schreiben lässt als

$$\vec{L}_{\text{ges}} = \vec{L}_{\text{S}} + \vec{L} \tag{4.116}$$

mit dem Drehimpuls der Schwerpunktsbewegung

$$\vec{L}_{\text{S}} = M\vec{R} \times \dot{\vec{R}} = \vec{R} \times \vec{P}\,, \quad \vec{P} = M\dot{\vec{R}}\,, \tag{4.117}$$

und dem Relativdrehimpuls

$$\vec{L} = \vec{r} \times \vec{p}\,, \quad \vec{p} = m\dot{\vec{r}}. \tag{4.118}$$

Dabei ist $\vec{P}$ der Gesamtimpuls und $\vec{p}$ der Relativimpuls. Im nächsten Abschnitt werden wir eine solche Relativbewegung genauer untersuchen.

4.4 Zentralkraftfelder und Drehimpulserhaltung

Von besonderer Bedeutung für eine Analyse eines physikalischen Systems sind die *Symmetrien* des Systems. Eine Kenntnis der Symmetrien erlaubt eine Aussage über die Erhaltungsgrößen und über allgemeine Eigenschaften der Dynamik. Das wird sich später noch an vielen Beispielen zeigen. Hier soll zunächst eines der wichtigsten grundlegenden Beispiele behandelt werden: Ein *zentralsymmetrisches System*[2] und seine Dynamik. Wir unterstellen zunächst, dass sich das Kraftfeld eines solchen Systems als ein Gradientenfeld schreiben lässt, also nach Gleichung (4.13) $\vec{F}(\vec{r}) = -\vec{\nabla}V$. Später werden wir zeigen können, dass dies immer der Fall ist.

Eine zentralsymmetrische potentielle Energie hängt nur ab vom Betrag der Entfernung von einem Punkt, den man zweckmäßig als Ursprung des Koordinatensystems wählt. Also schreibt sich die potentielle Energie als $V(\vec{r}) = V(r)$. Gradientenbildung führt auf das Zentralkraftfeld

$$\vec{F}(\vec{r}) = -\vec{\nabla}V(r) = -\frac{\mathrm{d}V}{\mathrm{d}r}\,\hat{e}_r \tag{4.119}$$

mit dem Einheitsvektor $\hat{e}_r = \vec{r}/r$ (vgl. Abschnitt 1.4.3) unter Benutzung von Gleichung (3.13) für den Gradienten in Kugelkoordinaten, die sich für zentralsymmetrische Probleme anbieten.

Ein Beispiel für ein solches zentralsymmetrisches System ist das Zweiteilchensystem aus Abschnitt 4.3, wobei $\vec{r}$ der Relativabstand der beiden Teilchen ist und m die reduzierte Masse (4.106).

Es soll nun gezeigt werden, dass für solche Systeme neben der Gesamtenergie (4.15) eine weitere Erhaltungsgröße existiert: Der *Drehimpuls*

$$\vec{L} = m\,\vec{r} \times \dot{\vec{r}} \tag{4.120}$$

[siehe (4.93)] ist zeitlich konstant. Dies beweist man leicht durch Differentiation von $\vec{L}$ nach der Zeit t und Einsetzen der Zentralkraft (4.119) und der Bewegungsgleichung (4.2):

$$\begin{aligned}\frac{\mathrm{d}\vec{L}}{\mathrm{d}t} &= m\frac{\mathrm{d}}{\mathrm{d}t}(\vec{r} \times \dot{\vec{r}}) = m(\dot{\vec{r}} \times \dot{\vec{r}} + \vec{r} \times \ddot{\vec{r}}) \\ &= \vec{r} \times (m\ddot{\vec{r}}) = \vec{r} \times \vec{F} \\ &= \vec{r} \times \Big(-\frac{\mathrm{d}V}{\mathrm{d}r}\,\hat{e}_r\Big) = -\frac{\mathrm{d}V}{\mathrm{d}r}\,\frac{1}{r}\,\vec{r} \times \vec{r} = \vec{0}\end{aligned} \tag{4.121}$$

[2] Man nennt solche Systeme auch *radialsymmetrisch*.

mit $\dot{\vec{r}} \times \dot{\vec{r}} = \vec{0}$ und $\vec{r} \times \vec{r} = \vec{0}$. Hier sei noch angemerkt, dass streng genommen durch die Drehimpulserhaltung *drei* Erhaltungsgrößen gegeben sind, denn der Drehimpuls $\vec{L}$ ist ein Vektor, dessen drei Komponenten L_x, L_y und L_z erhalten sind.

Eine direkte Konsequenz aus der Erhaltung des Drehimpulses ist die Tatsache, dass die Bewegung in einer Ebene liegt, die senkrecht zu $\vec{L}$ ausgerichtet ist, denn die Geschwindigkeit $\dot{\vec{r}}$ steht tangential zur Bahn und nach Definition des Vektorproduktes immer senkrecht zu $\vec{L}$. Führt man in dieser Bahnebene Polarkoordinaten r und φ ein, so erhält man mit $\dot{\vec{r}} = \dot{r}\,\hat{e}_r + r\dot{\varphi}\,\hat{e}_\varphi$ [siehe Gleichung (1.151)] und $\vec{r} = r\hat{e}_r$ für den Drehimpuls

$$\vec{L} = m\vec{r} \times \dot{\vec{r}} = mr\,\hat{e}_r \times \left(\dot{r}\,\hat{e}_r + r\dot{\varphi}\,\hat{e}_\varphi\right) = mr^2\dot{\varphi}\,\hat{L}\,. \tag{4.122}$$

Ein Vergleich mit Gleichung (4.90) zeigt, dass die dort gewonnene Erhaltungsgröße bis auf einen Faktor mit dem Drehimpuls übereinstimmt.

Die kinetische Energie schreibt sich in Polarkoordinaten als

$$E_{\text{kin}} = \frac{m}{2}\dot{\vec{r}}^2 = \frac{m}{2}\left(\dot{r}\,\hat{e}_r + r\dot{\varphi}\,\hat{e}_\varphi\right)^2 = \frac{m}{2}\left(\dot{r}^2 + r^2\dot{\varphi}^2\right) \tag{4.123}$$

oder – wenn man $\dot{\varphi}$ durch den Drehimpuls $L = mr^2\dot{\varphi}$ ersetzt –

$$E_{\text{kin}} = \frac{m}{2}\dot{r}^2 + \frac{L^2}{2mr^2}\,. \tag{4.124}$$

Der Rotationsanteil der kinetischen Energie

$$E_{\text{rot}} = \frac{L^2}{2mr^2} \tag{4.125}$$

ist eine reine Ortsfunktion und wird deshalb zweckmäßigerweise der potentiellen Energie zugeschlagen. Die (konstante) Gesamtenergie ist dann

$$E = E_{\text{kin}} + V(r) = \frac{m}{2}\dot{r}^2 + V_{\text{eff}}(r) \tag{4.126}$$

mit der *Effektivenergie* oder dem *Effektivpotential*

$$V_{\text{eff}}(r) = V(r) + \frac{L^2}{2mr^2}\,. \tag{4.127}$$

Damit sind wir einer Bestimmung der Bahnkurve nähergekommen, denn durch die Einführung der Erhaltungsgrößen Energie E und Drehimpuls $\vec{L}$ sind die Bewegungsgleichungen auf eine einzige Differentialgleichung erster Ordnung

(4.126) reduziert worden, die ganz analog zu dem Vorgehen beim mathematischen Pendel in Abschnitt 4.1.3 auf eine einfache Integration zurückgeführt werden kann. Dazu löst man (4.126) nach $\dot{r}$ auf,

$$\dot{r} = \sqrt{\frac{2}{m}\big(E - V_{\text{eff}}(r)\big)} = \frac{\mathrm{d}r}{\mathrm{d}t}\,, \tag{4.128}$$

und integriert wie in Gleichung (4.55) über t:

$$\int_{t_0}^{t} \mathrm{d}t' = \int_{r_0}^{r} \frac{\mathrm{d}r'}{\dot{r}(r')} = \int_{r_0}^{r} \frac{\mathrm{d}r'}{\sqrt{\frac{2}{m}\big(E - V_{\text{eff}}(r')\big)}}\,. \tag{4.129}$$

Damit ist durch

$$t - t_0 = \int_{r_0}^{r} \frac{\mathrm{d}r'}{\sqrt{\frac{2}{m}\big(E - V_{\text{eff}}(r')\big)}} \tag{4.130}$$

eine Darstellung der Bahn $t = t(r)$ mit $t_0 = t(r_0)$ gegeben, deren Inversion eine Parametergleichung der Radialbewegung $r(t)$ liefert. Die Parameterdarstellung des Winkelanteils folgt dann aus der Drehimpulserhaltung mit

$$\mathrm{d}\varphi = \dot{\varphi}\,\mathrm{d}t = \frac{L\,\mathrm{d}t}{mr^2(t)} \tag{4.131}$$

und Integration:

$$\varphi - \varphi_0 = \frac{L}{m}\int_{t_0}^{t} \frac{\mathrm{d}t'}{r^2(t')}\,. \tag{4.132}$$

Man kann auch auf die Zeitparametrisierung verzichten und mit

$$\begin{aligned} \mathrm{d}\varphi &= \frac{L}{mr^2}\,\mathrm{d}t = \frac{L}{mr^2\dot{r}}\,\mathrm{d}r \\ &= \frac{L}{\sqrt{2m}}\,\frac{\mathrm{d}r}{r^2\sqrt{E - V_{\text{eff}}(r)}} \end{aligned} \tag{4.133}$$

direkt eine Polardarstellung der Bahnkurve erhalten:

$$\varphi - \varphi_0 = \frac{L}{\sqrt{2m}}\int_{r_0}^{r} \frac{\mathrm{d}r'}{r'^2\sqrt{E - V_{\text{eff}}(r')}}\,. \tag{4.134}$$

Neben einer quantitativen Lösung der Bewegungsgleichungen ermöglichen unsere Überlegungen auch ein einfaches *qualitatives* Verständnis der Bewegung. Bild 4.5 zeigt eine Wechselwirkung, wie sie zum Beispiel zwischen Atomen auftritt. Für kleine Abstände ist sie abstoßend (Man kann deshalb Gase oder Festkörper nicht beliebig zusammendrücken.) und für große Abstände anziehend (Atome bilden Moleküle, Flüssigkeiten oder Festkörper.) und geht für $r \to \infty$ gegen null. Ein oft benutztes Modellpotential ist das Lennard-Jones Potential

$$V(r) = D\left[\left(\frac{r_0}{r}\right)^{12} - 2\left(\frac{r_0}{r}\right)^{6}\right] \tag{4.135}$$

mit einem Minimum bei r_0 und einer Topftiefe D, die *Dissoziationsenergie*.

Im Bild 4.5 werden die potentielle Energie $V(r)$, die Energie der Rotationsbewegung $E_{\text{rot}}(r)$ und das Effektivpotential $V_{\text{eff}}(r)$ dargestellt. Für große Abstände dominiert die Rotationsenergie (falls $V(r)$ schneller abfällt als r^{-2}) und es bildet sich eine Barriere aus, deren Höhe von der Größe des Drehimpulses abhängt; man spricht von einer *Drehimpulsbarriere*. Oberhalb dieser Barriere sind die Bahnen ungebunden und erstrecken sich bis ins Unendliche, so genannte *Streubahnen*. Für Energien unterhalb der Barriere – insbesondere also für negative Energie – existieren gebundene Bahnen mit den Umkehrpunkten r_{min} und r_{max}, zwischen denen die Bahn hin und her oszilliert. Die Dauer T einer vollständigen

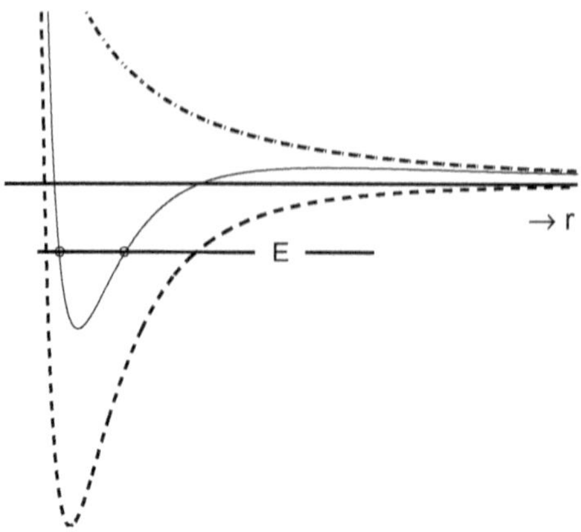

Bild 4.5: Potentielle Energie $V(r)$ (– –), Energie der Rotationsbewegung $E_{\text{rot}}(r)$ (–·–·) und Effektivpotential $V_{\text{eff}}(r)$ (–). Die Punkte (∘) markieren die Umkehrpunkte r_{min} und r_{min} der Radialbewegung bei einer Energie E.

Schwingung erhält man aus Gleichung (4.130):

$$T = 2\int_{r_{\min}}^{r_{\max}} \frac{\mathrm{d}r'}{\sqrt{\frac{2}{m}(E - V_{\text{eff}}(r'))}} . \tag{4.136}$$

Das ist aber nur die Periode der Radialbewegung. Während dieser Zeit ändert sich der Azimutalwinkel φ nach Gleichung (4.134) um

$$\Delta\varphi = \frac{2L}{\sqrt{2m}} \int_{r_{\min}}^{r_{\max}} \frac{\mathrm{d}r'}{r'^2\sqrt{E - V_{\text{eff}}(r')}} . \tag{4.137}$$

Nur dann, wenn diese Winkeländerung ein rationales Vielfaches von 2π ist also $n\Delta\varphi = m2\pi$, kehrt die Bahn nach n Radialschwingungen exakt zu der Ausgangsposition zurück und die Bahn ist periodisch mit der Periode nT. Im Allgemeinen ist das nicht der Fall und die Bahnkurve ist *nicht* geschlossen, sondern eine Rosettenbahn wie im Bild 4.6. Hier ist die Bahn durch die Energie- und Drehimpulserhaltung auf den Kreisring $r_{\min} \le r \le r_{\max}$ beschränkt.

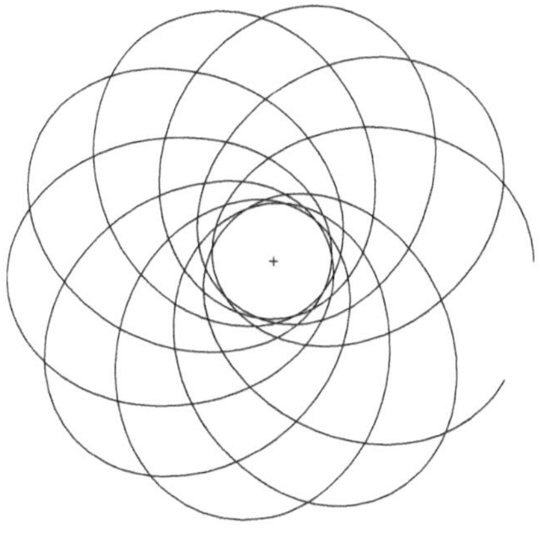

Bild 4.6: Rosettenbahnen in einem typischen Zentralpotential.

Neben diesen typischen nichtperiodischen Bahnen existieren aber auch geschlossene, periodische Bahnen, da der Wert von $\Delta\varphi$ von E und L abhängt. Solche Bahnen sind aber selten und man muss danach suchen. Variiert man beispielsweise bei einer festen Energie E den Drehimpuls L, so ergeben sich für bestimmte Drehimpulse L rationale Werte von $\Delta\varphi/2\pi = m/n$, also periodische Bahnen. Im Allgemeinen ist die Menge dieser periodischen Bahnen abzählbar und liegt dicht in der Menge aller Bahnen, ähnlich wie die rationalen Zahlen in den reellen. Allerdings: Ausnahmen bestätigen die Regel, und so werden wir im folgenden Abschnitt eine solche Ausnahme kennen lernen.

Kepler-Problem: Ein wichtiges Grundproblem der Dynamik ist die Bewegung in dem Zentralpotential

$$V(r) = -\frac{\alpha}{r} \tag{4.138}$$

mit dem Kraftfeld

$$\vec{F}(\vec{r}) = -\vec{\nabla}V = -\frac{\alpha}{r^3}\,\vec{r}\,. \tag{4.139}$$

Dieses Feld findet man für die Gravitationswechselwirkung zweier Punktmassen oder die elektrostatische Wechselwirkung zweier Punktladungen. Eine wichtige Anwendung ist die Beschreibung der Gesetzmäßigkeiten der Bewegung der Planeten in unserem Sonnensystem. Dabei ist $\alpha = Gm_P m_S$ mit der Gravitationskonstanten $G \approx 6.67 \cdot 10^{-11}\mathrm{m^3kg^{-1}s^{-1}}$, der Planetenmasse m_P und der Sonnenmasse m_S. Strukturell identisch ist das Coulomb-Feld zwischen zwei elektrischen Punktladungen q_1 und q_2. Dabei ist $\alpha = -q_1q_2/4\pi\epsilon_0$ mit der Dielektrizitätskonstanten $\epsilon_0 \approx 8.85 \cdot 10^{-12}\mathrm{A^3sV^{-1}m^{-1}}$. Im Unterschied zum Gravitationsfeld, das immer anziehend ist, kann das Feld hier bei gleichen Vorzeichen der Ladungen auch abstoßend sein. Wir unterstellen im Folgenden $\alpha > 0$, also ein anziehendes Feld. Außerdem verwenden wir die reduzierte Masse $m = m_S\, m_P/(m_S + m_P)$ und die Gesamtmasse $M = m_S + m_P$.

Man kann zur Bestimmung der Bahnkurven für das Kepler-Problem auf die Integraldarstellungen aus dem vorangehenden Abschnitt zurückgreifen. Hier wollen wir einen anderen Zugang wählen, bei dem wir versuchen, möglichst viele Eigenschaften der Dynamik aus der Existenz und den Eigenschaften von Erhaltungsgrößen abzuleiten. In diesem Falle wären das

$$\text{Energie} \qquad E = E_{\text{kin}} + E_{\text{pot}} = \frac{m}{2}\,\dot{\vec{r}}^{\,2} - \frac{\alpha}{r}\,, \tag{4.140}$$

$$\text{Drehimpuls} \qquad \vec{L} = m\,\vec{r} \times \dot{\vec{r}}\,, \tag{4.141}$$

$$\text{Lenz-Runge-Vektor} \qquad \vec{A} = \dot{\vec{r}} \times \vec{L} - \frac{\alpha}{r}\,\vec{r}\,. \tag{4.142}$$

Die Energieerhaltung ergibt sich aus der Tatsache, dass das Kraftfeld ein Gradientenfeld ist, wie in Abschnitt 4.1 gezeigt wurde. Die Drehimpulserhaltung folgt aus der Radialsymmetrie (siehe Abschnitt 4.4). Für das Kepler-Potential (4.138) hat das Effektivpotential (4.127) ein Minimum bei

$$r_0 = \frac{L^2}{m\alpha}\,. \tag{4.143}$$

Die zugehörige Bahn ist eine Kreisbahn mit Drehimpuls L und Energie $E = -\alpha/r_0$. Weil das Effektivpotential hier ein Minimum besitzt, ist diese Bahn stabil gegenüber kleinen Abweichungen.

Die Erhaltung des Lenz-Runge-Vektors $\vec{A}$ ist eine spezielle Eigenschaft für Radialfelder vom Typ (4.139). Dies ist nicht nur von Bedeutung für die weiter unten diskutierten Bahnen der Planeten im Kraftfeld der Sonne, sondern auch für die Bewegung eines Elektrons um den Atomkern, was später in der Atomphysik und der Quantenmechanik näher untersucht wird.

Der Beweis, dass der Lenz-Vektor eine Erhaltungsgröße ist, ist recht einfach. Wie schon in ähnlichen Problemen weiter oben, differenziert man die definierende Gleichung (4.142) für $\vec{A}$ nach der Zeit und zeigt, dass diese Ableitung identisch verschwindet. Damit ist $\vec{A}$ zeitunabhängig, d.h. eine Erhaltungsgröße. Mit der Produktregel für die Differentiation erhält man

$$\begin{aligned}\dot{\vec{A}} &= \frac{\mathrm{d}}{\mathrm{d}t}\left(\dot{\vec{r}} \times \vec{L} - \frac{\alpha}{r}\vec{r}\right) \\ &= \ddot{\vec{r}} \times \vec{L} + \dot{\vec{r}} \times \dot{\vec{L}} + \frac{\alpha}{r^2}\dot{r}\,\vec{r} - \frac{\alpha}{r}\dot{\vec{r}} \\ &= \ddot{\vec{r}} \times \vec{L} + \frac{\alpha}{r^2}\dot{r}\,\vec{r} - \frac{\alpha}{r}\dot{\vec{r}},\end{aligned} \tag{4.144}$$

da $\dot{\vec{r}} \times \dot{\vec{L}} = \vec{0}$, denn der Drehimpuls ist zeitunabhängig. Als nächstes wertet man den Term $\ddot{\vec{r}} \times \vec{L}$ aus, indem man die Beschleunigung $\ddot{\vec{r}}$ mittels der Bewegungsgleichung (4.2) durch die Kraft (4.139) ausdrückt und außerdem die Definition des Drehimpulses (4.120) einsetzt:

$$\begin{aligned}\ddot{\vec{r}} \times \vec{L} &= -\frac{m\alpha}{mr^3}\vec{r} \times \left(\vec{r} \times \dot{\vec{r}}\right) \\ &= -\frac{\alpha}{r^3}\left\{\vec{r}\,(\vec{r}\cdot\dot{\vec{r}}) - \dot{\vec{r}}\,(\vec{r}\cdot\vec{r})\right\} \\ &= -\frac{\alpha}{r^3}\left\{r\dot{r}\,\vec{r} - r^2\dot{\vec{r}}\right\} = -\frac{\alpha}{r^2}\dot{r}\,\vec{r} + \frac{\alpha}{r}\dot{\vec{r}}.\end{aligned} \tag{4.145}$$

Dabei wurde der Entwicklungssatz (1.80) für das doppelte Vektorprodukt benutzt und die Beziehung $\vec{r}\cdot\dot{\vec{r}} = r\dot{r}$, die sich direkt durch Differentiation der Identität $\vec{r}\cdot\vec{r} = r^2$ nach der Zeit t ergibt. Hier sollte man beachten, dass die Radialgeschwindigkeit $\dot{r}$ (siehe Seite 53) *nicht* gleich dem Betrag der Bahngeschwindigkeit $\dot{\vec{r}}$ ist. Einsetzen von (4.145) in (4.144) liefert das gewünschte Resultat $\dot{\vec{A}} = 0$.

Im Folgenden werden wir uns mit einigen Konsequenzen der Erhaltung von $\vec{A}$ befassen und insbesondere auch die Bahngleichung daraus herleiten.

Zunächst die *Richtung* von $\vec{A}$: Da wir ja wissen, dass $\vec{A}$ auf der gesamten Bahn konstant ist, können wir die Richtung von $\vec{A}$ in einem beliebigen Punkt bestimmen. Wir wählen dazu einen Punkt, in dem die Geschwindigkeit $\dot{\vec{r}}$ senkrecht auf $\vec{r}$ steht. Dann zeigt der Vektor $\dot{\vec{r}}\times\vec{L} = \dot{\vec{r}}\times(m\,\vec{r}\times\dot{\vec{r}})$ in Richtung $\vec{r}$, d.h. der Lenz-Vektor zeigt in radiale Richtung $\vec{r}$, wie im Bild 4.7 illustriert.

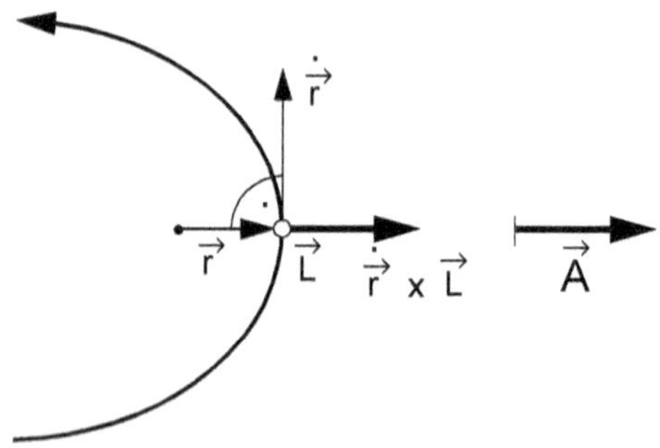

Bild 4.7: Richtung des Lenz-Vektors $\vec{A} = \dot{\vec{r}} \times \vec{L} - \alpha\hat{r}$.

Um den *Betrag* von $\vec{A}$ zu bestimmen, berechnet man zunächst das Skalarprodukt von $\dot{\vec{r}} \times \vec{L}$ und $\vec{r}$:

$$(\dot{\vec{r}} \times \vec{L}) \cdot \vec{r} = (\vec{r} \times \dot{\vec{r}}) \cdot \vec{L} = \frac{1}{m}\,\vec{L}\cdot\vec{L} = \frac{L^2}{m} \tag{4.146}$$

und

$$(\dot{\vec{r}} \times \vec{L})^2 = \dot{\vec{r}}^2\,\vec{L}^2\,, \tag{4.147}$$

da $\dot{\vec{r}}$ und $\vec{L}$ orthogonal sind. Damit ergibt sich

$$\begin{aligned} A^2 &= \vec{A}\cdot\vec{A} = \Big(\dot{\vec{r}} \times \vec{L} - \frac{\alpha}{r}\vec{r}\Big)^2 \\ &= \dot{\vec{r}}^2\vec{L}^2 - \frac{2\alpha}{r}(\dot{\vec{r}} \times \vec{L}) \cdot \vec{r} + \alpha^2 \\ &= L^2\Big(\dot{\vec{r}}^2 - \frac{2\alpha}{mr}\Big) + \alpha^2 = \frac{2L^2}{m}E + \alpha^2\,, \end{aligned} \tag{4.148}$$

also

$$A = \alpha\sqrt{1+\frac{2L^2E}{m\alpha^2}} = \alpha\,\epsilon\,, \tag{4.149}$$

wobei man zur Vereinfachung die *numerische Exzentrizität*

$$\epsilon = \sqrt{1+\frac{2L^2E}{m\alpha^2}} \tag{4.150}$$

einführt.

Jetzt sind wir praktisch fertig und finden die Bahn $\vec{r}(t)$ aus dem Vergleich der beiden Gleichungen

$$\vec{A}\cdot\vec{r} = (\dot{\vec{r}}\times\vec{L}\,)\cdot\vec{r} - \frac{\alpha}{r}\,\vec{r}\cdot\vec{r} = \frac{L^2}{m} - \alpha r \tag{4.151}$$

und

$$\vec{A}\cdot\vec{r} = A\,r\cos\varphi = \alpha\epsilon r\cos\varphi\,. \tag{4.152}$$

Das liefert zunächst

$$\frac{L^2}{m} - \alpha r = \alpha\epsilon r\cos\varphi \tag{4.153}$$

und durch Auflösen nach r den gesuchten Zusammenhang

$$r(\varphi) = \frac{k}{1+\epsilon\cos\varphi} \qquad \text{mit} \qquad k = \frac{L^2}{m\alpha}\,. \tag{4.154}$$

Gleichung (4.154) ist eine Gleichung der Bahnkurve in ebenen Polarkoordinaten in der Bahnebene, die senkrecht zum Bahndrehimpuls $\vec{L}$ orientiert ist.

Ein Vergleich von (4.154) mit Gleichung (C.38) in Anhang C zeigt, dass es sich bei den Bahnkurven um Kegelschnitte handelt, also Ellipsen und Hyperbeln, oder in Spezialfällen Kreise und Parabeln. Das Kraftzentrum liegt dabei in einem Brennpunkt. Die Orientierung der Kurve liegt dabei so, dass die $\varphi = 0$-Richtung parallel zu dem Lenz-Vektor $\vec{A}$ verläuft. Wegen $r(-\varphi) = r(\varphi)$ ist jede Bahn symmetrisch zu dieser Linie. Wenn diese Richtung festliegt, sind die Bahnkurven bestimmt durch zwei Größen, die Exzentrizität ϵ und den *Parameter* k, der die Entfernung vom Zentrum bei $\varphi = \pi/2$ angibt: $r(\pi/2) = k$. Man unterscheidet die folgenden Fälle:

- $\epsilon < 1$: In diesem Fall ist die Bahnkurven eine *Ellipse* (vgl. Anhang C), und die Exzentrizität ϵ bestimmt deren Abweichung von einer Kreisbahn mit Radius $r_0 = k$ [vgl. (4.143)] für $\epsilon = 0$. Aus der Definition von ϵ in Gleichung (4.150) sieht man, dass diese Bahnen für alle negativen Energien auftreten.

- $\epsilon = 1$: Als Grenzfall $E = 0$ ist $\epsilon = 1$, und als Bahnkurve ergibt sich eine *Parabel*.
- $\epsilon > 1$: Für positive Energie ist $\epsilon > 1$, und die Bahnkurve ist eine *Hyperbel*.

Bild 4.8 zeigt einige Kepler-Ellipsen gleicher Energie $E < 0$ mit unterschiedlichem Drehimpuls L.

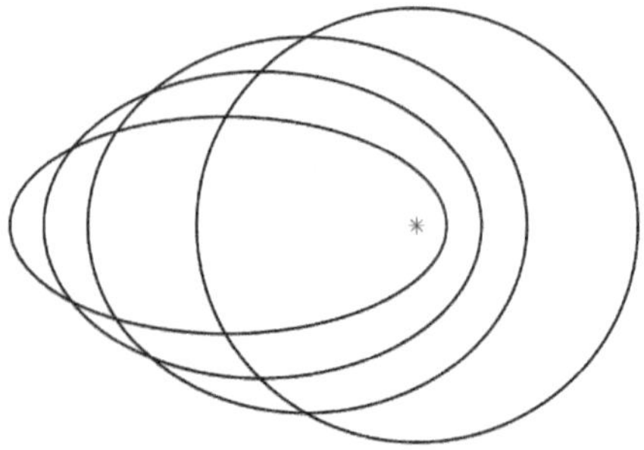

Bild 4.8: Kepler-Ellipsen gleicher Energie $E < 0$ für verschiedene Drehimpulse.

Gebundene Bewegung: Wir wollen zunächst den Fall negativer Gesamtenergie $E < 0$ näher untersuchen. Hier wissen wir schon, dass die Bahnen Ellipsen sind – im Falle der Planetenbahnen also Ellipsen, bei denen die Sonne im Brennpunkt steht (*erstes keplersches Gesetz*). Es ist aber nützlich, noch einmal unabhängig von der Bahnform zu zeigen, dass die Bahn im Raum beschränkt sein muss: Aus der Gleichung (4.140) für die Gesamtenergie folgt, dass

$$r \leq r_{\max} = \frac{\alpha}{-E}, \tag{4.155}$$

denn die kinetische Energie kann nicht negativ werden und α ist positiv. Die Bahn kann sich also nicht beliebig weit vom Zentrum entfernen, d.h. die Bewegung unseres „Teilchens“ ist für alle Zeiten gebunden an das Kraftzentrum. Im Folgenden werden wir unter dem „Teilchen“ meist einen Planeten im Sonnensystem verstehen; die hergeleiteten Beziehungen sind aber allgemein gültig.

Im Folgenden soll der Zusammenhang einiger Kenngrößen der elliptischen Bahnkurve mit physikalischen Größen wie Energie und Drehimpuls berechnet werden. Betrachten wir zunächst die große Halbachse, a, und die kleine Halbachse,

b, der Bahnellipse. Mit

$$r(0) = \frac{k}{1+\epsilon} \quad \text{und} \quad r(\pi) = \frac{k}{1-\epsilon} \tag{4.156}$$

und $2a = r(0) + r(\pi)$ ergibt sich

$$a = \frac{k}{1-\epsilon^2} = \frac{L^2}{m\alpha\Big(1 - 1 - \dfrac{2L^2E}{m\alpha^2}\Big)} = \frac{\alpha}{-2E}\,. \tag{4.157}$$

Die große Halbachse ist also nur abhängig von der Energie und nicht vom Drehimpuls. Die Exzentrizität e (vgl. (C.5) und Bild 4.9) erhält man aus

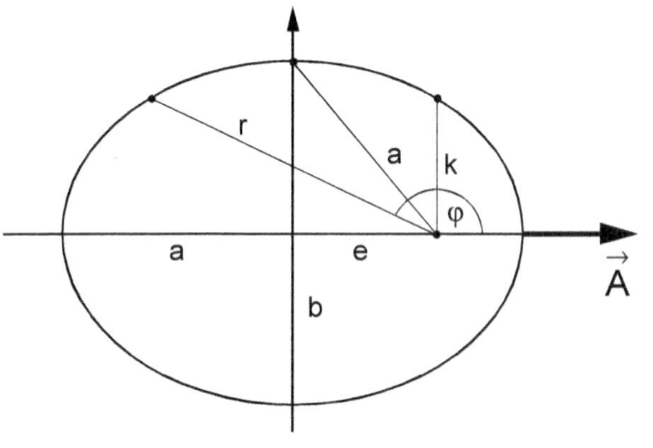

Bild 4.9: Kepler-Ellipse.

$$\begin{aligned} e &= a - r(0) = \frac{1}{2}\big(r(\pi) + r(0)\big) - r(0) = \frac{1}{2}\big(r(\pi) - r(0)\big) \\ &= \frac{k}{2}\Big(\frac{1}{1-\epsilon} - \frac{1}{1+\epsilon}\Big) = \frac{k\epsilon}{1-\epsilon^2} = \epsilon\, a\,, \end{aligned} \tag{4.158}$$

und daher ist (mit $\epsilon = e/a$) die kleine Halbachse gegeben durch

$$\begin{aligned} b &= \sqrt{a^2 - e^2} = a\sqrt{1-\epsilon^2} = a\sqrt{\frac{k}{a}} \\ &= \sqrt{-\frac{\alpha}{2E}\frac{L^2}{m\alpha}} = \frac{L}{\sqrt{-2mE}}\,. \end{aligned} \tag{4.159}$$

Bei fester Energie ist b daher direkt proportional zum Drehimpuls L.

Außer der räumlichen Form der Bahn ist auch die Zeitbelegung von Interesse. Hierzu macht das *zweite keplersche Gesetz*, das man auch als *Flächensatz* bezeichnet, eine Aussage. Es lautet: „*Der Radiusvektor* (früher auch „Fahrstrahl" genannt) *überstreicht in gleichen Zeiten gleiche Flächen*". Zum Beweis betrachtet man die Fläche des vom Radiusvektor $\vec{r}$ und $\mathrm{d}\vec{r}$ aufgespannten Dreiecks. Sie ist

$$\mathrm{d}\vec{F} = \frac{1}{2}\,\vec{r} \times \mathrm{d}\vec{r} \tag{4.160}$$

und daher gilt

$$\frac{\mathrm{d}\vec{F}}{\mathrm{d}t} = \frac{1}{2}\,\vec{r} \times \frac{\mathrm{d}\vec{r}}{\mathrm{d}t} = \frac{1}{2}\,\vec{r} \times \dot{\vec{r}} = \frac{1}{2m}\,\vec{L}\,. \tag{4.161}$$

Die zeitliche Änderung der Fläche ist also wie der Drehimpuls konstant, und man sieht, dass der Flächensatz nur eine andere Sprechweise für die Drehimpulserhaltung ist.

Zum Abschluss wollen wir noch die Zeitdauer für ein vollständiges Durchlaufen der Bahn ermitteln, die Umlaufzeit T. Geht man aus von der Fläche F einer Ellipse (siehe Gleichung (C.21)), so erhält man

$$F = \pi a b = \pi a \frac{L}{\sqrt{-2mE}}\,. \tag{4.162}$$

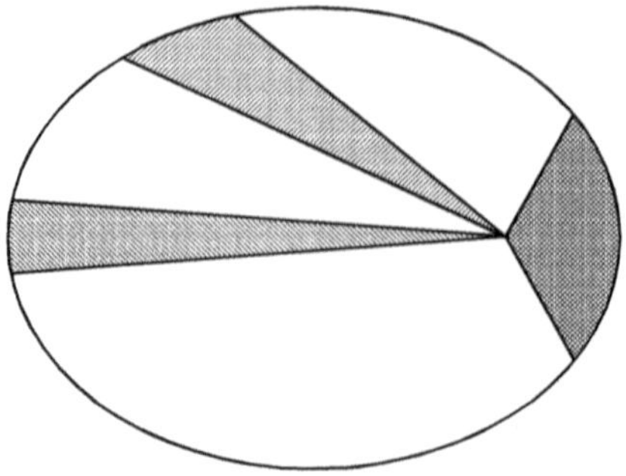

Bild 4.10: Zum Flächensatz: Der Radiusvektor überstreicht in gleichen Zeiten gleiche Flächen.

Andererseits ist die Gesamtfläche das Zeitintegral über $\mathrm{d}F/\mathrm{d}t$ aus (4.161):

$$\begin{aligned} F &= \int_0^T \frac{\mathrm{d}F}{\mathrm{d}t}\,\mathrm{d}t = \frac{1}{2m}\int_0^T L\,\mathrm{d}t \\ &= \frac{L}{2m}\int_0^T \mathrm{d}t = \frac{L}{2m}T\,. \end{aligned} \tag{4.163}$$

Durch Vergleich erhält man

$$T = \pi a\sqrt{\frac{2m}{-E}} = \pi a\sqrt{\frac{4m}{\alpha}\left(-\frac{\alpha}{2E}\right)} = \pi a\sqrt{\frac{4ma}{\alpha}}\,. \tag{4.164}$$

Insbesondere hängt die Umlaufzeit nur von der Energie E ab und nicht vom Drehimpuls L. Wir schreiben diese Beziehung noch etwas um:

$$\frac{T^2}{a^3} = \frac{4\pi^2 m}{\alpha} = \textit{konstant} \tag{4.165}$$

und, da für die Planetenbewegung α proportional zur Masse m_P ist ($\alpha = Gm_P m_S$), ergibt sich

$$\frac{T^2}{a^3} = \frac{4\pi^2 m_P m_S}{Gm_P m_S(m_S + m_P)} = \frac{4\pi^2}{G(m_S + m_P)} \approx \frac{4\pi^2}{Gm_S}\,, \tag{4.166}$$

denn die Planetenmassen sind klein gegenüber der Sonnenmasse. Das Verhältnis T^2/a^3 hat also für alle Planeten unseres Sonnensystems (fast) den gleichen Wert. Es ergibt sich das *dritte keplersche Gesetz*

$$\frac{T_1^2}{T_2^2} = \frac{a_1^3}{a_2^3}\,, \tag{4.167}$$

d.h. die zweiten Potenzen der Umlaufzeiten verhalten sich wie die dritten Potenzen der großen Halbachsen.

Eine **Bemerkung** zum Abschluss:
Es ist interessant, dass man sich *allein* mithilfe eines Kalenders davon überzeugen kann, dass die Bahn der Erde um die Sonne **keine** Kreisbahn ist. Wenn sie es wäre, dann müssten alle Abstände zwischen Frühlings-, Sommer-, Herbst- und Winteranfang gleich lang sein ($\approx 365/4$ Tage). Nachzählen im Kalender ergibt, dass diese Abstände aber unterschiedlich lang sind. Aus diesen Daten und der Einsicht, dass an diesen Tagen die Winkelabstände der Bahn $r(\varphi) = k/(1 + \epsilon\cos\varphi)$ jeweils $\pi/2$ betragen, kann man die Exzentrizität ϵ der Bahn bestimmen.

Ungebundene Bewegung: Für positive Energie ist $\epsilon > 1$ und die Bewegung ist ungebunden. Die Bahnkurve

$$r(\varphi) = \frac{k}{1 + \epsilon \cos \varphi} \tag{4.168}$$

ist eine Hyperbel, bei der für $\varphi = 0$ der kleinste Abstand $r_{\min} = e - a$ vom Zentrum erreicht wird. Dabei gilt für die Exzentrizität $e^2 = a^2 + b^2$, wobei a und b durch

$$a = \frac{\alpha}{2E}\,, \quad b = \frac{L}{\sqrt{2mE}} \tag{4.169}$$

gegeben sind. Der Ausdruck für b ist nichts anderes als die Gleichung für den Drehimpuls $L = mvb$; vgl. auch die Gleichungen (4.157) und (4.159) sowie Anhang C. Wir notieren außerdem eine Formel für die numerische Exzentrizität ϵ:

$$\sqrt{\epsilon^2 - 1} = \sqrt{\frac{e^2}{a^2} - 1} = \sqrt{\frac{e^2 - a^2}{a^2}} = \frac{b}{a}\,. \tag{4.170}$$

Die Bewegung ist ungebunden und für große Zeiten werden beliebig große Entfernungen vom Kraftzentrum erreicht. In großer Entfernung ist die potentielle Energie sehr klein und die Bewegung ist näherungsweise eine Gerade, deren Richtung mit der Richtung der Asymptoten der Hyperbel übereinstimmt (vgl. Anhang C). Diese asymptotische Richtung lässt sich auf einfache Weise ermitteln: Die Bahngleichung divergiert für

$$\cos \varphi = -1/\epsilon\,, \tag{4.171}$$

d.h. die gesuchten asymptotischen Richtungen sind

$$\varphi_{\pm\infty} = \arccos\big(-1/\epsilon\big)\,. \tag{4.172}$$

Oft wird die Bahn auch als Streubahn betrachtet, bei der das „Teilchen“ aus dem Unendlichen einläuft und durch die Wechselwirkung um einen *Streuwinkel* oder *Ablenkwinkel* ϑ aus seiner ursprünglichen Richtung abgelenkt wird, wie im Bild 4.11 dargestellt ist. Den senkrechten Abstand der asymptotischen Bahngeraden vom Kraftzentrum bezeichnet man als *Stoßparameter*, der mit der schon erklärten Größe b übereinstimmt, denn die beiden Dreiecke im Bild 4.11 sind kongruent.

Den Streuwinkel berechnet man nach

$$\vartheta = \pi - 2\varphi_\infty \tag{4.173}$$

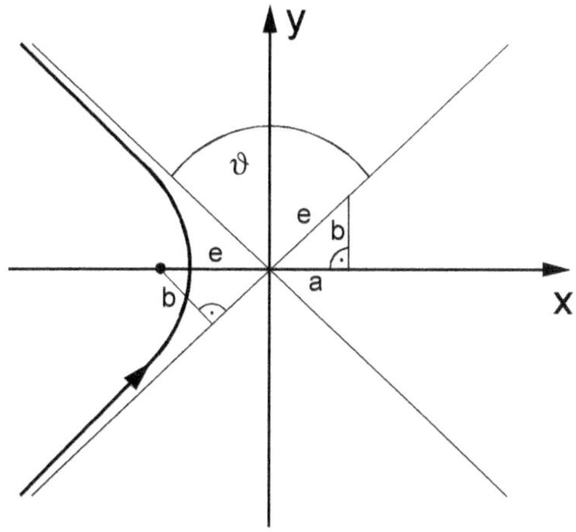

Bild 4.11: Die Streubahn im Gravitationsfeld für positive Energie ist eine Hyperbel mit dem Kraftzentrum im Brennpunkt.

als

$$\sin\frac{\vartheta}{2} = \sin\left(\frac{\pi}{2} - \varphi_\infty\right) = \cos\varphi_\infty = -\frac{1}{\epsilon}\,. \tag{4.174}$$

oder besser

$$\tan\frac{\vartheta}{2} = -\left(\sin^{-2}\frac{\vartheta}{2} - 1\right)^{-1/2} = \left(\epsilon^2 - 1\right)^{-1/2} = \frac{a}{b} = \frac{\alpha}{2bE}\,. \tag{4.175}$$

Die gesuchte *Ablenkfunktion* – der Streuwinkel als Funktion des Stoßparameters b – ist damit

$$\vartheta(b) = -2\,\arctan\frac{\alpha}{2bE}\,. \tag{4.176}$$

Eine im ersten Moment vielleicht verblüffende Beobachtung ist die Rückstreuung bei Stoßparameter $b = 0$. Hier muss man natürlich, da das Potential singulär ist, den Grenzfall $b \to 0$ betrachten. Die Bahn wird dann zu einer engen Haarnadel um die Rückwärtsrichtung und es ergibt sich in der Tat eine Rückwärtsstreuung durch ein rein attraktives Potential.

Zum Abschluss betrachten wir noch kurz den Fall eines abstoßendes Potentials, also zum Beispiel die Streuung in einem Coulomb-Feld für gleichnamige Ladungen. Hier gibt es keine gebundenen Bahnen, und wir haben ausschließlich Hyperbelbahnen, allerdings liegt das Kraftzentrum jetzt in dem Brennpunkt außerhalb des Hyperbelastes der Bahnkurve. Bild 4.12 zeigt eine Schar solcher

Bahnen für gleiche Energie und unterschiedliche Stoßparameter b. Man beobachtet, dass die Schar dieser Bahnen eine einhüllende Grenzkurve besitzt, eine Kaustik, wie wir sie schon bei dem schrägen Wurf in Abschnitt 4.1.1 kennen gelernt haben.

Besonderheiten des Kepler-Problems: Die Diskussion der Planetenbewegung allein mithilfe der Erhaltungssätze hat eindrucksvoll ihre Bedeutung für die Dynamik gezeigt. Es soll allerdings betont werden, dass das Kepler-Problem eine wirkliche Besonderheit darstellt und fast alle anderen Systeme ein komplizierteres Verhalten zeigen. Als Beispiel sollte man sich vor Augen halten, dass *alle* gebundenen Kepler-Bahnen (also alle Bahnen mit $E < 0$) *geschlossen* sind. Nach einem Umlauf erreicht jede Bahn wieder ihre Anfangsposition und -geschwindigkeit, ist also periodisch. Diese Eigenschaft ist in keiner Weise typisch für allgemeine Zentralkräfte und findet sich sonst nur noch bei dem dreidimensionalen harmonischen Oszillatorpotential $V(r) \sim r^2$ (siehe Aufgabe 4.5). In allgemeinen Zentralkraftproblemen sind die meisten Bahnen *nicht* periodisch, wie schon oben (Abschnitt 4.4, Seite 119) erläutert.

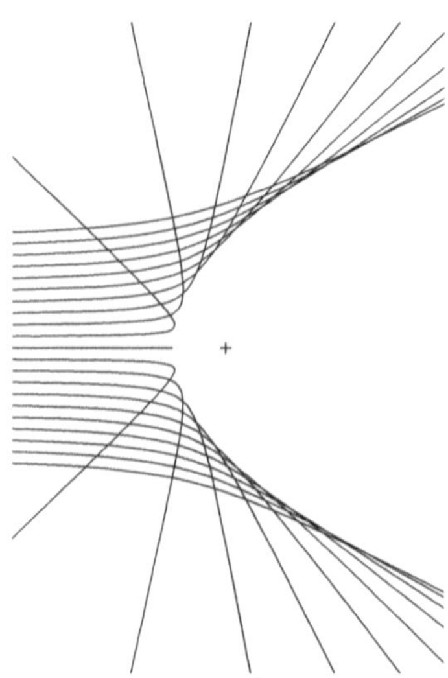

Bild 4.12: Die Streubahnen im abstoßenden Coulomb-Feld für gleiche Energie und unterschiedliche Stoßparameter. Die Bahnen sind konfokale Hyperbeläste mit dem Kraftzentrum im Brennpunkt (+).

Allgemeine Einteilchenprobleme: Die meisten Systeme haben keine so einfache Struktur wie die Zentralkraftsysteme. In der Regel existieren nicht genug Erhaltungsgrößen, und wir werden nicht vermeiden können, die Bewegungsgleichungen zu lösen. Damit werden wir uns in Kapitel 8 noch genauer befassen.

4.5 Aufgaben

Aufgabe 4.1 (Lösung Seite 444): Betrachten Sie in Anlehnung an Bild 4.1 die Menge aller Wurfbahnen im Schwerefeld mit gleicher Energie und gleichem Abwurfwinkel. Skizzieren Sie die Bahnen und berechnen Sie die Kaustik.

Aufgabe 4.2 (Lösung Seite 445): Es sei $x(t)$ die Lösung der Bewegungsgleichung $m\ddot{x} = -V'(x)$ mit der potentiellen Energie $V(x)$. Wir nehmen an, dass $V(x)$ ein einziges Minimum besitzt und betrachten eine Schwingung um dieses Minimum.

(a) Zeigen Sie, dass die Energie $E = m\dot{x}^2/2 + V(x)$ zeitlich konstant ist.

(b) Zeigen Sie, dass die Schwingungsdauer T einer periodischen Bewegung gegeben ist durch

$$T = \int_a^b \left\{ \frac{1}{2m} \Big(E - V(x) \Big) \right\}^{-1/2} \mathrm{d}x \,,$$

wobei die so genannten *Umkehrpunkte* a und b durch $V(a) = V(b) = E$ gegeben sind.

(c) Berechnen Sie T aus der Formel in (b) für den Fall $V(x) = kx^2/2$ und verifizieren Sie, dass sich das bekannte Resultat $T = 2\pi\sqrt{m/k}$ ergibt.

Aufgabe 4.3 (Lösung Seite 446): Leiten Sie die in den Gleichungen (4.115) bis (4.118) angegebene Zerlegung des Gesamtdrehimpulses eines Zweiteilchensystems in eine Summe aus Schwerpunkt- und Relativdrehimpuls her.

Aufgabe 4.4 (Lösung Seite 446): Die Bahnkurve $\vec{r}(t)$ eines Teilchens wird beschrieben durch die Differentialgleichung $\dot{\vec{r}} = \vec{\omega} \times \vec{r}$ mit einem zeitlich konstanten Vektor $\vec{\omega}$. Zeigen Sie, dass die folgenden Größen zeitlich konstant sind:

(a) der Betrag des Vektors $\vec{r}$;
(b) die Projektion von $\vec{r}$ auf $\vec{\omega}$;
(c) der Betrag der Bahngeschwindigkeit $\dot{\vec{r}}$.

Aufgabe 4.5 (Lösung Seite 447): Bestimmen Sie die Bahnkurven $\vec{r}(t)$ für einen dreidimensionalen Oszillator

$$E_{\text{pot}}(r) = V(r) = \frac{k}{2}\,r^2\,.$$

Aufgabe 4.6 (Lösung Seite 448): In Kapitel 3, Aufgabe 7 wurde das Gradientenfeld für ein Äquivalent zum Kepler-Potential in einem n-dimensionalen Raum

$$V(r) = -\frac{\alpha}{r^{n-2}}\,, \quad \alpha > 0$$

für $n \geq 3$ berechnet ($r = |\vec{r}\,|$, $\vec{r} = (x_1, \ldots, x_n)$).
(a) Zeigen Sie, dass die verallgemeinerten Drehimpulse

$$L_{jk} = m\,(x_j \dot{x}_k - x_k \dot{x}_j)\,, \quad j, k = 1, \ldots n$$

Erhaltungsgrößen sind.
(b) Für eine Bahn, die ganz in einer Ebene liegt, gilt dann wie in drei Raumdimensionen die übliche Erhaltung des Drehimpulses, also $L = L_{1,2}$, wenn (x_1, x_2) die Bahnebene ist. Zeigen Sie mithilfe des Effektivpotentials, dass für $n > 3$ **keine** stabilen Bahnen möglich sind.

Kapitel 5

Matrizen und Tensoren

Wir haben gesehen, dass sich mithilfe der Vektorrechnung viele physikalische Probleme klarer darstellen und einfacher behandeln lassen. Eine weitere Vereinfachung erhält man durch die Verwendung von Matrizen. Unter einer *Matrix* A versteht man ein rechteckiges Schema von Zahlen[1]

$$A = \begin{pmatrix} a_{11} & a_{12} & \dots & a_{1j} & \dots & a_{1n} \\ a_{21} & a_{22} & \dots & a_{2j} & \dots & a_{2n} \\ \dots & \dots & \dots & \dots & \dots & \dots \\ a_{i1} & a_{i2} & \dots & a_{ij} & \dots & a_{in} \\ \dots & \dots & \dots & \dots & \dots & \dots \\ a_{m1} & a_{m2} & \dots & a_{mj} & \dots & a_{mn} \end{pmatrix} . \qquad (5.1)$$

Es gibt also m Zeilen und n Spalten dieser $(m \times n)$-Matrix. Die einzelnen Matrixelemente a_{ij} tragen zwei Indizes, von denen der erste, i, die Zeile und der zweite, j, die Spalte angibt, in der dieses Matrixelement steht (merke: „**Z**eilen **z**uerst, **Sp**alten **sp**äter"). Man schreibt auch kurz

$$A = \left(a_{ij} \right) . \qquad (5.2)$$

---

[1] Genauer: Eine Matrix ist ein Tensor zweiter Stufe, also eine zweifach indizierte Größe, die sich bei Koordinatentransformationen in jedem Index wie ein Vektor transformiert (vgl. auch die einführenden Bemerkungen auf Seite 20) und Abschnitt 5.3.2 weiter unten.

Zwei Matrizen sind gleich, wenn alle ihre Matrixelemente übereinstimmen. Konkrete Beispiele solcher Matrizen sind etwa

$$A = \begin{pmatrix} 1 & 2 \\ 2 & 1 \end{pmatrix} \qquad B = \begin{pmatrix} 4 & 0 \\ 1 & 2 \end{pmatrix} \qquad D = \begin{pmatrix} -1 & 2 & 7 \\ -2 & 8 & 1 \end{pmatrix}. \tag{5.3}$$

A und B sind quadratische (2×2)-Matrizen und D ist eine (2×3)-Matrix. Weiterhin erscheinen die Vektoren als spezielle Matrizen mit nur einer Zeile oder Spalte.

5.1 Rechnen mit Matrizen

Es lassen sich die folgenden Rechenoperationen mit Matrizen erklären [es ist $A = (a_{ij})$, $B = (b_{ij})$, $C = (c_{ij})$]:

(1) Addition:

$$C = A + B \quad \text{mit} \quad c_{ij} = a_{ij} + b_{ij}\,. \tag{5.4}$$

(2) Multiplikation mit einer Zahl λ :

$$\lambda A = (\lambda a_{ij})\,. \tag{5.5}$$

(3) Matrixmultiplikation:

$$C = AB \quad \text{mit} \quad c_{ij} = \sum_k a_{ik} b_{kj}\,. \tag{5.6}$$

Hierbei ist klar, dass nur gleichartige Matrizen addiert und nur passende miteinander multipliziert werden können, d.h. eine $(m \times n)$-Matrix A mit einer $(n \times r)$-Matrix B. Das ergibt dann eine $(m \times r)$-Matrix C:

$$\begin{pmatrix} \dots & \dots & \dots \\ \dots & c_{ij} & \dots \\ \dots & \dots & \dots \end{pmatrix} = \begin{pmatrix} \dots & \dots & \dots & \dots & \dots \\ a_{i1} & \dots & a_{ik} & \dots & a_{in} \\ \dots & \dots & \dots & \dots & \dots \end{pmatrix} \begin{pmatrix} \dots & b_{1j} & \dots \\ \dots & \dots & \dots \\ \dots & b_{kj} & \dots \\ \dots & \dots & \dots \\ \dots & b_{nj} & \dots \end{pmatrix}. \tag{5.7}$$

Es ist nützlich sich klar zu machen, dass der Wert von c_{ij} als Skalarprodukt der i-ten Zeile von A mit der j-ten Spalte von B gelesen werden kann.

Als Beispiel bilden wir die Summe und das Produkt der in Gleichung (5.3) angegebenen Matrizen A und B:

$$A + B = \begin{pmatrix} 1 & 2 \\ 2 & 1 \end{pmatrix} + \begin{pmatrix} 4 & 0 \\ 1 & 2 \end{pmatrix} = \begin{pmatrix} 5 & 2 \\ 3 & 3 \end{pmatrix} \tag{5.8}$$

$$AB = \begin{pmatrix} 1 & 2 \\ 2 & 1 \end{pmatrix} \begin{pmatrix} 4 & 0 \\ 1 & 2 \end{pmatrix} = \begin{pmatrix} 6 & 4 \\ 9 & 2 \end{pmatrix} . \tag{5.9}$$

Aus den Definitionen der Rechenoperationen lassen sich die folgenden **Rechenregeln** beweisen:

$$\text{(a)} \qquad A + B = B + A \tag{5.10}$$

$$\text{(b)} \qquad A(B + C) = AB + AC \tag{5.11}$$

$$\text{(c)} \qquad A(BC) = (AB)C = ABC . \tag{5.12}$$

Es gelten also die üblichen Distributiv- und Assoziativgesetze. Die Matrixaddition ist kommutativ, die Matrixmultiplikation ist jedoch im Allgemeinen *nicht*. Man erhält beispielsweise für die Matrizen A und B das Produkt

$$BA = \begin{pmatrix} 4 & 0 \\ 1 & 2 \end{pmatrix} \begin{pmatrix} 1 & 2 \\ 2 & 1 \end{pmatrix} = \begin{pmatrix} 4 & 8 \\ 5 & 4 \end{pmatrix} \neq AB , \tag{5.13}$$

wie man durch Vergleich mit (5.9) sieht. Diese Nicht-Kommutativität lässt sich (für quadratische Matrizen) beschreiben durch den *Kommutator* $AB - BA$, bezeichnet durch ein Klammersymbol:

$$\left[A, B\right] := A\,B - B\,A . \tag{5.14}$$

Diese *Kommutatorklammer* wird spätestens in der Quantenmechanik wieder auftauchen und spielt dort eine wichtige Rolle.

Ein Spezialfall einer Matrixmultiplikation ist die Multiplikation einer $(n \times n)$-Matrix mit einer $(n \times 1)$-Matrix, also einem Spaltenvektor:

$$\begin{pmatrix} a_{11} & a_{12} & \dots & a_{1n} \\ a_{21} & a_{22} & \dots & a_{2n} \\ \dots & \dots & \dots & \dots \\ a_{n1} & a_{n2} & \dots & a_{nn} \end{pmatrix} \begin{pmatrix} x_1 \\ x_2 \\ .. \\ x_n \end{pmatrix} = \begin{pmatrix} b_1 \\ b_2 \\ .. \\ b_n \end{pmatrix} \tag{5.15}$$

oder kurz

$$A\vec{x} = \vec{b}\,. \tag{5.16}$$

Voll ausgeschrieben lautet diese Gleichung

$$\begin{aligned} a_{11}x_1 + a_{12}x_2 + \ldots + a_{1n}x_n &= b_1 \\ a_{21}x_1 + a_{22}x_2 + \ldots + a_{2n}x_n &= b_2 \\ \ldots \qquad\qquad & \quad \ldots \\ a_{n1}x_1 + a_{n2}x_2 + \ldots + a_{nn}x_n &= b_n\,, \end{aligned} \tag{5.17}$$

was man als lineares Gleichungssystem für die n Unbekannten $x_1,\ x_2,\ \ldots x_n$ lesen kann.

Die *Transponierte* A^T einer Matrix $A = (a_{ij})$ entsteht durch Vertauschen von Zeilen und Spalten: $A^T = (a_{ji})$. Es gilt

$$(AB)^T = B^T A^T\,, \tag{5.18}$$

was man schnell beweisen kann:

$$((AB)^T)_{ij} = (AB)_{ji} = \sum_k a_{jk}b_{ki} = \sum_k b_{ki}a_{jk} = (B^T A^T)_{ij}\,. \tag{5.19}$$

5.2 Quadratische Matrizen

Wenn A und B $(n\times n)$-Matrizen sind, dann sind es auch alle ihre Linearkombinationen $\alpha A + \beta B$ und ihre Matrixprodukte. Die Menge aller $(n \times n)$-Matrizen mit diesen Rechenoperationen bildet den Prototyp einer so genannten *Algebra*. Die *Einheitsmatrix*

$$E = (\delta_{ij}) = \begin{pmatrix} 1 & 0 & \ldots & 0 \\ 0 & 1 & \ldots & 0 \\ \ldots & \ldots & \ldots & \ldots \\ 0 & 0 & \ldots & 1 \end{pmatrix} \tag{5.20}$$

spielt hier die Rolle der Eins bei den reellen Zahlen, d.h. es gilt

$$EA = AE = A\,. \tag{5.21}$$

Von großer Bedeutung ist auch noch die *Determinante*

$$|A| = \det A\,, \tag{5.22}$$

die man für quadratische Matrizen A definieren kann.

Für den (2×2)- und (3×3)-Fall ist der Determinantenbegriff wohl aus der Schule bekannt. Zur Erinnerung: Es gilt

$$\begin{vmatrix} a_{11} & a_{12} \\ a_{21} & a_{22} \end{vmatrix} = a_{11}a_{22} - a_{12}a_{21} \tag{5.23}$$

oder – wenn wir hier die Schreibweise etwas vereinfachen –

$$\begin{vmatrix} a_1 & a_2 \\ b_1 & b_2 \end{vmatrix} = a_1\, b_2 - a_2\, b_1\,. \tag{5.24}$$

Im (3×3)-Fall erhält man

$$\begin{vmatrix} a_1 & a_2 & a_3 \\ b_1 & b_2 & b_3 \\ c_1 & c_2 & c_3 \end{vmatrix} = a_1b_2c_3 + a_2b_3c_1 + a_3b_1c_2 - a_1b_3c_2 - a_2b_1c_3 - a_3b_2c_1\,. \tag{5.25}$$

Diese Formel kann man sich leicht merken: Man multipliziert der Reihe nach die Zahlen diagonal von oben nach unten rechts bzw. nach unten links, wobei man sich das Zahlenschema zur Seite periodisch fortgesetzt denken kann, wie im Bild 5.1 veranschaulicht. Dabei werden die Produkte der drei Einträge auf der nach rechts gerichteten Diagonalen (–) addiert, die Produkte der drei nach links gerichteten (- - -) subtrahiert. Dies ist die *Regel von Sarrus*. Aber Vorsicht(!), diese Regel gilt *nur* für (3×3)-Determinanten.

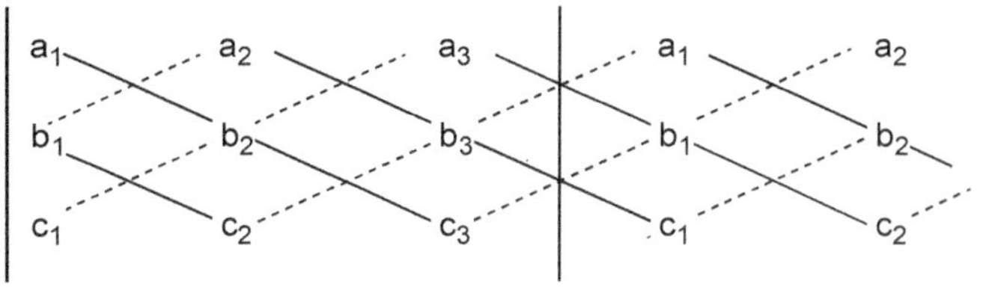

Bild 5.1: Regel von Sarrus zur Berechnung einer (3×3)-Determinante.

Alternativ kann man die Formel (5.25) wie folgt verstehen: Es werden alle Produkte der Form $a_ib_jc_k$ addiert, wobei die Indizes i, j, k alle Permutationen der Zahlen $1, 2, 3$ durchlaufen. Zyklische Anordnungen werden positiv, antizyklische negativ gezählt. Diese Definition hat den Vorteil, dass sie sich auf

$(n \times n)$-Determinanten ausdehnen lässt, wenn man nur „zyklisch" und „antizyklisch" durch „gerade" und „ungerade" Permutation ersetzt. Im Folgenden werden wir uns vorerst auf die einfachen Fälle von (2×2)- und (3×3)-Matrizen beschränken. Wir notieren noch (hier ohne Beweis)

$$|A1_T| = |A| \tag{5.26}$$

d.h. der Wert einer Determinante ändert sich nicht bei Vertauschung von Zeilen und Spalten, und

$$|AB| = |BA| = |A||B|\,. \tag{5.27}$$

Matrizen mit Determinante ungleich null kann man invertieren, d.h. es gibt eine *inverse Matrix* A^{-1} zu A mit

$$A^{-1}A = AA^{-1} = E\,. \tag{5.28}$$

Die Kenntnis einer Inversen liefert natürlich direkt eine Lösung des linearen Gleichungssystems:

$$A\vec{x} = \vec{b} \quad\longrightarrow\quad \vec{x} = A^{-1}\vec{b}\,. \tag{5.29}$$

Methoden zur Berechnung der Inversen einer Matrix stellen wir vorerst zurück. Hier sei nur angemerkt, dass die Inverse existiert und eindeutig ist, falls die Determinante ungleich null ist. In Aufgabe 5.4 wird diese Inverse für (2×2)-Matrizen explizit bestimmt.

Für ein Verständnis des Vektorbegriffes war es nützlich, dass man sich einen Vektor als eine Verschiebung im Raum vorstellen konnte. Eine $(n \times n)$-Matrix A lässt sich nun interpretieren als eine *lineare Abbildung* des (n-dimensionalen) Raumes auf sich selbst. Die Vorschrift

$$\vec{x}\,' = A\,\vec{x} \tag{5.30}$$

ordnet jedem Vektor $\vec{x}$ einen Vektor $\vec{x}\,'$ zu. Als Beispiel stellt

$$\begin{pmatrix} -x \\ y \end{pmatrix} = \begin{pmatrix} -1 & 0 \\ 0 & 1 \end{pmatrix} \begin{pmatrix} x \\ y \end{pmatrix} \tag{5.31}$$

eine Spiegelung der (x, y)-Ebene an der y-Achse dar. Eine allgemeine *Spiegelung* lässt sich durch eine symmetrische Matrix S beschreiben, mit den Eigenschaften

$$S^2 = E \quad , \quad \det S = -1\,, \tag{5.32}$$

d.h. eine zweifache Spiegelung ist die Identität und ihre Determinante hat den Wert -1.

Weitere einfache Abbildungen sind die Drehungen der Ebene und Drehungen des dreidimensionalen Raumes, die in Abschnitt 5.3.3 näher untersucht werden.

Die Matrix-Abbildungen sind *linear*, d.h. es gilt

$$A\big(a_1\vec{x}_1 + a_2\vec{x}_2\big) = a_1 A\,\vec{x}_1 + a_2 A\,\vec{x}_2\,. \tag{5.33}$$

Als **Beispiel** einer solchen Abbildung betrachten wir die Abbildungseigenschaften der Matrix

$$S = E - 2\,\vec{u}\,\vec{u}^{\,T} \tag{5.34}$$

mit einem gegebenen Vektor $\vec{u}$, ein Spaltenvektor mit Betrag eins. Man beachte, dass sich der Ausdruck $\vec{u}\,\vec{u}^{\,T}$ von $\vec{u}^{\,T}\vec{u} = 1$ unterscheidet; der erste Ausdruck liefert eine quadratische Matrix, der zweite einen Skalar [vgl. auch Aufgabe 5.1 und das dyadische Produkt in (5.69)].

Die Matrix S ist symmetrisch, $S^T = S$, und erfüllt

$$\begin{aligned} S^2 &= \big(E - 2\,\vec{u}\,\vec{u}^{\,T}\big)\big(E - 2\,\vec{u}\,\vec{u}^{\,T}\big) \\ &= E - 4\,\vec{u}\,\vec{u}^{\,T} + 4\,\vec{u}\,\vec{u}^{\,T}\,\vec{u}\,\vec{u}^{\,T} \\ &= E - 4\,\vec{u}\,\vec{u}^{\,T} + 4\,\vec{u}\,\vec{u}^{\,T} = E \end{aligned} \tag{5.35}$$

(dabei wurde $\vec{u}^{\,T}\vec{u} = 1$ benutzt). Weiterhin gilt

$$\begin{aligned} S\vec{u} &= \big(E - 2\,\vec{u}\,\vec{u}^{\,T}\big)\vec{u} \\ &= \vec{u} - 2\,\vec{u}\,\vec{u}^{\,T}\,\vec{u} = \vec{u} - 2\,\vec{u} = -\vec{u}\,, \end{aligned} \tag{5.36}$$

und für einen Vektor $\vec{v}$ senkrecht zu $\vec{u}$ (also mit $\vec{u}^{\,T}\vec{v} = 0$) gilt

$$S\vec{v} = \big(E - 2\,\vec{u}\,\vec{u}^{\,T}\big)\vec{v} = \vec{v} - 2\,\vec{u}\,\vec{u}^{\,T}\vec{v} = \vec{v}\,. \tag{5.37}$$

Die Abbildung S ist also eine Spiegelung an der Ebene senkrecht zu dem Vektor $\vec{u}$ mit

$$S\vec{x} = S(\alpha\vec{u} + \vec{v}\,) = -\alpha\vec{u} + \vec{v}\,, \tag{5.38}$$

wenn der Vektor $\vec{x}$ in eine Komponente $\alpha\vec{u}$ parallel zu $\vec{u}$ und eine Komponente $\vec{v}$ senkrecht dazu zerlegt wird.

Im Abschnitt 5.2.2 werden wir nach Vektoren suchen, die durch die Matrix A in besonders einfacher Weise abgebildet werden, nämlich als einfache Multiplikation mit einer Zahl λ:

$$A\vec{x} = \lambda\vec{x} \quad \text{mit} \quad \vec{x} \neq \vec{0}\,. \tag{5.39}$$

Solche Vektoren $\vec{x}$ nennt man *Eigenvektoren* und den zugehörigen Faktor λ *Eigenwert*.

5.2.1 Taylor-Entwicklung im $\mathbb{R}^n$

In Gleichung (3.28) wurde die Taylor-Entwicklung im $\mathbb{R}^n$ bis zur zweiten Ordnung angegeben. Der Term zweiter Ordnung ist gegeben durch

$$\sum_{j,k=1}^{n} \frac{\partial^2 f}{\partial x_j \partial x_k}\bigg|_{\vec{r}_0} \big(x_j - x_{0j}\big)\big(x_k - x_{0k}\big)\,. \tag{5.40}$$

Man kann diesen Ausdruck sehr viel übersichtlicher in Matrixform schreiben, wenn wir die Matrixelemente einer Matrix Q definieren als

$$Q_{jk} = \frac{\partial^2 f}{\partial x_j \partial x_k}\bigg|_{\vec{r}_0}\,. \tag{5.41}$$

Damit schreibt sich der Ausdruck (5.40) als $\big(\vec{r}-\vec{r}_0\big)^T Q\big(\vec{r}-\vec{r}_0\big)$ und die gesamte Taylor-Formel zweiter Ordnung ist mit $\vec{d} = \vec{\nabla} f\big|_{\vec{r}_0}$

$$f(\vec{r}) \approx f(\vec{r}_0) + \vec{d}\cdot(\vec{r}-\vec{r}_0) + \frac{1}{2}(\vec{r}-\vec{r}_0)^T Q(\vec{r}-\vec{r}_0)\,. \tag{5.42}$$

Für den wichtigen Spezialfall einer Punktquelle bei $\vec{a}$ lässt sich die Taylor-Entwicklung um $\vec{r}_0 = \vec{0}$ aus Gleichung (3.32) schreiben als

$$\frac{1}{|\vec{r}-\vec{a}\,|} \approx \frac{1}{a} + \frac{1}{a^3}\,\vec{a}\cdot\vec{r} + \frac{1}{2a^5}\,\vec{r}^{\,T} Q\,\vec{r} \tag{5.43}$$

mit einer Matrix $Q = (Q_{jk})$ gegeben durch

$$Q_{jk} = 3a_j a_k - a^2 \delta_{jk}\,. \tag{5.44}$$

Die Matrix Q wird wichtig werden, wenn wir uns mit der approximativen Darstellung eines Feldes weit weg von seinen Quellen befassen, der *Multipolentwicklung*. Wir notieren hier schon einmal zwei wichtige Eigenschaften von Q:

(1) Q ist symmetrisch: $Q_{jk} = Q_{kj}$.

(2) Die so genannte *Spur*[2] (abgekürzt mit „Sp“) dieser Matrix, definiert als die Summe aller Diagonalelemente, ist gleich null:

$$\operatorname{Sp} Q = \sum_j Q_{jj} = \sum_j \big(3a_j a_j - a^2\delta_{jj}\big) = 3a^2 - 3a^2 = 0\,. \tag{5.45}$$

[2]Die Spur einer (quadratischen) Matrix erfüllt $\operatorname{Sp}(AB) = \operatorname{Sp}(BA)$ und ist genau wie ihre Determinante eine wichtige Eigenschaft einer Matrix, die bei Drehungen des Koordinatensystems unverändert bleibt.

Zum Schluss noch ein paar Worte zum Begriff des Tensors: Der *Tensor* ist ein Oberbegriff für Skalare, Vektoren, Matrizen und weitere noch komplexere Größen, die in der Physik benötigt werden. Man unterscheidet Tensoren verschiedener Stufe: Tensoren nullter Stufe sind die Skalare, Tensoren erster Stufe die Vektoren, Tensoren zweiter Stufe die Matrizen. Einen Tensor dritter Stufe haben wir auch schon kennen gelernt: Der dreifach indizierte „total antisymmetrische Tensor dritter Stufe" ϵ_{ijk} bei der Diskussion des Vektorprodukts.

5.2.2 Eigenwerte und Eigenvektoren

Durch die Gleichung

$$A\vec{x} = \lambda\vec{x} \quad \text{mit} \quad \vec{x} \neq \vec{0} \tag{5.46}$$

wird ein *Eigenvektor* $\vec{x}$ und ein *Eigenwert* λ der Matrix A definiert.

Wir machen uns zunächst einmal klar, dass mit dem Eigenvektor $\vec{x}$ auch jeder Vektor $\alpha\vec{x}$ (mit $\alpha \neq 0$) Eigenvektor von A ist mit dem gleichen Eigenwert λ. In Richtung von $\vec{x}$ ist die Abbildungseigenschaft der linearen Abbildung $\vec{y} = A\vec{x}$ also besonders einfach: Wir haben eine Streckung um den Faktor λ.

Die Grundidee ist jetzt recht einfach: Wir versuchen, *alle* diese Eigenvektoren zu finden und hoffen, dann die Matrix A wesentlich einfacher beschreiben zu können, wenn wir zum Beispiel diese Eigenvektoren als Basisvektoren wählen. Dazu geht man folgendermaßen vor: Eine Umformung der Definitionsgleichung (5.46) liefert

$$(A - \lambda E)\,\vec{x} = \vec{0} \tag{5.47}$$

mit der Einheitsmatrix E. Wenn die Determinante $|A - \lambda E|$ des linearen Gleichungssystems (5.47) nicht verschwindet, ist dieses Gleichungssystem *eindeutig* lösbar, mit der für unsere Zwecke uninteressanten Lösung $\vec{x} = \vec{0}$. Wir erhalten also als Bedingung für die Existenz eines Eigenvektors ($\vec{x} \neq \vec{0}$) und damit eines Eigenwertes λ die *charakteristische Gleichung*

$$|A - \lambda E| = 0\,. \tag{5.48}$$

Zu jeder solchen Lösung, also jedem Eigenwert λ, berechnet man dann den (von null verschiedenen) Eigenvektor $\vec{x}$, oder genauer gesagt, alle solche Eigenvektoren.

Wenn A eine $(n \times n)$-Matrix ist, ist (5.48) ein Polynom n-ten Grades in λ:

$$|A - \lambda E| = a_0 + a_1\lambda + a_2\lambda^2 + \ldots + (-1)^n\,\lambda^n = \chi_n(\lambda)\,. \tag{5.49}$$

Dieses *charakteristische Polynom* hat n Nullstellen, nämlich die gesuchten Eigenwerte λ_k, $k = 1, \ldots, n$ und man kann es wie

$$\chi_n(\lambda) = (\lambda_1 - \lambda)(\lambda_2 - \lambda) \cdots (\lambda_n - \lambda) \tag{5.50}$$

faktorisieren. Im Allgemeinen sind diese Nullstellen komplexwertig. (Eine Einführung in die komplexen Zahlen findet man im Anhang B.) Die Nullstellen müssen nicht notwendig verschieden sein, es können auch Doppelwurzeln auftreten, wie z.B. die Lösung $\lambda = 1$ der Gleichung $(\lambda - 1)(\lambda - 1) = \lambda^2 - 2\lambda + 1 = 0$. Das Auftreten solcher Doppelwurzeln der Eigenwerte (als *Entartung* bezeichnet) erfordert gesonderte Betrachtungen. Wir werden hier der Einfachheit halber nur den Fall betrachten, dass $|A - \lambda E|$ in ein Produkt von *verschiedenen* Linearfaktoren zerfällt. Zu jedem der aus einer Lösung von (5.48) gefundenen Eigenwerte λ_i bestimmt man dann eine nichttriviale (existierende!) Lösung von (5.47), d.h. die gesuchten Eigenvektoren $\vec{x}_i \neq \vec{0}$, die man üblicherweise auf den Betrag eins normiert.

Ein **Beispiel** zur Illustration: Die Matrix

$$A = \begin{pmatrix} 1 & 4 \\ 1 & 1 \end{pmatrix} \tag{5.51}$$

führt auf die charakteristische Gleichung

$$|A - \lambda E| = \begin{vmatrix} 1 - \lambda & 4 \\ 1 & 1 - \lambda \end{vmatrix} = (1 - \lambda)^2 - 4 = 0 \tag{5.52}$$

mit den Lösungen $\lambda_\pm = 1 \pm 2$, also $\lambda_+ = 3$ und $\lambda_- = -1$. Die Eigenvektoren bestimmt man dann aus

$$\begin{pmatrix} 1 - \lambda_+ & 4 \\ 1 & 1 - \lambda_+ \end{pmatrix} \begin{pmatrix} x_1 \\ x_2 \end{pmatrix} = \begin{pmatrix} 0 \\ 0 \end{pmatrix}. \tag{5.53}$$

Das liefert den Zusammenhang $x_1 = 2x_2$ zwischen den beiden Komponenten. Damit hat der Eigenvektor den Betrag

$$|\vec{x}_+| = \sqrt{x_1^2 + x_2^2} = \sqrt{4x_2^2 + x_2^2} = |x_2|\sqrt{5}\,. \tag{5.54}$$

Mit $|x_2| = 1/\sqrt{5}$ erhalten wir den normierten Eigenvektor

$$\vec{x}_+ = \frac{1}{\sqrt{5}} \begin{pmatrix} 2 \\ 1 \end{pmatrix}, \tag{5.55}$$

sowie ganz analog für den zweiten Eigenwert $\lambda_- = -1$ den Eigenvektor

$$\vec{x}_- = \frac{1}{\sqrt{5}}\begin{pmatrix} -2 \\ 1 \end{pmatrix}. \tag{5.56}$$

Das Skalarprodukt der beiden Eigenvektoren ist

$$\vec{x}_+ \cdot \vec{x}_- = \frac{1}{5}\left(-4+1\right) = -\frac{3}{5}. \tag{5.57}$$

Die Eigenvektoren bilden also einen Winkel von $\varphi = \arccos(-3/5)$. Das ist eine Folge der Unsymmetrie der Matrix (5.51). Wir werden zeigen, dass die Eigenvektoren symmetrischer Matrizen orthogonal sind, falls ihre Eigenwerte verschieden sind.

Allgemein können die Eigenwerte komplexe Zahlen sein. Wir beweisen jetzt zwei wichtige Sätze für den *Spezialfall reeller symmetrischer Matrizen* $A = (a_{ij})$ mit $a_{ij} = a_{ji}$:

- **Satz 1:** Die Eigenwerte einer reellen, symmetrischen Matrix sind reell.

Zum Beweis gehen wir aus von der Gleichung (5.47), die in Komponenten geschrieben werden kann als

$$\sum_j (a_{ij} - \lambda\,\delta_{ij})\,x_j = 0\,, \qquad i = 1, \ldots, n\,. \tag{5.58}$$

Wir multiplizieren diese Gleichung mit der komplex konjugierten[3] Zahl x_i^*, summieren über i und erhalten

$$\sum_{ij} (a_{ij} - \lambda\delta_{ij})\,x_i^* x_j = 0\,. \tag{5.59}$$

Bildet man die komplex konjugierte Gleichung zu (5.59)

$$\sum_{ij} (a_{ij} - \lambda^*\delta_{ij})\,x_i x_j^* = 0 \tag{5.60}$$

(die a_{ij} und δ_{ij} sind reell, d.h. sie ändern sich hierbei nicht) und vertauscht dann die Indizes i und j, so ergibt sich mit der Symmetrie $a_{ij} = a_{ji}$ und $\delta_{ij} = \delta_{ji}$

$$\sum_{ij} (a_{ij} - \lambda^*\delta_{ij})\,x_i^* x_j = 0\,. \tag{5.61}$$

[3]Unter der komplex konjugierten Zahl einer komplexen Zahl $z = a + ib$ versteht man die Zahl $z^* = a - ib$. Dann ist $|z|^2 = zz^*$ reell und nicht negativ. Mehr dazu in Anhang B.

Die Differenz von (5.59) und (5.61) liefert schließlich

$$\sum_{ij}(-\lambda+\lambda^*)\delta_{ij}x_i^*x_j = (\lambda^*-\lambda)\sum_i |x_i|^2 = 0 \tag{5.62}$$

und – da die Summe nicht gleich null sein kann ($\vec{x} \neq \vec{0}$) – folgt $\lambda^* = \lambda$, d.h. der Eigenwert λ ist reell.

- **Satz 2:** Die Eigenvektoren einer reellen, symmetrischen Matrix zu verschiedenen Eigenwerten sind orthogonal.

Beweis: Es sei $A\vec{x} = \alpha\vec{x}$ und $A\vec{y} = \beta\vec{y}$ mit $\alpha \neq \beta$ (reell!). Wir multiplizieren die beiden Eigenwertgleichungen

$$\sum_j a_{ij}x_j = \alpha x_i\,, \quad \sum_j a_{ij}y_j = \beta y_i \tag{5.63}$$

mit y_i bzw. x_i, summieren über i und erhalten

$$\sum_{ij} a_{ij}x_jy_i = \alpha\sum_i x_iy_i\,, \quad \sum_{ij} a_{ij}y_jx_i = \beta\sum_i y_ix_i\,. \tag{5.64}$$

Bildet man jetzt die Differenz dieser Gleichungen, so erhält man

$$\begin{aligned}(\alpha-\beta)\sum_i x_iy_i &= \sum_{ij} a_{ij}x_jy_i - \sum_{ij} a_{ij}y_jx_i \\ &= \sum_{ij} a_{ji}x_iy_j - \sum_{ij} a_{ij}y_jx_i = \sum_{ij}(a_{ji}-a_{ij})\,y_jx_i = 0\,.\end{aligned} \tag{5.65}$$

Dabei wurden im Schritt von der ersten Zeile zur zweiten die Indizes der ersten Summe vertauscht; dann wurde die Symmetrie $a_{ij} = a_{ji}$ ausgenutzt. Wegen $\alpha \neq \beta$ folgt dann das Resultat

$$\vec{x}\cdot\vec{y} = \sum_i x_iy_i = 0\,, \tag{5.66}$$

d.h. die beiden Eigenvektoren sind orthogonal.

Die Eigenvektoren einer nicht-symmetrischen Matrix sind im Allgemeinen *nicht* orthogonal, wie zum Beispiel die beiden Eigenvektoren in (5.55) und (5.56), deren Skalarprodukt $\vec{x}_+\cdot\vec{x}_- = -3/5 \neq 0$ ergibt.

5.2.3 Der Trägheitstensor

Als Beispiel für das Auftreten von Matrizen in physikalischen Problemen betrachten wir den Trägheitstensor $I = (I_{ij})$ mit den Komponenten

$$I_{ij} = \int \mathrm{d}m \left[\delta_{ij} r^2 - x_i x_j\right] \quad \text{mit} \quad \vec{r} = (x_1, x_2, x_3)\,. \tag{5.67}$$

Es gilt $I_{ij} = I_{ji}$, d.h. der Trägheitstensor ist symmetrisch. Er besitzt daher *reelle* Eigenwerte I_1, I_2, I_3 (Satz 1 in Abschnitt 5.2.2), die wir als *Hauptträgheitsmomente* bezeichnen, mit den Eigenvektoren $\vec{x}_i$, den *Hauptträgheitsachsen*. Wie wir gesehen haben (Satz 2 in Abschnitt 5.2.2), sind die $\vec{x}_i$ paarweise orthogonal und bilden daher ein bevorzugtes Koordinatensystem zur Behandlung von Drehbewegungen.
Es ist Konvention, die Achsen so zu nummerieren, dass gilt $I_1 \le I_2 \le I_3$. Weiterhin gilt (Beweis in Aufgabe 5.6)

$$I_1 + I_2 \ge I_3\,, \quad I_2 + I_3 \ge I_1 \quad \text{und} \quad I_3 + I_1 \ge I_2\,. \tag{5.68}$$

Im Allgemeinen ist die Bewegung eines starren Körpers recht kompliziert. Einfachere Spezialfälle sind der symmetrische Kreisel, bei dem zwei Hauptträgheitsmomente gleich sind, und der Kugelkreisel mit drei gleichen Hauptträgheitsmomenten.

Es ist nützlich, sich eine kompaktere Schreibweise des Trägheitstensors zu überlegen. Wie definieren das *dyadische Produkt* $\vec{a} \otimes \vec{b}$ zweier Vektoren $\vec{a} = (a_1, a_2, a_3)$ und $\vec{b} = (b_1, b_2, b_3)$ als

$$(\vec{a} \otimes \vec{b})_{jk} = a_j b_k\,, \qquad j, k = 1, 2, 3\,, \tag{5.69}$$

also als eine (3×3)-Matrix. Dann kann man schreiben

$$I = \int \mathrm{d}m \left\{r^2 E - \vec{r} \otimes \vec{r}\right\} \tag{5.70}$$

mit der Einheitsmatrix E, wovon man sich leicht selbst überzeugen kann.

5.3 Drehung des Koordinatensystems

Drehungen eines Koordinatensystems sind für sehr viele physikalische Probleme von Bedeutung (nicht nur für die Drehbewegung starrer Körper!). Man kann sie in recht durchsichtiger Weise mit Methoden der Matrizenrechnung behandeln.

Wir betrachten zwei orthonormierte Koordinatensysteme (Rechtssysteme) mit der Basis $\hat{e}_1$, $\hat{e}_2$, $\hat{e}_3$, bzw. $\hat{e}'_1$, $\hat{e}'_2$, $\hat{e}'_3$ im „gestrichenen" System, wie in Abbildung 5.2 illustriert. Jeder Vektor $\vec{x}$ lässt sich jetzt als Linearkombination der $\hat{e}_i$ oder der $\hat{e}'_i$ darstellen. Also lassen sich auch die $\hat{e}'_i$ durch die $\hat{e}_j$ ausdrücken:

$$\begin{aligned}\hat{e}'_1 &= d_{11}\hat{e}_1 + d_{12}\hat{e}_2 + d_{13}\hat{e}_3\\ \hat{e}'_2 &= d_{21}\hat{e}_1 + d_{22}\hat{e}_2 + d_{23}\hat{e}_3\\ \hat{e}'_3 &= d_{31}\hat{e}_1 + d_{32}\hat{e}_2 + d_{33}\hat{e}_3\end{aligned} \tag{5.71}$$

mit reellen d_{ij}. Allgemein also

$$\hat{e}'_i = \sum_j d_{ij}\,\hat{e}_j\,, \qquad i = 1, 2, 3 \tag{5.72}$$

mit $d_{ij} = \hat{e}'_i \cdot \hat{e}_j$. Die Matrix $D = (d_{ij})$ heißt *Drehmatrix*. Sie hat die folgenden Eigenschaften:

(1) Es gilt für zwei beliebige Basisvektoren $\hat{e}_k$ und $\hat{e}'_i$

$$\hat{e}_k \cdot \hat{e}'_i = \hat{e}_k \cdot \sum_j d_{ij}\,\hat{e}_j = \sum_j d_{ij}\,\hat{e}_k \cdot \hat{e}_j = d_{ik} = \cos\varphi_{ik}\,, \tag{5.73}$$

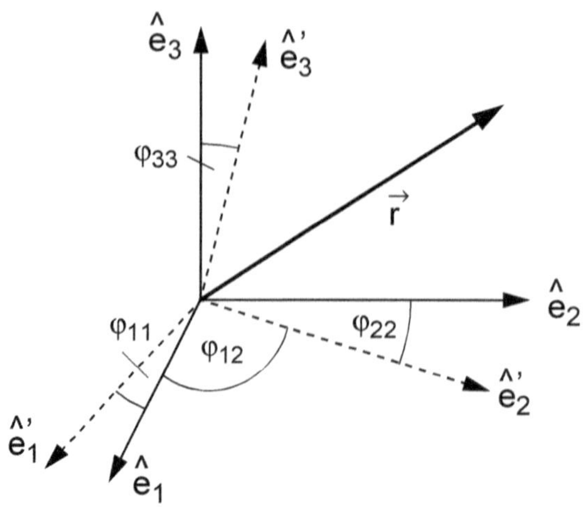

Bild 5.2: Orthonormale Basisvektoren im System der $\hat{e}_i$ und im gedrehten System der $\hat{e}'_i$. Ein Vektor $\vec{r}$ lässt sich in beiden Basissystemen als Linearkombination darstellen.

denn die $\hat{e}_1$, $\hat{e}_2$, $\hat{e}_3$ sind orthonormiert: $\hat{e}_k \cdot \hat{e}_j = \delta_{kj}$. Hier ist φ_{ik} der Winkel zwischen den Basisvektoren $\hat{e}_k$ und $\hat{e}'_i$.

(2) Die Zeilenvektoren von D sind normiert und paarweise orthogonal, was nichts anderes bedeutet als die Orthogonalität der Basisvektoren im gestrichenen System:

$$\begin{aligned} \delta_{ik} = \hat{e}'_i \cdot \hat{e}'_k &= \Big(\sum_j d_{ij}\,\hat{e}_j\Big) \cdot \Big(\sum_\ell d_{k\ell}\,\hat{e}_\ell\Big) = \sum_{j\ell} d_{ij} d_{k\ell}\,\hat{e}_j \cdot \hat{e}_\ell \\ &= \sum_{j\ell} d_{ij} d_{k\ell}\,\delta_{j\ell} = \sum_j d_{ij} d_{kj}\,. \end{aligned} \tag{5.74}$$

(3) Wenn wir die inverse Matrix der Drehmatrix D mit $D^{-1} = (b_{jk})$ bezeichnen, so führt die Definition $E = DD^{-1}$ der Inversen – ausgeschrieben in Komponenten – zu $\delta_{ik} = \sum_j d_{ij} b_{jk}$. Vergleich mit (5.74) liefert $b_{jk} = d_{kj}$, oder

$$D^{-1} = D^{T}\,, \tag{5.75}$$

d.h. die inverse Matrix ist gleich der Transponierten:

$$DD^{T} = D^{T} D = E\,. \tag{5.76}$$

Man nennt Matrizen mit dieser Eigenschaft *orthogonal.*

(4) Wegen $\hat{e}'_1 \cdot (\hat{e}'_2 \times \hat{e}'_3) = \hat{e}_1 \cdot (\hat{e}_2 \times \hat{e}_3) = 1$ (beides orthonormierte Rechtssysteme) folgt durch Ausschreiben des Spatproduktes als Determinante:

$$\det D = \begin{vmatrix} d_{11} & d_{12} & d_{13} \\ d_{21} & d_{22} & d_{23} \\ d_{31} & d_{32} & d_{33} \end{vmatrix} = 1\,. \tag{5.77}$$

Bemerkung: Man kann nun auch umgekehrt vorgehen und allgemein durch die beiden Eigenschaften

(a) Orthonormalität der Zeilen

(b) $\det D = 1$

eine allgemeine $(n \times n)$-Drehmatrix *definieren.*

Als **Beispiel** solcher Drehmatrizen betrachten wir zunächst den zweidimensionalen Fall. Hier sind die Drehungen gegeben durch die Matrizen

$$D(\varphi) = \begin{pmatrix} \cos\varphi & \sin\varphi \\ -\sin\varphi & \cos\varphi \end{pmatrix}\,. \tag{5.78}$$

Durch diese Drehung werden die Komponenten x_1, x_2 eines Vektors in die Komponenten x'_1, x'_2 überführt, also

$$\begin{pmatrix} x'_1 \\ x'_2 \end{pmatrix} = \begin{pmatrix} \cos\varphi & \sin\varphi \\ -\sin\varphi & \cos\varphi \end{pmatrix} \begin{pmatrix} x_1 \\ x_2 \end{pmatrix} = \begin{pmatrix} x_1\cos\varphi + x_2\sin\varphi \\ -x_1\sin\varphi + x_2\cos\varphi \end{pmatrix}. \tag{5.79}$$

Dabei wird nur das Koordinatensystem gedreht, also hier die orthogonalen Basisvektoren. Der Vektor selbst, der durch die Komponenten x_1, x_2 oder x'_1, x'_2 dargestellt wird, bleibt fest (vgl. die Bemerkungen auf Seite 20).

Man überzeugt sich leicht, dass die Matrizen (5.78) die obigen Bedingungen (a) und (b) erfüllen: das Skalarprodukt der beiden Zeilen ist null und die Determinante ist gleich eins. Außerdem gilt

$$\begin{aligned} D(\varphi_2)D(\varphi_1) &= \begin{pmatrix} \cos\varphi_2 & \sin\varphi_2 \\ -\sin\varphi_2 & \cos\varphi_2 \end{pmatrix} \begin{pmatrix} \cos\varphi_1 & \sin\varphi_1 \\ -\sin\varphi_1 & \cos\varphi_1 \end{pmatrix} \\ &= \begin{pmatrix} \cos\varphi_2\cos\varphi_1 - \sin\varphi_2\sin\varphi_1 & \cos\varphi_2\sin\varphi_1 + \sin\varphi_2\cos\varphi_1 \\ -\sin\varphi_2\cos\varphi_1 - \cos\varphi_2\sin\varphi_1 & -\sin\varphi_2\sin\varphi_1 + \cos\varphi_2\cos\varphi_1 \end{pmatrix} \\ &= \begin{pmatrix} \cos(\varphi_2+\varphi_1) & \sin(\varphi_2+\varphi_1) \\ -\sin(\varphi_2+\varphi_1) & \cos(\varphi_2+\varphi_1) \end{pmatrix} = D(\varphi_2+\varphi_1). \end{aligned} \tag{5.80}$$

Die Drehmatrizen $D(\varphi)$ bilden also eine Gruppe mit neutralem Element

$$D(0) = \begin{pmatrix} 1 & 0 \\ 0 & 1 \end{pmatrix} = E. \tag{5.81}$$

Diese *Drehgruppe* in der Ebene ist wegen

$$D(\varphi_2)D(\varphi_1) = D(\varphi_2+\varphi_1) = D(\varphi_1+\varphi_2) = D(\varphi_1)D(\varphi_2) \tag{5.82}$$

kommutativ. In höherdimensionalen Räumen ist das nicht mehr so. Mehr dazu in Abschnitt 5.3.3.

5.3.1 Transformation von Vektoren

Während der Vektor selbst unabhängig von dem gewählten Koordinatensystem ist, sind die Komponenten dieses Vektors natürlich davon abhängig. Die Transformation der Komponenten beschreibt den Zusammenhang der Darstellungen eines Vektors in beiden Koordinatensystemen:

$$\begin{aligned}\vec{r} &= x_1\hat{e}_1 + x_2\hat{e}_2 + x_3\hat{e}_3 \\ &= x_1'\hat{e}_1' + x_2'\hat{e}_2' + x_3'\hat{e}_3' .\end{aligned} \tag{5.83}$$

Skalare Multiplikation der ersten Gleichung mit $\hat{e}_1'$ führt auf

$$\hat{e}_1' \cdot \vec{r} = x_1\hat{e}_1' \cdot \hat{e}_1 + x_2\hat{e}_1' \cdot \hat{e}_2 + x_3\hat{e}_1' \cdot \hat{e}_3 = x_1 d_{11} + x_2 d_{12} + x_3 d_{13} ,$$

und entsprechend für die anderen Komponenten:

$$x_i' = \sum_j d_{ij} x_j . \tag{5.84}$$

Mit den Spaltenvektoren

$$\vec{x}\,' = \begin{pmatrix} x_1' \\ x_2' \\ x_3' \end{pmatrix} \qquad \text{und} \qquad \vec{x} = \begin{pmatrix} x_1 \\ x_2 \\ x_3 \end{pmatrix} \tag{5.85}$$

ist die Gleichung (5.84) die Komponentendarstellung der Matrixgleichung

$$\begin{pmatrix} x_1' \\ x_2' \\ x_3' \end{pmatrix} = \begin{pmatrix} d_{11} & d_{12} & d_{13} \\ d_{21} & d_{22} & d_{23} \\ d_{31} & d_{32} & d_{33} \end{pmatrix} \begin{pmatrix} x_1 \\ x_2 \\ x_3 \end{pmatrix} , \tag{5.86}$$

die man auch kürzer schreiben kann als

$$\vec{x}\,' = D\,\vec{x} . \tag{5.87}$$

Zur Kontrolle soll noch gezeigt werden, dass der Betrag eines Vektors bei einer Drehung unverändert bleibt. Mit $\vec{x}\,' = D\vec{x}$ und $\vec{x}\,'^{\,t} = (D\,\vec{x}\,)^T = \vec{x}^T D^T$ [vgl. Gl. (5.18)] findet man

$$\begin{aligned}|\vec{x}\,'|^2 &= \vec{x}\,' \cdot \vec{x}\,' = \vec{x}\,'^{\,t}\vec{x}\,' = \vec{x}^T D^T D\vec{x} = \vec{x}^T D^{-1} D\vec{x} \\ &= \vec{x}^T E\vec{x} = \vec{x}^T\vec{x} = \vec{x} \cdot \vec{x} = |\vec{x}|^2 ,\end{aligned} \tag{5.88}$$

d.h. es gilt

$$|\vec{x}\,'| = |\vec{x}| . \tag{5.89}$$

5.3.2 Transformation von Matrizen*

Die Transformation von Matrizen verläuft ganz ähnlich, nur muss man hier einen weiteren Index berücksichtigen. Wir wollen (nur in diesem Abschnitt!) die Schreibweise vereinfachen durch die *Summenkonvention*: Wir vereinbaren, dass über alle doppelt auftretenden Indizes (auf einer Seite einer Gleichung) summiert werden muss. Beispielsweise schreibt sich $\sum_i a_i b_i$ einfach als $a_i b_i$.

Die Matrixgleichung $y_i = a_{ij} x_j$ im System $\hat{e}_1, \hat{e}_2, \hat{e}_3$ geht über in eine entsprechende Gleichung $y'_i = a'_{ij} x'_j$ im gestrichenen System $\hat{e}'_1, \hat{e}'_2, \hat{e}'_3$. Wenn wir jetzt die Transformationsgleichungen für die Vektoren $\vec{x}$ und $\vec{y}$ einsetzen, so erhalten wir

$$\begin{aligned} y'_i &= d_{ij}\, y_j = d_{ij}\, a_{jk}\, x_k \\ &= d_{ij}\, a_{jk}\, d^{-1}_{k\ell}\, x'_\ell \\ &= d_{ij}\, a_{jk}\, d_{\ell k}\, x'_\ell = a'_{ij}\, x'_j \end{aligned} \tag{5.90}$$

(man beachte die Summenkonvention) und daher

$$a'_{i\ell} = d_{ij}\, d_{\ell k}\, a_{jk}\,. \tag{5.91}$$

Die a_{jk} transformieren sich also bezüglich *beider* Indizes zugleich wie ein Vektor.

Drei Bemerkungen zur Erläuterung:

(1) Mit $A = (a_{ik})$, $A' = (a'_{ik})$ und der Drehmatrix D lässt sich Gleichung (5.91) auch schreiben als

$$A' = DAD^T . \tag{5.92}$$

(2) Die Drehmatrix D selbst bleibt bei der Transformation unverändert, denn mit $A = D$ liefert (5.92)

$$D' = DDD^T = DE = D . \tag{5.93}$$

(3) Die Gleichung (5.91) lässt sich auf den Fall n-fach indizierter Größen verallgemeinern:

$$a'_{i_1 \dots i_n} = d_{i_1 j_1} \, d_{i_2 j_2} \cdots d_{i_n j_n} \, a_{j_1 \dots j_n} , \tag{5.94}$$

d.h. diese Größe transformiert sich bezüglich *aller* Indizes wie ein Vektor.

Man kann nun *definieren*:

- Eine Größe mit n Indizes, die sich bei Drehungen wie (5.94) verhält, ist ein *Tensor n-ter Stufe*.

In weiterführenden Kursen der Physik werden die Tensoren genauer dargestellt. Hier beschränken wir uns auf Tensoren der Stufen null (Skalare), eins (Vektoren) und zwei (Matrizen).
Einige **Beispiele** dazu:

Beispiel (1): Das in (5.69) erklärte dyadische Produkt $W = \vec{a} \otimes \vec{b}$ definiert einen Tensor zweiter Stufe, denn es gilt mit $a'_j = d_{ji} \, a_i$ und $b'_k = d_{k\ell} \, b_\ell$

$$w'_{jk} = a'_j \, b'_k = d_{ji} \, d_{k\ell} \, a_i \, b_\ell = d_{ji} \, d_{k\ell} \, w_{i\ell} . \tag{5.95}$$

Beispiel (2): Der Trägheitstensor ist wirklich ein Tensor! Das ist klar wegen Gleichung (5.70), denn E und $\vec{r} \otimes \vec{r}$ sind Tensoren, also auch ihre Summe.

Beispiel (3): Der in Abschnitt 3.1 definierte Gradient

$$\vec{\nabla} = \left(\frac{\partial}{\partial x_1}, \frac{\partial}{\partial x_2}, \frac{\partial}{\partial x_1} \right) \tag{5.96}$$

ist wirklich ein Vektor, d.h. ein Tensor erster Stufe. Das sieht man mithilfe von $x'_k = d_{kj}x_j$, der invertierten Gleichung $x_j = d_{ij}x'_i$ und

$$\frac{\partial f}{\partial x'_i} = \frac{\partial f}{\partial x_j}\frac{\partial x_j}{\partial x'_i} = d_{ij}\frac{\partial f}{\partial x_j}\,. \tag{5.97}$$

Dabei wurde die Kettenregel der Differentiation benutzt (die x_j sind Funktionen von x'_i). Gleichung (5.97) zeigt, dass sich die Komponenten des Gradienten in der Tat wie die eines Vektors transformieren.

Beispiel (4): Aus der Transformationsgleichung $A' = DAD^T$ und den Eigenschaften der Determinante und der Spur ($|AB| = |BA|$ bzw. $\mathrm{Sp}\,(AB) = \mathrm{Sp}\,(BA)$) lässt sich auf einfache Weise die Invarianz von Determinante und Spur gegenüber Drehungen zeigen:

$$|A'| = |DAD^T| = |D^T DA| = |A| \tag{5.98}$$

(mit $D^T D = E$) und genauso:

$$\mathrm{Sp}\,A' = \mathrm{Sp}\,(DAD^T) = \mathrm{Sp}\,(D^T DA) = \mathrm{Sp}\,A\,. \tag{5.99}$$

Weiterhin besitzt die transformierte Matrix A' die gleichen Eigenwerte wie A, denn ist $\vec{x}$ Eigenvektor zum Eigenwert λ, $A\vec{x} = \lambda\vec{x}$, dann gilt für den transformierten Vektor $\vec{x}\,' = D\vec{x}$

$$A'\vec{x}\,' = D\,A\,D^T\,D\vec{x} = DA\vec{x} = \lambda D\vec{x} = \lambda\vec{x}\,'\,. \tag{5.100}$$

Also ist λ auch Eigenwert von A' mit dem Eigenvektor $\vec{x}\,'$.

5.3.3 Drehungen*

Als einfaches Beispiel einer Drehung des Koordinatensystems haben wir Drehungen $D(\varphi)$ in der Ebene betrachtet, die sich durch einen einzigen Parameter, den Drehwinkel φ, charakterisieren lassen und die einfache Matrix-Darstellung (5.78) besitzen. In ähnlicher Weise lassen sich auch auch die Drehmatrizen in höherdimensionalen Räumen darstellen. Man muss allerdings beachten, dass hier die Drehmatrizen im Allgemeinen nicht vertauschen und daher das Resultat zweier Drehungen von der Reihenfolge abhängt. Das einfache Beispiel für zwei Drehungen eines Quaders in Abbildung 5.3 zeigt, dass eine erste Drehung um die Vertikale mit Drehwinkel 90° gefolgt von einer Drehung um die Horizontale mit gleichem Drehwinkel eine andere Endlage des Quaders ergibt als eine Ausführung der gleichen Drehungen in umgekehrter Reihenfolge.

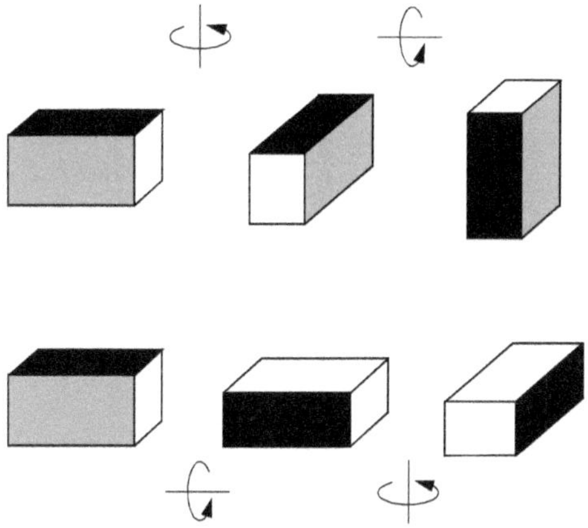

Bild 5.3: Drehungen im dreidimensionalen Raum hängen von der Reihenfolge ihrer Ausführung ab.

Wir wollen uns einen kurzen ersten Blick auf die Matrixdarstellung der Drehungen im dreidimensionalen Raum erlauben. Die Matrix

$$D_3(\varphi) = \begin{pmatrix} \cos\varphi & \sin\varphi & 0 \\ -\sin\varphi & \cos\varphi & 0 \\ 0 & 0 & 1 \end{pmatrix} . \tag{5.101}$$

beschreibt eine Drehung um die $\hat{e}_3$-Achse um einen Winkel φ, die Matrix

$$D_1(\varphi) = \begin{pmatrix} 1 & 0 & 0 \\ 0 & \cos\varphi & \sin\varphi \\ 0 & -\sin\varphi & \cos\varphi \end{pmatrix} . \tag{5.102}$$

eine Drehung um die $\hat{e}_1$-Achse. Man sieht durch eine kurze Überlegung, dass jeweils die $\hat{e}_3$-Achse (bei D_3) oder die $\hat{e}_1$-Achse (bei D_1) invariant bleiben, d.h. sie sind Eigenvektoren zum Eigenwert eins.

Man kann sich jetzt davon überzeugen, dass jede Drehung im dreidimensionalen Raum durch drei Winkel charakterisiert werden kann, die man oft mit ϑ, φ und ψ bezeichnet. Die Bedeutung dieser *Euler-Winkel* illustriert Bild 5.4: Durch die Drehung wird das kartesische Koordinatensystem $\hat{e}_1$, $\hat{e}_2$, $\hat{e}_3$ in $\hat{e}'_1$, $\hat{e}'_2$, $\hat{e}'_3$ überführt (vgl. Bild 5.2). Dabei schneidet die „neue" (x'_1, x'_2)-Ebene die „alte" (x, y)-Ebene in der *Knotenlinie* K, die einen Winkel φ mit der $\hat{e}_1$-Achse einschließt und einen Winkel ψ mit der $\hat{e}_1'$-Achse. Der dritte Winkel, ϑ, ist der Winkel zwischen den $\hat{e}_3$- und $\hat{e}_3'$-Richtungen.

Man sieht sofort, dass man jetzt jede Drehung durch drei aufeinander folgende einfachere Drehungen darstellen kann, also etwa:

1. Drehung um die $\hat{e}_3$-Achse mit Drehwinkel φ.
2. Drehung um die Knotenlinie mit Drehwinkel ϑ.
3. Drehung um die $\hat{e}_3'$-Achse mit Drehwinkel ψ.

Das ist allerdings in einer Matrix-Schreibweise nicht sehr praktisch, da die Drehachsen nicht mit den Koordinatenachsen übereinstimmen. Bequemer ist die folgende Drehfolge:

1. Drehung um die $\hat{e}_3$-Achse mit Drehwinkel ψ.
2. Drehung um die $\hat{e}_1$-Achse mit Drehwinkel ϑ.
3. Drehung um die $\hat{e}_3$-Achse mit Drehwinkel φ.

Mit den Drehmatrizen aus (5.101) und (5.102) können wir diese drei Drehungen als $D_3(\psi)$, $D_1(\vartheta)$ und $D_3(\varphi)$ bezeichnen. Man erhält dann die allgemeine Darstellung einer dreidimensionalen Drehung durch die Matrix

$$D(\vartheta, \varphi, \psi) = D_3(\varphi)\, D_1(\vartheta)\, D_3(\psi)\,. \tag{5.103}$$

Durch diese Gleichung wird ausgesagt, dass jede dreidimensionale Drehung (parametrisiert durch die Euler-Winkel ϑ, φ, ψ) durch drei aufeinander folgende einfachere Drehungen um jeweils eine vorgegebene Achse und einen Drehwinkel erzeugt werden kann. Dabei muss auf die Reihenfolge geachtet werden, denn das Matrixprodukt ist ja nicht kommutativ. Gleichung (5.103) „operiert" auf einen beliebigen Vektor, ist also von rechts nach links abzuarbeiten: Zuerst erfolgt die Drehung $D_3(\psi)$, dann $D_1(\vartheta)$ und zuletzt $D_3(\varphi)$. Die gleiche Konvention gilt (von besonders gekennzeichneten Ausnahmefällen abgesehen) für alle Operatoren, wie zum Beispiel Differentialoperatoren.

Die allgemeine Form einer (3×3)-Drehmatrix $D(\vartheta, \varphi, \psi)$ berechnet man bequem nach Gleichung (5.103). Das ist allerdings etwas mühsam und erfordert zwei Matrixmultiplikationen. Wir kürzen ab und schreiben statt cos und sin einfach c und s. Die Variablen ϑ, φ, ψ notieren wir durch Indizes, also z.B. c_ϑ statt $\cos\vartheta$. Dann ergibt (5.103)

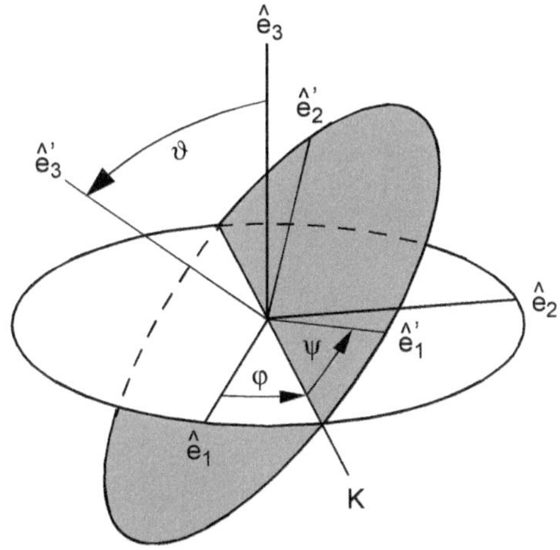

Bild 5.4: Eine Drehung im dreidimensionalen Raum lässt sich durch die drei Euler-Winkel ϑ, φ und ψ charakterisieren.

$$
\begin{aligned}
D(\vartheta,\varphi,\psi) &= D_3(\varphi)\,D_1(\vartheta)\,D_3(\psi)\\
&= \begin{pmatrix} c_\varphi & s_\varphi & 0\\ -s_\varphi & c_\varphi & 0\\ 0 & 0 & 1\end{pmatrix}\begin{pmatrix} 1 & 0 & 0\\ 0 & c_\vartheta & s_\vartheta\\ 0 & -s_\vartheta & c_\vartheta\end{pmatrix}\begin{pmatrix} c_\psi & s_\psi & 0\\ -s_\psi & c_\psi & 0\\ 0 & 0 & 1\end{pmatrix}\\
&= \begin{pmatrix} c_\varphi & s_\varphi & 0\\ -s_\varphi & c_\varphi & 0\\ 0 & 0 & 1\end{pmatrix}\begin{pmatrix} c_\psi & s_\psi & 0\\ -c_\vartheta s_\psi & c_\vartheta c_\psi & s_\vartheta\\ s_\vartheta s_\psi & -s_\vartheta c_\psi & c_\vartheta\end{pmatrix}\\
&= \begin{pmatrix} c_\varphi c_\psi - s_\varphi c_\vartheta s_\psi & c_\varphi s_\psi + s_\varphi c_\vartheta c_\psi & s_\varphi s_\vartheta\\ -s_\varphi c_\psi - c_\varphi c_\vartheta s_\psi & -s_\varphi s_\psi + c_\varphi c_\vartheta c_\psi & c_\varphi s_\vartheta\\ s_\vartheta s_\psi & -s_\vartheta c_\psi & c_\vartheta\end{pmatrix}.
\end{aligned}
\tag{5.104}
$$

Die eulerschen Winkel erlauben eine elegante Beschreibung allgemeiner Drehungen, aber oft ist es nützlich, eine andere Darstellung zu benutzen. Nehmen wir einmal an, dass wir die Drehachse kennen, die durch einen Einheitsvektor $\vec{d}$ mit den Komponenten d_j in einer kartesischen Basis beschrieben wird. Außerdem benötigen wir zur Charakterisierung der Drehung den Drehwinkel ϕ um diese Achse.

Die Drehung lässt sich beschreiben durch

$$\vec{r}\,' = D\,\vec{r} \tag{5.105}$$

mit einer Drehmatrix D. Unsere Aufgabe ist es nun, die Matrixelemente D_{ij} der Drehmatrix anzugeben, ausgedrückt durch Drehachse und Drehwinkel. Man findet

$$D_{ij} = d_i d_j + (\delta_{ij} - d_i d_j)\,\cos\phi - \sum_k \epsilon_{ijk} d_k\,\sin\phi\,. \tag{5.106}$$

Um uns von der Richtigkeit dieser Formel zu überzeugen, prüfen wir zunächst, dass die Drehachse selbst bei der Drehung nicht verändert wird, das heißt

$$\vec{d}\,' = D\,\vec{d} = \vec{d}\,. \tag{5.107}$$

Für die i-te Komponente gilt

$$\begin{aligned} d_i' &= \sum_j D_{ij}\,d_j \\ &= \sum_j \Big(d_i d_j + (\delta_{ij} - d_i d_j)\,\cos\phi - \sum_k \epsilon_{ijk} d_k\,\sin\phi\Big)\,d_j \\ &= d_i \sum_j d_j^2 + \Big(\sum_j \delta_{ij} d_j - d_i \sum_j d_j^2\Big)\,\cos\phi - \sum_{j,k} \epsilon_{ijk} d_k d_j\,\sin\phi \\ &= d_i + (d_i - d_i)\,\cos\phi = d_i\,. \end{aligned} \tag{5.108}$$

Dabei wurde die Normierung $\sum_j d_j^2 = 1$ benutzt, sowie die Formel

$$0 = (\vec{d} \times \vec{d})_i = \sum_{jk} \epsilon_{ijk} d_j d_k\,. \tag{5.109}$$

Betrachten wir andererseits einen Vektor $\vec{u}$ orthogonal zur Drehachse $\vec{d}$, also $\vec{u}\cdot\vec{d} = \sum_j u_j d_j = 0$. Dann ergibt sich durch die Drehung

$$\begin{aligned} u_i' &= \sum_j D_{ij} u_j \\ &= d_i \sum_j d_j u_j + \Big(\sum_j \delta_{ij} u_j - d_i \sum_j d_j u_j\Big)\,\cos\phi - \sum_{j,k} \epsilon_{ijk} d_k u_j\,\sin\phi \\ &= u_i\,\cos\phi - (\vec{u} \times \vec{d})_i\,\sin\phi\,, \end{aligned} \tag{5.110}$$

also genau die Transformation, die wir bei einer Drehung in einer Ebene orthogonal zu $\vec{d}$ erwarten. Die Transformation eines allgemeinen Vektors erhält man dann durch Zerlegung in einen Anteil parallel zur Drehachse und einen Anteil senkrecht zu ihr.

Aus der Darstellung der Drehmatrix in Gleichung (5.106) kann man eine nützliche Formel für den Drehwinkel ϕ herleiten. Die Diagonalelemente der Matrix D vereinfachen sich mit $\epsilon_{iik} = 0$ zu

$$D_{ii} = d_i^2 + (1 - d_i^2)\cos\phi\,. \tag{5.111}$$

Summinert man über i, so erhält man für die Spur der Drehmatrix

$$\operatorname{Sp} D = \sum_i D_{ii} = \sum_i d_i^2 + (3 - \sum_i d_i^2)\cos\phi = 1 + 2\cos\phi\,. \tag{5.112}$$

Aus dieser Gleichung lässt sich also bequem der Drehwinkel bestimmen:

$$\phi = \arccos\frac{\operatorname{Sp} D - 1}{2}\,. \tag{5.113}$$

Auch die Drehachse $\vec{d}$ kann man aus der Darstellung (5.106) leicht ablesen. Es sei hier dem Leser überlassen, die Beziehung

$$d_i = -\frac{1}{2\sin\phi}\sum_{jk}\epsilon_{ijk}D_{jk} \tag{5.114}$$

für die Komponenten von $\vec{d}$ zu beweisen. Wir vergewissern uns hier nur, dass keine Probleme dadurch entstehen, dass man aus der Spur von D das Vorzeichen von ϕ nicht ermitteln kann. Wählt man das entgegengesetzte Vorzeichen, so kehrt sich nach (5.114) auch das Vorzeichen des Vektors $\vec{d}$ um und es resultiert wieder die gleiche Drehung.

5.4 Diagonalisierung und Matrix-Funktionen*

In vielen Fällen ist es zweckmäßig, auch *Funktionen* von Matrizen zu betrachten. Dazu soll hier eine kurze Einführung gegeben werden. Wir unterstellen hier den Fall quadratischer $(n \times n)$-Matrizen, die n (im Allgemeinen komplexe) verschiedene Eigenwerte besitzen.

Der einfachste Fall liegt vor, wenn die Matrix Diagonalgestalt hat, wenn also alle Matrixelemente außerhalb der Hauptdiagonalen gleich null sind:

$$A = (a_{ij}) \text{ mit } \quad a_{ij} = \delta_{ij}\,c_j\,. \tag{5.115}$$

Wir werden sehen, dass in einem solchen Fall eine Funktion $f(A)$ auch wieder diagonal ist, wobei auf ihrer Diagonalen die Werte $f(c_j)$ auftreten. Aus diesem Grunde werden wir uns zunächst dafür interessieren, wie man eine Matrix auf Diagonalform bringen kann.

5.4.1 Transformation auf Diagonalform

Seien λ_k und $\vec{q}_k$ die Eigenwerte und Eigenvektoren einer solchen Matrix A:

$$A\,\vec{q}_k = \lambda_k\,\vec{q}_k\,, \qquad \text{mit } k = 1, \ldots, n\,. \tag{5.116}$$

In Abschnitt 5.2.2 haben wir uns überlegt, dass die Eigenvektoren einer symmetrischen Matrix orthogonal zueinander sind, falls die zugehörigen Eigenwerte verschieden sind (Satz 2 auf Seite 144). Wenn also – wie unter unseren Voraussetzungen – alle Eigenwerte verschieden sind, dann bilden die n Eigenvektoren einer symmetrischen Matrix A eine orthogonale Basis. Insbesondere sind sie linear unabhängig. Hier interessieren wir uns für allgemeinere, nichtsymmetrische Matrizen, deren Eigenvektoren im Allgemeinen *nicht* orthogonal sind (vgl. das Beispiel auf Seite 142). Man kann vermuten, dass unter unseren Bedingungen (alle Eigenwerte verschieden) die n Eigenvektoren wenigstens den gesamten Raum aufspannen. Das ist in der Tat der Fall. Es gilt

- **Satz 3:** k Eigenvektoren einer Matrix A, deren zugehörige Eigenwerte sämtlich verschieden sind, sind linear unabhängig.

Den **Beweis** führen wir mit vollständiger Induktion über k: Für $k = 1$ ist die Richtigkeit der Aussage evident. Sei die Aussage für k gültig, d.h. jede Menge von k Eigenvektoren zu verschiedenen Eigenwerten von A sei linear unabhängig. Betrachten wir jetzt eine Menge von $k + 1$ solcher Vektoren. Falls sie linear abhängig sind, muss es Koeffizienten $a_1, a_2, \ldots, a_{k+1}$ geben, die nicht alle gleich null sind, mit

$$a_1\vec{q}_1 + a_2\vec{q}_2 + \ldots + a_{k+1}\vec{q}_{k+1} = \vec{0}\,. \tag{5.117}$$

Wenden wir A auf diese Gleichung an, so erhalten wir

$$\begin{aligned} &a_1 A\,\vec{q}_1 + a_2 A\,\vec{q}_2 + \ldots + a_{k+1} A\,\vec{q}_{k+1} \\ &= a_1\lambda_1\vec{q}_1 + a_2\lambda_2\vec{q}_2 + \ldots + a_{k+1}\lambda_{k+1}\vec{q}_{k+1} \\ &= \vec{0}\,. \end{aligned} \tag{5.118}$$

Subtraktion des λ_1-fachen der Gleichung (5.117) von (5.118) ergibt

$$a_2(\lambda_2 - \lambda_1)\vec{q}_2 + \ldots + a_{k+1}(\lambda_{k+1} - \lambda_1)\vec{q}_{k+1} = \vec{0}\,. \tag{5.119}$$

Dies ist aber eine Linearkombination von k Eigenvektoren von A, die nach Induktionsannahme linear unabhängig sind. Also müssen alle Koeffizienten verschwinden:

$$a_2(\lambda_2 - \lambda_1) = 0\,, \quad a_3(\lambda_3 - \lambda_1) = 0\,, \quad \ldots, a_{k+1}(\lambda_{k+1} - \lambda_1) = 0\,, \tag{5.120}$$

und – da $\lambda_j \neq \lambda_1$ für $j \neq 1$ – muss gelten $a_2 = a_3 = \ldots = a_{k+1} = 0$. Dann muss nach (5.117) auch $a_1 = 0$ sein, und die $(k+1)$ Vektoren sind linear unabhängig. Damit ist Satz 3 bewiesen.

Aus den Eigenvektoren bilden wir jetzt eine Matrix Q, in der wir die $\vec{q}_k$ als Spaltenvektoren eintragen, also etwa

$$Q = \big(\vec{q}_1, \vec{q}_2, \ldots, \vec{q}_n\big)\,. \tag{5.121}$$

Man überzeugt sich schnell davon, dass sich die Eigenwertgleichungen $A\vec{q}_k = \lambda_k\vec{q}_k$ in der Matrixgleichung

$$AQ = QA_{\text{diag}} \tag{5.122}$$

zusammenfassen lassen, wobei A_{diag} eine Diagonalmatrix ist, bei der die Eigenwerte von A auf der Diagonalen erscheinen:

$$\big(A_{\text{diag}}\big)_{jk} = \delta_{jk}\lambda_k\,. \tag{5.123}$$

Da die Eigenvektoren $\vec{q}_k$ nach Satz 3 linear unabhängig sind, existiert die Inverse Q^{-1}, und man kann schreiben

$$A_{\text{diag}} = Q^{-1}AQ\,. \tag{5.124}$$

Diese Transformation bringt also A auf Diagonalform: Damit ist der folgenden wichtige Satz bewiesen:

- **Satz 4:** Eine $(n \times n)$-Matrix A, deren n Eigenwerte sämtlich verschieden sind, lässt sich durch eine Matrix Q nach $Q^{-1}AQ$ auf Diagonalform transformieren.

Umgekehrt lässt sich die Matrix A darstellen als

$$A = QA_{\text{diag}}Q^{-1}\,. \tag{5.125}$$

Es können auch Matrizen diagonalisiert werden, deren Determinante gleich null ist (zur Erinnerung: dann sind die Spalten- bzw. Zeilenvektoren linear abhängig); man nennt solche Matrizen *singulär*. Wir demonstrieren dies an dem **Beispiel** der singulären (2×2)-Matrix

$$A = \begin{pmatrix} 1 & 2 \\ 2 & 4 \end{pmatrix} \tag{5.126}$$

mit Determinante $|A| = 4 - 4 = 0$ (die zweite Spalte ist das Doppelte der ersten).
Die Eigenwerte von A ergeben sich aus der charakteristischen Gleichung

$$(1-\lambda)(4-\lambda) - 4 = 4 - \lambda - 4\lambda + \lambda^2 - 4 = \lambda(\lambda - 5) = 0 \tag{5.127}$$

als $\lambda_1 = 5$ und $\lambda_2 = 0$. Wir berechnen die (normierten) Eigenvektoren als

$$\vec{q}_1 = \frac{1}{\sqrt{5}} \begin{pmatrix} 1 \\ 2 \end{pmatrix} \quad , \quad \vec{q}_2 = \frac{1}{\sqrt{5}} \begin{pmatrix} -2 \\ 1 \end{pmatrix}. \tag{5.128}$$

Damit erhalten wir die Matrix Q als

$$Q = \frac{1}{\sqrt{5}} \begin{pmatrix} 1 & -2 \\ 2 & 1 \end{pmatrix}. \tag{5.129}$$

Die Gültigkeit von (5.122) prüft man leicht nach:

$$AQ = \frac{1}{\sqrt{5}} \begin{pmatrix} 1 & 2 \\ 2 & 4 \end{pmatrix} \begin{pmatrix} 1 & -2 \\ 2 & 1 \end{pmatrix} = \sqrt{5} \begin{pmatrix} 1 & 0 \\ 2 & 0 \end{pmatrix}, \tag{5.130}$$

$$QA_{\text{diag}} = \frac{1}{\sqrt{5}} \begin{pmatrix} 1 & -2 \\ 2 & 1 \end{pmatrix} \begin{pmatrix} 5 & 0 \\ 0 & 0 \end{pmatrix} = \sqrt{5} \begin{pmatrix} 1 & 0 \\ 2 & 0 \end{pmatrix}. \tag{5.131}$$

Also gilt $AQ = QA_{\text{diag}}$, wie erwartet. Man prüft sicherheitshalber nach, dass $\det Q = (1+4)/5 = 1 \neq 0$, wie durch Satz 3 garantiert, und berechnet die Inverse (z.B. mit der allgemeinen Formel aus Aufgabe 5.4) als

$$Q^{-1} = \frac{1}{\sqrt{5}} \begin{pmatrix} 1 & 2 \\ -2 & 1 \end{pmatrix}. \tag{5.132}$$

Damit erhält man explizit die Transformation (5.124) als

$$Q^{-1}AQ = \frac{1}{5}\begin{pmatrix} 1 & 2 \\ -2 & 1 \end{pmatrix}\begin{pmatrix} 1 & 2 \\ 2 & 4 \end{pmatrix}\begin{pmatrix} 1 & -2 \\ 2 & 1 \end{pmatrix} = \begin{pmatrix} 5 & 0 \\ 0 & 0 \end{pmatrix} . \tag{5.133}$$

Es sollte aber nicht der Eindruck entstehen, dass *jede* Matrix diagonalisierbar ist! Deshalb geben wir hier ein einfaches Beispiel an. Die Matrix

$$B = \begin{pmatrix} 1 & 1 \\ 0 & 1 \end{pmatrix} \tag{5.134}$$

mit $\det B = 1$ hat, wie man nachrechnen(!) kann, nur einen einzigen Eigenwert $\lambda = 1$. Die Gleichungen für einen Eigenvektor (x, y) zu diesem Eigenwert

$$\begin{aligned} x + y &= x \\ y &= y \end{aligned} \tag{5.135}$$

haben (bis auf Vielfache) nur die Lösung $x = 1\ ,\ y = 0$. Die Matrix hat also auch nur einen einzigen Eigenvektor. Daher können wir das oben vorgestellte Diagonalisierungsverfahren hier nicht anwenden. Man kann zeigen, dass sich diese Matrix nicht diagonalisieren lässt, d.h. es existiert keine Matrix Q, die mit $Q^{-1}BQ$ zu einer Diagonalmatrix führt (siehe Aufgabe 5.8).

5.4.2 Matrix-Funktionen

In diesem Abschnitt soll kurz erklärt werden, auf welche Weise man Funktionen $f(A)$ von Matrizen definieren kann, wobei der „Funktionswert“ $f(A)$ wieder eine Matrix ist. Zur Erinnerung: Wir betrachten hier nur Matrizen, deren Eigenwerte verschieden voneinander sind, und die man deshalb auf Diagonalform $A_{\text{diag}} = Q^{-1}AQ$ transformieren kann. Dabei wollen wir die Diagonalmatrix der Eigenwerte mit

$$A_{\text{diag}} = \text{diag}\left(\lambda_1, \dots, \lambda_n\right) = \begin{pmatrix} \lambda_1 & 0 & \dots & \dots & \dots \\ 0 & \lambda_2 & \dots & \dots & \dots \\ \dots & \dots & \dots & \dots & \dots \\ \dots & \dots & 0 & \lambda_{n-1} & 0 \\ \dots & \dots & \dots & 0 & \lambda_n \end{pmatrix} \tag{5.136}$$

bezeichnen.

Zu Beginn ein einfacher Fall: $f(A) = A^2$. Hier ist das Ergebnis von vornherein klar, denn das Produkt $A^2 = AA$ ist definiert und kann problemlos berechnet werden. Es ist jedoch sehr nützlich, sich zu überlegen, dass man diese Matrixmultiplikation einfacher erledigen kann, wenn man auf die Diagonalisierung (5.124) zurückgreifen kann. Man hat dann

$$A = QA_{\text{diag}}Q^{-1} \tag{5.137}$$

und damit

$$A^2 = AA = QA_{\text{diag}}Q^{-1}QA_{\text{diag}}Q^{-1} = QA^2_{\text{diag}}Q^{-1}\,. \tag{5.138}$$

Nun ist das Quadrat einer Diagonalmatrix sehr leicht zu berechnen. Das Ergebnis ist wieder eine Diagonalmatrix, auf deren Diagonale die Quadrate der Diagonalelemente stehen. Wir rechnen das einmal nach: Mit den Matrixelementen $B_{jk} = b_k\delta_{jk}$ einer Diagonalmatrix B ist

$$(B^2)_{jk} = \sum_i B_{ji}B_{ik} = \sum_i b_i\delta_{ji}\, b_k\delta_{ik} = \delta_{jk}b_k^2\,. \tag{5.139}$$

Es ergibt sich also

$$A^2 = QA^2_{\text{diag}}Q^{-1} = Q\,\text{diag}\,(\lambda_1^2, \ldots , \lambda_n^2)Q^{-1}\,. \tag{5.140}$$

Das einfache Ergebnis für $f(A) = A^2$ verallgemeinert man sofort auf Potenzen A^k:

$$A^k = QA^k_{\text{diag}}Q^{-1} = Q\,\text{diag}\,(\lambda_1^k, \ldots , \lambda_n^k)\,Q^{-1}\,, \tag{5.141}$$

was man durch vollständige Induktion beweist: Die Behauptung ist richtig für $k = 1$. Angenommen, sie sei richtig für k, dann gilt mit (5.122)

$$\begin{aligned} A^{k+1} &= AA^k = A\big(QA^k_{\text{diag}}Q^{-1}\big) = \big(AQ\big)A^k_{\text{diag}}Q^{-1} \\ &= \big(QA_{\text{diag}}\big)A^k_{\text{diag}}Q^{-1} = QA^{k+1}_{\text{diag}}Q^{-1}\,. \end{aligned} \tag{5.142}$$

Damit kennen wir wegen der Linearität der Matrixoperationen auch $f(A)$ für Polynome:

$$\begin{aligned} f(A) &= \sum_{k=0}^{m} c_k A^k = \sum_{k=0}^{m} c_k Q A^k_{\text{diag}}Q^{-1} \\ &= Q\Big(\sum_{k=0}^{m} c_k A^k_{\text{diag}}\Big)Q^{-1} = Q\Big(\sum_{k=0}^{m} c_k\,\text{diag}^k\,(\lambda_1, \ldots , \lambda_n)\Big)Q^{-1} \\ &= Q\Big(\sum_{k=0}^{m} c_k\,\text{diag}\,(\lambda_1^k, \ldots , \lambda_n^k)\Big)Q^{-1} = Q\,\text{diag}\,(f(\lambda_1), \ldots , f(\lambda_n))\,Q^{-1}\,. \end{aligned} \tag{5.143}$$

Eine Verallgemeinerung auf Potenzreihen liegt auf der Hand: Wenn die Funktion f die Taylor-Entwicklung $f(x) = \sum_{k=0}^{\infty} c_k x^k$ besitzt, wird $f(A)$ durch

$$f(A) = \sum_{k=0}^{\infty} c_k A^k \tag{5.144}$$

definiert. Darüber hinaus kann man diesen Ausdruck wie (5.144) als

$$\begin{aligned} f(A) &= Q\Big(\sum_{k=0}^{\infty} c_k \operatorname{diag}\left(\lambda_1^k, \ldots, \lambda_n^k\right)\Big) Q^{-1} \\ &= Q \operatorname{diag}\left(f(\lambda_1), \ldots, f(\lambda_n)\right) Q^{-1} \end{aligned} \tag{5.145}$$

umschreiben und so auf einfache Weise berechnen, wobei wir von einer Diskussion der Konvergenzfragen absehen.

Beispiel (1): Betrachten wir zunächst für die Matrix A aus Gleichung (5.126) die Funktion $f(x) = \sqrt{x+4}$, d.h. wir suchen eine Matrix

$$B = f(A) = \sqrt{A + 4E}\,, \tag{5.146}$$

mit $B^2 = A + 4E$.

Mit den Eigenwerten $\lambda_1 = 5$, $\lambda_2 = 0$, der Q-Matrix (5.129) und Q^{-1} aus (5.132) liefert die Formel (5.145) sofort das gesuchte Resultat:

$$\begin{aligned} B &= \frac{1}{5}\begin{pmatrix} 1 & -2 \\ 2 & 1 \end{pmatrix}\begin{pmatrix} \sqrt{\lambda_1 + 4} & 0 \\ 0 & \sqrt{\lambda_2 + 4} \end{pmatrix}\begin{pmatrix} 1 & 2 \\ -2 & 1 \end{pmatrix} \\ &= \frac{1}{5}\begin{pmatrix} 1 & -2 \\ 2 & 1 \end{pmatrix}\begin{pmatrix} 3 & 0 \\ 0 & 2 \end{pmatrix}\begin{pmatrix} 1 & 2 \\ -2 & 1 \end{pmatrix} = \frac{1}{5}\begin{pmatrix} 11 & 2 \\ 2 & 14 \end{pmatrix}. \end{aligned} \tag{5.147}$$

Durch Quadrieren prüft man sofort nach

$$\begin{aligned} B^2 &= \frac{1}{25}\begin{pmatrix} 11 & 2 \\ 2 & 14 \end{pmatrix}^2 = \frac{1}{25}\begin{pmatrix} 125 & 50 \\ 50 & 200 \end{pmatrix} = \begin{pmatrix} 5 & 2 \\ 2 & 8 \end{pmatrix} \\ &= \begin{pmatrix} 1 & 2 \\ 2 & 4 \end{pmatrix} + \begin{pmatrix} 4 & 0 \\ 0 & 4 \end{pmatrix} = A + 4E\,. \end{aligned} \tag{5.148}$$

Beispiel (2): Ein etwas sinnvolleres Beispiel mit Anwendungen in der Physik liefert die Matrix

$$S = \begin{pmatrix} 0 & \mathrm{i} \\ -\mathrm{i} & 0 \end{pmatrix}. \tag{5.149}$$

Ihre Eigenwerte und (normierten) Eigenvektoren berechnet man leicht als

$$\lambda_\pm = \pm 1 \quad \text{und} \quad \vec{q}_\pm = \frac{1}{\sqrt{2}} \begin{pmatrix} \mathrm{i} \\ \pm 1 \end{pmatrix}. \tag{5.150}$$

Damit kennt man

$$Q = \frac{1}{\sqrt{2}} \begin{pmatrix} \mathrm{i} & \mathrm{i} \\ +1 & -1 \end{pmatrix} \quad \text{und} \quad Q^{-1} = \frac{1}{\sqrt{2}} \begin{pmatrix} -\mathrm{i} & 1 \\ -\mathrm{i} & -1 \end{pmatrix}. \tag{5.151}$$

Wir berechnen jetzt die Exponentialfunktion

$$\begin{aligned} D(\varphi) &= \mathrm{e}^{-\mathrm{i}S\varphi} = Q \operatorname{diag}\left(\mathrm{e}^{-\mathrm{i}\lambda_+\varphi}, \mathrm{e}^{-\mathrm{i}\lambda_-\varphi}\right) Q^{-1} \\ &= \frac{1}{2} \begin{pmatrix} \mathrm{i} & \mathrm{i} \\ +1 & -1 \end{pmatrix} \begin{pmatrix} \mathrm{e}^{-\mathrm{i}\varphi} & 0 \\ 0 & \mathrm{e}^{+\mathrm{i}\varphi} \end{pmatrix} \begin{pmatrix} -\mathrm{i} & 1 \\ -\mathrm{i} & -1 \end{pmatrix} \\ &= \frac{1}{2} \begin{pmatrix} \mathrm{i} & \mathrm{i} \\ +1 & -1 \end{pmatrix} \begin{pmatrix} -\mathrm{i}\mathrm{e}^{-\mathrm{i}\varphi} & \mathrm{e}^{-\mathrm{i}\varphi} \\ -\mathrm{i}\mathrm{e}^{+\mathrm{i}\varphi} & -\mathrm{e}^{+\mathrm{i}\varphi} \end{pmatrix} \\ &= \frac{1}{2} \begin{pmatrix} \mathrm{e}^{+\mathrm{i}\varphi} + \mathrm{e}^{-\mathrm{i}\varphi} & -\mathrm{i}\mathrm{e}^{+\mathrm{i}\varphi} + \mathrm{i}\mathrm{e}^{-\mathrm{i}\varphi} \\ \mathrm{i}\mathrm{e}^{+\mathrm{i}\varphi} - \mathrm{i}\mathrm{e}^{-\mathrm{i}\varphi} & \mathrm{e}^{+\mathrm{i}\varphi} + \mathrm{e}^{-\mathrm{i}\varphi} \end{pmatrix} = \begin{pmatrix} \cos\varphi & \sin\varphi \\ -\sin\varphi & \cos\varphi \end{pmatrix}. \end{aligned} \tag{5.152}$$

Ein Vergleich mit (5.78) zeigt, dass diese Matrix mit der dort definierten Drehmatrix übereinstimmt.

Wir haben damit also eine interessante Exponentialdarstellung der zweidimensionalen Drehungen gefunden:

$$D(\varphi) = \mathrm{e}^{-\mathrm{i}S\varphi}. \tag{5.153}$$

Mit dieser Darstellung ist die Gültigkeit des Kompositionsgesetzes (5.80)

$$D(\varphi_1)D(\varphi_2) = \mathrm{e}^{-\mathrm{i}S\varphi_1}\,\mathrm{e}^{-\mathrm{i}S\varphi_2} = \mathrm{e}^{-\mathrm{i}S(\varphi_1+\varphi_2)} = D(\varphi_1+\varphi_2) \tag{5.154}$$

klar[4] und damit auch die Gruppenstruktur der Drehungen.

Derartige Exponentialdarstellungen gibt es für allgemeine Drehungen. Mehr dazu in weiterführenden Kursen der Theoretischen Physik.

5.5 Aufgaben

Aufgabe 5.1 (Lösung Seite 449): Eine $(n \times 1)$-Matrix X lässt sich mit $x_j = X_{j1}$ als Vektor („Spaltenvektor") $\vec{x}$ schreiben. Zeigen Sie für solche Matrizen:

Das Matrixprodukt ist gleich dem Skalarprodukt, d.h. $X1_TY = \vec{x}^T\vec{y} = \vec{x} \cdot \vec{y}$.

Aufgabe 5.2 (Lösung Seite 449): Zeigen Sie: Für symmetrische $(n \times n)$-Matrizen A gilt

$$\vec{x}^T A\,\vec{y} = \vec{y}^T A\,\vec{x}\,.$$

Aufgabe 5.3 (Lösung Seite 449): Beweisen Sie: Für die Spur quadratischer Matrizen gilt die Beziehung $\mathrm{Sp}\,(AB) = \mathrm{Sp}\,(BA)$.

Aufgabe 5.4 (Lösung Seite 449): Zeigen Sie: Die Inverse der Matrix

$$A = \begin{pmatrix} a & b \\ c & d \end{pmatrix} \quad \text{mit} \quad \det A \neq 0$$

ist gleich

$$A^{-1} = \frac{1}{\det A} \begin{pmatrix} d & -b \\ -c & a \end{pmatrix}.$$

Aufgabe 5.5 (Lösung Seite 450): Berechnen Sie die Eigenwerte und Eigenvektoren der zweidimensionalen Drehmatrizen $D(\varphi)$.

Aufgabe 5.6 (Lösung Seite 450): Der Trägheitstensor $I = \left(I_{jk}\right)$ mit

$$I_{jk} = \int \left[\delta_{jk}\left(x_1^2 + x_2^2 + x_3^2\right) - x_j x_k\right] \mathrm{d}m$$

---

[4] Eine Warnung: Die Matrix-Exponentiation erfüllt zwar, wie man leicht zeigt, $\mathrm{e}^{uA}\mathrm{e}^{vA} = \mathrm{e}^{(u+v)A}$ mit beliebigen Zahlen u, v, aber im Allgemeinen gilt für Matrizen $\mathrm{e}^{A}\mathrm{e}^{B} \neq \mathrm{e}^{A+B}$, wenn A und B nicht vertauschen, d.h. $AB \neq BA$.

ist nach Hauptachsentransformation diagonal ($I_{jk} = \delta_{jk}\, I_k$) mit den Hauptträgheitsmomenten I_k. Zeigen Sie: Es gilt

$$I_i + I_j \geq I_k \quad (i, j, k \text{ zyklisch})\,.$$

Aufgabe 5.7 (Lösung Seite 451): Bestimmen Sie die drei Hauptträgheitsmomente für einen starren Körper mit dem Trägheitstensor

$$I = \begin{pmatrix} I_{11} & I_{12} & 0 \\ I_{21} & I_{22} & 0 \\ 0 & 0 & I_{33} \end{pmatrix}$$

für $I_{12} = I_{21}$. Was ergibt sich für den Spezialfall $I_{11} = I_{22}$?

Aufgabe 5.8 (Lösung Seite 451): Zeigen Sie, dass die Matrix

$$B = \begin{pmatrix} 1 & 1 \\ 0 & 1 \end{pmatrix}$$

nicht durch eine Transformation $Q^{-1}BQ$ auf Diagonalform gebracht werden kann.

Aufgabe 5.9 (Lösung Seite 452): Transformieren Sie die Matrix

$$A = \begin{pmatrix} 0 & 1 \\ 1 & 0 \end{pmatrix}$$

auf Diagonalform.

Aufgabe 5.10 (Lösung Seite 453): Bestimmen Sie die Funktion $f(A) = 2^A$ für die Matrix A aus Aufgabe 5.9.

Kapitel 6

Lineare Differentialgleichungen*

Die lineare Schwingungsgleichung modelliert wichtige physikalische Systeme in linearer Näherung. In physikalischen Anwendungen erscheint sie oft in der Form

$$\ddot{x} + 2\gamma\dot{x} + \omega_0^2 x = f(t)\,, \tag{6.1}$$

d.h. als angetriebener harmonischer Oszillator mit Frequenz ω_0 und Reibungskoeffizient γ (vgl. Abschnitt 4.1.2), die eventuell zeitabhängig sein können. Der einfachste Fall konstanter Werte von ω_0, γ mit einem harmonischen Antrieb $f(t) = f_0 \cos \Omega t$ wird ausführlich in Kapitel 7 behandelt. Ein anderes Beispiel mit einer expliziten Zeitabhängigkeit der Frequenz ist die Gleichung

$$\ddot{x} + \omega_0^2\big(1 + h\,\sin(\omega t)\big)\,x = 0\,. \tag{6.2}$$

Diese Gleichung beschreibt z.B. eine Schaukel, wenn x den Auslenkungswinkel bezeichnet. Der „Trick“ beim Schaukeln besteht darin, den Schwerpunkt periodisch (mit einer Frequenz ω) anzuheben und abzusenken. Das verändert die effektive Pendellänge und führt zu einer periodisch veränderlichen Frequenz $\omega(t)$. In der mathematischen Physik ist Gleichung (6.2) unter dem Namen *Mathieu-Gleichung* bekannt. Sie zeigt auch ohne äußere Kraft ein sehr interessantes dynamisches Verhalten.

Da lineare Differentialgleichungen sehr häufig in der Physik auftreten, und da außerdem ein Verständnis ihrer Eigenschaften eine solide Grundlage für eine Behandlung der nichtlinearen Systeme mit ihrem komplexen, chaotischen

Verhalten bildet (mehr dazu in Kapitel 8), sollen in diesem Abschnitt einige allgemeine mathematische Aspekte der Differentialgleichung

$$\ddot{x} + a(t)\dot{x} + b(t)x = f(t)\,. \tag{6.3}$$

erarbeitet werden. Dabei ist die Linearität dieser Gleichung von ausschlaggebender Bedeutung und wir werden folgerichtig Methoden der linearen Algebra verwenden. Das gesamte Kapitel ist recht abstrakt und ein eiliger Leser kann es vorerst getrost überschlagen, um dann später noch einmal darauf zurückzugreifen.

Zunächst machen wir uns klar, dass man die Differentialgleichung *zweiter* Ordnung (6.3) mit *einer* abhängigen Veränderlichen $x(t)$ umschreiben kann als *zwei* Differentialgleichungen *erster* Ordnung, indem man die Geschwindigkeit $v(t) = \dot{x}(t)$ als neue Variable einführt. Dann schreibt sich (6.3) als

$$\begin{aligned} \dot{x} &= v \\ \dot{v} &= f(t) - b(t)x - a(t)v\,, \end{aligned} \tag{6.4}$$

d.h. als lineare Bewegungsgleichung im zweidimensionalen Phasenraum (x, v) (siehe Abschnitt 4), deren Lösung für die Anfangsbedingung $x(t_0) = x_0$ und $v(t_0) = v_0$ zur Zeit t_0 die Phasenbahn $(x(t), v(t))$ liefert. Mehr dazu in Abschnitt 6.2. Hier soll die direkte Lösung von (6.3) als Differentialgleichung zweiter Ordnung ermittelt werden.

6.1 Gleichungen zweiter Ordnung

Die so genannte *homogene* Differentialgleichung erhält man, indem man die Antriebsfunktion $f(t)$ gleich null setzt, also:

$$\ddot{x} + a(t)\dot{x} + b(t)x = 0 \tag{6.5}$$

(die volle Gleichung (6.3) nennt man dann *inhomogen*). Unter der Voraussetzung, dass die $a(t)$ und $b(t)$ stetig sind, kann man zeigen, dass die Differentialgleichung (6.5) eindeutige Lösungen für jede Anfangsbedingung $x(t_0) = x_0$, $\dot{x}(t_0) = v_0$ besitzt. Im Folgenden untersuchen wir zunächst einige algebraische Eigenschaften dieser homogenen Gleichung.

Es gilt die wichtige Aussage, dass man aus zwei Lösungen $x_1(t)$ und $x_2(t)$ durch Bildung einer beliebigen Linearkombination

$$x(t) = \lambda_1 x_1(t) + \lambda_2 x_2(t) \tag{6.6}$$

wieder eine neue Lösung erhält. Zum Beweis differenzieren wir (6.6) zweimal nach t und setzen das Resultat in die Differentialgleichung (6.5) ein:

$$\begin{aligned}
&\ddot{x} + a(t)\dot{x} + b(t)x \\
&\quad = \big(\lambda_1\ddot{x}_1(t) + \lambda_2\ddot{x}_2(t)\big) + a(t)\big(\lambda_1\dot{x}_1(t) + \lambda_2\dot{x}_2(t)\big) + b(t)\big(\lambda_1 x_1(t) + \lambda_2 x_2(t)\big) \\
&\quad = \lambda_1\big(\ddot{x}_1 + a(t)\dot{x}_1 + b(t)x_1\big) + \lambda_2\big(\ddot{x}_2 + a(t)\dot{x}_2 + b(t)x_2\big) \\
&\quad = 0\,,
\end{aligned} \tag{6.7}$$

da ja $x_1(t)$ und $x_2(t)$ die homogene Differentialgleichung erfüllen und die Ausdrücke in den Klammern deshalb gleich null sind. Abstrakter formuliert heißt das:

- Die Lösungen der homogenen Differentialgleichung bilden einen linearen Raum.

Es bleibt zu zeigen, dass *jede* Lösung als Linearkombination zweier linear unabhängiger Lösungen geschrieben werden kann, d.h. dass der Lösungsraum die Dimension zwei hat.

Zunächst beweisen wir in einem kleinen Exkurs die folgende Aussage:

Es seien $x_1(t)$ und $x_2(t)$ zwei Lösungen der homogenen Differentialgleichung (6.5). Die Funktion

$$W(t) = x_1(t)\dot{x}_2(t) - \dot{x}_1(t)x_2(t)\,, \tag{6.8}$$

auch als *Wronski-Determinante* bekannt, erfüllt die lineare Differentialgleichung erster Ordnung

$$\dot{W}(t) = -a(t)\,W(t)\,. \tag{6.9}$$

Der Beweis ist einfach: Differentiation von (6.8) liefert

$$\begin{aligned}
\dot{W} &= \dot{x}_1\dot{x}_2 + x_1\ddot{x}_2 - \dot{x}_1\dot{x}_2 - \ddot{x}_1 x_2 = x_1\ddot{x}_2 - \ddot{x}_1 x_2 \\
&= x_1\big(-a\dot{x}_2 - bx_2\big) - \big(-a\dot{x}_1 - bx_1\big)x_2 \\
&= -a\big(x_1\dot{x}_2 - \dot{x}_1 x_2\big) - bx_1x_2 + bx_1x_2 \\
&= -aW\,.
\end{aligned} \tag{6.10}$$

Für den einfachen Fall $a =$ konstant (ein zeitunabhängiger Reibungskoeffizient) ist die Lösung von (6.9) elementar:

$$W(t) = W(t_0)\,\mathrm{e}^{-a(t-t_0)}\,. \tag{6.11}$$

Aber auch für ein zeitabhängiges $a(t)$ lässt sich eine explizite Lösung angeben. Mit der Umformung

$$\frac{\mathrm{d}W}{W} = -a(t)\,\mathrm{d}t \tag{6.12}$$

und anschließender Integration

$$\int_{W(t_0)}^{W(t)} \frac{\mathrm{d}W'}{W'} = -\int_{t_0}^{t} a(\tau)\,\mathrm{d}\tau \tag{6.13}$$

erhält man

$$\ln\frac{W(t)}{W(t_0)} = -\int_{t_0}^{t} a(\tau)\,\mathrm{d}\tau \tag{6.14}$$

und damit

$$W(t) = W(t_0)\,\mathrm{e}^{-\int_{t_0}^{t} a(\tau)\,\mathrm{d}\tau}\,. \tag{6.15}$$

Da der Exponentialterm immer positiv ist, ändert die Wronski-Determinante $W(t)$ niemals ihr Vorzeichen; sie bleibt also stets positiv, negativ oder gleich null, je nach dem Anfangswert $W(t_0)$.

Man kann sich leicht klarmachen, dass $W = 0$ äquivalent ist zu der Aussage, dass $x_1(t)$ und $x_2(t)$ linear abhängig sind: Sei also $W(t_0) = 0$. Dann muss W für alle t gleich null sein: $W(t) = x_1(t)\dot{x}_2(t) - \dot{x}_1(t)x_2(t) \equiv 0$, Wenn es dann ein Intervall gibt, in dem x_1 und x_2 nicht verschwinden, dann müssen sie proportional zueinander sein. Das sieht man wie folgt: Integration der Gleichung

$$\frac{\dot{x}_1}{x_1} = \frac{\dot{x}_2}{x_2}\,. \tag{6.16}$$

liefert $\ln x_1(t) = \ln x_2(t) + \text{konst.}$ oder $x_1(t) \sim x_2(t)$, d.h. die Lösungen sind linear abhängig. Gehen wir umgekehrt von einer linearen Abhängigkeit aus, d.h. ist etwa $\lambda_1 x_1 + \lambda_2 x_2 \equiv 0$ mit $\lambda_1 \neq 0$, so gilt auch $\lambda_1\dot{x}_1 + \lambda_2\dot{x}_2 \equiv 0$ und damit

$$\begin{aligned}\lambda_1 W &= \lambda_1\big(x_1\dot{x}_2 - \dot{x}_1x_2\big)\\ &= \lambda_1\big(x_1\dot{x}_2 - \dot{x}_1x_2\big) + \lambda_2x_2\dot{x}_2 - \lambda_2x_2\dot{x}_2\\ &= \big(\lambda_1x_1 + \lambda_2x_2\big)\dot{x}_2 - \big(\lambda_1\dot{x}_1 + \lambda_2\dot{x}_2\big)x_2 = 0\,,\end{aligned} \tag{6.17}$$

denn die geklammerten Terme verschwinden, und es folgt $W = 0$, da $\lambda_1 \neq 0$.

Die folgende Aussage erscheint im ersten Moment überraschend: Kennt man eine Lösung $x(t)$ von (6.5), die in einem Intervall nirgends verschwindet, so kann man daraus eine zweite linear unabhängige Lösung $y(t)$ bestimmen! Eine solche Lösung ist beispielsweise

$$y(t) = x(t) \int^t \frac{w(\tau)}{x^2(\tau)}\,\mathrm{d}\tau \quad , \; w(t) = \mathrm{e}^{-\int^t a(\tau)\,\mathrm{d}\tau} \tag{6.18}$$

mit beliebigen unteren Grenzen der Integrale. Um zu überprüfen, ob dies wirklich eine Lösung ist, differenzieren wir und finden

$$\dot{y} = \frac{1}{x}\,(\dot{x}y + w) \quad \Rightarrow \quad x\dot{y} - \dot{x}y = w\,, \tag{6.19}$$

das heißt, $w(t)$ ist die Wronski-Determinante von $x(t)$ und $y(t)$. Da nach Konstruktion $w(t)$ immer positiv ist, sind $x(t)$ und $y(t)$ linear unabhängig. Eine zweite Differentiation von $x\dot{y} - \dot{x}y = w$ ergibt

$$\dot{x}\dot{y} + x\ddot{y} - \ddot{x}y - \dot{x}\dot{y} = \dot{w} = -aw = -a(x\dot{y} - \dot{x}y) \tag{6.20}$$

und nach Vereinfachen

$$x\ddot{y} + ax\dot{y} - \ddot{x}y - a\dot{x}y \;=\; 0 \tag{6.21}$$

$$\Rightarrow \quad x(\ddot{y} + a\dot{y}) - (\ddot{x} + a\dot{x})y \;=\; 0\,. \tag{6.22}$$

Benutzen wir hier die Tatsache, dass $x(t)$ eine Lösung ist, dass also gilt $\ddot{x}+a\dot{x} = -bx$, so erhalten wir unser Endergebnis:

$$x(\ddot{y} + a\dot{y} + by) = 0\,. \tag{6.23}$$

Da $x(t)$ nicht verschwindet, muss der Ausdruck in der Klammer gleich null sein. Also ist die Funktion $y(t)$ eine Lösung.

Wir kommen jetzt auf die Dimension des Vektorraums der Lösungen zurück. Man kann sich vergewissern, dass durch eine geeignete Wahl der Koeffizienten der Linearkombination $x(t) = \lambda_1 x_1(t) + \lambda_2 x_2(t)$ *jede* Anfangsbedingung $x(t_0) = x_0$ und $\dot{x}(t_0) = v_0$ erfüllt werden kann, falls die x_1, x_2 linear unabhängig sind: Auflösung der Gleichungen

$$\begin{aligned} x_0 &= \lambda_1 x_1(t_0) + \lambda_2 x_2(t_0) \\ v_0 &= \lambda_1 \dot{x}_1(t_0) + \lambda_2 \dot{x}_2(t_0) \end{aligned} \tag{6.24}$$

nach λ_1 und λ_2 liefert die (eindeutige) Lösung

$$\begin{aligned} \lambda_1 &= \frac{x_0\dot{x}_2(t_0) - v_0 x_2(t_0)}{x_1(t_0)\dot{x}_2(t_0) - \dot{x}_1(t_0)x_2(t_0)}\,, \\ \lambda_2 &= \frac{v_0 x_1(t_0) - x_0\dot{x}_1(t_0)}{x_1(t_0)\dot{x}_2(t_0) - \dot{x}_1(t_0)x_2(t_0)}\,, \end{aligned} \tag{6.25}$$

da wegen der linearen Unabhängigkeit der Nenner (also die Wronski-Determinante $W(t_0)$) nicht verschwindet.

Ist jetzt $\widetilde{x}(t)$ irgendeine beliebige Lösung der inhomogenen Gleichung (6.3) und sind $x_1(t)$, $x_2(t)$ linear unabhängige Lösungen der homogenen Gleichung (6.5), so ist auch

$$x(t) = \widetilde{x}(t) + \lambda_1 x_1(t) + \lambda_2 x_2(t) \tag{6.26}$$

eine Lösung der inhomogenen Gleichung. Das verifiziert man leicht durch Einsetzen in die Differentialgleichung (6.3). Außerdem ist dies eine *allgemeine* Lösung, denn man kann jede Anfangsbedingung durch die Wahl der Koeffizienten nach (6.25) erfüllen, wenn man dort nur x_0 und v_0 durch $x_0 - \widetilde{x}(t_0)$ und $v_0 - \dot{\widetilde{x}}(t_0)$ ersetzt.

6.2 Systeme erster Ordnung

Zum Abschluss unseres Grundkurses in der Theorie der linearen Differentialgleichungen wollen wir auf die Phasenraumdarstellung in Gleichung (6.4) zurückkommen. Wir beschränken uns dabei auf den homogenen Fall, also auf $f(t) = 0$. Es bietet sich an, diese Gleichung in Matrixdarstellung zu schreiben:

$$\frac{\mathrm{d}}{\mathrm{d}t}\begin{pmatrix} x \\ v \end{pmatrix} = \begin{pmatrix} 0 & 1 \\ -b(t) & -a(t) \end{pmatrix}\begin{pmatrix} x \\ v \end{pmatrix}. \tag{6.27}$$

Wir haben oben gesehen, dass wir für eine vollständige Lösung zwei linear unabhängige Lösungen $x_1(t)$ und $x_2(t)$ benötigen, also mit $v_1 = \dot{x}_1$, $v_2 = \dot{x}_2$ zwei Vektoren $(x_1, v_1)^t$ und $(x_2, v_2)^t$ in der Phasenraumdarstellung. Beide Vektoren lösen (6.27). Fasst man diese beiden Vektoren in einer Matrix zusammen, so kann man (6.27) schreiben als

$$\frac{\mathrm{d}}{\mathrm{d}t}\begin{pmatrix} x_1 & x_2 \\ v_1 & v_2 \end{pmatrix} = \begin{pmatrix} 0 & 1 \\ -b(t) & -a(t) \end{pmatrix}\begin{pmatrix} x_1 & x_2 \\ v_1 & v_2 \end{pmatrix}, \tag{6.28}$$

oder mit den Matrizen

$$U = \begin{pmatrix} x_1 & x_2 \\ v_1 & v_2 \end{pmatrix} \quad , \quad A_t = \begin{pmatrix} 0 & 1 \\ -b(t) & -a(t) \end{pmatrix} \tag{6.29}$$

in der sehr einfachen Form

$$\dot{U} = A_t U. \tag{6.30}$$

Wir notieren hier eine eventuelle explizite Zeitabhängigkeit der A-Matrix durch einen Index als A_t. Man kann problemlos verallgemeinern und eine allgemeine Matrix A_t mit beliebigen zeitabhängigen Matrixelementen annehmen.

Gleichung (6.30) ist eine lineare Differentialgleichung erster Ordnung für die Matrix U. Diese Matrix hängt natürlich von der Zeit t ab, also $U = U(t)$, aber auch vom Anfangszeitpunkt t_0, denn A_t kann ja zeitabhängig sein. Also suchen wir eine Matrix $U = U(t, t_0)$ mit der Anfangsbedingung $U(t_0, t_0)$. Die Determinante der Matrix U ist gegeben durch

$$|U| = \begin{vmatrix} x_1 & x_2 \\ v_1 & v_2 \end{vmatrix} = x_1(t)\dot{x}_2(t) - \dot{x}_1(t)x_2(t) = W \tag{6.31}$$

mit der Wronski-Determinante aus (6.8). Das erklärt auch die Bezeichnung „Determinante“ für W. Wir benötigen zwei linear unabhängige Lösungen (also $W \neq 0$). Oft wählt man hier zwei spezielle Lösungen mit $(x_1(t_0), v_1(t_0)) = (1, 0)$ und $(x_2(t_0), v_2(t_0)) = (0, 1)$ und damit

$$U(t_0, t_0) = E\,. \tag{6.32}$$

Man sieht durch Differentiation sofort, dass dann jeder Vektor

$$\vec{y}\,(t) = U(t, t_0)\,\vec{y}_0 \tag{6.33}$$

mit $\vec{y}\,(t) = (x(t), v(t))^{\,t}$ eine Lösung der Differentialgleichung liefert, die die Anfangsbedingung $\vec{y}\,(t_0) = \vec{y}_0 = (x_0, v_0)^T$ erfüllt. Man bezeichnet daher die Matrix $U(t, t_0)$ auch als *Zeitentwicklungsmatrix* oder auch *Zeitentwickungsoperator.*

Es bleibt natürlich noch etwas zu tun übrig, denn die Gleichung (6.30) muss noch gelöst werden! Wir werden hier eine solche Lösung für den Fall konstruieren, dass die Matrix A_t *nicht* von der Zeit t abhängt (wie z.B. für den harmonischen Oszillator mit konstantem Wert des Reibungskoeffizienten γ und der Frequenz ω_0 in Gleichung (6.1)). Da viele der folgenden Gleichungen nur für den Fall einer zeitunabhängigen A-Matrix gelten, wird dafür die Schreibweise A_0 benutzt.

Wir setzen die Lösung von (6.30) als

$$U(t, t_0) = \mathrm{e}^{\,A_0(t - t_0)} \tag{6.34}$$

an. Dabei ist – wie schon in Abschnitt 5.4.2 näher erläutert - die Exponentialfunktion einer Matrix definiert durch die Taylor-Reihe

$$
\begin{aligned}
\mathrm{e}^{A_0(t-t_0)} &= E + A_0(t-t_0) + \frac{1}{2}A_0^2(t-t_0)^2 + \ldots \\
&= \sum_{n=0}^{\infty} \frac{1}{n!}\, A_0^n (t-t_0)^n \,.
\end{aligned}
\tag{6.35}
$$

Differenziert man die Reihe in (6.35) nach t, so erhält man

$$
\begin{aligned}
\frac{\mathrm{d}}{\mathrm{d}t}\,\mathrm{e}^{A_0(t-t_0)} &= \frac{\mathrm{d}}{\mathrm{d}t}\sum_{n=0}^{\infty} \frac{1}{n!}\, A_0^n (t-t_0)^n = \sum_{n=1}^{\infty} \frac{n}{n!}\, A_0^n (t-t_0)^{n-1} \\
&= A_0 \sum_{n=1}^{\infty} \frac{1}{(n-1)!}\, A_0^{n-1} (t-t_0)^{n-1} \\
&= A_0 \sum_{m=0}^{\infty} \frac{1}{m!}\, A_0^m (t-t_0)^m = A_0\,\mathrm{e}^{A_0(t-t_0)} \,,
\end{aligned}
\tag{6.36}
$$

d.h. diese Funktion löst die Differentialgleichung. Außerdem ist die Anfangsbedingung $U(t_0, t_0) = E$ erfüllt.

Zur Bestimmung der Matrix $\exp(A_0(t-t_0))$ benutzt man allerdings in der Regel *nicht* die Taylor-Reihe, sondern geht einen anderen Weg, wie schon in Abschnitt 5.4.2 gezeigt, indem man die Matrix A_0 auf Diagonalform transformiert.

Wir erhalten damit durch

$$
\vec{y}\,(t) = U(t, t_0)\vec{y}\,(t_0) = \mathrm{e}^{\,A_0(t-t_0)}\vec{y}\,(t_0) \tag{6.37}
$$

die gesuchte allgemeine Lösung unserer homogenen Differentialgleichung.

Eine Bemerkung zur Warnung: Das einfache Resultat

$$
U(t, t_0) = \mathrm{e}^{\,A_0(t-t_0)} \tag{6.38}
$$

für eine Lösung von $\dot{U} = A_0 U$ im Fall einer zeitunabhängigen Matrix A_0 könnte dazu verleiten, für den zeitabhängigen Fall A_t eine Lösung der Form

$$
U(t, t_0) = \mathrm{e}^{\int_{t_0}^{t} A_\tau \,\mathrm{d}\tau} \tag{6.39}
$$

anzusetzen. Das ist sicher richtig, wenn es sich um Skalare handelt, gilt aber *nicht* für Matrizen. Der Grund dafür liegt in der Nichtvertauschbarkeit der Matrixmultiplikation: Wenn man die Exponentialfunktion in (6.39) nach t differenziert, so könnte man

$$\dot{U}(t,t_0) = A_t \left(\exp \int_{t_0}^{\mathrm{t}} A_\tau \,\mathrm{d}\tau\right) = A_t\, U(t,t_0) \tag{6.40}$$

schreiben (damit hätte man eine Lösung unsere Differentialgleichung $\dot{U} = A_t U(t,t_0)$), aber genauso gut könnte man

$$\dot{U} = \left(\exp \int_{t_0}^{\mathrm{t}} A_\tau \,\mathrm{d}\tau\right) A_t = U(t,t_0)\, A_t \tag{6.41}$$

annehmen. Diese beiden Ausdrücke sind für zeitlich konstantes A_0 identisch, denn A_0 vertauscht mit jeder Funktion $f(A_0)$. Für den zeitabhängigen Fall gilt das aber *nicht*, da die A_t-Matrizen zu verschiedenen Zeiten im Allgemeinen *nicht* vertauschen.

Als letzter Punkt soll hier noch eine Lösung der *inhomogenen* Differentialgleichung

$$\dot{\vec{y}}(t) = A\,\vec{y}\,(t) + \vec{f}(t) \tag{6.42}$$

konstruiert werden. Auch hier sind wir wieder bescheiden und beschränken uns auf den Fall einer zeitunabhängigen Matrix A_0. Wir kennen den Zeitpropagator $U(t,t_0) = \exp(A_0(t-t_0))$ mit $U(t_0,t_0) = E$. Wir zeigen jetzt, dass der Ausdruck

$$\vec{y}\,(t) = \int_{t_0}^{t} \mathrm{e}^{A_0(t-\tau)} \vec{f}(\tau)\,\mathrm{d}\tau \tag{6.43}$$

die inhomogene Gleichung (6.42) löst. Das kann man sofort durch Differentiation nach t beweisen:

$$\begin{aligned} \dot{\vec{y}} &= \frac{\mathrm{d}}{\mathrm{d}t}\,\mathrm{e}^{A_0 t} \int_{t_0}^{t} \mathrm{e}^{-A_0\tau} \vec{f}(\tau)\,\mathrm{d}\tau \\ &= A_0 \int_{0}^{t} \mathrm{e}^{A_0(t-\tau)} \vec{f}(\tau)\,\mathrm{d}\tau + \mathrm{e}^{A_0 t}\mathrm{e}^{-A_0 t} \vec{f}(t) \\ &= A_0\,\vec{y}(t) + \vec{f}(t)\,. \end{aligned} \tag{6.44}$$

Die Gleichung (6.43) liefert eine spezielle Lösung der inhomogenen Differentialgleichung. Die allgemeine Lösung erhält man wieder durch die Summe dieser

Lösung und der allgemeinen Lösung der homogenen Differentialgleichung in (6.37):

$$\vec{y}(t) = U(t, t_0)\vec{y}(t_0) = \mathrm{e}^{A_0(t - t_0)}\vec{y}(t_0) + \int_{t_0}^{t} \mathrm{e}^{A_0(t - \tau)}\vec{f}(\tau)\,\mathrm{d}\tau\,. \qquad (6.45)$$

6.3 Aufgaben

Aufgabe 6.1 (Lösung Seite 453): Die Bahn $x(t)$ sei eine Lösung der Differentialgleichung

$$\ddot{x} - 10\dot{x} + 9x = 9t\,.$$

(a) Bestimmen Sie die allgemeine Lösung der homogenen Differentialgleichung und mithilfe des Ansatzes $x(t) = a_0 + a_1 t + a_2 t^2$ eine spezielle Lösung der inhomogenen Differentialgleichung.

(b) Geben Sie eine Lösung der inhomogenen Differentialgleichung an, die die Anfangsbedingungen $x(0) = 0$ und $\dot{x}(0) = 0$ erfüllt.

Aufgabe 6.2 (Lösung Seite 454): Bestimmen Sie analog zur vorangehenden Aufgabe die allgemeine Lösung von

$$\ddot{x} + \omega^2 x = \alpha t^2\,.$$

Aufgabe 6.3 (Lösung Seite 454): Zeigen Sie: Man erhält durch

$$x(t) = \alpha\rho(t)\,\sin\left\{\int_0^t \frac{\mathrm{d}\tau}{\rho^2(\tau)} + \beta\right\}$$

mit den freien Konstanten α und β die *allgemeine* Lösung der Differentialgleichung $\ddot{x} + b(t)x = 0$. Dabei ist die Hilfsfunktion $\rho(t)$ eine *beliebige* Lösung der Differentialgleichung

$$\ddot{\rho} + b(t)\rho = \rho^{-3}(t)\,. \qquad (*)$$

Aufgabe 6.4 (Lösung Seite 455): Zeigen Sie, dass – mit den Bezeichnungen von Aufgabe 6.3 – für *jede* Lösung $x(t)$ die Größe

$$I = \frac{1}{2}\left[\left(\frac{x}{\rho}\right)^2 + (\dot{\rho}x - \rho\dot{x})^2\right]$$

mit einer *beliebigen* Hilfslösung von $(*)$ eine Erhaltungsgröße ist, die sogenannte *Lewis-Invariante*.

Kapitel 7

Lineare Schwingungen

Wir haben in Kapitel 4 damit begonnen, das zeitliche Verhalten, die *Dynamik*, einiger Systeme zu studieren. Das soll im Folgenden vertieft werden. Im Allgemeinen sind die Bewegungsgleichungen eines mechanischen Systems, z.B. eines Systems von wechselwirkenden Massepunkten in einem äußeren Kraftfeld, *nichtlineare* Differentialgleichungen, die zu einem sehr komplizierten Verhalten führen. In Kapitel 8 werden wir das noch näher untersuchen. Oft ist es aber berechtigt, die Bewegungsgleichungen zu linearisieren und damit drastisch zu vereinfachen.

Wir wollen uns vorerst einmal auf einen einzigen Freiheitsgrad, x, beschränken. Die Bewegungsgleichung ist dann

$$m\ddot{x} = F(x,t)\,. \tag{7.1}$$

Durch Lösung dieser Differentialgleichung zweiter Ordnung (die *Ordnung* einer Differentialgleichung ist der Grad der höchsten vorkommenden Ableitung) unter vorgegebenen

$$\text{Anfangsbedingungen} \qquad x(t_0) = x_0\,, \qquad \dot{x}(t_0) = v_0 \tag{7.2}$$

oder

$$\text{Randbedingungen} \qquad x(t_0) = x_0\,, \qquad x(t_1) = x_1 \tag{7.3}$$

erhält man die gesuchte Funktion $x(t)$. Wir haben also jeweils *zwei* Bedingungen, die zu erfüllen sind, und suchen deshalb oft eine Lösung der Bewegungsgleichung, die von zwei frei wählbaren Konstanten abhängt. Diese Konstanten können dann (wenn möglich!) so gewählt werden, dass die Anfangs- oder Randbedingungen erfüllt sind. Man nennt eine solche Lösung eine *allgemeine* Lösung der Bewegungsgleichung.

Der wesentliche Schritt ist jetzt eine Linearisierung der Kraft um einen ausgezeichneten Punkt x_0. Wir wählen jetzt unsere Koordinate x so, dass $x_0 = 0$ gilt, und wollen zunächst die Bewegung in einer (kleinen) Umgebung von $x_0 = 0$ untersuchen, wie wir es schon bei der Behandlung des Pendels in Abschnitt 4.1.3 gemacht haben.

Entwickelt man die Kraft $F(x,t)$ für kleine Werte von x

$$F(x,t) = F_0(t) + a(t)x + b(t)x^2 \dots \tag{7.4}$$

und vernachlässigt den Term mit x^2 und alle höheren, so erhält man

$$m\ddot{x} = F_0(t) + a(t)\,x \tag{7.5}$$

oder, mit den Abkürzungen $\omega_0^2(t) = -a(t)/m$ und $f(t) = F_0(t)/m$,

$$\ddot{x} + \omega_0^2(t)x = f(t)\,. \tag{7.6}$$

Dies ist die Bewegungsgleichung für den *harmonischen Oszillator*, eines der wohl wichtigsten elementaren Modellsysteme der Physik. Im folgenden Abschnitt werden wir für den einfachen Fall einer konstanten Frequenz ω_0 ausführlich die Eigenschaften dieser Bewegungsgleichung und ihrer Lösungen untersuchen.

7.1 Der harmonische Oszillator

Eines der wichtigsten elementaren dynamischen Systeme ist der zeitlich angetriebene und gedämpfte harmonische Oszillator mit der Bewegungsgleichung

$$\ddot{x} + 2\gamma\dot{x} + \omega_0^2 x = f(t)\,. \tag{7.7}$$

Dabei beschreibt der zusätzlich eingeführte Ausdruck $2\gamma\dot{x}$ mit $\gamma \geq 0$ den Einfluss von Reibungseffekten, die mit der Geschwindigkeit $\dot{x}$ wachsen und der Bewegung entgegenwirken.[1]

[1] Es gibt jedoch Situationen, in denen ein solcher Ansatz nicht korrekt ist und die Reibungseffekte in niedrigster Ordnung proportional zu $\dot{x}^2$ sind. Dies gilt zum Beispiel für den Fall eines Fallschirmspringers.

Gleichung (7.7) ist eine inhomogene lineare Differentialgleichung zweiter Ordnung mit der so genannten Inhomogenität $f(t)$. Dazu gehört die homogene Differentialgleichung

$$\ddot{x} + 2\gamma\dot{x} + \omega_0^2 x = 0\,. \tag{7.8}$$

Es gelten die folgenden Aussagen:

(a) Sind $x_1(t)$ und $x_2(t)$ Lösungen der homogenen Gleichung (7.8), so ist jede Linearkombination $x(t) = \lambda_1 x_1(t) + \lambda_2 x_2(t)$ wieder Lösung von (7.8). Die Lösungen bilden also einen linearen Raum – einen Vektorraum der Dimension zwei.

(b) Ist weiterhin $\overline{x}(t)$ eine Lösung der inhomogenen Gleichung (7.7), so ist $x(t) = \overline{x}(t) + \lambda_1 x_1(t) + \lambda_2 x_2(t)$ wieder Lösung von (7.7).

(c) Wenn $x_1(t)$ und $x_2(t)$ linear unabhängig sind, dann ist dies die allgemeine Lösung.

Diese Aussagen wurden in Kapitel 6 eingehend begründet.

Wir befassen uns im Folgenden mit dem speziellen Fall in dem ω_0 zeitlich konstant ist und wählen einen harmonischen Antrieb

$$f(t) = f_0 \cos \Omega t \tag{7.9}$$

mit einer Frequenz Ω und einer Amplitude f_0.

Wir gehen analog zu den obigen Punkten (a) - (c) vor. Zunächst konstruieren wir eine Lösung der homogenen Differentialgleichung, danach eine spezielle Lösung der inhomogenen Gleichung und zuletzt die allgemeine Lösung durch eine Addition dieser beiden Lösungen.

7.1.1 Die freie Schwingung

Wenn keine äußeren Kräfte wirken, d.h. für $f(t) = 0$, lautet die Differentialgleichung

$$\ddot{x} + 2\gamma\dot{x} + \omega_0^2 x = 0\,. \tag{7.10}$$

Im ungedämpften Fall $\gamma = 0$ kann man die Lösungen von

$$\ddot{x} + \omega_0^2 x = 0 \tag{7.11}$$

sofort erraten: Es sind Funktionen, die sich bei zweimaliger Differentiation bis auf einen Faktor $-\omega_0^2$ reproduzieren, also

$$x_+(t) = \mathrm{e}^{+\mathrm{i}\omega_0 t} \quad , \quad x_-(t) = \mathrm{e}^{-\mathrm{i}\omega_0 t} \tag{7.12}$$

oder

$$x_1(t) = \cos\omega_0 t \quad \text{und} \quad x_2(t) = \sin\omega_0 t\,.$$

Eine kurze Überlegung zeigt, dass diese beiden Lösungen linear unabhängig sind, d.h. aus $\lambda_1 x_1(t) + \lambda_2 x_2(t) \equiv \lambda_1 \cos\omega_0 t + \lambda_2 \sin\omega_0 t \equiv 0$ folgt das Verschwinden der Koeffizienten: $\lambda_1 = \lambda_2 = 0$.

Die allgemeine Lösung ist damit eine Linearkombination der $x_1(t)$ und $x_2(t)$, die mit dem Additionstheorem der trigonometrischen Funktionen auch als phasenverschobener Kosinus geschrieben werden kann:

$$x(t) = a\cos\omega_0 t + b\sin\omega_0 t = A\cos(\omega_0 t + \alpha)\,. \tag{7.13}$$

Dies sieht man sofort durch Umschreiben von $A\cos(\omega_0 t + \alpha) = A\cos\omega_0 t\cos\alpha - A\sin\omega_0 t\sin\alpha$. Es gilt also

$$a = A\cos\alpha \quad \text{und} \quad b = -A\sin\alpha \tag{7.14}$$

oder umgekehrt

$$A = \sqrt{a^2 + b^2} \quad \text{und} \quad \alpha = -\arctan\frac{b}{a}\,. \tag{7.15}$$

In vielen Fällen ist es jedoch vorzuziehen, die Lösungen als komplexe Exponentialfunktionen zu schreiben. Einer der Hauptgründe dafür ist die Tatsache, dass die Exponentialfunktionen viel einfacher zu manipulieren sind als die trigonometrischen Funktionen (siehe beispielsweise die Formel (B.42) von Moivre im Anhang). Dazu kann man einmal mithilfe der Euler-Formel

$$\mathrm{e}^{\pm\mathrm{i}\omega_0 t} = \cos\omega_0 t \pm \mathrm{i}\sin\omega_0 t \tag{7.16}$$

(vgl. Gleichung (B.31) im Anhang) und ihrer Umkehrung

$$\cos\omega_0 t = \frac{1}{2}\left(\mathrm{e}^{\mathrm{i}\omega_0 t} + \mathrm{e}^{-\mathrm{i}\omega_0 t}\right)\,, \quad \sin\omega_0 t = \frac{1}{2\mathrm{i}}\left(\mathrm{e}^{\mathrm{i}\omega_0 t} - \mathrm{e}^{-\mathrm{i}\omega_0 t}\right) \tag{7.17}$$

die Lösungen (7.13) umschreiben. Alternativ kann man direkt verifizieren, dass die Funktionen $x_\pm(t) = \mathrm{e}^{\pm\mathrm{i}\omega_0 t}$ die Differentialgleichung $\ddot{x} + \omega_0^2 x = 0$ erfüllen und damit auch jede Linearkombination

$$x(t) = c_+ x_+(t) + c_- x_-(t) = c_+\mathrm{e}^{\mathrm{i}\omega_0 t} + c_-\mathrm{e}^{-\mathrm{i}\omega_0 t}\,, \tag{7.18}$$

mit (eventuell komplexen) Zahlen $c_\pm$. Dies ist wiederum eine andere Schreibweise von (7.13). Zur Übung überzeugen wir uns noch kurz davon, dass die Funktionen $\mathrm{e}^{+\mathrm{i}\omega_0 t}$ und $\mathrm{e}^{-\mathrm{i}\omega_0 t}$ linear unabhängig sind, d.h. dass aus $c_+\mathrm{e}^{\mathrm{i}\omega_0 t} + c_-\mathrm{e}^{-\mathrm{i}\omega_0 t} \equiv$

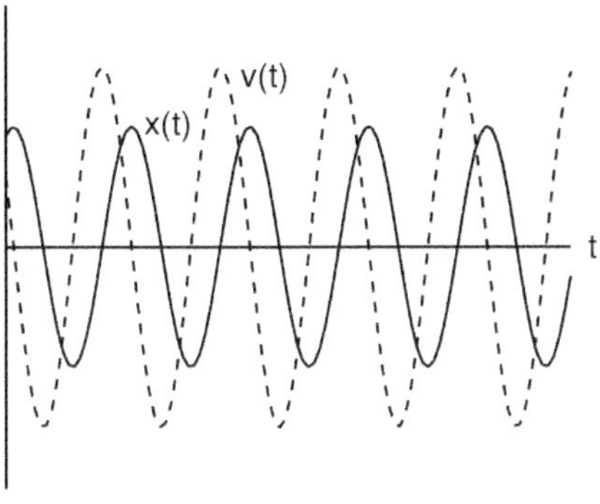

Bild 7.1: Lösung $x(t)$ und Geschwindigkeit $\dot{x}(t) = v(t)$ des freien harmonischen Oszillators ohne Reibung.

0 folgt $c_+ = c_- = 0$. Mit $e^0 = 1$ und $e^{\pm i\pi/2} = \pm i$ liefert das für $t = 0$ die Beziehung $c_+ + c_- = 0$ und für $t = \pi/2\omega_0$ $(c_+ - c_-)i = 0$, also $c_+ = c_- = 0$.

Eine Lösung $x(t)$ und die Geschwindigkeit $v(t) = \dot{x}(t)$ sind im Bild 7.1 dargestellt. Zur Zeit $t = t_0 = 0$ erfüllt diese Bahn die Anfangsbedingungen $x(0) = x_0$ und $\dot{x}(0) = v_0$. Die Bahn ist periodisch mit Periode $T = 2\pi/\omega$. Alternativ dazu zeigt eine Phasenraumdarstellung die Bahn $\big(x(t), v(t)\big)$ in der (x, v)-Ebene, die *Phasenbahn*. Bild 7.2 zeigt das Phasenraumbild der Schwingung aus Abb. 7.1. Außerdem ist eine zweite Lösung mit einer kleineren Energie abgebildet. Die Phasenbahnen sind ähnliche Ellipsen, wovon man sich leicht direkt überzeugt: Mit

$$x(t) = A\cos(\omega_0 t + \alpha) \tag{7.19}$$

ergibt sich $v(t) = \dot{x}(t) = -\omega_0 A \sin(\omega_0 t + \alpha)$ und folglich (mit $\sin^2 + \cos^2 = 1$)

$$\left(\frac{x}{A}\right)^2 + \left(\frac{v}{\omega_0 A}\right)^2 = 1\,, \tag{7.20}$$

also die Gleichung einer Ellipse in kartesischen Koordinaten mit den Halbachsen A und $\omega_0 A$ (vgl. Anhang C). Das Achsenverhältnis der Ellipsen ist gleich ω_0, also unabhängig von der Anfangsbedingung.

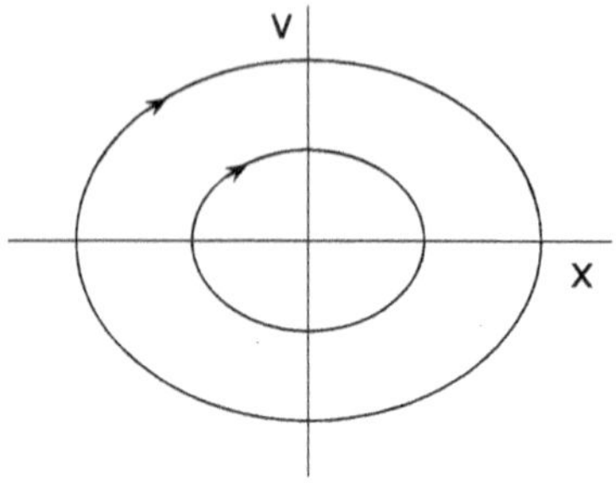

Bild 7.2: Zwei Phasenbahnen für den freien harmonischen Oszillator ohne Reibung zu unterschiedlicher Energie.

Die Lösung der Differentialgleichung (7.10) mit Reibung ist nur geringfügig schwieriger. Dazu versucht man in Analogie zu dem reibungsfreien Fall einen exponentiellen Lösungsansatz

$$x(t) = \mathrm{e}^{\lambda t}\,, \text{d.h.} \quad \dot{x}(t) = \lambda x\,,\ \ddot{x}(t) = \lambda^2 x\,. \tag{7.21}$$

Einsetzen in die Differentialgleichung ergibt

$$\left(\lambda^2 + 2\gamma\lambda + \omega_0^2\right) x(t) \equiv 0 \tag{7.22}$$

für alle Zeiten t. Da $x(t) = \mathrm{e}^{\lambda t} \neq 0$ ist, muss λ die charakteristische Gleichung

$$\lambda^2 + 2\gamma\lambda + \omega_0^2 = 0 \tag{7.23}$$

erfüllen. Wir erhalten damit die Lösungen

$$\lambda_\pm = -\gamma \pm \sqrt{\gamma^2 - \omega_0^2}\,. \tag{7.24}$$

Man unterscheidet drei Fälle:

(a) Im **Schwingfall** $\omega_0 > \gamma$ ist die Dämpfung relativ klein, und die $\lambda_\pm$ sind komplex (vgl. die Einführung in die komplexen Zahlen im Anhang B):

$$\lambda_\pm = -\gamma \pm \mathrm{i}\omega \quad \text{mit} \quad \omega = \sqrt{\omega_0^2 - \gamma^2}\,. \tag{7.25}$$

Wir können die beiden Basislösungen schreiben als $x_\pm(t) = \mathrm{e}^{-\gamma t \pm \mathrm{i}\omega t}$. Die allgemeine Lösung ist folglich

$$x(t) = c_+ x_+(t) + c_- x_-(t) = \mathrm{e}^{-\gamma t}\left(c_+ \mathrm{e}^{+\mathrm{i}\omega t} + c_- \mathrm{e}^{-\mathrm{i}\omega t}\right) \tag{7.26}$$

mit im Allgemeinen komplexen Koeffizienten $c_\pm$. Mit der Euler-Formel (B.31) $\mathrm{e}^{\pm \mathrm{i}\omega t} = \cos\omega t \pm \mathrm{i}\sin\omega t$ kann dieser Ausdruck in die alternativen Formen

$$x(t) = \mathrm{e}^{-\gamma t}\,(a\cos\omega t + b\sin\omega t) = A\,\mathrm{e}^{-\gamma t}\cos(\omega t + \alpha) \tag{7.27}$$

gebracht werden. (Es ist anzumerken, dass hier alle Konstanten komplexe Werte annehmen dürfen; allerdings wird in den meisten Fällen eine reelle Lösung gesucht werden, also mit reellen Werten für a, b oder A und α.) Speziell für die Anfangsbedingung $x(0) = 0$, $v(0) = v_0$ erhält man mit

$$\begin{aligned} x(0) &= \mathrm{e}^0\,(a\cos 0 + b\sin 0) = a = 0 \\ \dot{x}(0) &= -\gamma x(0) + \mathrm{e}^0\,(-a\omega\sin 0 + b\omega\cos 0) = b\omega = v_0 \end{aligned} \tag{7.28}$$

die Lösung der Bewegungsgleichung

$$x(t) = \frac{v_0}{\omega}\mathrm{e}^{-\gamma t}\sin\omega t\,, \tag{7.29}$$

die in Abb. 7.3 dargestellt ist.

Charakteristika einer solchen gedämpften Schwingung sind die Erniedrigung der Frequenz $\omega < \omega_0$ (d.h. eine Zunahme der Schwingungsdauer $T = 2\pi/\omega$) mit wachsender Dämpfung und die Abnahme der Schwingungsamplitude um den Faktor $\mathrm{e}^{-\gamma T}$ pro Periode. Man nennt den natürlichen Logarithmus des Amplitudenverhältnisses

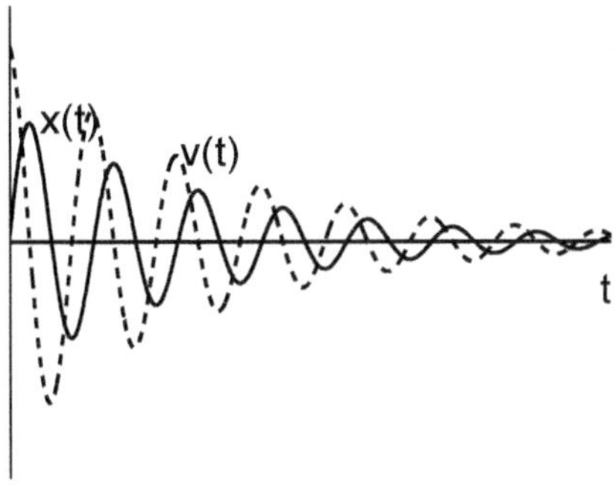

Bild 7.3: Freie harmonische Schwingung für schwache Reibung: Schwingfall $\omega_0 > \gamma$ mit $x(0) = 0$. Dargestellt sind $x(t)$ (–) und $v(t)$ (- - -).

$$\Lambda = \ln \frac{x(t)}{x(t-T)} = \gamma T \tag{7.30}$$

auch das *logarithmische Dekrement*.

(b) Im **Kriechfall** $\omega_0 < \gamma$ dominiert die Dämpfung und mit

$$\tilde{\omega} = \sqrt{\gamma^2 - \omega_0^2} \tag{7.31}$$

lassen sich die Lösungen schreiben als

$$x(t) = \mathrm{e}^{-\gamma t} \left(a_+ \mathrm{e}^{+\tilde{\omega} t} + a_- \mathrm{e}^{-\tilde{\omega} t} \right) \tag{7.32}$$

oder – speziell für $x(0) = 0$, $v(0) = v_0$ –

$$x(t) = a\mathrm{e}^{-\gamma t} \left(\mathrm{e}^{+\tilde{\omega} t} - \mathrm{e}^{-\tilde{\omega} t} \right) = \frac{v_0}{\tilde{\omega}} \mathrm{e}^{-\gamma t} \sinh \tilde{\omega} t \tag{7.33}$$

mit der Funktion $\sinh(u) = \frac{1}{2}(\mathrm{e}^{+u} - \mathrm{e}^{-u})$ (lies: 'Sinus hyperbolicus") und entsprechend auch $\cosh(u) = \frac{1}{2}(\mathrm{e}^{+u} + \mathrm{e}^{-u})$ ('Kosinus hyperbolicus") . Bild 7.4 illustriert das Verhalten im Kriechfall.

(c) Der **aperiodische Grenzfall** $\omega_0 = \gamma$ liegt auf der Grenze der Fälle (a)

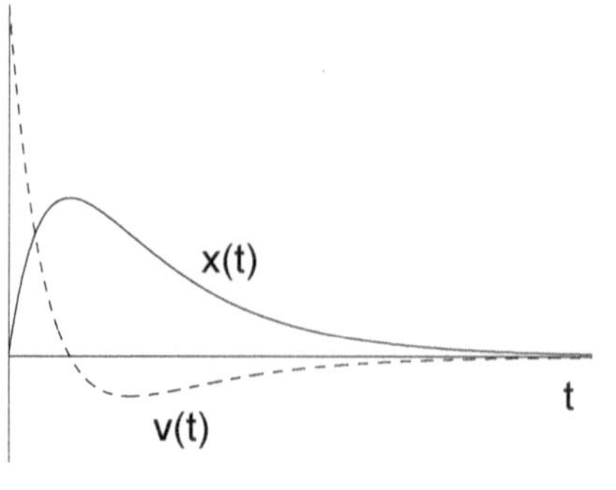

Bild 7.4: Freie harmonische Schwingung für starke Reibung: Kriechfall $\omega_0 < \gamma$ mit $x(0) = 0$. Dargestellt sind $x(t)$ (–) und $v(t)$ (- - -).

und (b). Hier liefert die charakteristische Gleichung nur die Lösung $\lambda = -\gamma$ und wir haben daher nur eine Lösung $x(t) = \mathrm{e}^{-\gamma t}$. Eine zweite unabhängige Lösung lässt sich finden als

$$x(t) = t\mathrm{e}^{-\gamma t}\,, \tag{7.34}$$

was man sofort durch Einsetzen in die Differentialgleichung bestätigt:

$$\dot{x} = (1-\gamma t)\mathrm{e}^{-\gamma t}\,,\ \ddot{x} = (-\gamma - \gamma(1-\gamma t))\mathrm{e}^{-\gamma t} = (-2\gamma + \gamma^2 t)\mathrm{e}^{-\gamma t} \tag{7.35}$$

liefert direkt

$$\ddot{x} + 2\gamma\dot{x} + \omega_0^2 x = \left(-\gamma^2 + \omega_0^2\right) t\,\mathrm{e}^{-\gamma t} = 0\,. \tag{7.36}$$

Folglich ist

$$x(t) = (a + bt)\mathrm{e}^{-\gamma t} \tag{7.37}$$

die gesuchte allgemeine Lösung mit zwei freien Parametern.

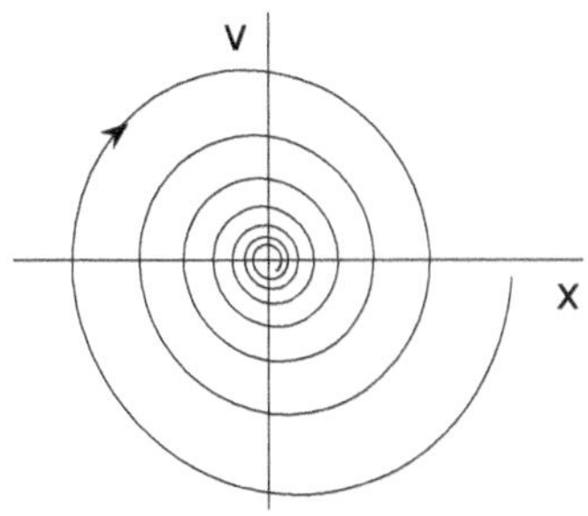

Bild 7.5: Phasenraumdarstellung der freien harmonischen Schwingung im Schwingfall.

Bild 7.5 illustriert die freie Schwingung im Phasenraum im Schwingfall. Die Bahn nähert sich spiralförmig dem Fixpunkt $(x_\mathrm{f}, v_\mathrm{f}) = (0,0)$. Man nennt einen solchen Punkt, der die Bahnen aus einem gewissen Einzugsbereich anzieht, auch einen *Attraktor*, in diesem Fall genauer einen *Punktattraktor*.

7.1.2 Erzwungene Schwingungen

Die Behandlung eines linearen Oszillators unter Wirkung einer harmonischen Kraft

$$\ddot{x} + 2\gamma\dot{x} + \omega_0^2 x = f_0 \cos\Omega t \tag{7.38}$$

lässt sich am bequemsten mithilfe komplexer Funktionen untersuchen (vgl. Anhang B). Mit einer komplexwertigen Auslenkung $z(t)$ und einer komplexwertigen Kraft $f_0 \mathrm{e}^{\mathrm{i}\Omega t}$ schreibt sich (7.38)

$$\ddot{z} + 2\gamma \dot{z} + \omega_0^2 z = f_0 \mathrm{e}^{\mathrm{i}\Omega t} \tag{7.39}$$

(es gilt $\mathrm{e}^{\mathrm{i}\Omega t} = \cos\Omega t + \mathrm{i}\sin\Omega t$), und wir erhalten wegen der Linearität aus einer komplexen Lösung $z(t)$ die gesuchte reelle Lösung durch den Realteil.

Mit dem Lösungsansatz

$$z(t) = A\,\mathrm{e}^{\mathrm{i}\Omega t} \tag{7.40}$$

mit einer noch unbekannten komplexen Amplitude A und $\dot{z} = \mathrm{i}\Omega z$, $\ddot{z} = -\Omega^2 z$ ergibt sich

$$\left(-\Omega^2 + 2\mathrm{i}\gamma\,\Omega + \omega_0^2\right) A\mathrm{e}^{\mathrm{i}\Omega t} = f_0 \mathrm{e}^{\mathrm{i}\Omega t} \,. \tag{7.41}$$

Wir setzen jetzt voraus, dass *nicht* gilt $\Omega = \omega_0$ und $\gamma = 0$. (Die Konstruktion einer Lösung unter diesen Resonanzbedingungen ist Gegenstand der Übungsaufgabe 7.4.)

Da Gleichung (7.41) für alle Zeiten erfüllt sein muss, folgt

$$A = \frac{f_0}{\omega_0^2 - \Omega^2 + 2\mathrm{i}\gamma\,\Omega} \tag{7.42}$$

(der Nenner ist ungleich null, da der Resonanzfall hier ausgeschlossen wurde). Wir schreiben die komplexe Amplitude A in der Polardarstellung der komplexen Zahlen (vgl. Abschnitt B.2 im Anhang)

$$A = |A|\,\mathrm{e}^{\mathrm{i}\varphi} \,, \tag{7.43}$$

und erhalten durch Bildung des Betrages (das Betragsquadrat einer komplexen Zahl z erhält man durch Multiplikation mit der komplex konjugierten Zahl: $|z|^2 = zz^*$)

$$|A|^2 = \frac{f_0}{\omega_0^2 - \Omega^2 + 2\mathrm{i}\gamma\,\Omega}\,\frac{f_0}{\omega_0^2 - \Omega^2 - 2\mathrm{i}\gamma\,\Omega} = \frac{f_0^2}{(\omega_0^2 - \Omega^2)^2 + (2\gamma\,\Omega)^2} \tag{7.44}$$

oder

$$|A| = \frac{f_0}{\sqrt{(\omega_0^2 - \Omega^2)^2 + (2\gamma\,\Omega)^2}} \,. \tag{7.45}$$

Der Phasenwinkel φ ist gegeben durch[2]

$$\varphi = -\arctan\frac{2\gamma\,\Omega}{\omega_0^2 - \Omega^2} \,. \tag{7.46}$$

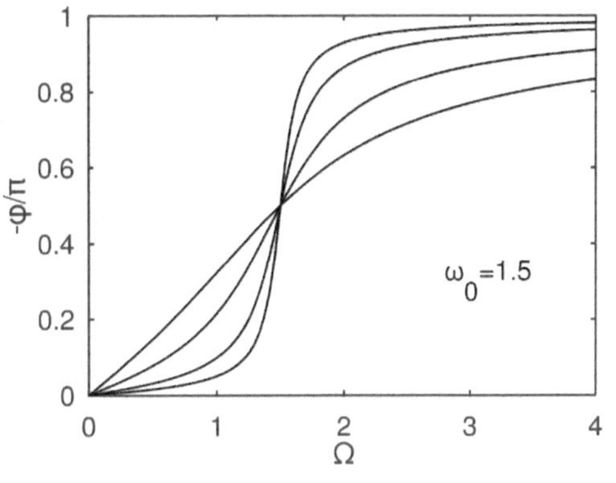

Bild 7.6: Phasenverschiebung φ der erzwungenen Schwingung in Abhängigkeit von der Antriebsfrequenz Ω für verschiedene Reibungskoeffizienten $\gamma = 0.1,\ 0.2,\ 0.5,\ 1.0$. Mit kleiner werdendem γ nähert sich φ einer Sprungfunktion, die bei $\Omega = \omega_0$ von null auf $-\pi$ springt.

Damit kennt man jetzt auch die reelle Lösung von (7.38):

$$x(t) = |A| \cos(\Omega t + \varphi)\,. \tag{7.47}$$

Diese Lösung folgt der Antriebskraft mit der gleichen Frequenz. Sie ist eine *erzwungene Schwingung*, die jedoch um eine Phase φ verschoben ist. Bild 7.6 zeigt die Frequenzabhängigkeit von φ [vgl. Gl. (7.46)]. Für niedrige Antriebsfrequenzen folgt die Schwingung fast synchron dem Antrieb. Mit wachsendem Ω bleibt $x(t)$ mehr und mehr hinter $f(t)$ zurück, bis wir schließlich im Limit hoher Frequenzen eine Phasenverschiebung von $-\pi$ haben, d.h. Antrieb und Schwingung sind gegenphasig. Für $\Omega = \omega_0$ ist die Phasenverschiebung genau $-\pi/2$.

Von Bedeutung ist weiterhin die Frequenzabhängigkeit der Amplitude $|A|$ der Schwingung. Wir beobachten ein interessantes und wichtiges Phänomen: $|A|$ zeigt ein Resonanzverhalten, d.h. ein Maximum als Funktion von Ω, das mit kleiner werdendem Reibungskoeffizienten γ immer ausgeprägter wird. Durch eine einfache Rechnung findet man die Position des Maximums bei der Resonanzfrequenz

$$\Omega_{\mathrm{R}} = \sqrt{\omega_0^2 - 2\gamma^2} \quad \text{für} \quad 2\gamma^2 \leq \omega_0^2\,, \tag{7.48}$$

[2] Das sieht man sofort, wenn man sich klarmacht, dass der Phasenwinkel von z gleich dem negativen Phasenwinkel von $1/z$ ist, d.h. hier $\varphi = -\arctan(\mathrm{Im}\,A/\mathrm{Real}\,A)$.

die zu niedrigeren Frequenzen verschoben ist, sowohl im Vergleich zu der Eigenfrequenz ω_0 als auch zur Frequenz ω der gedämpften Schwingung [vgl. Gleichung (7.25)]. Mit wachsender Reibung strebt Ω_R gegen Null, und für $2\gamma^2 \geq \omega_0^2$ findet man keine Resonanzfrequenz mehr.

Die Resonanzamplitude hat den Wert

$$|A|_\mathrm{R} = \frac{f_0}{2\gamma\sqrt{\omega_0^2 - \gamma^2}} = \frac{f_0}{2\gamma\omega} \tag{7.49}$$

mit ω aus Gleichung (7.25) und wird für schwache Dämpfung sehr groß. Eine Resonanzkurve ist in Abb. 7.7 dargestellt.

Zum Abschluss wollen wir noch die allgemeine Lösung der Differentialgleichung (7.38) diskutieren. Wie oben erläutert, ist die allgemeine Lösung eine Superposition einer speziellen Lösung der inhomogenen Differentialgleichung und der allgemeinen Lösung der homogenen Differentialgleichung. Mit (7.47) und (7.26) findet man zum Beispiel im Schwingfall

$$x(t) = |A|\cos(\Omega t + \varphi) + \mathrm{e}^{-\gamma t}\left(c_+\mathrm{e}^{+\mathrm{i}\omega t} + c_-\mathrm{e}^{-\mathrm{i}\omega t}\right) \tag{7.50}$$

und entsprechendes in den anderen Fällen. Wegen des Terms $\mathrm{e}^{-\gamma t}$ nimmt der Anteil der freien Lösung für nicht verschwindende Dämpfung ab. *Jede* Lösung nähert sich der erzwungenen Schwingung (7.47) und ist nach einem Einschwingvorgang praktisch nicht mehr davon zu unterscheiden. Man nennt eine solche

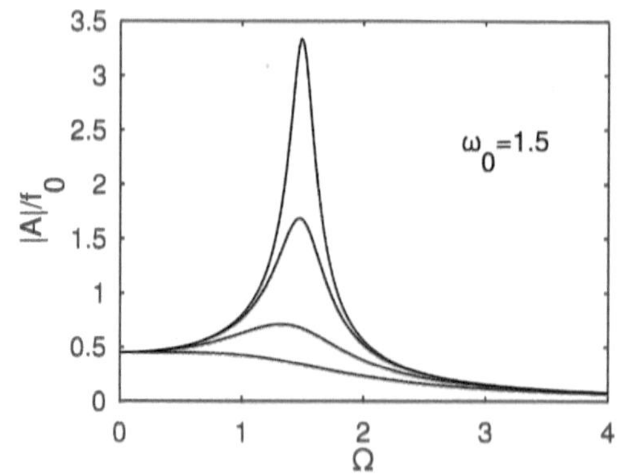

Bild 7.7: Amplitude $|A|/f_0$ der erzwungenen Schwingung in Abhängigkeit von der Antriebsfrequenz Ω für verschiedene Reibungskoeffizienten $\gamma = 0.1,\ 0.2,\ 0.5,\ 1.0$. Mit kleiner werdendem γ entwickelt $|A|$ eine ausgeprägte Spitze bei $\Omega \approx \omega_0$.

Schwingung, in die alle (oder viele) andere Bahnen im Langzeitlimit einmünden, einen *Grenzzyklus*. Bild 7.8 illustriert ein solches Verhalten im Phasenraum.

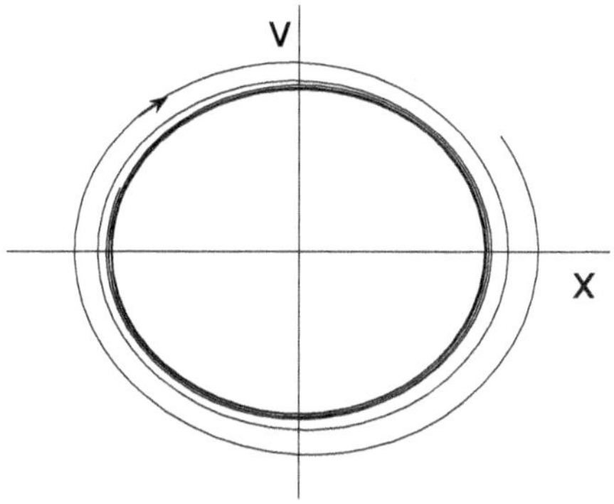

Bild 7.8: Einmünden einer Schwingung des angetriebenen harmonischen Oszillators in den Grenzzyklus.

7.1.3 Energiebilanz

Die Energie der Schwingung ist die Summe der kinetischen Energie $E_{\text{kin}} = m\dot{x}^2/2$ und der potentiellen Energie E_{pot}, das heißt die geleistete Arbeit bei einer Verschiebung von $x_0 = 0$ nach x bei einer Kraft $F = kx$, also

$$E_{\text{pot}}(x) = \int_0^x \mathrm{d}x'\, kx' = \frac{k}{2}x^2\,. \tag{7.51}$$

Hier ist durch die Wahl $x_0 = 0$ der Nullpunkt der potentiellen Energie fixiert worden, d.h. $E_{\text{pot}}(0) = 0$. Die Gesamtenergie

$$E = E_{\text{kin}} + E_{\text{pot}} = \frac{m}{2}\dot{x}^2 + \frac{k}{2}x^2 \tag{7.52}$$

(mit $k = m\omega_0^2$) einer angetriebenen Schwingung mit Reibung bleibt nicht erhalten; es wird Energie aus der anregenden Kraft aufgenommen und über den Reibungsterm abgegeben. Die zeitliche Änderung der Gesamtenergie erhält man durch Differentiation von (7.52) nach der Zeit:

$$\dot{E} = m\dot{x}\ddot{x} + kx\dot{x} = (m\ddot{x} + kx)\dot{x} = mf_(t)\dot{x} - 2m\gamma\dot{x}^2 \tag{7.53}$$

nach Einsetzen der Bewegungsgleichung (7.7). Der erste Term beschreibt hier die Änderung der Energie durch die wirkende Kraft, der zweite die durch die Reibung abgeführte Energie.

Nach dem Einschwingvorgang ist die Bewegung periodisch mit Periode $T = 2\pi/\Omega$. Die Energie (7.52) muss also ebenfalls periodisch sein, und die pro Periode zugeführte und abgeführte Energie müssen sich ausgleichen:

$$\begin{aligned} \Delta E_{\text{Reib}} &= \int_0^T \mathrm{d}t\, 2m\gamma\dot{x}^2 \\ &= \int_0^T \mathrm{d}t\, F_0(t)\dot{x} = \Delta E_{\text{Kraft}} = \Delta E\,. \end{aligned} \tag{7.54}$$

Berechnet man die mittlere *Leistung*, d.h. die umgewandelte Energie pro Periode $P = \Delta E/T$ für den Grenzzyklus (7.47), so erhält man

$$\begin{aligned} P &= \frac{2m\gamma}{T}\int_0^T \mathrm{d}t\,\dot{x}^2 = \frac{2m\gamma\,\Omega^2}{T}\int_0^T \mathrm{d}t|A|^2\sin^2(\Omega t+\varphi) \\ &= \frac{2m\gamma\,\Omega^2}{T}|A|^2\frac{T}{2} = m\gamma\,\Omega^2|A|^2 = \frac{m\gamma\,\Omega^2 f_0^2}{(\omega_0^2-\Omega^2)^2+(2\gamma\,\Omega)^2} \end{aligned} \tag{7.55}$$

(zur Integration benutzt man einfach, dass der $\sin^2$ im Mittel den Wert 1/2 hat). Die Leistungskurve $P(\Omega)$ zeigt wieder ein Resonanzverhalten. Berechnet man die Position des Maximums der Leistungskurve, so ergibt sich

$$\Omega_{\max} = \omega_0 \quad \text{und} \quad P_{\max} = \frac{mf_0^2}{4\gamma}\,. \tag{7.56}$$

Die maximale Leistung $P_{\max}$ wird also exakt bei der eingeprägten Frequenz ω_0 aufgenommen, unabhängig von der Dämpfung γ, im Kontrast zu der Resonanz-Schwingungsamplitude, deren Resonanzmaximum γ-abhängig ist.

7.1.4 Dynamik im Phasenraum*

Es ist eine gute Übung für den Umgang mit Matrizen, wenn wir den harmonischen Oszillator $\ddot{x} + 2\gamma\dot{x} + \omega_0^2 x = 0$ noch einmal in der Matrixdarstellung behandeln. Wir unterstellen dabei den Schwingfall $\gamma < \omega_0$. Die A-Matrix aus (6.29) lautet dann

$$A = \begin{pmatrix} 0 & 1 \\ -\omega_0^2 & -2\gamma \end{pmatrix}. \tag{7.57}$$

Wir folgen jetzt der in Abschnitt 6.2 vorgezeichneten Route und berechnen die Zeitentwickungsmatrix

$$U(t) = \mathrm{e}^{At} \tag{7.58}$$

von einer Anfangszeit $t_0 = 0$ bis zur Zeit t. Zur Berechnung der Exponentialfunktion der Matrix A benutzen wir die Methode aus Abschnitt (5.4.2), d.h. wir bestimmen Eigenwerte und Eigenvektoren von A und damit die Matrix Q, die A auf die Diagonalform A_{diag} bringt.

Zunächst erhalten wir die Eigenwerte λ von A mit

$$\begin{vmatrix} -\lambda & 1 \\ -\omega_0^2 & -2\gamma - \lambda \end{vmatrix} = \lambda(2\gamma + \lambda) + \omega_0^2 = \lambda^2 + 2\gamma\lambda + \omega_0^2 \stackrel{!}{=} 0 \tag{7.59}$$

als

$$\lambda_\pm = -\gamma \pm \mathrm{i}\omega \text{ mit } \qquad \omega = \sqrt{\omega_0^2 - \gamma^2}\,. \tag{7.60}$$

Man rechnet nach, dass gilt

$$|\lambda_\pm| = \omega_0 \quad \text{und} \qquad \lambda_\pm = \omega_0\,\mathrm{e}^{\mathrm{i}(\pi \mp \varphi)} \quad \text{mit} \qquad \sin\varphi = \omega/\omega_0\,. \tag{7.61}$$

Das Bild 7.9 zeigt die Positionen der beiden Eigenwerte in der komplexen Ebene.

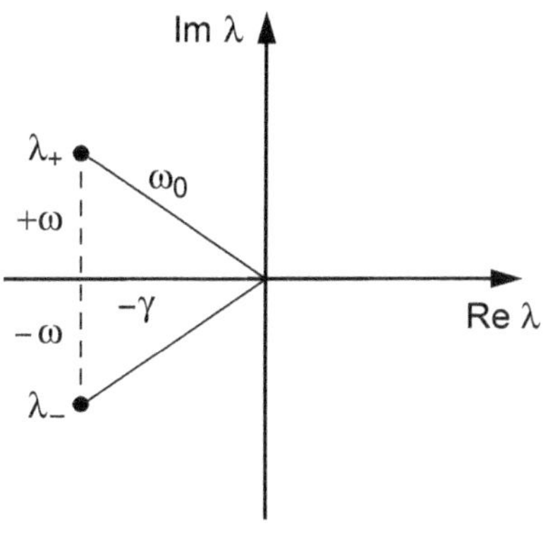

Bild 7.9: Eigenwerte $\lambda_\pm$ für den gedämpften harmonischen Oszillator.

Die zugehörigen (hier nicht normierten) Eigenvektoren bilden die Spalten der Q-Matrix [vgl. (5.121)]:

$$Q = \begin{pmatrix} 1 & 1 \\ \lambda_+ & \lambda_- \end{pmatrix} \tag{7.62}$$

mit $\det Q = \lambda_-\lambda_+ = -2\omega\,\mathrm{i}$ und der Inversen (vgl. Aufgabe 5.4)

$$Q^{-1} = \frac{\mathrm{i}}{2\omega} \begin{pmatrix} \lambda_- & -1 \\ -\lambda_+ & +1 \end{pmatrix} . \tag{7.63}$$

Damit sind wir praktisch fertig und müssen nur noch nach (5.145) mit

$$U(t) = \mathrm{e}^{At} = Q\,\mathrm{e}^{A_{\mathrm{diag}}t}\,Q^{-1} \tag{7.64}$$

die Propagationsmatrix $U(t)$ berechnen. Das liefert in unserem Fall

$$\begin{aligned} U(t) &= \frac{\mathrm{i}}{2\omega} \begin{pmatrix} 1 & 1 \\ \lambda_+ & \lambda_- \end{pmatrix} \begin{pmatrix} \mathrm{e}^{\lambda_+ t} & 0 \\ 0 & \mathrm{e}^{\lambda_- t} \end{pmatrix} \begin{pmatrix} \lambda_- & -1 \\ -\lambda_+ & +1 \end{pmatrix} \\ &= \frac{\mathrm{i}}{2\omega} \begin{pmatrix} \mathrm{e}^{\lambda_+ t} & \mathrm{e}^{\lambda_- t} \\ \lambda_+\mathrm{e}^{\lambda_+ t} & \lambda_-\mathrm{e}^{\lambda_- t} \end{pmatrix} \begin{pmatrix} \lambda_- & -1 \\ -\lambda_+ & +1 \end{pmatrix} \\ &= \frac{\mathrm{i}}{2\omega} \begin{pmatrix} \lambda_-\mathrm{e}^{\lambda_+ t} - \lambda_+\mathrm{e}^{\lambda_- t} & -\mathrm{e}^{\lambda_+ t} + \mathrm{e}^{\lambda_- t} \\ \lambda_+\lambda_-\mathrm{e}^{\lambda_+ t} - \lambda_+\lambda_-\mathrm{e}^{\lambda_- t} & -\lambda_+\mathrm{e}^{\lambda_+ t} + \lambda_-\mathrm{e}^{\lambda_- t} \end{pmatrix} . \end{aligned} \tag{7.65}$$

Einsetzen der Eigenwerte $\lambda_\pm$ und Vereinfachen mithilfe der Euler-Formel führt dann auf das Endresultat

$$U(t) = \frac{\mathrm{e}^{-\gamma t}}{\omega} \begin{pmatrix} \omega_0 \sin(\omega t + \varphi) & \sin\omega t \\ -\omega_0^2 \sin\omega t & -\omega_0 \sin(\omega t - \varphi) \end{pmatrix} . \tag{7.66}$$

Man prüft sofort nach, dass $U(0)$ die Einheitsmatrix ist. Die allgemeine Lösung lautet damit

$$\begin{pmatrix} x(t) \\ v(t) \end{pmatrix} = \frac{\mathrm{e}^{-\gamma t}}{\omega} \begin{pmatrix} \omega_0 \sin(\omega t + \varphi) & \sin\omega t \\ -\omega_0^2 \sin\omega t & -\omega_0 \sin(\omega t - \varphi) \end{pmatrix} \begin{pmatrix} x(0) \\ v(0) \end{pmatrix} . \tag{7.67}$$

Zur Kontrolle kann man noch überprüfen, dass dies für den Fall $x(0) = 0$, $v(0) = v_0$ in der Tat mit der oben angegebenen Lösung (7.29) übereinstimmt.

7.2 Gekoppelte Schwingungen

Gekoppelte lineare Schwingungen treten in vielen Bereichen der Physik auf. Einfache Beispiele sind zwei (oder mehrere) Massen, die durch Federn gekoppelt sind, gekoppelte Pendel oder die Schwingungen von Molekülen. Man sollte sich allerdings klarmachen, dass es sich dabei meist um starke Idealisierungen eines realen Systems handelt bei einer Linearisierung der Bewegungsgleichungen für den Grenzfall kleiner Ausschläge. In jedem Fall ist eine Kenntnis der Dynamik gekoppelter linearer Systeme eine unverzichtbare Voraussetzung für ein Verständnis der Bewegung eines typischen Systems mit seiner wesentlich komplizierteren Dynamik.

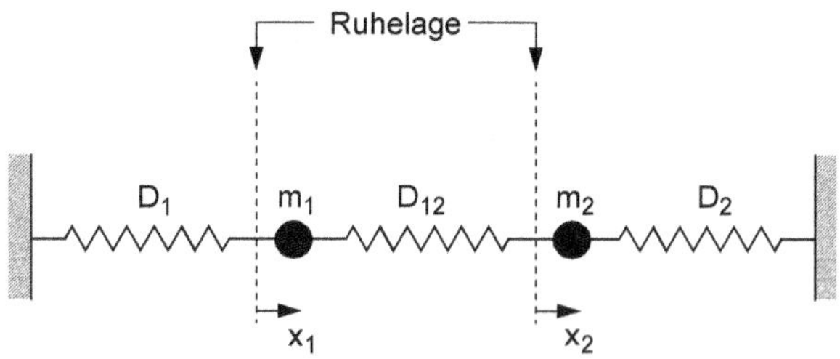

Bild 7.10: Gekoppelte Schwingungen: Zwei Massen m_1, m_2 sind mit drei Federn (Federkonstante D_{12} bzw. D_1 und D_2) miteinander und mit festen Wänden gekoppelt.

Ein einfaches Beispiel ist das System zweier gekoppelter Federn, das im Bild 7.10 dargestellt ist. Die Massen m_1 und m_2 sind mit drei Federn mit Federkonstanten D_1, D_2 und D_{12} gekoppelt. Die Bewegungsgleichungen für die Auslenkungen x_1 und x_2 aus der Ruhelage sind gegeben durch

$$m_1\,\ddot{x}_1 = -(D_1 + D_{12})\,x_1 + D_{12}\,x_2 \tag{7.68}$$

$$m_2\,\ddot{x}_2 = +D_{12}\,x_1 - (D_2 + D_{12})\,x_2 \tag{7.69}$$

oder, in Matrixform geschrieben, (siehe Kapitel 5):

$$\begin{pmatrix} m_1 & 0 \\ 0 & m_2 \end{pmatrix}\begin{pmatrix} \ddot{x}_1 \\ \ddot{x}_2 \end{pmatrix} + \begin{pmatrix} D_1 + D_{12} & -D_{12} \\ -D_{12} & D_2 + D_{12} \end{pmatrix}\begin{pmatrix} x_1 \\ x_2 \end{pmatrix} = \begin{pmatrix} 0 \\ 0 \end{pmatrix}. \tag{7.70}$$

Mit unseren inzwischen erworbenen Kenntnissen im Umgang mit Matrizen können wir diese Gleichungen allgemein lösen, sogar für den allgemeineren Fall von n Freiheitsgraden $\vec{x} = (x_1, \ldots, x_n)^t$.

Zunächst verallgemeinern wir die Differentialgleichungen (7.69) für n Freiheitsgrade als

$$m_i\ddot{x}_i + \sum_{j=1}^{n} k_{ij}\, x_j = 0 \;, \qquad i = 1, \ldots, n \;, \tag{7.71}$$

was man als Gleichungen für die Zeilen einer Matrixgleichung

$$M\,\ddot{\vec{x}} + K\,\vec{x} = \vec{0} \tag{7.72}$$

ansehen kann. Dabei ist $M = (m_{ij}) = (m_i\delta_{ij})$ die Diagonalmatrix der Massen m_i und die symmetrische Matrix $K = (k_{ij})$ enthält die Kopplungskonstanten mit $k_{ij} = k_{ji}$. Die Symmetrie der K-Matrix ist eine Konsequenz des Prinzips „Kraft gleich Gegenkraft". Die Gleichung (7.70) ist der Spezialfall für $n = 2$ mit $k_{11} = D_1 + D_{12}$, $k_{22} = D_2 + D_{12}$, und $k_{12} = -D_{12}$.

Die Lösung der Bewegungsgleichung (7.72) lässt sich übersichtlicher gestalten, wenn man die Zahl der Parameter reduziert und das System symmetrisiert. Dazu definiert man zunächst die skalierten Koordinaten

$$y_i = \sqrt{m_i}\, x_i \;, \qquad i = 1, \ldots, n \,. \tag{7.73}$$

Division von (7.71) durch $\sqrt{m_i}$ und anschließende Multiplikation der Summanden mit $1 = \sqrt{m_j}/\sqrt{m_j}$ ergibt

$$\begin{aligned}
&\sqrt{m_i}\,\ddot{x}_i + \sum_{j=1}^{n} \frac{k_{ij}}{\sqrt{m_i}}\, x_j \\
&\quad = \sqrt{m_i}\,\ddot{x}_i + \sum_{j=1}^{n} \frac{k_{ij}}{\sqrt{m_i m_j}}\, \sqrt{m_j}\, x_j = 0 \;, \quad i = 1, \ldots, n
\end{aligned} \tag{7.74}$$

und daher

$$\ddot{y}_i + \sum_{j=1}^{n} \Omega_{ij}^2\, y_j = 0 \;, \qquad i = 1, \ldots, n \tag{7.75}$$

mit der Abkürzung[3]

$$\Omega_{ij}^2 = \frac{k_{ij}}{\sqrt{m_i m_j}} = \Omega_{ji}^2 \,. \tag{7.76}$$

[3] In Gleichung (7.76) kann man Ω_{ij}^2 als Quadrat einer Zahl Ω_{ij} ansehen, aber es soll betont werden, dass die Matrix Ω^2 in (7.77) *nicht* das Quadrat einer Matrix Ω mit diesen Matrixelementen Ω_{ij} ist.

Das System (7.75) kann man wieder in Matrixform umschreiben als

$$E\,\ddot{\vec{y}} + \Omega^2\,\vec{y} = \vec{0} \tag{7.77}$$

mit der Einheitsmatrix E und der Matrix Ω^2, definiert durch die Matrixelemente Ω^2_{ij} in (7.76).

Der Lösungsansatz

$$\vec{y} = \mathrm{e}^{\,\mathrm{i}\omega t}\vec{a} \tag{7.78}$$

– mit einem zeitunabhängigen Vektor $\vec{a}$ und einer zunächst noch unbekannten Frequenz ω – liefert durch Einsetzen in (7.77)

$$\left(\Omega^2 - \omega^2 E\right)\vec{y} = \left(\Omega^2 - \omega^2 E\right)\vec{a}\,\mathrm{e}^{\,\mathrm{i}\omega t} = \vec{0} \tag{7.79}$$

oder als Eigenvektorgleichung

$$\Omega^2\vec{a} = \omega^2\vec{a}\,. \tag{7.80}$$

Damit diese Gleichung für $\vec{a} \neq \vec{0}$ erfüllt ist, muss gelten

$$\left(\Omega^2 - \omega^2 E\right)\vec{a} = \vec{0}\,. \tag{7.81}$$

Diese Gleichung hat eine eindeutige Lösung, falls die Determinante der Koeffizientenmatrix ungleich null ist. Diese eindeutige Lösung wäre dann $\vec{a} = \vec{0}$ und damit uninteressant. Wir müssen also fordern, dass die Determinante verschwindet [vgl. (5.48)]:

$$\left|\Omega^2 - \omega^2 E\right| = 0\,. \tag{7.82}$$

Diese *charakteristische Gleichung* (7.82) liefert als Lösungen die Eigenwerte $\omega_1^2, \ldots, \omega_n^2$ und – aus (7.81) – die Eigenvektoren $\vec{a}^{\,(j)}$. Damit kennt man die so genannten

Eigenfrequenzen $\omega_1, \ldots, \omega_n$ und *Normalkoordinaten* $\vec{a}^{\,(1)}, \ldots, \vec{a}^{\,(n)}$.

Wir kennen aus den früheren Überlegungen in Abschnitt 5.2.2 schon die folgenden Eigenschaften dieser Eigenlösungen:

(a) Wegen der Symmetrie der Ω^2-Matrix sind die Eigenwerte reell.

(b) Die Eigenvektoren können reell gewählt werden, denn mit $\vec{a}$ ist auch der komplex konjugierte Vektor $\vec{a}^{\,*}$ Eigenvektor zum gleichen Eigenwert und damit auch der reelle Vektor $\vec{a} + \vec{a}^{\,*}$.

(c) Die Normalkoordinaten stehen paarweise senkrecht aufeinander. Es ist außerdem üblich, sie auf Betrag eins zu normieren. Es gilt dann

$$\vec{a}^{(i)} \cdot \vec{a}^{(j)} = \delta_{ij} \, . \tag{7.83}$$

Man bezeichnet die Eigenlösungen

$$\vec{y}_{\pm}^{(j)}(t) = \vec{a}^{(j)} \, \mathrm{e}^{\pm \mathrm{i}\omega_j t} \tag{7.84}$$

als *Normalschwingungen.* Mit $\vec{y}_{\pm}^{(j)}(t) = \vec{y}_c^{(j)}(t) \pm \mathrm{i}\vec{y}_s^{(j)}(t)$ lassen sich auch als

$$\vec{y}_s^{(j)}(t) = \vec{a}^{(j)} \sin(\omega_j t) \quad , \quad \vec{y}_c^{(j)}(t) = \vec{a}^{(j)} \cos(\omega_j t) \tag{7.85}$$

angeben.

Die allgemeine Lösung des Differentialgleichungssystems (7.75) erhält man dann als

$$\begin{aligned} \vec{y}(t) &= \sum_{j=1}^{n} \left(c_+^{(j)} \, \vec{y}_+^{(j)}(t) + c_-^{(j)} \, \vec{y}_-^{(j)}(t) \right) \\ &= \sum_{j=1}^{n} \left(c_s^{(j)} \vec{y}_s^{(j)}(t) + c_c^{(j)} \vec{y}_c^{(j)}(t) \right) , \end{aligned} \tag{7.86}$$

also als Linearkombination der Normalschwingungen. Damit kennt man dann auch die Lösungen der ursprünglichen Gleichungen (7.71).

Ein Beispiel: Wir wollen jetzt ein Beispiel behandeln und dadurch die theoretischen Überlegungen etwas anschaulicher machen.

Wir betrachten dazu zwei gleiche Massen $m_1 = m_2 = m$, die untereinander durch eine Feder mit Federkonstante $D_{12} = d$ verbunden sind. Zusätzlich ist jede Masse durch eine weitere Feder (Federkonstante $D_1 = D_2 = D$) mit einer festen Wand verbunden. Bild 7.11 stellt diesen Spezialfall von Bild 7.10 noch einmal dar.

Mit der Transformation (7.73) – $y_1 = \sqrt{m}\, x_1$, $y_2 = \sqrt{m}\, x_2$, – erhalten wir die Differentialgleichungen (7.75) als

$$\begin{aligned} \ddot{y}_1 + \frac{D+d}{m} y_1 - \frac{d}{m} y_2 &= 0 \\ \ddot{y}_2 - \frac{d}{m} y_1 + \frac{D+d}{m} y_2 &= 0 \end{aligned} \tag{7.87}$$

oder in Matrixform

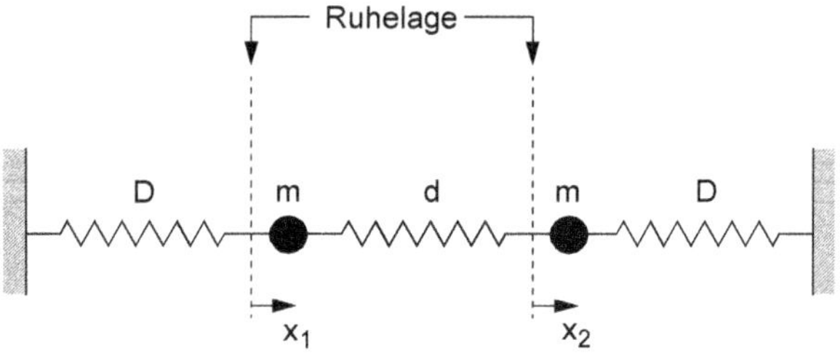

Bild 7.11: Gekoppelte Schwingungen: Zwei gleiche Massen m sind mit einer Feder (Federkonstante d) gekoppelt und jeweils mit einer Feder (Federkonstante D) mit einer festen Wand verbunden.

$$\begin{pmatrix} \ddot{y}_1 \\ \ddot{y}_2 \end{pmatrix} + \begin{pmatrix} \frac{D+d}{m} & -\frac{d}{m} \\ -\frac{d}{m} & \frac{D+d}{m} \end{pmatrix} \begin{pmatrix} y_1 \\ y_2 \end{pmatrix} = \begin{pmatrix} 0 \\ 0 \end{pmatrix} . \tag{7.88}$$

Damit ergibt sich die charakteristische Gleichung (7.82) zur Bestimmung der Eigenfrequenzen als

$$\begin{vmatrix} \frac{D+d}{m} - \omega^2 & -\frac{d}{m} \\ -\frac{d}{m} & \frac{D+d}{m} - \omega^2 \end{vmatrix} = 0 \tag{7.89}$$

oder – nach Ausrechnung der Determinante –

$$\left(\frac{D+d}{m} - \omega^2\right)^2 - \left(\frac{d}{m}\right)^2 = 0 . \tag{7.90}$$

Diese quadratische Gleichung für ω^2 hat zwei Lösungen und wir erhalten die gesuchten *Eigenfrequenzen* als

$$\omega_1 = \sqrt{\frac{D}{m}} \quad \text{und} \quad \omega_2 = \sqrt{\frac{D+2d}{m}} . \tag{7.91}$$

Zur Berechnung der *Eigenvektoren* müssen wir jetzt für jeden dieser Eigenwerte die Gleichung (7.80) lösen, also hier

$$\begin{pmatrix} \frac{D+d}{m} & -\frac{d}{m} \\ -\frac{d}{m} & \frac{D+d}{m} \end{pmatrix} \begin{pmatrix} a_1^{(1)} \\ a_2^{(1)} \end{pmatrix} = \omega_1^2 \begin{pmatrix} a_1^{(1)} \\ a_2^{(1)} \end{pmatrix} \tag{7.92}$$

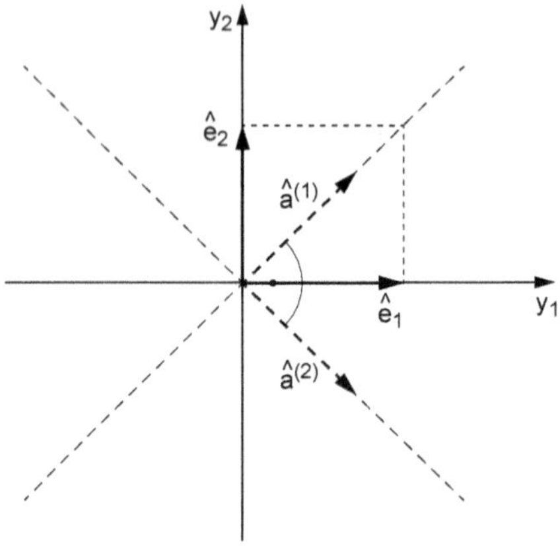

Bild 7.12: Normalkoordinaten $\vec{a}^{(i)}$ des Systems aus Bild (7.11).

sowie eine analoge Gleichungen für $\vec{a}^{(2)}$. Die beiden Gleichungen (7.92) sind linear abhängig, denn so sind ja die Eigenvektoren definiert worden. Es reicht daher aus, eine der beiden Gleichungen zu betrachten (die andere ist einfach ein Vielfaches davon), z.B. die Gleichung der ersten Zeile. Nach Einsetzen von $\omega_1^2 = D/m$ und Multiplikation mit m liefert dies:

$$(D+d)\, a_1^{(1)} - d a_2^{(1)} = D\, a_1^{(1)} \,. \tag{7.93}$$

Das ergibt $a_1^{(1)} = a_2^{(1)}$ und daher mit Normierung auf eins den Wert $1/\sqrt{2}$ für die beiden Komponenten. Entsprechend berechnet man $a_1^{(2)} = -a_2^{(2)} = 1/\sqrt{2}$. Die Eigenvektoren lauten dann

$$\vec{a}^{(1)} = \frac{1}{\sqrt{2}} \begin{pmatrix} 1 \\ 1 \end{pmatrix} \quad , \quad \vec{a}^{(2)} = \frac{1}{\sqrt{2}} \begin{pmatrix} 1 \\ -1 \end{pmatrix} . \tag{7.94}$$

Diese Normalkoordinaten stehen aufeinander senkrecht (vgl. Bild 7.12). Sie beschreiben jeweils eine gleichphasige oder eine gegenphasige Schwingung, denn die Komponenten bewegen sich gleich – für ($\vec{a}^{(1)}$) – oder entgegengesetzt gleich – für ($\vec{a}^{(2)}$) –.

Die allgemeine Lösung unserer Schwingungsgleichung lässt sich jetzt als Linearkombination der Eigenschwingungen schreiben. Dazu gibt es mehrere Möglichkeiten, je nach dem Ansatz der harmonischen Zeitabhängigkeit als trigonometrische Funktionen oder als Exponentialfunktionen. Eine Möglichkeit ist

$$\vec{x}(t) = c_1 \cos(\omega_1 t + \varphi_1)\, \vec{a}^{\,(1)} + c_2 \cos(\omega_2 t + \varphi_2)\, \vec{a}^{\,(2)}\,, \tag{7.95}$$

wobei die Faktoren c_j und die Phasen φ_j durch die Anfangsbedingungen festgelegt werden. Diese Gleichung kann man in den einzelnen Komponenten des Vektors $\vec{x}$ aufschreiben:

$$\begin{aligned} x_1(t) &= b_1 \cos(\omega_1 t + \varphi_1) + b_2 \cos(\omega_2 t + \varphi_2) \\ x_2(t) &= b_1 \cos(\omega_1 t + \varphi_1) - b_2 \cos(\omega_2 t + \varphi_2) \end{aligned} \tag{7.96}$$

mit $b_i = c_i/\sqrt{2}$.

Wenn die beiden Amplituden gleich sind, $b_1 = b_2 = b$, tauschen die beiden Schwingungsfreiheitsgrade ihre Schwingungsenergie vollständig aus. Wenn man Anfangsbedingungen $\varphi_1 = \varphi_2 = \pi/2$ wählt, so lauten die Lösungen

$$\begin{aligned} x_1(t) &= b\,(\sin\omega_1 t + \sin\omega_2 t\,) \\ x_2(t) &= b\,(\sin\omega_1 t - \sin\omega_2 t\,)\,. \end{aligned} \tag{7.97}$$

Bild (7.13) zeigt eine solche Schwingung mit $b = 1$ für den Fall zweier fast gleicher Frequenzen ($\omega_2 = 1.1\,\omega_1$). Hier beobachtet man einen interessanten Effekt, den man als *Schwebung* bezeichnet: Eine schnelle Schwingung der jeweiligen Moden überlagert von einer langsamen Oszillation der Amplitude. Man kann

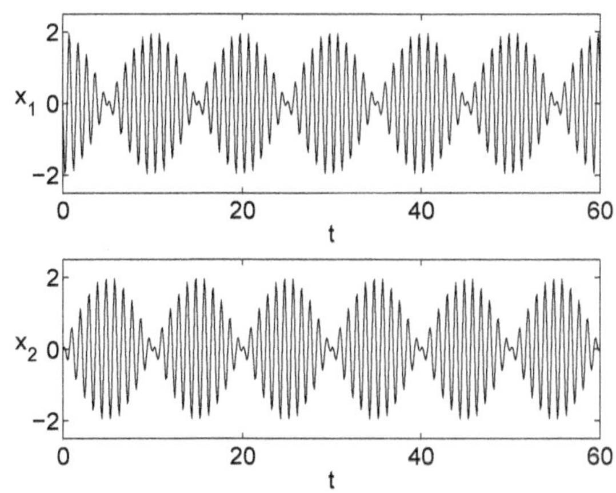

Bild 7.13: Schwebung in der gekoppelten Schwingung für zwei Frequenzen $\omega_2 = 1.1\,\omega_1$. Die Zeit t ist angegeben in Einheiten von $2\pi/\omega_1$.

das mathematisch genauer fassen, indem man die Gleichungen (7.97) mithilfe der Additionstheoreme der trigonometrischen Funktionen umschreibt als

$$
\begin{aligned}
x_1(t) &= 2b \cos\frac{\omega_1-\omega_2}{2}t \; \sin\frac{\omega_1+\omega_2}{2}t \\
x_2(t) &= 2b \sin\frac{\omega_1-\omega_2}{2}t \; \cos\frac{\omega_1+\omega_2}{2}t,.
\end{aligned}
\tag{7.98}
$$

Hier erkennt man deutlich eine schnelle Schwingung mit der mittleren Frequenz $(\omega_1+\omega_2)/2$ und eine langsame Schwingung mit der Differenzfrequenz $|\omega_1 - \omega_2|/2$.

Zum Abschluss unseres Beispiels sei noch hervorgehoben, dass in *diesem* Fall eine Rücktransformation von den Masse-skalierten y-Koordinaten auf die x-Koordinaten praktisch überflüssig war, da beide Komponenten wegen der gleichen Massen mit dem gleichen Faktor skaliert wurden. Im Allgemeinen ist das aber *nicht* so! Zum Beispiel sind dann die $\vec{y}^{(j)}$ orthogonal zueinander, nicht aber die $\vec{x}^{(j)}$.

7.3 Aufgaben

Aufgabe 7.1 (Lösung Seite 456): Zeigen Sie: Durch die Transformation $x(t) = \mathrm{e}^{-\lambda t}\, y(t)$ (mit einem geeigneten λ) lässt sich der Dämpfungsterm in der Schwingungsgleichung $\ddot{x} + 2\gamma\dot{x} + \omega_0^2 x = f(t)$ beseitigen (dabei darf die Frequenz ω_0 auch von der Zeit t abhängen).

Aufgabe 7.2 (Lösung Seite 456): Die freie, gedämpfte lineare Schwingung

$$\ddot{x} + 2\gamma\dot{x} + \omega_0^2 x = 0$$

lässt sich durch die folgende Variablentransformation vereinfachen:

$$\vec{y} = \begin{pmatrix} y_1 \\ y_2 \end{pmatrix} \quad \text{mit} \quad y_1 = \mathrm{e}^{\gamma t}\, x\,, \quad y_2 = \omega^{-1}\, \dot{y}_1\,, \quad \omega = \sqrt{\omega_0^2 - \gamma^2}\,.$$

(a) Berechnen Sie mithilfe der bekannten allgemeinen Lösung für $x(t)$ im Schwingfall die Lösung $\vec{y}(t)$ für die Anfangsbedingung $\vec{y}(t_0 = 0) = \vec{y}_0$. Zeigen Sie, dass sich $\vec{y}(t)$ schreiben lässt als

$$\vec{y}(t) = D(\omega t)\, \vec{y}_0$$

mit einer Drehmatrix D.

(b) Folgern Sie aus (a), dass $\vec{y}$ die Differentialgleichung

$$\frac{\mathrm{d}}{\mathrm{d}t}\,\vec{y} = A\,\vec{y}$$

erfüllt. Bestimmen Sie die Matrix A und ihre Eigenwerte.

Aufgabe 7.3 (Lösung Seite 457): (a) Zeigen Sie, dass die Funktion

$$x(t) = \frac{1}{\omega}\int_0^t f(\tau)\,\mathrm{e}^{-\gamma(t-\tau)}\sin\omega(t-\tau)\,\mathrm{d}\tau$$

mit $\omega^2 = \omega_0^2 - \gamma^2$ die Schwingungsgleichung $\ddot{x} + 2\gamma x + \omega_0^2 x = f(t)$ löst. Es gelte dabei $\omega_0 > \gamma$.

[Hinweis: Man beachte, dass nach der Kettenregel gilt $\frac{\mathrm{d}}{\mathrm{d}t}\int_0^t g(t,\tau)\,\mathrm{d}\tau = g(t,t) + \int_0^t \frac{\partial g}{\partial t}\,\mathrm{d}\tau$. Weiterhin ist bekannt, dass $\varphi(u) = \mathrm{e}^{-\gamma u}\sin\omega u$ die Gleichung $\varphi'' + 2\gamma\varphi' + \omega_0\varphi = 0$ löst.]

(b) Geben Sie eine Lösung für die Anfangsbedingung $x(0) = 0$ an.

Aufgabe 7.4 (Lösung Seite 458): Bestimmen Sie (evtl. unter Verwendung der Formel aus der vorangehenden Aufgabe) eine Lösung für den harmonisch getriebenen ungedämpften harmonischen Oszillator (7.39) unter Resonanzbedingungen $\Omega = \omega_0$:

$$\ddot{x} + \omega_0^2\,x = f_0\,\mathrm{e}^{\mathrm{i}\omega_0 t}\,.$$

Konstruieren Sie daraus auch eine Lösung der reellen Schwingungsgleichung

$$\ddot{x} + \omega_0^2\,x = f_0\,\cos\omega_0 t\,.$$

Aufgabe 7.5 (Lösung Seite 459): Betrachten Sie ein Modell eines linearen symmetrischen dreiatomigen Moleküls (z.B. für CO_2, das in der Form O-C-O vorliegt). Bezeichnet man mit r_1, r_2 und r_3 die Lagekoordinaten der Atome und mit m bzw. M die Massen von O bzw. C, so lauten die Bewegungsgleichungen

$$\begin{aligned}
m\ddot{r}_1 - k(r_2 - r_1 - a) \qquad\qquad\qquad &= 0\\
M\ddot{r}_2 + k(r_2 - r_1 - a) - k(r_3 - r_2 - a) &= 0\\
m\ddot{r}_3 + k(r_3 - r_2 - a) \qquad\qquad\qquad &= 0
\end{aligned}$$

(a) Zeigen Sie mithilfe der Bewegungsgleichungen, dass sich der Schwerpunkt mit konstanter Geschwindigkeit bewegt.

(b) Führen Sie $x_1 = r_1 + a$, $x_2 = r_2$, $x_3 = r_3 - a$ als neue Koordinaten ein und bestimmen Sie die Eigenfrequenzen.

(c) Berechnen Sie das Frequenzverhältnis der beiden Schwingungsmoden für den speziellen Fall eines CO_2-Moleküls.

Kapitel 8

Nichtlineare Dynamik und Chaos

In diesem Kapitel soll eine Einführung in das Zeitverhalten (die *Dynamik*) nichtlinearer Systeme gegeben werden. Solche Systeme zeigen eine Vielfalt von neuen und überraschenden Phänomenen, von denen einige (wenige!) hier vorgestellt werden. Es soll betont werden, dass solche Systeme nicht etwa selten sind, sondern im Gegenteil den Regelfall darstellen. Ihr Verständnis ist nur - wegen der Komplexität ihres Verhaltens - wesentlich schwieriger. Unterstützt durch Computersimulationen und, insbesondere, den damit verbundenen grafischen Darstellungsmöglichkeiten war in den letzten Jahrzehnten ein Durchbruch möglich.

Da sich die Untersuchung nichtlinearer Dynamik auf numerische Berechnungen stützt, gibt der nächste Abschnitt eine Einführung in die numerische Behandlung von Differentialgleichungen.

8.1 Numerische Lösung von Differentialgleichungen

Eine Grundaufgabe der Mechanik ist es, bei bekannter Kraft, die auf einen Massepunkt wirkt und gegebenen Anfangsbedingungen (Ort x_0 und Geschwindigkeit v_0 zu einer Zeit t_0) die Bahn $x(t)$ für alle zukünftigen Zeiten zu ermitteln (wir beschränken uns vorerst auf einen einzigen Freiheitsgrad). Dazu muss man eine Lösung der Bewegungsgleichungen bestimmen.

Wir haben anhand der linearen Schwingungen gelernt, wie man eine allgemeine Lösung der Bewegungsgleichung

$$m\ddot{x} = F(x,t) \quad \text{oder} \quad \ddot{x} = f(x,t) \tag{8.1}$$

(mit $f(x,t) = F(x,t)/m$) für $f(x,t) = f_0(t) + f_1(t)x$ konstruieren kann, d.h. es konnte explizit eine Funktion $x(t)$ angegeben werden, mit deren Hilfe man jede Lösung für vorgegebene Anfangsbedingungen ausdrücken konnte.

Leider ist das ein zwar wichtiger, aber doch untypischer Fall. Die meisten Differentialgleichungen sind nichtlinear und lassen eine solche analytische Lösung in der Regel *nicht* zu. Als Alternative bleibt dann nur eine numerische Lösung. Im Gegensatz zu einer analytischen Lösung wird dabei nicht nach einem geschlossenen Ausdruck für die Funktion $x(t)$ gesucht, die ausgehend von einer Anfangsbedingung das Verhalten des Massepunktes zu jedem zukünftigen Zeitpunkt beschreibt, sondern man versucht, die Lösung $x(t_i)$ zu einzelnen Zeitpunkten t_i aus den jeweils vorhergehenden approximativ zu ermitteln.

Der wesentliche Vorteil eines solchen Vorgehens liegt darin, dass man sich in der Regel relativ einfacher mathematischer Mittel bedienen kann, um auch kompliziertere Probleme zu behandeln. Der Nachteil besteht – neben der Fehlerfortpflanzung von einem Zeitschritt zum folgenden – in dem hohen Rechenaufwand. Aus diesem Grund hat die Numerik mit der Entwicklung leistungsfähiger Computer an Bedeutung gewonnen. Heute sind numerische Methoden in fast allen Gebieten der Physik etabliert.

Es soll hier ein erster Eindruck von der Konstruktion einer solchen numerischen Lösung vermittelt werden. Später wird dann mit einer numerischen Methode die Lösung der Bewegungsgleichung einer nichtlinearen Schwingung untersucht, wobei erste Einblicke in das Gebiet chaotischer Dynamik möglich sind.

Zunächst rufen wir uns in Erinnerung, dass man mithilfe der Geschwindigkeit $v = \dot{x}$ die Bewegungsgleichung (8.1) schreiben kann als

$$\dot{x} = v \quad , \quad \dot{v} = f(x,t)\,, \tag{8.2}$$

also als zwei gekoppelte Bewegungsgleichungen erster Ordnung im Phasenraum. Wir wollen zuerst eine einzelne Differentialgleichung erster Ordnung

$$\dot{x} = v(x,t)\,, \tag{8.3}$$

numerisch lösen. Dazu nehmen wir an, dass die auf der rechten Seite der Gleichung auftretende Funktion $v(x,t)$ bekannt ist. Als erster Schritt wird die Zeit t diskretisiert: Wir betrachten t nur zu den äquidistanten Zeitpunkten

$$t_i = t_0 + i\Delta t\,; \quad i = 0, 1, 2, \ldots \tag{8.4}$$

im Abstand Δt und suchen die Lösungsfunktion an den Stellen $x_i = x(t_i)$. Jetzt approximieren wir die Ableitung $\dot{x}$ durch den Differenzenquotienten

$$\dot{x} = \frac{\mathrm{d}x}{\mathrm{d}t} \approx \frac{\Delta x}{\Delta t} = \frac{x_{i+1} - x_i}{\Delta t}\,, \tag{8.5}$$

wobei wir wegen der Definition der Ableitung als $\Delta t \to 0$ hoffen, dass dies für hinreichend kleines Δt eine gute Näherung für die Geschwindigkeit im Intervall Δt darstellt. Einsetzen in die Differentialgleichung (8.3) ergibt

$$\frac{x_{i+1} - x_i}{\Delta t} = v(x,t)\,. \tag{8.6}$$

Dabei ist zunächst noch offen, *welche* Werte von x und t auf der rechten Seite eingesetzt werden sollen, denn im Rahmen der Diskretisierung sind zunächst alle Werte in dem Zeitintervall $t_i \le t \le t_{i+1}$ und dem x-Intervall zwischen x_i und x_{i+1} möglich. Wir lösen (8.6) nach x_{i+1} auf und erhalten

$$x_{i+1} = x_i + v(x,t)\Delta t\,. \tag{8.7}$$

Eine sehr plausible Wahl ist es jetzt, als Argument der Funktion $v(x,t)$ die Anfangswerte im Intervall, x_i und t_i, zu wählen:

$$x_{i+1} = x_i + v(x_i,t_i)\Delta t\,; \quad i = 0,1,2,\ldots\,. \tag{8.8}$$

Damit haben wir unser erstes Verfahren zur numerischen Lösung der Differentialgleichung fertig gestellt. Wir können jetzt bei vorgegebenem Wert von x_0 und t_0 diese Gleichung immer wieder anwenden und damit nacheinander die gesuchten Werte x_1, x_2, x_3, ... berechnen.

Will man dieses Vorgehen auf den Fall zweier gekoppelter Gleichungen wie in (8.2) verallgemeinern, geht man für $\dot{v} = f(x,t)$ analog vor und erhält

$$v_{i+1} = v_i + f(x_i,t_i)\Delta t\,, \quad i = 0,1,2,\ldots\,. \tag{8.9}$$

mit $v_i = v(x_i,t_i)$. Damit werden die gekoppelten Gleichungen numerisch durch

$$\begin{array}{l} x_{i+1} = x_i + v_i\,\Delta t \\ v_{i+1} = v_i + f(x_i,t_i)\,\Delta t \end{array}\,, \quad i = 0,1,2,\ldots \tag{8.10}$$

„gelöst“. Dabei ergeben sich nach jedem Zeitschritt die neue Position x_{i+1} und die neue Geschwindigkeit v_{i+1}. Diese Schritte werden dann für den folgenden Zeitschritt wiederholt und man erhält sukzessive die (approximativen) Bahnpunkte. Dieses Verfahren nennt man *Euler-Verfahren.*

Das Euler-Verfahren hat allerdings große Nachteile. Es ist zwar einfach zu verstehen und anzuwenden, aber die Qualität der Resultate ist meist schlecht, und man muss in der Praxis sehr kleine Zeitschritte Δt verwenden, also viele Rechenschritte ausführen, um bis zu größeren Zeiten zu propagieren. Hier hilft ein Trick: Durch die Wahl von x und t in (8.7) als x_i und t_i unterstellen wir während des gesamten Zeitintervalls von t_i bis t_{i+1} den gleichen Wert von v, und zwar den vom Anfang des Intervalls. Viel vernünftiger wäre es, die Daten von der Intervallmitte zu benutzten, also bei $t_{i+1/2} = t_i + \Delta t/2$. Den Wert $x_{i+1/2} = x(t_{i+1/2})$ kennt man jedoch noch nicht und muss ihn zusätzlich berechnen. Dazu schreibt man zunächst

$$\begin{aligned} x_{i+1/2} &= x_{i-1/2} + v(x_i, t_i)\,\Delta t \\ x_{i+1} &= x_i + v(x_{i+1/2}, t_{i+1/2})\,\Delta t \end{aligned} \quad , \quad i = 0, 1, 2, \ldots \,, \tag{8.11}$$

und iteriert abwechselnd diese beiden Gleichungen, beginnend mit den Werten x_0 und $x_{-1/2} = x_0 - v(x_0, t_0)\Delta t/2$.

Eine Verallgemeinerung auf unsere beiden gekoppelten Gleichungen (8.2) ist nicht wesentlich komplizierter als (8.10)

$$\begin{aligned} x_{i+1/2} &= x_{i-1/2} + v_i\,\Delta t \\ v_{i+1} &= v_i + f(x_{i+1/2}, t_{i+1/2})\,\Delta t \end{aligned} \quad , \quad i = 0, 1, 2, \ldots \tag{8.12}$$

Dieses so genannte *Halbschritt-* (oder engl. *Leapfrog-*) *Verfahren* ist bequem und liefert gute Resultate.

Andere gängige numerische Verfahren zu Lösung von Differentialgleichungen wie z.B. die Runge-Kutta Methoden gehen über den Stoff dieser Einführung hinaus und werden in der Numerischen Physik eingehend behandelt.

Im nächsten Kapitel werden wir mithilfe numerischer Methoden das Verhalten von nichtlinearen Schwingungen untersuchen.

8.2 Der Duffing-Oszillator

Während die Bewegungsgleichung einer linearen Schwingung wohldefiniert ist, gibt es beliebig viele nichtlineare Funktionen und damit auch beliebig viele nichtlineare Schwingungsgleichungen. Es zeigt sich aber, dass dennoch die grundlegenden Phänomene nichtlinearer Schwingungen einigermaßen übersichtlich bleiben. Hier haben sich – zum Teil historisch bedingt – einige paradigmatische Systeme etabliert, die gut untersucht sind und modellhaft wichtige Aspekte nichtlinearer Dynamik herausstellen.

Ein typisches Modell in der Nichtlinearen Dynamik ist der *Duffing-Oszillator* mit der Bewegungsgleichung

$$\ddot{x} + 2\gamma\dot{x} + \omega_0^2 x + \beta x^3 = f_0 \cos \Omega t\,. \qquad (8.13)$$

Diese Gleichung wurde benannt nach dem deutschen Ingenieur Georg Duffing, der eine wichtige Abhandlung darüber verfasst hat.[1]

Zunächst erscheint die Differentialgleichung (8.13) vertraut, denn sie unterscheidet sich nur durch den Term βx^3 von der uns bekannten Bewegungsgleichung des angetriebenen und gedämpften linearen Oszillators. In der Tat ist sie eine direkte Verallgemeinerung dieser Gleichung, wenn man einen allgemeinen Kraftterm $g(x)$ in einer Bewegungsgleichung

$$\ddot{x} + 2\gamma\dot{x} + g(x) = f_0 \cos \Omega t \qquad (8.14)$$

für eine harmonisch angetriebene gedämpfte Schwingung durch die ersten Terme einer Taylor-Entwicklung um die Gleichgewichtslage $x_0 = 0$ approximiert:

$$g(x) \approx g'(0)x + g''(0)x^2/2 + g'''(0)x^3/6 = \omega_0^2 x + \beta x^3\,, \qquad (8.15)$$

falls $g(-x) = -g(x)$ gilt (d.h. falls $g(x)$ ungerade ist) und daher $g''(0) = 0$. Ein Beispiel einer solchen Bewegungsgleichung wäre etwa die des angetriebenen und gedämpften mathematischen Pendels (vgl. Abschnitt 4.1.3) mit $g(x) = g_0 \sin x$, wenn man hier den Auslenkungswinkel mit x bezeichnet. Dafür ergibt sich dann $g(x) \approx g_0 x - g_0 x^3/6$.

Der nichtlineare Term βx^3 in (8.13) verändert das Verhalten des Systems vollständig, und zwar nicht nur quantitativ, sondern auch *qualitativ*. Man findet Phänomene, die es bei der linearen Schwingung nicht gibt.

Eine numerische Lösungen der Bewegungsgleichung und ihre graphische Darstellung durch den Computer erlauben einen direkten Eindruck von dem komplexen dynamischen Verhalten des Duffing-Oszillators. Man sollte wenn irgend möglich die folgenden numerischen „Experimente“ mithilfe eines kleinen Computerprogramms selbst nachvollziehen.[2] Einige wichtige Beobachtungen aus einer solchen numerischen Simulation seien hier kurz beschrieben:

Zunächst vermittelt das schon bekannte Verhalten für eine lineare Schwingung mit $\beta = 0$ und $\omega_0^2 = \Omega = 1$ ein erstes Vertrauen in eine numerische Lösung:

---

[1] G. Duffing: *Erzwungene Schwingung bei veränderlicher Eigenfrequenz und ihre technische Bedeutung* (Vieweg, Braunschweig, 1918).

[2] Ein Computerprogramm „Duffing“, das dazu auch benutzt werden kann, findet man neben vielen anderen Programmen zur chaotischen Dynamik in dem Buch H. J. Korsch, H.-J. Jodl and T. Hartmann, *Chaos - A Program Collection for the PC* (Springer, 2007).

- Im kräftefreien und reibungsfreien Fall ($f_0 = \gamma = 0$) erhält man mit den Anfangsbedingungen $(x_0, v_0) = (0, 2)$ als Bahn im Phasenraum die erwartete Ellipse $(x/x_0)^2 + (v/v_0)^2 = 1$.

- Bei Einschalten einer schwachen Reibung (z.B. $2\gamma = 0.1$) nähert sich die Phasenbahn für lange Zeiten dem Fixpunkt $(x_0, v_0) = (0, 0)$ auf einer spiralförmigen Kurve.

- Mit Antrieb (z.B. $f_0 = 1$) erhält man nach einem Einschwingvorgang ein Einmünden in den Grenzzyklus [vgl. Bild 7.8 für den harmonischen Oszillator]
$$x(t) = |A| \cos(\Omega t + \varphi)\,, \tag{8.16}$$
also wiederum eine Ellipse im Phasenraum [siehe auch Gleichungen (7.19) und (7.20)].

Eine sehr nützliche Darstellung zur Untersuchung der komplizierten Dynamik nichtlinearer Systeme ist ein so genannter *stroboskopischer Poincaré-Schnitt*, bei dem die Bahn nur zu bestimmten Zeitpunkten im Takt der Erregerperiode $T = 2\pi/\Omega$ registriert wird, z.B. zu den Zeiten $t = t_n = nT$. Man erhält dann eine Folge von Punkten

$$(x_n, v_n) = \big(x(t_n), v(t_n)\big)\;, \quad n = 0,\, 1,\, 2,\, \ldots \tag{8.17}$$

im Phasenraum, und die ganze Dynamik erscheint als eine iterierte Abbildung

$$(x_n, v_n) \;\longrightarrow (x_{n+1}, v_{n+1})\,, \tag{8.18}$$

oder auch

$$\begin{aligned} x_{n+1} &= F(x_n, v_n) \\ v_{n+1} &= G(x_n, v_n)\,, \end{aligned} \tag{8.19}$$

die *Poincaré-Abbildung*, die jedem Punkt den nächsten zuordnet, wie im Bild 8.1 illustriert. Für den oben erwähnten Grenzzyklus des getriebenen harmonischen Oszillators ergibt sich bei der Poincaré-Darstellung also nur ein einziger Punkt bei $(x_n, v_n) = |A|\,(\cos\varphi, -\Omega \sin\varphi)$. Für den Duffing-Oszillator findet man Parameterwerte, für die mehrere Grenzzyklen auftreten (wie zum Beispiel $2\gamma = 0.08$, $f_0 = 0.2$, $\omega_0^2 = 0$, $\Omega = 1$). Es können auch Grenzzyklen der Periode kT existieren, bei denen ein Punkt der Folge (8.17) erst nach k Iterationen wieder an den Ausgangspunkt zurückkehrt, also (x_0, v_0), (x_1, v_1), ..., $(x_k, v_k) = (x_0, v_0)$. Je nach der Wahl der Anfangsbedingungen wird für lange Zeiten einer dieser Grenzzyklen erreicht. Der *Einzugsbereich* der verschiedenen

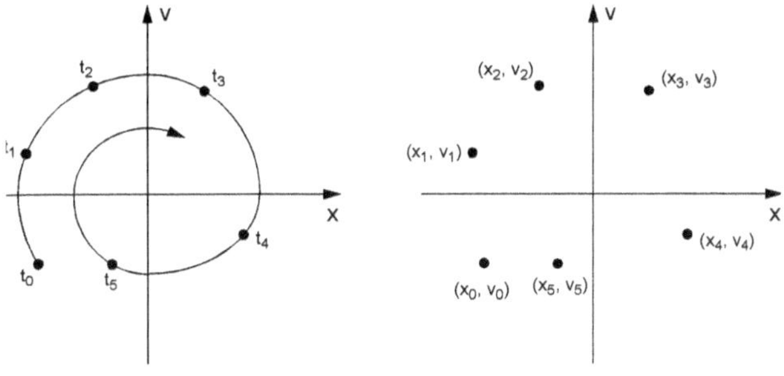

Bild 8.1: Die stroboskopische Poincaré-Abbildung registriert nur die Bahnpunkte (x_n, v_n) zu Zeitpunkten $t_n = nT$, d.h. bei ganzzahligen Vielfachen der Antriebsperiode T.

Attraktoren, d.h. die Menge aller Anfangspunkte (x_0, v_0) von Bahnen, die zu einem bestimmten Attraktor führen, hat meist eine sehr komplizierte Gestalt.

Bei der Variation eines Parameters, z.B. der Amplitude f_0 des Erregers, kann sich die Periode der Bahn eines Grenzzyklus in einer charakteristischen Weise verändern. Ein Beispiel ist der Duffing-Oszillator mit den Parametern $\omega_0^2 = -1$, $2\gamma = 0.25$, $\beta = 1$ und $\Omega = 1.4$. Hier ist zu beachten, dass der Systemparameter ω_0^2 nicht unbedingt das Quadrat einer Frequenz ω_0 sein muss. Also kann ω_0^2 auch negativ sein; dann hat der nicht-angetriebene Duffing-Oszillator ($f_0 = 0$) zwei stabile Gleichgewichtslagen bei $x = \pm(-\omega_0^2/\beta)^{1/2}$. Für einen Antrieb mit Amplitude $f_0 = 0.34$ finden wir einen Grenzzyklus mit Periode T, bei $f_0 = 0.37$ ist die Periode $2T$ und bei $f_0 = 0.39$ dann $4T$. Die beiden ersten Bahnen sind

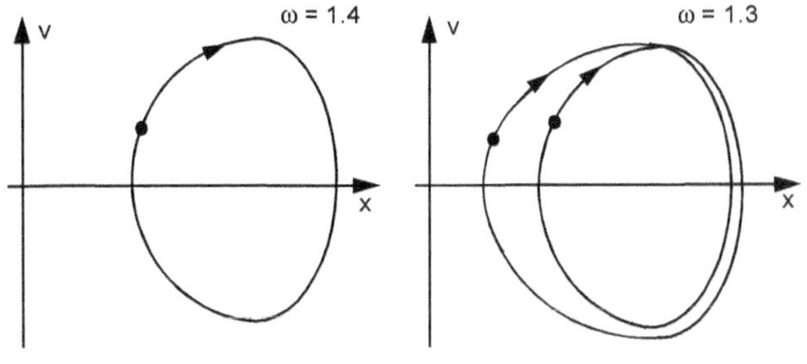

Bild 8.2: Periodenverdopplung bei Parametervariation für den Duffing-Oszillator. Die Punkte markieren die Phasenraumpunkte zu den Zeiten $t = 0, T, 2T, \ldots$.

im Bild 8.2 dargestellt. Man bezeichnet eine solche Verzweigung der Lösung als *Bifurkation.*

Das oben beschriebene Verhalten nennt man *Periodenverdopplung.* Bei einer weiteren Erhöhung der Erregeramplitude f_0 setzt sich dieses Verhalten fort, nur benötigt man für jeweils die nächste Verdopplung der Periode eine immer kleinere Erhöhung von f_0. Man kann dieses Verhalten untersuchen, indem man beispielsweise für jeden Wert von f_0 nach dem Einschwingvorgang die Auslenkung x bei dem Durchgang der Phasenbahn durch die x-Achse von oben nach unten (d.h. in Richtung negativer Werte der Geschwindigkeit v) registriert. In den im Bild 8.2 dargestellten Fällen ergibt das für das linke Bild einen Durchstoßpunkt, für die periodenverdoppelte Bahn rechts zwei solcher Werte. Auf diese Weise erzeugt man ein so genanntes *Bifurkationsdiagramm*: wenn man die so aufgenommenen x-Werte als Funktion des Parameters f_0 aufträgt.

Bild 8.3 zeigt ein solches Bifurkationsdiagramm. Man erkennt eine ganze Folge von Verzweigungen mit sukzessiven Periodenverdopplungen. Dieses Verhalten hat universelle, d.h. systemunabhängige Charakteristika und wird im Folgenden noch genauer studiert.

Bisher haben wir als Attraktoren nur periodische Bahnen kennen gelernt,die man als *Grenzzyklen* bezeichnet. Es existieren aber auch noch andere Attraktoren, deren Struktur wesentlich komplizierter ist: die so genannten *seltsamen Attraktoren.* Bild 8.4 gibt ein Beispiel eines solchen Attraktors. Die Phasenbahn entwickelt auch im Langzeitlimit keine erkennbare Struktur; die Bahn scheint auf irreguläre Weise zwei Zentren zu umkreisen. (Achtung: In dem Bild ist nur ein recht kurzer Zeitausschnitt dargestellt. Für längere Zeiten füllt die Bahn

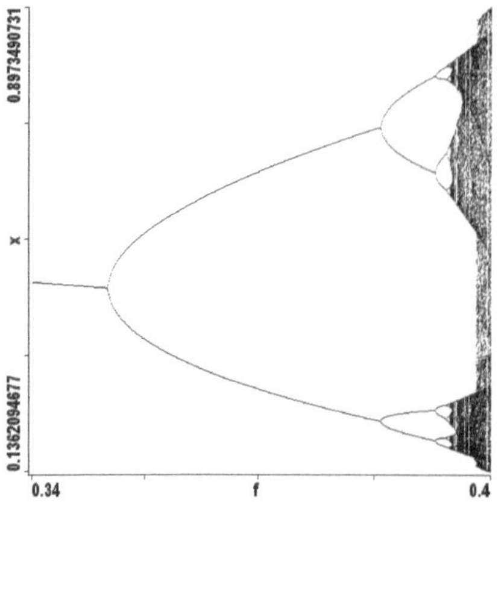

Bild 8.3: Bifurkationsdiagramm; Amplitude der Schwingung eines Duffing-Oszillators als Funktion der Antriebstärke f_0.

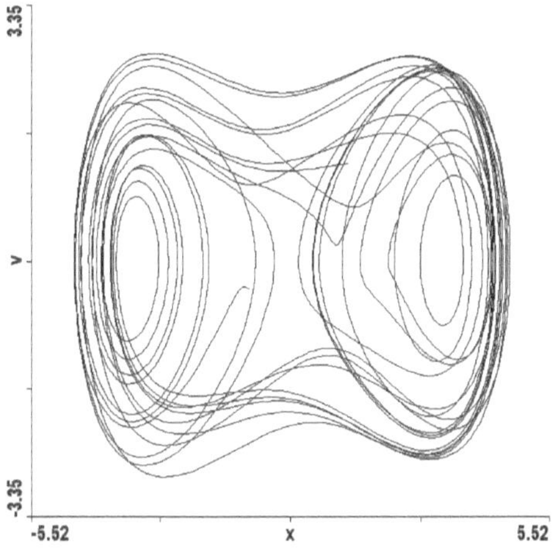

Bild 8.4: Seltsamer Attraktor für den Duffing-Oszillator als Bahnkurve im Phasenraum.

eine Fläche dicht aus.) Erst in dem stroboskopischen Poincaré-Schnitt zu den Zeiten $t = t_n = nT$ im Bild 8.5 enthüllt ein solcher Attraktor eine komplizierte Struktur, die einem chinesischen Drachen ähnelt. Dieses Objekt ist ein so genanntes *Fraktal* und die Bewegung auf diesem fraktalen Attraktor ist *chaotisch*. Die Bedeutung dieser Ausdrücke werden wir noch kennen lernen.

8.3 Die logistische Differentialgleichung

Damit nicht der Eindruck entsteht, dass *alle* nichtlinearen Differentialgleichungen nur numerisch zu lösen sind, soll hier einmal ein Beispiel vorgestellt werden, das außerdem auch für die weiteren Überlegungen von Bedeutung ist.

Zunächst kennen wir inzwischen schon die Differentialgleichung

$$\dot{x} = \lambda x \,, \tag{8.20}$$

– eine Wachstumsgleichung – mit der Lösung

$$x(t) = x_0 \, \mathrm{e}^{\lambda(t-t_0)} \tag{8.21}$$

für die Anfangsbedingung $x(t_0) = x_0$.

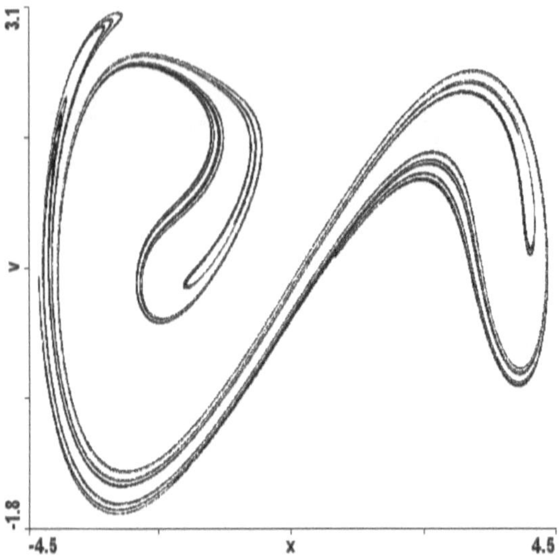

Bild 8.5: Seltsamer Attraktor für den Duffing-Oszillator im Phasenraum als stroboskopischen Poincaré-Schnitt, d.h. gezeigt werden nur die Bahnpunkte zu Zeiten $t_n = NT$, $n = 0, 1, \ldots$.

Es ist jedoch lehrreich, diese Lösung noch einmal herzuleiten mittels einer Methode, die als *Trennung der Variablen* bekannt ist. Man schreibt dazu die Differentialgleichung $\dot{x} = \mathrm{d}x/\mathrm{d}t = \lambda x$ um als

$$\frac{\mathrm{d}x}{x} = \lambda \mathrm{d}t \tag{8.22}$$

(vgl. dazu die Ausführungen auf Seite 42 über „Differentiale"). Man beachte, dass hier die beiden Variablen x und t getrennt auf beiden Seiten der Gleichung auftreten. Integration bis t bzw. $x = x(t)$ liefert

$$\int_{x_0}^{x} \frac{\mathrm{d}x'}{x'} = \lambda \int_{t_0}^{t} \mathrm{d}t' \,, \tag{8.23}$$

wobei die Integrationsvariablen zur Unterscheidung durch einen Strich gekennzeichnet wurden. Die Integration lässt sich ausführen mit dem Ergebnis

$$[\ln x']_{x_0}^{x} = \ln x - \ln x_0 = \lambda(t - t_0) \,, \tag{8.24}$$

woraus (8.21) folgt.

Bei der Gleichung (8.20) ist der Zuwachs proportional dem aktuellen Wert $x(t)$ („Wer hat, dem wird gegeben."), d.h. das Wachstum beschleunigt sich (für $\lambda > 0$) und wir erhalten das bekannte exponentielle Wachstum, das sehr schnell über jede Schranke wächst Es sei angemerkt, dass jedes Wachstum nach einem Potenzgesetz wie $x(t) = x_0 t^n$ für große Zeiten wesentlich langsamer wächst als exponentiell.

Die modifizierte Differentialgleichung

$$\dot{x} = \lambda x - \beta x^2 = \lambda x(1 - \alpha x) \quad (\lambda, \alpha \geq 0) \tag{8.25}$$

(mit $\beta = \lambda\alpha$)), die *logistische Differentialgleichung*, beschreibt ein System, dessen Wachstum behindert wird durch einen Term, der proportional zu x^2 ist.[3]

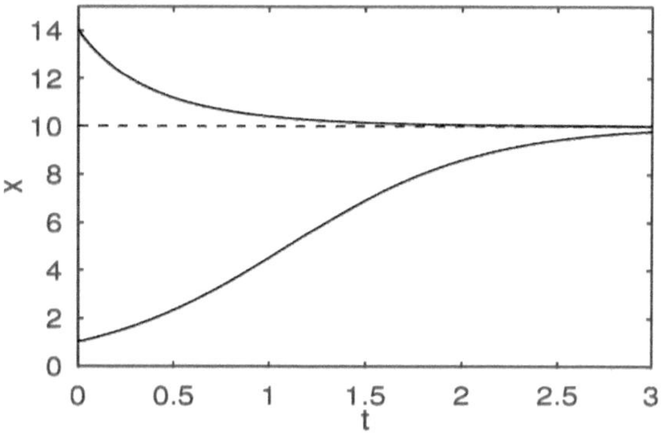

Bild 8.6: Zwei Lösungen der logistischen Differentialgleichung für verschiedene Anfangsbedingungen.

Trotz ihrer Nichtlinearität lässt sich die Differentialgleichung (8.25) in geschlossener Form lösen, und zwar wieder mit der Methode der Trennung der Variablen. Dazu bringt man alle Größen, die die gesuchte Funktion x enthalten, auf eine Seite der Gleichung und alle Terme, die die Zeit t explizit enthalten, auf die andere Seite:

$$\frac{\mathrm{d}x}{x(1 - \alpha x)} = \lambda \mathrm{d}t \tag{8.26}$$

[3] Solche Wachstumsgleichungen spielen in der Populationsdynamik eine Rolle, wenn x beispielsweise die Anzahl der Bakterien angibt, deren ungestörte Vermehrung ($\sim x$) durch Konkurrenzprozesse ($\sim x^2$) behindert wird.

und integriert beide Seiten wie oben beschrieben von t_0 bis t, bzw. von x_0 bis $x = x(t)$, wobei man die Integrationsvariablen wieder durch einen Strich kennzeichnet, und erhält

$$\int_{x_0}^{x} \frac{\mathrm{d}x'}{x'(1-\alpha x')} = \lambda \int_{t_0}^{t} \mathrm{d}t' . \tag{8.27}$$

Die Integration kann man geschlossen ausführen (Teilbruchzerlegung). Es ergibt sich

$$\left[\ln \frac{x'}{1-\alpha x'}\right]_{x_0}^{x} = \ln \frac{x}{1-\alpha x} - \ln \frac{x_0}{1-\alpha x_0} = \lambda(t-t_0) \tag{8.28}$$

und damit

$$(1-\alpha x_0)x = (1-\alpha x)\, x_0\, \mathrm{e}^{\lambda(t-t_0)} . \tag{8.29}$$

Auflösung nach x liefert die gesuchte Lösung

$$x(t) = \left[\alpha + \left(x_0^{-1} - \alpha\right) \mathrm{e}^{-\lambda(t-t_0)}\right]^{-1} . \tag{8.30}$$

Zur Kontrolle der Rechnung kann man durch Differentiation direkt verifizieren, dass dieses $x(t)$ die Differentialgleichung (8.25) löst. Außerdem ist die Anfangsbedingung $x(t_0) = x_0$ erfüllt.

Zwei dieser Lösungen für unterschiedliches x_0 sind im Bild 8.6 dargestellt. Sie nähern sich beide für große Zeiten dem Wert

$$\lim_{t\to\infty} x(t) = \frac{1}{\alpha} , \tag{8.31}$$

der einen *Fixpunkt* der Differentialgleichung darstellt. Dieser konstante Grenzwert lässt sich auch direkt an der Lösung (8.30) ablesen, denn für große Zeiten geht $\mathrm{e}^{-\lambda(t-t_0)}$ gegen null. Noch einfacher sieht man das allerdings direkt aus der Differentialgleichung (8.25): Wenn man eine zeitunabhängige Konstante als Lösung sucht, so muss gelten

$$0 = \mathrm{d}x/\mathrm{d}t = \lambda x(1-\alpha x) . \tag{8.32}$$

Das ist erfüllt für $x = 0$ (die triviale Lösung) und $x = 1/\alpha$, unsere asymptotische Lösung.

8.4 Iterierte Abbildungen

Ein einfaches Beispiel eines nichtlinearen Systems mit sehr(!!!) komplizierter Dynamik ist die *logistische Abbildung* (oder *Verhulst-Gleichung*)

$$x_{n+1} = a x_n (1 - x_n) , \quad n = 0, 1, 2, \ldots , \tag{8.33}$$

die eine Abbildung des Einheitsintervalls $[0, 1]$ auf sich selbst darstellt, falls $0 \leq a \leq 4$ erfüllt ist, was wir im Folgenden unterstellen wollen. Durch sukzessive Anwendung von (8.33) erhält man ausgehend von einem Anfangswert x_0 eine Folge von Werten x_0, x_1, x_2, x_3,... deren Verhalten man untersuchen kann.

Die Gleichung (8.33) ist sehr viel einfacher und bequemer zu studieren als unsere Iterationsgleichung im Phasenraum mit zwei Variablen (8.19). Sie zeigt aber schon eine Vielzahl von interessanten und unerwarteten Phänomenen der nichtlinearen Dynamik. Besondere Bedeutung hat sie erlangt, nachdem sich herausstellte, dass viele ihrer dynamischen Eigenschaften *universell* sind, das heißt sie hängen nicht von der speziellen Form der Gleichung (8.33) ab. Alle Iterationsgleichungen

$$x_{n+1} = f(x_n) \ , \quad n = 0, 1, 2, \ldots \tag{8.34}$$

zeigen das gleiche Verhalten, falls die Funktion $f(x)$ nur ein einziges Maximum besitzt, an dem die zweite Ableitung f'' existiert und nicht verschwindet.

Bevor wir mit einer Einführung in die bemerkenswerte Komplexität dieser Gleichung beginnen, soll betont werden, dass man mit einer solchen Gleichung nicht etwa ein weit hergeholtes System modelliert, sondern ein (eigentlich) sehr einfaches, das das Verhalten unterschiedlichster Systeme der realen Welt beschreibt. Dies sei durch ein – zugegebenermaßen recht extremes – Beispiel untermauert:

Wir betrachten einen Fischteich und bezeichnen mit x den Anteil an „Fisch“ im Gesamtsystem „Wasser und Fisch“[4] zu einem festem Zeitpunkt im Jahr. Klarerweise gilt $0 \leq x \leq 1$. Jetzt interessieren wir uns für die Frage, wie sich die Fischpopulation zeitlich entwickelt, d.h. für den Fischanteil x_{n+1} im Jahr $n+1$ bei bekanntem x_n im vorherigen Jahr n, also für $x_{n+1} = f(x_n)$. Zunächst suchen wir nach einer geeigneten Funktion $f(x)$. Klar ist von vornherein, dass x_{n+1} gleich null sein muss, wenn $x_n = 0$ ist (Es wird kein Fisch von außen hineingebracht.) und wenn $x_n = 1$ (es ist kein Wasser da). Also gilt $f(0) = f(1) = 0$. Andererseits sollte die Funktion nicht identisch verschwinden, da sonst nichts geschieht. Also muss $f(x)$ im Intervall $0 < x < 1$ positive Werte annehmen. Außerdem ist $f(x)$ durch $f(x) \leq 1$ nach oben beschränkt. Jetzt kann $f(x)$ immer noch eine sehr komplizierte Funktion sein, aber wir wollen ja gerade demonstrieren, dass schon einfache Systeme äußerst kompliziertes Verhalten zeigen! Also unterstellen wir eine möglichst einfache Funktion $f(x)$ und fordern die Differenzierbarkeit. Damit folgt (Satz von Rolle), dass $f(x)$ mindestens *ein* Maximum besitzen muss. Der Einfachheit halber nehmen wir nur ein einziges

[4] Wie oft, haben wir Physiker auch hier die Realität stark idealisiert und das komplexe Ökosystem eines Fischteiches extrem vereinfacht!

Maximum an. Die Höhe dieses Maximums ist bestimmt durch äußere Einflüsse (Futter, Temperatur,...). Damit haben wir als einfachste Realisierung einer solchen Funktion die logistische Abbildung (8.33) – oder solche, die sich wegen ihrer Universalitätseigenschaften ähnlich verhalten. Im Folgenden werden wir sehen, dass das Zeitverhalten der x_n, also hier der Fischpopulation, alles andere als einfach ist.

Zunächst wollen wir das Iterationsverhalten numerisch studieren. Die folgende Tabelle zeigt iterierte Werte x_n für verschiedene Werte des Parameters a, die man zum Beispiel mithilfe eines Taschenrechners berechnen kann: Für den Pa-

n	a=1.6	a=2.8	a=3.2	a=4.0
0	0.30000	0.30000	0.30000	0.30000
1	0.33600	0.58800	0.67200	0.84000
2	0.35697	0.67832	0.70533	0.53760
3	0.36727	0.61097	0.66509	0.99434
4	0.37181	0.66552	0.71279	0.02249
5	0.37371	0.62329	0.66511	0.08795
6	0.37448	0.65744	0.72302	0.32084
7	0.37479	0.63060	0.64085	0.87161
8	0.37492	0.65225	0.73652	0.44762
9	0.37497	0.63510	0.62100	0.98902
⋮	⋮	⋮	⋮	⋮
98	0.37500	0.642857	0.79945	0.05685
99	0.37500	0.642857	0.51304	0.21447

Tabelle 8.1: Iteration der logistischen Abbildung. Iterierte Werte x_n für verschiedene Werte des Parameters a.

rameter $a = 1.6$ findet man recht schnelle Konvergenz gegen den Wert 0.375. Für $a = 2.8$ wird das Konvergenzverhalten schlechter. Wenn man weiter iteriert, nähern sich die Werte schließlich dem Wert $x = 0.64286\ldots$. Anders ist das Verhalten für $a = 3.2$. Hier oszillieren die Werte sehr stark, und bei weiterer Iteration erreicht man einen Zweier-Zyklus, bei dem abwechselnd die Punkte 0.51304 und 0.79946 auftreten. Für $a = 4.0$ findet man keinerlei Konvergenz mehr. Das Verhalten der Werte in der Tabelle setzt sich ad infinitum in ähnlicher Weise fort und die Zahlenwerte erscheinen fast zufällig.

Die Analyse solcher Zahlentabellen ist recht mühsam. Einen besseren und schnelleren Eindruck vermittelt eine graphische Darstellung der Iteration, wie

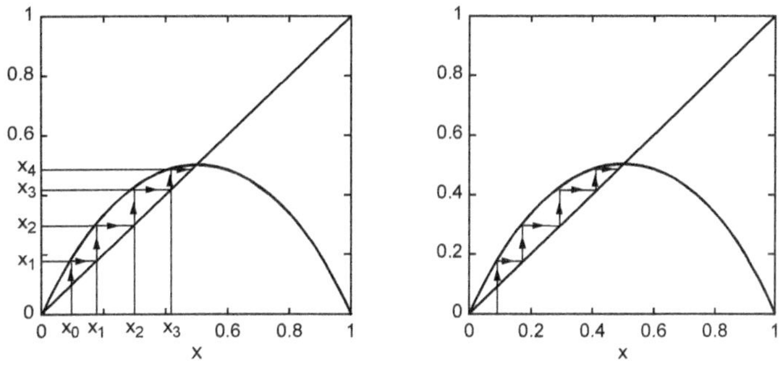

Bild 8.7: Iteration der logistischen Abbildung für $a = 2.0$ und Anfangswert $x_0 = 0.1$. Das rechte Bild zeigt eine Vereinfachung der geometrischen Konstruktion der Abbildung.

sie im Bild 8.7 gezeigt ist. Man kann die iterierten Punkte durch die geometrische Konstruktion von geraden Linien – abwechselnd von der Funktion

$$f(x) = ax(1 - x) \tag{8.35}$$

zur Winkelhalbierenden und zur Funktion – erzeugen, und sieht grafisch (zum Beispiel mithilfe eines Computerprogramms[5] direkt das Iterations- und Konvergenzverhalten. Bild 8.8 gibt ein Beispiel für eine Konvergenz gegen $x = 0$ sowie gegen einen Zweier-Zyklus.

Diese Zyklen, denen sich die Punkte asymptotisch annähern, wollen wir uns jetzt genauer ansehen. Zunächst einmal suchen wir solche Punkte, die sich bei der Abbildung *nicht* verändern, d.h. die *Fixpunkte* x^* von (8.34) mit

$$x^* = f(x^*)\,. \tag{8.36}$$

Für die logistische Abbildung (8.33) liefert das

$$x^* = ax^*(1 - x^*) \tag{8.37}$$

mit den beiden Lösungen

$$x_0^* = 0 \quad \text{und} \quad x_1^* = 1 - \frac{1}{a}\,. \tag{8.38}$$

[5]Z.B. mit dem Programm FEIGBAUM (vgl. Fußnote auf Seite 207).

Der Fixpunkt x_1^* liegt nur für $a \geq 1$ innerhalb des Definitionsbereiches $0 \leq x \leq 1$ der logistischen Abbildung (8.33).

Was kann man über die *Stabilität* der Fixpunkte aussagen? Dazu zunächst eine kleine Vorüberlegung: Wenn man x_n geringfügig ändert in $x_n + \Delta x_n$, dann ändert sich $x_{n+1} = f(x_n)$ um einen Wert Δx_{n+1}, den es nun zu bestimmen gilt. Wir können für kleines Δx_n schreiben

$$\begin{aligned} x_{n+1} + \Delta x_{n+1} &= f(x_n + \Delta x_n) \approx f(x_n) + f'(x_n)\Delta x_n \\ &= x_{n+1} + f'(x_n)\Delta x_n \end{aligned} \tag{8.39}$$

und erhalten damit

$$\Delta x_{n+1} \approx f'(x_n)\Delta x_n \,. \tag{8.40}$$

Insbesondere gilt $|\Delta x_{n+1}| < |\Delta x_n|$ für $|f'(x_n)| < 1$ und $|\Delta x_{n+1}| > |\Delta x_n|$ für $|f'(x_n)| > 1$, d.h. in dem ersten Fall werden die Abweichungen im folgenden Schritt verkleinert, im zweiten Fall werden sie vergrößert.

Für unsere Fixpunkte $x^* = f(x^*)$ liefert das für $x^* \to x^* + \Delta x_0$

$$\Delta x_1 \approx f'(x^*)\Delta x_0 \,. \tag{8.41}$$

und folglich $|\Delta x_1| < |\Delta x_0|$ für $|f'(x^*)| < 1$, das heißt, eine Abweichung wird reduziert. Dieser Prozess setzt sich bei der nächsten Iteration fort und die abgewichenen Punkte konvergieren wieder gegen den Fixpunkt x^*. Man nennt einen solchen Fixpunkt *stabil*. Im Fall $|f'(x^*)| > 1$ ist der Fixpunkt *instabil*.

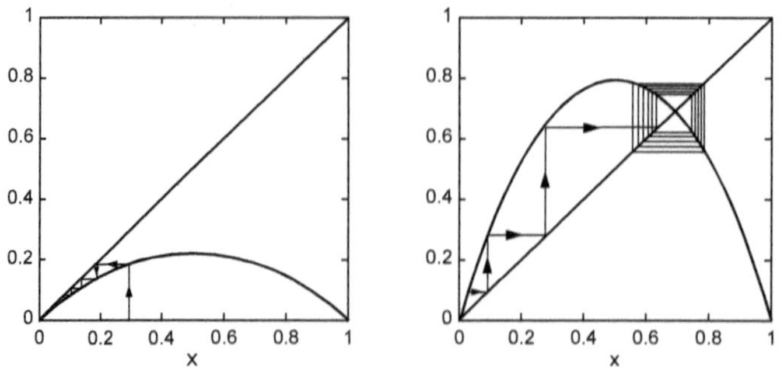

Bild 8.8: Iteration der logistischen Abbildung für $a = 0.8$, $x_0 = 0.3$ (linkes Bild) und $a = 3.2$, $x_0 = 0.01$ (rechtes Bild).

Wenn wir dieses Kriterium auf die Fixpunkte x_0^* und x_1^* anwenden, erhalten wir mit $f'(x) = a(1-2x)$ die Aussagen

- $x_0^* = 0$ ist stabil für $0 < a < a_0 = 1$.
- $x_1^* = 1 - 1/a$ ist stabil für $1 < a < a_1 = 3$.

Was geschieht nun mit dem Fixpunkt x_1^* für $a \geq 3$? Die numerischen Experimente (siehe Tabelle 8.1) lassen hier einen Zweier-Zyklus erwarten, bei dem zwei Punkte abwechselnd auftreten. Fixpunkte eines solchen Zweier-Zyklus berechnen wir mit

$$x^* = f\big(f(x^*)\big) = f^2(x^*)\,, \tag{8.42}$$

also als Fixpunkte der zweifach iterierten Abbildung

$$\begin{aligned} f^2(x) &= a\{ax(1-x)\}\Big[1 - \{ax(1-x)\}\Big] \\ &= -a^3x\left[x^3 - 2x^2 + \left(1+\frac{1}{a}\right)x - \frac{1}{a}\right]. \end{aligned} \tag{8.43}$$

Diese Fixpunkte lassen sich berechnen als

$$x_{2,\pm}^* = \frac{1}{2}\left[1 + \frac{1}{a} \pm \sqrt{\left(1+\frac{1}{a}\right)\left(1-\frac{3}{a}\right)}\right], \tag{8.44}$$

für $a \geq 3$, wobei man für $a = 3$ den Wert $x_{2,+}^* = x_{2,-}^* = 2/3 = x_2^*$ erhält. Es soll noch einmal betont werden, dass ein solcher Zweier-Zyklus natürlich aus zwei Punkten besteht, eben den beiden Punkten $x_{2,+}^*$ und $x_{2,-}^*$, die abwechselnd bei der Iteration auftreten.
Durch eine weitere Rechnung findet man, dass für den Bereich $3 = a_1 < a < a_2 = 1 + \sqrt{6} \approx 3.449$ für die Ableitung von f^2 an den Fixpunkten $x_{2,\pm}^*$ die Ungleichung $|\mathrm{d}f^2/\mathrm{d}x| < 1$ gilt. Also sind diese hier stabil. Für $a > a_2$ wird der Zweier-Zyklus instabil.

Im Bild 8.9 ist eine Bifurkation grafisch dargestellt. Dieses Verhalten setzt sich für größer werdende Werte von a weiter fort, und wir finden eine Folge von Verzweigungen, *Bifurkationen*, der Fixpunkte, bei denen ein Zyklus der Periode p_k bei einem Wert a_k des Parameters a instabil wird. Dort entsteht ein neuer stabiler Zyklus der doppelten Periode $p_{k+1} = 2p_k$ und so weiter. Man spricht von einem Szenario von *Periodenverdopplungen*, wobei mit wachsendem Parameter a nacheinander die Perioden 2^k auftreten. Die Folge der Bifurkationswerte a_k hat sehr interessante und wichtige Eigenschaften:

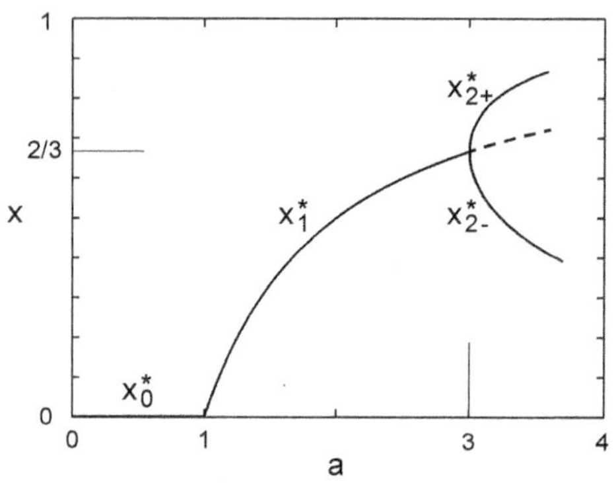

Bild 8.9: Bifurkation der Fixpunkte x_0^*, x_1^* und $x_{2,\pm}^*$ der logistischen Abbildung als Funktion des Parameters a. Auf der punktierten Linie ist der Fixpunkt x_1^* instabil.

(1) Die Folge konvergiert

$$\lim_{k\to\infty} a_k = a_\infty = 3.5699456\ldots \ . \tag{8.45}$$

(2) Der Abstand benachbarter Bifurkationspunkte, d.h. die Länge der Stabilitätsintervalle $\Delta_k = a_k - a_{k-1}$ konvergiert damit natürlich gegen null, aber das Verhältnis benachbarter Intervalllängen konvergiert gegen einen endlichen Wert, die *Feigenbaum-Konstante*

$$\delta = \lim_{k\to\infty} \frac{\Delta_k}{\Delta_{k+1}} = 4.6692016091\ldots \ . \tag{8.46}$$

Bemerkenswert ist die Entdeckung von M. J. Feigenbaum (1979), dass diese Konvergenz gegen δ *universell* ist, d.h. *unabhängig* von den speziellen Eigenschaften der logistischen Abbildung (abgesehen von der Existenz eines quadratischen Maximums). Das gleiche Verhalten findet sich z.B. auch in nichtlinearen Schwingungen, wie z.B. dem Duffing-Oszillator und kann sogar im Experiment gemessen werden.[6]

Bisher näherten sich die Werte x_n bei der Iteration einer periodischen Folge mit Periode 2^k, einem Attraktortyp, den wir schon als Grenzzyklus kennen

[6] Z.B. in Versuchen zu elektronischen Schwingkreisen im Physikalischen Praktikum.

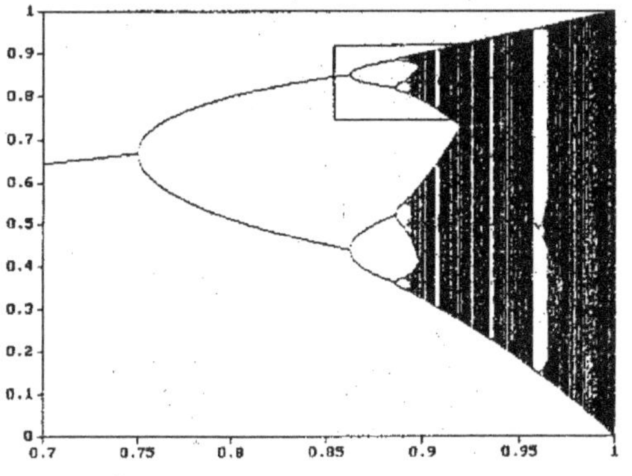

Bild 8.10: Bifurkationsdiagramm der Fixpunkte für die logistische Abbildung als Funktion des Parameters $r = a/4$.

gelernt haben. Wenn wir nun den Parameter a über a_∞ hinaus erhöhen, finden wir eine völlig neuartige Dynamik, wobei Punkte einem Attraktor zustreben, der *nicht* mehr aus einer endlichen Zahl von Punkten besteht,[7] ein *seltsamer Attraktor*, wie er uns auch schon beim Duffing-Oszillator begegnet ist. Auf diesem seltsamen Attraktor verhalten sich die iterierten Punkte *chaotisch*. Was das genau bedeutet, werden wir weiter unten sehen.

Zwischen diesen chaotischen Bereichen gibt es noch beliebig kleine a-Intervalle (man spricht hier von „Fenstern"), in denen wieder periodische Punktfolgen als Attraktoren auftreten, z.B. Fenster der Periode 3, 5 oder 6. Bild 8.10 gibt einen Einblick in das komplizierte Verhalten der Attraktoren. Es gibt hier noch viele interessante Ergebnisse, von denen nur zwei erwähnt werden sollten:

(1) Auch die Aufeinanderfolge der Fenster mit p-periodischen Attraktoren ist universell.

(2) Das gesamte Bifurkationsdiagramm ist (approximativ) selbstähnlich: Ein vergrößerter Ausschnitt entspricht dem Gesamtbild, wie im Bild 8.11 belegt.

[7]Genau genommen besteht der Attraktor nicht einmal aus einer abzählbaren Menge, die aber andererseits auch kein Kontinuum darstellt, denn sie ist nirgends dicht: eine so genannte *Cantor-Menge*.

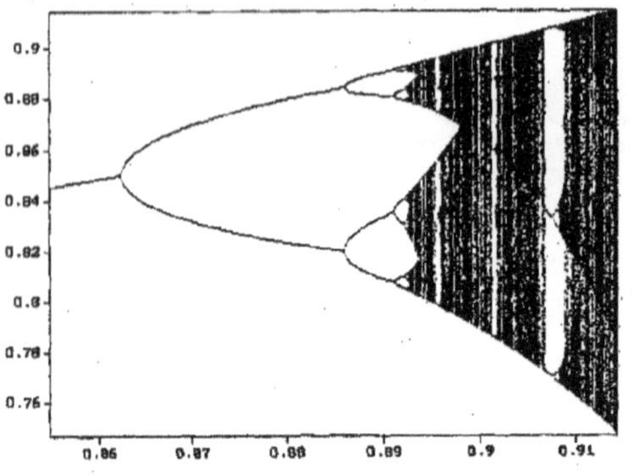

Bild 8.11: Vergrößerter Ausschnitt aus Bild 8.10.

Der Lyapunov-Exponent Bisher haben wir den Begriff *chaotisch* benutzt, ohne ihn genauer zu definieren. Man kann eine solche Definition aufbauen auf einer Analyse des mittleren Stabilitätsverhaltens einer „Bahn" – also hier im diskreten Fall einer Folge x_0, x_1, x_2, ... – durch Untersuchung der Bahnen in ihrer Nachbarschaft. Eine chaotische Bahn ist dadurch charakterisiert, dass sich benachbarte Bahnen (exponentiell) schnell von ihr entfernen. Anders ausgedrückt bedeutet das eine extrem empfindliche Abhängigkeit der Bahnpunkte von einer kleinen Änderung der Anfangsbedingung.

Quantitativ beschreibt dies der *Lyapunov-Exponent*, der das Verhalten der mittleren Abweichungen Δx_n bei der Iteration $x_{n+1} = f(x_n)$ angibt:

$$\lambda = \lim_{n\to\infty} \frac{1}{n+1} \ln \left| \frac{\Delta x_{n+1}}{\Delta x_0} \right| . \tag{8.47}$$

Man kann diesen Ausdruck noch weiter auswerten: Wir haben oben gesehen, dass aus einer anfänglichen Abweichung Δx_0 nach einer Iteration eine Abweichung $\Delta x_1 = f'(x_0)\Delta x_0$ wird [siehe Gl. (8.40)]. Entsprechend finden wir nach zwei Iterationen

$$\Delta x_2 = f'(x_1)\Delta x_1 = f'(x_1)f'(x_0)\Delta x_0 \tag{8.48}$$

und damit

$$\Delta x_{n+1} = f'(x_n)f'(x_{n-1})\cdots f'(x_0)\Delta x_0 = \prod_{k=0}^{n} f'(x_k)\,\Delta x_0 . \tag{8.49}$$

Angewandt auf (8.47) liefert das

$$\lambda = \lim_{n\to\infty} \frac{1}{n+1} \ln \prod_{k=0}^{n} |f'(x_k)| \qquad (8.50)$$

$$= \lim_{n\to\infty} \frac{1}{n+1} \sum_{k=0}^{n} \ln |f'(x_k)| \,. \qquad (8.51)$$

Damit ist λ auch ein Maß für die mittlere Stabilität.

Wenn die x_n einem stabilen periodischen Zyklus mit Periode p zustreben, gilt mit Berücksichtigung der Periodizität

$$\begin{aligned} \lambda &= \lim_{n\to\infty} \frac{1}{n} \ln \prod_{k=0}^{n} |f'(x_k)| = \lim_{\nu\to\infty} \frac{1}{\nu p} \ln \prod_{k=0}^{\nu p} |f'(x_k)| \\ &= \lim_{\nu\to\infty} \frac{1}{\nu p} \ln \prod_{k=0}^{p} |f'(x_k)|^{\nu} = \lim_{\nu\to\infty} \frac{1}{\nu p} \ln d^{\nu} \\ &= \frac{\ln d}{p} < 0\,, \end{aligned} \qquad (8.52)$$

denn es gilt $d = \prod_{k=0}^{\nu p} |f'(x_k)| < 1$ wegen der Stabilität des periodischen Zyklus (vgl. die Diskussion auf Seite 218). Deshalb ist in den Stabiltitätsbereichen mit regulärer Dynamik der Lyapunov-Exponent λ negativ. Man definiert:

- Eine Bahn, d.h. Folge $\{x_n, n = 0, 1, 2\ldots\}$ ist *chaotisch*, falls ihr zugehöriger Lyapunov-Exponent positiv ist.

Im Allgemeinen muss man Lyapunov-Exponenten mithilfe von numerischen Methoden berechnen. Als Beispiel zeigt Bild 8.12 so berechnete Lyapunov-Exponenten λ für die logistische Abbildung als Funktion des Parameters a. Man erkennt die Bereiche stabiler periodischer Attraktoren ($\lambda < 0$) und chaotische Bahnen ($\lambda > 0$), die genau die Eindrücke des Bifurkationsdiagrammes 8.10 wiedergeben.

Wir können uns weiterhin davon überzeugen, dass dann für großes n und positives λ die Abweichungen wachsen wie

$$\Delta x_n = \Delta x_0 \, \mathrm{e}^{\lambda n}\,, \qquad (8.53)$$

d.h. wir haben ein *exponentielles Fehlerwachstum*, bei dem eine anfänglich kleine Abweichung schnell (exponentiell) anwächst.

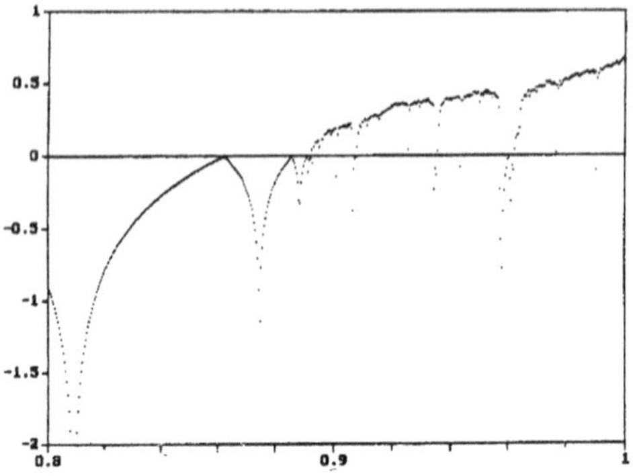

Bild 8.12: Numerisch berechneter Lyapunov-Exponent für die logistische Abbildung als Funktion des Parameters $r = a/4$.

Ein Beispiel soll dies erläutern. Für den Fall $a = 4$ lässt sich die logistische Iteration analytisch „lösen“, d.h. man kann einen expliziten Ausdruck für die x_n angeben, die die Iterationsgleichung $x_{n+1} = 4x_n(1 - x_n)$ bei gegebenem x_0 erfüllen, nämlich

$$x_n = \sin^2(2^n u_0)\,, \tag{8.54}$$

was man leicht beweist durch Berechnung von

$$\begin{aligned} 4x_n(1 - x_n) &= 4\sin^2(2^n u_0)[1 - \sin^2(2^n u_0)] = 4\sin^2(2^n u_0)\cos^2(2^n u_0) \\ &= [2\sin(2^n u_0)\cos(2^n u_0)]^2 = \sin^2(2 \cdot 2^n u_0) \\ &= \sin^2(2^{n+1} u_0) = x_{n+1}\,. \end{aligned} \tag{8.55}$$

Um die Anfangsbedingung zu erfüllen, wählen wir

$$u_0 = \arcsin\sqrt{x_0} \quad \text{mit} \quad x_0 = \sin^2 u_0\,. \tag{8.56}$$

Diese explizite Lösbarkeit für $a = 4$ muss man jedoch als Ausnahmefall ansehen, denn die Folge der Iterierten ist trotz der expliziten Berechenbarkeit chaotisch. Um das zu zeigen, bestimmen wir den Lyapunov-Exponenten, der auch in diesem Fall ausnahmsweise analytisch berechnet werden kann: Durch Differentiation von (8.54) erhält man

$$\frac{\mathrm{d}x_n}{\mathrm{d}u_0} = 2^{n+1}\sin(2^n u_0)\cos(2^n u_0) = 2^n \sin(2^{n+1} u_0)\,, \tag{8.57}$$

und damit für den Lyapunov-Exponenten

$$\begin{aligned}\lambda &= \lim_{n\to\infty} \frac{1}{n+1} \ln \left| \frac{\Delta x_{n+1}}{\Delta x_0} \right| \\ &= \lim_{n\to\infty} \frac{1}{n} \left[\ln 2^n + \ln \left| \sin(2^{n+1} u_0) \frac{\mathrm{d}u_0}{\mathrm{d}x_0} \right| \right] \\ &= \lim_{n\to\infty} \frac{1}{n} \ln 2^n = \ln 2 = 0.6937\ldots . \end{aligned} \tag{8.58}$$

Der Lyapunov-Exponent ist also positiv, und damit ist die Dynamik chaotisch. Dies bedeutet in diesem Fall ein Fehlerwachstum wie

$$\Delta x_n = \Delta x_0 \, \mathrm{e}^{\lambda n} = \Delta x_0 \, 2^n \,, \tag{8.59}$$

also einer Verdopplung der Abweichung pro Iteration. Eine anfängliche Ungenauigkeit oder Unkenntnis der Anfangsbedingungen hat sich damit nach zehn Iterationen vertausendfacht ($2^{10} = 1024$) und nach 100 Iterationen ist der Fehler auf $\approx 10^{30}\Delta x_0$ angewachsen. Dies bedeutet (da wir ohnehin wissen, dass die x im Intervall $[0, 1]$ liegen), dass wir nichts mehr über den wahren Wert von x_{100} aussagen können, es sei denn der Anfangswert sei genauer bekannt als $\Delta x_0 = 10^{-30}$.

Anders formuliert heißt das: Wenn die Anfangsbedingung „nur“ mit einer Ungenauigkeit von, zum Beispiel, $\Delta x_0 = 10^{-6}$ bekannt ist, können wir das Schicksal der x_n nur bis zu einem maximalen n von

$$n_{\max} = \frac{1}{\lambda} \ln(\Delta x_0)^{-1} = \frac{\ln 10^6}{\ln 2} \approx 20 \tag{8.60}$$

vorhersagen. Dann ist der durch die Anfangsunkenntnis bedingte Fehler auf eins angewachsen, d.h. wir wissen nichts mehr.

Dieses exponentielle Anwachsen der Unsicherheiten bezeichnet man auch als *Schmetterlingseffekt*, um auszudrücken, dass schon kleine, mikroskopische Änderungen große, makroskopische Wirkungen haben können.

8.5 Fraktale

Im letzten Teil dieses Kapitels beschäftigen wir uns mit interessanten Strukturen, die immer häufiger in der Physik eine wichtige Rolle spielen, den *Fraktalen*. Solche Fraktale sind Punktmengen, denen man eine nicht-ganzzahlige Dimension zuordnen kann, und die oft näherungsweise *selbstähnlich* sind, das heißt bei

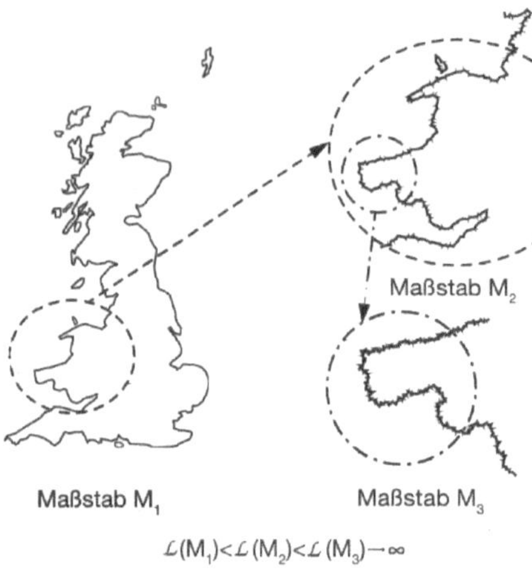

Bild 8.13: Eine Küstenlinie besitzt keine Länge. Eine mit einem Maßstab gemessene Länge hängt von der Größe M_k des benutzten Maßstabes ab.

Vergrößerung um einen Skalenfaktor reproduzieren sie sich (fast) selbst. Solche Fraktale treten auch in der nichtlinearen Dynamik auf, z.B. als Struktur der seltsamen Attraktoren oder als fraktale Grenzen zwischen den Einzugsbereichen verschiedener Attraktoren.

Zur Einführung in den Problemkreis betrachten wir einmal eine auf den ersten Blick simple Fragestellung: Wie lang ist die Küstenlinie von Großbritannien? Wenn wir hier auch keine sofortige Antwort geben können, sind wir dennoch sicher, dass wir sie herausfinden könnten: Man nimmt einfach eine Karte und misst nach! Aber dieses Rezept liefert eben *kein* brauchbares Resultat, denn es stellt sich schnell heraus, dass die ermittelte Länge $\mathcal{L}$ merklich von der Länge M des benutzten Maßstabs abhängt: Sie wächst an mit kleiner werdender Skala und damit größer werdender Auflösung von Details. Im Grenzprozess Maßstablänge $M \to 0$ wächst die Länge $\mathcal{L}$ über alle Schranken.[8]

[8]Da wir hier Physik betreiben, wollen wir nicht unterschlagen, dass wir derartige Grenzprozesse im eigentlichen Sinn *nicht* vollziehen können. Bei immer kleineren Skalen ändert sich die Struktur der Materie und Begriffe wie „Küste“ oder „Rand“ verlieren ihre Bedeutung. Wenn wir im Folgenden über fraktale Strukturen in der Physik reden, so trifft eine solche Beschreibung nur näherungsweise auf einen Bereich von eventuell vielen, aber stets endlichen Größenordnungen zu.

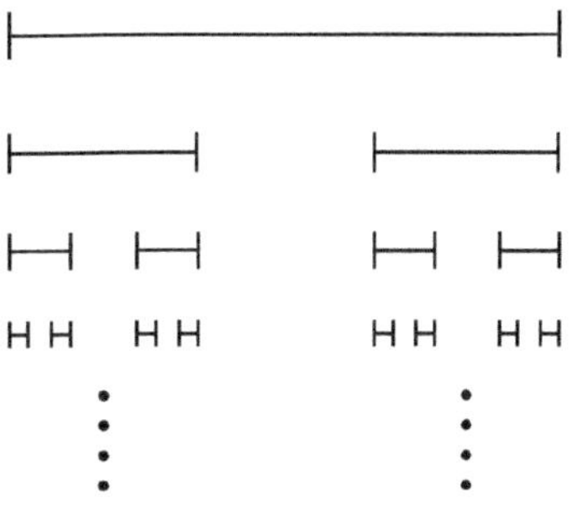

Bild 8.14: Die Cantor-Menge entsteht, wenn man aus einem Intervall das mittlere Drittel entfernt und dann mit den restlichen Teilintervallen genauso fortfährt.

Um eine Struktur wie die „Küstenlinie“ zu beschreiben, benötigen wir einen neuen Begriff. Dazu betrachten wir einmal eine Punktmenge S, die in einen d-dimensionalen Raum $\mathbb{R}^d$ eingebettet ist. Zur Vereinfachung nehmen wir an, dass S beschränkt ist, das heißt es gibt einen Würfel mit (Hyper-)Volumen V_0 im $\mathbb{R}^d$, der S überdeckt. Wir definieren jetzt:

- $N(\ell)$ sei die Minimalzahl von d-dimensionalen Würfeln mit Kantenlänge ℓ, die S überdecken.

Dazu bemerken wir, dass dieses Minimum für festes ℓ existiert, denn jeder Würfel hat ein Volumen ℓ^d und man kann S sicherlich mit V_0/ℓ^d Würfeln überdecken. Damit ist $0 < N(\ell) \leq V_0/\ell^d$. Da N ganzzahlig ist, bleibt nur eine endliche Anzahl von Möglichkeiten und daher existiert das Minimum.
Die Größe

$$D(S) = \lim_{\ell \to 0} \frac{\ln N(\ell)}{\ln (1/\ell)} \tag{8.61}$$

bezeichnet man als die *Fraktaldimension* der Punktmenge. Zunächst vergewissern wir uns, dass sich für einen einzelnen Punkt die Dimension $D = 0$ ergibt (es gilt dann $N = 1$). Für eine Linie der Länge L ist $N = L/\ell$, d.h. $D = 1$ und für eine Fläche A benötigt man A/ℓ^2 zweidimensionale „Würfel“ mit Kantenlänge ℓ. Wir definieren nun:

- Ein *Fraktal* ist eine Punktmenge mit nicht-ganzzahliger Dimension D.

Man kann sich jetzt davon überzeugen, dass für kleines ℓ gelten muss

$$N(\ell) \sim \ell^{-D}\,. \tag{8.62}$$

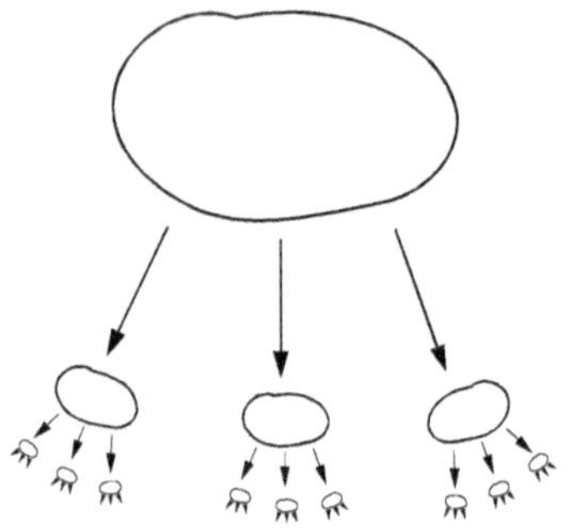

Bild 8.15: Skalierungsinvariante Mengen reproduzieren sich selbst bei Einschränkung auf ein M-tel der Menge und Vergrößerung um einen Faktor p. Hier ist $M = 3$ und $p = 4$

Zur Bestimmung der Fraktaldimension können wir numerisch für verschiedene Werte von ℓ eine minimale Überdeckung bestimmen und dann den Logarithmus von N gegen den Logarithmus von ℓ auftragen. Aus der Steigung einer Ausgleichsgeraden[9] lässt sich die Dimension D ermitteln.

Ein seit langem bekanntes Fraktal ist die *Cantor-Menge*. Diese Menge kann man erzeugen, indem man aus einem Einheitsintervall das mittlere Drittel entfernt. Dabei entstehen zwei Intervalle der Länge 1/3, mit denen man wieder genauso verfährt, und so weiter ad infinitum (vgl. Bild 8.14). Die dann übrig bleibende Menge ist die Cantor-Menge, die nirgends dicht ist (sie enthält kein Intervall) aber dennoch nicht abzählbar.

Viele Fraktale sind selbstähnlich, das heißt, wenn man die Punktmenge auf ein M-tel der Menge einschränkt und um einen Faktor p vergrößert, dann reproduziert sie sich selbst, wie im Bild 8.15 illustriert. Ein Beispiel ist die Cantor-Menge (vgl. Bild 8.14) mit $M = 2$ und $p = 3$. Für solche selbstähnlichen Fraktale kann man sofort eine Überdeckung $N(\ell)$ auf der Längenskala ℓ auf eine Überdeckung auf der Längenskala ℓ/p übertragen: Man benötigt dazu $MN(\ell)$ Würfel mit Kantenlänge ℓ/p. Damit ergibt sich das Skalengesetz

$$N(\ell/p) = MN(\ell) \tag{8.63}$$

und wir erhalten aus (8.61), z.B. mithilfe der Folge

$$\ell_n = \ell_0/p^n \quad \text{und} \quad N(\ell_n) = M^n N(\ell_0)\,, \tag{8.64}$$

[9]Zur Berechnung solcher Ausgleichsgeraden siehe Kapitel 2.

das Resultat

$$D = \lim_{n\to\infty} \frac{\ln N(\ell_n)}{\ln(1/\ell_n)}$$
$$= \lim_{n\to\infty} \frac{\ln M^n N(\ell_0)}{\ln(p^n/\ell_0)} = \frac{\ln M}{\ln p}\,. \tag{8.65}$$

Damit ergibt sich eine Fraktaldimension von $D = \ln M/\ln p = \ln 2/\ln 3 = 0.6309\ldots$ für die Cantor-Menge.

Bild 8.16: Das Sierpinski-Dreieck hat eine Fraktaldimension von $D = 1.5848\ldots$.

Weitere bekannte selbstähnliche Fraktale sind das *Sierpinski-Dreieck* (bei einem gleichseitigen Dreieck wird das mittlere Dreieck gelöscht und danach mit den drei Restdreiecken genauso verfahren usw), wie im Bild 8.16 dargestellt; es ist $M = 3$, $p = 2$ und folglich $D = \ln 3/\ln 2 = 1.5849\ldots$), sowie ein *Sierpinski-Schwamm*, der durch folgendes Konstruktionsprinzip erzeugt wird: Aus einem Würfel mit Kantenlänge a wird ausgehend von der Mitte der Seitenflächen ein Stück mit quadratischem Querschnitt (Seitenlänge $a/3$) her-ausgestanzt. Dieser Prozess wird für jeden der übrig gebliebenen Teilwürfel fortgesetzt, wie links im Bild 8.17 dargestellt. Eine Iteration dieser Prozedur erzeugt dann einen fraktalen „Schwamm" (siehe auch Aufgabe 8.4).

Rechts im Bild 8.17 sieht man ein Fraktal mit physikalischem Hintergrund, nämlich eine Stoßkaskade, bei dem ein Teilchen abgebremst wird, dabei zwei weitere mit geringerer Energie erzeugt, die nach einer kürzeren Laufstrecke diesen Prozess wiederholen, usw.

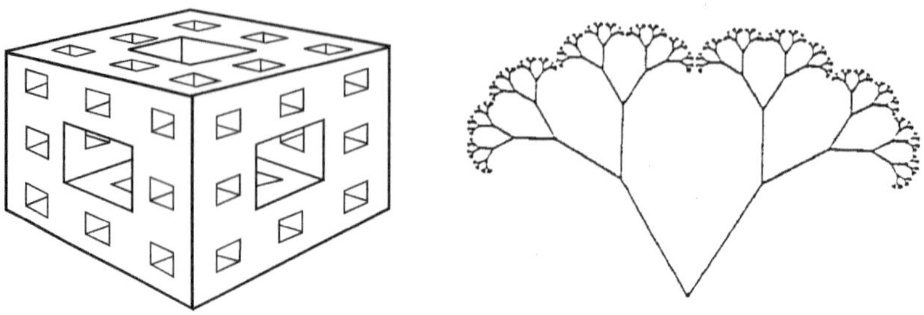

Bild 8.17: Links: Erste Schritte, um einen fraktalen Sierpinski-Schwamm zu erzeugen. Rechts: Eine Stoßkaskade.

Zum Abschluss sehen wir uns noch zwei Beispiele für eine Bestimmung von Fraktaldimensionen realer Strukturen an. Im Bild 8.18 ist in doppelt logarithmischer Skala eine Vermessung der Küstenlängen einiger Länder dargestellt, wie zu Beginn dieses Abschnitts diskutiert. Man erkennt den linearen Abfall in diesem Längenbereich [vgl. (8.62)] und die unterschiedlichen Fraktaldimensionen, die den Zerklüftungsgrad der Küste beschreiben. Als letztes Beispiel sei ein reales Analogon zum Sierpinski-Schwamm erwähnt: Aktivkohle besitzt Poren auf den unterschiedlichsten Größenskalen und ist (näherungsweise) ein Frak-

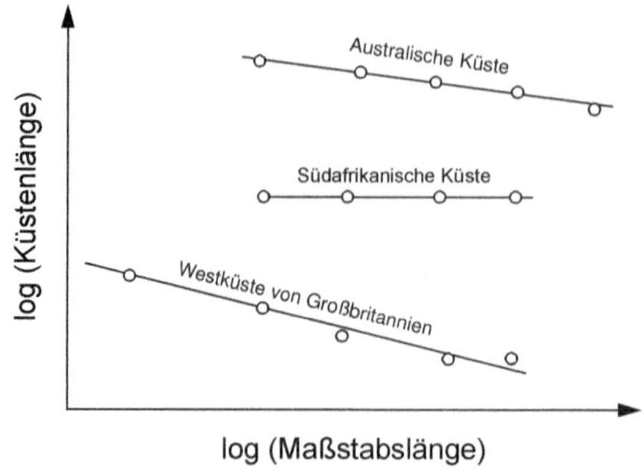

Bild 8.18: Küstenlängen als Funktion der Maßstablänge in einer doppelt logarithmischen Darstellung.

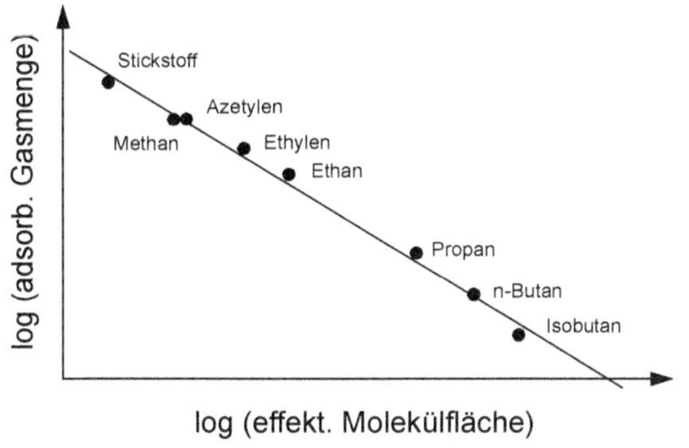

Bild 8.19: Von Aktivkohle adsorbierte Gasmenge in Abhängigkeit von der Molekülfläche.

tal. Man kann die Fraktaldimension experimentell bestimmen, indem man die Oberfläche mit Molekülen unterschiedlicher Größe bedeckt. Bild 8.19 zeigt eine doppelt logarithmische Darstellung der adsorbierten Gasmenge in Abhängigkeit von der effektiven Molekülfläche. Aus dem erwarteten linearen Verlauf kann man eine Fraktaldimension der Oberfläche von $D = 2.34$ bestimmen.

Weitere Fraktale findet man z.B. in den sehr beliebten Untersuchungen der berühmten *Mandelbrot-Menge*, die man bei Iteration einer komplexen Erweiterung der logistischen Abbildung aus Abschnitt 8.4 erhält. Mehr dazu in Aufgabe 8.6. Weitere Information über Fraktale und ihre Bedeutung in der Physik kann man der reichhaltigen Literatur entnehmen.[10]

8.6 Aufgaben

Aufgabe 8.1 (Lösung Seite 462): Bestimmen Sie numerisch eine Lösung $x(t)$ der Differentialgleichung $\dot{x} = \lambda x$ mithilfe des einfachen Euler-Verfahrens und des Halbschritt-Verfahrens im Bereich $0 \leq t \leq 1$. Verwenden Sie dabei $\lambda = 1$, die Anfangsbedingung $x(0) = 1$ und eine Schrittweite $\Delta t = 0.1$. Wie groß sind die Abweichungen von der exakten Lösung?

Aufgabe 8.2 (Lösung Seite 463): Zeigen Sie, dass der ungedämpfte Duffing-Oszillator

[10] Siehe zum Beispiel B. B. Mandelbrot: *Die fraktale Geometrie der Natur* (Birkhäuser, 1991).

$$\ddot{x} + \omega_0^2 x + \beta x^3 = f_0 \cos \Omega t$$

mit $\beta > 0$ für spezielle Werte der Antriebsfrequenz Ω eine exakte harmonische Lösung $x(t) = A \cos \omega t$ mit $\omega = \Omega/3$ besitzt. [**Hinweis:** Es gilt $\cos 3z = -3\cos z + 4\cos^3 z$. Beweis dieser Beziehung mithilfe der Formel von Moivre (B.42).]

Aufgabe 8.3 (Lösung Seite 464): Betrachten Sie die iterierte Abbildung

$$x_{n+1} = f(x_n) = r\left\{1 - 2\left|\tfrac{1}{2} - x_n\right|\right\}, \quad n = 0, 1, 2, \ldots$$

für $0 \leq x_n \leq 1$ und $0 \leq r \leq 1$.

(a) Skizzieren Sie diese Abbildung und veranschaulichen Sie geometrisch die ersten Iterationen.

(b) Berechnen Sie die Fixpunkte von $f(x)$ in Abhängigkeit vom Parameter r und untersuchen Sie ihre Stabilität.

(c) Zeigen Sie durch Berechnung des Lyapunov-Exponenten, dass die Folge der x_n für $r > 1/2$ chaotisch ist.

Aufgabe 8.4 (Lösung Seite 466): Bestimmen Sie die Fraktaldimension für den auf Seite 230 beschriebenen Sierpinski-Schwamm (Bild 8.17).

Aufgabe 8.5 (Lösung Seite 466): Als Beispiele für selbstähnliche Fraktale haben wir bisher die Cantor-1/3-Menge, das Sierpinski-Dreieck und den Sierpinski-Schwamm kennen gelernt. Geben Sie weitere Beispiele solcher Fraktale an und berechnen Sie deren Fraktaldimension. (als Anregung: Cantor-1/n-Menge; Sierpinski-Quadrat.)

Aufgabe 8.6 (Lösung Seite 467): (a) Experimentieren Sie mit der komplexen Erweiterung der logistischen Abbildung (8.33), die Mandelbrot-Abbildung

$$z_{n+1} = \lambda z_n(1 - z_n), \quad n = 0, 1, 2, \ldots \quad \text{mit} \quad z_n, \lambda \in \mathbb{C}.$$

Von Interesse ist hier z.B. die Menge aller Startpunkte z_0, für die der Betrag der z_n *nicht* über alle Schranken wächst (bei einem festen Wert von λ, z.B. $\lambda = 3$), eine sogenannte *Julia-Menge*, oder die Menge aller λ-Werte mit dieser Eigenschaft bei festem z_0, z.B. $z_0 = 1/2$, eine sogenannte *Mandelbrot-Menge*.(b) Durch die lineare Transformation $z = aw + b$ kann die Abbildung aus Teil (a) auf die Standardform

$$w_{n+1} = w_n^2 + c, \quad n = 0, 1, 2, \ldots \quad \text{mit} \quad w_n, c \in \mathbb{C}$$

gebracht werden. Bestimmen Sie a, b und c.

Kapitel 9

Vektoranalysis II

In diesem Kapitel behandeln wir mathematische Methoden zur Beschreibung und Analyse von Vektorfeldern

$$\vec{F} = \vec{F}(\vec{r}), \tag{9.1}$$

wobei $\vec{r}$ ein Vektor im dreidimensionalen Raum ist. Wir bezeichnen die kartesische Basis meist mit $\hat{e}_i$, $i = 1, 2, 3$. Daneben verwenden wir auch stellenweise die Notation $\hat{e}_x$, $\hat{e}_y$, $\hat{e}_z$. In dieser Basis schreibt sich das Vektorfeld als

$$\begin{aligned}\vec{F} &= \vec{F}(\vec{r}) = \sum_{i=1}^{3} F_i(\vec{r})\,\hat{e}_i \qquad (9.2)\\ &= \big(F_1(x_1,x_2,x_3), F_2(x_1,x_2,x_3), F_3(x_1,x_2,x_3)\big) \quad , \quad \vec{r} = \big(x_1,x_2,x_3\big)\,.\end{aligned}$$

In jedem Punkt $\vec{r}$ des dreidimensionalen Raumes sind also drei Komponenten des Feldes gegeben, die mit $\vec{r}$ variieren. Eine Visualisierung solcher Felder ist deshalb schwieriger als die einer skalaren Funktion. Häufig findet man eine graphische Darstellung durch „Pfeile" oder „Feldlinien". Im ersten Fall werden an ausgewählten Punkten Pfeile gezeichnet in Richtung des Feldes $\hat{F}$ in diesem Punkt, deren Länge proportional zum Betrag $|\vec{F}|$ des Feldes ist. In einem Feldlinienbild zeichnet man eine Schar von Linien, die so verlaufen, dass das Feld tangential zu diesen Linien gerichtet ist. Der Betrag der Feldes wird durch die Liniendichte wiedergegeben (dabei sollte man sich überlegen, dass eine direkte Proportionalität zwischen der Feldliniendichte und der Feldstärke nur bei ebenen Feldern gegeben ist). Einige Beispiele zur Illustration:

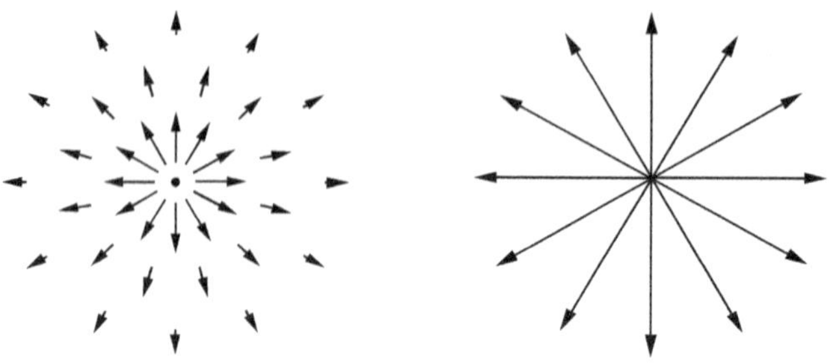

Bild 9.1: *Feld einer Punktladung oder Punktmasse. Links Darstellung durch einzelne Feldvektoren, rechts durch Feldlinien.*

(a) Feld einer Punktladung oder Punktmasse: Bild 9.1 zeigt eine Darstellung des Feldes

$$\vec{F}(\vec{r}) = \alpha \frac{\vec{r} - \vec{r}_0}{|\vec{r} - \vec{r}_0|^3}, \tag{9.3}$$

das wir schon als Kraftfeld einer Punktmasse M bei $\vec{r}_0$ auf eine Testmasse m bei $\vec{r}$ kennen (mit $\alpha = -GmM$, G =Gravitationskonstante). In der Elektrostatik beschreibt (9.3) entsprechend die Kraft einer Punktladung Q auf eine Testladung q (mit $\alpha = qQ/4\pi\epsilon_0$, ϵ_0 ist die *Dielektrizitätskonstante des Vakuums*). Das Feld (9.3) ist ein Radialfeld. Ein wichtiger Unterschied zwischen den Feldern von Punktmassen und Punktladungen ist das ausschließlich positive Vorzeichen der Masse. Das Feld einer Punktmasse ist also immer attraktiv, während Ladungen einander abstoßen ($qQ > 0$) oder anziehen ($qQ < 0$) können, d.h. das Feld kann zum Zentrum hin oder davon weg gerichtet sein.

(b) Dipolfeld: Das Feld

$$\vec{F}(\vec{r}) = \frac{a}{r^3} \left\{ 3(\vec{p} \cdot \hat{r})\,\hat{r} - \vec{p} \right\} \tag{9.4}$$

heißt *Dipolfeld*. Man erhält dieses Feld als Grenzfall der Überlagerung der Felder zweier Punktladungen Q und $-Q$ bei $\vec{r}_0 = \vec{d}$ und $-\vec{d}$

$$\vec{F}(\vec{r}) = \alpha \frac{\vec{r} - \vec{d}}{|\vec{r} - \vec{d}|^3} - \alpha \frac{\vec{r} + \vec{d}}{|\vec{r} + \vec{d}|^3}, \tag{9.5}$$

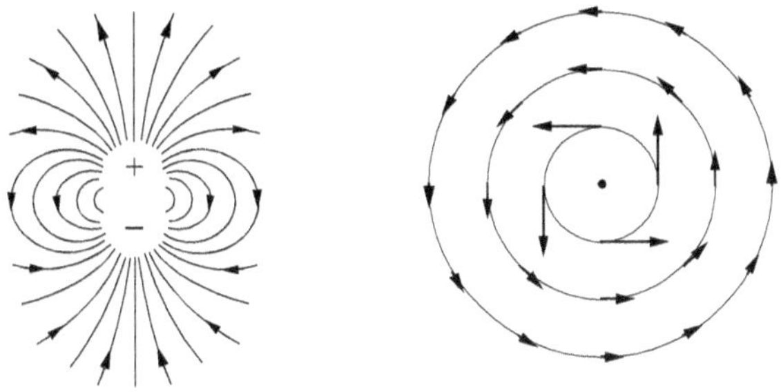

Bild 9.2: Dipolfeld (links) und Magnetfeld um einen Linienstrom (rechts).

für $\vec{d} \to \vec{0}$ und $Q \to \infty$ mit $2Q\vec{d} = \vec{p} =$ konstant (siehe Aufgabe 9.1). Der Vektor $\vec{p}$ heißt *Dipolmoment*. Das Dipolfeld ist symmetrisch bezüglich einer Drehung um die Richtung $\vec{p}$.

(c) Magnetfeld um einen Linienstrom: Das Feld

$$\vec{B}(\vec{r}) = \frac{a}{\rho}\,\hat{e}_\varphi \tag{9.6}$$

in Zylinderkoordinaten ρ, φ, z (dargestellt im Bild 9.2) beschreibt das Magnetfeld um einen Linienstrom längs der z-Achse. Dabei ist die Konstante a proportional zur Stromstärke. Das Feld ist rotationssymmetrisch um $\hat{e}_z$ und zeigt eine Zirkulation um diese Achse. Die Stärke des Feldes nimmt mit wachsender Entfernung von der Achse ab.

In den weiteren Abschnitten dieses Kapitels werden wir die Eigenschaften solcher Vektorfelder näher kennen lernen. Insbesondere werden die schon in Kapitel 3 eingeführten Begriffe der Divergenz und Rotation von Vektorfeldern erläutert.

9.1 Integrale über Vektorfelder

Wenn ein Vektorfeld $\vec{F}(\vec{r})$ gegeben ist, liefern die Divergenz

$$\operatorname{div}\vec{F} = \vec{\nabla}\cdot\vec{F} \tag{9.7}$$

und die Rotation

$$\operatorname{rot}\vec{F} = \vec{\nabla}\times\vec{F} \tag{9.8}$$

Informationen über die lokalen Eigenschaften des Vektorfeldes im Punkte $\vec{r}$. Wie schon erwähnt wurde, gibt die Divergenz die Quellstärke des Feldes an und die Rotation die Verwirbelung. Im Großen sind diese Eigenschaften verknüpft mit integralen Eigenschaften wie die Zirkulation des Feldes längs einer geschlossenen Kurve oder der Fluss des Feldes aus der Oberfläche eines Volumens heraus.

9.1.1 Kurvenintegrale

Gegeben sei ein Vektorfeld $\vec{F}(\vec{r})$ sowie eine Kurve $\mathcal{C}$, die die Punkte $\vec{r}_A$ und $\vec{r}_B$ verbindet. Diese Kurve parametrisieren wir durch den Parameter t:

$$\mathcal{C} = \left\{ \vec{r} = \vec{r}(t) \,\middle|\, t_A \leq t \leq t_B,\ \vec{r}(t_A) = \vec{r}_A,\ \vec{r}(t_B) = \vec{r}_B \right\}. \tag{9.9}$$

Wie bei der Einführung des (riemannschen) Integrals teilt man das Intervall

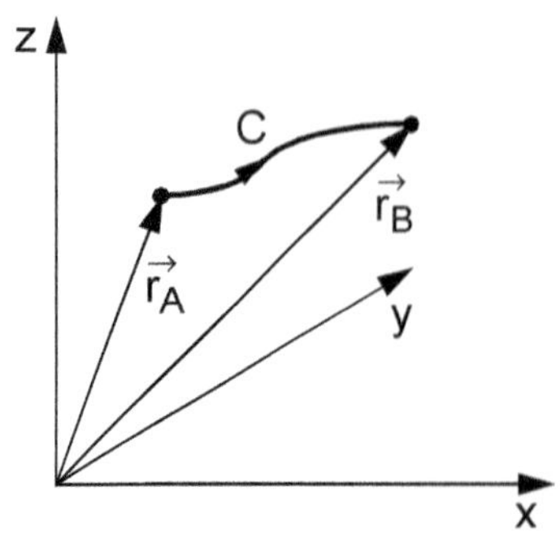

Bild 9.3: Kurve $\mathcal{C}$ von $\vec{r}_A$ nach $\vec{r}_B$.

$t_A \leq t \leq t_B$ in Teilpunkte $t_i < t_{i+1}$, $i = 0, \ldots, N$, mit $t_0 = t_A$, $t_N = t_B$ und bildet die Summe

$$S_N = \sum_{i=1}^{N} \vec{F}(\tilde{\vec{r}}_i) \cdot \Delta\vec{r}_i \tag{9.10}$$

mit $\vec{r}_i = \vec{r}(t_i)$ und $\Delta\vec{r}_i = \vec{r}_i - \vec{r}_{i-1}$. Dabei ist $\tilde{\vec{r}}_i = \vec{r}(\tilde{t}_i)$ mit $t_{i-1} \leq \tilde{t}_i \leq t_i$. Man bildet jetzt den Grenzwert $N \to \infty$ mit $\max|\Delta\vec{r}_i| \to 0$, wobei man im Grenzfall

$$\Delta\vec{r}_i = \left.\frac{\mathrm{d}\vec{r}}{\mathrm{d}t}\right|_{t=t_i} \Delta t_i \tag{9.11}$$

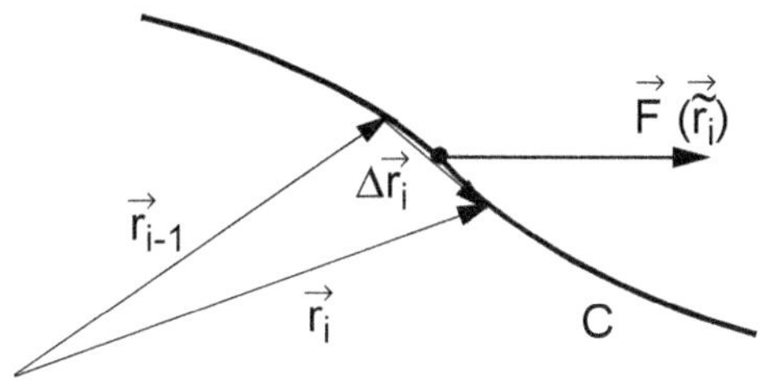

Bild 9.4: Integration des Feldes $\vec{F}(\vec{r})$ über $\Delta\vec{r}$ in Richtung der Kurve $\mathcal{C}$.

mit $\Delta t_i = t_i - t_{i-1}$ setzen kann:

$$\begin{aligned}\lim_{N\to\infty} S_N &= \lim_{N\to\infty} \sum_{i=1}^{N} \vec{F}(\vec{r}_i) \cdot \left.\frac{\mathrm{d}\vec{r}}{\mathrm{d}t}\right|_{t=t_i} \Delta t_i \\ &= \int_{t_A}^{t_B} \vec{F}\left(\vec{r}(t)\right) \cdot \dot{\vec{r}}(t)\ \mathrm{d}t =: \int_{\mathcal{C}} \vec{F}(\vec{r}) \cdot \mathrm{d}\vec{r}. \qquad (9.12)\end{aligned}$$

Der Grenzwert (falls er existiert und unabhängig ist von dem Grenzprozess $N \to \infty$) definiert das Kurvenintegral $\int_{\mathcal{C}} \vec{F}(\vec{r}) \cdot \mathrm{d}\vec{r}$.

Zwei Eigenschaften des Kurvenintegrals sind sofort aus der Definition abzulesen:

(a) Bei Umkehr der Richtung des Durchlaufs der Kurve C ändert sich das Vorzeichen:

$$\int_{-\mathcal{C}} \vec{F} \cdot \mathrm{d}\vec{r} = -\int_{\mathcal{C}} \vec{F} \cdot \mathrm{d}\vec{r}. \qquad (9.13)$$

(b) Das Kurvenintegral ist additiv: Wenn die Kurve $\mathcal{C}$ durch einen Teilpunkt in zwei Teile $\mathcal{C}_1$ und $\mathcal{C}_2$ zerlegt wird, gilt

$$\int_{\mathcal{C}} \vec{F} \cdot \mathrm{d}\vec{r} = \int_{\mathcal{C}_1} \vec{F} \cdot \mathrm{d}\vec{r} + \int_{\mathcal{C}_2} \vec{F} \cdot \mathrm{d}\vec{r}. \qquad (9.14)$$

In physikalischen Anwendungen bedeutet dieses Integral beispielsweise die geleistete Arbeit bei der Bewegung eines Teilchens in einem Kraftfeld $\vec{F}(\vec{r})$ längs der Kurve $\mathcal{C}$. Der Term $\vec{F}(\vec{r}) \cdot \mathrm{d}\vec{r}$ bedeutet dabei eine Projektion der Kraft auf die Richtung der Bewegung, d.h. es ist nur die Komponente der Kraft in Bewegungsrichtung wirksam.

Neben einer Definition des Kurvenintegrals liefert Gleichung (9.12) auch direkt eine Methode zur expliziten Berechnung eines Kurvenintegrals. Einige Beispiele sollen das demonstrieren.

Beispiel (1): Gegeben sei das Vektorfeld

$$\vec{F}(\vec{r}) = (3x^2 + 6y)\hat{e}_x - 14yz\hat{e}_y + 20xz^2\hat{e}_z = \left(3x^2 + 6y, -14yz, 20xz^2\right) . \quad (9.15)$$

Zu berechnen ist das Kurvenintegral $I = \int_{\mathcal{C}} \vec{F} \cdot d\vec{r}$ über drei verschiedene Wege von $P = (0,0,0)$ nach $\overline{P} = (1,1,1)$, die im Bild 9.5 dargestellt sind:

(a) Über einen Polygonzug $\mathcal{C}_a$:

$$\begin{array}{lllll} \mathcal{C}_1 & : & \text{von } P = (0,0,0) & \text{auf gerader Linie nach} & P_1 = (1,0,0) \\ \mathcal{C}_2 & : & \text{von } P_1 = (1,0,0) & \text{auf gerader Linie nach} & P_2 = (1,1,0) \\ \mathcal{C}_3 & : & \text{von } P_2 = (1,1,0) & \text{auf gerader Linie nach} & \overline{P} = (1,1,1) \, . \end{array}$$

Das gesamte Kurvenintegral kann man in drei Teile zerlegen: die Integrationen über drei gerade Linien in Richtung der Koordinatenachsen. Weiterhin gilt für

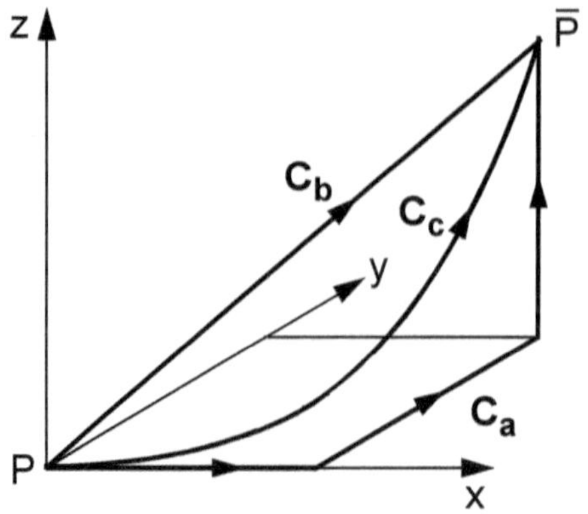

Bild 9.5: Integration eines Vektorfeldes über drei Wege $\mathcal{C}_a$, $\mathcal{C}_b$, $\mathcal{C}_c$ von $P = (0,0,0)$ nach $\overline{P} = (1,1,1)$.

$\mathcal{C}_1 : \mathrm{d}\vec{r} = \hat{e}_x \mathrm{d}x$, für $\mathcal{C}_2 : \mathrm{d}\vec{r} = \hat{e}_y \mathrm{d}y$ und für $\mathcal{C}_3 : \mathrm{d}\vec{r} = \hat{e}_z \mathrm{d}z$. Damit ergibt sich

$$\begin{aligned} I_a &= \int_{\mathcal{C}_1} \vec{F} \cdot \mathrm{d}\vec{r} + \int_{\mathcal{C}_2} \vec{F} \cdot \mathrm{d}\vec{r} + \int_{\mathcal{C}_3} \vec{F} \cdot \mathrm{d}\vec{r} \\ &= \int_0^1 \{3x^2 + 6 \cdot 0\}\,\mathrm{d}x - \int_0^1 14y \cdot 0\,\mathrm{d}y + \int_0^1 20 \cdot 1 \cdot z^2\,\mathrm{d}z \qquad (9.16) \\ &= \frac{3}{3}x^3\Big|_0^1 + 0 + \frac{20}{3}z^3\Big|_0^1 = 1 + \frac{20}{3} = \frac{23}{3}\,. \end{aligned}$$

(b) Entlang der geraden Linie von P nach $\overline{P}$, d.h. $\vec{r}(t) = (x, y, z) = (t, t, t)$, $0 \leq t \leq 1$. Mit $\mathrm{d}\vec{r}/\mathrm{d}t = (1, 1, 1)$ und $\vec{F}(\vec{r}(t)) = (3t^2 + 6t, -14t^2, 20t^3)$ ergibt sich

$$\begin{aligned} I_b &= \int_0^1 \left(3t^2 + 6t, -14t^2, 20t^3\right) \cdot (1, 1, 1)\mathrm{d}t \\ &= \int_0^1 \left\{20t^3 - 11t^2 + 6t\right\} \mathrm{d}t \qquad (9.17) \\ &= \frac{20}{4}t^4\Big|_0^1 - \frac{11}{3}t^3\Big|_0^1 + \frac{6}{2}t^2\Big|_0^1 = 5 - \frac{11}{3} + 3 = \frac{13}{3}\,. \end{aligned}$$

(c) Entlang der gekrümmten Kurve $\vec{r}(t) = (x, y, z) = (t, t^2, t^3)$, $0 \leq t \leq 1$. Mit $\mathrm{d}\vec{r}/\mathrm{d}t = (1, 2t, 3t^2)$ und

$$\vec{F}(\vec{r}(t)) = (3t^2 + 6t^2, -14t^2t^3, 20tt^6) = (9t^2, -14t^5, 20t^7) \qquad (9.18)$$

erhält man

$$\begin{aligned} I_c &= \int_0^1 \left(9t^2, -14t^5, 20t^7\right) \cdot (1, 2t, 3t^2)\mathrm{d}t \\ &= \int_0^1 \left\{9t^2 - 28t^6 + 60t^9\right\} \mathrm{d}t \\ &= \frac{9}{3}t^3\Big|_0^1 - \frac{28}{7}t^7\Big|_0^1 + \frac{60}{10}t^{10}\Big|_0^1 = 3 - 4 + 6 = 5\,. \qquad (9.19) \end{aligned}$$

Fazit: In allen drei Fällen erhält man ein anderes Ergebnis, d.h. das Kurvenintegral ist abhängig vom Weg.

Beispiel (2): Wir wiederholen die Integrationen von Beispiel 1, wählen jedoch das Feld

$$\vec{F}(\vec{r}) = \left(2x^2 + 2xy + 2xz^2, x^2, 2x^2z\right)\,. \qquad (9.20)$$

Hier erhalten wir für die drei Wege die folgenden Werte des Kurvenintegrals:

$$
\begin{aligned}
I_a &= \int_0^1 \left\{2x^2 + 2x \cdot 0 + 2x \cdot 0\right\} \mathrm{d}x + \int_0^1 1^2 \mathrm{d}y + \int_0^1 2 \cdot 1^2 \cdot z \, \mathrm{d}z \\
&= \frac{2}{3} + 1 + \frac{2}{2} = \frac{8}{3}, \qquad (9.21)
\end{aligned}
$$

$$
\begin{aligned}
I_b &= \int_0^1 \left(4t^2 + 2t^3, t^2, 2t^3\right) \cdot (1,1,1) \, \mathrm{d}t \\
&= \int_0^1 \left\{4t^2 + 2t^3 + t^2 + 2t^3\right\} \mathrm{d}t = \int_0^1 \left\{5t^2 + 4t^3\right\} \mathrm{d}t \\
&= \frac{5}{3} + \frac{4}{4} = \frac{8}{3}, \qquad (9.22)
\end{aligned}
$$

$$
\begin{aligned}
I_c &= \int_0^1 \left(2t^2 + 2t^3 + 2t^7, t^2, 2t^5\right) \cdot (1, 2t, 3t^2) \, \mathrm{d}t \\
&= \int_0^1 \left\{2t^2 + 2t^3 + 2t^7 + 2t^3 + 6t^7\right\} \mathrm{d}t = \int_0^1 \left\{2t^2 + 4t^3 + 8t^7\right\} \mathrm{d}t \\
&= \frac{2}{3} + \frac{4}{4} + \frac{8}{8} = \frac{8}{3}. \qquad (9.23)
\end{aligned}
$$

Für dieses Feld ergeben also alle drei Integrationen das gleiche Resultat. Offen bleibt natürlich noch die Frage, ob das für *alle* Wege zwischen zwei Punkten der Fall ist. Später werden wir sehen, dass dies in der Tat zutrifft.

Beispiel (3): Zu berechnen sei das Kurvenintegral über eine geschlossene Kurve wie in Bild 9.6. Hier wählen wir einen Kreis um $\vec{r} = (0, 0, 0)$ in der x, y-Ebene mit Radius R und das Feld

$$\vec{F}(\vec{r}) = \vec{F}_0 = \text{konstant}. \qquad (9.24)$$

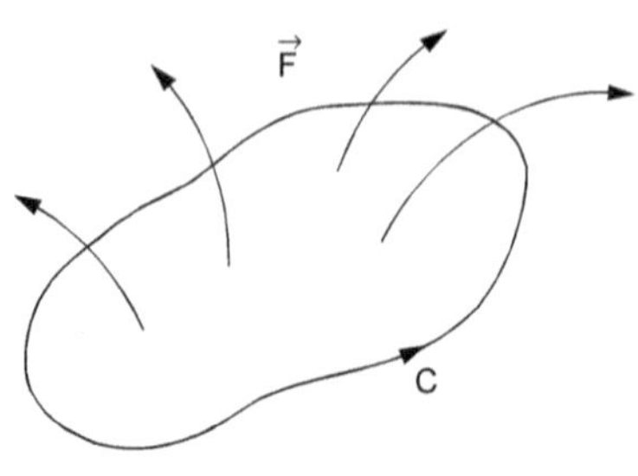

Bild 9.6: Integration eines Vektorfeldes $\vec{F}(\vec{r})$ über eine geschlossene Kurve $\mathcal{C}$.

Mit der Parametrisierung der Kreiskurve als

$$\vec{r}\,(t) = R\,(\cos t, \sin t, 0) \quad , \quad 0 \leq t \leq 2\pi \tag{9.25}$$

und

$$\frac{\mathrm{d}\vec{r}}{\mathrm{d}t} = R(-\sin t, \cos t, 0) \tag{9.26}$$

berechnet man das Kurvenintegral als

$$\begin{aligned} \int_{\text{Kreis}} \vec{F} \cdot \mathrm{d}\vec{r} &= R \int_0^{2\pi} \vec{F}_0 \cdot \big(-\sin t, \cos t, 0 \big)\, \mathrm{d}t \\ &= R\,\vec{F}_0 \cdot \Big(-\int_0^{2\pi} \sin t\, \mathrm{d}t\,, \int_0^{2\pi} \cos t\, \mathrm{d}t\,, 0 \Big) = R\,\vec{F}_0 \cdot \vec{0} = 0\,, \end{aligned} \tag{9.27}$$

denn das Integral des Sinus oder Kosinus über eine Periode ist gleich null.[1] Weiter unten werden wir zeigen können, dass für dieses Feld das Kurvenintegral für *jeden* geschlossenen Weg gleich null ist.

Zum Abschluss dieses Abschnittes noch eine Bemerkung:

Man kennzeichnet das Kurvenintegral über einen geschlossenen Weg auch mit dem Symbol $\oint$ und nennt

$$Z_{\mathcal{C}} = \oint_{\mathcal{C}} \vec{F} \cdot \mathrm{d}\vec{r} \tag{9.28}$$

die *Zirkulation* des Feldes $\vec{F}$.

9.1.2 Wegunabhängigkeit von Kurvenintegralen I

In diesem Abschnitt soll die Wegunabhängigkeit von Kurvenintegralen untersucht werden. Zunächst sieht man wegen der Additivität der Kurvenintegrale und des Vorzeichenwechsels bei Wegumkehr, dass das Kurvenintegral in einem Gebiet[2] genau dann wegunabhängig ist, wenn dort die Zirkulation verschwindet. Fügt man nämlich den Weg $\mathcal{C}_1$ und den negativ durchlaufenen Weg $\mathcal{C}_2$ zu einem geschlossenen Weg $\mathcal{C}$ zusammen (siehe Bild 9.7), so gilt

[1] Davon kann man sich natürlich durch explizite Berechnung des Integrals überzeugen. Instruktiver ist es jedoch, sich zunächst zu überlegen, dass für eine Funktion $f(t)$ mit Periode T (1) das Integral über eine Periode $\int_{t_0}^{t_0+T} f(t)\, dt$ nicht von t_0 abhängt und (2) gleich null ist, wenn $f(t)$ antisymmetrisch bezüglich Spiegelung an einem Punkt τ ist: $f(\tau + t) = -f(\tau - t)$.

[2] Das Gebiet, also eine offene, nichtleere und wegzusammenhängende Menge, sei *einfach zusammenhängend* , d.h. jede geschlossene Kurve lässt sich innerhalb des Gebietes stetig auf einen Punkt zusammenziehen. Es gibt also kein „Loch" in der Menge.

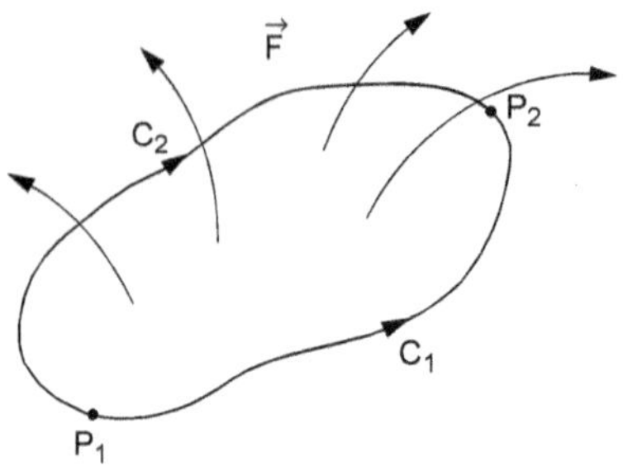

Bild 9.7: Integration eines Vektorfeldes $\vec{F}(\vec{r})$ über zwei Wege $\mathcal{C}_1$ und $\mathcal{C}_2$ von P_1 nach P_2.

$$Z_{\mathcal{C}} = \oint_{\mathcal{C}} \vec{F} \cdot \mathrm{d}\vec{r} = \int_{\mathcal{C}_1} \vec{F} \cdot \mathrm{d}\vec{r} - \int_{\mathcal{C}_2} \vec{F} \cdot \mathrm{d}\vec{r} = 0\,. \tag{9.29}$$

Umgekehrt verschwindet die Zirkulation, wenn das Kurvenintegral wegunabhängig ist. **Differentialformen und totales Differential:** Gegeben sei ein Ausdruck der Form

$$u(x,y)\,\mathrm{d}x + v(x,y)\,\mathrm{d}y\,, \tag{9.30}$$

abhängig von den zwei Variablen x und y, eine so genannte *Differentialform*. Ist nun dieser Ausdruck das totale Differential einer Funktion $f(x,y)$? Wenn ja, dann gelten mit

$$\mathrm{d}f = \frac{\partial f}{\partial x}\,\mathrm{d}x + \frac{\partial f}{\partial y}\,\mathrm{d}y \tag{9.31}$$

die Beziehungen

$$u(x,y) = \frac{\partial f}{\partial x} \quad , \quad v(x,y) = \frac{\partial f}{\partial y}\,. \tag{9.32}$$

Zieht man den Satz von Schwarz

$$\frac{\partial^2 f}{\partial y \partial x} = \frac{\partial^2 f}{\partial x \partial y} \tag{9.33}$$

heran (es sei unterstellt, dass $f(x,y)$ zweimal stetig partiell differenzierbar ist), so erhält man als notwendige Bedingung

$$\frac{\partial u}{\partial y} = \frac{\partial v}{\partial x}\,. \tag{9.34}$$

Es lässt sich zeigen, dass diese Bedingung für einfach zusammenhängende Gebiete (vgl. Seite 241) auch hinreichend ist,[3] also

$$\frac{\partial u}{\partial y} = \frac{\partial v}{\partial x} \implies \text{es gibt } f(x,y) \text{ mit } \mathrm{d}f = u\,\mathrm{d}x + v\,\mathrm{d}y\,. \tag{9.35}$$

Ein **Beispiel** zur Illustration: Die Differentialform

$$u\,\mathrm{d}x + v\,\mathrm{d}y = (x^2 + 2xy)\,\mathrm{d}x + (y^4 + \lambda x^2)\,\mathrm{d}y \tag{9.36}$$

führt zu

$$\frac{\partial u}{\partial y} = 2x \quad , \quad \frac{\partial v}{\partial x} = 2\lambda x\,. \tag{9.37}$$

Das obige Kriterium sagt aus, dass (9.36) das totale Differential ist für $\lambda = 1$ und sonst nicht. Wie man leicht nachprüft, ist (9.36) in der Tat das totale Differential der Funktion

$$f(x,y) = \frac{1}{3}x^3 + x^2y + \frac{1}{5}y^5 + c \tag{9.38}$$

mit einer Konstanten c.

Im Fall dreier Veränderlicher x, y, z ist die Differentialform

$$u(x,y,z)\,\mathrm{d}x + v(x,y,z)\,\mathrm{d}y + w(x,y,z)\,\mathrm{d}z \tag{9.39}$$

das totale Differential einer Funktion $f(x,y,z)$, wenn die Bedingung (9.35) für jedes Paar von Variablen erfüllt ist, d.h. wenn gilt

$$\frac{\partial u}{\partial y} = \frac{\partial v}{\partial x}\,,\ \frac{\partial u}{\partial z} = \frac{\partial w}{\partial x}\,,\ \frac{\partial v}{\partial z} = \frac{\partial w}{\partial y}$$
$$\implies \text{es gibt } f(x,y,z) \text{ mit } \mathrm{d}f = u\,\mathrm{d}x + v\,\mathrm{d}y + w\,\mathrm{d}z\,. \tag{9.40}$$

Dazu zwei Beispiele:

Beispiel (1): Für die Differentialform

$$u\,\mathrm{d}x + v\,\mathrm{d}y + w\,\mathrm{d}z = (2x^2 + 2xy + 2xz^2)\,\mathrm{d}x + x^2\,\mathrm{d}y + 2x^2z\,\mathrm{d}z \tag{9.41}$$

ergibt sich

$$\frac{\partial u}{\partial y} = 2x = \frac{\partial v}{\partial x}\,,\ \frac{\partial u}{\partial z} = 4xz = \frac{\partial w}{\partial x}\,,\ \frac{\partial v}{\partial z} = 0 = \frac{\partial w}{\partial y}\,, \tag{9.42}$$

[3] Auf einen Beweis wird an dieser Stelle verzichtet, da diese Aussage in Abschnitt 9.5.5 klar wird.

das heißt, (9.41) ist das totales Differential einer Funktion $f(x, y, z)$, die man in diesem Fall leicht erraten kann:

$$f(x, y, z) = \frac{2}{3}x^3 + x^2 y + x^2 z^2 + c\,. \tag{9.43}$$

Beispiel (2): Die Differentialform

$$yz\,\mathrm{d}x + xz\,\mathrm{d}y + xyz\,\mathrm{d}z \tag{9.44}$$

ist dagegen kein totales Differential, da z.B.

$$\frac{\partial xyz}{\partial x} = yz \;\neq\; \frac{\partial yz}{\partial z} = y\,. \tag{9.45}$$

Sei jetzt $f(\vec{r}\,)$ eine skalare Funktion. Dann ist

$$\mathrm{d}f = \vec{F}\cdot\mathrm{d}\vec{r} \quad \text{mit} \quad \vec{F} = \vec{\nabla} f \tag{9.46}$$

ein totales Differential und das Integral über eine Kurve $\mathcal{C}_{AB}$ von $\vec{r}_A$ nach $\vec{r}_B$

$$\int_{\mathcal{C}_{AB}} \vec{F}\cdot\mathrm{d}\vec{r} = \int_{\vec{r}_A}^{\vec{r}_B} \mathrm{d}f = f(\vec{r}_B) - f(\vec{r}_A) \tag{9.47}$$

ist unabhängig vom Weg. Ist umgekehrt das Kurvenintegral wegunabhängig, so definiert es eine skalare Funktion

$$f(\vec{r}\,) = \int_{\vec{r}_0}^{\vec{r}} \vec{F}\cdot\mathrm{d}\vec{r}\,, \tag{9.48}$$

wobei die Integration über einen beliebigen Weg von einem beliebigen festen Punkt $\vec{r}_0$ nach $\vec{r}$ ausgeführt werden kann. Wir können also formulieren:

- $\int_{\mathcal{C}} \vec{F}\cdot\mathrm{d}\vec{r}$ wegunabhängig $\Longleftrightarrow$ $\vec{F}\cdot\mathrm{d}\vec{r}$ totales Differential

oder – wenn man das Kriterium (9.40) auf die Differentialform

$$\vec{F}\cdot\mathrm{d}\vec{r} = F_x\,\mathrm{d}x + F_y\,\mathrm{d}y + F_z\,\mathrm{d}z \tag{9.49}$$

umschreibt – wenn die Rotation von $\vec{F}$ verschwindet:

- $\vec{F}\cdot\mathrm{d}\vec{r}$ totales Differential $\Longleftrightarrow$ $\vec{\nabla}\times\vec{F} = \vec{0}\,.$

Es sei angemerkt, dass die Differentialform (9.41) mit $\vec{F}\cdot\mathrm{d}\vec{r}$ für das oben untersuchte Vektorfeld (9.20) übereinstimmt. Damit haben wir die oben gestellte Frage nach der Wegunabhängigkeit des Kurvenintegrals für dieses Feld bejaht. Weiterhin können wir jetzt die skalare Funktion in (9.43) durch eine Integration wie in (9.48) ermitteln.

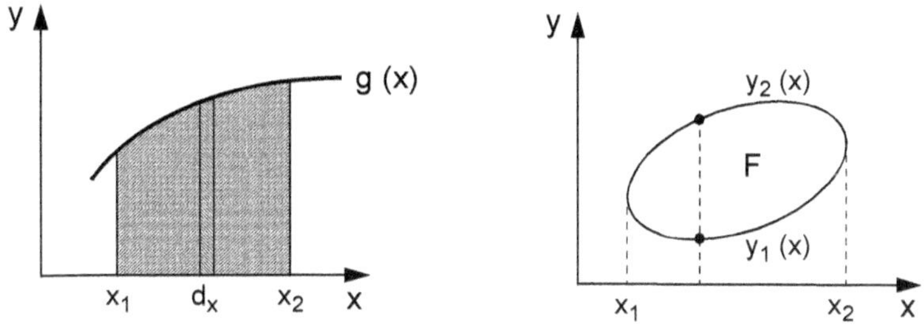

Bild 9.8: Links: Integration der Funktion $g(x)$ im Bereich $x_1 \leq x \leq x_2$ ergibt die Fläche unter der Kurve $g(x)$. Rechts: Integration über einen Bereich $\mathcal{F}$ der (x, y)-Ebene.

9.1.3 Flächen- und Volumenintegrale

In diesem Abschnitt sollen mehrfache Integrale, das heißt Integrale über Funktionen von mehreren Variablen, vorgestellt werden. Das eindimensionale Integral

$$I = \int_{x_1}^{x_2} \mathrm{d}x \, g(x) \tag{9.50}$$

lässt sich als die Fläche unter der Kurve $g(x)$ im Bereich $x_1 \leq x \leq x_2$ interpretieren (links im Bild 9.8). Eine Funktion $g(x, y)$, die von zwei Variablen abhängt, kann man über einen Bereich $\mathcal{F}$ der (x, y)-Ebene integrieren, der durch die Randkurven $y_1(x)$ und $y_2(x)$ begrenzt sein soll, also

$$\mathcal{F} = \Big\{ (x, y) \,\Big|\, x_1 \leq x \leq x_2 \,, \; y_1(x) \leq y \leq y_2(x) \Big\} \tag{9.51}$$

(rechts im Bild 9.8). Das Integral ist

$$\begin{aligned} I &= \iint_{\mathcal{F}} \mathrm{d}x \, \mathrm{d}y \, g(x, y) = \int_{x_1}^{x_2} \mathrm{d}x \int_{y_1(x)}^{y_2(x)} \mathrm{d}y \, g(x, y) \\ &= \int_{x_1}^{x_2} \mathrm{d}x \Big[G(x, y_2(x)) - G(x, y_1(x)) \Big] \,, \end{aligned} \tag{9.52}$$

wobei $G(x, y)$ bezüglich y eine beliebige Stammfunktion von $g(x, y)$ ist:

$$\frac{\partial G(x, y)}{\partial y} = g(x, y) \,. \tag{9.53}$$

Man integriert also zunächst bei festgehaltenem x über y von y_1 bis y_2, wobei diese Grenzen von x abhängen, und danach über x; diese Reihenfolge der Integration lässt sich auch vertauschen.[4]

Man kann sich das Integral (9.52) als das Volumen „unter" der Funktion $g(x, y)$ über dem Bereich $\mathcal{F}$ veranschaulichen, wie im Bild 9.9 skizziert. Dann liefert das Integral $\int_{y_1(x)}^{y_2(x)} \mathrm{d}y\, g(x, y)$ multipliziert mit $\mathrm{d}x$ das Volumen einer dünnen Scheibe; über alle diese Scheiben wird dann integriert.

Entsprechend zum zweidimensionalen Fall lässt sich auch das dreidimensionale Integral einer Funktion $g(x, y, z)$ über das Volumen $\mathcal{V}$ erklären:

$$I = \iiint_{\mathcal{V}} \mathrm{d}x\, \mathrm{d}y\, \mathrm{d}z\, g(x, y, z) = \int_{x_1}^{x_2} \mathrm{d}x \int_{y_1(x)}^{y_2(x)} \mathrm{d}y \int_{z_1(x,y)}^{z_2(x,y)} \mathrm{d}z\, g(x, y, z)\,. \tag{9.54}$$

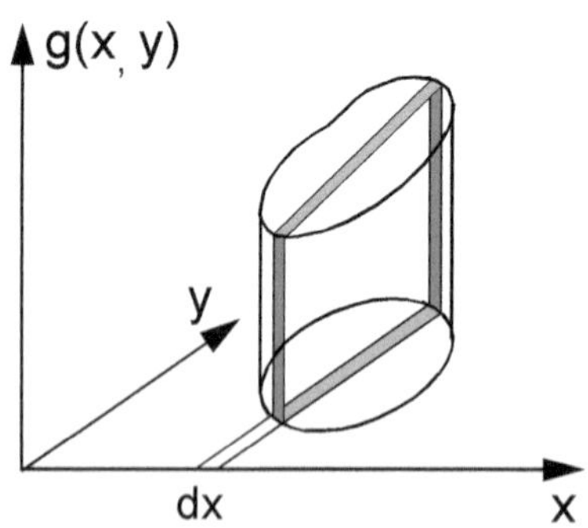

Bild 9.9: Die Integration über einen Bereich $\mathcal{F}$ der (x, y)-Ebene ergibt das Volumen unter der Funktion $g(x, y)$.

Es existieren verschiedene Schreibweisen: Für das *Flächenelement* schreibt man auch

$$\mathrm{d}x\, \mathrm{d}y = \mathrm{d}^2 r = \mathrm{d}F \tag{9.55}$$

und für das *Volumenelement*

$$\mathrm{d}x\, \mathrm{d}y\, \mathrm{d}z = \mathrm{d}^3 r = \mathrm{d}V\,. \tag{9.56}$$

[4] In einer genauen Definition des Mehrfachintegrals wird die Unabhängigkeit von der Reihenfolge der Integration für die Existenz des Integrals von vornherein gefordert.

Dabei beziehen sich die Ausdrücke $\mathrm{d}x\,\mathrm{d}y$ und $\mathrm{d}x\,\mathrm{d}y\,\mathrm{d}z$ nur auf kartesische Koordinaten, die anderen Schreibweisen sind allgemein. Man schreibt also

$$\iint \mathrm{d}x\,\mathrm{d}y\,g(x,y) = \int \mathrm{d}^2r\,g(\vec{r}) = \int \mathrm{d}F\,g(\vec{r}) \tag{9.57}$$

mit $\vec{r} = (x,y)$ und

$$\iiint \mathrm{d}x\,\mathrm{d}y\,\mathrm{d}z\,g(x,y,z) = \int \mathrm{d}^3r\,g(\vec{r}) = \int \mathrm{d}V\,g(\vec{r}) \tag{9.58}$$

mit $\vec{r} = (x,y,z)$.

Einige Beispiele zur Übung:

Beispiel (1): Mit $g(\vec{r}) = 1$ erhält man im zweidimensionalen Fall den Flächeninhalt

$$\iint_{\mathcal{F}} \mathrm{d}x\,\mathrm{d}y = \int_{\mathcal{F}} \mathrm{d}\,F = F \tag{9.59}$$

und im dreidimensionalen Fall das Volumen

$$\iiint_{\mathcal{V}} \mathrm{d}x\,\mathrm{d}y\,\mathrm{d}z = \int_{\mathcal{V}} \mathrm{d}\,V = V\,. \tag{9.60}$$

Beispiel (2): Als zweites Beispiel soll die Funktion $g(x,y) = 1$ über die Fläche

$$\mathcal{F} = \left\{ (x,y) \,\middle|\, 0 \le x \le 1;\;\; x^2 \le y \le x \right\} \tag{9.61}$$

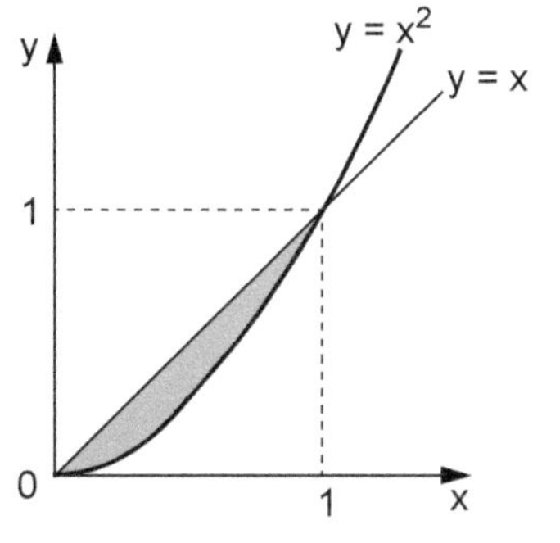

Bild 9.10: Integration über die Fläche zwischen einer Parabel und der Winkelhalbierenden.

integriert werden, also über eine Fläche, die eingeschlossen ist von der Parabel $y = x^2$ und der Winkelhalbierenden (siehe Bild 9.10).

Das Integral ist also

$$\begin{aligned} I &= \int \mathrm{d}F\, g(x,y) = \int_0^1 \mathrm{d}x \int_{x^2}^{x} \mathrm{d}y \\ &= \int_0^1 \mathrm{d}x\, [\, y\,]_{y=x^2}^{y=x} = \int_0^1 \mathrm{d}x\, \{x - x^2\} \\ &= \left[\frac{1}{2}x^2 - \frac{1}{3}x^3\right]_0^1 = \frac{1}{2} - \frac{1}{3} = \frac{1}{6} \end{aligned} \tag{9.62}$$

oder alternativ bei Vertauschung der Reihenfolge der Integration:

$$\begin{aligned} I &= \int_0^1 \mathrm{d}y \int_y^{\sqrt{y}} \mathrm{d}x = \int_0^1 \mathrm{d}y\, [\, \sqrt{y} - y\,] \\ &= \left[\frac{2}{3}y^{3/2} - \frac{1}{2}y^2\right]_0^1 = \frac{2}{3} - \frac{1}{2} = \frac{1}{6}\,. \end{aligned} \tag{9.63}$$

Eine solche Vertauschung der Reihenfolge kann manchmal zweckmäßig sein, um die analytische Berechnung des Integrals zu vereinfachen oder überhaupt erst zu ermöglichen.

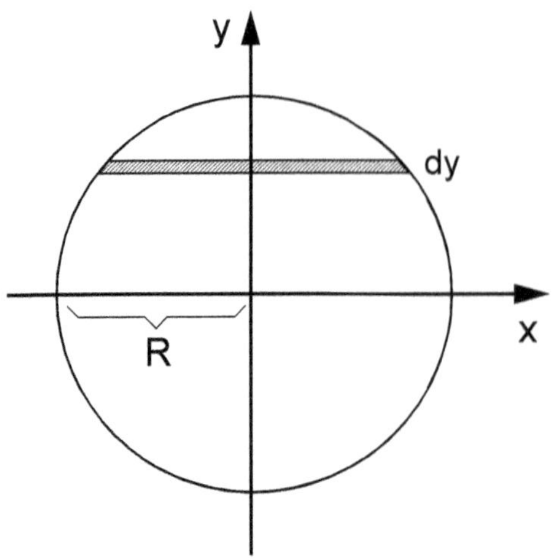

Bild 9.11: Integration über eine Kreisfläche.

Beispiel (3): Die Berechnung einer Kreisfläche $\sqrt{x^2+y^2} \leq R$ in kartesischen Koordinaten x und y (vgl. Bild 9.11) führt auf das Integral

$$\begin{aligned} F &= \int_{-R}^{+R} \mathrm{d}y \int_{-\sqrt{R^2-y^2}}^{+\sqrt{R^2-y^2}} \mathrm{d}x = 2\int_{-R}^{+R} \mathrm{d}y \sqrt{R^2-y^2} \\ &= 2\left[-\frac{R^2}{2}\arccos\frac{y}{R} + \frac{y}{2}\sqrt{R^2-y^2}\right]_{-R}^{+R} = 2\frac{1}{2}R^2\pi = \pi R^2 . \quad (9.64) \end{aligned}$$

Alternativ kann man dieses Integral auch in ebenen Polarkoordinaten berechnen. Mit dem Flächenelement $\mathrm{d}F = r\,\mathrm{d}r\,\mathrm{d}\varphi$ [vgl. Gleichung (1.162)] ist

$$F = \int_0^R r\,\mathrm{d}r \int_0^{2\pi} \mathrm{d}\varphi = 2\pi \int_0^R r\,\mathrm{d}r = \pi R^2 . \quad (9.65)$$

Beispiel (4): Als letztes Beispiel berechnen wir das dreidimensionale Integral der Funktion $\varrho(\vec{r}) = xyz$ über ein Volumen, das, wie im Bild 9.12 illustriert, von den Koordinatenebenen und der Ebene $2x + 2y + z = 6$ begrenzt wird. Dieses Integral kann beispielsweise die Gesamtladung Q eines Körpers mit der Form einer Dreieckspyramide und der Raumladungsdichte $\varrho(\vec{r})$ darstellen. Es ergibt sich:

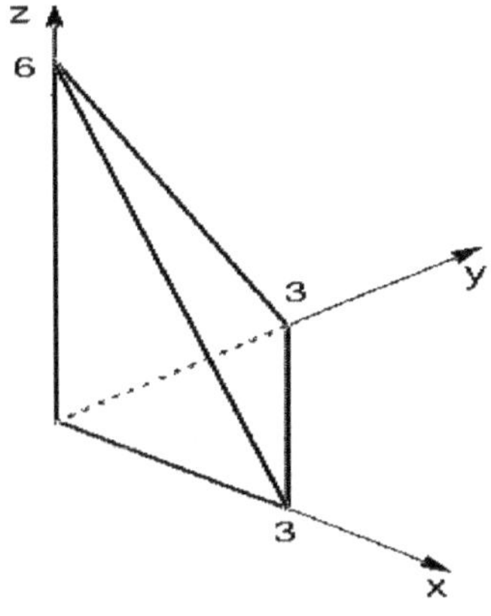

Bild 9.12: Integration über einen pyramidenförmigen Körper, der durch die Koordinatenflächen und die Ebene $z = 6 - 2x - 2y$ begrenzt wird.

$$\begin{aligned}
Q &= \iiint\limits_V \mathrm{d}x\,\mathrm{d}y\,\mathrm{d}z\,xyz = \int_0^3 \mathrm{d}x \int_0^{3-x} \mathrm{d}y \int_0^{6-2x-2y} \mathrm{d}z\,xyz \\
&= \int_0^3 \mathrm{d}x\,x \int_0^{3-x} \mathrm{d}y\,y \left[\frac{1}{2}z^2\right]_0^{6-2x-2y} = \int_0^3 \mathrm{d}x\,x \int_0^{3-x} \mathrm{d}y\,\frac{y}{2}\left\{6-2x-2y\right\}^2 \\
&= 2\int_0^3 \mathrm{d}x\,x \int_0^{3-x} \mathrm{d}y\,\left\{(3-x)^2y - 2(3-x)y^2 + y^3\right\} \\
&= 2\int_0^3 \mathrm{d}x\,x \left[\frac{1}{2}(3-x)^2y^2 - \frac{2}{3}(3-x)y^3 + \frac{1}{4}y^4\right]_0^{3-x} \\
&= 2\int_0^3 \mathrm{d}x\,x \left\{\frac{1}{2}(3-x)^4 - \frac{2}{3}(3-x)^4 + \frac{1}{4}(3-x)^4\right\} \\
&= \frac{1}{6}\int_0^3 \mathrm{d}x\,x(3-x)^4 = -\frac{1}{6}\int_3^0 \mathrm{d}u(3-u)u^4 = \frac{1}{6}\int_0^3 \mathrm{d}u(3u^4-u^5) \\
&= \frac{1}{6}\left[\frac{3}{5}u^5 - \frac{1}{6}u^6\right]_0^3 = \frac{3^6}{6}\left\{\frac{1}{5}-\frac{1}{6}\right\} = \frac{3^5}{2}\frac{1}{5\cdot 6} = \frac{81}{20}\,. \qquad (9.66)
\end{aligned}$$

Dabei wurde in den letzten Umformungen die Variablensubstitution $u = 3 - x$ benutzt.

9.1.4 Oberflächenintegrale

Wir kommen jetzt zu dem zentralen Thema dieses Kapitels, der Integration eines Vektorfeldes $\vec{A}(\vec{r})$ über eine gegebene Oberfläche, die in der Regel gekrümmt sein wird. Man kann eine solche Oberfläche durch zwei Variable, u und v, parametrisieren, also

$$\mathcal{F} = \left\{\vec{r} = \vec{r}(u,v)\,\middle|\, u, v \in \text{Definitionsbereich}\right\}. \qquad (9.67)$$

Wenn man eine der Variablen, z.B. v, festhält und die andere Variable, hier also u, den Wertebereich durchläuft, erhält man eine Linie auf der Fläche $\mathcal{F}$. Eine Schar solcher Linien ergibt sich, wenn der konstante Wert von v geändert wird. Eine entsprechende Linienschar erhält man für konstante Werte des Parameters u. Diese Linien bilden ein Gitternetz über der Ebene, wie im Bild 9.13 illustriert. In einigen besonders einfachen Fällen ist es möglich, durch eine geeignete Parametrisierung die Gitternetzlinien lokal orthogonal zu wählen

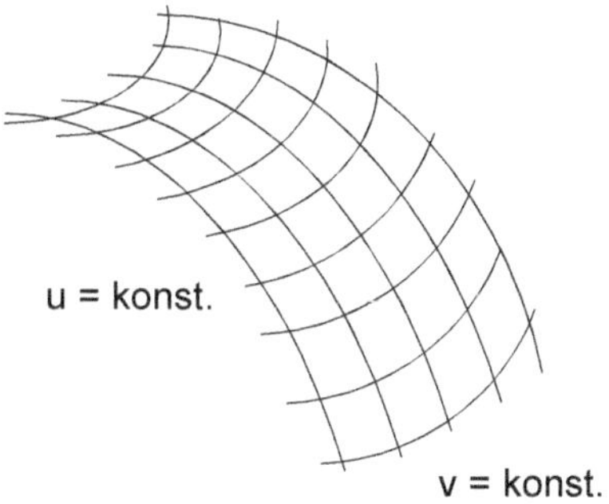

Bild 9.13: Oberfläche, parametrisiert durch die zwei Variablen u und v.

(vgl. auch Abschnitt 1.4). Ein Beispiel ist die Parametrisierung der Kugeloberfläche durch Längen- und Breitengrade. Im allgemeinen Fall aber müssen wir Parametrisierungen verwenden, deren Gitternetzlinien nicht orthogonal zueinander sind.

In dem Bild 9.14 ist ein differentiell kleiner Ausschnitt eines solchen Gitternetzes dargestellt. Die vier Gitterpunkte $\vec{r}(u,v)$, $\vec{r}(u+\mathrm{d}u,v)$, $\vec{r}(u,v+\mathrm{d}v)$ und $\vec{r}(u+\mathrm{d}u,v+\mathrm{d}v)$ bilden im Grenzfall differentiell kleiner $\mathrm{d}u$ und $\mathrm{d}v$ ein Parallelogramm, das von den beiden Vektoren $\mathrm{d}\vec{s_u} = \vec{r}(u+\mathrm{d}u,v) - \vec{r}(u,v)$ und $\mathrm{d}\vec{s_v} = \vec{r}(u,v+\mathrm{d}v) - \vec{r}(u,v)$ aufgespannt wird. Wenn man sich die Definition

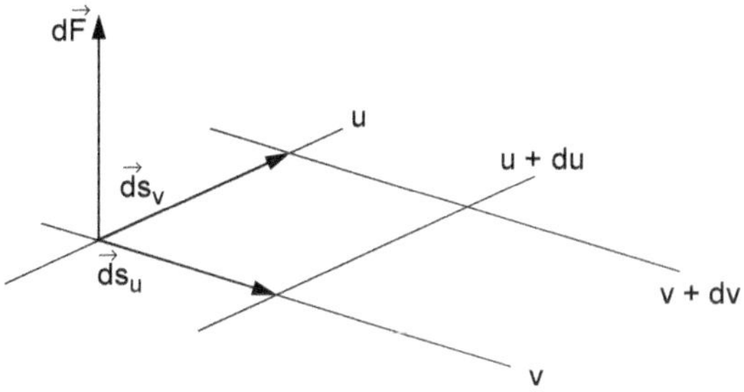

Bild 9.14: Differentiell kleines Flächenelement.

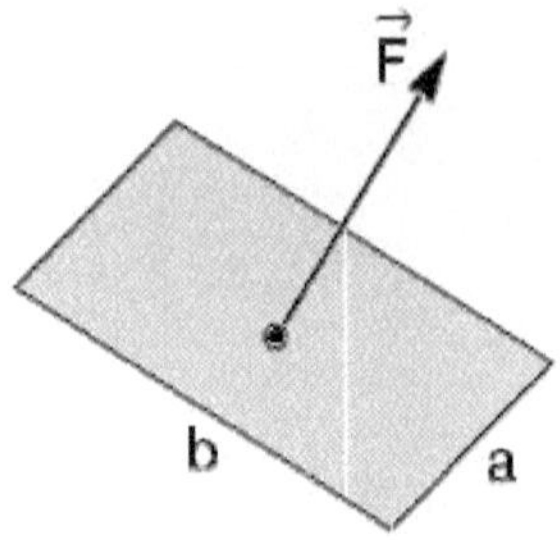

Bild 9.15: Der Flächenvektor $\vec{F}$ steht senkrecht auf der Fläche; sein Betrag ist gleich dem Flächeninhalt.

der partiellen Ableitung (1.117) in Erinnerung ruft, so kann man schreiben

$$d\vec{s_u} = \vec{r}(u+du,v) - \vec{r}(u,v) = \frac{\partial\vec{r}}{\partial u}du \tag{9.68}$$

$$d\vec{s_v} = \vec{r}(u,v+dv) - \vec{r}(u,v) = \frac{\partial\vec{r}}{\partial v}dv\,. \tag{9.69}$$

Mit den Abkürzungen

$$\vec{r}_u = \frac{\partial\vec{r}}{\partial u} \quad , \quad \vec{r}_v = \frac{\partial\vec{r}}{\partial v} \tag{9.70}$$

ergibt sich das *Flächenelement*

$$d\vec{F} = d\vec{s_u} \times d\vec{s_v} = \left(\vec{r}_u \times \vec{r}_v\right)du\,dv\,, \tag{9.71}$$

ein Vektor, der senkrecht auf der Fläche steht und dessen Betrag gleich dem Flächeninhalt ist. In vielen Anwendungen verwendet man auch die *Flächennormale*

$$\vec{n} = \frac{\vec{r}_u \times \vec{r}_v}{|\vec{r}_u \times \vec{r}_v|}\,. \tag{9.72}$$

Das Flächenelement (9.71) schreibt sich damit als

$$d\vec{F} = \vec{n}\,dF \quad \text{mit} \quad dF = \left|\vec{r}_u \times \vec{r}_v\right|du\,dv\,. \tag{9.73}$$

Zur Illustration berechnen wir das Flächenelement in Kugelkoordinaten r, ϑ, φ (vgl. Abschnitt 1.4.3) auf der Oberfläche einer Kugel mit r = *konstant.* Parametrisiert man mit $u = \vartheta$ und $v = \varphi$, so erhält man mit

$$\vec{r}_\vartheta = b_\vartheta\hat{e}_\vartheta = r\hat{e}_\vartheta \quad , \quad \vec{r}_\varphi = b_\varphi\hat{e}_\varphi = r\sin\vartheta\,\hat{e}_\varphi \quad , \quad \hat{e}_\vartheta \times \hat{e}_\varphi = \hat{e}_r \tag{9.74}$$

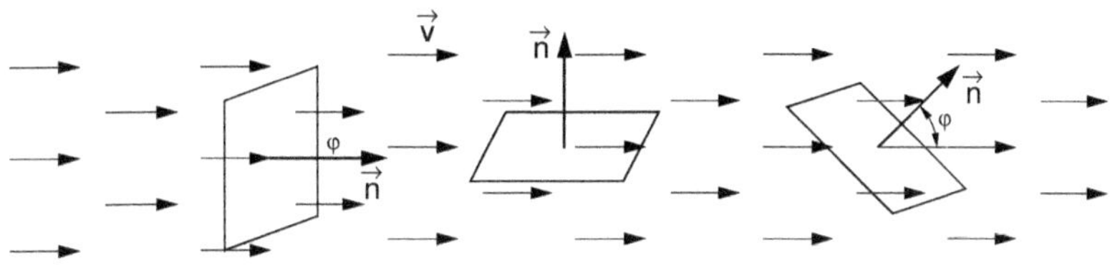

Bild 9.16: Fluss $\Phi = \vec{A} \cdot \vec{F}$ des Vektorfeldes $\vec{A}$ durch eine Fläche.

$$\mathrm{d}\vec{F} = \vec{r}_\vartheta \times \vec{r}_\varphi \, \mathrm{d}\vartheta \, \mathrm{d}\varphi = \hat{e}_r r^2 \sin\vartheta \, \mathrm{d}\vartheta \, \mathrm{d}\varphi = \hat{e}_r \, r^2 \, \mathrm{d}\Omega \tag{9.75}$$

mit dem Raumwinkelelement $\mathrm{d}\Omega = \sin\vartheta \, \mathrm{d}\vartheta \, \mathrm{d}\varphi$ aus (1.190).

Damit sind wir jetzt in der Lage, unser gesuchtes Oberflächenintegral zu erklären. Betrachten wir zunächst den einfachen Fall eines konstanten Geschwindigkeitsfeldes $\vec{v}$ eines Teilchenstroms mit Teilchendichte N. Dann ist $\vec{A} = N\vec{v}$ der Vektor der Teilchenstromdichte, dessen Betrag die Anzahl der Teilchen pro Fläche und Zeiteinheit angibt. Da die Fläche eine gerichtete Größe ist, hängt die Anzahl der Teilchen, die die Fläche durchsetzen, von dem Winkel zwischen der Fläche $\vec{F}$ und dem Teilchenstrom $\vec{A} = N\vec{v}$ ab. Es ist nur die effektive Fläche – die Projektion der Fläche auf die Richtung des Teilchenstroms – maßgebend:

$$\Phi = N \, \vec{v} \cdot \vec{F} = NvF \cos\varphi \,, \tag{9.76}$$

wie im Bild 9.16 illustriert. Stellt man den Flächenvektor $\vec{F}$ parallel zum Feld, so ist der Teilchenfluss Φ durch die Fläche (Anzahl der Teilchen pro Zeiteinheit) maximal: $\Phi = NvF$; in einer Einstellung der Fläche senkrecht zum Strom ist der Teilchenfluss gleich null.

Allgemein nennt man daher den Ausdruck

$$\Phi = \vec{A} \cdot \vec{F} \tag{9.77}$$

den *Fluss* des Feldes $\vec{A}$ durch die Fläche $\vec{F}$, oder für ein differentiell kleines Flächenelement

$$\mathrm{d}\Phi = \vec{A} \cdot \mathrm{d}\vec{F} \tag{9.78}$$

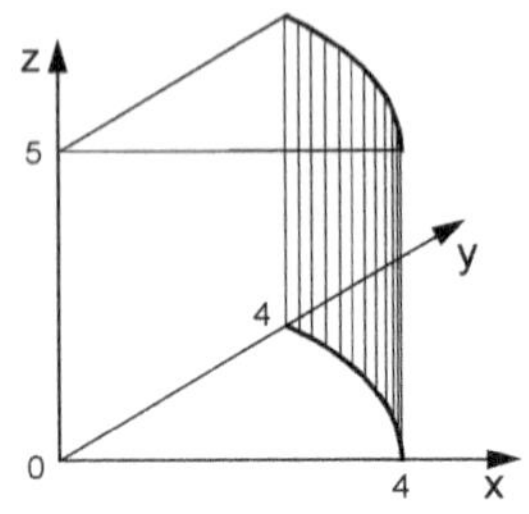

Bild 9.17: Integration über einen Teil einer Zylinderfläche.

und schließlich das Integral über eine Fläche $\mathcal{F}$

$$\Phi = \int_{\mathcal{F}} \vec{A} \cdot \mathrm{d}\vec{F} \,. \tag{9.79}$$

Von besonderem Interesse ist in vielen Anwendungen der Fluss eines Feldes durch eine *geschlossene* Fläche, zum Beispiel die Oberfläche eines Körpers. Analog zum Kurvenintegral kennzeichnet man ein solches Integral in einer speziellen Schreibweise als

$$\Phi = \oiint_{\mathcal{F}} \vec{A} \cdot \mathrm{d}\vec{F} \,. \tag{9.80}$$

Es soll noch angemerkt werden, dass es generell zwei senkrechte Richtungen auf einer Fläche gibt. Im Allgemeinen ist die Richtung, in der man den Flächenvektor wählt, beliebig. Im Falle einer geschlossenen Fläche ist es jedoch Konvention, den Flächenvektor nach außen zu richten. Zwei Beispiele sollen die konkrete Berechnung von Integralen über gekrümmte Flächen demonstrieren:

Beispiel (1): Das Feld

$$\vec{A}(\vec{r}) = (z, x, -3y^2 z) \tag{9.81}$$

ist über eine Zylinderfläche

$$\mathcal{F} = \left\{ (x,y,z) \,\middle|\, x \geq 0,\ y \geq 0,\ x^2 + y^2 = 16,\ 0 \leq z \leq 5 \right\} \tag{9.82}$$

zu integrieren, also über die Oberfläche eines Zylinders mit Radius 4 um die z-Achse im ersten Oktanten zwischen $z = 0$ und $z = 5$ (vgl. Bild 9.17). Wir parametrisieren die Fläche als

$$\vec{r}(u,v) = (4\cos u, 4\sin u, v) \quad 0 \leq u \leq \pi/2,\ 0 \leq v \leq 5 \,. \tag{9.83}$$

Das Feld (9.81) ist dann

$$\vec{A}\,(\vec{r}\,(u,v)) = (v, 4\cos u, -48v\sin^2 u)\,. \tag{9.84}$$

Daneben benötigen wir noch die Vektoren $\vec{r}_u = \partial\vec{r}/\partial u$ und $\vec{r}_v = \partial\vec{r}/\partial v$ in den Koordinatenrichtungen:

$$\vec{r}_u = (-4\sin u, 4\cos u, 0) \quad , \quad \vec{r}_v = (0,0,1) \tag{9.85}$$

und damit

$$\vec{r}_u \times \vec{r}_v = \begin{vmatrix} \vec{e}_x & \vec{e}_y & \vec{e}_z \\ -4\sin u & 4\cos u & 0 \\ 0 & 0 & 1 \end{vmatrix} = (4\cos u, 4\sin u, 0)\,. \tag{9.86}$$

Jetzt berechnen wir das Skalarprodukt mit $\vec{A}$ aus (9.84):

$$\vec{A}\cdot(\,\vec{r}_u \times \vec{r}_v) = 4v\cos u + 16\cos u\sin u = 4v\cos u + 8\sin 2u \tag{9.87}$$

und integrieren

$$\begin{aligned} \Phi &= \int\limits_{\mathcal{F}} \vec{A}\cdot \mathrm{d}\vec{F} = \iint\limits_{\mathcal{F}} \Big\{4v\cos u + 8\sin 2u\Big\}\mathrm{d}u\,\mathrm{d}v \\ &= 4\int_0^5 \mathrm{d}v \int_0^{\pi/2} \mathrm{d}u\Big\{v\cos u + 2\sin 2u\Big\} = 4\int_0^5 \mathrm{d}v\Big\{v+1+1\Big\} \\ &= 4\left[\frac{1}{2}v^2 + 2v\right]_0^5 = 4\left(\frac{25}{2}+10\right) = 90\,. \end{aligned} \tag{9.88}$$

Beispiel (2): Wählt man speziell das Vektorfeld

$$\vec{A}\,(\,\vec{r}\,) = \vec{n}(\,\vec{r}\,) = \frac{\vec{r}_u \times \vec{r}_v}{|\vec{r}_u \times \vec{r}_v|}\,, \tag{9.89}$$

so liefert das Flächenintegral den Wert F des Flächeninhalts:

$$F = \int\limits_{\mathcal{F}} \vec{A}\cdot\mathrm{d}\vec{F} = \iint\limits_{\mathcal{F}} \frac{(\,\vec{r}_u \times \vec{r}_v)^2}{|\vec{r}_u \times \vec{r}_v|}\mathrm{d}u\,\mathrm{d}v = \iint\limits_{\mathcal{F}} |\vec{r}_u \times \vec{r}_v|\;\mathrm{d}u\,\mathrm{d}v\,. \tag{9.90}$$

9.1.5 Funktionaldeterminanten*

Als Vereinfachung der Überlegungen im letzten Abschnitt betrachten wir hier krummlinige Koordinaten u, v in einer Ebene, die wir als die x, y-Ebene wählen können. Es gilt also nach Gleichung (9.71) und der Formel (1.72) für die Komponentendarstellung des Spatproduktes

$$\mathrm{d}F = \mathrm{d}\vec{F} \cdot \hat{e}_z = \left(\vec{r}_u \times \vec{r}_v\right) \cdot \hat{e}_z \, \mathrm{d}u \, \mathrm{d}v = J \, \mathrm{d}u \, \mathrm{d}v \tag{9.91}$$

mit

$$J = \begin{vmatrix} \dfrac{\partial x}{\partial u} & \dfrac{\partial y}{\partial u} & 0 \\ \dfrac{\partial x}{\partial v} & \dfrac{\partial y}{\partial v} & 0 \\ 0 & 0 & 1 \end{vmatrix} = \begin{vmatrix} \dfrac{\partial x}{\partial u} & \dfrac{\partial y}{\partial u} \\ \dfrac{\partial x}{\partial v} & \dfrac{\partial y}{\partial v} \end{vmatrix} =: \frac{\partial(x,y)}{\partial(u,v)} \,. \tag{9.92}$$

Diese so genannte *Jacobi-Determinante* beschreibt die Transformation zwischen Flächenelementen:

$$\mathrm{d}x \, \mathrm{d}y = |J| \, \mathrm{d}u \, \mathrm{d}v = \left| \frac{\partial(x,y)}{\partial(u,v)} \right| \mathrm{d}u \, \mathrm{d}v \,. \tag{9.93}$$

Das lässt sich auch auf Transformationen zwischen beliebigen krummlinigen Koordinaten U, V und u, v in der Ebene erweitern, also

$$\mathrm{d}U \, \mathrm{d}V = \left| \frac{\partial(U,V)}{\partial(u,v)} \right| \mathrm{d}u \, \mathrm{d}v = \left| \begin{vmatrix} \dfrac{\partial U}{\partial u} & \dfrac{\partial V}{\partial u} \\ \dfrac{\partial U}{\partial v} & \dfrac{\partial V}{\partial v} \end{vmatrix} \right| \mathrm{d}u \, \mathrm{d}v \,. \tag{9.94}$$

Der Beweis von Gleichung (9.94) beruht auf der Identität

$$\left| \frac{\partial(x,y)}{\partial(u,v)} \right| \mathrm{d}u \, \mathrm{d}v = \mathrm{d}x \, \mathrm{d}y = \left| \frac{\partial(x,y)}{\partial(U,V)} \right| \mathrm{d}U \, \mathrm{d}V \,. \tag{9.95}$$

und der Rechenregel

$$\frac{\partial(U,V)}{\partial(u,v)} = \frac{\partial(U,V)}{\partial(x,y)} \frac{\partial(x,y)}{\partial(u,v)} \tag{9.96}$$

für Funktionaldeterminanten. Zum Beweis dieser Formel differenziert man $U = U(x,y)$ mit $x = x(u,v)$ und $y = y(u,v)$ mithilfe der Kettenregel partiell nach u und nach v:

$$\frac{\partial U}{\partial u} = \frac{\partial U}{\partial x} \frac{\partial x}{\partial u} + \frac{\partial U}{\partial y} \frac{\partial y}{\partial u} \,, \quad \frac{\partial U}{\partial v} = \frac{\partial U}{\partial x} \frac{\partial x}{\partial v} + \frac{\partial U}{\partial y} \frac{\partial y}{\partial v} \,. \tag{9.97}$$

Entsprechende Gleichungen erhalten wir für die partiellen Ableitungen von V – wir kürzen ab, und schreiben hier ausnahmsweise die partiellen Ableitungen als $V_x = \partial V/\partial x$ – :

$$V_u = V_x\, x_u + V_y\, y_u \quad , \quad V_v = V_x\, x_v + V_y\, y_v \,. \tag{9.98}$$

Damit ist

$$\begin{aligned}
\frac{\partial(U,V)}{\partial(u,v)} &= U_u\, V_v - V_u\, U_v \\
&= (U_x\, x_u + U_y\, y_u)(V_x\, x_v + V_y\, y_v) - (V_x\, x_u + V_y\, y_u)(U_x\, x_v + U_y\, y_v) \\
&= U_x\, x_u\, V_x\, x_v + U_x\, x_u\, V_y\, y_v + U_y\, y_u\, V_x\, x_v + U_y\, y_u\, V_y\, y_v \\
&\qquad - U_x\, x_v\, V_x\, x_u - U_x\, x_v\, V_y\, y_u - U_y\, y_v\, V_x\, x_u - U_y\, y_v\, V_y\, y_u \\
&= U_x\, x_u\, V_y\, y_v + U_y\, y_u\, V_x\, x_v - U_x\, x_v\, V_y\, y_u - U_y\, y_v\, V_x\, x_u \\
&= (U_x\, V_y - V_x\, U_y)(x_u\, y_v - y_u\, x_v) \\
&= \frac{\partial(U,V)}{\partial(x,y)}\, \frac{\partial(x,y)}{\partial(u,v)} \,,
\end{aligned} \tag{9.99}$$

und die Gleichung (9.96) und auch die Transformationsgleichung (9.94) ist bewiesen. Die Formel (9.96) sagt aus, dass man mit Funktionaldeterminanten in gewisser Weise rechnen kann wie mit Brüchen, indem man Zähler und Nenner mit einem Ausdruck $\partial(x,y)$ „erweitert". Als Nebenresultat notieren wir noch als direkte Konsequenz von (9.96) für $U = u$, $V = v$ die Gleichung

$$\frac{\partial(u,v)}{\partial(x,y)} = \frac{\partial(x,y)}{\partial(u,v)}^{-1} \,. \tag{9.100}$$

Eine Erweiterung auf drei Raumdimensionen ist einfach; man erhält als Transformationsgleichung zwischen den Volumenelementen

$$\mathrm{d}U\, \mathrm{d}V\, \mathrm{d}W = |J|\, \mathrm{d}u\, \mathrm{d}v\, \mathrm{d}w \tag{9.101}$$

mit

$$J = \frac{\partial(U,V,W)}{\partial(u,v,w)} = \begin{vmatrix} \dfrac{\partial U}{\partial u} & \dfrac{\partial V}{\partial u} & \dfrac{\partial W}{\partial u} \\ \dfrac{\partial U}{\partial v} & \dfrac{\partial V}{\partial v} & \dfrac{\partial W}{\partial v} \\ \dfrac{\partial U}{\partial w} & \dfrac{\partial V}{\partial w} & \dfrac{\partial W}{\partial w} \end{vmatrix} \,. \tag{9.102}$$

9.2 Integraldarstellung von Divergenz und Rotation

In diesem Abschnitt soll der anschauliche Hintergrund der Begriffe Divergenz und Rotation von Vektorfeldern erläutert werden. Bisher waren diese Ausdrücke rein formal definiert als

$$\operatorname{div}\vec{A} = \vec{\nabla} \cdot \vec{A} \quad \text{und} \quad \operatorname{rot}\vec{A} = \vec{\nabla} \times \vec{A} . \tag{9.103}$$

Divergenz und Rotation sind *lokale* Eigenschaften eines Feldes, d.h. sie sind punktweise definiert. Im Folgenden werden sie mit globalen Größen, wie dem Fluss durch die Oberfläche eines (kleinen) Volumenelements und der Zirkulation längs einer (kleinen) geschlossenen Kurve in Verbindung gebracht.

9.2.1 Die Divergenz als Quellenfeld

Wir zeigen zunächst: Die Divergenz ist die Flussdichte, d.h. der Fluss aus einem Volumenelement ΔV heraus, dividiert durch das Volumen im Grenzfall $\Delta V \to 0$. Diese Größe bezeichnet man auch als *Quellstärke* des Feldes. Wir beweisen also die Formel

$$\operatorname{div}\vec{A}(\vec{r}_0) = \lim_{\Delta V \to 0} \frac{1}{\Delta V} \oiint_{\partial(\Delta V)} \vec{A} \cdot d\vec{F} . \tag{9.104}$$

Dabei ist ΔV ein (kleines) Volumenelement um den Punkt $\vec{r}_0 = (x_0, y_0, z_0)$ und $\partial(\Delta V)$ dessen Oberfläche.

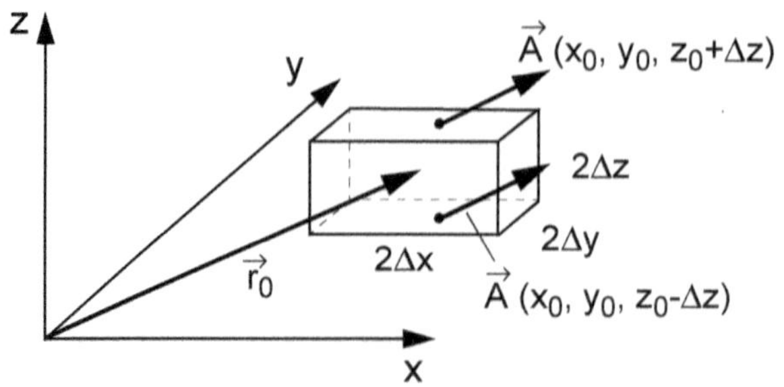

Bild 9.18: Fluss des Feldes $\vec{A}$ durch die Oberfläche eines kleinen achsenparallelen Quaders um $\vec{r}_0 = (x_0, y_0, z_0)$.

Zum Beweis von (9.104) betrachten wir als Volumenelement einen kleinen Quader um den Punkt (x_0, y_0, z_0) mit den Kantenlängen $2\Delta x$, $2\Delta y$ und $2\Delta z$. Für den Fluss durch die Oberfläche, also durch die sechs rechteckigen Seitenflächen, erhält man (unter Beachtung der Konvention nach außen gerichteter Flächenvektoren):

$$\begin{aligned}\oint\!\!\!\oint_{\partial(\Delta V)} \vec{A}\cdot \mathrm{d}\vec{F} &= \iint \mathrm{d}y\,\mathrm{d}z\,[A_x(x_0+\Delta x, y, z) - A_x(x_0-\Delta x, y, z)]\\ &+ \iint \mathrm{d}x\,\mathrm{d}z\,[A_y(x, y_0+\Delta y, z) - A_y(x, y_0-\Delta y, z)]\\ &+ \iint \mathrm{d}x\,\mathrm{d}y\,[A_z(x, y, z_0+\Delta z) - A_z(x, y, z_0-\Delta z)]\,.\end{aligned} \tag{9.105}$$

Wir betrachten zunächst das letzte dieser Integrale. Im Limes $\Delta z \to 0$ können wir den Integranden approximieren[5] als

$$A_z(x, y, z_0+\Delta z) - A_z(x, y, z_0-\Delta z) = 2\,\frac{\partial A_z}{\partial z}(x, y, z_0)\,\Delta z + \mathcal{O}(\Delta z^3)\,. \tag{9.106}$$

Nach dem Mittelwertsatz der Integralrechnung gilt dann mit $\Delta V = 8\Delta x\Delta y\Delta z$ und $z_0 - \Delta z \le \widetilde{z} \le z_0 + \Delta z$:

$$\begin{aligned}\frac{1}{\Delta V}\iint \mathrm{d}x\,\mathrm{d}y\Big[\cdots\Big] &= \frac{\partial A_z}{\partial z}(\widetilde{x}, \widetilde{y}, z_0)\,\frac{2\Delta z}{8\Delta x\Delta y\Delta z}\iint \mathrm{d}x\,\mathrm{d}y + \mathcal{O}(\Delta z^2)\\ &= \frac{\partial A_z}{\partial z}(\widetilde{x}, \widetilde{y}, z_0) + \mathcal{O}(\Delta z^2)\,.\end{aligned} \tag{9.107}$$

Mit den entsprechenden Ausdrücken für die beiden anderen Integrale ergibt sich schließlich im Grenzübergang Δx, Δy, $\Delta z \to 0$

$$\begin{aligned}&\lim_{\Delta V\to 0}\frac{1}{\Delta V}\oint\!\!\!\oint_{\partial(\Delta V)} \vec{A}\cdot \mathrm{d}\vec{F}\\ &= \frac{\partial A_x}{\partial x}(x_0, y_0, z_0) + \frac{\partial A_y}{\partial y}(x_0, y_0, z_0) + \frac{\partial A_z}{\partial z}(x_0, y_0, z_0)\\ &= \operatorname{div}\vec{A}(x_0, y_0, z_0)\,,\end{aligned} \tag{9.108}$$

da mit Δx, Δy, $\Delta z \to 0$ die $\widetilde{x}$, $\widetilde{y}$, $\widetilde{z}$ gegen x_0, y_0, z_0 gehen (Stetigkeit vorausgesetzt) und die Beiträge von $\mathcal{O}(\Delta z^2)$ usw. gegen null gehen.

---

[5] Zur Erinnerung: Die Taylor-Entwicklung einer Funktion $f(z)$ um z_0 liefert $f(z_0+\Delta z) = f(z_0) + f'(z_0)\Delta z + \frac{1}{2}f''(z_0)\Delta z^2 + \mathcal{O}(\Delta z^3)$. Subtraktion des entsprechenden Ausdrucks für $-\Delta z$ liefert $f(z_0+\Delta z) - f(z_0-\Delta z) = 2f'(z_0)\Delta z + \mathcal{O}(\Delta z^3)$. Dabei bezeichnet $\mathcal{O}(u^k)$ einen beliebigen Ausdruck, dessen Potenzreihenentwicklung in u mit einem Term $\sim u^k$ beginnt.

9.2.2 Die Rotation als Wirbelfeld

Die Zirkulation

$$Z_{\mathcal{C}} = \oint_{\mathcal{C}} \vec{A} \cdot \mathrm{d}\vec{r} \tag{9.109}$$

ist ein anschauliches Maß für die Wirbelstärke des Feldes $\vec{A}$. Wir betrachten jetzt eine (kleine) rechteckige Kurve $\mathcal{C} = \square$ um den Punkt $\vec{r}_0$. Die z-Achse unseres kartesischen Koordinatensystems wählen wir in Richtung des Normalenvektors $\vec{n}$ des Rechtecks, die x- und y-Achsen parallel zu den Rechteckseiten mit den Längen $2\Delta x$ und $2\Delta y$. Der Mittelpunkt des Rechtecks liegt bei $\vec{r}_0 = (x_0, y_0, z_0)$.

Die Zirkulation berechnet man als

$$\begin{aligned} Z_\square &= \oint_\square \vec{A} \cdot \mathrm{d}\vec{r} \\ &= \int_{x_0-\Delta x}^{x_0+\Delta x} \mathrm{d}x \left[A_x(x, y_0 - \Delta y, z_0) - A_x(x, y_0 + \Delta y, z_0)\right] \\ &+ \int_{y_0-\Delta y}^{y_0+\Delta y} \mathrm{d}y \left[A_y(x_0 + \Delta x, y, z_0) - A_y(x_0 - \Delta x, y, z_0)\right] . \end{aligned} \tag{9.110}$$

Wie im vorangehenden Abschnitt gilt wieder

$$A_y(x_0+\Delta x, y, z_0) - A_y(x_0-\Delta x, y, z_0) = \frac{\partial A_y}{\partial x}(x_0, y, z_0)\, 2\Delta x + \mathcal{O}(\Delta x^3) \tag{9.111}$$

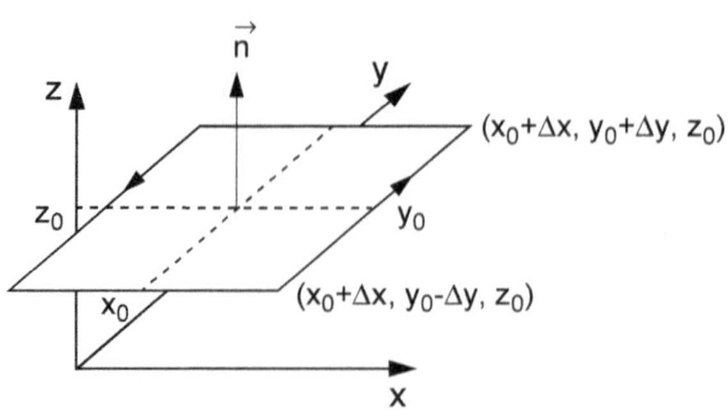

Bild 9.19: Zirkulation längs einer kleinen Rechteckkurve parallel zur (x, y)-Ebene um $\vec{r}_0 = (x_0, y_0, z_0)$.

(entsprechend für die x-Integration) und damit – wieder mithilfe des Mittelwertsatzes und $x_0 - \Delta x \leq \widetilde{x} \leq x_0 + \Delta x$, $y_0 - \Delta y \leq \widetilde{y} \leq y_0 + \Delta y$ –

$$\begin{aligned} Z_\square &= -\frac{\partial A_x}{\partial y}(\widetilde{x}, y_0, z_0)\, 2\Delta y \int_{x_0-\Delta x}^{x_0+\Delta x} \mathrm{d}x + \frac{\partial A_y}{\partial x}(x_0, \widetilde{y}, z_0)\, 2\Delta x \int_{y_0-\Delta y}^{y_0+\Delta y} \mathrm{d}y \\ &= -\frac{\partial A_x}{\partial y}(\widetilde{x}, y_0, z_0)\, 4\Delta y \Delta x + \frac{\partial A_y}{\partial x}(x_0, \widetilde{y}, z_0)\, 4\Delta x \Delta y\,. \end{aligned} \tag{9.112}$$

Damit erhält man im Grenzfall $\Delta F = 4\Delta x \Delta y \to 0$

$$\lim_{\Delta F \to 0} \frac{1}{\Delta F} \oint_\square \vec{A} \cdot \mathrm{d}\vec{r} = \frac{\partial A_y}{\partial x} - \frac{\partial A_x}{\partial y} = \left(\operatorname{rot} \vec{A}\right)_z\,, \tag{9.113}$$

oder – koordinatenfrei geschrieben –

$$\vec{n} \cdot \operatorname{rot} \vec{A} = \lim_{\Delta F \to 0} \frac{1}{\Delta F} \oint_{\partial(\Delta F)} \vec{A} \cdot \mathrm{d}\vec{r}, \tag{9.114}$$

Die Rotation in Richtung $\vec{n}$ ist also gleich der Zirkulation längs der Randkurve $\partial(\Delta F)$ einer Fläche $\vec{F} = F\vec{n}$ im Grenzfall $F \to 0$. Man nennt diese Flächendichte der Zirkulation auch *Wirbelstärke.*

9.3 Integralsätze von Gauß, Stokes und Green

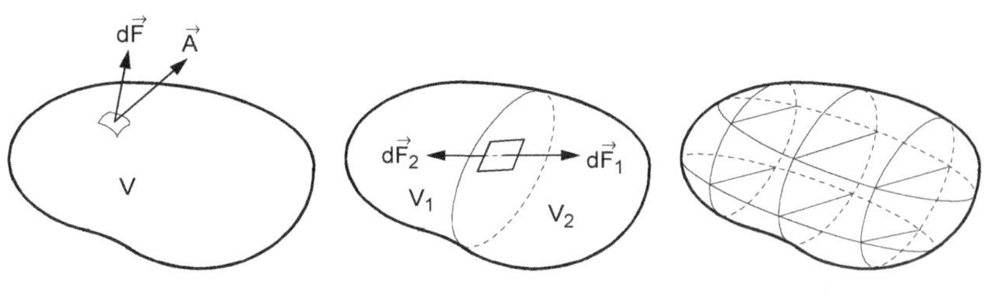

Bild 9.20: Darstellung der Integration über die Oberfläche eines Volumens als Summe von Integralen über die Oberflächen von Teilvolumina.

Die wichtigen Integralsätze von Gauß und Stokes verknüpfen die lokalen Größen Divergenz und Rotation mit globalen Größen, wie der Fluss durch eine Oberfläche oder die Zirkulation längs einer geschlossenen Kurve. Zwei Vorüberlegungen erleichtern ein Verständnis der beiden Integralsätze:

(1) Wir betrachten das Oberflächenintegral

$$\oiint_{\partial(V)} \vec{A} \cdot \mathrm{d}\vec{F} \tag{9.115}$$

über die Oberfläche („den Rand") $\partial(V)$ von V. Wir zerlegen jetzt das Volumen V durch eine Schnittfläche in zwei Teilvolumina V_1 und V_2 (mit $V_1 \bigcup V_2 = V$ und $V_1 \bigcap V_2 = \emptyset$), und betrachten die Summe der beiden Integrale

$$\oiint_{\partial(V_1)} \vec{A} \cdot \mathrm{d}\vec{F} + \oiint_{\partial(V_2)} \vec{A} \cdot \mathrm{d}\vec{F} \tag{9.116}$$

über die Oberflächen $\partial(V_1)$ und $\partial(V_2)$ von V_1 bzw. V_2. Im Unterschied zum Integral (9.115) wird in (9.116) noch zusätzlich über die Trennfläche integriert. Dabei wird der Fluss durch diese Trennfläche jedoch einmal positiv und einmal negativ gezählt (man beachte, dass der Flächenvektor $\mathrm{d}\vec{F}$ einer geschlossenen Oberfläche stets nach außen gerichtet ist, d.h. auf der Trennfläche gilt $\mathrm{d}\vec{F}_1 = -\mathrm{d}\vec{F}_2$). Es gilt daher

$$\oiint_{\partial(V)} \vec{A} \cdot \mathrm{d}\vec{F} = \oiint_{\partial(V_1)} \vec{A} \cdot \mathrm{d}\vec{F} + \oiint_{\partial(V_2)} \vec{A} \cdot \mathrm{d}\vec{F} \tag{9.117}$$

und bei einer weiteren Zerlegung in N Teilvolumina (vgl. Bild 9.20):

$$\oiint_{\partial(V)} \vec{A} \cdot \mathrm{d}\vec{F} = \sum_{i=1}^{N} \oiint_{\partial(V_i)} \vec{A} \cdot \mathrm{d}\vec{F}\,. \tag{9.118}$$

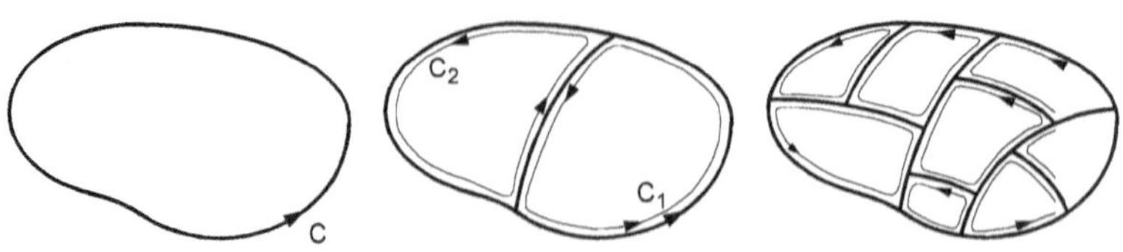

Bild 9.21: Darstellung der Integration über die Randkurve C einer Fläche als Summe von Integralen über die Ränder von Teilflächen.

(2) Wir betrachten jetzt das Kurvenintegral

$$\oint_{\partial(\mathcal{F})} \vec{A} \cdot \mathrm{d}\vec{r} \tag{9.119}$$

über den Rand $\partial(\mathcal{F})$ von $\mathcal{F}$ und zerlegen die Fläche $\mathcal{F}$ durch eine Schnittlinie in zwei Teile $\mathcal{F}_1$ und $\mathcal{F}_2$ (mit $\mathcal{F}_1 \bigcup \mathcal{F}_2 = \mathcal{F}$ und $\mathcal{F}_1 \bigcap \mathcal{F}_2 = \emptyset$). Es gilt

$$\oint_{\partial(\mathcal{F})} \vec{A} \cdot \mathrm{d}\vec{r} = \oint_{\partial(\mathcal{F}_1)} \vec{A} \cdot \mathrm{d}\vec{r} + \oint_{\partial(\mathcal{F}_2)} \vec{A} \cdot \mathrm{d}\vec{r}, \tag{9.120}$$

denn über die gemeinsame Trennlinie wird einmal in positiver und einmal in negativer Richtung integriert. Bei einer weiteren Zerlegung in N Teile (vgl. Bild 9.21) erhält man entsprechend:

$$\oint_{\partial(\mathcal{F})} \vec{A} \cdot \mathrm{d}\vec{r} = \sum_{i=1}^{N} \oint_{\partial(\mathcal{F}_i)} \vec{A} \cdot \mathrm{d}\vec{r}. \tag{9.121}$$

9.3.1 Der Satz von Gauß

Der *Integralsatz von Gauß* sagt aus, dass der Fluss eines Vektorfeldes durch die Oberfläche $\partial(V)$ eines Volumens V gleich dem Volumenintegral der Divergenz über das Volumen V ist.

$$\oiint_{\partial(V)} \vec{A} \cdot \mathrm{d}\vec{F} = \int_V \operatorname{div} \vec{A} \, \mathrm{d}V. \tag{9.122}$$

Dabei wird das Vektorfeld als stetig differenzierbar angenommen und das Volumen soll ganz im Endlichen liegen mit einer stückweise glatten Oberfläche mit dem nach außen gerichteten Flächenvektor $\mathrm{d}\vec{F}$. Anschaulich bedeutet die Formel (9.122), dass alles was an Feld in V entsteht – gemessen durch die Quellstärke, die Divergenz – aus der Oberfläche „herausströmt". Zum Beweis zerlegen wir das Volumen V in N disjunkte Teilvolumina ΔV_i mit $\bigcup_i \Delta V_i = V$. Nach (9.118) gilt dann:

$$\oiint_{\partial(V)} \vec{A} \cdot \mathrm{d}\vec{F} = \sum_{i=1}^{N} \oiint_{\partial(V_i)} \vec{A} \cdot \mathrm{d}\vec{F}. \tag{9.123}$$

Wir erweitern mit ΔV_i und lassen die Anzahl N der Teilvolumina gegen Unendlich gehen (mit $\Delta V_i \to 0$ für alle i). Damit ergibt sich

$$\begin{aligned} \oiint_{\partial(V)} \vec{A} \cdot \mathrm{d}\vec{F} &= \lim_{N\to\infty} \sum_{i=1}^{N} \Delta V_i \frac{1}{\Delta V_i} \oiint_{\partial(V_i)} \vec{A} \cdot \mathrm{d}\vec{F} \\ &= \int \mathrm{d}V \operatorname{div} \vec{A}, \end{aligned} \tag{9.124}$$

denn $\frac{1}{\Delta V_i} \iint_{\partial(V_i)} \vec{A} \cdot \mathrm{d}\vec{F}$ geht in diesem Limes gegen die Divergenz (vergleiche Gleichung (9.104), und die Summe geht gegen das Integral.

9.3.2 Der Satz von Stokes

Ganz analog formulieren wir den *Integralsatz von Stokes*, der aussagt, dass die Zirkulation eines Vektorfeldes längs der Randkurve $\partial(\mathcal{F})$ einer Fläche $\mathcal{F}$ gleich dem Flächenintegral der Rotation des Feldes über die Fläche ist:

$$\oint_{\partial(\mathcal{F})} \vec{A} \cdot \mathrm{d}\vec{r} = \int_{\mathcal{F}} \operatorname{rot} \vec{A} \cdot \mathrm{d}\vec{F} \,. \tag{9.125}$$

Dabei ist $\mathcal{F}$ eine glatte orientierbare Fläche mit einer stückweise glatten geschlossenen Randkurve $\partial(\mathcal{F})$ und das Feld ist als stetig differenzierbar. Anschaulich bedeutet die Formel (9.125), dass alles was an Wirbeln innerhalb der umschlossenen Fläche $\mathcal{F}$ entsteht – gemessen durch die Rotation – sich zu der Gesamtzirkulation längs der Randkurve zusammensetzt. Zum Beweis zerlegen wir die Fläche $\mathcal{F}$ in N disjunkte Teilflächen $\Delta\mathcal{F}_i$ mit $\bigcup_i \Delta\mathcal{F}_i = \mathcal{F}$. Die Flächeninhalte der $\Delta\mathcal{F}_i$ seien mit F_i bezeichnet. Nach (9.121) gilt dann:

$$\oint_{\partial(\mathcal{F})} \vec{A} \cdot \mathrm{d}\vec{r} = \sum_{i=1}^{N} \oint_{\partial(\mathcal{F}_i)} \vec{A} \cdot \mathrm{d}\vec{r} \tag{9.126}$$

Wir erweitern mit ΔF_i und lassen die Anzahl N der Teilflächen gegen unendlich gehen (mit $\Delta F_i \to 0$ für alle i). Damit ergibt sich

$$\begin{aligned} \oint_{\partial(\mathcal{F})} \vec{A} \cdot \mathrm{d}\vec{r} &= \lim_{N\to\infty} \sum_{i=1}^{N} \oint_{\partial(\mathcal{F}_i)} \vec{A} \cdot \mathrm{d}\vec{r} \\ &= \lim_{N\to\infty} \sum_{i=1}^{N} \frac{1}{\Delta F_i} \oint_{\partial(\mathcal{F}_i)} \vec{A} \cdot \mathrm{d}\vec{r}\, \Delta F_i \\ &= \int_{\mathcal{F}} \operatorname{rot} \vec{A} \cdot \mathrm{d}\vec{F} \,, \end{aligned} \tag{9.127}$$

denn $\frac{1}{\Delta F_i} \oint_{\partial(\mathcal{F}_i)} \vec{A} \cdot \mathrm{d}\vec{r}$ geht in diesem Limes gegen die Rotation [vergleiche Gleichung (9.114)] und die Summe geht gegen das Integral.

Eine **Bemerkung** zum Abschluss: Bei der Formulierung des Satzes von Stokes wurde von der Randkurve $\partial(\mathcal{F})$ einer Fläche $\mathcal{F}$ gesprochen. Wenn man umgekehrt von einer geschlossen Kurve $\mathcal{C}$ ausgeht, so legt diese Kurve die von ihr umschlossene Fläche in keiner Weise eindeutig fest! Es gibt unendlich viele Flächen $\mathcal{F}_{\mathcal{C}}$ im Raum mit der gleichen Randkurve. Der Satz von Stokes sagt auch aus, dass das Integral $\iint_{\mathcal{F}_{\mathcal{C}}} \operatorname{rot} \vec{A} \cdot \mathrm{d}\vec{F}$ für alle diese Flächen gleich ist.

9.3.3 Die greenschen Sätze

Die folgenden Integralsätze gehen auf den britischen Mathematiker Georg Green zurück. Beide Sätze verknüpfen wieder die Felder im Inneren eines Volumens V mit den Feldern auf der Oberfläche ∂V. Dabei wird V als kompakt angenommen mit stückweise glattem Rand und Φ und Ψ sind Funktionen, die einmal (Φ) bzw. zweimal (Ψ) stetig differenzierbar sind.

Die *erste greensche Formel* lautet

$$\int_V \left(\Phi \Delta \Psi + \vec{\nabla}\Phi \cdot \vec{\nabla}\Psi\right) \mathrm{d}V = \oiint_{\partial(V)} \Phi \frac{\partial \Psi}{\partial n} \mathrm{d}F \qquad (9.128)$$

mit der Normalenableitung $\frac{\partial \Psi}{\partial n} = \vec{\nabla}\Psi \cdot \vec{n}$ von Φ auf dem Rand von V. Dabei ist $\vec{n}$ die nach außen gerichtete Flächennormale. Zum Beweis formt man die rechte Seite der Gleichung mithilfe des gaußschen Satzes um und erhält so die Formel auf der linken Seite:

$$\oiint_{\partial(V)} \Phi \vec{\nabla}\Psi \cdot \vec{n} \mathrm{d}F = \int_V \vec{\nabla}(\Phi \vec{\nabla}\Psi) \, \mathrm{d}V = \int_V \left(\vec{\nabla}\Phi \cdot \vec{\nabla}\Psi + \Phi \vec{\nabla}^2 \Psi\right) \mathrm{d}V \,. \qquad (9.129)$$

Wenn auch die Funktion Φ zweimal stetig differenzierbar ist, dann gilt die Formel (9.128) auch in der Form

$$\int_V \left(\Psi \Delta \Phi + \vec{\nabla}\Psi \cdot \vec{\nabla}\Phi\right) \mathrm{d}V = \oiint_{\partial(V)} \Psi \frac{\partial \Phi}{\partial n} \mathrm{d}F \,. \qquad (9.130)$$

und die Subtraktion dieser Gleichung von (9.128) ergibt

$$\int_V \left(\Phi \Delta \Psi - \Psi \Delta \Phi\right) \mathrm{d}V = \oiint_{\partial(V)} \left(\Phi \frac{\partial \Psi}{\partial n} - \Psi \frac{\partial \Phi}{\partial n}\right) \mathrm{d}F \,. \qquad (9.131)$$

Das ist die *zweite greensche Formel*, die ein wenig an die bekannte partielle Integrationsformel $\int_a^b \left(f'(x)g(x) - f(x)g'(x)\right) \mathrm{d}x = f(b)g(b) - f(a)g(a)$ aus der Differentialrechnung erinnert.

9.4 Krummlinige Koordinaten II

In Abschnitt 1.4 wurde die Transformation von kartesischen Koordinaten, die hier als x_1, x_2, x_3 bezeichnet werden, auf krummlinige, lokal orthogonale Koordinaten, hier y_1, y_2, y_3, behandelt. Wir wollen in diesem Abschnitt die Darstellung von Gradient, Divergenz, Rotation und Laplace-Operator in den Einheitsvektoren der krummlinigen Koordinaten [vgl. (1.201)]

$$\hat{u}_k = \frac{1}{b_k}\frac{\partial \vec{r}}{\partial y_k} \quad , \quad b_k = \left|\frac{\partial \vec{r}}{\partial y_k}\right| \quad , \quad k = 1,2,3 \tag{9.132}$$

ausdrücken. Es sei hervorgehoben, dass die $\hat{u}_k$ und die b_k im Allgemeinen nicht konstant sind, sondern von den Koordinaten x_1 ,x_2, x_3 bzw. y_1, y_2, y_3 abhängen.

Der **Gradient** $\vec{\nabla} f$ einer skalaren Funktion $f(\vec{r})$ ist gegeben durch die (koordinatenfreie!) Beziehung $\mathrm{d}f = \vec{\nabla} f \cdot \mathrm{d}\vec{r}$ [vgl. Gleichung (3.20)]; andererseits lässt sich das Differential $\mathrm{d}f$ der Funktion f, die von den Variablen y_1, y_2, y_3 abhängt, schreiben als

$$\mathrm{d}f = \sum_j \frac{\partial f}{\partial y_j}\,\mathrm{d}y_j\,. \tag{9.133}$$

Die Gleichung

$$\vec{\nabla} f = \sum_j \left(\vec{\nabla} f\right)_{y_j} \hat{u}_j \tag{9.134}$$

definiert die Komponenten $\left(\vec{\nabla} f\right)_{y_j}$ des Gradienten in der Basis $\hat{u}_j$. Mit

$$\mathrm{d}\vec{r} = \sum_k b_k \mathrm{d}y_k \hat{u}_k \tag{9.135}$$

erhalten wir

$$\begin{aligned} \mathrm{d}f &= \vec{\nabla} f \cdot \mathrm{d}\vec{r} = \sum_{j,k} \left(\vec{\nabla} f\right)_{y_j} b_k \mathrm{d}y_k\, \hat{u}_j \cdot \hat{u}_k \\ &= \sum_j b_j \left(\vec{\nabla} f\right)_{y_j} \mathrm{d}y_j\,. \end{aligned} \tag{9.136}$$

Ein Vergleich mit (9.133) liefert

$$\left(\vec{\nabla} f\right)_{y_j} = \frac{1}{b_j}\frac{\partial f}{\partial y_j} \tag{9.137}$$

und damit den Nabla-Operator in krummlinigen Koordinaten als

$$\vec{\nabla} = \sum_j \hat{u}_j \frac{1}{b_j}\frac{\partial}{\partial y_j} \tag{9.138}$$

(dabei ist die Reihenfolge der Faktoren so gewählt, dass deutlich wird, dass die Differentiation nach den y_j nicht mehr auf die Terme $\hat{u}_j$ und b_j wirkt).

Die **Divergenz** eines Vektorfeldes

$$\vec{A} = \sum_i A_i \, \hat{u}_i \tag{9.139}$$

lässt sich in krummlinigen, lokal orthogonalen Koordinaten durch die Formel

$$\operatorname{div} \vec{A} = \frac{1}{b_1 b_2 b_3} \left\{ \frac{\partial}{\partial y_1} (A_1 b_2 b_3) + \frac{\partial}{\partial y_2} (A_2 b_1 b_3) + \frac{\partial}{\partial y_3} (A_3 b_1 b_2) \right\} \tag{9.140}$$

darstellen. Zum Beweis dieser Gleichung leiten wir zunächst eine Hilfsformel her. Ausgehend von[6]

$$\frac{\partial^2 \vec{r}}{\partial y_j \partial y_i} = \frac{\partial^2 \vec{r}}{\partial y_i \partial y_j} \tag{9.141}$$

erhält man nach Einsetzen von

$$\frac{\partial \vec{r}}{\partial y_k} = b_k \hat{u}_k \tag{9.142}$$

über

$$\frac{\partial}{\partial y_j} (b_i \hat{u}_i) = \frac{\partial}{\partial y_i} (b_j \hat{u}_j) \tag{9.143}$$

und Ableitung der Produkte mithilfe der Kettenregel den Ausdruck

$$b_i \, \frac{\partial \hat{u}_i}{\partial y_j} + \frac{\partial b_i}{\partial y_j} \, \hat{u}_i = b_j \, \frac{\partial \hat{u}_j}{\partial y_i} + \frac{\partial b_j}{\partial y_i} \, \hat{u}_j \, . \tag{9.144}$$

Skalare Multiplikation mit $\hat{u}_j$ ergibt dann

$$b_i \, \hat{u}_j \cdot \frac{\partial \hat{u}_i}{\partial y_j} + \frac{\partial b_i}{\partial y_j} \, \hat{u}_j \cdot \hat{u}_i = b_j \, \hat{u}_j \cdot \frac{\partial \hat{u}_j}{\partial y_i} + \frac{\partial b_j}{\partial y_i} \, \hat{u}_j \cdot \hat{u}_j \, . \tag{9.145}$$

Benutzen wir jetzt die Formeln $\hat{u}_j \cdot \hat{u}_i = \delta_{ij}$ und $\hat{u}_j \cdot \partial \hat{u}_j / \partial y_j = 0$ (die letzte dieser Gleichungen bedeutet, dass die Ableitung eines Einheitsvektors $\hat{u}$ nach

[6] Wir setzen hier voraus, dass die Transformationsgleichungen $\vec{r} = \vec{r}\,(y_1, y_2, y_3)$ zweimal stetig partiell differenzierbar sind, so dass die Voraussetzungen des Satzes von Schwarz erfüllt sind (siehe Seite 47).

einem Parameter auf diesem senkrecht steht, was man leicht durch Differentiation von $1 = \hat{u} \cdot \hat{u}$ beweist), so folgt aus (9.145):

$$b_i \hat{u}_j \cdot \frac{\partial \hat{u}_i}{\partial y_j} = \frac{\partial b_j}{\partial y_i} - \delta_{ij} \frac{\partial b_i}{\partial y_j} = \begin{cases} 0 & i = j \\ \frac{\partial b_j}{\partial y_i} & i \neq j \end{cases} . \tag{9.146}$$

Nach dieser Vorarbeit können wir die Divergenz durch Einsetzen des Nabla-Operators (9.138) unter Benutzung der Hilfsformel (9.146) berechnen:

$$\begin{aligned} \operatorname{div} \vec{A} = \vec{\nabla} \cdot \vec{A} &= \sum_{i,j} \left(\hat{u}_j \frac{1}{b_j} \frac{\partial}{\partial y_j} \right) \cdot (A_i \hat{u}_i) \\ &= \sum_{i,j} \left\{ \frac{1}{b_j} \frac{\partial A_i}{\partial y_j} \hat{u}_j \cdot \hat{u}_i + \frac{1}{b_j} A_i \hat{u}_j \cdot \frac{\partial \hat{u}_i}{\partial y_j} \right\} = \sum_i \left\{ \frac{1}{b_i} \frac{\partial A_i}{\partial y_i} + \sum_j \frac{A_i}{b_j} \hat{u}_j \cdot \frac{\partial \hat{u}_i}{\partial y_j} \right\} \\ &= \sum_i \frac{1}{b_i} \frac{\partial A_i}{\partial y_i} + \sum_{i \neq j} \frac{A_i}{b_j b_i} \frac{\partial b_j}{\partial y_i} = \sum_i \frac{1}{b_i} \left\{ \frac{\partial A_i}{\partial y_i} + \sum_{j \neq i} \frac{A_i}{b_j} \frac{\partial b_j}{\partial y_i} \right\} \\ &= \frac{1}{b_1} \left\{ \frac{\partial A_1}{\partial y_1} + \frac{A_1}{b_2} \frac{\partial b_2}{\partial y_1} + \frac{A_1}{b_3} \frac{\partial b_3}{\partial y_1} \right\} + \ldots \\ &= \frac{1}{b_1 b_2 b_3} \left\{ \frac{\partial}{\partial y_1} (A_1 b_2 b_3) + \frac{\partial}{\partial y_2} (A_2 b_1 b_3) + \frac{\partial}{\partial y_3} (A_3 b_1 b_2) \right\} . \end{aligned} \tag{9.147}$$

Für die **Rotation** lässt sich ganz analog zeigen:

$$\operatorname{rot} \vec{A} = \vec{\nabla} \times \vec{A} = \frac{1}{b_1 b_2 b_3} \begin{vmatrix} b_1 \hat{u}_1 & b_2 \hat{u}_2 & b_3 \hat{u}_3 \\ \frac{\partial}{\partial y_1} & \frac{\partial}{\partial y_2} & \frac{\partial}{\partial y_3} \\ b_1 A_1 & b_2 A_2 & b_3 A_3 \end{vmatrix} \tag{9.148}$$

und für den **Laplace Operator**

$$\Delta = \vec{\nabla}^2 = \frac{1}{b_1 b_2 b_3} \left[\frac{\partial}{\partial y_1} \left(\frac{b_2 b_3}{b_1} \frac{\partial}{\partial y_1} \right) + \frac{\partial}{\partial y_2} \left(\frac{b_1 b_3}{b_2} \frac{\partial}{\partial y_2} \right) + \frac{\partial}{\partial y_3} \left(\frac{b_1 b_2}{b_3} \frac{\partial}{\partial y_3} \right) \right] . \tag{9.149}$$

Als Anwendung geben die folgenden Gleichungen diese Ausdrücke in sphärischen Polarkoordinaten und Zylinderkoordinaten an:

In **sphärischen Polarkoordinaten** r, ϑ, φ . Man erhält mithilfe der b_r, b_ϑ und b_φ (vgl. Abschnitt 1.4.3):

$$\vec{\nabla}\Phi = \hat{u}_r \frac{\partial \Phi}{\partial r} + \hat{u}_\vartheta \frac{1}{r}\frac{\partial \Phi}{\partial \vartheta} + \hat{u}_\varphi \frac{1}{r\sin\vartheta}\frac{\partial \Phi}{\partial \varphi}, \tag{9.150}$$

$$\vec{\nabla}\cdot\vec{A} = \frac{1}{r^2}\frac{\partial (r^2 A_r)}{\partial r} + \frac{1}{r\sin\vartheta}\frac{\partial(\sin\vartheta A_\vartheta)}{\partial\vartheta} + \frac{1}{r\sin\vartheta}\frac{\partial A_\varphi}{\partial\varphi}, \tag{9.151}$$

$$\begin{aligned}\vec{\nabla}\times\vec{A} &= \hat{u}_r \frac{1}{r\sin\vartheta}\left(\frac{\partial(\sin\vartheta A_\varphi)}{\partial\vartheta} - \frac{\partial A_\vartheta}{\partial\varphi}\right) + \hat{u}_\vartheta \frac{1}{r}\left(\frac{1}{\sin\vartheta}\frac{\partial A_r}{\partial\varphi} - \frac{\partial(rA_\varphi)}{\partial r}\right) \\ &\quad + \hat{u}_\varphi \frac{1}{r}\left(\frac{\partial(rA_\vartheta)}{\partial r} - \frac{\partial A_r}{\partial\vartheta}\right),\end{aligned} \tag{9.152}$$

$$\Delta\Phi = \frac{1}{r^2}\frac{\partial}{\partial r}\left(r^2\frac{\partial\Phi}{\partial r}\right) + \frac{1}{r^2\sin\vartheta}\frac{\partial}{\partial\vartheta}\left(\sin\vartheta\frac{\partial\Phi}{\partial\vartheta}\right) + \frac{1}{r^2\sin^2\vartheta}\frac{\partial^2\Phi}{\partial\varphi^2}. \tag{9.153}$$

In **Zylinderkoordinaten** ρ, φ, z ergibt sich entsprechend (vgl. Abschnitt 1.4.2):

$$\vec{\nabla}\Phi = \hat{u}_\rho \frac{\partial\Phi}{\partial\rho} + \hat{u}_\varphi \frac{1}{\rho}\frac{\partial\Phi}{\partial\varphi} + \hat{u}_z \frac{\partial\Phi}{\partial z}, \tag{9.154}$$

$$\vec{\nabla}\cdot\vec{A} = \frac{1}{\rho}\frac{\partial(\rho A_\rho)}{\partial\rho} + \frac{1}{\rho}\frac{\partial A_\varphi}{\partial\varphi} + \frac{\partial A_z}{\partial z}, \tag{9.155}$$

$$\vec{\nabla}\times\vec{A} = \hat{u}_\rho\left(\frac{1}{\rho}\frac{\partial A_z}{\partial\varphi} - \frac{\partial A_\varphi}{\partial z}\right) + \hat{u}_\varphi\left(\frac{\partial A_\rho}{\partial z} - \frac{\partial A_z}{\partial\rho}\right) + \hat{u}_z\frac{1}{\rho}\left(\frac{\partial(\rho A_\varphi)}{\partial\rho} - \frac{\partial A_\rho}{\partial\varphi}\right), \tag{9.156}$$

$$\Delta\Phi = \frac{1}{\rho}\frac{\partial}{\partial\rho}\left(\rho\frac{\partial\Phi}{\partial\rho}\right) + \frac{1}{\rho^2}\frac{\partial^2\Phi}{\partial\varphi^2} + \frac{\partial^2\Phi}{\partial z^2}. \tag{9.157}$$

In vielen Anwendungen hängen Φ oder $\vec{A}$ aus Symmetriegründen nur von r bzw. ρ ab. Dann vereinfachen sich die obigen Ausdrücke beträchtlich.

9.5 Elementare Anwendungen

In diesem Abschnitt sollen die Anwendungen der Begriffe Divergenz und Rotation in der Physik illustriert werden. Wir beschränken uns hier auf elementare Beispiele, die an Problemen der Elektrostatik ausgerichtet sind.

9.5.1 Die Maxwell-Gleichungen

In der Elektrostatik hängen die elektrischen und magnetischen Felder $\vec{E}$ bzw. $\vec{B}$ mit der Ladungsdichte ϱ (Ladung pro Volumen) und der *Stromdichte* $\vec{j}$ (Strom pro Flächeneinheit in Richtung $\vec{j}$) zusammen. Die Ladungsdichte ist proportional der Quellstärke des elektrischen Feldes, d.h. der Divergenz von $\vec{E}$ und die Stromdichte ist proportional zur Wirbelstärke des magnetischen Feldes, d.h. der Rotation von $\vec{B}$. Die Proportionalitätskonstanten ϵ_0 bzw. μ_0 hängen von den verwendeten Maßeinheiten ab.

Im statischen, zeitunabhängigen Fall gilt

$$\begin{aligned} \operatorname{rot}\vec{E} &= \vec{0} \qquad & \operatorname{div}\vec{E} &= \frac{\varrho}{\epsilon_0} \\ \operatorname{rot}\vec{B} &= \mu_0\,\vec{j} \qquad & \operatorname{div}\vec{B} &= 0\,, \end{aligned} \tag{9.158}$$

die *Maxwell-Gleichungen* für das Vakuum. Im allgemeinen zeitabhängigen Fall erzeugen die Zeitableitungen der $\vec{E}$ bzw. $\vec{B}$ Felder eine Verwirbelung von $\vec{B}$ bzw. $\vec{E}$. Die Maxwell-Gleichungen lauten dann

$$\begin{aligned} \operatorname{rot}\vec{E} &= -\frac{\partial\vec{B}}{\partial t} \qquad & \operatorname{div}\vec{E} &= \frac{\varrho}{\epsilon_0} \\ \operatorname{rot}\vec{B} &= \mu_0\,\vec{j} + \frac{1}{c^2}\,\frac{\partial\vec{E}}{\partial t} \qquad & \operatorname{div}\vec{B} &= 0\,. \end{aligned} \tag{9.159}$$

Dabei hat $c = 1/\sqrt{\epsilon_0\mu_0}$ die Dimension einer Geschwindigkeit. Wie wir später sehen werden, ist dies die Ausbreitungsgeschwindigkeit des elektromagnetischen Feldes, die Lichtgeschwindigkeit. Bei vorgegebener Ladungs- und Stromdichte bestimmen diese *partiellen Differentialgleichungen* das elektrische und das magnetische Feld. Wir werden in den folgenden Kapiteln sehen, wie man solche partiellen Differentialgleichungen lösen kann. Insbesondere werden wir in Abschnitt 11.3 noch einmal auf die Lösung der zeitabhängigen Maxwell-Gleichungen zurückkommen,

9.5.2 Die integrale Form der Maxwell-Gleichungen

Die Maxwell-Gleichungen (9.158) sind lokal, also punktweise gegeben. Für viele Überlegungen ist es informativ, sie in integraler Form anzugeben. Wir beschränken uns dabei auf den zeitunabhängigen Fall. Wenden wir den Satz von Gauß auf das elektrische Feld $\vec{E}$ an, so erhalten wir für den Fluss von $\vec{E}$ durch die Oberfläche eines Volumens V mit der Maxwell-Gleichung $\operatorname{div}\vec{E} = \varrho/\epsilon_0$ die

Beziehung

$$\oiint \vec{E} \cdot \mathrm{d}\vec{F} = \int \operatorname{div} \vec{E} \,\mathrm{d}V = \frac{1}{\epsilon_0} \int \varrho \mathrm{d}V \,. \tag{9.160}$$

Nun ist das Integral über die Ladungsdichte gleich der Ladung: $\int \varrho \mathrm{d}V = Q$, d.h. man kann formulieren

$$\oiint \vec{E} \cdot \mathrm{d}\vec{F} = \frac{1}{\epsilon_0} Q \,, \tag{9.161}$$

oder in Worten: Das Oberflächenintegral über eine geschlossene Oberfläche ist gleich der eingeschlossenen Ladung (dividiert durch ϵ_0).

Entsprechend findet man für das magnetische Feld $\vec{B}$ mit dem Satz von Stokes und der Maxwell-Gleichung $\operatorname{rot} \vec{B} = \mu_0 \vec{j}$:

$$\oint \vec{B} \cdot \mathrm{d}\vec{r} = \int \operatorname{rot} \vec{B} \cdot \mathrm{d}\vec{F} = \mu_0 \int \vec{j} \cdot \mathrm{d}\vec{F} \,. \tag{9.162}$$

Das Flächenintegral über die Stromdichte $\vec{j}$ liefert den Gesamtstrom durch die Fläche: $\int \vec{j} \cdot \mathrm{d}\vec{F} = I$ und man kann schreiben

$$\oint \vec{B} \cdot \mathrm{d}\vec{r} = \mu_0 I \,, \tag{9.163}$$

das *ampèresche Gesetz*: Die Zirkulation des Magnetfeldes ist gleich dem umschlossenen Strom (multipliziert mit μ_0).

Analog findet man wegen $\operatorname{div} \vec{B} = 0$ und $\operatorname{rot} \vec{E} = 0$:

$$\oiint \vec{B} \cdot \mathrm{d}\vec{F} = 0 \quad \text{und} \quad \oint \vec{E} \cdot \mathrm{d}\vec{r} = 0 \,. \tag{9.164}$$

9.5.3 Der Zylinderkondensator

Als eine typische Anwendung des Satzes von Gauß, oder - anders formuliert - der Maxwell-Gleichungen in integraler Form, soll in diesem Abschnitt beispielhaft der Zylinderkondensator diskutiert werden. Wie im Bild 9.22 illustriert, besteht ein solcher Kondensator aus zwei koaxialen Zylindern mit Radien r_1 und r_2 (es sei $r_1 \leq r_2$), deren Länge L sehr groß ist im Vergleich zu den Radien, so dass Randeffekte vernachlässigt werden können. Der innere Zylinder trage die Ladung Q, der äußere $-Q$. Die Ladung pro Länge sei $\lambda = Q/L$.

Die Rotationssymmetrie der Anordnung um die Zylinderachse - die z-Achse - bedingt, dass das elektrische Feld radial nach außen zeigt. In Zylinderkoordinaten ρ, φ und z hat $\vec{E}$ also die Form

$$\vec{E}(\vec{r}) = E(\rho)\, \hat{e}_\rho \,. \tag{9.165}$$

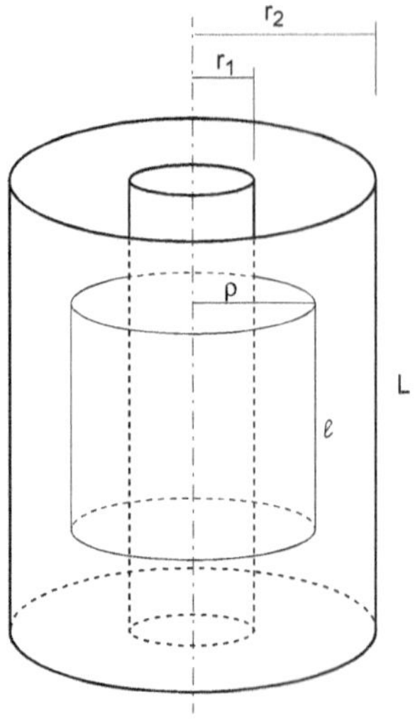

Bild 9.22: Der Zylinderkondensator: Berechnung des elektrischen Feldes mithilfe des Satzes von Gauß.

Es soll nun demonstriert werden, wie man für eine solche hochsymmetrische Anordnung das Feld mithilfe des gaußschen Satzes (oder äquivalent mithilfe der Maxwell-Gleichungen in integraler Form) ermittelt. Dazu denken wir uns einen weiteren koaxialen Zylinder mit Radius ρ und Länge $\ell \ll L$ und berechnen den Fluss von $\vec{E}$ durch die Oberfläche des Zylinders. Zunächst ist der Fluss durch die beiden Deckelflächen gleich null, da dort der Flächenvektor parallel zu $\hat{e}_z$ ist, also senkrecht steht zu $\vec{E} = E(\rho)\,\hat{e}_\rho$. Auf der Mantelfläche ist $\mathrm{d}\vec{F} = \hat{e}_\rho\,\mathrm{d}F$ und daher

$$\iint \vec{E}\cdot \mathrm{d}\vec{F} = \iint_{\text{Mantel}} E(\rho)\,\hat{e}_\rho \cdot \hat{e}_\rho\,\mathrm{d}F = E(\rho) \iint_{\text{Mantel}} \mathrm{d}F = 2\pi\rho\,\ell\,E(\rho)\,. \quad (9.166)$$

Nun ist dieser Fluss nach der Maxwell-Gleichung (9.161) gleich der eingeschlossenen Ladung (dividiert durch ϵ_0). Also gilt

$$E(\rho)2\pi\rho\ell = \frac{1}{\epsilon_0}\begin{cases} 0 & \rho < r_1 \\ \lambda\ell & r_1 < \rho < r_2 \\ 0 & r_2 < \rho \end{cases} \quad (9.167)$$

und damit

$$E(\rho) = \frac{\lambda}{2\pi\epsilon_0}\begin{cases} 0 & \rho < r_1 \\ \dfrac{1}{\rho} & r_1 < \rho < r_2 \\ 0 & r_2 < \rho \end{cases}\,. \quad (9.168)$$

Damit berechnet man das elektrostatische Potential $\Phi(\vec{R}) = \Phi(r)$ mit $-\vec{\nabla}\Phi = \vec{E}$ durch Integration: Mit

$$\int_{r_1}^{\rho} \frac{1}{\rho'}\,\mathrm{d}\rho' = \ln\rho - \ln r_1 = \ln\frac{\rho}{r_1} \tag{9.169}$$

ergibt sich

$$\Phi(\rho) = \begin{cases} \Phi_1 & \rho < r_1 \\ -\dfrac{\lambda}{2\pi\epsilon_0}\ln\dfrac{\rho}{r_1} + \Phi_1 & r_1 < \rho < r_2 \\ \Phi_2 = -\dfrac{\lambda}{2\pi\epsilon_0}\ln\dfrac{r_2}{r_1} + \Phi_1 & r_2 < \rho \end{cases} . \tag{9.170}$$

Die Kapazität ist gegeben durch den Quotienten aus Ladung Q und Spannung $\Delta\Phi = \Phi_2 - \Phi_1$, und damit berechnet man die Kapazität pro Länge des Zylinderkondensators als

$$c = \left|\frac{\lambda}{\Delta\Phi}\right| = \frac{2\pi\epsilon_0}{\ln\dfrac{r_2}{r_1}} . \tag{9.171}$$

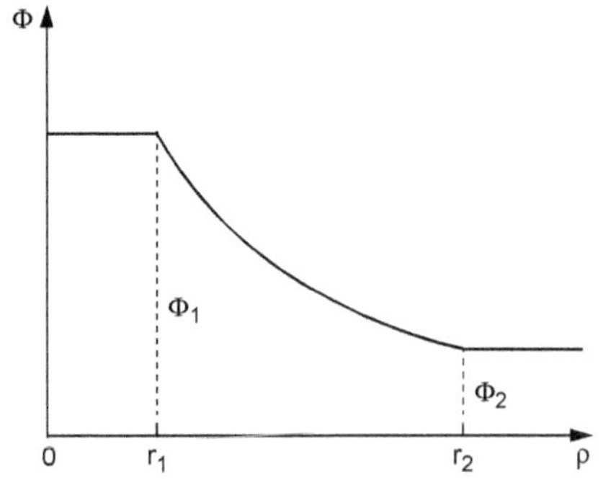

Bild 9.23: Radiale Abhängigkeit des Potentialfeldes eines Zylinderkondensators.

9.5.4 Die Kontinuitätsgleichung

Zwischen der Divergenz der Stromdichte $\vec{j}$ und der zeitlichen Änderung der Dichte besteht ein direkter Zusammenhang. Das Integral

$$I = \oiint_{\partial V} \vec{j} \cdot \mathrm{d}\vec{F} \tag{9.172}$$

über den Rand ∂V, also die Oberfläche eines Volumens V, misst den Strom durch die Oberfläche. Andererseits ist

$$Q = \int_V \varrho \, \mathrm{d}V \tag{9.173}$$

die Gesamtladung im Volumen V (oder die Gesamtmasse, wenn ϱ eine Massendichte ist). Wenn nun keine Ladung im Volumen neu entsteht oder vernichtet wird, gilt – man beachte, dass ein nach außen gerichteter Fluss positiv gezählt wird –

$$I = -\frac{\mathrm{d}Q}{\mathrm{d}t} \tag{9.174}$$

oder unter Benutzung des Satzes von Gauß:

$$I = \oiint_{\partial V} \vec{j} \cdot \mathrm{d}\vec{F} = \int_V \vec{\nabla} \cdot \vec{j} \, \mathrm{d}V = -\frac{\mathrm{d}Q}{\mathrm{d}t} = -\int_V \frac{\partial \varrho}{\partial t} \, \mathrm{d}V \, . \tag{9.175}$$

Bringt man beide Ausdrücke auf eine Seite und fasst sie unter einem Integral zusammen, so ergibt sich

$$\int_V \left\{ \vec{\nabla} \cdot \vec{j} + \frac{\partial \varrho}{\partial t} \right\} \mathrm{d}V = 0 \tag{9.176}$$

für ein beliebiges Volumen V. Das kann nur erfüllt werden für

$$\vec{\nabla} \cdot \vec{j} + \frac{\partial \varrho}{\partial t} = 0 \, . \tag{9.177}$$

Diese Gleichung bezeichnet man als *Kontinuitätsgleichung*.

9.5.5 Wegunabhängigkeit von Kurvenintegralen II

In Abschnitt 9.1.2 wurde die Unabhängigkeit von Kurvenintegralen von Weg zwischen zwei Punkten diskutiert. Hier soll das Ergebnis noch einmal von einer anderen Seite dargestellt werden. In einem einfach zusammenhängenden Gebiet G gilt die folgende Aussage:

- $\int_C \vec{A} \cdot \mathrm{d}\vec{r}$ wegunabhängig $\iff \oint \vec{A} \cdot \mathrm{d}\vec{r} = 0 \iff \vec{\nabla} \times \vec{A} = \vec{0}$.

Zum **Beweis:** Die Äquivalenz der Wegunabhängigkeit und des Verschwindens der Zirkulation war schon oben gezeigt worden [vgl. Abschnitt (9.1.2)]. Es bleibt noch zu zeigen:

'$\Rightarrow$": Wenn die Zirkulation verschwindet, gilt $0 = \lim_{F\to 0} \dfrac{1}{F} \oint \vec{A} \cdot \mathrm{d}\vec{r} = \vec{n} \cdot (\vec{\nabla} \times \vec{A})$ für jede Fläche $\vec{F} = F\,\vec{n}$, also $\vec{\nabla} \times \vec{A} = \vec{0}$.

'$\Leftarrow$": Wenn umgekehrt die Rotation verschwindet, d.h. $\vec{\nabla} \times \vec{A} = \vec{0}$, so folgt mit dem Satz von Stokes: $0 = \int (\vec{\nabla} \times \vec{A}) \cdot \mathrm{d}\vec{F} = \oint \vec{A} \cdot \mathrm{d}\vec{r}$.

Zum Abschluss soll noch angemerkt werden, dass diese Aussage nichts anderes ist als die Aussage, dass die Differentialform $\vec{A} \cdot \mathrm{d}\vec{r}$ ein totales Differential ist. Man sieht das sofort, wenn man in kartesischen Koordinaten schreibt:

$$\vec{A} \cdot \mathrm{d}\vec{r} = A_x \mathrm{d}x + A_y \mathrm{d}y + A_z \mathrm{d}z\,. \tag{9.178}$$

Dann ist das Kriterium $\vec{\nabla} \times \vec{A} = \vec{0}$ äquivalent zu

$$\frac{\partial A_x}{\partial y} = \frac{\partial A_y}{\partial x} \quad ; \quad \frac{\partial A_x}{\partial z} = \frac{\partial A_z}{\partial x} \quad ; \quad \frac{\partial A_y}{\partial z} = \frac{\partial A_z}{\partial y}\,. \tag{9.179}$$

Das ist genau die Bedingung, die in Gleichung (9.40) als Kriterium dafür angegeben wurde (dort noch ohne Beweis), dass eine Differentialform ein totales Differential darstellt. Es ist also insbesondere jedes wirbelfreie Feld ein Gradientenfeld.

9.5.6 Der Zerlegungssatz

Im vorherigen Abschnitt haben wir gesehen, dass rotationsfreie Vektorfelder (also reine Quellenfelder) sehr bequeme Eigenschaften haben – sie lassen sich als Gradientenfelder eines Skalarfeldes darstellen. Ihr Gegenpol sind divergenzfreie Felder (reine Wirbelfelder). Sie sind nicht so bequem, aber durch einen „Trick", den wir weiter unten kennen lernen werden, lassen sie sich auf ein so genanntes Vektorpotential zurückführen.

Nehmen wir jetzt einmal an, dass ein allgemeines Vektorfeld $\vec{A}\,(\vec{r})$ gegeben ist. Dann kann man mit

$$\varrho(\vec{r}) = \mathrm{div}\vec{A}\,(\vec{r}) \tag{9.180}$$

die Quellstärke von $\vec{A}$ bestimmen und mit

$$\vec{j}\,(\vec{r}\,) = \mathrm{rot}\vec{A}\,(\vec{r}\,) \tag{9.181}$$

die Wirbelstärke. Jetzt könnte man versuchen, das Feld wie

$$\vec{A}\,(\vec{r}\,) = \vec{A}_{\mathrm{q}}\,(\vec{r}\,) + \vec{A}_{\mathrm{w}}\,(\vec{r}\,) \tag{9.182}$$

in die Summe eines reinen Quellenfeldes $\vec{A}_{\mathrm{q}}\,(\vec{r}\,)$ und eines reinen Wirbelfeldes $\vec{A}_{\mathrm{w}}\,(\vec{r}\,)$ zu zerlegen, so dass gilt

$$\mathrm{div}\,\vec{A}_{\mathrm{q}}\,(\vec{r}\,) = \mathrm{div}\,\vec{A}\,(\vec{r}\,) = \varrho(\vec{r}\,) \tag{9.183}$$

und

$$\mathrm{rot}\,\vec{A}_{\mathrm{w}}\,(\vec{r}\,) = \mathrm{rot}\,\vec{A}\,(\vec{r}\,) = \vec{j}(\vec{r}\,) \tag{9.184}$$

mit

$$\mathrm{div}\,\vec{A}_{\mathrm{w}}\,(\vec{r}\,) = 0 \quad , \quad \mathrm{rot}\,\vec{A}_{\mathrm{q}}\,(\vec{r}\,) = \vec{0}\,. \tag{9.185}$$

Eine solche Zerlegung ist tatsächlich möglich[7] und unter gewissen Bedingungen sogar eindeutig. Ein Beweis ist anspruchsvoll und soll hier nicht einmal angedeutet werden.

Gleichung (9.182) ist bekannt als der *helmholtzsche Zerlegungssatz* oder als der *Hauptsatz der Vektoranalysis*. Es sollte im folgendem noch klarer werden, dass die Zerlegung eines (statischen) elektromagnetischen Kraftfeldes in ein elektrisches und ein magnetisches Feld genau diesen Hintergrund hat. Darüber hinaus wird weiter unten noch gezeigt, wie man die beiden Felder $\vec{A}_{\mathrm{q}}\,(\vec{r}\,)$ und $\vec{A}_{\mathrm{w}}\,(\vec{r}\,)$ *konstruktiv* aus den vorgegebenen Quellstärken und Wirbelstärken bestimmen kann. Ein wichtiges Hilfsmittel dabei ist die Poisson-Gleichung, die im nächsten Abschnitt vorgestellt wird.

9.5.7 Die Poisson-Gleichung

In der Elektrostatik ist das elektrische Feld rotationsfrei, d.h. es gilt $\vec{\nabla} \times \vec{E} = \vec{0}$. Daraus folgt – wie oben ausgeführt – die Existenz eines Potentials Φ mit

$$\vec{E} = -\vec{\nabla}\Phi\,. \tag{9.186}$$

[7] Falls $\vec{A}\,(\vec{r}\,)$ auf einem einfach zusammenhängenden Gebiet mit stückweise glattem Rand definiert ist.

Bei bekanntem Feld $\vec{E}(\vec{r})$ lässt sich Φ zum Beispiel angeben durch

$$\Phi(\vec{r}) = -\int_{\vec{r}_0}^{\vec{r}} \vec{E} \cdot \mathrm{d}\vec{r} \tag{9.187}$$

(das Integral ist unabhängig vom Weg). Wenn wir nun die beiden Gleichungen $\vec{\nabla} \cdot \vec{E} = \varrho/\epsilon_0$ und (9.186) kombinieren, so erhalten wir

$$\vec{\nabla} \cdot \vec{\nabla}\Phi = -\vec{\nabla} \cdot \vec{E} = -\frac{1}{\epsilon_0}\,\varrho\,, \tag{9.188}$$

oder – mit dem Laplace-Operator $\Delta = \vec{\nabla} \cdot \vec{\nabla}$ –

$$\Delta\Phi = -\frac{1}{\epsilon_0}\,\varrho\,. \tag{9.189}$$

Diese Gleichung heißt *Poisson-Gleichung* und verknüpft direkt das (skalare) elektrostatische Potential Φ mit der Ladungsverteilung ϱ. Im Spezialfall eines ladungsfreien Gebietes ($\varrho = 0$) reduziert sich Gleichung (9.189) auf die *Laplace-Gleichung*

$$\Delta\Phi = 0\,. \tag{9.190}$$

Man kann zum Beispiel direkt durch Lösung dieser Differentialgleichung bei gegebener Ladungsverteilung das Potential berechnen. Weiteres dazu in den folgenden Kapiteln.

9.6 Aufgaben

Aufgabe 9.1 (Lösung Seite 468): Zeigen Sie, dass man aus der Überlagerung der Felder zweier Punktladungen Q bei $\pm\vec{d}$ im Grenzfall $\vec{d} \to \vec{0}$, $Q \to \infty$ mit $2Q\vec{d} = \vec{p} = \mathit{konstant}$ das Dipolfeld (9.4) erhält.

Aufgabe 9.2 (Lösung Seite 469): Berechnen Sie für das Kraftfeld $\vec{F}(\vec{r}) = (y^3, xy^2, z)$ mit $\vec{r} = (x, y, z)$ das Kurvenintegral längs eines Weges $y(x) = x^\alpha$, $(\alpha > 0)$ von $\vec{r}_0 = (0, 0, 0)$ nach $\vec{r}_1 = (1, 1, 0)$.

Für welche α ist das Kurvenintegral minimal bzw. maximal?

Aufgabe 9.3 (Lösung Seite 470): Berechnen Sie für das Kraftfeld $\vec{F}(\vec{r}) = \vec{\omega} \times \vec{r}$ das Kurvenintegral über einen beliebigen Kreis um eine Achse parallel zu dem konstanten Vektor $\vec{\omega}$.

Aufgabe 9.4 (Lösung Seite 470): Es sei ein Vektorfeld $\vec{F}(\vec{r}) = (2xy + z^3, x^2, 3xz^2)$, mit $\vec{r} = (x, y, z)$ gegeben. Folgende Fragen sollen untersucht werden:

(a) Welche Werte hat das Kurvenintegral von $(0,0,0)$ nach $(1,1,1)$ auf den Wegen

$\mathcal{C}_1$: Gerade von $(0,0,0)$ nach $(1,1,1)$;
$\mathcal{C}_2$: Polygonzug $(0,0,0) \to (1,0,0) \to (1,1,0) \to (1,1,1)$;
$\mathcal{C}_3$: Parabelbogen von $(0,0,0)$ nach $(1,1,1)$.

(b) Hängen die Kurvenintegrale über $\vec{F}$ von der Form des Weges $\mathcal{C}$ ab?

(c) Ist $\vec{F} \cdot \mathrm{d}\vec{r}$ totales Differential?

(d) Ist $\vec{F}$ ein Gradientenfeld?

(e) Gibt es ein geeignetes Skalarfeld f, so dass $\vec{\nabla} f = \vec{F}$ gilt?

Hinweis: Die Teilaufgaben (a) bis (e) müssen *nicht* in der gegebenen Reihenfolge beantwortet werden.

Aufgabe 9.5 (Lösung Seite 472): Betrachten Sie einen nach oben geöffneten Kegel um die z-Achse mit einem Winkel ϑ zwischen Kegelmantel und z-Achse und einer Höhe h. Berechnen Sie unter Verwendung von sphärischen Polarkoordinaten r, ϑ, φ

(a) die Oberfläche des Kegels,

(b) den Fluss des Feldes $\vec{A}(\vec{r}) = a\, r^n (\cos\varphi, \sin\varphi, 0)$ durch die Kegeloberfläche.

Aufgabe 9.6 (Lösung Seite 473): Gegeben sei das Vektorfeld $\vec{A}(\vec{r}) = (-y, x, \lambda z)$, $\vec{r} = (x, y, z)$. Verifizieren Sie für dieses Feld

(a) Die Gültigkeit des Satzes von Gauß für eine Integration über einen Zylinder (Radius R, Höhe h), der koaxial zur z-Achse ausgerichtet ist mit einer Ausdehnung $0 \leq z \leq h$.

(b) Die Gültigkeit des Satzes von Stokes für eine Integration über einen Kreis (Radius R) um die z-Achse bei $z = h$.

Aufgabe 9.7 (Lösung Seite 475): Bestimmen Sie eine Ladungsverteilung $\varrho(\vec{r})$, die zu einem radialsymmetrischen Potential der Form

$$\Phi(r) = \frac{a}{r}\, \mathrm{e}^{-\alpha r}$$

führt. Berechnen Sie dann die Gesamtladung.

Hinweis: Benutzen Sie die Poisson-Gleichung in sphärischen Polarkoordinaten.

Aufgabe 9.8 (Lösung Seite 476): Ein Strom fließt in Richtung der z-Achse, die Stromdichte $\vec{j}$ hängt gemäß

$$j(\rho) = a\,\mathrm{e}^{-\lambda\rho^2}$$

vom Abstand ρ von der z-Achse ab.

(a) Berechnen Sie den Strom, den ein Zylinder um die z-Achse mit Radius R führt, sowie den Gesamtstrom $(R \to \infty)$.

(b) Berechnen Sie mithilfe des Satzes von Stokes das Magnetfeld.

Aufgabe 9.9 (Lösung Seite 477): Beweisen Sie diese nützliche Formel für den Gradienten:

$$\vec{r} \cdot \vec{\nabla} = r\,\frac{\partial}{\partial r}\,.$$

Kapitel 10

Die Delta-Funktion

Wenn man einen Ausdruck für die Ladungsdichte $\varrho(\vec{r})$ für eine Punktladung q bei $\vec{r}_0$ angeben soll, so stößt man auf Schwierigkeiten. Einerseits sollte diese Funktion überall verschwinden, außer an der Stelle $\vec{r}_0$, andererseits muss das Integral über die Ladungsdichte gleich der Ladung q sein. Es ist klar, dass keine „normale" Funktion $\varrho(\vec{r})$ das leisten kann, denn man kann ja bekanntlich jede Funktion an einem Punkt beliebig abändern, ohne den Wert des Integrals zu ändern. Wir wagen es trotzdem und führen die so genannte *Delta-Funktion* $\delta(x)$ ein, die auf den britischen Physiker und Nobelpreisträger Paul Dirac zurückgeht. Wir beschränken uns zunächst auf den eindimensionalen Fall. Die Funktion $\delta(x)$ soll die folgende Eigenschaft haben:

$$\int_{-\infty}^{+\infty} f(x)\,\delta(x)\,\mathrm{d}x = f(0) \tag{10.1}$$

für eine noch näher zu charakterisierende Klasse von Funktionen $f(x)$. Insbesondere erhält man mit $f(x) \equiv 1$

$$\int_{-\infty}^{+\infty} \delta(x)\,\mathrm{d}x = 1\,. \tag{10.2}$$

Die Delta-Funktion ist keine Funktion im klassischen Sinne, sondern eine so genannte *verallgemeinerte Funktion* oder auch *Distribution*. Die Theorie derartiger Funktionen ist inzwischen ein gut ausgebautes Gebiet der Mathematik. Hier soll ein erster Einblick gegeben werden, damit diese für den Physiker so nützliche Funktion nicht allzu rätselhaft erscheint. Wir beginnen mit einer elementaren Darstellung; eine Einführung in die mehr formale Definition folgt dann in Abschnitt 10.4.

10.1 Elementare Definition der Delta-Funktion

Zum Einstieg in die Materie definieren wir zunächst einmal eine Folge von Kastenfunktionen

$$g_n(x) = \begin{cases} 0 & |x| > 1/n \\ n/2 & |x| \leq 1/n \end{cases} \qquad n = 1, 2, \ldots \tag{10.3}$$

mit der Normierung

$$\int_{-\infty}^{+\infty} g_n(x)\,\mathrm{d}x = 1\,. \tag{10.4}$$

Mit wachsendem n ziehen sich die $g_n(x)$ mehr und mehr auf den Punkt $x = 0$ zusammen:

$$\lim_{n\to\infty} g_n(x) = \begin{cases} 0 & x \neq 0 \\ \infty & x = 0 \end{cases}\,. \tag{10.5}$$

Bild 10.1 stellt einige der Kastenfunktionen graphisch dar.

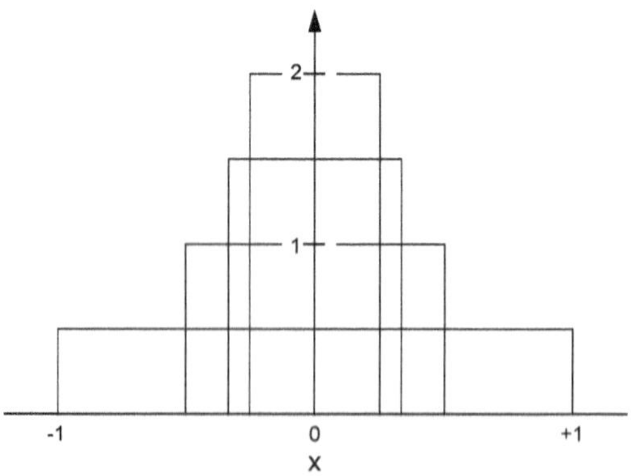

Bild 10.1: Kastenfunktionen $g_n(x)$ (10.3) für $n = 1, 2, 3, 4$.

Sei jetzt die Funktion $f(x)$ stetig bei $x = 0$. Dann gilt – unter Verwendung des Mittelwertsatzes –

$$\begin{aligned} \int_{-\infty}^{+\infty} f(x) g_n(x)\,\mathrm{d}x &= \frac{n}{2}\int_{-1/n}^{+1/n} f(x)\,\mathrm{d}x \\ &= \frac{n}{2} f(\tilde{x}_n) \int_{-1/n}^{+1/n} \mathrm{d}x = f(\tilde{x}_n) \end{aligned} \tag{10.6}$$

mit $-1/n \leq \tilde{x}_n \leq 1/n$. Wegen der Stetigkeit von $f(x)$ bei $x = 0$ gilt

$$\lim_{n\to\infty} \int_{-\infty}^{+\infty} f(x) g_n(x)\,\mathrm{d}x = \lim_{n\to\infty} f(\tilde{x}_n) = f(0)\,. \tag{10.7}$$

Wir schreiben jetzt

$$\int_{-\infty}^{+\infty} f(x)\delta(x)\,\mathrm{d}x := \lim_{n\to\infty} \int_{-\infty}^{+\infty} f(x) g_n(x)\,\mathrm{d}x = f(0)\,. \tag{10.8}$$

Klarerweise vertauscht der Limes *nicht* mit dem Integral und es gilt *nicht*

$$\int_{-\infty}^{+\infty} f(x)\delta(x)\,\mathrm{d}x := \int_{-\infty}^{+\infty} f(x) \lim_{n\to\infty} g_n(x)\,\mathrm{d}x \tag{10.9}$$

mit

$$\delta(x) = \lim_{n\to\infty} g_n(x)\,. \tag{10.10}$$

Wenn im Folgenden eine Gleichung wie (10.10) erscheint, bedeutet das nur eine formale Aussage und steht immer stellvertretend für Gleichungen vom Typ (10.8).

Wichtig ist jetzt, sich davon zu überzeugen, dass es auch andere Funktionsfolgen $\{g_n(x)\}$ gibt, die in dem Sinne äquivalent sind, dass sie die gleiche δ-Funktion erzeugen, d.h. es gilt

$$\int_{-\infty}^{+\infty} f(x)\delta(x)\,\mathrm{d}x := \lim_{n\to\infty} \int_{-\infty}^{+\infty} f(x) g_n(x)\,\mathrm{d}x = f(0)\,. \tag{10.11}$$

für alle Funktionsfolgen $\{g_n\}$ aus der Klasse $\mathcal{G}$ und alle zulässigen[1] $f(x)$. Man schreibt dafür kurz $\delta(x) = \lim_{n\to\infty} g_n(x)$. Beispiele sind

$$\delta(x) = \lim_{n\to\infty} \frac{n}{\pi}\frac{1}{1+n^2x^2} \quad \text{mit} \quad g_n(x) = \frac{n}{\pi}\frac{1}{1+n^2x^2} \tag{10.12}$$

$$= \lim_{n\to\infty} \sqrt{\frac{n}{\pi}}\,\mathrm{e}^{-nx^2} \quad \text{mit} \quad g_n(x) = \sqrt{\frac{n}{\pi}}\,\mathrm{e}^{-nx^2} \tag{10.13}$$

$$= \lim_{n\to\infty} \frac{\sin nx}{\pi x} \quad \text{mit} \quad g_n(x) = \frac{\sin nx}{\pi x}\,. \tag{10.14}$$

[1] Die Menge der zulässigen Funktionen soll hier nicht näher erörtert werden. Notwendig ist in jedem Fall die Stetigkeit bei $x_0 = 0$.

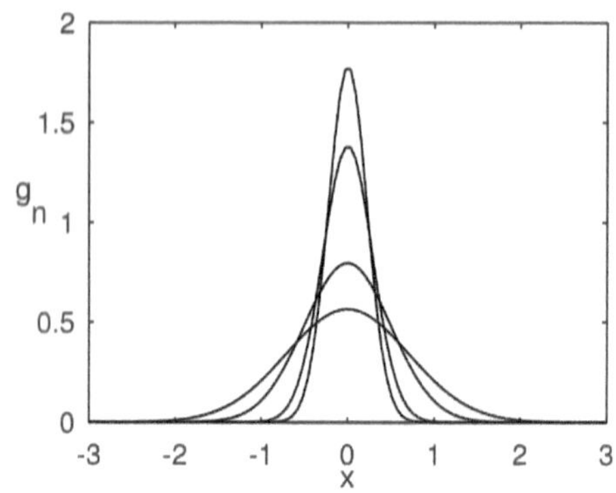

Bild 10.2: Gauß-Funktionen $g_n(x)$ (10.13) für $n = 1, 2, 6, 10$.

Die Lorentz-Kurven (10.12) und die Gauß-Kurven (10.13) sind auf eins normiert ($\int_{-\infty}^{+\infty} g_n(x)\, \mathrm{d}x = 1$). Sie haben ein Maximum der Höhe n/π bzw. $\sqrt{n/\pi}$ bei $x = 0$ und eine Halbwertsbreite (volle Breite bei halber Höhe) von $2/n$ bzw. $2\sqrt{\ln 2/n}$. Die g_n aus (10.14) oszillieren in x mit einer abfallenden Amplitude; das Maximum von n/π liegt bei $x = 0$ und die erste Nullstelle bei $x = \pi/n$. Mit wachsendem n ziehen sich alle diese Funktionen auf den Punkt Null zusammen, wobei das Maximum über alle Schranken wächst. Bild 10.2 zeigt einige der Gauß-Funktionen (10.13); sie werden mit wachsendem n immer „nadelförmiger" bei der Stelle $x = 0$, wobei die Fläche unter den Kurven gleich eins ist.

Exemplarisch soll hier für die Gauß-Kurven (10.13) die Gültigkeit der definierenden Gleichung (10.11) gezeigt werden. Zunächst gilt

$$\int_{-\infty}^{+\infty} g_n(x)\, \mathrm{d}x = \int_{-\infty}^{+\infty} \sqrt{\frac{n}{\pi}}\, \mathrm{e}^{-nx^2} = 1\,. \tag{10.15}$$

Mit dem elementaren Integral

$$\int^{x} x'\, \mathrm{e}^{-nx'^2}\, \mathrm{d}x' = -\frac{1}{2n}\, \mathrm{e}^{-nx^2} + \mathit{konstant} \tag{10.16}$$

findet man

$$\int_{0}^{+\infty} x\, \mathrm{e}^{-nx^2} \mathrm{d}x = \frac{1}{2n} \tag{10.17}$$

Weiterhin benötigen wir zu der folgenden Abschätzung noch den *Mittelwertsatz der Differentialrechnung* , also

$$\frac{f(x) - f(x_0)}{x - x_0} = f'(\tilde{x}) \quad \text{mit} \quad x_0 < \tilde{x} < x \tag{10.18}$$

($f(x)$ sei differenzierbar im Intervall $x_0 \leq x$ und am Rande stetig), d.h. in dem Intervall $[x_0, x]$ existiert ein Punkt, an dem die Ableitung gleich der Intervallsteigung ist.

Jetzt schätzen wir die Differenz zwischen dem Integral über $g_n(x)f(x)$ und dem Funktionswert $f(0)$ ab. Dabei führen wir den Beweis hier nur für differenzierbares $f(x)$; der allgemeine Beweis ist umfangreicher:

$$\begin{aligned}
\Delta_n &= \left| \int_{-\infty}^{+\infty} g_n(x) f(x)\, \mathrm{d}x - f(0) \right| = \left| \int_{-\infty}^{+\infty} g_n(x) \left\{ f(x) - f(0) \right\} \mathrm{d}x \right| \\
&\leq \int_{-\infty}^{+\infty} g_n(x) \left| f(x) - f(0) \right| \mathrm{d}x \leq \max_{\tilde{x} \in \mathbb{R}} |f'(\tilde{x})| \int_{-\infty}^{+\infty} g_n(x) \left| x - 0 \right| \mathrm{d}x \\
&= \max_{\tilde{x} \in \mathbb{R}} |f'(\tilde{x})| \, \frac{1}{\sqrt{\pi n}} \, .
\end{aligned} \tag{10.19}$$

Hier wurde in der ersten Zeile die Normierung (10.15) benutzt, in der zweiten Zeile der Mittelwertsatz (10.18) in der Form $f(x) - f(x_0) = f'(\tilde{x})(x - x_0)$ mit $x_0 = 0$. Dabei wurde das Resultat nach oben abgeschätzt durch das Maximum von $|f'|$ über der reellen Achse. Die letzte Gleichung ergibt sich aus (10.17). Da für die $f(x)$ die Ableitung beschränkt ist, folgt direkt $\lim_{n\to\infty} \Delta_n = 0$, womit die Behauptung bewiesen ist.

10.2 Eigenschaften der Delta-Funktion

Die Delta-Funktion besitzt einige nützliche Eigenschaften, die hier zunächst einmal aufgelistet werden:

(1) $$\int_{-\infty}^{+\infty} f(x)\delta(x - x_0)\, \mathrm{d}x = f(x_0)\, , \tag{10.20}$$

(1′) $$\int_{-\infty}^{+\infty} \delta(x - x_0)\, \mathrm{d}x = 1 \tag{10.21}$$

(2) $$\int_a^b f(x)\delta(x-x_0)\,\mathrm{d}x = \begin{cases} f(x_0) & a < x_0 < b \\ \frac{1}{2}\,f(x_0) & a = x_0 \quad \text{oder} \quad b = x_0 \\ 0 & x_0 < a < b \text{ oder } a < b < x_0 \end{cases} \tag{10.22}$$

(3) $$\delta(-x) = \delta(x) \tag{10.23}$$

(4) $$\delta(ax) = \frac{1}{|a|}\,\delta(x)\,,\ a \neq 0 \tag{10.24}$$

(5) $$\delta(h(x)) = \frac{1}{|h'(x_0)|}\,\delta(x-x_0) \quad \text{mit} \quad h(x_0) = 0\,,\ h'(x_0) \neq 0 \tag{10.25}$$

(5') $$\delta(h(x)) = \sum_{\nu=1}^{N} \frac{1}{|h'(x_\nu)|}\,\delta(x-x_\nu) \quad \text{mit} \quad h(x_\nu) = 0 \tag{10.26}$$

(In (5) und (5') wird angenommen, dass x_0 bzw. die x_ν die einzigen Nullstellen von $h(x)$ sind.)

(6) $$\int_{-\infty}^{+\infty} f(x)\delta'(x-x_0)\,\mathrm{d}x = -f'(x_0) \tag{10.27}$$

(7) $$H'(x) = \delta(x)\,. \tag{10.28}$$

Dabei ist die *Stufenfunktion* oder auch *Sprungfunktion* definiert als

$$H(x) = \begin{cases} 0 & x < 0 \\ 1/2 & x = 0 \\ 1 & x > 0 \end{cases} \tag{10.29}$$

(siehe Bild 10.3), die auch als *Heaviside-Funktion* bezeichnet wird.

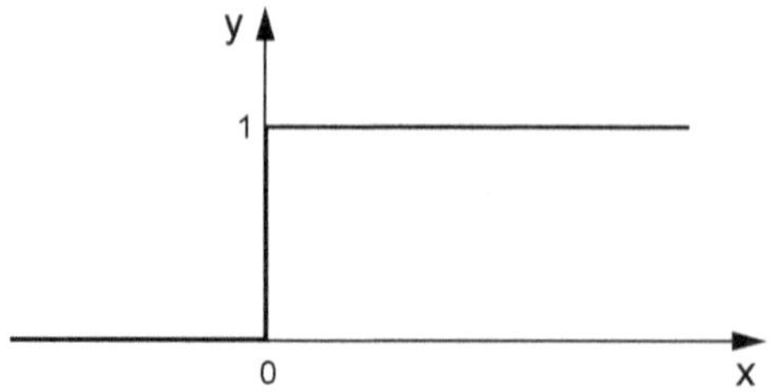

Bild 10.3: Sprungfunktion oder Heaviside-Funktion $H(x)$ (10.29).

Zum **Beweis** der Eigenschaften (1) bis (7):

(1)] ist die definierende Eigenschaft der δ-Funktion.

(1') folgt aus (1) mit $f(x) \equiv 1$.

(2) kann man z.B. beweisen, indem man eine Funktion $\tilde{f}(x)$ definiert, die im Intervall $[a, b]$ mit $f(x)$ übereinstimmt und außerhalb verschwindet, und dann Eigenschaft (1) auf $\tilde{f}(x)$ anwendet. Der Wert $\frac{1}{2}f(x_0)$ für den Fall, dass eine der Intervallgrenzen mit x_0 übereinstimmt, lässt sich begründen, indem man das Intervall verdoppelt, so dass x_0 im Inneren liegt. Dann liefert die Integration über das Gesamtintervall $f(x_0)$, also die Integration über jedes Teilintervall die Hälfte diese Wertes.

(3) Die δ-Funktion ist eine gerade Funktion. Das ergibt sich direkt als Spezialfall von (4) mit $a = -1$.

(4) Dies folgt aus (5) mit $h(x) = ax$.

(5) Die Funktion $h(x)$ habe nur eine Nullstelle x_0 mit $h'(x_0) \neq 0$. Dann können wir diese Nullstelle in ein Intervall $a < x_0 < b$ einschließen, auf dem die Funktion $y = h(x)$ bijektiv ist. Die Umkehrfunktion $x(y)$ existiert dann, und es gilt $x_0 = x(0)$. Zunächst nehmen wir $h'(x_0) > 0$ an. Dann folgt $h(a) < h(b)$. Wir integrieren und transformieren auf die Variable y:

$$\begin{aligned}\int_{-\infty}^{+\infty} f(x)\,\delta\big(h(x)\big)\,\mathrm{d}x &= \int_a^b f(x)\,\delta\big(h(x)\big)\,\mathrm{d}x \\ = \int_{h(a)}^{h(b)} f\big(x(y)\big)\,\delta(y)\,\frac{\mathrm{d}y}{h'\big(x(y)\big)} &= \frac{f\big(x(0)\big)}{h'\big(x(0)\big)} \\ = \frac{f(x_0)}{h'(x_0)} = \frac{1}{h'(x_0)} &\int_{-\infty}^{+\infty} f(x)\delta(x - x_0)\,\mathrm{d}x\,. \end{aligned} \tag{10.30}$$

Daraus folgt nach der definierenden Eigenschaft der Delta-Funktion

$$\delta(h(x)) = \frac{1}{|h'(x_0)|}\,\delta(x - x_0)\,. \tag{10.31}$$

Ist andererseits $h'(x_0) < 0$, so gilt $h(a) > h(b)$, und die Integration (10.30) wird zu

$$\int_{-\infty}^{+\infty} f(x)\,\delta\big(h(x)\big)\,\mathrm{d}x = \int_a^b f(x)\,\delta\big(h(x)\big)\,\mathrm{d}x$$

$$= -\int_{h(b)}^{h(a)} f\big(x(y)\big)\,\delta(y)\,\frac{\mathrm{d}y}{h'\big(x(y)\big)} = -\frac{f(x_0)}{h'(x_0)} = \frac{f(x_0)}{|h'(x_0)|}\,, \tag{10.32}$$

womit (5) bewiesen ist.

(5') Wenn die Funktion $h(x)$ endlich viele Nullstellen hat, kann man sie in disjunkte Intervalle einschließen: $x_\nu \in [a_\nu, b_\nu]$. Dann gilt

$$\int_{-\infty}^{+\infty} \delta(h(x))\,\mathrm{d}x = \sum_\nu \int_{a_\nu}^{b_\nu} \delta(h(x))\,\mathrm{d}x = \sum_\nu \frac{1}{|h'(x_\nu)|}\,f(x_\nu)\,, \tag{10.33}$$

wobei die letzte Gleichung aus (1') und (5) folgt.

(6) Diese Beziehung sagt aus, dass man die δ-Funktion trotz ihrer extremen Singularität sogar differenzieren kann – natürlich nur im Sinne einer verallgemeinerten Funktion. Es gibt also eine Klasse von Funktionen, die $\delta'(x)$ definieren. Eine solche Funktionsfolge erhält man z.B. durch Differentiation von (10.13). Formal also

$$\delta'(x) = \lim_{n\to\infty} g_n'(x) = \lim_{n\to\infty} -2nx\sqrt{\frac{n}{\pi}}\,\mathrm{e}^{-nx^2}\,, \tag{10.34}$$

und damit – unter Verwendung der Produktintegration –

$$\begin{aligned}\int_{-\infty}^{+\infty} f(x)\delta'(x)\,\mathrm{d}x &= \lim_{n\to\infty}\int_{-\infty}^{+\infty} f(x)g_n'(x)\,\mathrm{d}x\\ &= \lim_{n\to\infty}\left\{g_n(x)f(x)\Big|_{-\infty}^{+\infty} - \int_{-\infty}^{+\infty} f'(x)g_n(x)\,\mathrm{d}x\right\}\\ &= -\int_{-\infty}^{+\infty} f'(x)\delta(x)\,\mathrm{d}x = -f'(0)\,.\end{aligned} \tag{10.35}$$

(7) Für $a < 0 < b$ gilt

$$\begin{aligned}\int_a^b H'(x)f(x)\,\mathrm{d}x &= H(x)f(x)\Big|_a^b - \int_a^b H(x)f'(x)\,\mathrm{d}x\\ &= H(b)f(b) - H(a)f(a) - \int_0^b f'(x)\,\mathrm{d}x\\ &= f(b) - f(x)\Big|_0^b = f(0)\,.\end{aligned} \tag{10.36}$$

Zum Abschluss wollen wir hier noch eine sehr nützliche Integraldarstellung der Delta-Funktion notieren:

$$\delta(x) = \frac{1}{2\pi} \int_{-\infty}^{+\infty} \mathrm{e}^{\mathrm{i}kx} \, \mathrm{d}k \,. \tag{10.37}$$

Den Beweis verschieben wir auf Abschnitt 12.3.2.

10.3 Die dreidimensionale Delta-Funktion

In kartesischen Koordinaten $\vec{r} = (x_1, x_2, x_3)$ ist die dreidimensionale Delta-Funktion durch

$$\delta(\vec{r} - \vec{r}_0) = \delta(x_1 - x_{10}) \, \delta(x_2 - x_{20}) \, \delta(x_3 - x_{30}) \tag{10.38}$$

gegeben, lokalisiert an der Stelle $\vec{r}_0 = (x_{10}, x_{20}, x_{30})$. Sie erfüllt

$$\int_{\mathbb{R}^3} \delta(\vec{r} - \vec{r}_0) f(\vec{r}) \, \mathrm{d}V = f(\vec{r}_0) \tag{10.39}$$

mit $\mathrm{d}V = \mathrm{d}x_1 \mathrm{d}x_2 \mathrm{d}x_3$.

Oft ist es zweckmäßig, krummlinige orthogonale Koordinaten y_1, y_2, y_3 zu verwenden. Mit $b_i = |\partial \vec{r} / \partial y_i|$ (vgl. Abschnitt 1.4) gilt

$$\begin{aligned} f(\vec{r}_0) &= \int_{-\infty}^{+\infty} f(\vec{r}) \delta(\vec{r} - \vec{r}_0) \, \mathrm{d}V \\ &= \iiint f(\vec{r}) \delta(\vec{r} - \vec{r}_0) \, b_1 b_2 b_3 \, \mathrm{d}y_1 \mathrm{d}y_2 \mathrm{d}y_3 \\ &= \iiint f(\vec{r}) \delta(y_1 - y_{01}) \, \delta(y_2 - y_{02}) \, \delta(y_3 - y_{03}) \, \mathrm{d}y_1 \mathrm{d}y_2 \mathrm{d}y_3 \,, \end{aligned} \tag{10.40}$$

wobei die Delta-Funktion in krummlinigen Koordinaten durch

$$\delta(\vec{r} - \vec{r}_0) = \frac{1}{b_1 b_2 b_3} \delta(y_1 - y_{01}) \, \delta(y_2 - y_{02}) \, \delta(y_3 - y_{03}) \tag{10.41}$$

gegeben ist. Dabei sind die y_{0i} die Koordinaten von $\vec{r}_0$. Da in jedem Falle durch die Delta-Funktion bei der Integration der Integrand an der Stelle $\vec{r}_0$ erzeugt wird, kann man das Volumenelement $b_1 b_2 b_3$ auch an der Stelle $\vec{r}_0$ nehmen.

Für die sphärischen Polarkoordinaten r, ϑ, φ mit $b_r b_\vartheta b_\varphi = r^2 \sin\vartheta$ [Gleichung (1.188)] liefert das

$$\delta(\vec{r}-\vec{r}_0) = \frac{1}{r_0^2 \sin\vartheta_0}\,\delta(r-r_0)\,\delta(\vartheta-\vartheta_0)\,\delta(\varphi-\varphi_0) \qquad (10.42)$$

und für die Zylinderkoordinaten ρ, φ, z mit $b_\rho b_\varphi b_z = \rho$ [Gleichung (1.168)]

$$\delta(\vec{r}-\vec{r}_0) = \frac{1}{\rho_0}\,\delta(\rho-\rho_0)\,\delta(\varphi-\varphi_0)\,\delta(z-z_0)\,. \qquad (10.43)$$

Einige **Anwendungen:**

Beispiel (1): Mit der δ-Funktion kann man beispielsweise die Ladungsdichte einer Punktladung q bei $\vec{r}_0$ als

$$\varrho(\vec{r}) = q\,\delta(\vec{r}-\vec{r}_0) \qquad (10.44)$$

schreiben und eine Menge von n Punktladungen q_j, $j=1,\ldots,n$ an den Stellen $\vec{r}_j$, $j=1,\ldots,n$ durch

$$\varrho(\vec{r}) = \sum_{j=1}^{n} q_j\,\delta(\vec{r}-\vec{r}_j)\,. \qquad (10.45)$$

Beispiel (2): Für die Ladungsdichte einer homogen geladenen Oberfläche einer Kugel (Radius R, Gesamtladung Q) ergibt sich als

$$\varrho(\vec{r}) = \frac{Q}{4\pi R^2}\,\delta(r-R)\,. \qquad (10.46)$$

Beispiel (3): Eine homogene Ladungsverteilung im Inneren einer Kugel wird durch

$$\varrho(\vec{r}) = \frac{3Q}{4\pi R^3}\,H(R-r) \qquad (10.47)$$

beschrieben (Kugelradius R, Gesamtladung Q).

Beispiel (4): Die Ladungsdichte eines homogen geladenen Kreisrings (Radius R) in der x,y-Ebene lässt sich in Zylinderkoordinaten ausdrücken als

$$\varrho(\vec{r}) = \frac{Q}{2\pi R}\,\delta(\rho-R)\,\delta(z) \qquad (10.48)$$

und die eines homogen geladenen Zylinders (Höhe $2d$) als

$$\varrho(\vec{r}) = \frac{Q}{2\pi d R^2}\,H(R-\rho)\Big[H(z+d)-H(z-d)\Big]\,, \qquad (10.49)$$

unter Verwendung der Sprungfunktion H aus (10.29).

Beispiel (5): Durch die δ-Funktion und ihre Ableitung δ' sei die Ladungsdichte

$$\rho(\vec{r}) \;=\; -p\,\delta(x)\,\delta(y)\,\delta'(z) \tag{10.50}$$

definiert.

Mit $\int_{-\infty}^{+\infty} f(z)\,\delta(z)\,\mathrm{d}z = f(0)$ und $\int_{-\infty}^{+\infty} f(z)\,\delta'(z)\,\mathrm{d}z = -f'(0)$ erhalten wir die Gesamtladung als

$$\begin{aligned} q &= \int_{-\infty}^{+\infty} \rho(\vec{r}\,)\,d^3r = -p \iiint_{-\infty}^{+\infty} \delta(x)\,\delta(y)\,\delta'(z)\;\mathrm{d}x\,\mathrm{d}y\,\mathrm{d}z \\ &= -p \int_{-\infty}^{+\infty} \delta(x)\,\mathrm{d}x \int_{-\infty}^{+\infty} \delta(y)\,\mathrm{d}y \int_{-\infty}^{+\infty} \delta'(z)\,\mathrm{d}z \\ &= -p \int_{-\infty}^{+\infty} f(z)\delta'(z)\,\mathrm{d}z = pf'(0) = 0 \end{aligned} \tag{10.51}$$

(mit $f(z) = 1$ und $f'(z) = 0$).

Das Dipolmoment einer Ladungsverteilung werden wir im folgenden Kapitel genauer kennen lernen. Nach der definierenden Gleichung (11.40),

$$\vec{p} \;=\; \int_{-\infty}^{+\infty} \vec{r}\,\rho(\vec{r}\,)\,d^3r\,, \tag{10.52}$$

erhalten wir hier

$$\vec{p} = -p \iiint_{-\infty}^{+\infty} (x, y, z)\,\delta(x)\,\delta(y)\,\delta'(z)\,\mathrm{d}x\,\mathrm{d}y\,\mathrm{d}z\,. \tag{10.53}$$

Für die x-Komponente ergibt sich

$$p_x = -p \int_{-\infty}^{+\infty} x\,\delta(x)\,\mathrm{d}x \int_{-\infty}^{+\infty} \delta(y)\,\mathrm{d}y \int_{-\infty}^{+\infty} \delta'(z)\,\mathrm{d}z = 0 \tag{10.54}$$

wegen

$$\int_{-\infty}^{+\infty} \delta'(z)\,\mathrm{d}z = \int_{-\infty}^{+\infty} f(z)\,\delta'(z)\,\mathrm{d}z = -f'(0) = 0 \tag{10.55}$$

mit $f(z) = 1$ und $f'(z) = 0$. Ganz genauso für die y-Komponente:

$$p_y \;= -p \int_{-\infty}^{+\infty} x\delta(x)\,\mathrm{d}x \int_{-\infty}^{+\infty} y\delta(y)\,\mathrm{d}y \int_{-\infty}^{+\infty} \delta'(z)\,\mathrm{d}z = 0\,, \tag{10.56}$$

und schließlich für die z-Komponente:

$$\begin{aligned} p_z &= -p\int_{-\infty}^{+\infty}\delta(x)\,\mathrm{d}x\int_{-\infty}^{+\infty}\delta(y)\,\mathrm{d}y\int_{-\infty}^{+\infty}z\,\delta'(z)\,\mathrm{d}z = -p\int_{-\infty}^{+\infty}z\,\delta'(z)\,\mathrm{d}z \\ &= -p\int_{-\infty}^{+\infty}f(z)\,\delta'(z)\,\mathrm{d}z = pf'(0) = p \end{aligned} \tag{10.57}$$

mit $f(z) = z$ und $f'(z) = 1$. Also ergibt sich

$$\vec{p} = (0,0,p) = p\,\hat{e}_z\,. \tag{10.58}$$

Das ist ein reines Dipolpotential.

Interpretation: Zwei Punktladungen $+q, -q$ bei $+d$ bzw. $-d$ auf der z-Achse liefern die Ladungsverteilung:

$$\begin{aligned} \rho(\vec{r}\,) &= q\,\delta(x)\,\delta(y)\left\{\delta(z-d)\;-\;\delta(z+d)\right\} \qquad (10.59)\\ &= -2q\,d\,\delta(x)\,\delta(y)\,\frac{\delta(z+d)\;-\;\delta(z-d)}{2d} \;\stackrel{d\to 0}{\longrightarrow}\; -p\,\delta(x)\,\delta(y)\,\delta'(z) \end{aligned}$$

mit $2qd = p =$ konstant. Das entspricht genau dem Grenzprozess, der auf Seite 235 und Aufgabe 9.1 zur Erläuterung eines Dipolfeldes betrachtet wurde.

10.4 Theorie der Distributionen*

Die Delta-Funktion $\delta(x)$, ihre Ableitung $\delta'(x)$ und ihre Stammfunktion $H(x)$ wurden oben als *Distributionen* oder *verallgemeinerte Funktionen* bezeichnet. In diesem Abschnitt soll versucht werden, einen Einblick in die mathematisch strenge Distributionen-Theorie zu geben, in der Hoffnung, dass dann diese Funktionen nicht mehr so seltsam erscheinen. Dazu muss man sich allerdings einige (wenige) Definitionen zumuten.[2]

Der Raum $\mathcal{G}$ der Testfunktionen: Wir betrachten die Menge $\mathcal{G}$ der schnell abfallenden Funktionen $g(x)$ im Bereich $-\infty < x < +\infty$. Dabei heißt schnell abfallend, dass sie zusammen mit allen ihren Ableitungen $g^{(k)}(x) = \mathrm{d}^k g/\mathrm{d}x^k$ schneller abfallen als jede Potenz x^m, also

$$\lim_{|x|\to\infty} x^m g^{(k)}(x) = 0 \quad \text{für alle} \quad m,k\in\mathbb{N}\,. \tag{10.60}$$

[2]Eine ausführlichere Einführung in die Distributionen findet man in S. Brandt, H. D. Dahmen: *Elektrodynamik* (Springer-Verlag, 1997), Anhang E2, an dem sich dieser kurze Abschnitt orientiert.

Wir bezeichnen diese Funktionen als *Testfunktionen*. Ein klassisches Beispiel für eine solche Testfunktion ist die Gauß-Funktion $g(x) = \mathrm{e}^{-\lambda x^2}$. Man überzeugt sich leicht davon, dass diese Funktionen einen linearen Raum bilden.

Wir betrachten jetzt eine Folge $\{g_n(x),\ n = 1, 2, \ldots\}$ solcher Testfunktionen. Wir bezeichnen diese Folge als *Nullfolge*, wenn alle $|x|^m g_n^{(k)}(x)$ für $n \to \infty$ in $-\infty < x < +\infty$ gleichmäßig gegen null konvergieren.

Die Folge heißt konvergent gegen die Testfunktion $g_0(x)$,

$$\lim_{n\to\infty} g_n(x) = g_0(x)\,, \tag{10.61}$$

wenn die Differenzen $g_n(x) - g_0(x)$ eine Nullfolge bilden.

Temperierte Distributionen: Eine Abbildung T, die jeder Testfunktion $g \in \mathcal{G}$ eine komplexe Zahl z zuordnet,

$$z = T(g)\,, \tag{10.62}$$

nennt man ein *Funktional* von g. Besonders einfach (und wichtig!) sind *lineare Funktionale*, definiert duch die Eigenschaft

$$T(\alpha_1 g_1 + \alpha_2 g_2) = \alpha_1 T(g_1) + \alpha_2 T(g_2) \tag{10.63}$$

für beliebige $\alpha_1, \alpha_2 \in \mathbb{C}$ und $g_1, g_2 \in \mathcal{G}$.

Ein Funktional heißt *stetig*, wenn für jede Folge von Testfunktionen g_n, die gegen $g_0 \in \mathcal{G}$ konvergiert, gilt

$$\lim_{n\to\infty} T(g_n) = T(\lim_{n\to\infty} g_n) = T(g_0)\,. \tag{10.64}$$

Jetzt endlich können wir eine *temperierte Distribution* definieren als ein stetiges, lineares Funktional auf dem Raum $\mathcal{G}$ der Testfunktionen. Die Distributionen bilden einen linearen Raum. Das lässt sich beispielsweise realisieren durch das Integral

$$T(g) = \int_{-\infty}^{+\infty} T(x) g(x)\,\mathrm{d}x\,, \tag{10.65}$$

wobei $T(x)$ eine normale Funktion ist, die die Distribution $T(g)$ repräsentiert.[3]

[3]Hier ist es üblich, für die Distribution $T(g)$ und die repräsentierende normale Funktion $T(x)$ das gleiche Symbol zu verwenden und sie nur durch die Argumente zu unterscheiden.

Ableitung und Integral einer Distribution: Die Distributionsableitung T' einer temperierten Distribution T definieren wir durch die normale Ableitung g' von g über die Beziehung

$$T'(g) = -T(g') , \tag{10.66}$$

also in der Darstellung (10.65) durch

$$T'(g) = -\int_{-\infty}^{+\infty} T(x)g'(x)\,\mathrm{d}x , \tag{10.67}$$

wobei zu betonen ist, dass hier die Ableitung der Testfunktionen auftaucht und nicht etwa die der repräsentierenden Funktion $T(x)$, die ja nicht einmal differenzierbar sein muss! Wir wollen und noch davon vergewissern, dass für eine normale differenzierbare Funktion $T(x)$ die distributive mit der normalen Ableitung übereinstimmt. Dazu schreiben wir die Gleichung (10.67) mithilfe der partiellen Integrationsformel um

$$\begin{aligned} T'(g) &= -\int_{-\infty}^{+\infty} T(x)g'(x)\,\mathrm{d}x = -\Big(\big[T(x)g(x)\big]_{-\infty}^{+\infty} - \int_{-\infty}^{+\infty} T'(x)g(x)\,\mathrm{d}x \\ &= \int_{-\infty}^{+\infty} T'(x)g(x)\,\mathrm{d}x , \end{aligned} \tag{10.68}$$

das die Testfunktion für große Argumente gegen null geht. mit anderen Worten wird also die Distributionableitung von $T(g)$ durch die Ableitung von $T(x)$ dargestellt. Das erklärt auch das zunächst rätselhafte negative Vorzeichen in Gleichung (10.67).

Die höheren Ableitungen $T^{(k)}$ durch

$$T^{(k)}(g) = (-1)^k\, T(g^{(k)}) . \tag{10.69}$$

Es lässt sich in ohne größeren Aufwand zeigen, dass diese Ableitungen auch wieder temperierte Distributionen sind. Also sind alle temperierten Distributionen beliebig oft differenzierbar.

Unter dem unbestimmten Integral I einer temperierten Distribution T verstehen wir eine Distribution, deren Ableitung die Beziehung

$$I'(g) = T(g) \tag{10.70}$$

für alle $g \in \mathcal{G}$ erfüllt.

Die Delta-Distribution: Nachdem in den beiden vorangehenden Abschnitten die Grundlagen gelegt wurden, ist das Weitere eigentlich ganz einfach. Wir beginnen mit der stetigen Funktion

$$S(x) = \begin{cases} 0 & x \leq 0 \\ x & x > 0 \end{cases} \tag{10.71}$$

und vereinbaren die Schreibweise $S_{x_0}(x) = S(x - x_0)$. Damit definieren wir eine temperierte Distribution

$$S_{x_0}(g) = \int_{-\infty}^{+\infty} S_{x_0}(x) g(x)\,\mathrm{d}x = \int_{x_0}^{+\infty} S(x - x_0) g(x)\,\mathrm{d}x \tag{10.72}$$

mit $g \in \mathcal{G}$. Ihre Ableitung bestimmen wir nach (10.66) und formen mithilfe der partiellen Integration um:

$$\begin{aligned} S'_{x_0}(g) &= -S_{x_0}(g') = -\int_{x_0}^{+\infty} S(x - x_0) g'(x)\,\mathrm{d}x \\ &= -\big[\,(x - x_0) g(x)\,\big]_{x_0}^{+\infty} + \int_{x_0}^{+\infty} g(x)\,\mathrm{d}x \\ &= \int_{-\infty}^{+\infty} H(x - x_0) g(x)\,\mathrm{d}x = H_{x_0}(g)\,, \end{aligned} \tag{10.73}$$

denn nach Gleichung (10.60) gilt $(x - x_0)\,g(x) \to 0$ für $|x| \to \infty$. Dabei ist $H_{x_0}(x) = H(x - x_0)$ die Sprungfunktion (10.29). Genauer gesagt, wir haben in diesem Fall eine *Stufendistribution*

$$H_{x_0}(g) = \int_{x_0}^{+\infty} g(x)\,\mathrm{d}x \tag{10.74}$$

definiert. Wir sehen außerdem, dass die Ableitung der temperierten Distribution S_{x_0} identisch ist mit der „normalen“ Ableitung der Funktion S_{x_0}.

Im nächsten Schritt bilden wir nach (10.66) die Ableitung der Stufendistribution

$$H'_{x_0}(g) = -H_{x_0}(g') = -\int_{x_0}^{+\infty} g'(x)\,\mathrm{d}x = -\big[\,g(x)\,\big]_{x_0}^{\infty} = g(x_0)\,, \tag{10.75}$$

da ja g eine Testfunktion ist und folglich $g(x) \to 0$ für $x \to \infty$ gilt. Damit sind wir am Ziel, denn das ist genau die definierende Eigenschaft der gesuchten Delta-Funktion, die hier natürlich als Delta-Distribution auftaucht. Wir definieren also $\delta_{x_0} = H'_{x_0}$ und schreiben Gleichung (10.75) damit als

$$\delta_{x_0}(g) = g(x_0)\,, \tag{10.76}$$

oder noch weiter ausgeschrieben

$$\delta_{x_0}(g) = \int_{-\infty}^{+\infty} \delta(x - x_0) g(x)\, \mathrm{d}x = g(x_0)\,. \tag{10.77}$$

In dieser Formel ist allerdings das Integral rein formal aufgeschrieben, denn der Ausdruck $\delta_{x_0}(x) = \delta(x - x_0)$ unter dem Integral ist *keine* Funktion im eigentlichen Sinn, im Gegensatz zu den temperierten Distributionen S_{x_0} und H_{x_0}, die auch als normale Funktionen existieren.

10.5 Aufgaben

Aufgabe 10.1 (Lösung Seite 477): Beweisen Sie:

(a) $\delta(x^2 - 3x + 2) = \delta(x-2) + \delta(x-1)$

(b) $\delta(\sin x) = \sum_{n=-\infty}^{+\infty} \delta(x - n\pi)$

(c) $\int_{-\infty}^{+\infty} \delta(\sin x)\, \mathrm{e}^{-a|x|}\, \mathrm{d}x = \coth \frac{a\pi}{2}$ für $a > 0$.

Aufgabe 10.2 (Lösung Seite 478): Beweisen Sie die Beziehung $\delta(x) = -x\,\delta'(x)$.

Aufgabe 10.3 (Lösung Seite 478): Begründen Sie, dass jede „vernünftige" Funktion $g(x)$, für die das Integral $\int_{-\infty}^{+\infty} g(x)\, \mathrm{d}x = N$ existiert, durch

$$\delta(x) = \lim_{\epsilon \to 0} \frac{1}{\varepsilon N}\, g\left(\frac{x}{\varepsilon}\right)$$

eine Darstellung der Delta-Funktion liefert.

Aufgabe 10.4 (Lösung Seite 479): Die Funktion

$$x(t) = \frac{a}{\omega} H(t) \sin \omega t$$

mit der Sprungfunktion $H(t)$ löst die Schwingungsgleichung $\ddot{x} + \omega^2 x = f(t)$ für einen Kraftstoß zur Zeit $t = 0$: $f(t) = a\,\delta(t)$. Verifizieren Sie diese Aussage durch direktes Einsetzen in die Schwingungsgleichung und Benutzung der Eigenschaften der Delta-Funktion.

Kapitel 11

Lineare partielle Differentialgleichungen der Physik

In diesem Kapitel werden wir uns mit ausgewählten partiellen Differentialgleichungen befassen und einige ihrer Eigenschaften sowie unterschiedliche Lösungsmethoden kennenlernen.

Partielle Differentialgleichungen enthalten partielle Ableitungen einer Funktion von mehreren Variablen. Wichtige Gleichungen sind hier z.B.

$$\Delta\Phi(\vec{r},t) = \begin{cases} 0 & \text{Laplace-Gleichung} \\ -\dfrac{1}{\epsilon_0}\,\varrho(\vec{r}) & \text{Poisson-Gleichung} \\ -k^2\Phi & \text{Helmholtz-Gleichung} \\ \dfrac{1}{\kappa}\,\dfrac{\partial\Phi}{\partial t} & \text{Diffusionsgleichung} \\ \dfrac{1}{c^2}\,\dfrac{\partial^2\Phi}{\partial t^2} & \text{Wellengleichung} \end{cases} . \tag{11.1}$$

Verwandt damit ist die *Schrödinger-Gleichung* in der Quantenmechanik für die Wellenfunktion eines Teilchens im Potential $V(\vec{r})$:

$$-\frac{\hbar^2}{2m}\,\Delta\Phi(\vec{r},t) + V(\vec{r})\Phi = \mathrm{i}\hbar\,\frac{\partial\Phi}{\partial t}\,. \tag{11.2}$$

Alle diese Gleichungen sind linear. Sie verknüpfen die Größe $\Delta = \vec{\nabla}\cdot\vec{\nabla}$, den Laplace-Operator, mit einer bekannten Funktion wie der Ladungsdichte bei der Poisson-Gleichung, der gesuchten Funktion selbst – wie bei der Helmholtz-Gleichung – oder ihrer partiellen Ableitung nach der Zeit t.

In kartesischen Koordinaten ist der Laplace-Operator durch

$$\Delta\Phi = \frac{\partial^2\Phi}{\partial x^2} + \frac{\partial^2\Phi}{\partial y^2} + \frac{\partial^2\Phi}{\partial z^2}\,, \tag{11.3}$$

gegeben, aber in vielen wichtigen Anwendungen ist es vorteilhaft, krummlinige Koordinaten zu verwenden. Ist das Problem z.B. kugelsymmetrisch, d.h. $\Phi(\vec{r}) = \Phi(r)$, so lautet der Laplace-Operator

$$\Delta\Phi = \frac{1}{r^2}\frac{\partial}{\partial r}\left(r^2\frac{\partial\Phi}{\partial r}\right) = \frac{1}{r}\frac{\partial^2}{\partial r^2}(r\Phi) = \frac{\partial^2\Phi}{\partial r^2} + \frac{2}{r}\frac{\partial\Phi}{\partial r} \tag{11.4}$$

oder für zylindersymmetrische Probleme

$$\Delta\Phi = \frac{1}{\rho}\frac{\partial}{\partial\rho}\left(\rho\frac{\partial\Phi}{\partial\rho}\right) = \frac{\partial^2\Phi}{\partial\rho^2} + \frac{1}{\rho}\frac{\partial\Phi}{\partial\rho} \tag{11.5}$$

[vgl. Gleichungen (9.153) bzw. (9.157)].

11.1 Die Poisson-Gleichung in der Elektro- und Magnetostatik

In diesem Abschnitt beschäftigen wir uns mit der Poisson-Gleichung

$$\Delta\Phi(\vec{r}) = -\frac{1}{\epsilon_0}\,\varrho(\vec{r})\,, \tag{11.6}$$

die das elektrostatische Potential $\Phi(\vec{r})$ mit der Raumladung $\varrho(\vec{r})$ verknüpft (vgl. Abschnitt 9.5.7). Für den einfachen Fall eines ladungsfreien Raumes reduziert sich die Poisson-Gleichung auf die Laplace-Gleichung.

Im nächsten Abschnitt werden wir eine analytische Lösung dieser Gleichung präsentieren, die allerdings nicht die allgemeine Lösung darstellt. Im Abschnitt 11.1.3 wird dann gezeigt, dass man Probleme der Magnetostatik auf eine ganz ähnliche Weise behandeln kann. In den weiteren Abschnitten werden dann allgemeinere numerische Lösungsmethoden behandelt.

11.1.1 Die Poisson-Gleichung in der Elektrostatik

Eine Grundaufgabe der Elektrostatik ist die Bestimmung einer Potentialfunktion $\Phi(\vec{r})$ bei einer vorgegebenen Ladungsdichte $\varrho(\vec{r})$. Wir beginnen zunächst mit dem einfachen Fall einer Punktladung q an der Stelle $\vec{r}_0 = 0$, d.h. einer Ladungsdichte

$$\varrho(\vec{r}) = q\,\delta(\vec{r}) \tag{11.7}$$

mit der Diracschen Delta-Funktion (vgl. Kapitel 10) und $\int \varrho\, \mathrm{d}^3 r = q$. Wir wollen uns vergewissern, dass das bekannte Potential einer Punktladung

$$\Phi(\vec{r}) = \frac{q}{4\pi\epsilon_0\, r} \tag{11.8}$$

die Poisson-Gleichung löst, d.h.

$$\Delta\left(\frac{q}{4\pi\epsilon_0 r}\right) = -\frac{q}{\epsilon_0}\,\delta(\vec{r}) \tag{11.9}$$

oder – nach Division durch $q/4\pi\epsilon_0$ –

$$\Delta\,\frac{1}{r} = -4\pi\,\delta(\vec{r})\,. \tag{11.10}$$

Zunächst erhalten wir auf der linken Seite für $r \neq 0$ mit (11.4)

$$\Delta\frac{1}{r} = \frac{1}{r}\,\frac{\partial^2}{\partial r^2}\left(r\,\frac{1}{r}\right) = \frac{1}{r}\,\frac{\partial^2}{\partial r^2}\,(1) = 0\,. \tag{11.11}$$

An der Stelle $r = 0$ ist $1/r$ singulär, was allerdings nicht ausreicht, um sicherzustellen, dass $-\Delta(1/4\pi r)$ wirklich die Delta-Funktion ist. Dazu muss man außerdem die Gültigkeit von

$$\int_{\mathbb{R}^3} f(\vec{r})\delta(\vec{r})\,\mathrm{d}^3 r = f(\vec{0}) \tag{11.12}$$

verifizieren. Dazu müssen wir zeigen, dass für alle Testfunktionen $g(\vec{r})$

$$\int_{\mathbb{R}^3} \Delta\frac{1}{|\vec{r}|}\,g(\vec{r})\,\mathrm{d}^3 r = -4\pi g(\vec{0}) \tag{11.13}$$

gilt (siehe Abschnitt 10.4). Wir wollen diesen Ausdruck mithilfe der zweiten greenschen Formel (9.131)

$$\int_V (\Phi\Delta\Psi - \Psi\Delta\Phi)\,\mathrm{d}V = \int_{\partial(V)}\left(\Phi\,\frac{\partial\Psi}{\partial n} - \Psi\,\frac{\partial\Phi}{\partial n}\right)\mathrm{d}F \tag{11.14}$$

umformen, indem wir $\Phi(\vec{r}) = 1/|\vec{r}\,| = 1/r$ und $\Psi(\vec{r}) = g(\vec{r})$ wählen. Allerdings ist Φ im Ursprung singulär und, um diesen Punkt auszuschließen, integrieren wir zunächst nicht über den gesamten Raum, sondern nur über eine Kugelschale K mit $0 \leq \epsilon \leq r \leq R$ und lassen dann ϵ gegen null und R gegen unendlich gehen. Die linke Seite der Gleichung (11.14) lautet dann

$$\int_K \Big(\frac{1}{r}\,\Delta g(\vec{r}) - g(\vec{r})\,\Delta\frac{1}{r}\Big)\,\mathrm{d}^3r = \int_K \frac{1}{r}\,\Delta g(\vec{r})\,\mathrm{d}^3r \to \int_{\mathbb{R}^3} r\,\Delta g(\vec{r})\,\mathrm{d}r\,\mathrm{d}\Omega\,, \tag{11.15}$$

im Grenzfall $r \to \infty$ und $\epsilon \to 0$. Dabei gilt das erste Gleichheitszeichen, da der Laplace-Operator von $1/r$ nach (11.11) innerhalb unserer Kugelschale K gleich null ist, und der Grenzwert weil der Integrand mit dem Volumenelement $\mathrm{d}^3r = r^2\mathrm{d}r\,\mathrm{d}\Omega$ für r gegen null endlich bleibt und $g(\vec{r})$ eine Testfunktion ist, also für große r hinreichend schnell abfällt.

Um die Oberflächenintegrale auf der rechten Seite auszuwerten, berechnen wir zunächst die Normalenableitungen auf einer Kugelschale $|\vec{r}\,| = r$ mit dem Normalenvektor $\vec{n} = \hat{r}$ als

$$\frac{\partial\Phi}{\partial n} = \vec{\nabla}\Phi\cdot\hat{r} = -\frac{1}{r^2}\quad,\quad \frac{\partial\Psi}{\partial n} = \vec{\nabla}g\cdot\hat{r} = \frac{\partial g}{\partial r}\,. \tag{11.16}$$

Mit dem Flächenelement $\mathrm{d}F = r^2\,\mathrm{d}\Omega$ auf der Kugelschale erhalten wir

$$\begin{aligned}\int_{|\vec{r}|=r}\Big(\Phi\,\frac{\partial\Psi}{\partial n} - \Psi\,\frac{\partial\Phi}{\partial n}\Big)\,\mathrm{d}F &= \int_{|\vec{r}|=r}\Big(\frac{1}{r}\,\frac{\partial g}{\partial r} + g(\vec{r})\,\frac{1}{r^2}\Big)r^2\,\mathrm{d}\Omega\\ &= \int_{|\vec{r}|=r}\Big(r\,\frac{\partial g}{\partial r} + g(\vec{r})\Big)\,\mathrm{d}\Omega\,.\end{aligned} \tag{11.17}$$

Für die äußere Kugelschale $|\vec{r}\,| = R$ geht der Integrand für eine Testfunktion $g(\vec{r})$ gegen null und damit liefert dieses Integral keinen Beitrag. Für die innere Kugelschale $|\vec{r}\,| = \epsilon$ geht der Beitrag des ersten Summanden im Grenzfall ϵ wegen des Faktors r gegen null, da $\partial g/\partial r$ endlich bleibt, der des zweiten Terms ist gleich $g(\vec{0})\int\mathrm{d}\Omega = g(\vec{0})4\pi$. Allerdings müssen wir hier noch einen Faktor -1 anbringen, da hier der Normalenvektor nach innen gerichtet ist, also gleich $-\hat{r}$ ist.

Wir haben also nach Gleichung (11.15) insgesamt

$$\int_{\mathbb{R}^3}\frac{1}{r}\,\Delta g(\vec{r})\,\mathrm{d}^3r = -4\pi g(\vec{0})\,, \tag{11.18}$$

womit Gleichung (11.13) bewiesen ist.

Wir können (11.7) noch verallgemeinern, indem wir die Punktladung q an die Stelle $\vec{r}\,'$ setzen. Es gilt also für

$$\varrho(\vec{r}\,) = q\,\delta(\vec{r} - \vec{r}\,'\,) \tag{11.19}$$

$$\Phi(\vec{r}\,) = \frac{q}{4\pi\epsilon_0\,|\vec{r} - \vec{r}\,'|} \tag{11.20}$$

und

$$\Delta\,\frac{1}{|\vec{r} - \vec{r}\,'|} = -4\pi\delta(\vec{r} - \vec{r}\,'\,)\,. \tag{11.21}$$

Jetzt können wir ein Potential für eine allgemeine Ladungsdichte ϱ angeben. In einem am Punkt $\vec{r}\,'$ lokalisierten Volumenelement d^3r' befindet sich die Ladung $\varrho(\vec{r}\,'\,)\mathrm{d}^3r'$, die am Punkt $\vec{r}$ das Potential

$$\mathrm{d}\Phi(\vec{r}\,) = \frac{\varrho(\vec{r}\,'\,)\,\mathrm{d}^3r'}{4\pi\epsilon_0\,|\vec{r} - \vec{r}\,'|} \tag{11.22}$$

erzeugt. Überlagert man diese Potentiale der gesamten Ladungsverteilung,[1] so erhält man das *Poisson-Integral*

$$\Phi(\vec{r}\,) = \frac{1}{4\pi\epsilon_0}\int \frac{\varrho(\vec{r}\,'\,)}{|\vec{r} - \vec{r}\,'|}\,\mathrm{d}^3r'\,. \tag{11.23}$$

Wir haben also mit dieser Formel eine Lösung der Poisson-Gleichung für eine vorgegebene Ladungsverteilung erzeugt.

Falls die obige Konstruktion nicht überzeugt, kann man direkt beweisen, dass (11.23) die Poisson-Gleichung löst:

$$\Delta\Phi(\vec{r}\,) = \frac{1}{4\pi\epsilon_0}\int \varrho(\vec{r}\,'\,)\,\Delta_{\vec{r}}\,\frac{1}{|\vec{r} - \vec{r}\,'|}\,\mathrm{d}^3r'\,. \tag{11.24}$$

Dabei bedeutet die Bezeichnung $\Delta_{\vec{r}}$, dass die Differentiation sich auf das Argument $\vec{r}$ erstreckt. Mit

$$\Delta_{\vec{r}}\,\frac{1}{|\vec{r} - \vec{r}\,'|} = -4\pi\delta(\vec{r} - \vec{r}\,') \tag{11.25}$$

ergibt sich

$$\Delta\Phi(\vec{r}\,) = -4\pi\frac{1}{4\pi\epsilon_0}\int \varrho(\vec{r}\,'\,)\,\delta(\vec{r} - \vec{r}\,')\,\mathrm{d}^3r' = -\frac{1}{\epsilon_0}\,\varrho(\vec{r}\,)\,. \tag{11.26}$$

[1]Die Poisson-Gleichung ist linear, also kann man Lösungen superponieren.

Zur Übung soll auf diese Weise einmal das Potential einer kugelsymmetrischen Ladungsdichte $\varrho(r)$ berechnet werden. Dazu berechnen wir zuerst ein Hilfsintegral:

$$\begin{aligned}\int_0^\pi \frac{\sin\vartheta\,\mathrm{d}\vartheta}{\sqrt{a-b\cos\vartheta}} &= -\int_{+1}^{-1}\frac{\mathrm{d}z}{\sqrt{a-bz}} = \left[\frac{2}{b}\sqrt{a-bz}\right]_{+1}^{-1} \\ &= \frac{2}{b}\left\{\sqrt{a+b}-\sqrt{a-b}\right\}, \end{aligned} \tag{11.27}$$

wobei die Substitution $z = \cos\vartheta$ mit $\mathrm{d}z/\mathrm{d}\vartheta = -\sin\vartheta$ benutzt wurde. Mit $a = r^2 + r'^2$ und $b = 2rr'$ lässt sich das umschreiben als

$$\begin{aligned}\int_0^\pi \frac{\sin\vartheta\,\mathrm{d}\vartheta}{\sqrt{r^2+r'^2-2rr'\cos\vartheta}} &= \frac{1}{rr'}\{r+r'-|r-r'|\} \\ &= \left\{\begin{array}{ll} 2/r & r\geq r' \\ 2/r' & r<r' \end{array}\right\} = \frac{2}{r_>} \end{aligned} \tag{11.28}$$

mit $r_> = \max(r, r')$. Damit ergibt sich die nützliche Beziehung

$$\int \frac{\mathrm{d}\Omega}{|\vec{r}-\vec{r}\,'|} = \int_0^{2\pi}\int_0^\pi \frac{\sin\vartheta\,\mathrm{d}\vartheta\mathrm{d}\varphi}{\sqrt{r^2+r'^2-2rr'\cos\vartheta}} = \frac{4\pi}{r_>}, \tag{11.29}$$

und das gesuchte Integral berechnet sich direkt als

$$\Phi(r) = \frac{1}{4\pi\epsilon_0}\int \frac{\varrho(r')}{|\vec{r}-\vec{r}\,'|}\,\mathrm{d}^3r' = \frac{1}{\epsilon_0}\int_0^{+\infty}\varrho(r')\,\frac{r'^2}{r_>}\,\mathrm{d}r'\,. \tag{11.30}$$

Wenn man will, kann man diesen Ausdruck noch in einer anderen Weise schreiben, indem man die Integration bei $r' = r$ auftrennt:

$$\Phi(r) = \frac{1}{\epsilon_0}\left\{\frac{1}{r}\int_0^r \varrho(r')r'^2\,\mathrm{d}r' + \int_r^\infty \varrho(r')r'\,\mathrm{d}r'\right\}. \tag{11.31}$$

Gleichung (11.31) erlaubt eine einfache Interpretation: Auf einer Kugelschale bei r' mit der Dicke $\mathrm{d}r'$ befindet sich die Ladung $\mathrm{d}Q' = \varrho(r')\,4\pi r'^2\mathrm{d}r'$. Sie erzeugt im Außenraum ein wie $1/r$ abfallendes Coulomb-Potential. Im Inneren ist das Potential konstant (gleicher Wert wie an der Oberfläche), also:

$$\mathrm{d}\Phi'(r) = \frac{1}{4\pi\epsilon_0}\left\{\begin{array}{ll} \dfrac{\mathrm{d}Q'}{r'} & r<r' \\[2ex] \dfrac{\mathrm{d}Q'}{r} & r'<r \end{array}\right., \tag{11.32}$$

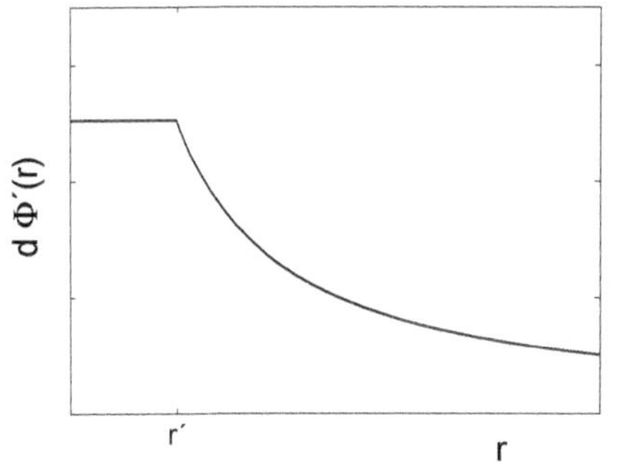

Bild 11.1: Potential $\mathrm{d}\Phi'$ aus Gleichung (11.32).

wie im Bild 11.1 dargestellt. In Gleichung (11.31) werden alle diese Beiträge zum Potential bei r aufsummiert, d.h. integriert.

Zum Abschluss dieses Abschnittes sei hervorgehoben, dass wir hier zwar eine analytische Lösung der Poisson-Gleichung konstruiert haben, dass diese Lösung aber keineswegs eindeutig ist. Wegen der Linearität kann man zu einer solchen Lösung z.B. noch eine beliebige Lösung der Laplace-Gleichung $\Delta\Phi = 0$ addieren und erhält wieder eine Lösung. Bei der Konstruktion der Lösung (11.23) wurden keinerlei explizite Randbedingungen an das Potential gestellt. Wir haben eine spezielle Lösung bestimmt, die für $r \to \infty$ gegen null geht. Andere Randbedingungen legen z.B. den Wert des Potentials auf vorgegebenen Flächen fest, die beispielsweise in einem realen System durch leitende Metallflächen dargestellt werden. Ein Beispiel ist der Kugel- oder Zylinderkondensator. Von sehr einfachen Fällen abgesehen, erfordert eine Lösung der Poisson-Gleichung unter Randbedingungen eine numerische Behandlung. Einfache numerischen Methoden werden wir in Abschnitt 11.2 kennen lernen.

11.1.2 Die Multipolentwicklung

Eine Ladungsverteilung $\varrho(\vec{r}\,')$ bei $\vec{r}\,'$ erzeugt ein elektrisches Potential $\Phi(\vec{r})$ an der Stelle $\vec{r}$, das sich z.B. mit Hilfe des Poisson-Integrals (11.23)

$$\Phi(\vec{r}) = \frac{1}{4\pi\epsilon_0} \int \frac{\varrho(\vec{r}\,')}{|\vec{r} - \vec{r}\,'|}\, \mathrm{d}^3 r' \tag{11.33}$$

bestimmen lässt.

Wir wollen hier die physikalisch sinnvolle Annahme machen, dass die Ladungsdichte außerhalb eines Abstandes R verschwindet. Für viele Anwendungen ist hauptsächlich das Fernfeld $\Phi(\vec{r})$ für $R \ll r$ von Interesse. Ein ganz typisches

Beispiel ist etwa das Feld eines nackten Atomkerns: Sehr weit weg, also in einer makroskopischen Entfernung, beobachtet man nur das Feld einer Punktladung, und erst in der Nähe des Atomkerns bemerkt man eine Abweichung. Das gleiche gilt natürlich entsprechend für das Gravitationsfeld der Erde: Weit draußen erscheint es als Feld einer Punktmasse, während in geringerer Entfernung die Störungen, z.B. durch die Abweichung der Erde von einer Kugelform, eine Rolle spielen.

Mathematisch ist unser weiteres Vorgehen klar: Wir gehen von dem Poisson-Integral (11.33) aus und entwickeln den Integranden für kleines r'/r. Dazu können wir direkt die Taylor-Entwicklung des reziproken Abstandes (5.43) verwenden, also hier

$$\frac{1}{|\vec{r}-\vec{r}\,'\,|} \approx \frac{1}{r} + \frac{1}{r^3}\,\vec{r}\cdot\vec{r}\,' + \frac{1}{2r^5}\,\vec{r}\,'^{\,\mathrm{t}}\,\widetilde{Q}\,\vec{r}\,' \tag{11.34}$$

mit einer Matrix $\widetilde{Q}$, die mit der Bezeichnung $\vec{r} = (r_1, r_2, r_3)$ durch

$$\widetilde{Q}_{jk} = 3r_j r_k - r^2\delta_{jk} \tag{11.35}$$

gegeben ist. Wir setzen diese Ausdrücke in (11.33) ein und erhalten mit $\vec{r}\,' = (r_1', r_2', r_3')$

$$4\pi\epsilon_0\,\Phi(\vec{r}) \approx \int\left\{\frac{1}{r} + \frac{1}{r^3}\,\vec{r}\cdot\vec{r}\,' + \frac{1}{2r^5}\sum_{jk}\Big(3r_j r_k - r^2\delta_{jk}\Big)r_j' r_k'\right\}\varrho(\vec{r}\,'\,)\,\mathrm{d}^3r'\,. \tag{11.36}$$

Den ersten Term können wir schreiben als

$$\int\frac{1}{r}\,\varrho(\vec{r}\,'\,)\,\mathrm{d}^3r' = \frac{q}{r} \tag{11.37}$$

mit der Gesamtladung

$$q = \int\varrho(\vec{r}\,'\,)\,\mathrm{d}^3r' \tag{11.38}$$

(auch allgemeiner als *Monopolmoment* bezeichnet). Den zweiten Ausdruck formen wir entsprechend um als

$$\int\frac{1}{r^3}\,\vec{r}\cdot\vec{r}\,'\varrho(\vec{r}\,'\,)\,\mathrm{d}^3r' = \frac{1}{r^3}\,\vec{r}\cdot\vec{p} = \frac{1}{r^2}\,\hat{r}\cdot\vec{p} \tag{11.39}$$

mit dem *Dipolmoment*

$$\vec{p} = \int\vec{r}\,'\varrho(\vec{r}\,'\,)\,\mathrm{d}^3r'\,. \tag{11.40}$$

Die Umformung des dritten Terms der Summe erfordert eine geringfügige Mehrarbeit. Man erhält

$$
\begin{aligned}
&\int \sum_{jk} \Big(3r_j r_k - r^2\delta_{jk}\Big) r'_j r'_k \, \varrho(\vec{r}\,') \, \mathrm{d}^3 r' \\
&\quad = \sum_{jk} \int \Big(3r_j r_k r'_j r'_k - r_j r_k \delta_{jk} \, r'^2\Big) \, \varrho(\vec{r}\,') \, \mathrm{d}^3 r' \\
&\quad = \sum_{jk} r_j r_k \int \Big(3r'_j r'_k - r'^2 \delta_{jk}\Big) \, \varrho(\vec{r}\,') \, \mathrm{d}^3 r' = \vec{r}^{\,\mathrm{t}} \, Q \, \vec{r}
\end{aligned}
\tag{11.41}
$$

(dabei wurde

$$
\begin{aligned}
\sum_{jk} r^2 \delta_{jk} \, r'_j r'_k &= r^2 \big(r'^2_1 + r'^2_2 + r'^2_3\big) = r^2 r'^2 \\
&= \big({r_1}^2 + {r_2}^2 + {r_3}^2\big) r'^2 = \sum_{jk} r_j r_k \, \delta_{jk} \, r'^2
\end{aligned}
\tag{11.42}
$$

benutzt) mit dem *Quadrupolmoment*

$$
Q_{jk} = \int \Big(3r'_j r'_k - r'^2 \delta_{jk}\Big) \, \varrho(\vec{r}\,') \, \mathrm{d}^3 r' \,. \tag{11.43}
$$

Insgesamt haben wir damit die ersten Terme der so genannten *Multipolentwicklung*

$$
\Phi(\vec{r}\,) \approx \frac{1}{4\pi\epsilon_0} \left\{ \frac{q}{r} + \frac{1}{r^2} \hat{r} \cdot \vec{p} + \frac{1}{2r^3} \hat{r}^{\,\mathrm{t}} Q \, \hat{r} \right\} \tag{11.44}
$$

hergeleitet. Der *Quadrupoltensor* $Q = (Q_{jk})$ ist symmetrisch $(Q_{jk} = Q_{kj})$ und hat Spur null, also $\sum_j Q_{jj} = 0$ (vgl. auch Seite 140).

Man sieht aus (11.44), dass die Beträge der verschiedenen Momente unterschiedlich schnell mit wachsendem Abstand r abfallen. Das Fernfeld weit draußen wird von dem ersten Multipolmoment bestimmt, das nicht gleich null ist. Entsprechend fällt das elektrische Potential eines neutralen (nicht geladenen) Moleküls wie $\sim r^{-2}$ ab, falls das Molekül ein Dipolmoment besitzt, andernfalls wie ein Quadrupolfeld $\sim r^{-3}$.

11.1.3 Die Poisson-Gleichung in der Magnetostatik

Die Magnetostatik behandelt Magnetfelder, die durch eine stationäre, d.h. zeitlich konstante Verteilung von Strömen – beschrieben durch eine Stromdichte $\vec{j}(\vec{r})$ – erzeugt werden. Diese Stromdichte ist divergenzfrei:

$$\vec{\nabla} \cdot \vec{j} = 0 \,. \tag{11.45}$$

Wir unterstellen, dass die Stromverteilung ganz im Endlichen liegt, d.h. $|\vec{j}\,| \to 0$ für $|\vec{r}\,| \to \infty$.

Eine der Grundaufgaben der Magnetostatik ist es, das magnetische Feld $\vec{B}(\vec{r})$ zu dieser Stromverteilung zu konstruieren, also eine Lösung der Maxwell-Gleichungen

$$\vec{\nabla} \cdot \vec{B} = 0 \quad , \quad \vec{\nabla} \times \vec{B} = \mu_0 \vec{j} \tag{11.46}$$

bei vorgegebener Stromdichte $\vec{j}(\vec{r})$. Wir werden sehen, dass man hier wieder auf eine Poisson-Gleichung und deren Lösung geführt wird, in enger Analogie zur Elektrostatik. Dazu benötigt man aber einige Vorüberlegungen.

Das Vektorpotential: Wegen der Rotationsfreiheit des elektrischen Feldes kann man in der Elektrostatik ein skalares Potential $\Phi(\vec{r})$ konstruieren, dessen Gradient das elektrische Feld ergibt: $\vec{E} = -\vec{\nabla}\Phi$. Im magnetischen Fall geht das in dieser Weise nicht, da das magnetische Feld nicht rotationsfrei ist. Man kann aber versuchen, statt eines skalaren Feldes ein anderes Vektorfeld $\vec{A}(\vec{r})$ zu konstruieren, mit eventuell einfacheren Eigenschaften als $\vec{B}(\vec{r})$. Dies ist in der Tat möglich, und man bezeichnet das Feld $\vec{A}$ als das *Vektorpotential*.

Mit dem Ansatz

$$\vec{B} = \vec{\nabla} \times \vec{A} \tag{11.47}$$

und Einsetzen in die Maxwell-Gleichungen erhält man zunächst für die Divergenz des magnetischen Feldes $\vec{\nabla} \cdot \vec{B} = \vec{\nabla} \cdot (\vec{\nabla} \times \vec{A}) = 0$ [die Divergenz der Rotation ist gleich null, vgl. (3.64)]. Die erste Maxwell-Gleichung ist also automatisch erfüllt. Die zweite Maxwell-Gleichung formt man mit der Zerlegung des doppelten Vektorproduktes (3.61) um:

$$\vec{\nabla} \times \vec{B} = \vec{\nabla} \times \left(\vec{\nabla} \times \vec{A}\right) = \vec{\nabla}\left(\vec{\nabla} \cdot \vec{A}\right) - \Delta\vec{A} = \mu_0 \vec{j} \,. \tag{11.48}$$

(Zur Erinnerung: Die Operation des Laplace-Operators Δ auf einen Vektor erfolgt komponentenweise wie $\Delta\vec{A} = (\Delta A_x, \Delta A_x, \Delta A_x)$.) Es wird sich herausstellen, dass man noch weitere Forderungen – je nach Zweckmäßigkeit – an das Vektorpotential stellen kann, so genannte *Eichungen*. Hier verlangen wir versuchsweise, dass das Vektorpotential divergenzfrei ist:

$$\vec{\nabla} \cdot \vec{A} = 0\,, \tag{11.49}$$

die *Coulomb-Eichung*. Damit vereinfacht sich (11.48) zu

$$\Delta \vec{A} = -\mu_0\, \vec{j}\,, \tag{11.50}$$

ein Ausdruck, der (komponentenweise) äquivalent ist zur Poisson-Gleichung (11.6). Damit können wir auch die Lösungen dieser Gleichung direkt aus dem Poisson-Integral (11.23) übernehmen:

$$\vec{A}\,(\vec{r}\,) = \frac{\mu_0}{4\pi} \int \frac{\vec{j}\,(\vec{r}\,')}{|\vec{r} - \vec{r}\,'|}\, \mathrm{d}^3 r'\,. \tag{11.51}$$

Jetzt fehlt nur noch der Beweis, dass der Ausdruck (11.51) auch wirklich die Coulomb-Eichung (11.49) erfüllt. Das sieht man aber mithilfe einer einfachen Umformung des Integrals:

$$\begin{aligned} \vec{\nabla} \cdot \vec{A} &= \vec{\nabla} \cdot \frac{\mu_0}{4\pi} \int \frac{\vec{j}\,(\vec{r}\,')}{|\vec{r} - \vec{r}\,'|}\, \mathrm{d}^3 r' = \vec{\nabla} \cdot \frac{\mu_0}{4\pi} \int \frac{\vec{j}\,(\vec{r} - \vec{r}\,'')}{|\vec{r}\,''|}\, \mathrm{d}^3 r'' \\ &= \frac{\mu_0}{4\pi} \int \frac{\vec{\nabla}_r \cdot \vec{j}\,(\vec{r} - \vec{r}\,'')}{|\vec{r}\,''|}\, \mathrm{d}^3 r'' = 0\,, \end{aligned} \tag{11.52}$$

wegen $\vec{\nabla} \cdot \vec{j} = 0$.

Mit Hilfe des Vektorpotentials kann man also analog zum elektrischen Fall das durch eine Stromverteilung hervorgerufene Magnetfeld berechnen. Ein einfaches Beispiel findet man in Aufgabe 11.2.

11.2 Poisson-Gleichung: Numerische Lösung

Im Zentrum dieses Abschnitts steht die Lösung der Poisson-Gleichung bei vorgegebenen Randbedingungen mit rein numerischen Methoden, d.h. zum Beispiel durch ein Computerprogramm. In einem ersten Abschnitt soll als vertrauensbildende Maßnahme ein solcher numerischer Algorithmus für die eindimensionale Poisson-Gleichung entwickelt werden. Hier kann man mit der analytischen Lösung vergleichen. In dem folgenden Abschnitt wird das numerische Verfahren auf zweidimensionale Probleme verallgemeinert, bei denen eine analytische Lösung nur in Ausnahmefällen möglich ist.

11.2.1 Die eindimensionale Poisson-Gleichung

Für eine einzige Raumdimension, x, ist die Poisson-Gleichung eine gewöhnliche Differentialgleichung mit einer Veränderlichen:

$$\Delta\Phi = \frac{\partial^2}{\partial x^2}\,\Phi(x) = \Phi''(x) = -\frac{1}{\epsilon_0}\,\varrho(x) = -g(x)\,, \tag{11.53}$$

also einfach

$$\Phi''(x) = -g(x) \tag{11.54}$$

im Intervall $a \leq x \leq b$. Die Randbedingungen lassen sich formulieren als

$$\Phi(a) = A \quad , \quad \Phi(b) = B\,. \tag{11.55}$$

Zweimalige Integration von (11.54) ergibt

$$\Phi(x) = -\int_a^x G(x')\mathrm{d}x' + k(x-a) + A \tag{11.56}$$

mit $G(x') = \int_a^{x'} g(x'')\mathrm{d}x''$. Diese Funktion erfüllt bereits die Randbedingung $\Phi(a) = A$. Die zweite Randbedingung $\Phi(b) = B$ legt die Konstante k fest:

$$k = \frac{1}{b-a}\left[B - A + \int_a^b G(x')\mathrm{d}x'\right]\,. \tag{11.57}$$

Zur *numerischen Lösung* teilen wir das Intervall $[a, b]$ in n äquidistante Punkte – ein diskretes „Gitter“ von Punkten – :

$$x_i = x_0 + ih \quad , \quad i = 0,\, 1,\, 2,\, \ldots,\, n \tag{11.58}$$

mit Abstand $h = (b-a)/n$ und $x_0 = a$, $x_n = b$. Wir berechnen im Folgenden das Potential $\Phi(x)$ nur an den Gitterpunkten:

$$\Phi_i = \Phi(x_i)\,. \tag{11.59}$$

Weiterhin sei $g_i = g(x_i)$ die Ladungsdichte bei x_i dividiert durch ϵ_0. Wir benutzen eine Diskretisierung der zweiten Ableitung: Mit der Näherung für die erste Ableitung in der Intervallmitte

$$\Phi'(x_i + h/2) \approx \frac{\Phi(x_{i+1}) - \Phi(x_i)}{h} = \frac{\Phi_{i+1} - \Phi_i}{h}\ ;\ i = 0, 1, \ldots, n-1 \tag{11.60}$$

und der Näherung von Φ'' als Ableitung von Φ' erhält man

$$\begin{aligned}\Phi''(x_i) &\approx \frac{\Phi'(x_i+h/2)-\Phi'(x_i-h/2)}{h} \\ &= \frac{1}{h}\left\{\frac{\Phi_{i+1}-\Phi_i}{h}-\frac{\Phi_i-\Phi_{i-1}}{h}\right\} \\ &= \frac{1}{h^2}\left\{\Phi_{i+1}+\Phi_{i-1}-2\,\Phi_i\right\}. \qquad (11.61)\end{aligned}$$

Man kann sich leicht davon überzeugen, dass diese diskrete Approximation genau das korrekte Ergebnis liefert, wenn $\Phi(x)$ ein Polynom zweiten Grades ist.

Setzt man jetzt (11.61) in die Poisson-Gleichung $\Phi''(x_i) = -g_i$ ein und löst nach Φ_i auf, so erhält man

$$\Phi_i = \frac{1}{2}\left\{\Phi_{i+1}+\Phi_{i-1}+h^2 g_i\right\}. \qquad (11.62)$$

Das gesuchte Potential Φ_i bei x_i ist also gegeben durch einen Term proportional zur Ladungsdichte an dieser Stelle ($\sim g_i$) plus dem Mittelwert des Potentials an den benachbarten Gitterpunkten. Wie kann man nun diese Beziehung heranziehen, um das noch unbekannte Potential Φ_i zu bestimmen? Die Antwort ist recht einfach. Nehmen wir einmal an, wir hätten eine erste Schätzlösung

$$\Phi_0^{(0)} = A,\ \Phi_1^{(0)},\ \Phi_2^{(0)},\ \ldots,\ \Phi_n^{(0)} = B \qquad (11.63)$$

(geraten oder aus irgendeinem Näherungsansatz). Wenn wir nun nacheinander diese Werte in die Gleichung (11.62) einsetzen, erhalten wir

$$\Phi_i^{(1)} = \frac{1}{2}\left\{\Phi_{i+1}^{(0)}+\Phi_{i-1}^{(0)}+h^2 g_i\right\} \quad \text{für} \quad i = 1,\,2,\,\ldots,\,n-1 \qquad (11.64)$$

(die Endpunkte $\Phi_0 = A$ und $\Phi_n = B$ bleiben dabei fest). Wenn wir die korrekte Lösung hätten, würden sich die Werte reproduzieren, d.h. $\Phi_i^{(1)} = \Phi_i^{(0)}$. Falls das nicht der Fall ist, so könnte man erwarten, dass die neuen Werte eine bessere Näherung darstellen als die ersten. Mit dieser Idee kann man das Verfahren iterieren. Man berechnet jeweils die nächste „Generation“ $\Phi_i^{(\nu+1)}$ aus der Generation $\Phi_i^{(\nu)}$ nach

$$\Phi_i^{(\nu+1)} = \frac{1}{2}\left\{\Phi_{i+1}^{(\nu)}+\Phi_{i-1}^{(\nu)}+h^2 g_i\right\} \quad \text{für} \quad i = 1,\,2,\,\ldots,\,n-1 \qquad (11.65)$$

für $\nu = 0,\ 1,\ 2, \ldots$ und hofft, dass diese Iteration gegen eine „Lösung" $\Phi_i^{(\infty)}$ konvergiert, die sich also bezüglich der Formel (11.65) nicht mehr ändert.

Bevor wir dies an einem Beispiel demonstrieren, sollte klargestellt werden, dass hier einige Fragen einer Klärung bedürfen:

- Welche Bedingungen garantieren die Konvergenz des Verfahrens?
- Hängt die Konvergenz von der Güte der ersten Schätzlösung ab?
- Bei Konvergenz ist die erhaltene Lösung noch immer eine Lösung der *diskretisierten* Poisson-Gleichung und man muss sicherstellen, dass diese Lösung für $h \to 0$ gegen die Lösung der Differentialgleichung konvergiert.
- Wodurch wird die Geschwindigkeit der Konvergenz bestimmt und wie lässt sie sich erhöhen?

Eine Beantwortung dieser Fragen sprengt den Rahmen dieser Einführung und ist Gegenstand von Kursen zu numerischen Methoden der Physik. Hier beschränken wir uns auf eine Illustration des Verhaltens der Iteration anhand einfacher Beispiele.

Beispiel: Wir betrachten den ladungsfreien Fall $g(x) = 0$ (also die Lösung der Laplace-Gleichung) im Intervall $a = 0 \leq x \leq b = 4$ mit der Randbedingung $\Phi(0) = A = 0$ und $\Phi(4) = B = 32$. Die exakte Lösung ist hier eine lineare Funktion (die zweite Ableitung muss verschwinden), also

$$\Phi(x) = 8x\,. \tag{11.66}$$

Wir diskretisieren hier sehr grob mit $h = 1$, d.h. mit den Teilpunkten

$$x_0 = 0,\ x_1 = 1,\ x_2 = 2,\ x_3 = 3,\ x_4 = 4\,, \tag{11.67}$$

und wir beginnen mit einem sehr einfachen Ansatz für die Lösung:

$$\Phi_0^{(0)} = \Phi_1^{(0)} = \Phi_2^{(0)} = \Phi_3^{(0)} = 0\,, \qquad \Phi_4^{(0)} = 32\,. \tag{11.68}$$

Danach iterieren wir mit Hilfe der Gleichung (11.65) und berechnen nacheinander die $\Phi_i^{(\nu)}$, $\nu = 1, 2, \ldots$. Die folgende Tabelle zeigt diese Iterationen, sowie die exakte Lösung $\Phi_i^{\text{ex}} = 8i$ und die Summe der Abweichungen $\Delta_\nu = \sum_i |\Phi_i^{(\nu)} - \Phi_i^{\text{ex}}|$.

i	$\Phi_i^{(0)}$	$\Phi_i^{(1)}$	$\Phi_i^{(2)}$	$\Phi_i^{(3)}$	$\Phi_i^{(4)}$	$\Phi_i^{(5)}$	$\Phi_i^{(6)}$	$\Phi_i^{(7)}$	$\Phi_i^{(8)}$		Φ_i^{ex}
0	0	0	0	0	0	0	0	0	0	...	0
1	0	0	0	4	4	6	6	7	7	...	8
2	0	0	8	8	12	12	14	14	15	...	16
3	0	16	16	20	20	22	22	23	23	...	24
4	32	32	32	32	32	32	32	32	32	...	32
Δ_ν	48	32	24	16	12	8	6	4	3	...	0

Man beobachtet eine Annäherung an die exakte Lösung. Zur Verbesserung des Konvergenzverhaltens kann man sich verschiedene „Tricks“ überlegen. Einmal kann man bei der Berechnung eines $\Phi_i^{(\nu+1)}$ jeweils die neuesten Werte an den beiden Nachbarpunkten verwenden, also etwa

$$\Phi_i^{(\nu+1)} = \frac{1}{2}\left\{\Phi_{i+1}^{(\nu)} + \Phi_{i-1}^{(\nu+1)} + h^2 g_i\right\} \quad \text{für} \quad i = 1, 2, \ldots, n-1, \tag{11.69}$$

wenn man das Gitter „von unten nach oben“ durchläuft, oder

$$\Phi_i^{(\nu+1)} = \frac{1}{2}\left\{\Phi_{i+1}^{(\nu+1)} + \Phi_{i-1}^{(\nu)} + h^2 g_i\right\} \quad \text{für} \quad i = n-1, n-2, \ldots, 1, \tag{11.70}$$

bei einem Durchlauf „von oben nach unten“. Die folgende Tabelle zeigt die Resultate für das obige Beispiel unter Verwendung der Iteration (11.70):

i	$\Phi_i^{(0)}$	$\Phi_i^{(1)}$	$\Phi_i^{(2)}$	$\Phi_i^{(3)}$		Φ_i^{ex}
0	0	0	0	0	...	0
1	0	4	6	7	...	8
2	0	8	12	14	...	16
3	0	16	20	22	...	24
4	32	32	32	32	...	32
Δ_ν	48	20	10	5	...	0

Das Konvergenzverhalten scheint sich zu verbessern. Außerdem ist es nicht notwendig, sich die gesamte vorherige Generation zu „merken“, bzw. im Speicher eines Computers zu halten. Es reicht aus, wenn man jeweils nur die aktuellen Werte kennt, was bei höherdimensionalen Problemen wichtig ist.

Eine weitere Modifikation ergibt sich aus der Beobachtung, dass zur Berechnung des neuen Wertes $\Phi_i^{(\nu+1)}$ der alte Wert $\Phi_i^{(\nu)}$ an dieser Stelle überhaupt nicht berücksichtigt wird. Man kann das korrigieren durch einen Ausdruck wie

$$\Phi_i^{(\nu+1)} = (1-\omega)\Phi_i^{(\nu)} + \frac{\omega}{2}\left\{ \left(\Phi_{i+1}^{(\nu)} + \Phi_{i-1}^{(\nu)}\right) + h^2 g_i \right\} \ , \ i = 1, 2, \ldots, n-1 \tag{11.71}$$

mit einem zusätzlichen Parameter ω. Für $\omega = 1$ erhält man die Iterationsgleichung (11.65) zurück. Wenn die Iteration (11.71) gegen ein Φ_i konvergiert, muss diese Lösung auch (11.65) erfüllen. Davon überzeugt man sich leicht durch Einsetzen in (11.71):

$$\Phi_i = (1-\omega)\Phi_i + \frac{\omega}{2}\left\{ (\Phi_{i+1} + \Phi_{i-1}) + h^2 g_i \right\} , \tag{11.72}$$

woraus direkt folgt

$$\omega\Big[\, \Phi_i - \frac{1}{2}\left\{ (\Phi_{i+1} + \Phi_{i-1}) + h^2 g_i \right\} \Big] = 0 , \tag{11.73}$$

d.h. die Φ_i erfüllen (11.65).

Dieses so genannte *Relaxationsverfahren* kann durch Anpassung des *Relaxationsparameters* ω optimiert werden. „Vernünftige“ Werte liegen im Bereich $0 < \omega < 2$, ein typischer Wert ist $\omega = 1.5$. Zum Abschluss dieses einführenden eindimensionalen Teils sei angemerkt, dass das obige Beispiel keinen Testfall im eigentlichen Sinne darstellt, da hier die Funktion $\Phi(x)$ linear ist und daher die Diskretisierung der zweiten Ableitung in (11.61) exakt ist.

11.2.2 Die zweidimensionale Poisson-Gleichung

Für zwei Raumdimensionen ist der Laplace-Operator in kartesischen Koordinaten x, y gegeben durch

$$\Delta\Phi(x,y) = \frac{\partial^2\Phi}{\partial x^2} + \frac{\partial^2\Phi}{\partial y^2} . \tag{11.74}$$

Man diskretisiert beide Koordinaten wie

$$\begin{aligned} x_i &= x_0 + ih \quad , \quad i = 0, 1, \ldots, n \\ y_j &= y_0 + jh \quad , \quad j = 0, 1, \ldots, n \end{aligned} \tag{11.75}$$

(es ist natürlich ohne Probleme möglich, unterschiedliche Schrittweiten h_x und h_y in beiden Richtungen und unterschiedliche Anzahlen von Gitterpunkten zu wählen). Wenn man die beiden zweiten partiellen Ableitungen wie in (11.61) diskretisiert, erhält man mit

$$\Phi_{i,j} = \Phi(x_i, y_j) \quad , \quad g_{i,j} = g(x_i, y_j) \tag{11.76}$$

die diskretisierte Poisson-Gleichung

$$\Delta\Phi\Big|_{i,j} \approx \frac{1}{h^2}\Big\{\Phi_{i+1,j} + \Phi_{i-1,j} + \Phi_{i,j+1} + \Phi_{i,j-1} - 4\,\Phi_{i,j}\Big\} \approx -g_{i,j}\,. \qquad (11.77)$$

Auflösen nach $\Phi_{i,j}$ liefert die Relaxationsgleichung

$$\Phi_{i,j}^{(\nu+1)} = \frac{1}{4}\Big\{\,\Phi_{i+1,j}^{(\nu)} + \Phi_{i-1,j}^{(\nu)} + \Phi_{i,j+1}^{(\nu)} + \Phi_{i,j-1}^{(\nu)} + h^2 g_{i,j}\,\Big\}\,. \qquad (11.78)$$

Die Struktur dieser Gleichung entspricht der im eindimensionalen Fall: Das Potential $\Phi_{i,j}$ ist gegeben durch einen Term proportional zur Ladungsdichte an dieser Stelle plus dem Mittelwert des Potentials an den vier benachbarten Gitterpunkten.

Entsprechend wie oben beschrieben, lässt sich diese Gleichung wieder modifizieren durch Zugriff auf die jeweils aktuellsten Werte, die Einführung eines Relaxationsparameters ω usw.. Als ein einfaches Beispiel für eine solche numerische Lösung betrachten wir die zweidimensionale Laplace-Gleichung auf dem quadratischen Bereich $0 \le x \le b\,,\ 0 \le y \le b$ mit den Randbedingungen

$$\Phi(0,y) = 0\,,\ \Phi(x,0) = 0\,,\ \Phi(b,y) = 32\,,\ \Phi(x,b) = 32\,, \qquad (11.79)$$

als Modell eines Kastens mit leitenden Rändern, die an den beiden Eckpunkten $(x,y) = (0,0)$ und (a,a) voneinander isoliert sind und auf ein Potential von 0 bzw. 32 gelegt sind. Zur Illustration verwenden wir wieder eine sehr grobe Diskretisierung durch wenige Gitterpunkte

$$x_i = ih\,, \quad y_j = jh\,, \quad i,j = 0,\,1,\,2,\,3 \quad \text{mit} \quad h = a/3\,. \qquad (11.80)$$

Als Anfangswerte wählen wir

$$\Phi_{i,0} = \Phi_{0,i} = 0 \quad \Phi_{i,3} = \Phi_{3,i} = 32 \ \text{ für } \ i = 1,\,2$$

auf dem Rand und

$$\Phi_{1,1} = \Phi_{1,2} = \Phi_{2,1} = \Phi_{2,2} = 0$$

als Anfangswerte für die vier noch zu bestimmenden Potentialwerte.

Eine Iteration dieser Schätzlösung nach Gleichung (11.78) liefert in den ersten sechs Generationen die folgenden Werte (gerundet auf eine Dezimalstelle):

	32.0	32.0	
0.0	0.0	0.0	32.0
0.0	0.0	0.0	32.0
	0.0	0.0	

	32.0	32.0	
0.0	8.0	20.1	32.0
0.0	2.0	8.5	32.0
	0.0	0.0	

	32.0	32.0	
0.0	13.5	23.0	32.0
0.0	5.5	14.4	32.0
	0.0	0.0	

	32.0	32.0	
0.0	15.1	23.7	32.0
0.0	7.4	15.6	32.0
	0.0	0.0	

	32.0	32.0	
0.0	15.8	23.9	32.0
0.0	7.8	15.9	32.0
	0.0	0.0	

	32.0	32.0	
0.0	15.9	24.0	32.0
0.0	8.0	16.0	32.0
	0.0	0.0	

Im nächsten Schritt wird aus der 15.9 eine 16.0 und diese Werte sind dann stabil gegenüber der Iteration, d.h. sie ändern sich nicht mehr. Wegen der symmetrischen Randbedingungen ist auch die Lösung bezüglich einer Vertauschung von x und y symmetrisch. Um eine wirkliche numerische Lösung für die Funktion $\Phi(x, y)$ zu erhalten, muss man allerdings eine weitaus feinere Diskretisierung wählen.

Auf ähnliche Weise kann man Probleme mit komplizierteren Randbedingungen und Ladungsverteilungen numerisch behandeln.[2]

11.3 Die zeitabhängigen Maxwell-Gleichungen*

In Abschnitt 9.5.1 haben wir die Maxwell-Gleichungen für zeitabhängige Felder im Vakuum kennen gelernt. Sie lauten nach Gleichung (9.159)

$$\begin{aligned} \vec{\nabla} \times \vec{E} &= -\frac{\partial \vec{B}}{\partial t} & \vec{\nabla} \cdot \vec{E} &= \frac{\varrho}{\epsilon_0} \\ \vec{\nabla} \times \vec{B} &= \mu_0 \vec{j} + \frac{1}{c^2} \frac{\partial \vec{E}}{\partial t} & \vec{\nabla} \cdot \vec{B} &= 0\,. \end{aligned} \tag{11.81}$$

Auch im zeitabhängigen Fall führt der Ansatz eines magnetischen Vektorpotentials $\vec{A}$ weiter, wie es schon in Abschnitt 11.1.3 für zeitunabhängige Felder benutzt wurde. Dabei haben wir gesehen, dass dieses Potential nicht eindeutig ist und konnten daher noch fordern, dass eine Zusatzbedingung erfüllt ist, die Coulomb-Eichung (11.49). Es lässt sich in einfacher Weise zeigen, dass man den Gradienten einer beliebigen skalaren Funktion zu einem gegebenen Vektorpotential addieren kann, ohne das magnetische Feld $\vec{B}$ zu ändern. Sei also beispielsweise ein Vektorpotential $\vec{A}$ mit

$$\vec{B} = \vec{\nabla} \times \vec{A} \tag{11.82}$$

gegeben. Dann definieren wir ein neues Vektorpotential

[2] Siehe z.B. S. Koonin: *Physik auf dem Computer* (Oldenbourg, 1987).

$$\vec{A}' = \vec{A} + \vec{\nabla} f \tag{11.83}$$

mit einer beliebigen skalaren Funktion $f(\vec{r})$. Da ein Gradientenfeld rotationsfrei ist, $\vec{\nabla} \times (\vec{\nabla} f) = 0$ [siehe Gleichung (3.63)], gilt

$$\vec{\nabla} \times \vec{A}' = \vec{\nabla} \times \vec{A} + \vec{\nabla} \times (\vec{\nabla} f) = \vec{\nabla} \times \vec{A} = \vec{B}\,. \tag{11.84}$$

Das Feld $\vec{A}'$ liefert also das gleiche Magnetfeld. Man bezeichnet eine solche Transformation als *Eichtransformation* oder *Umeichung*.

Jetzt wollen wir diese Eichfreiheit des Vektorpotentials ausnutzen, um die maxwellschen Gleichungen auf eine möglichst einfache Form zu bringen. Mit $\vec{B} = \vec{\nabla} \times \vec{A}$ können wir die Maxwell-Gleichung für die Rotation des elektrischen Feldes umschreiben als

$$\vec{0} = \vec{\nabla} \times \vec{E} + \frac{\partial \vec{B}}{\partial t} = \vec{\nabla} \times \vec{E} + \frac{\partial}{\partial t}(\vec{\nabla} \times \vec{A}) = \vec{\nabla} \times \left(\vec{E} + \frac{\partial \vec{A}}{\partial t}\right). \tag{11.85}$$

Das Feld $\vec{E} + \partial \vec{A}/\partial t$ ist also rotationsfrei und lässt sich daher als Gradient eines skalaren Potentials Φ schreiben:

$$\vec{E} + \frac{\partial \vec{A}}{\partial t} = -\vec{\nabla} \Phi \tag{11.86}$$

(das negative Vorzeichen ist Konvention). Es ergeben sich also die beiden Gleichungen

$$\vec{E} = -\vec{\nabla}\Phi - \frac{\partial \vec{A}}{\partial t} \tag{11.87}$$

$$\vec{B} = \vec{\nabla} \times \vec{A}. \tag{11.88}$$

Man rechnet sofort nach, dass die Maxwell-Gleichungen für die Rotation des elektrischen und die Divergenz des magnetischen Feldes in jedem Fall erfüllt werden:

$$\vec{\nabla} \times \vec{E} = -\vec{\nabla} \times (\vec{\nabla}\Phi) - \frac{\partial}{\partial t}(\vec{\nabla} \times \vec{A}) = -\frac{\partial \vec{B}}{\partial t} \tag{11.89}$$

$$\vec{\nabla} \cdot \vec{B} = \vec{\nabla} \cdot (\vec{\nabla} \times \vec{A}) = 0\,. \tag{11.90}$$

Um die anderen beiden Maxwell-Gleichungen zu vereinfachen, haben wir noch die Möglichkeit, eine Nebenbedingung an das Vektorpotential zu stellen. Eine zweckmäßige Wahl ist

$$\vec{\nabla} \cdot \vec{A} = -\frac{1}{c^2}\frac{\partial \Phi}{\partial t}\,, \tag{11.91}$$

was man als *Lorentz-Eichung* bezeichnet. Man kann zeigen, dass diese Eichbedingung immer erfüllt werden kann. Damit ergibt sich

$$\vec{\nabla} \cdot \vec{E} = -\vec{\nabla} \cdot (\vec{\nabla}\Phi) - \frac{\partial}{\partial t}(\vec{\nabla} \cdot \vec{A}) = -\Delta\Phi + \frac{1}{c^2}\frac{\partial^2\Phi}{\partial t^2} \tag{11.92}$$

und die Maxwell-Gleichung für die Divergenz von $\vec{E}$ wird zu

$$\Delta\Phi - \frac{1}{c^2}\frac{\partial^2\Phi}{\partial t^2} = -\frac{\varrho}{\epsilon_0}. \tag{11.93}$$

Zuletzt betrachten wir noch die Gleichung für die Rotation des magnetischen Feldes,

$$\vec{\nabla} \times \vec{B} = \mu_0 \vec{j} + \frac{1}{c^2}\frac{\partial \vec{E}}{\partial t}, \tag{11.94}$$

und ersetzen auf beiden Seiten die Felder durch die Potentiale. Das ergibt zunächst mit Hilfe der Formel (3.61) für die doppelte Rotation

$$\vec{\nabla} \times \vec{B} = \vec{\nabla} \times (\vec{\nabla} \times \vec{A}) = \vec{\nabla}(\vec{\nabla} \cdot \vec{A}) - \Delta\vec{A} = -\vec{\nabla}\Big(\frac{1}{c^2}\frac{\partial\Phi}{\partial t}\Big) - \Delta\vec{A}. \tag{11.95}$$

Die rechte Seite von (11.94) formen wir mit (11.87) ebenfalls um:

$$\mu_0 \vec{j} + \frac{1}{c^2}\frac{\partial \vec{E}}{\partial t} = \mu_0 \vec{j} + \frac{1}{c^2}\Big(-\vec{\nabla}\frac{\partial\Phi}{\partial t} - \frac{\partial^2\vec{A}}{\partial t^2}\Big), \tag{11.96}$$

Wenn wir jetzt die Ausdrücke in den letzen beiden Gleichungen gleichsetzen, heben sich die Terme mit dem Potential Φ heraus und wir erhalten

$$\Delta\vec{A} - \frac{1}{c^2}\frac{\partial^2\vec{A}}{\partial t^2} = -\mu_0\vec{j}. \tag{11.97}$$

Diese Gleichung gilt unabhängig für alle drei Komponenten des Vektorpotentials. Damit haben wir die vier gekoppelten vektoriellen Maxwell-Gleichungen in vier ungekoppelte skalare Gleichungen (11.93) und (11.97) überführt, die wesentlich einfacher zu behandeln sind. Ganz besonders einfach ist die Situation im ladungs- und stromfreien Raum, also für $\varrho = 0$ und $\vec{j} = \vec{0}$:

$$\Delta\Phi - \frac{1}{c^2}\frac{\partial^2\Phi}{\partial t^2} = 0 \tag{11.98}$$

$$\Delta\vec{A} - \frac{1}{c^2}\frac{\partial^2\vec{A}}{\partial t^2} = 0. \tag{11.99}$$

Mit diesen Wellengleichungen (siehe Seite 297) werden wir uns in Abschnitt 11.5 noch genauer beschäftigen.

11.4 Die Diffusionsgleichung

Die Diffusionsgleichung beschreibt eine ganze Reihe unterschiedlicher, aber eng verwandter Probleme der Physik, wie zum Beispiel die Wärmeleitung oder die Ausbreitung einer Substanz in einem anderen Medium, wie etwa ein Duftstoff in der Luft. Wir wollen uns hier an dem letzten Fall orientieren und betrachten als Beispiel die Ausbreitung einer Teilchendichte $n(\vec{r}, t)$ in Abhängigkeit von der Zeit t. Man kann durch einleuchtende Überlegungen zeigen, dass dieses Verhalten durch die Diffusionsgleichung

$$\Delta\, n(\vec{r}, t) = \frac{1}{D}\,\frac{\partial n}{\partial t} \tag{11.100}$$

bestimmt ist. Der Parameter D heißt *Diffusionskonstante.*

11.4.1 Die eindimensionale Diffusionsgleichung

Hier wollen wir die allgemeinen Eigenschaften von (11.100) untersuchen und zeigen, dass sie mit unseren Erwartungen für derartige Ausbreitungsprozesse übereinstimmen. Dabei beschränken wir uns auf eine Raumdimension, x, also auf die Gleichung

$$\frac{\partial n}{\partial t} = D\,\frac{\partial^2 n}{\partial x^2}\,. \tag{11.101}$$

Dabei sei unterstellt, dass die Dichte $n(x, t)$ und ihre x-Ableitung weit draußen stärker abfallen als x^{-2}:

$$x^2\, n(x, t) \to 0 \quad \text{und} \quad x^2\, \partial n/\partial x \to 0 \quad \text{für} \quad |x| \to \infty\,. \tag{11.102}$$

Damit gehen dann auch $x\, n(x, t)$ und $n(x, t)$ sowie $x\, \partial n/\partial x$ und $\partial n/\partial x$ für große Werte von $|x|$ gegen null, da diese Ausdrücke schwächer anwachsen als diejenigen in (11.102).

(a) Das Integral über die Teilchendichte, die *Gesamtteilchenzahl*

$$N = \int_{-\infty}^{+\infty} n(x, t)\,\mathrm{d}x \tag{11.103}$$

ist zeitlich konstant, da nach (11.102) gilt

$$\begin{aligned} \dot{N} &= \frac{\mathrm{d}}{\mathrm{d}t}\int_{-\infty}^{+\infty} n(x, t)\,\mathrm{d}x = \int_{-\infty}^{+\infty} \frac{\partial n}{\partial t}\,\mathrm{d}x \\ &= D\int_{-\infty}^{+\infty} \frac{\partial^2 n}{\partial x^2}\,\mathrm{d}x = D\left[\frac{\partial n}{\partial x}\right]_{-\infty}^{+\infty} = 0\,. \end{aligned} \tag{11.104}$$

(b) Der *Schwerpunkt* der Verteilung

$$\overline{x} = \frac{1}{N} \int_{-\infty}^{+\infty} x\, n(x,t)\, \mathrm{d}x \tag{11.105}$$

ist zeitlich konstant. Um das zu zeigen, differenzieren wir wieder $\overline{x}$ nach der Zeit und benutzen dabei die Zeitunabhängigkeit von N:

$$\begin{aligned} N\dot{\overline{x}} &= \frac{\mathrm{d}}{\mathrm{d}t} \int_{-\infty}^{+\infty} x\, n(x,t)\, \mathrm{d}x = \int_{-\infty}^{+\infty} x \frac{\partial n}{\partial t}\, \mathrm{d}x \\ &= D \int_{-\infty}^{+\infty} x \frac{\partial^2 n}{\partial x^2}\, \mathrm{d}x = D \left\{ \left[x \frac{\partial n}{\partial x} \right]_{-\infty}^{+\infty} - \int_{-\infty}^{+\infty} \frac{\partial n}{\partial x}\, \mathrm{d}x \right\} \\ &= -D \Big[n(x,t) \Big]_{-\infty}^{+\infty} = 0\,. \end{aligned} \tag{11.106}$$

(c) Das *mittlere Abstandsquadrat*

$$\overline{x^2} = \frac{1}{N} \int_{-\infty}^{+\infty} x^2\, n(x,t)\, \mathrm{d}x \tag{11.107}$$

ändert sich jedoch mit der Zeit:

$$\begin{aligned} N\,\dot{\overline{x^2}} &= \frac{\mathrm{d}}{\mathrm{d}t} \int_{-\infty}^{+\infty} x^2\, n(x,t)\, \mathrm{d}x \\ &= \int_{-\infty}^{+\infty} x^2 \frac{\partial n}{\partial t}\, \mathrm{d}x = D \int x^2 \frac{\partial^2 n}{\partial x^2}\, \mathrm{d}x \\ &= D \left\{ \left[x^2 \frac{\partial n}{\partial x} \right]_{-\infty}^{+\infty} - 2 \int_{-\infty}^{+\infty} x \frac{\partial n}{\partial x}\, \mathrm{d}x \right\} \\ &= -2D \left\{ \Big[x\, n(x,t) \Big]_{-\infty}^{+\infty} - \int_{-\infty}^{+\infty} n\, \mathrm{d}x \right\} = 2DN\,. \end{aligned} \tag{11.108}$$

Es gilt also $\dot{\overline{x^2}} = 2D$, oder nach Integration

$$\overline{x^2}(t) = 2Dt + \overline{x^2}(0)\,. \tag{11.109}$$

Damit erhalten wir für die gesuchte Varianz der Verteilung die Beziehung

$$\begin{aligned}\Delta x^2(t) &= \overline{x^2}(t) - \overline{x}^2 \\ &= 2Dt + \overline{x^2}(0) - \overline{x}^2 = 2Dt + \Delta x^2(0)\end{aligned} \tag{11.110}$$

oder

$$\Delta x(t) = \sqrt{2Dt + \Delta x^2(0)}\,. \tag{11.111}$$

Insgesamt bleibt also die Teilchenzahl erhalten und die Verteilung fließt auseinander, wobei der Schwerpunkt konstant bleibt und die Breite mit $t^{1/2}$ anwächst. Dies ist eine typische Eigenschaft eines diffusiven Prozesses.

Eine spezielle Lösung der Diffusionsgleichung ist

$$n_0(x,t) = \frac{N}{\sqrt{4\pi Dt}}\,\mathrm{e}^{-\dfrac{(x-x_0)^2}{4Dt}}\,. \tag{11.112}$$

Dies beweist man durch direktes Nachrechnen: Zunächst liefert eine partielle Differentiation nach t

$$\frac{\partial n_0(x,t)}{\partial t} = \left\{-\frac{N}{2\sqrt{4\pi D}\,t^{3/2}} + \frac{N(x-x_0)^2}{\sqrt{4\pi Dt}\,4Dt^2}\right\}\mathrm{e}^{-\dfrac{(x-x_0)^2}{4Dt}}\,. \tag{11.113}$$

Differenziert man (11.112) partiell nach x, so erhält man

$$\frac{\partial n_0(x,t)}{\partial x} = -\frac{N}{\sqrt{4\pi Dt}}\,\frac{2(x-x_0)}{4Dt}\,\mathrm{e}^{-\dfrac{(x-x_0)^2}{4Dt}} \tag{11.114}$$

und – nach Multiplikation mit D –

$$D\,\frac{\partial^2 n_0(x,t)}{\partial x^2} = \left\{-\frac{N}{\sqrt{4\pi Dt}}\,\frac{1}{2t} + \frac{N}{\sqrt{4\pi Dt}}\,\frac{(x-x_0)^2}{4Dt^2}\right\}\mathrm{e}^{-\dfrac{(x-x_0)^2}{4Dt}}\,, \tag{11.115}$$

was mit (11.113) übereinstimmt.

Die spezielle Lösung $n_0(x,t)$ in Gleichung (11.112) ist eine Gauß-Verteilung [siehe (2.8)], die unter dem Diffusionsprozess forminvariant ist, d.h. sie bleibt immer gaußförmig mit

$$\int_{-\infty}^{+\infty} n_0(x,t)\,\mathrm{d}x = N \tag{11.116}$$

und dem Mittelwert $\overline{x} = x_0$. Ihre Breite wächst wie

$$\Delta x(t) = \sqrt{2Dt}\,. \tag{11.117}$$

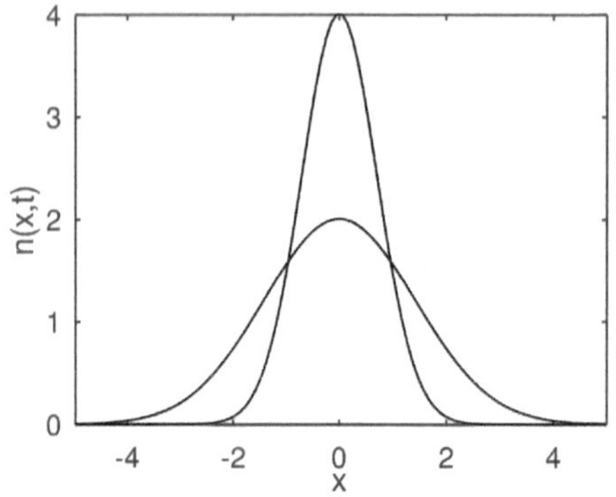

Bild 11.2: Eindimensionale Diffusion: Ausbreitung einer anfänglich bei $x_0 = 0$ lokalisierten Verteilung mit der Zeit. Dargestellt sind die Verteilungen zur Zeit t_1 und $t_2 = 4t_1$. Die Breite der Verteilung hat sich dabei verdoppelt.

Für $t \to 0$ wird die Breite gleich null, und die Verteilung schrumpft zu einem Punkt zusammen. In der Tat kann man sofort sehen, dass die Verteilung in diesem Limit zu einer Delta-Funktion wird:

$$\lim_{t\to 0} n_0(x,t) = N \lim_{\epsilon\to 0} \sqrt{\frac{1}{\pi\epsilon}}\, \mathrm{e}^{-\frac{(x-x_0)^2}{\epsilon}} = N\,\delta(x-x_0) \tag{11.118}$$

nach Gleichung (10.13). Damit haben wir diese spezielle Lösung n_0 verstanden: sie beschreibt die diffusive Ausbreitung einer Verteilung, die zur Zeit $t = 0$ am Punkt x_0 konzentriert war. Dort befinden sich zu dieser Zeit N Teilchen. Als Beispiel zeigt Bild 11.2 die Verteilungen zu einer Zeit t_1 und zur Zeit $t_2 = 4t_1$, wobei sich die Breite der Verteilung verdoppelt hat.

Es ist weiterhin von Interesse, den Zeitverlauf der Dichte zu berechnen, die man am Ort x in einer Entfernung $L = |x - x_0|$ beobachtet. Gleichung (11.112) liefert dafür

$$n(t) = \frac{N}{\sqrt{4\pi Dt}}\, \mathrm{e}^{-\frac{L^2}{4Dt}}\,, \tag{11.119}$$

eine Funktion, die im Bild 11.3 dargestellt ist. Für kleine Zeiten steigt diese Kurve schnell an bis zu einem Maximum zur Zeit

$$t_{\max} = \frac{L^2}{2D} \quad \text{mit einem Wert} \quad n_{\max} = \frac{N}{L\sqrt{2\pi\mathrm{e}}} \tag{11.120}$$

Aus einer Messung von $t_{\max}$ lässt sich z.B. die Diffusionskonstante bestimmen. Für längere Zeiten fällt dann die Dichte langsam wie $t^{-1/2}$ ab.

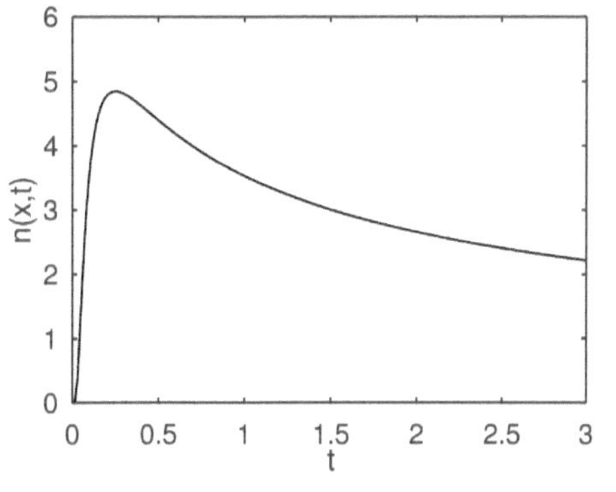

Bild 11.3: Zeitabhängigkeit der Dichte in einer Entfernung L vom Schwerpunkt einer eindimensionalen Diffusion.

Konstruktion einer allgemeinen Lösung: Wenn für $t = 0$ eine Anfangsverteilung $n(x, 0) = N\varrho(x)$ gegeben ist, dann befindet sich zu dieser Zeit in einem Intervall δx_0 bei x_0 eine Teilchenzahl $N\varrho(x_0)\delta x_0$, die dann bei x zur Zeit t eine Dichte $\varrho(x_0)n_0(x, t)\delta x_0$ erzeugt [vgl. Gleichung (11.112)]. Die Gesamtdichte erhält man dann durch Summation aller dieser Beiträge im Limes $\delta x_0 \to 0$, wobei die Summe in ein Integral übergeht:

$$n(x,t) = \int_{-\infty}^{+\infty} \varrho(x_0) n_0(x,t)\,\mathrm{d}x_0 \tag{11.121}$$

(man beachte, dass

$$n_0(x,t) = \frac{N}{\sqrt{4\pi Dt}}\,\mathrm{e}^{-\frac{(x-x_0)^2}{4Dt}} \tag{11.122}$$

von der Integrationsvariablen x_0 abhängt).

Man beweist noch einmal direkt, dass (11.121) eine Lösung ist: Zum einen löst diese Funktion die Diffusionsgleichung, denn es gilt

$$\begin{aligned}\frac{\partial n}{\partial t} &= \int_{-\infty}^{+\infty} \varrho(x_0)\,\frac{\partial n_0}{\partial t}\,\mathrm{d}x_0 = \int_{-\infty}^{+\infty} \varrho(x_0)\,D\,\frac{\partial^2 n_0}{\partial x^2}\,\mathrm{d}x_0 \\ &= D\,\frac{\partial^2}{\partial x^2}\int_{-\infty}^{+\infty} \varrho(x_0) n_0(x,t)\,\mathrm{d}x_0 = D\,\frac{\partial^2 n}{\partial x^2}\,, \end{aligned} \tag{11.123}$$

wobei benutzt wird, dass $n_0(x,t)$ eine Lösung ist. Zum anderen erfüllt (11.121) die Anfangsbedingung, da

$$\begin{aligned}\lim_{t\to 0} n(x,t) &= \lim_{t\to 0}\int_{-\infty}^{+\infty} \varrho(x_0) n_0(x,t)\,\mathrm{d}x_0 \\ &= \int_{-\infty}^{+\infty} \varrho(x_0) N\delta(x-x_0)\,\mathrm{d}x_0 \\ &= N\varrho(x) = n(x,0)\,. \end{aligned} \tag{11.124}$$

Diese Lösungsmethode ist eng verwandt mit der Lösung der Poisson-Gleichung in den Abschnitten (11.1.1) und (11.1.3). Auch dort wurde eine allgemeine Lösung durch die Lösungen für Punktverteilungen konstruiert.

11.4.2 Numerische Lösung der Diffusionsgleichung

Die oben konstruierte Lösung der Diffusionsgleichung beschreibt die *freie Diffusion*, also eine Diffusion ohne weitere Nebenbedingungen, wie z.B. Randbedingungen. Hier muss man oft zu einer numerischen Lösung greifen.

Dazu kann man die Orts- und Zeitvariablen diskretisieren:

$$x_i = x_0 + ih \qquad t_j = t_0 + jk; \qquad i,j = 0,\,1,\,2,\ldots\,. \tag{11.125}$$

Mit der Abkürzung $n_{i,j} = n(x_i, t_j)$ schreiben wir die diskretisierte erste Ableitung nach der Zeit als

$$\frac{\partial n}{\partial t} \approx \frac{n_{i,j+1} - n_{i,j}}{k} \tag{11.126}$$

und die zweite Ableitung nach x als

$$\frac{\partial^2 n}{\partial x^2} \approx \frac{1}{h^2}\Big\{n_{i+1,j} + n_{i-1,j} - 2n_{i,j}\Big\} \tag{11.127}$$

[vgl. den Ausdruck (11.61)]. Einsetzen in die Diffusionsgleichung und Auflösen nach $n_{i,j+1}$ liefert

$$n_{i,j+1} = n_{i,j} + \frac{Dk}{h^2}\Big\{n_{i+1,j} + n_{i-1,j} - 2n_{i,j}\Big\}\,. \tag{11.128}$$

Mit Hilfe dieser Gleichung kann man eine Verteilung zeitlich propagieren. Dabei wird der Wert an jedem Gitterpunkt i zur Zeit $j+1$ durch die Werte zur Zeit j an diesem Punkt selbst und an den Nachbarpunkten $i \pm 1$ berechnet.

Man kann zeigen, dass dieses Verfahren numerisch stabil ist, falls der Zeitschritt k bei vorgegebenem Gitterabstand h klein genug ist. Als Kriterium für Stabilität gilt die Beziehung

$$\frac{Dk}{h^2} \leq \frac{1}{2} \,. \tag{11.129}$$

In diesen Algorithmus lassen sich problemlos weitere Rand- oder Nebenbedingungen einbauen. Außerdem kann man ihn - wie die Lösung der Poisson-Gleichung im vorigen Abschnitt - auf zwei und mehr Dimensionen verallgemeinern und so beispielsweise die Wärmeleitungsgleichung in einer Platte gemäß

$$\frac{\partial T}{\partial t} = D \left\{ \frac{\partial^2 T}{\partial x^2} + \frac{\partial^2 T}{\partial y^2} \right\} \tag{11.130}$$

untersuchen. Dabei kann die Platte eine beliebige Form haben und es können von außen her Teilbereiche auf einer vorgegebenen Temperatur gehalten werden, es kann Wärme zugeführt oder abgeführt werden, usw.. Eine numerische Behandlung solcher Diffusionsprobleme ist recht einfach. Beispiele solcher Computerprogramme und ihre Anwendungen findet man in der Literatur.[3]

Als abschließende Bemerkung sollte darauf hingewiesen werden, dass man die Diffusionsgleichung auch *nur* in der x-Variablen diskretisieren kann. Man erhält dann einen Satz gekoppelter Differentialgleichungen in den Besetzungen $n_i(t)$ der Position x_i:

$$\frac{\mathrm{d}n_i}{\mathrm{d}t} = \frac{D}{h^2} \left\{ n_{i+1,i} + n_{i-1,i} - 2n_{i,i} \right\} . \tag{11.131}$$

Das ist ein Spezialfall einer allgemeineren *Ratengleichung*

$$\frac{\mathrm{d}n_i}{\mathrm{d}t} = \sum_k \left\{ w_{ik} n_k - w_{ki} n_i \right\} \tag{11.132}$$

mit den Übergangsraten $w_{ik} \geq 0$. Ein stationärer Zustand der Besetzungen (d.h. $\mathrm{d}n_i/\mathrm{d}t = 0$ für alle i) ergibt sich für

$$w_{ik} n_k = w_{ki} n_i \,. \tag{11.133}$$

In diesem Fall des *detaillierten Gleichgewichts* wird aus jedem Zustand k pro Zeiteinheit genau soviel in den Zustand i befördert, wie aus i nach k. Mehr dazu in Aufgabe 11.5 und Abschnitt 13.5.

---

[3] Siehe z.B. D. Acheson: *From Calculus to Chaos* (Oxford University Press, 1997).

11.4.3 Diffusion und „Random Walk“

In diesem Abschnitt wollen wir einen diffusionsartigen Prozess einmal auf eine ganz andere Weise „simulieren“. Wir beschränken uns dabei auf eine einzige Raumdimension, eine Erweiterung auf mehrere Dimensionen ist möglich. Als Modell eines solchen Prozesses betrachten wir eine Bewegung längs der x-Achse in diskreten Schritten der gleichen Länge s. Die Richtung jedes dieser Schritte sei – aus welchem Grund auch immer – rein zufällig. Insbesondere gibt es auch kein „Gedächtnis“, also keine Korrelation der Richtung eines Schritts mit der Richtung der vorangegangenen. Man bezeichnet einen solchen Prozess als *„Random Walk“*, also als „Zufallslauf“.

Sei $x_0 = 0$ der Startpunkt und x_i mit $|x_i| = s$ der Weg im Schritt i. Das Vorzeichen von x_i (die „Richtung“) sei rein zufällig. Die Position nach n Schritten ist dann

$$x(n) = \sum_{i=1}^{n} x_i \,. \tag{11.134}$$

Bildet man den Mittelwert über sehr viele solcher „Random Walker“, so gilt für die mittlere Entfernung vom Ausgangspunkt

$$\overline{x(n)} = \sum_{i=1}^{n} \overline{x_i} = 0 \,, \tag{11.135}$$

da im Mittel $\overline{x_i} = 0$, und für ihr Quadrat

$$\begin{aligned} \overline{x^2(n)} &= \overline{\left(\sum_{i=1}^{n} x_i\right)^2} = \sum_{i,j} \overline{x_i \cdot x_j} \\ &= \sum_{i=1}^{n} x_i^2 + \sum_{i \neq j} \overline{x_i \cdot x_j} = n\, s^2 \end{aligned} \tag{11.136}$$

wegen $\overline{x_i \cdot x_j} = 0$ für $i \neq j$, da die Richtungen verschiedener Schritte unkorreliert sein sollen. Es folgt für die Standardabweichung

$$\Delta x = \sqrt{\overline{x^2} - \overline{x}^2} = \sqrt{\overline{x^2}} = \sqrt{n}\, s \,, \tag{11.137}$$

was genau dem Verhalten der Lösung einer Diffusionsgleichung $\Delta x = \sqrt{2\,D\,t}$ entspricht [siehe (11.117)], wenn wir die Diffusionskonstente als $D = s^2/2\tau$ wählen (τ sei die Zeit zwischen zwei aufeinanderfolgenden Schritten).

Zur Illustration ist im Bild 11.4 die Position $x(n)$ vier solcher 'Random Walker“ als Funktion der Schrittzahl n dargestellt. Die einzelne Bewegung erscheint irregulär, aber man beobachtet insgesamt eine langsame Verbreiterung des besuchten x-Bereiches. Man kann das genauer untersuchen, indem man sehr viel mehr

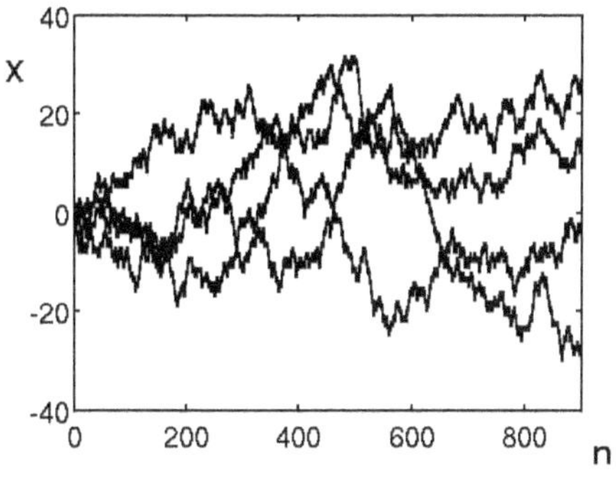

Bild 11.4: Illustration eines „Random Walks“: Dargestellt sind vier Zufallsläufe $x(n)$ mit einer Schrittweite $s = 1$ als Funktion der Schrittzahl n.

solcher Zufallsläufe durchführt. Bild 11.5 zeigt ein Histogramm der Positionen von 10^4 solcher Zufallsläufe nach $n = 900$ Schritten. Die numerisch bestimmte Breite dieser Verteilung ist $\Delta x = 29.9989$ in sehr guter Übereinstimmung mit dem theoretisch ermittelten Wert von $\Delta x = 30$ aus Gleichung (11.137).

Es ist nicht schwierig, den Zusammenhang zwischen Zufallsbewegung und Diffusion zu präzisieren. Wir wählen für die Schrittweite s die Bezeichnung δx und δt für das Zeitintervall τ. Bei den diskreten Schritten entlang der x-Richtung kann unser „Random Walker“ die Positionen $j\delta x$ besuchen. Es sei $w(j, n)$ die

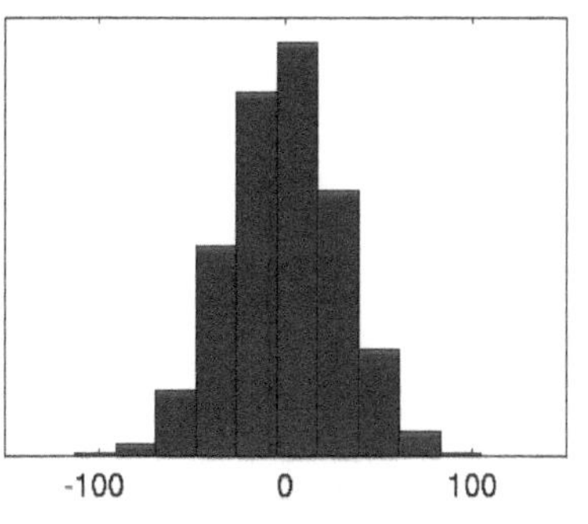

Bild 11.5: Histogramm der Positionen $x(n)$ für 10^4 „Random Walker“ nach $n = 900$ Schritten.

Wahrscheinlichkeit, unseren „Random Walker“ nach n Schritten, also zur Zeit $n\delta t$, am Platz $j\delta x$ zu finden. Man überlegt sich sofort, dass diese Wahrscheinlichkeit die Beziehung

$$w(j, n+1) = p\, w(j-1, n) + p\, w(j+1, n) \tag{11.138}$$

erfüllen muss, wobei $p = 1/2$ die Wahrscheinlichkeit für einen Schritt in $+x$- oder in $-x$-Richtung bezeichnet.

Wir betrachten jetzt den Grenzfall vieler kleiner Schritte, wobei die diskreten Wahrscheinlichkeiten in eine Wahrscheinlichkeitsdichte $w(x,t)$ übergehen. Aus (11.138) wird dann

$$w(x, t+\delta t) = p\, w(x-\delta x, t) + p\, w(x+\delta x, t)\,. \tag{11.139}$$

Wir subtrahieren auf beiden Seiten $w(x,t)$, entwickeln die beiden Terme auf der rechten Seite,

$$w(x \pm \delta x, t) \approx w(x,t) \pm \frac{\partial w}{\partial x}\,\delta x + \frac{\partial^2 w}{2\partial x^2}\,\delta x^2\,, \tag{11.140}$$

und dividieren durch δt. Im Grenzfall δt und δx gegen null mit konstant gehaltenem Wert von $D = (\delta x)^2/2\delta t = s^2/2\tau$ ergibt sich dann

$$\frac{\partial w}{\partial t} = (2p-1)w(x,t) + p\Big(\frac{\partial w}{\partial x} - \frac{\partial w}{\partial x}\Big) + 2p\,\frac{(\delta x)^2}{2\delta t}\,\frac{\partial^2 w}{\partial x^2} = D\,\frac{\partial^2 w}{\partial x^2}\,, \tag{11.141}$$

also wie erwartet eine Diffusionsgleichung mit Diffusionskonstante D.

11.5 Die Wellengleichung

Trotz einer formal ganz ähnlichen Struktur wie die Diffusionsgleichung (11.100) – statt der ersten partiellen Zeitableitung erscheint auf der rechten Seite „nur“ die zweite Ableitung – beschreibt die *Wellengleichung*

$$\Delta\,\Phi(\vec{r}, t) = \frac{1}{c^2}\,\frac{\partial^2 \Phi}{\partial t^2} \tag{11.142}$$

eine völlig andere Art von Prozessen. Anstelle einer meist recht langsamen Ausbreitung finden wir hier schnelle Oszillationen. Die Zeitskala wird hier durch die Konstante c gesetzt, die von ihrer Dimension her eine Geschwindigkeit ist, wie wir sehen werden, die Ausbreitungsgeschwindigkeit einer Welle.

Die physikalischen Prozesse, die durch eine solche Gleichung beschrieben werden, reichen von Transversalschwingungen einer Saite über Membranschwingungen bis zu der Ausbreitung von elektromagnetischer Strahlung im Raum. In diesem Kapitel werden wir eine Lösung $\Phi(\vec{r}, t)$ der Gleichung (11.142) kurz als *Welle* bezeichnen. Zunächst sollen für den einfacheren Fall einer einzigen Raumdimension die grundlegenden Eigenschaften der Wellengleichung untersucht werden. Danach werden einige wichtige Eigenschaften mehrdimensionaler Wellen behandelt.

11.5.1 Eindimensionale Wellen

Die Lösungen der eindimensionalen Wellengleichung

$$\frac{\partial^2 \Phi}{\partial x^2} = \frac{1}{c^2} \frac{\partial^2 \Phi}{\partial t^2} \tag{11.143}$$

lassen sich auf einfache Weise umschreiben. Dazu führen wir statt der Variablen Ort x und Zeit t die Größen

$$u = x - ct \qquad \text{und} \qquad v = x + ct \tag{11.144}$$

ein. Jetzt soll die Wellengleichung (11.143) in eine Differentialgleichung in u und v umgeschrieben werden. Dazu betrachten wir Φ als eine Funktion von u und v und berechnen zunächst die ersten und zweiten Ableitungen von $\Phi(u, v)$ nach x. Nach der Kettenregel ergibt sich – mit $\partial u / \partial x = \partial v / \partial x = 1$ –

$$\frac{\partial \Phi}{\partial x} = \frac{\partial \Phi}{\partial u} \frac{\partial u}{\partial x} + \frac{\partial \Phi}{\partial v} \frac{\partial v}{\partial x} = \frac{\partial \Phi}{\partial u} + \frac{\partial \Phi}{\partial v} \tag{11.145}$$

und damit

$$\begin{aligned} \frac{\partial^2 \Phi}{\partial x^2} &= \frac{\partial}{\partial x}\left(\frac{\partial \Phi}{\partial x}\right) = \frac{\partial}{\partial u}\left(\frac{\partial \Phi}{\partial x}\right) + \frac{\partial}{\partial v}\left(\frac{\partial \Phi}{\partial x}\right) \\ &= \frac{\partial^2 \Phi}{\partial u^2} + 2\frac{\partial^2 \Phi}{\partial u \partial v} + \frac{\partial^2 \Phi}{\partial v^2}, \end{aligned} \tag{11.146}$$

wobei die Anwendbarkeit des Satzes von Schwarz (siehe Seite 47) unterstellt ist. Die zweite partielle Ableitung nach der Zeit t berechnet man analog, jedoch mit $\partial u / \partial t = -\partial v / \partial t = -c$:

$$\frac{\partial^2 \Phi}{\partial t^2} = c^2 \left(\frac{\partial^2 \Phi}{\partial u^2} - 2\frac{\partial^2 \Phi}{\partial u \partial v} + \frac{\partial^2 \Phi}{\partial v^2}\right). \tag{11.147}$$

Setzt man diese Ausdrücke in die Wellengleichung (11.143) ein, so heben sich die Terme $\partial^2\Phi/\partial u^2$ und $\partial^2\Phi/\partial v^2$ gegenseitig weg, und man erhält

$$\frac{\partial^2\Phi}{\partial u \partial v} = 0\,. \tag{11.148}$$

Integration dieser Gleichung über die Variable u liefert

$$\frac{\partial\Phi}{\partial v} = h(v)\,, \tag{11.149}$$

wobei vermerkt ist, dass die „Integrationskonstante“ h nur konstant ist bezüglich der Variablen u, d.h. sie darf noch von der anderen Variablen v abhängen. Integriert man jetzt über v, so erhält man[4]

$$\Phi(u,v) = \int^v h(v')\mathrm{d}v' + f(u) = g(v) + f(u) \tag{11.150}$$

mit $g(v) = \int^v h(v')\mathrm{d}v'$. Hier kann die Integrationskonstante f (konstant bzgl. v) von u abhängen. Drückt man jetzt die Funktion Φ wieder durch die Variablen x und t aus, so schreibt sich (11.150) als

$$\Phi(x,t) = g(x+ct) + f(x-ct)\,. \tag{11.151}$$

Mit unserer Herleitung haben wir gezeigt, dass sich *jede* Lösung der Wellengleichung in dieser Form schreiben lässt. Umgekehrt ist jede Funktion, die von x und t nur in der Kombination $x+ct$ oder $x-ct$ abhängt, eine Lösung der Wellengleichung. Das lässt sich problemlos noch einmal direkt nachprüfen. Solche „Wellen“ haben ein sehr einfaches Zeitverhalten. Betrachten wir beispielsweise einmal den Fall

$$\Phi(x,t) = f(x-ct)\,. \tag{11.152}$$

Eine solche Welle bewegt sich ohne Änderung des Wellenprofils mit der Geschwindigkeit $c > 0$ in die positive x-Richtung. Das sieht man sofort ein, wenn man sich einen beliebigen Punkt x_0 zur Zeit t_0 herausgreift. Die Amplitude der Welle ist dann $\Phi_0 = \Phi(x_0,t_0) = f(x_0 - ct_0)$. An dem Punkt $x_1 = x_0 + c(t_1 - t_0)$ hat die Welle dann die Amplitude $\Phi(x_1,t_1) = f(x_1 - ct_1) = f(x_0 - ct_0) = \Phi_0$, d.h. die gleiche Amplitude wie zur Zeit t_0 bei x_0. Da das für alle Punkte gilt, breitet sich die Welle in der Form unverändert aus, wie im Bild 11.6 illustriert. Entsprechend bewegt sich eine Welle $g(x+ct)$ unverändert nach links.

[4] Wir schreiben hier statt „∂“ ein „d“, da die Funktionen nur von einer einzigen Veränderlichen abhängen.

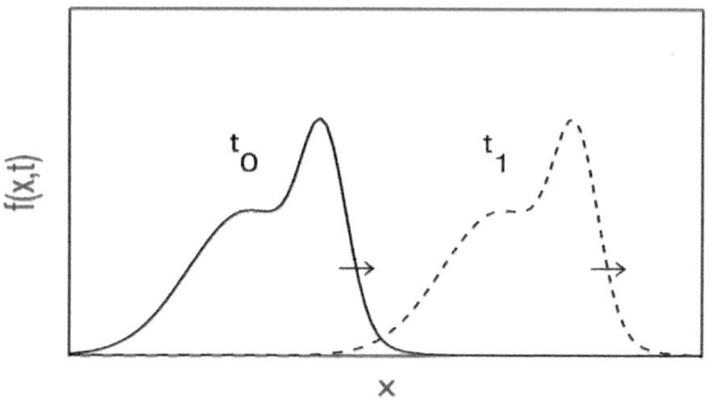

Bild 11.6: Eine Welle $f(x-ct)$ bewegt sich ohne Formänderung mit der Geschwindigkeit c nach rechts.

Nach Gleichung (11.151) lässt sich also eine beliebige Lösung $\Phi(x,t)$ der Wellengleichung immer als eine Überlagerung zweier forminvarianter Wellen schreiben, die in entgegengesetzte Richtung laufen. Eine solche Überlagerung ändert natürlich das Wellenprofil. Im Folgenden betrachten wir einige spezielle Wellentypen.

Harmonische Wellen: Die Wellen

$$\Phi_\pm(x,t) = a\,\mathrm{e}^{\pm\mathrm{i}\frac{\omega}{c}(x-ct)} = a\,\mathrm{e}^{\pm\mathrm{i}(kx-\omega t)}\,. \tag{11.153}$$

mit $k=\omega/c$ heißen *harmonische Wellen.* Da sie Funktionen von $x-ct$ sind, brauchen wir nicht wieder nachzuweisen, dass sie wirklich die Wellengleichung lösen. Wie oben allgemein gezeigt, breiten sich solche Wellen mit der Geschwindigkeit c aus, ohne ihre Form zu ändern. Die Realteile

$$\mathrm{Re}\,\Phi_\pm(x,t) = a\,\cos(kx-\omega t) \tag{11.154}$$

sind wegen der Linearität der Wellengleichung auch Lösungen. Bild 11.7 zeigt eine solche Welle zu den Zeiten t_0 und t_1. Sie hat die räumliche Periode

$$\lambda = \frac{2\pi}{k}\,. \tag{11.155}$$

Man nennt λ die *Wellenlänge* und k die *Wellenzahl* (k misst die Zahl der Wellenlängen pro Längeneinheit). Die zeitliche Periode ist

$$T = 2\pi/\omega\,, \tag{11.156}$$

wobei die *Frequenz* ω die Anzahl der Schwingungen pro Zeiteinheit angibt.[5]

Stehende Wellen: Die Überlagerung einer rechts- und linkslaufenden har-

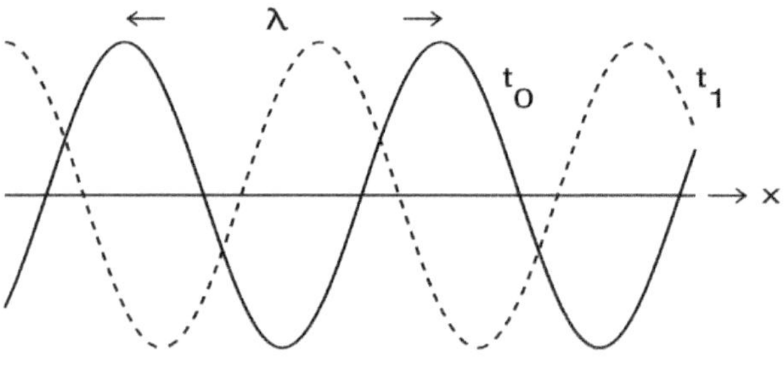

Bild 11.7: Harmonische Welle $\cos(kx - \omega t)$ zu zwei Zeiten t_0 und t_1.

monischen Welle mit gleicher Amplitude

$$\begin{aligned}\Phi(x,t) &= A\cos(kx-\omega t) + A\cos(kx+\omega t) \\ &= A\{\cos(kx)\cos(\omega t) + \sin(kx)\sin(\omega t) \\ &\qquad + \cos(kx)\cos(\omega t) - \sin(kx)\sin(\omega t)\} \\ &= 2A\cos(\omega t)\cos(kx) \qquad (11.157)\end{aligned}$$

zeigt einige interessante Phänomene, wie im Bild 11.8 illustriert. Man beobachtet einzelne Punkte

$$x_n = (2n+1)\frac{\pi}{2k} = (2n+1)\frac{\lambda}{4}\,, \qquad (11.158)$$

an denen die Auslenkung der Welle zu allen Zeiten gleich null bleibt (so genannte *Schwingungsknoten*). An allen anderen Punkten schwingt die Amplitude zwischen den Maximalwerten $\pm 2A\cos kx$ hin und her. Die Welle breitet sich nicht aus – man nennt sie eine *stehende Welle*.

Ein Separationsansatz: In Gleichung (11.157) haben wir eine Lösung der Wellengleichung kennen gelernt, die eine ganz besondere Struktur hat: Sie faktorisiert in das Produkt einer Funktion, die nur von der Zeit t abhängt, und

[5] Genau genommen ist die Frequenz ν die Anzahl der Schwingungen pro Zeiteinheit, und man bezeichnet $\omega = 2\pi\nu$ dann als die „Kreisfrequenz". Aber oft ist der Sprachgebrauch hier ungenau. Gleiches gilt auch für die Wellenzahl k, die auch „Kreiswellenzahl" heißt.

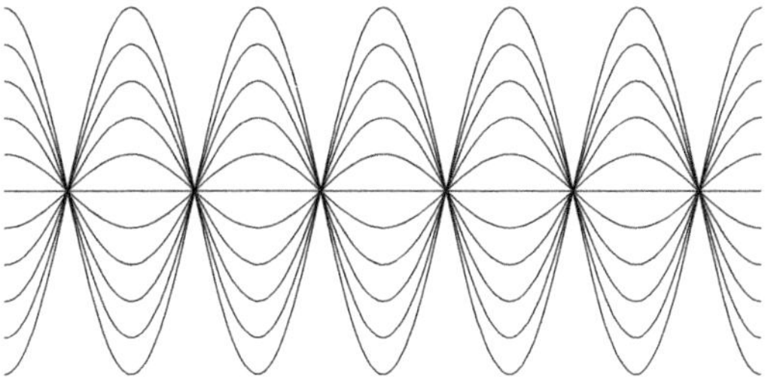

Bild 11.8: Stehende Welle.

einer Funktion, die nur vom Ort x abhängt. Wir werden jetzt zeigen, dass es viele solcher Lösungen gibt und dass man sie obendrein benutzen kann, um allgemeine Lösungen zu vorgegebenen Randbedingungen zu konstruieren.

Zunächst machen wir für die gesuchte Lösung einen allgemeinen Ansatz

$$\Phi(x,t) = X(x)\,T(t) \tag{11.159}$$

mit vorerst noch unbekannten Funktionen $X(x)$ und $T(t)$. Setzt man diesen Ansatz in die Wellengleichung ein und beachtet, dass sich die partielle Ableitung nach x nur auf die Funktion $X(x)$ auswirkt und die t-Ableitung nur auf $T(t)$, so erhält man

$$T(t)\,\frac{\mathrm{d}^2X}{\mathrm{d}x^2} = \frac{1}{c^2}\,X(x)\,\frac{\mathrm{d}^2T}{\mathrm{d}t^2} \tag{11.160}$$

oder – nach Division durch $X\,T$ –

$$\frac{1}{X(x)}\,\frac{\mathrm{d}^2X}{\mathrm{d}x^2} = \frac{1}{c^2T(t)}\,\frac{\mathrm{d}^2T}{\mathrm{d}t^2}\,. \tag{11.161}$$

Die linke Seite dieser Gleichung hängt nur von x ab, die rechte nur von t. Damit also (11.161) für alle x und t gelten kann, müssen beide Seiten unabhängig von x und t sein, also gleich einer Konstanten, die mit $-p^2$ bezeichnet werden soll.[6]

Die Wellengleichung separiert jetzt in zwei *gewöhnliche* Differentialgleichungen – daher der Name *Separationsmethode* –

$$\frac{\mathrm{d}^2X}{\mathrm{d}x^2} + p^2X = 0 \tag{11.162}$$

[6] Dies bedeutet nicht, dass $-p^2$ negativ sein muss, denn man kann ja auch komplexe Werte von p zulassen.

und

$$\frac{\mathrm{d}^2 T}{\mathrm{d}t^2} + c^2 p^2 T = 0\,, \tag{11.163}$$

die wir in Abschnitt 7.1.1 als harmonische Schwingungsgleichungen kennen gelernt haben. Ihre Lösungen lauten

$$X(x) = A\cos px + B\sin px\,, \tag{11.164}$$

$$T(t) = C\cos cpt + D\sin cpt\,, \tag{11.165}$$

oder alternativ

$$X(x) = b\cos(px + \beta)\,, \tag{11.166}$$

$$T(t) = a\cos(cpt + \alpha)\,. \tag{11.167}$$

Wichtig ist jetzt die Berücksichtigung von Randbedingungen. Dabei ergibt sich in der Regel eine Einschränkung der möglichen Werte der Konstanten p. Oft findet man, dass nur diskrete Werte p_n, $n = 0,\,1,\,2,\ldots$ erlaubt sind, mit der jeweiligen Lösung $X_n(x)\,T_n(t)$.

Weiterhin ist – wieder einmal wegen der Linearität der Differentialgleichungen – auch jede Linearkombination

$$\Phi(x,t) = \sum_{n=0}^{\infty} c_n X_n(x) T_n(t) \tag{11.168}$$

eine Lösung, die Konvergenz dieser Reihe sei dabei unterstellt. Dabei werden die noch freien Parameter c_n durch die Anfangsbedingungen der Welle zur Zeit $t = 0$, also die Anfangsauslenkung $\Phi(x, t = 0)$ und die Anfangsgeschwindigkeit $\frac{\partial \Phi}{\partial t}(x, t = 0)$ festgelegt. Das folgende Beispiel wird diese Lösungsmethode erläutern.

Beispiel – Longitudinalwellen in einem Stab: Als Beispiel einer eindimensionalen Welle betrachten wir Longitudinalwellen in einem Metallstab der Länge L mit einem fest eingespannten und einem freien Ende. Wir betrachten Schwingungen des Stabes in Längsrichtung, x. Bei einer solchen Schwingung wird ein Volumenelement bei x mit Längsausdehnung $\mathrm{d}x$ verschoben nach ξ und komprimiert in $\mathrm{d}\xi$ (vergl. Bild 11.9).

Man kann zeigen, dass die Bewegung bei nicht zu großen Auslenkungen näherungsweise durch die Wellengleichung

$$\frac{\partial^2 \xi}{\partial x^2} = \frac{1}{c^2}\frac{\partial^2 \xi}{\partial t^2}\,. \tag{11.169}$$

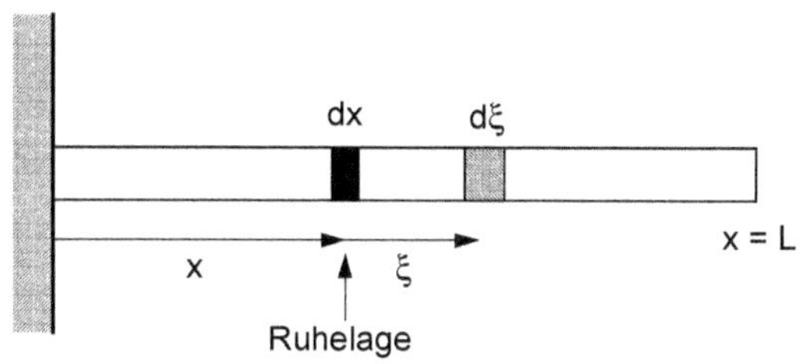

Bild 11.9: Elastische Longitudinalschwingung eines Stabes.

beschrieben wird. Dabei ist die Geschwindigkeit c durch die Materialkonstanten des Stabes bestimmt: $c = \sqrt{E/\varrho}$ (E = Elastizitätsmodul, ϱ = Massendichte). Die Änderung der Auslenkung ξ am Ort x bezeichnet man als *Spannung* $E\,\partial\xi/\partial x$.

Das eingespannte Ende bei $x = 0$ kann nicht schwingen, das freie Ende bei $x = L$ kann jeder Spannung ausweichen. Wir haben also die Randbedingungen

$$\xi(x=0,t) = 0 \quad , \quad \frac{\partial \xi}{\partial x}(x=L,t) = 0 \tag{11.170}$$

für die möglichen Lösungen $\xi(x,t)$. Der Separationsansatz liefert als Lösungen die Funktionen

$$\xi(x,t) = \big(A\cos px + B\sin px\big)\cos(cpt+\alpha)\,, \tag{11.171}$$

also

$$\xi(0,t) = A\,\cos(cpt+\alpha) = 0 \tag{11.172}$$

für alle Zeiten t und damit $A = 0$. Die Bedingung für ein freies Ende bei $x = L$ liefert mit $A = 0$

$$\frac{\partial \xi}{\partial x}(x=L,t) = Bp\,\cos pL\,\cos(cpt+\alpha) = 0 \tag{11.173}$$

für alle t, was nur für $pL = (2n+1)\,\frac{\pi}{2}$ erfüllt werden kann. Die zulässigen Werte von p sind also

$$p_n = (2n+1)\,\frac{\pi}{2L}\,, \qquad n = 0,\,1,\,2,\ldots \tag{11.174}$$

und die zugehörigen Schwingungen sind

$$\xi_n(x,t) = a_n \sin(p_n x) \cos(\omega_n t + \alpha_n) \tag{11.175}$$

mit

$$\omega_n = c p_n = c\,(2n+1)\,\frac{\pi}{2L}\,, \qquad n = 0,\, 1,\, 2, \ldots \tag{11.176}$$

für die Frequenz der Schwingung.

Man nennt die Schwingungen $\xi_n(x,t)$ *Eigenschwingungen* oder auch *Eigenmoden* und die zugehörigen Frequenzen ω_n *Eigenfrequenzen.* Bild 11.10 zeigt die ersten drei dieser Eigenschwingungen. Man findet wieder Schwingungsknoten bei $0 < x < L$, deren Anzahl mit dem Index n der Eigenschwingung übereinstimmt.

Weiter oben wurde schon diskutiert, dass die Reihendarstellung

$$\xi(x,t) = \sum_{n=0}^{\infty} a_n \sin p_n x \, \cos(\omega_n t + \alpha_n)\,. \tag{11.177}$$

eine Lösung der Wellengleichung liefert (die Konvergenz der Reihe sei dabei unterstellt). Wir wollen uns nun davon überzeugen, dass jede Lösung in dieser Form dargestellt werden kann, dass (11.177) also eine *allgemeine Lösung* liefert. Dazu zeigen wir, dass sich damit *jede* Anfangsbedingung erfüllen lässt. Wir führen den Beweis konstruktiv und berechnen zu einer beliebigen Anfangsbedingung explizit die Koeffizienten a_n und α_n der Lösung.

Es sei also zur Zeit $t = 0$ eine beliebige Auslenkung $\xi(x,0)$ und eine beliebige Zeitableitung $\frac{\partial\xi}{\partial t}(x,0)$ gegeben. Zur Zeit $t = 0$ haben wir

$$\xi(x,0) = \sum_{n=0}^{\infty} a_n \cos\alpha_n \, \sin\left((2n+1)\frac{\pi x}{2L}\right), \tag{11.178}$$

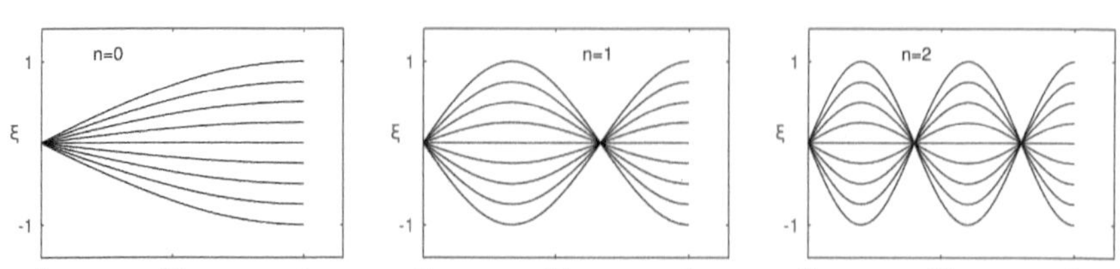

Bild 11.10: Eigenschwingungen mit einem festem und einem freien Ende.

$$\frac{\partial \xi}{\partial t}(x,0) = -\sum_{n=0}^{\infty} a_n \omega_n \sin\alpha_n \, \sin\left((2n+1)\frac{\pi x}{2L}\right). \qquad (11.179)$$

Mit Hilfe des bestimmten Integrals[7]

$$\int_0^{\pi/2} \sin((2n+1)y)\,\sin((2m+1)y)\,\mathrm{d}y = \frac{\pi}{4}\,\delta_{m,n} \qquad (11.180)$$

kann man nun die gesuchten a_n und α_n berechnen. Man multipliziert die beiden Formeln (11.178) und (11.179) mit $\sin\left((2m+1)\frac{\pi x}{2L}\right)$ und integriert über x:

$$\begin{aligned}
I_m &= \int_0^L \xi(x,0)\sin\left((2m+1)\frac{\pi x}{2L}\right)\mathrm{d}x \\
&= \sum_n a_n \cos\alpha_n \int_0^L \sin\left((2n+1)\frac{\pi x}{2L}\right)\,\sin\left((2m+1)\frac{\pi x}{2L}\right)\mathrm{d}x \\
&= \sum_n a_n \cos\alpha_n \,\frac{2L}{\pi}\int_0^{\pi/2} \sin((2n+1)y)\,\sin((2m+1)y)\,\mathrm{d}y \\
&= \frac{2L}{\pi}\sum_n a_n \cos\alpha_n\,\delta_{nm}\,\frac{\pi}{4} \\
&= \frac{L}{2}\,a_m \cos\alpha_m\,. \qquad (11.181)
\end{aligned}$$

Entsprechend erhält man aus (11.179)

$$\begin{aligned}
J_m &= \int_0^L \frac{\partial \xi}{\partial t}(x,0)\sin\left((2m+1)\,\frac{\pi x}{2L}\right)\mathrm{d}x \\
&= -\frac{L}{2}\,\omega_m a_m \sin\alpha_m\,. \qquad (11.182)
\end{aligned}$$

Durch Division der Gleichungen (11.181) und (11.182) ergibt sich schließlich

$$\tan\alpha_m = -\frac{J_m}{\omega_m I_m} \qquad (11.183)$$

und durch Auflösen nach $\sin\alpha_m$ und $\cos\alpha_m$ und Einsetzen in die Gleichung

$$1 = \sin^2\alpha_m + \cos^2\alpha_m = \left(\frac{2J_m}{L\omega_m a_m}\right)^2 + \left(\frac{2I_m}{La_m}\right)^2 \qquad (11.184)$$

und schließlich

[7] Integrale von diesem Typ lassen sich bei Bedarf leicht berechnen, indem man die trigonometrischen Funktionen durch die Euler-Formel als Exponentialfunktionen umschreibt.

$$a_m = \sqrt{\left(\frac{2J_m}{L\omega_m}\right)^2 + \left(\frac{2I_m}{L}\right)^2}\,. \tag{11.185}$$

Wir haben also das gesuchte Ziel erreicht: Für jede Anfangsbedingung können wir jetzt die a_n und α_n berechnen und kennen damit die vollständige Zeitentwicklung des Systems.

Ähnliche Techniken werden später noch in vielen anderen Bereichen der Physik angewandt werden, insbesondere in der Quantenmechanik.

Man kann weiterhin zeigen, dass sich die für die Herleitung der Gleichungen für die Entwicklungskoeffizienten so wichtige Beziehung (11.180) in keiner Weise zufällig ergab. Vielmehr ist es eine allgemeine Eigenschaft der Lösungen einer Differentialgleichung vom Typ

$$y''(x) + f(x)\,y(x) = \epsilon\, y(x)\,, \tag{11.186}$$

dass das Integral über zwei Lösungen $y_1(x)$ zu ϵ_1 und $y_2(x)$ zu ϵ_2, die die Randbedingungen $y_i(0) = y_i(L) = 0$ oder $y_i'(0) = 0$ und $y_i'(L) = 0$ erfüllen, verschwindet:

$$\int_0^L y_1(x)\,y_2(x)\,\mathrm{d}x = 0\,. \tag{11.187}$$

Der Beweis dieser Beziehung ist Gegenstand der Übungsaufgabe 11.7.

11.5.2 Die zweidimensionale Wellengleichung

Ein entsprechender Separationsansatz für die Wellengleichung in zwei Raumdimensionen

$$\frac{\partial^2\Phi}{\partial x^2} + \frac{\partial^2\Phi}{\partial y^2} = \frac{1}{c^2}\frac{\partial^2\Phi}{\partial t^2} \tag{11.188}$$

führt ebenso zum Erfolg. Mit

$$\Phi(x,y,t) = X(x)\,Y(y)\,T(t) \tag{11.189}$$

erhält man nach Einsetzen in die Wellengleichung und Division durch XYT

$$\frac{1}{X}X'' + \frac{1}{Y}Y'' = \frac{1}{c^2T}T''\,. \tag{11.190}$$

Dabei bedeutet f' die Ableitung einer Funktion nach ihrem Argument. Diese Gleichung kann wieder nur erfüllt werden, wenn die einzelnen Ausdrücke konstant sind, also

$$\frac{1}{X}X'' = -p^2 \quad , \quad \frac{1}{Y}Y'' = -q^2 \quad , \quad \frac{1}{c^2T}T'' = -r^2 = -p^2 - q^2\,. \tag{11.191}$$

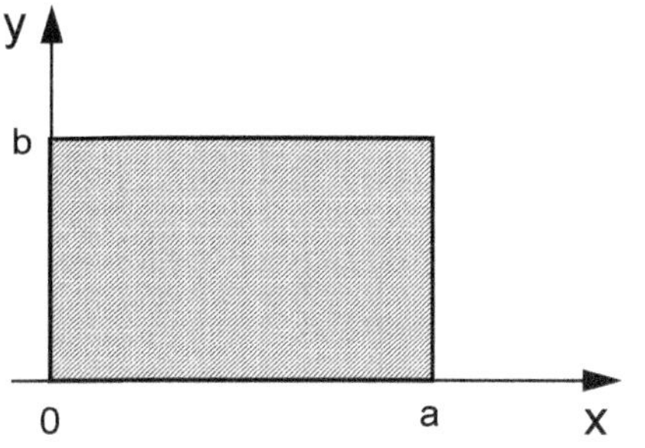

Bild 11.11: Rechteckmembran.

Damit ergeben sich die Frequenzen der Eigenschwingungen als

$$\omega = cr = c\sqrt{p^2 + q^2}\,. \tag{11.192}$$

Schwingungen einer Rechteckmembran: Als Beispiel betrachten wir die Schwingungen einer rechteckigen Membran mit den Seitenlängen a und b. Wir wählen Koordinaten x und y, wie im Bild 11.11 dargestellt, in den Richtungen zweier Kanten. Die Auslenkung Φ der Membran senkrecht zur x,y-Ebene genügt der zweidimensionalen Schwingungsgleichung (11.188). Dabei ist die Geschwindigkeit c durch die Materialkonstanten der Membran bestimmt. Wir betrachten weiterhin den Fall, dass die Membran an den Rändern fest eingespannt ist, d.h. es gilt für alle Zeiten t

$$\Phi(x=0,y,t) = \Phi(x,y=0,t) = \Phi(x=a,y,t) = \Phi(x,y=b,t) = 0\,. \tag{11.193}$$

Zur Lösung der Wellengleichung machen wir einen Separationsansatz wie in (11.189). Die Lösungen von $X'' = -p^2X$, $Y'' = -q^2Y$ und $T'' = -c^2r^2T$ sind dann jeweils Linearkombinationen von Sinus- und Kosinus-Funktionen, die den Randbedingungen genügen. Hier also

$$\Phi(x,y,t) = A\sin px\,\sin qy\,\cos(rct+\alpha)\,, \tag{11.194}$$

womit die Randbedingung bei $x = 0$ und $y = 0$ erfüllt sind. Weiterhin muss gelten $\sin pa = 0$ (um $\Phi(x = a, y, t) = 0$ zu erfüllen) und $\sin qb = 0$ (um $\Phi(x, y = b, t) = 0$ zu erfüllen). Das liefert die Bedingungen

$$p = m\pi/a\,,\ m = 1,\,2,\,3,\,\ldots \quad \text{und} \quad q = n\pi/b\,, \quad n = 1,\,2,\,3,\,\ldots\,. \tag{11.195}$$

Die Frequenzen der Eigenschwingungen

$$\Phi(x,y,t) = A\sin\frac{m\pi x}{a}\,\sin\frac{n\pi y}{b}\,\cos\left(\omega_{m,n}t+\alpha\right)\,, \quad m,n = 1,\,2,\,3,\ldots \tag{11.196}$$

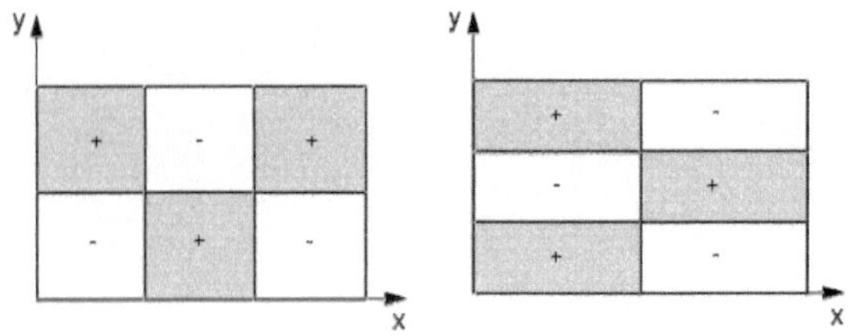

Bild 11.12: Eigenschwingungen $(m, n) = (3, 2)$ und $(2, 3)$ einer Rechteckmembran.

sind dann nach (11.192) durch

$$\omega_{m,n} = \pi c \sqrt{\left(\frac{m}{a}\right)^2 + \left(\frac{n}{b}\right)^2} \quad , \quad m, n = 1, 2, 3, \ldots \tag{11.197}$$

gegeben. Die Schwingungsmoden (11.196) schwingen wie ein oszillierendes (rechteckiges) Schachbrett: in den dunklen Feldern ist die Auslenkung positiv, in den hellen Feldern negativ. Nach der Hälfte der Periode $T_{m,n} = 2\pi/\omega_{m,n}$ kehrt sich dies um. Bild 11.12 illustriert eine solche Schwingung für die Moden $(m, n) = (3, 2)$ und $(2, 3)$.

Als konkretes Beispiel berechnen wir einige der unteren Eigenfrequenzen für den Fall $a = \sqrt{2}\, b$. Die Grundfrequenz liegt dann bei

$$\omega_{1,1} = \frac{c\pi}{b} \sqrt{\frac{3}{2}} \tag{11.198}$$

	n=1	n=2	n=3	n=4
m=1	1.000	1.732	2.517	3.317
m=2	1.414	2.000	2.708	3.464
m=3	1.945	2.380	3.000	3.697
m=4	2.449	2.828	3.367	4.000
m=5	3.000	3.317	3.786	4.359
m=6	3.559	3.830	4.243	4.761

Tabelle 11.1: Eigenfrequenzen $\omega_{m,n}/\omega_{1,1}$ einer Rechteckmembran mit $a = \sqrt{2}\, b$.

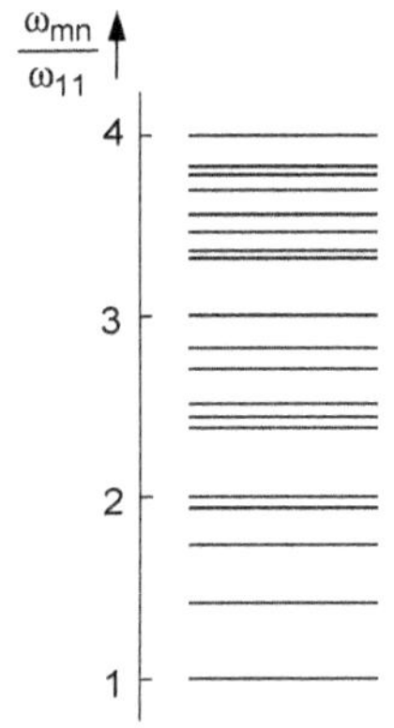

Bild 11.13: Eigenfrequenzen $1 \leq \omega_{m,n}/\omega_{1,1} \leq 4$ für eine Rechteckmembran mit $a = \sqrt{2}\,b$.

und die $\omega_{m,n}$ sind gegeben durch

$$\frac{\omega_{m,n}}{\omega_{1,1}} = \sqrt{\frac{m^2 + 2n^2}{3}} \quad , \quad m, n = 1,\, 2,\, 3, \ldots . \tag{11.199}$$

Tabelle 11.1 listet einige dieser Frequenzen auf. Obwohl die Frequenzen jeweils eine einfache Progression mit n bzw. m zeigen, ist das gesamte Frequenzspektrum selbst in diesem einfachen Fall schon recht kompliziert: Bild 11.13 zeigt alle 21 Frequenzen im Bereich $1 \leq \omega_{m,n}/\omega_{1,1} \leq 4$.

Weiterhin beobachtet man, dass einige der Eigenfrequenzen, in der Tabelle 11.1 gleich sind, wie z.B. $\omega_{3,3} = \omega_{5,1}$. Man nennt eine solche exakte Übereinstimmung von Eigenwerten eines Systems eine *Entartung*. Man kann sich schnell davon überzeugen, dass für die Rechteckmembran Entartungen nur auftreten können, wenn das Verhältnis $(a/b)^2$ rational ist: Aus (11.197) und

$$\omega_{m,n} = \omega_{m',n'} \tag{11.200}$$

folgt durch Quadrieren direkt

$$\frac{a^2}{b^2} = \frac{m^2 - m'^2}{n'^2 - n^2}\,, \tag{11.201}$$

also ein Bruch ganzer Zahlen. In dem oben betrachteten Fall $a = \sqrt{2}\,b$ ist die Rationalität erfüllt und wir haben Entartungen für $m^2 - m'^2 = 2(n'^2 - n^2)$, z.B. für die Zustandspaare $(m, n) = (3, 3)$ und $(5, 1)$, sowie $(1, 4)$ und $(5, 2)$ oder $(7, 5)$ und $(9, 3)$. Mehr über derartige Entartungen und ihre Bedeutung wird später in der Quantenmechanik vermittelt.

11.5.3 Dreidimensionale ebene Wellen

Als Abschluss unserer Betrachtungen der Wellengleichung soll noch kurz auf den dreidimensionalen Fall eingegangen werden. Hier wollen wir uns nur auf einen sehr einfachen Spezialfall beschränken: Eine *ebene Welle* ist eine Lösung der dreidimensionalen Wellengleichung

$$\Delta\,\Phi(\vec{r},t) = \frac{1}{c^2}\,\frac{\partial^2\Phi}{\partial t^2} \tag{11.202}$$

der Form

$$\Phi_\pm(\vec{r},t) = \Phi_0\,\mathrm{e}^{\pm\mathrm{i}\left[\omega t - \vec{k}\cdot\vec{r}\,\right]}\,. \tag{11.203}$$

Diese beiden komplexen Lösungen können auch in reeller Form angegeben werden:

$$\Phi_c(\vec{r},t) = A\cos[\omega t - \vec{k}\cdot\vec{r}] \quad , \quad \Phi_s(\vec{r},t) = B\sin[\omega t - \vec{k}\cdot\vec{r}]\,. \tag{11.204}$$

Dabei ist

$$\vec{k} = \big(k_x,\, k_y,\, k_z\big) \tag{11.205}$$

der Wellenzahl-Vektor, dessen Betrag k mit der Frequenz ω durch

$$\omega = kc \tag{11.206}$$

verknüpft ist. Man sieht sofort, dass für die $\Phi_\pm$, Φ_c und Φ_s gilt

$$\frac{\partial^2\Phi}{\partial x^2} = -k_x^2\,\Phi \tag{11.207}$$

(entsprechend für die anderen Komponenten), also

$$\begin{aligned} \Delta\Phi &= -\Big(\frac{\partial^2}{\partial x^2} + \frac{\partial^2}{\partial y^2} + \frac{\partial^2}{\partial z^2}\Big)\Phi = -\big(k_x^2 + k_y^2 + k_z^2\big)\Phi \\ &= -k^2\Phi = -\frac{\omega^2}{c^2}\,\Phi = \frac{1}{c^2}\,\frac{\partial^2\Phi}{\partial t^2}\,. \end{aligned} \tag{11.208}$$

Es handelt sich also um Lösungen der Wellengleichung. Diese Lösungen haben eine ganz spezielle Eigenschaft: Alle Punkte in einer Ebene senkrecht zu dem Vektor $\vec{k}$ haben zu einer festen Zeit t den gleichen Wert von Φ. Das sieht man sofort, indem man sich überlegt, dass $\vec{r}$ in die obigen Gleichungen nur in der Kombination $\vec{k}\cdot\vec{r}$ eingeht, d.h. als Projektion von $\vec{r}$ auf die Richtung $\vec{k}$ (vgl. Bild 11.14). Mit der Zeit t wandern diese Ebenen in Richtung $\vec{k}$, der Ausbreitungsrichtung der ebenen Welle.

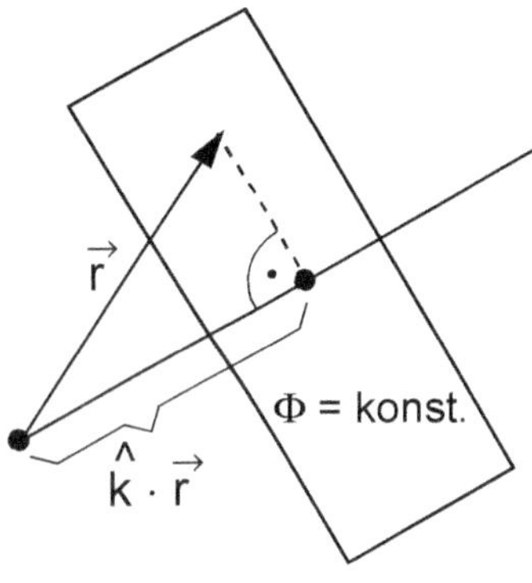

Bild 11.14: Dreidimensionale ebene Welle: Alle Punkte in Ebenen senkrecht zur Ausbreitungsrichtung $\vec{k}$ haben die gleiche Amplitude.

11.6 Aufgaben

Aufgabe 11.1 (Lösung Seite 480): Bestimmen Sie für eine Ladungsverteilung

$$\varrho(r) = -\frac{b}{r}\,\mathrm{e}^{-\alpha r}$$

mit Hilfe der Gleichung (11.31) das Potential $\Phi(r)$. Vergleichen Sie das Ergebnis mit Aufgabe 9.7 und diskutieren Sie eventuelle Unterschiede.

Aufgabe 11.2 (Lösung Seite 481): Ein unendlich langer Vollzylinder (Radius R) führt eine konstante Stromdichte $\vec{j}$ parallel zur Zylinderachse. Bestimmen Sie durch Lösen der Poisson-Gleichung das Vektorpotential $\vec{A}(\vec{r})$ und daraus das Magnetfeld $\vec{B}(\vec{r})$ innerhalb und außerhalb des Leiters.

Aufgabe 11.3 (Lösung Seite 482): Betrachten Sie die eindimensionale Poisson-Gleichung

$$\frac{\partial^2\Phi}{\partial x^2} = -\frac{1}{\epsilon_0}\,\varrho(x)$$

für die Ladungsverteilung $\varrho(x) = \varrho_0$ für $0 \le x \le a$ und $\varrho = 0$ sonst im Intervall $0 \le x \le b = 2a$. Das Potential Φ genüge den Randbedingungen $\Phi(0) = \Phi(b) = 0$.

(a) Bestimmen Sie eine analytische Lösung des Problems.

(b) Lösen Sie die Poisson-Gleichung numerisch mit Hilfe des Relaxationsverfahrens. Berechnen Sie insbesondere Φ an den Punkten $x_n = n\,b/10$

für $n = 0, \ldots, 10$ und vergleichen Sie mit der exakten Lösung aus (a). Geben Sie Φ in Einheiten von ϱ_0/ϵ_0 und x in Einheiten von a an.

Aufgabe 11.4 (Lösung Seite 484): Zeigen Sie, dass die Dichteverteilung

$$n(x,t) = \sqrt{f(t)/\pi}\, \mathrm{e}^{-f(t)x^2}$$

die eindimensionale Diffusionsgleichung $\partial n/\partial t = D\,\partial^2 n/\partial x^2$ für ein geeignetes $f(t)$ erfüllt. Bestimmen Sie einen allgemeinen Ausdruck für $f(t)$.

Aufgabe 11.5 (Lösung Seite 485): Untersuchen Sie die Ratengleichung (11.132) und zeigen Sie, dass (a) sie sich für eine spezielle Wahl der w_{ik} auf sie Ratengleichung (11.131) für die eindimensionale Diffusion reduziert, und (b) sie die Gesamtbesetzung $N = \sum_i n_i$ erhält.

Aufgabe 11.6 (Lösung Seite 486): Die Funktion $\xi(x,t)$ erfülle die eindimensionale Wellengleichung $\partial^2\xi/\partial x^2 = c^{-2}\,\partial^2\xi/\partial t^2$ unter den Randbedingungen $\xi(x=0,t) = \xi(x=L,t) = 0$ (feste Enden).
(a) Berechnen Sie die Eigenmoden und Eigenfrequenzen.
(b) Berechnen Sie $\xi(x,t)$ für die Anfangsbedingungen $\xi(x,t=0) = 0$ und $\frac{\partial\xi}{\partial t}(x,t=0) = g(x)$.
Hinweis: Benutzen Sie $\int_0^\pi \sin(ny)\sin(my)\,\mathrm{d}y = \pi\delta_{nm}/2$.

Aufgabe 11.7 (Lösung Seite 487): Zeigen Sie: Wenn $y_1(x)$ und $y_2(x)$ zwei Lösungen der Differentialgleichung $y''(x) + f(x)\,y(x) = \epsilon\,y(x)$ mit den Randbedingungen $y_1(0) = y_2(0) = y_1(L) = y_2(L) = 0$ zu *ungleichen* Parameterwerten ϵ_1 und ϵ_2 sind, dann gilt $\int_0^L y_1(x)\,y_2(x)\,\mathrm{d}x = 0$.

Aufgabe 11.8 (Lösung Seite 487): Die Schwingungen einer ebenen Membran mit eingespanntem Rand genügen der zweidimensionalen Wellengleichung $\Delta\Phi(\vec{r},t) = c^{-2}\,\partial^2\Phi/\partial t^2$ mit $\Phi(\vec{r},t) = 0$ auf dem Rand.

Zeigen Sie: Die Eigenmoden der Schwingung einer kreisförmigen Membran (Radius r_0) sind in ebenen Polarkoordinaten r, φ gegeben durch

$$\Phi(\vec{r},t) = J_m(pr)\,\sin(m\varphi)\sin(cpt+\alpha)$$

mit $m = 0, 1, 2, \ldots$. Die Funktion $J_m(z)$ ist eine Lösung der Differentialgleichung

$$J_m'' + \frac{1}{z}\,J_m' + \left(1 - \frac{m^2}{z^2}\right) J_m = 0\,,$$

eine sogenannte *Bessel-Funktion*. Der Wert von p wird festgelegt durch die Randbedingung $J_m(pr_0) = 0$.

Kapitel 12

Orthogonale Funktionen

Bei der Lösung der Wellengleichung im vorangehenden Kapitel haben wir spezielle Lösungen kennengelernt, so genannte Eigenmoden, die eine ganz besondere Eigenschaft haben: Das Integral über das Produkt zweier verschiedener Lösungen ist gleich null. Im Kapitel 1 haben wir schon gelernt, dass die Polynome einen Vektorraum bilden, in dem sich ein Skalarprodukt definieren lässt (vgl. Anhang A). Man kann nun problemlos diese Struktur auf beliebige Funktionen – erklärt auf einem vorgegebenen Definitionsbereich – ausdehnen. Man kann dann sagen, dass zwei Funktionen zueinander *orthogonal* sind. Wir beschränken uns hier auf den Fall einer einzigen Variablen x und Funktionen, die auf einem Intervall definiert sind, also $f(x)$ mit $a \leq x \leq b$. Außerdem wollen wir hier die Existenz der Integrale

$$\int_a^b f(x)\,\mathrm{d}x \quad \text{und} \quad \int_a^b |f(x)|^2\,\mathrm{d}x \tag{12.1}$$

und die stückweise Stetigkeit der Funktionen auf diesem Intervall voraussetzen. Man prüft leicht nach, dass diese Funktionen einen Vektorraum bilden. (Falls dabei noch eine spezielle Klasse von Funktionen angegeben ist, wie z.B. alle stetigen Funktionen, muss natürlich noch gezeigt werden, dass die Linearkombinationen solcher Funktionen diese Eigenschaft „erben", dass die Nullfunktion zu dieser Klasse gehört, usw.) Weiterhin kann man mit

$$\int_a^b g(x)f(x)\,\mathrm{d}x \tag{12.2}$$

ein Skalarprodukt definieren.

Es ist zweckmäßig, ein wenig zu verallgemeinern: Wir erlauben auch *komplexwertige* Funktionen $f(x)$ (aber immer noch mit einer reellen Variablen x) und erhalten dann natürlich unseren Funktionenraum als Vektorraum über dem Körper $\mathbb{C}$ der komplexen Zahlen. Wir modifizieren hierbei (12.2) und definieren

$$\langle g|f\rangle = \int_a^b g^*(x)f(x)\,\mathrm{d}x\,, \tag{12.3}$$

oder noch etwas allgemeiner

$$\langle g|f\rangle = \int_a^b g^*(x)f(x)\rho(x)\,\mathrm{d}x \tag{12.4}$$

mit einer reellen Gewichtsfunktion $\rho(x) \geq 0$. Man prüft damit leicht nach, dass die folgenden Axiome für ein Skalarprodukt im Komplexen erfüllt sind:

$$\langle g|f\rangle = \langle f|g\rangle^* \tag{12.5}$$

$$\langle f|f\rangle > 0 \quad \text{für } f \text{ nicht identisch gleich null} \tag{12.6}$$

$$\langle g|\lambda_1 f_1 + \lambda_2 f_2\rangle = \lambda_1\langle g|f_1\rangle + \lambda_2\langle g|f_2\rangle \quad , \quad \lambda_1, \lambda_2 \in \mathbb{C} \tag{12.7}$$

man spricht von einer *hermiteschen positiven Bilinearform* (oder auch von einer *symmetrischen positiven Bilinearform* falls die Funktionen reell sind). Dabei bezieht sich *hermitesch* (oder *symmetrisch*) auf die Eigenschaft (12.5), *positiv* auf (12.6) und das Wort *Linearform* auf (12.7) und die Vorsilbe *Bi-* auf (12.5) kombiniert mit (12.7):

$$\langle \lambda_1 f_1 + \lambda_2 f_2|g\rangle = \lambda_1^*\langle f_1|g\rangle + \lambda_2^*\langle f_2|g\rangle\,. \tag{12.8}$$

Wenn man in einer Funktionenklasse ein Skalarprodukt bilden kann, dann ist es nahe liegend nach einer Menge von Funktionen zu suchen, deren wechselseitiges Skalarprodukt gleich null ist, die also paarweise *orthogonal* sind, und die es erlauben, die anderen Funktionen dieser Klasse als eine Linearkombination darzustellen. Solche Funktionensysteme gibt es und wir werden einige davon kennen lernen.

12.1 Orthogonale Polynome:

Die Legendre-Polynome: Orthogonale Polynome haben wir schon früher behandelt. Wir wiederholen hier kurz einige der Eigenschaften der Legendre-Polynome $P_n(x)$, die in dem Anhang A hergeleitet wurden:

1. $P_n(x)$ ist ein reelles Polynom vom Grad n mit $P_n(1) = 1$.
2. Die $P_n(x)$ sind orthogonal im Intervall $[-1, +1]$ mit dem Skalarprodukt (12.4) und mit der Gewichtsfunktion $\rho(x) \equiv 1$.
3. Das Polynom P_n lässt sich aus den niedrigeren Polynomen $P_0, P_1, \ldots, P_{n-1}$ konstruieren, indem man seine Koeffizienten so bestimmt, dass P_n orthogonal zu allen niedrigeren P_0, P_1, $\ldots$,P_{n-1} ist und $P_n(1) = 1$ erfüllt.

Wir notieren hier noch einmal die explizite Formel für das Skalarprodukt der Legendre-Polynome. Es gilt

$$\langle P_n | P_{n'} \rangle = \int_{-1}^{+1} P_n(x) P_{n'}(x)\, \mathrm{d}x = \frac{2}{2n+1}\, \delta_{nn'}\,, \tag{12.9}$$

wobei der Wert der Normierung für $n' = n$ sich aus einer weiter unten folgenden Rechnung ergibt.

Die in Punkt drei skizzierte Konstruktionsmethode ist sicher nicht sehr effektiv. Man kann zeigen, dass die folgende Rekursionsformel gilt:

$$(n+1)P_{n+1}(x) = (2n+1)xP_n(x) - nP_{n-1}(x)\,. \tag{12.10}$$

Diese Formel erlaubt es, ausgehend von $P_0(x) = 1$ und $P_1(x) = x$ nacheinander alle $P_n(x)$ auf einfache Weise zu berechnen.[1]

Außerdem haben die Legendre-Polynome die Parität

$$P_n(-x) = (-1)^n P_n(x)\,, \tag{12.11}$$

d.h. sie sind abwechselnd gerade oder ungerade. Diese Beziehung lässt sich mit vollständiger Induktion aus der Rekursionsformel (12.10) beweisen, wir werden aber sehen, dass sie weiter unten als Nebenergebnis mit abfällt.

Ein wichtiger Begriff in der Theorie orthogonaler Funktionensysteme ist die *erzeugende Funktion*. Für die Legendre-Polynome ist dies recht durchsichtig (und noch dazu von Bedeutung für physikalische Anwendungen). Es lohnt sich daher, hier etwas Arbeit zu investieren. Wir wollen zeigen, dass die folgende Formel gilt:

$$h(x, u) = \frac{1}{\sqrt{1 - 2ux + u^2}} = \sum_{n=0}^{\infty} P_n(x) u^n\,. \tag{12.12}$$

[1] Ein Beweis und mehr über orthogonale Polynome findet sich z.B. in I. N. Sneddon: *Spezielle Funktionen der mathematischen Physik* (BI Hochschultaschenbücher).

Die Funktion $h(x,u)$ auf der linken Seite von Gleichung (12.12) nennt man die *erzeugende Funktion* der Legendre-Polynome. Sie hängt von zwei Variablen ab, x und u. Betrachtet man sie als Funktion der Variablen u, so „erzeugt“ ihre Reihenentwicklung nach Potenzen von u (die Taylor-Reihe) durch ihre Entwicklungskoeffizienten die Legendre-Polynome. Dies liefert schon wieder eine Methode zur Berechnung der $P_n(x)$:

$$P_n(x) = \frac{1}{n!} \frac{\partial^n h}{\partial u^n}\bigg|_{u=0} . \tag{12.13}$$

Hier benötigen wir aber nur die daraus folgende Tatsache, dass die $P_n(x)$ Polynome n-ten Grades in x sind.

Andererseits kann man (12.12) lesen als eine Darstellung der Erzeugendenfunktion (jetzt aufgefasst als Funktion von x) als Linearkombination der orthogonalen Basis-Polynome $P_n(x)$, wobei die Koeffizienten wie u^n von dem Parameter u abhängen. Solche Entwicklungen nach orthogonalen Funktionensystemen werden wir noch genauer untersuchen.

Nun zum Beweis von Gleichung (12.12). Zunächst seien die vorerst noch unbekannten Polynome $Q_n(x)$ *definiert* durch die Taylor-Entwicklung

$$\frac{1}{\sqrt{1-2ux+u^2}} = \sum_{n=0}^{\infty} Q_n(x) u^n . \tag{12.14}$$

Wir werden zeigen, dass die Polynome $Q_n(x)$ die definierenden Eigenschaften der Legendre-Polynome $P_n(x)$ besitzen. Dazu bilden wir das Produkt

$$\frac{1}{\sqrt{1-2ux+u^2}} \frac{1}{\sqrt{1-2vx+v^2}} = \sum_{n,n'=0}^{\infty} Q_n(x) Q_{n'}(x)\, u^n v^{n'} . \tag{12.15}$$

Integration der linken Seite über das Intervall $[-1,+1]$ liefert

$$\begin{aligned} LS &= \int_{-1}^{+1} \mathrm{d}x \frac{1}{\sqrt{1-2ux+u^2}} \frac{1}{\sqrt{1-2vx+v^2}} \\ &= \int_{-1}^{+1} \mathrm{d}x \frac{1}{\sqrt{1+u^2+v^2+u^2v^2-2x\,[\,u(1+v^2)+v(1+u^2)\,]+4uvx^2}} \\ &= \ldots = \frac{1}{\sqrt{uv}} \ln \frac{1+\sqrt{uv}}{1-\sqrt{uv}} = \ldots = \sum_{n=0}^{\infty} \frac{2}{2n+1}\, u^n v^n . \end{aligned} \tag{12.16}$$

Dabei soll das Ausfüllen der Lücken – einmal eine Vereinfachung des Integranden und Ausführen des elementaren Integrals und zum anderen eine Taylor-Entwicklung der Funktion $f(y) = \{\ln(1+y) - \ln(1-y)\}/y$ – dem Leser überlassen bleiben.

Für die rechte Seite der Gleichung liefert die Integration

$$\begin{aligned} RS &= \int_{-1}^{+1} \mathrm{d}x \sum_{n,n'=0}^{\infty} Q_n(x) Q_{n'}(x)\, u^n v^{n'} \\ &= \sum_{n,n'=0}^{\infty} \left\{ \int_{-1}^{+1} \mathrm{d}x\, Q_n(x) Q_{n'}(x) \right\} u^n v^{n'} . \end{aligned} \tag{12.17}$$

Ein Vergleich beider Seiten führt zu

$$\int_{-1}^{+1} \mathrm{d}x\, Q_n(x) Q_{n'}(x) = \frac{2}{2n+1}\, \delta_{nn'} . \tag{12.18}$$

Zuletzt prüfen wir noch die Normierung bei $x = 1$ nach. Für $x = 1$ und $0 < u < 1$ gilt

$$\frac{1}{\sqrt{1 - 2u + u^2}} = \frac{1}{1-u} = \sum_{n=0}^{\infty} Q_n(1) u^n . \tag{12.19}$$

Vergleicht man dies mit der geometrischen Reihe $1/(1-u) = \sum_{n=0}^{\infty} u^n$, so findet man das gewünschte Resultat:

$$Q_n(1) = 1 . \tag{12.20}$$

Insgesamt haben wir damit gezeigt, dass die $Q_n(x)$ orthogonale Polynome n-ten Grades sind, die bei $x = 1$ den Wert eins besitzen. Damit stimmen die Q_n mit den Legendre-Polynomen P_n überein und Gleichung (12.12) ist bewiesen. Darüber hinaus haben wir in (12.18) auch noch den Wert des Integrals (12.9) für $n' = n$ bestimmt.

Wir können aus der Erzeugenden (12.12) sofort die Parität (12.11) der Legendre-Polynome ablesen: Aus $h(x,u) = h(-x,-u)$ folgt

$$\sum_n P_n(x) u^n = \sum_n P_n(-x)(-u)^n = \sum_n (-1)^n P_n(-x) u^n \tag{12.21}$$

und damit $P_n(-x) = (-1)^n P_n(x)$.

Man kann jetzt versuchen, eine gegebene Funktion $f(x)$, die auf dem Intervall $[-1,+1]$ erklärt ist, als Linearkombination der $P_n(x)$ darzustellen:

$$f(x) = \sum_{n=0}^{\infty} a_n\, P_n(x)\,. \tag{12.22}$$

Um die Koeffizienten a_n zu bestimmen, multipliziert man die Gleichung (12.22) mit $P_{n'}(x)$ und integriert über das Intervall:

$$\int_{-1}^{+1} f(x) P_{n'}(x)\,\mathrm{d}x = \sum_{n=0}^{\infty} a_n \int_{-1}^{+1} P_n(x) P_{n'}(x)\,\mathrm{d}x = a_{n'}\,\frac{2}{2n'+1}\,. \tag{12.23}$$

Die Entwicklungskoeffizienten in (12.22) ergeben sich also als

$$a_n = \frac{2n+1}{2} \int_{-1}^{+1} f(x) P_n(x)\,\mathrm{d}x\,. \tag{12.24}$$

Ein Beispiel einer solchen Entwicklung ist die *Entwicklung des reziproken Abstandes* zweier Punkte $\vec{r}$ und $\vec{r}\,'$, der bei der Multipolentwicklung (vgl. Abschnitt 11.1.2) in sphärischen Polarkoordinaten eine wichtige Rolle spielt. Wir formen den Abstand der Punkte etwas um, indem wir zunächst den Winkel ϑ zwischen $\vec{r}$ und $\vec{r}\,'$ einführen:

$$\begin{aligned} \left|\,\vec{r} - \vec{r}\,'\right| &= \sqrt{r^2 + r'^2 - 2rr'\cos\vartheta} \\ &= r_>\sqrt{1 + u^2 - 2u\cos\vartheta}\,, \end{aligned} \tag{12.25}$$

wobei wir

$$r_> = \max(r, r') \quad , \quad r_< = \min(r, r') \quad \text{und} \quad u = \frac{r_<}{r_>} \leq 1 \tag{12.26}$$

definiert haben. Anwendung von (12.12) liefert dann schon das Endergebnis für den reziproken Abstand, der in vielen Formeln z.B. der Elektro- und Magnetostatik auftritt [vgl. etwa die Lösung der Poisson-Gleichung in Gleichung (11.23)]:

$$\begin{aligned} \frac{1}{\left|\,\vec{r} - \vec{r}\,'\right|} &= \frac{1}{r_>\sqrt{1 + u^2 - 2u\cos\vartheta}} \\ &= \frac{1}{r_>} \sum_{n=0}^{\infty} P_n(\cos\vartheta) \left(\frac{r_<}{r_>}\right)^n\,. \end{aligned} \tag{12.27}$$

In diesem Fall konnte man die Ausführung der Integration (12.24) umgehen.

Zum Abschluss sei noch die *Vollständigkeitsrelation* der Legendre-Polynome angegeben. Sie lautet

$$\delta(x - x') = \sum_n \frac{2n+1}{2} P_n(x) P_n(x') . \tag{12.28}$$

Ihr Beweis ist recht einfach und Gegenstand von Übungsaufgabe 12.2.

Weitere orthogonale Polynome: Außer den Legendre-Polynomen gibt es noch eine Reihe anderer orthogonaler Polynomsysteme, die sich in den Definitionsintervallen $[a, b]$ und den Gewichtsfunktionen ρ unterscheiden [vgl. Gleichung (12.4)]. Alle diese Funktionen sind für die Physik von Bedeutung. Die folgende Tabelle gibt eine Übersicht:

$\rho(x)$	$a \leq x \leq b$	c_n	Name	Symbol
1	$-1 \leq x \leq 1$	$\frac{2}{2n+1}$	Legendre	$P_n(x)$
e^{-x^2}	$-\infty \leq x \leq +\infty$	$\sqrt{\pi} 2^n n!$	Hermite	$H_n(x)$
e^{-x}	$0 \leq x \leq +\infty$	1	Laguerre	$L_n(x)$
$\frac{1}{\sqrt{1-x^2}}$	$-1 \leq x \leq +1$	$\frac{\pi}{2}(1 + \delta_{n0})$	Tschebyscheff	$T_n(x)$

Diese Polynome, hier generell als $Q_n(x)$ bezeichnet, erfüllen die Orthogonalitäts- bzw. Normierungsrelation

$$\int_a^b Q_n(x) Q_{n'}(x) \rho(x) \, \mathrm{d}x = c_n \, \delta_{nn'} \tag{12.29}$$

und die Vollständigkeitsrelation

$$\delta(x - x') = \sum_n \frac{1}{c_n} Q_n(x) Q_n(x') . \tag{12.30}$$

Außerdem existieren erzeugende Funktionen und Rekursionsrelationen. Weitere Informationen dazu finden sich in der Literatur[2].

[2]z.B. in I. N. Sneddon: *Spezielle Funktionen der mathematischen Physik* (BI Hochschultaschenbücher)

Die Polynomsysteme erlauben die Darstellung von Funktionen aus einer zugehörigen Funktionenklasse in der Form

$$f(x) = \sum_n a_n Q_n(x) \tag{12.31}$$

mit

$$a_n = \frac{1}{c_n} \int_a^b f(x) Q_n(x) \rho(x) \, \mathrm{d}x \,. \tag{12.32}$$

Es ist natürlich noch zu klären, ob und unter welchen Bedingungen die Reihen konvergieren und ob sie auch die Funktion $f(x)$ darstellen. Das würde aber den Rahmen unserer Einführung sprengen, und wir überlassen es daher der weiterführenden Literatur.[3] Es sei nur angemerkt, dass die Reihe (12.31) fast überall gegen $f(x)$ konvergiert, wenn

$$\sum_n |a_n|^2 < \infty \tag{12.33}$$

(Satz von Fischer-Riesz).

Als ein Beispiel, das mit Sicherheit spätestens bei der Behandlung des Harmonischen Oszillators in der Quantenmechanik wieder auftauchen wird, seien die Hermite-Polynome $H_n(x)$ kurz diskutiert. Ihr Definitionsbereich ist die ganze reelle Achse $-\infty < x < +\infty$. Die ersten beiden sind durch

$$H_0(x) = 1 \quad \text{und} \quad H_1(x) = 2x \tag{12.34}$$

gegeben, und die übrigen lassen sich bequem durch die Rekursionsformel

$$H_{n+1}(x) = 2xH_n(x) - 2nH_{n-1}(x) \tag{12.35}$$

erzeugen. Man erhält damit beispielsweise mit $n = 1$

$$H_2(x) = 2xH_1(x) - 2H_0(x) = 4x^2 - 2 \,. \tag{12.36}$$

Außerdem ist es eine leichte Übung(!), mithilfe der Rekusionsformel zu zeigen, dass die Hermite-Polynome abwechselnd gerade und ungerade Funktionen sind, d.h. die Gültigkeit der Paritätsformel

$$H_n(-x) = (-1)^n H_n(x) \tag{12.37}$$

[3]Siehe zum Beispiel W. Gröbner, P. Lesky: *Mathematische Methoden der Physik* (BI Hochschultaschenbücher).

nachzuweisen. Direkte Verwandte der Hermite-Polynome sind die *Hermite-Funktionen*

$$\varphi_n(x) = \frac{1}{\sqrt{2^n n! \sqrt{\pi}}} \, \mathrm{e}^{-x^2/2} H_n(x) \,, \tag{12.38}$$

die wie

$$\int_{-\infty}^{+\infty} \varphi_n(x) \varphi_{n'}(x) \, \mathrm{d}x = \delta_{nn'} \tag{12.39}$$

normiert sind. (Das sieht man mit (12.29) und der Gewichtsfunktion $\rho(x)$ aus der Tabelle oben.)

12.2 Fourier-Reihen

Fourier-Reihen sind Darstellungen von Funktionen in der Form

$$f(x) = \frac{a_0}{2} + \sum_{k=1}^{\infty} \left(a_k \cos kx + b_k \sin kx \right) \,, \tag{12.40}$$

also eine Darstellung durch eine Überlagerung von Sinus- und Kosinus-Funktionen mit zunehmend kleiner werdender „Wellenlänge“ $2\pi/k$. Wir lassen hier noch offen, welche Funktionen $f(x)$ auf diese Weise dargestellt werden können, notieren aber zunächst einmal, dass $f(x)$ in jedem Fall periodisch ist:

$$f(x + 2\pi) = f(x) \,, \tag{12.41}$$

wegen $\cos(k(x + 2\pi)) = \cos kx$ und $\sin(k(x + 2\pi)) = \sin kx$ für $k \in \mathbb{N}$.

Bei einer vorgegebenen 2π-periodischen Funktion $f(x)$ kann man die Entwicklungskoeffizienten a_k und b_k auf eine sehr einfache Weise bestimmen (wie bei den orthogonalen Polynomen im vorigen Abschnitt), da auch hier die Entwicklungsfunktionen in (12.40) orthogonal zueinander sind:

$$\begin{aligned} \int_{-\pi}^{\pi} \sin kx \, \sin k'x \, \mathrm{d}x &= \pi \delta_{kk'} \\ \int_{-\pi}^{\pi} \cos kx \, \cos k'x \, \mathrm{d}x &= \pi \delta_{kk'} \\ \int_{-\pi}^{\pi} \cos kx \, \sin k'x \, \mathrm{d}x &= 0 \,. \end{aligned} \tag{12.42}$$

Diese Orthogonalitätsrelationen beweist man leicht. Ein Beispiel soll dies demonstrieren:

$$\begin{aligned}\int_{-\pi}^{\pi} \cos kx \, \cos k'x \, \mathrm{d}x &= \frac{1}{2} \int_{-\pi}^{\pi} \left[\cos((k+k')x) + \cos((k-k')x) \right] \mathrm{d}x \\ &= \frac{\delta_{kk'}}{2} \int_{-\pi}^{\pi} \mathrm{d}x = \delta_{kk'} \, \pi \end{aligned} \tag{12.43}$$

(dabei sieht man die erste Umformung des Integranden sofort mithilfe des Additionstheorems für den Kosinus; danach verschwinden alle Integrale der Kosinus-Funktionen über ein Vielfaches einer Periode, mit Ausnahme des diagonalen Terms $k = k'$).

Wenn man jetzt wieder die Technik aus dem vorangehenden Abschnitt anwendet, beide Seiten der Fourier-Reihe (12.40) mit den Funktionen $\cos k'x$ bzw. $\sin k'x$ multipliziert und dann über das Intervall $[-\pi, +\pi]$ integriert, so fallen wegen der Orthogonalität alle Terme außer denen mit $k' = k$ weg. Als Resultat folgen die Gleichungen

$$\begin{aligned} a_k &= \frac{1}{\pi} \int_{-\pi}^{\pi} f(x) \cos kx \, \mathrm{d}x \qquad , \quad k = 0, 1, 2, \ldots \\ b_k &= \frac{1}{\pi} \int_{-\pi}^{\pi} f(x) \sin kx \, \mathrm{d}x \qquad , \quad k = 1, 2, 3 \ldots , \end{aligned} \tag{12.44}$$

mit denen man die Entwicklungskoeffizienten einer vorgegebenen Funktion $f(x)$ bestimmen kann.

Die Fourier-Darstellung lässt sich wesentlich übersichtlicher formulieren, wenn man sich zu einer Schreibweise mit komplexen Exponentialfunktionen entschließt. Man schreibt also statt (12.40)

$$f(x) = \sum_{k=-\infty}^{+\infty} g_k \, \mathrm{e}^{\mathrm{i}kx} , \tag{12.45}$$

erhält die Orthogonalitätsrelationen der Exponentialfunktionen als

$$\int_{-\pi}^{+\pi} \mathrm{e}^{-\mathrm{i}k'x} \mathrm{e}^{\mathrm{i}kx} \, \mathrm{d}x = 2\pi \, \delta_{k'k} , \tag{12.46}$$

was man direkt durch Ausführung der elementaren Integrale verifiziert, und findet damit die Koeffizienten als

$$g_k = \frac{1}{2\pi} \int_{-\pi}^{+\pi} f(x) \, \mathrm{e}^{-\mathrm{i}kx} \, \mathrm{d}x . \tag{12.47}$$

Es könnte hier nützlich sein, sich an die Ausführungen zu Beginn dieses Kapitels über das komplexe Skalarprodukt zu erinnern: die dabei auftretende komplexe Konjugation liefert die negativen Vorzeichen der Exponenten in (12.46) und (12.47).

Der Zusammenhang der Koeffizienten g_k mit den a_k und b_k ergibt sich direkt aus der Euler-Formel als

$$g_{\pm k} = \frac{1}{2}\Big(a_k \pm \mathrm{i}b_k\Big) \quad , \; k = 0,\, 1,\, 2,\, \ldots\,, \tag{12.48}$$

wobei wir bequemerweise $b_0 = 0$ definiert haben.

Konvergenz der Fourier-Reihe: Zur Diskussion der Konvergenzeigenschaften der Fourier-Reihen werden wir uns auf den einfachsten Fall beschränken und hier auf jeden Beweis verzichten.

Die Fourier-Reihe konvergiert für stetige und beschränkte Funktionen $f(x)$ in jedem Punkt x gegen $f(x)$. Wenn $f(x)$ beschränkt und im Intervall $[-\pi, +\pi]$ stückweise stetig[4] ist, dann konvergiert die Fourier-Reihe in jedem stetigen Punkt gegen die Funktion, an den Sprungstellen gegen den Mittelwert des rechts- und linksseitigen Grenzwertes.

12.2.1 Beispiele für Fourier-Reihen

Im Folgenden sollen Beispiele für die Fourier-Darstellung einiger einfacher Funktionen im Detail behandelt werden. Wir verwenden dabei die Kosinus-Sinus-Darstellung (12.40). Einige Vorüberlegungen helfen, wenn die Funktion $f(x)$ symmetrisch oder antisymmetrisch ist. Es gilt

$$b_k = \frac{1}{\pi}\int_{-\pi}^{\pi} f(x)\sin kx\,\mathrm{d}x = 0 \quad \text{für } f(-x) = +f(x) \ (f \text{ gerade}) \tag{12.49}$$

$$a_k = \frac{1}{\pi}\int_{-\pi}^{\pi} f(x)\cos kx\,\mathrm{d}x = 0 \quad \text{für } f(-x) = -f(x) \ (f \text{ ungerade}), \tag{12.50}$$

da in beiden Fällen der Integrand ungerade ist und das Integral einer ungeraden Funktion über ein symmetrisches Intervall verschwindet.

[4]Man nennt eine Funktion in einem Intervall *stückweise stetig*, wenn das Intervall in endlich viele Teilintervalle zerlegt werden kann, so dass $f(x)$ im Inneren stetig ist und an den Randpunkten endliche rechts- und linksseitige Grenzwerte besitzt.

Die Rechteckschwingung: Die Funktion

$$f(x) = \begin{cases} A & |x| \le h \\ 0 & \text{sonst} \end{cases} \tag{12.51}$$

für $-\pi < x \le +\pi$ (mit $0 < h < \pi$) und $f(x+2\pi) = f(x)$ heißt *Rechteckschwingung* (siehe Bild 12.1).

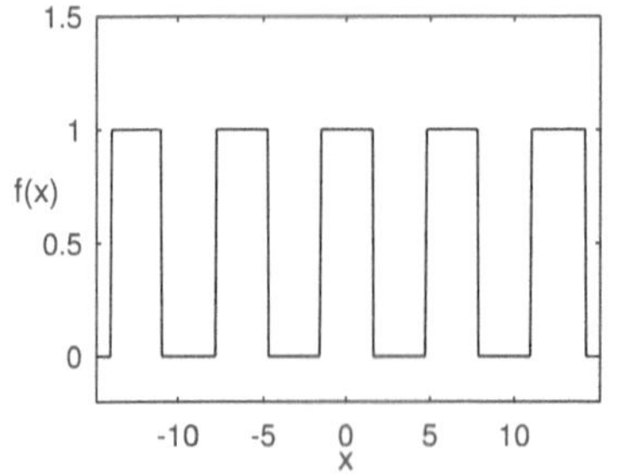

Bild 12.1: Rechteckschwingung.

Wegen ihrer Symmetrie $f(-x) = f(x)$ gilt für die Fourierkoeffizienten $b_k = 0$. Die a_k lassen sich leicht berechnen:

$$a_0 = \frac{1}{\pi} \int_{-\pi}^{+\pi} f(x)\,\mathrm{d}x = \frac{A}{\pi} \int_{-h}^{+h} \mathrm{d}x = \frac{2Ah}{\pi} \tag{12.52}$$

und für $k \ge 1$

$$a_k = \frac{1}{\pi} \int_{-\pi}^{+\pi} f(x) \cos kx\,\mathrm{d}x = \frac{A}{\pi} \int_{-h}^{+h} \cos kx\,\mathrm{d}x = \frac{2A \sin kh}{\pi k}\,. \tag{12.53}$$

Damit erhält man die Darstellung

$$f(x) = \frac{Ah}{\pi} \left\{ 1 + 2 \sum_{k=1}^{\infty} \frac{\sin kh}{kh} \cos kx \right\} \tag{12.54}$$

und speziell für $h = \pi/2$ mit

$$\sin \frac{k\pi}{2} = \begin{cases} +1 & k = 1, 5, 9, \ldots \\ 0 & k \text{ gerade} \\ -1 & k = 3, 7, 11, \ldots \end{cases}\,, \tag{12.55}$$

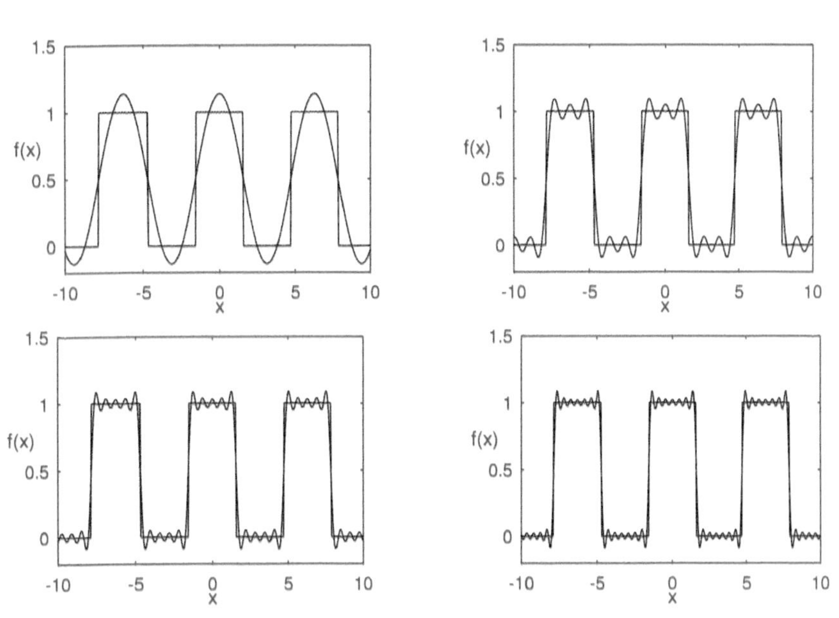

Bild 12.2: Konvergenz der Fourier-Reihe für die Rechteckschwingung. Es wurden Terme bis zur Ordnung $\cos k_{\max} x$ berücksichtigt, mit $k_{\max}$ =1, 3, 5, und 7.

die Reihenentwicklung

$$f(x) = \frac{A}{2}\left\{1 + \frac{4}{\pi}\Big(\cos x - \frac{1}{3}\cos 3x + \frac{1}{5}\cos 5x \mp \dots\Big)\right\}. \tag{12.56}$$

Die Rechteckfunktion (12.51) ist beschränkt und stückweise stetig. An den Sprungstellen ist der rechts- bzw. linksseitige Grenzwert gleich 0 bzw. A. Danach sollte die Fourier-Reihe außerhalb der Sprungstellen gegen 0 oder A konvergieren, an den Sprungstellen gegen den Mittelwert der rechts- oder linksseitigen Grenzwerte, also gegen $A/2$. Mit $\cos k\pi/2 = 0$ für ungerades k sieht man, dass die Reihe (12.56) dies erfüllt.

Bild 12.2 illustriert die Konvergenz der Fourier-Entwicklung mit wachsender Zahl der in (12.56) berücksichtigten cos-Terme. Man beobachtet die erwartete Konvergenz gegen die Rechteckfunktion, jedoch ist das Konvergenzverhalten schlechter an den Unstetigkeitsstellen. Hier schießt die Fourier-Reihe deutlich über die Funktion hinaus. Dieses Verhalten (als das *gibbssche Phänomen* be-

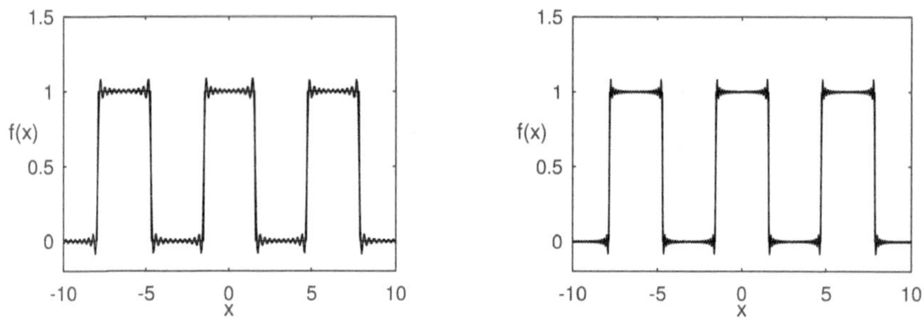

Bild 12.3: Wie Bild 12.2, jedoch für $k_{\max}$ =11 bzw. 21 .

zeichnet) wird noch deutlicher mit wachsender Anzahl der mitgenommenen Terme in der Reihe (siehe Bild 12.3).

Die Dreieckschwingung: Die periodische Dreieckfunktion (links im Bild 12.4)

$$f(x)=\frac{1}{\pi}\,|x| \quad \text{für} \quad |x|\le\pi \quad \text{und} \quad f(x+2\pi)=f(x) \tag{12.57}$$

ist ebenfalls symmetrisch und daher $b_k=0$. Die a_k erhält man als

$$a_0=\frac{2}{\pi^2}\int_0^{+\pi} x\,\mathrm{d}x=\frac{2}{\pi^2}\left[\frac{x^2}{2}\right]_0^{\pi}=1 \tag{12.58}$$

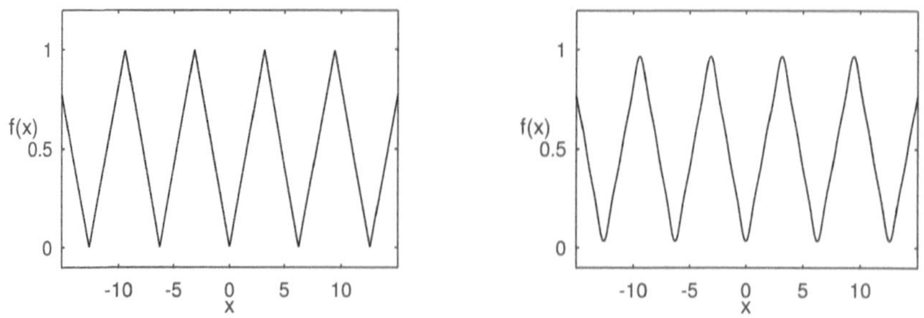

Bild 12.4: Dreieckschwingung (linkes Bild) und die Fourier-Reihe (12.60) bis zum Term $\cos 5x$ (rechtes Bild).

und für $k \geq 1$

$$\begin{aligned} a_k &= \frac{2}{\pi^2} \int_0^{+\pi} x \cos kx \, \mathrm{d}x \\ &= \frac{2}{\pi^2} \left[\frac{1}{k^2} \cos kx + \frac{x}{k} \sin kx \right]_0^\pi \\ &= \frac{2}{(\pi k)^2} \big(\cos k\pi - 1 \big) = \begin{cases} 0 & k \text{ gerade} \\ -4/(\pi k)^2 & k \text{ ungerade} \end{cases}, \end{aligned} \tag{12.59}$$

also insgesamt

$$f(x) = \frac{1}{2} - \frac{4}{\pi^2} \left\{ \frac{\cos x}{1^2} + \frac{\cos 3x}{3^2} + \frac{\cos 5x}{5^2} + \ldots \right\}. \tag{12.60}$$

Eine Summation dieser Fourier-Reihe bis zum $\cos 5x$-Term approximiert die Dreieckfunktion schon sehr gut, wie rechts im Bild 12.4 zu sehen ist; nur die Spitzen der Dreiecke erscheinen noch leicht abgerundet.

Die Kippschwingung: Bild 12.5 zeigt die Kippschwingung

$$f(x) = \frac{1}{2\pi} x \quad \text{für} \quad 0 \leq x < 2\pi \quad \text{und} \quad f(x + 2\pi) = f(x), \tag{12.61}$$

deren Fourier-Reihe man wie oben als

$$f(x) = \frac{1}{2} - \frac{1}{\pi} \sum_{k=1}^{\infty} \frac{\sin kx}{k} \tag{12.62}$$

bestimmt. Hier tauchen nur Sinus-Terme auf, denn die Funktion $f(x) - 1/2$ ist ungerade. An der Sprungstelle hat die Reihe den Wert $1/2$, was auch hier mit dem Mittelwert der beiden rechts- und linksseitigen Grenzwerte 0 und 1 an dieser Stelle übereinstimmt.[5] Im Bild 12.5 ist diese Reihe bis zum Term mit $\sin 10x$ dargestellt. Man sieht, dass die Konvergenz deutlich schlechter ist als bei der Dreieckschwingung, denn die Summanden der Reihe fallen mit $1/k$ ab (die Reihe ist daher nicht absolut konvergent). Dieses Konvergenzverhalten lässt sich auf die Unstetigkeit der Funktion $f(x)$ zurückführen.

Es sei noch angemerkt, dass die Reihe (12.62) für $x = \pi/2$ mit $f(\pi/2) = 1/4$ und $\sin(k\pi/2) = (-1)^j$ für $k = 2j + 1$, bzw. $\sin(k\pi/2) = 0$ für $k = 2j$ auf die Beziehung

$$\frac{\pi}{4} = \frac{1}{1} - \frac{1}{3} + \frac{1}{5} - \frac{1}{7} + \ldots \tag{12.63}$$

führt, also die Summenformel für die *leibnizsche Reihe*.

---

[5] Streng genommen gilt also in Gleichungen wie (12.62) das Gleichheitszeichen nur für die Stellen, an denen die Funktion stetig ist.

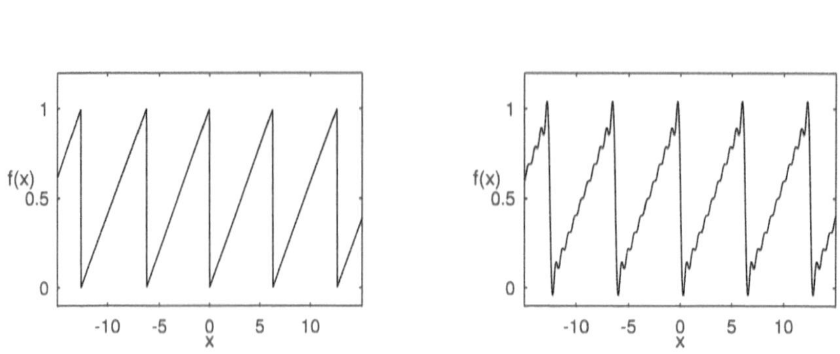

Bild 12.5: Kippschwingung (linkes Bild) und die Fourier-Reihe (12.62) bis zum Term $\sin 10x$ (rechtes Bild).

12.2.2 Allgemeine Eigenschaften der Fourier-Reihen

Die obigen Beispiele zeigten, dass zur Existenz der Fourier-Darstellung nur recht schwache Eigenschaften der Funktion $f(x)$ erforderlich sind. Insbesondere muss $f(x)$ nicht überall stetig, differenzierbar oder gar beliebig oft differenzierbar sein, wie bei der Taylor-Reihe. Man kann zeigen, dass sich jede im Intervall $[-\pi, +\pi]$ stückweise glatte[6], 2π-periodische Funktion $f(x)$ in eine Fourier-Reihe entwickeln lässt. Die Konvergenz der Reihe ist gleichmäßig in jedem abgeschlossenen Intervall, in dem $f(x)$ stetig ist.

Eine Verallgemeinerung auf Funktionen mit der Periode L ist natürlich sehr einfach, man erhält dann

$$f(x) = \sum_{k=-\infty}^{+\infty} g_k \, \mathrm{e}^{2\pi \mathrm{i} kx/L}, \tag{12.64}$$

oder – wichtig für viele physikalische Anwendungen – für zeitabhängige Funktionen mit Periode T

$$f(t) = \sum_{k=-\infty}^{+\infty} g_k \, \mathrm{e}^{\mathrm{i} k\omega t} \tag{12.65}$$

mit der Frequenz $\omega = 2\pi/T$. Die Koeffizienten g_k ergeben sich aus (12.47) als

$$g_k = \frac{1}{T} \int_{-T/2}^{+T/2} f(t) \, \mathrm{e}^{-\mathrm{i} k\omega t} \, \mathrm{d}t = \frac{1}{T} \int_0^T f(t) \, \mathrm{e}^{-\mathrm{i} k\omega t} \, \mathrm{d}t \,. \tag{12.66}$$

[6] Eine Funktion heißt in einem Intervall *stückweise glatt*, wenn sie in endlich vielen Teilintervallen stetige Ableitungen besitzt, mit endlichen Grenzwerten für Annäherung an die Randpunkte.

Die letzte Identität beruht auf der einfachen Tatsache, dass das Integral einer periodischen Funktion über eine Periode nicht vom Anfangspunkt abhängt.

Die Gleichung (12.65) lässt sich auch wie folgt lesen: Man entwickelt die Funktion $f(t)$ nach harmonischen Schwingungen $e^{i\omega_k t}$ mit der Frequenz ω_k, wobei nur die ganzzahligen Vielfachen $\omega_k = k\omega$ einer Grundfrequenz ω beitragen, das heißt wir erhalten eine Spektralanalyse des Signals. Das Betragsquadrat des Koeffizienten g_k misst den relativen Beitrag dieser Frequenz. Dies lässt sich noch genauer ausführen: Mithilfe der Orthogonalitätsrelation der Exponentialfunktionen (12.46) findet man die *Parseval-Identität*

$$\begin{aligned} ||f||^2 = \langle f|f\rangle &= \frac{1}{T}\int_0^T \left|f(t)\right|^2 \mathrm{d}t = \frac{1}{T}\int_0^T f^*(t)f(t)\,\mathrm{d}t \\ &= \frac{1}{T}\sum_{k',k} g_k^* g_{k'} \int_0^T e^{i(k-k')\omega t}\,\mathrm{d}t = \sum_{k=-\infty}^{+\infty} |g_k|^2\,, \end{aligned} \tag{12.67}$$

woraus man sieht, dass die Wahrscheinlichkeit für ω_k durch

$$p_k = \frac{|g_k|^2}{||f||^2} \tag{12.68}$$

gegeben ist. Es gilt $\sum_{-\infty}^{+\infty} p_k = 1$ und $p_{-k} = p_k$, falls die Funktion $f(x)$ reell ist.

12.2.3 Periodisch angetriebener harmonischer Oszillator

Neben der rein analytischen Aufgabe, eine gegebene periodische Funktion (ein „Signal") nach ihren harmonischen Anteilen zu zerlegen, lässt sich die Fourier-Darstellung auch zu synthetischen Zwecken benutzen. Ein Beispiel soll das demonstrieren.

In Abschnitt 7.1.2 wurde eine Lösung des periodisch angetriebenen harmonischen Oszillators

$$\ddot{x} + 2\gamma\dot{x} + \omega_0^2 x = f(t) \tag{12.69}$$

für einen rein harmonischen Antrieb $f(t) = f_0\, e^{i\Omega t}$ berechnet. Genauer ausgedrückt: eine spezielle Lösung der inhomogenen Differentialgleichung (12.69) ist gegeben durch

$$x(t) = A\, e^{i\Omega t} \quad \text{mit} \quad A = \frac{f_0}{\omega_0^2 - \Omega^2 + 2i\gamma\Omega}\,, \tag{12.70}$$

(wir nehmen dabei an, dass der Resonanzfall $\Omega = \omega_0$ und $\gamma = 0$ nicht vorliegt [vgl. Aufgabe 7.4)].

Man kann (12.70) verwenden, um eine Lösung für den Fall eines allgemeinen Antriebs mit Periode T zu generieren. Dazu zerlegt man die Antriebsfunktion $f(t)$ und die Lösungsfunktion $x(t)$ in eine Fourier-Reihe mit $\Omega = 2\pi/T$:

$$f(t) = \sum_{k=-\infty}^{+\infty} f_k \, \mathrm{e}^{\mathrm{i}k\Omega t} \quad , \quad x(t) = \sum_{k=-\infty}^{+\infty} b_k \, \mathrm{e}^{\mathrm{i}k\Omega t} \, . \tag{12.71}$$

Zu Demonstrationszwecken wollen wir hier einmal ausführlich rechnen, obwohl das Resultat eigentlich jetzt schon klar ist: Einsetzen von (12.71) in die Bewegungsgleichung (12.69) ergibt

$$\sum_k \big(- (k\Omega)^2 + 2\mathrm{i}\gamma k\Omega + \omega_0^2 \big) b_k \, \mathrm{e}^{\mathrm{i}k\Omega t} = \sum_{k=-\infty}^{+\infty} f_k \, \mathrm{e}^{\mathrm{i}k\Omega t} \, . \tag{12.72}$$

Vergleicht man jetzt beide Seiten, so findet man

$$\big(\omega_0^2 - (k\Omega)^2 + 2\mathrm{i}\gamma k\Omega\big) \, b_k = f_k \tag{12.73}$$

und damit

$$b_k = \frac{f_k}{\omega_0^2 - (k\Omega)^2 + 2\mathrm{i}\gamma k\Omega} \, , \tag{12.74}$$

also – wie zu erwarten – die Lösungen für einen harmonischen Antrieb mit einer Frequenz $\Omega_k = k\Omega$. Damit ist das Problem gelöst, einmal abgesehen von kosmetischen Verschönerungen der Formel für, z.B., einen reellen Antrieb $f(t)$.

Die Wahrscheinlichkeiten, mit denen die Frequenzanteile $\omega_k = k\Omega$ des Antriebs sich in der Schwingung wiederfinden, sind nach (12.68) durch das Betragsquadrat der b_k gegeben, dividiert durch $||f||^2 = \int_0^T |f(t)|^2 \, dt$. Aus (12.74) findet man sofort

$$\begin{aligned} |b_k|^2 &= \frac{|f_k|^2}{\big(\omega_0^2 - \Omega_k^2\big)^2 + 4\gamma^2\Omega_k^2} \\ &= \frac{|f_k|^2}{\big(\Omega_k^2 - (\omega_0^2 - 2\gamma^2)\big)^2 + 4\gamma^2\big(\omega_0^2 - \gamma^2\big)} \, , \end{aligned} \tag{12.75}$$

also eine Lorentz-Kurve [siehe (2.19)] in Abhängigkeit von Ω_k mit einem Maximum bei $\Omega_k = \sqrt{\omega_0^2 - 2\gamma^2}$ und einer Breite $\Delta = 2\gamma\sqrt{\omega_0^2 - \gamma^2}$. Besonders stark wirken sich also die Frequenzanteile in $f(t)$ aus, die in der Nähe von

$\omega = \sqrt{\omega_0^2 - 2\gamma^2}$ liegen, der Resonanzfrequenz des Oszillators [vgl. dazu Gleichung (7.48)].

Eine einfache Anwendung findet man in dem Zungenfrequenzmesser, bei dem eine zu analysierende Funktion $f(t)$ eine Serie von Oszillatoren unterschiedlicher Frequenz antreibt. Die Ausschläge der Oszillatoren geben dann das Frequenzspektrum der Funktion $f(t)$ wieder.

12.3 Fourier-Transformationen

Die Fourier-Reihe liefert eine Spektralanalyse einer periodischen Funktion mit Periode L,

$$f(x) = \sum_{k=-\infty}^{+\infty} g_k \, \mathrm{e}^{2\pi \mathrm{i} kx/L}\,, \tag{12.76}$$

mit

$$g_k = \frac{1}{L} \int_{-L/2}^{+L/2} f(x) \, \mathrm{e}^{-2\pi \mathrm{i} kx/L} \, \mathrm{d}x \tag{12.77}$$

[siehe Gleichung (12.66)]. Betrachtet man jetzt den Grenzfall $L \to \infty$, so lässt sich eine Fourier-Darstellung auch für nichtperiodische Funktionen formulieren. Dazu definieren wir zunächst $p = 2\pi k/L$ und $h(p) = Lg_k/2\pi$. Mit $\Delta k = 1$ und $\Delta p = 2\pi\Delta k/L = 2\pi/L$ erhalten wir dann für $L \to \infty$ (also $\Delta p \to 0$)

$$\begin{aligned} f(x) &= \sum_{k=-\infty}^{+\infty} g_k \, \mathrm{e}^{2\pi \mathrm{i} kx/L} \Delta k \\ &= \sum_{p=-\infty}^{+\infty} h(p) \, \mathrm{e}^{\mathrm{i}px} \Delta p \xrightarrow[\Delta p \to 0]{} \int_{-\infty}^{+\infty} h(p) \, \mathrm{e}^{\mathrm{i}px} \, \mathrm{d}p \end{aligned} \tag{12.78}$$

und

$$\begin{aligned} h(p) &= \frac{L}{2\pi} \frac{1}{L} \int_{-L/2}^{+L/2} f(x) \, \mathrm{e}^{-2\pi \mathrm{i} kx/L} \, \mathrm{d}x \\ &= \frac{1}{2\pi} \int_{-L/2}^{+L/2} f(x) \, \mathrm{e}^{-\mathrm{i}px} \, \mathrm{d}x \xrightarrow[L \to \infty]{} \frac{1}{2\pi} \int_{-\infty}^{+\infty} f(x) \, \mathrm{e}^{-\mathrm{i}px} \, \mathrm{d}x\,. \end{aligned} \tag{12.79}$$

Jetzt bezeichnen wir p wieder mit dem Buchstaben k und definieren $g(k) = \sqrt{2\pi}\, h(k)$ mit dem Resultat

$$f(x) = \frac{1}{\sqrt{2\pi}} \int_{-\infty}^{+\infty} g(k)\, \mathrm{e}^{\mathrm{i}kx}\, \mathrm{d}k\,, \tag{12.80}$$

$$g(k) = \frac{1}{\sqrt{2\pi}} \int_{-\infty}^{+\infty} f(x)\, \mathrm{e}^{-\mathrm{i}kx}\, \mathrm{d}x\,. \tag{12.81}$$

Man beachte die Symmetrie der beiden Ausdrücke!

Man nennt die Funktion $g(k)$ die *Fourier-Transformierte* von $f(x)$ und schreibt dafür auch

$$g = \mathcal{F}[f] \quad , \quad f = \mathcal{F}^{-1}[g]\,. \tag{12.82}$$

Es lässt sich zeigen, dass das Integral (12.81) existiert und (12.80) erfüllt ist, falls das Integral $\int_{-\infty}^{+\infty} |f(x)|\, \mathrm{d}x$ existiert. Die Funktion $f(x)$ heißt dann ***absolut integrierbar***. Diese absolute Integrierbarkeit sei im Folgenden vorausgesetzt; sie erfordert insbesondere $f(x) \longrightarrow 0$ für $x \longrightarrow \pm\infty$.

12.3.1 Eigenschaften der Fourier-Transformation

(1) Die Linearität der Integration überträgt sich auf die die Fourier-Transformation. Für konstante c_1 und c_2 gilt:

$$\mathcal{F}[c_1 f_1 + c_2 f_2] = c_1 \mathcal{F}[f_1] + c_2 \mathcal{F}[f_2]\,. \tag{12.83}$$

(2) Das *Skalengesetz*

$$\mathcal{F}[f(\alpha x)] = \frac{1}{|\alpha|}\, g\Big(\frac{k}{\alpha}\Big) \tag{12.84}$$

beweist man durch Substitution $x' = \alpha x$ unter dem Integral (12.81).

(3) Entsprechend folgt mit der Substitution $x' = x - x_0$ die *Verschiebungsrelation*

$$\mathcal{F}[f(x - x_0)] = \mathrm{e}^{-\mathrm{i}kx_0}\, \mathcal{F}[f(x)]\,. \tag{12.85}$$

(4) Eine wichtige Beziehung erhält man für die Fourier-Transformierte einer Ableitung:

$$\mathcal{F}[f'(x)] = \mathrm{i}k\, g(k) = \mathrm{i}k\, \mathcal{F}[f(x)]\,, \tag{12.86}$$

wovon man sich schnell überzeugen kann. Mit der Produktregel für die Integration findet man

$$
\begin{aligned}
\mathcal{F}[f'(x)] &= \frac{1}{\sqrt{2\pi}} \int_{-\infty}^{+\infty} f'(x)\, \mathrm{e}^{-\mathrm{i}kx}\, \mathrm{d}x \\
&= \frac{1}{\sqrt{2\pi}}\, f(x) \mathrm{e}^{-\mathrm{i}kx} \Big|_{-\infty}^{+\infty} + \frac{\mathrm{i}k}{\sqrt{2\pi}} \int_{-\infty}^{+\infty} f(x)\, \mathrm{e}^{-\mathrm{i}kx}\, \mathrm{d}x \qquad (12.87) \\
&= \frac{\mathrm{i}k}{\sqrt{2\pi}} \int_{-\infty}^{+\infty} f(x)\, \mathrm{e}^{-\mathrm{i}kx}\, \mathrm{d}x = \mathrm{i}k\, \mathcal{F}[f(x)]\,.
\end{aligned}
$$

(5) Die Integraldarstellung der Delta-Funktion aus (10.37),

$$\delta(y) = \frac{1}{2\pi} \int_{-\infty}^{+\infty} \mathrm{e}^{\mathrm{i}ky}\, \mathrm{d}k\,, \qquad (12.88)$$

kann man jetzt leicht beweisen. Es gilt für eine Testfunktion $f(x)$ mit der Fourier-Transformierten $g(k)$

$$
\begin{aligned}
f(x) &= \frac{1}{\sqrt{2\pi}} \int_{-\infty}^{+\infty} g(k)\, \mathrm{e}^{\mathrm{i}kx}\, \mathrm{d}k \\
&= \frac{1}{\sqrt{2\pi}} \int_{-\infty}^{+\infty} \left[\frac{1}{\sqrt{2\pi}} \int_{-\infty}^{+\infty} f(x')\, \mathrm{e}^{-\mathrm{i}kx'}\, \mathrm{d}x' \right] \mathrm{e}^{\mathrm{i}kx}\, \mathrm{d}k \qquad (12.89) \\
&= \int_{-\infty}^{+\infty} \left[\frac{1}{2\pi} \int_{-\infty}^{+\infty} \mathrm{e}^{\mathrm{i}k(x-x')}\, \mathrm{d}k \right] f(x')\, \mathrm{d}x'\,,
\end{aligned}
$$

d.h. der Ausdruck in den eckigen Klammern hat die definierende Eigenschaft

$$f(x) = \int_{-\infty}^{+\infty} \delta(x'-x)\, f(x')\, \mathrm{d}x' \qquad (12.90)$$

der Delta-Funktion.

(6) Außerdem ist noch die *Parseval-Identität*

$$\int_{-\infty}^{+\infty} f_1^*(x)\, f_2(x)\, \mathrm{d}x = \int_{-\infty}^{+\infty} g_1^*(k)\, g_2(k)\, \mathrm{d}k \qquad (12.91)$$

von Bedeutung. Zum Beweis dieser Aussage setzen wir die Fourier-Transformierten unter dem Integral ein und führen die Integration über x aus:

$$\begin{aligned}
&\int_{-\infty}^{+\infty} f_1^*(x)\, f_2(x)\, \mathrm{d}x \\
&= \int_{-\infty}^{+\infty} \left[\frac{1}{\sqrt{2\pi}} \int_{-\infty}^{+\infty} g_1(k)\, \mathrm{e}^{\mathrm{i}kx}\, \mathrm{d}k\right]^* \left[\frac{1}{\sqrt{2\pi}} \int_{-\infty}^{+\infty} g_2(k')\, \mathrm{e}^{\mathrm{i}k'x}\, \mathrm{d}k'\right] \mathrm{d}x \\
&= \iint_{-\infty}^{+\infty} g_1(k)^* g_2(k') \underbrace{\left[\frac{1}{2\pi} \int_{-\infty}^{+\infty} \mathrm{e}^{\mathrm{i}(k'-k)x}\, \mathrm{d}x\right]}_{=\,\delta(k'-k) \text{ nach } (12.88)} \mathrm{d}k\, \mathrm{d}k' \\
&= \int_{-\infty}^{+\infty} g_1^*(k)\, g_2(k)\, \mathrm{d}k\,.
\end{aligned} \tag{12.92}$$

Die Parseval-Identität (12.91) ist nichts anderes als die Erhaltung des (komplexen) Skalarprodukts (12.3) beim Übergang zu den Fourier-Transformierten. Mit dieser Gleichung kann man also Integrale über das Produkt zweier Funktionen alternativ auch mithilfe der Fourier-Transformierten auswerten, was manchmal Vorteile bringt. Ein Spezialfall von (12.91) ist

$$\int_{-\infty}^{+\infty} \left|f(x)\right|^2 \mathrm{d}x = \int_{-\infty}^{+\infty} \left|g(k)\right|^2 \mathrm{d}k \tag{12.93}$$

(vgl. die analoge Relation (12.67) für die Fourier-Reihen).

(7) Nach (1) ist die Fourier-Transformierte der Summe zweier Funktionen die Summe der Fourier-Transformierten. Für das Produkt zweier Funktionen ist der Sachverhalt komplizierter. Hier taucht der Begriff der so genannten *Faltung* auf. Bei einer Faltung zweier Funktionen f und g integriert man das Produkt von $f(x)$ und der um y verschobenen und gespiegelten Funktion $g(y-x)$ über x und erhält dann (nach Division durch $\sqrt{2\pi}$) eine Funktion, die nur von der Verschiebung y abhängt:

$$(f \otimes g)\,(y) = \frac{1}{\sqrt{2\pi}} \int_{-\infty}^{+\infty} f(x)\, g(y-x)\, \mathrm{d}x\,. \tag{12.94}$$

Anwendungen solcher Faltungen findet man beispielsweise bei der Glättung von Signalen. Eine wichtige Eigenschaft der Faltungsintegrale ist ihre Fourier-Transformation. Hier gilt der *Faltungssatz*:

$$\mathcal{F}[f \otimes g] = \mathcal{F}[f]\ \mathcal{F}[g]\,. \tag{12.95}$$

Die Fourier-Transformierte der Faltung zweier Funktionen ist also das Produkt der Fourier-Transformierten, oder, anders ausgedrückt, die Fourier-Transformierte eines Produktes ist gleich der Faltung ihrer Fourier-Transformierten:

$$\mathcal{F}[f\,g] = \mathcal{F}[f] \otimes \mathcal{F}[g]\,. \tag{12.96}$$

Man beweist (12.95) durch direkte Rechnung:

$$\begin{aligned}
\mathcal{F}[f \otimes g] &= \frac{1}{\sqrt{2\pi}} \int_{-\infty}^{+\infty} (f \otimes g\,(x))\,\mathrm{e}^{-ikx}\,\mathrm{d}x \\
&= \frac{1}{\sqrt{2\pi}} \int_{-\infty}^{+\infty} \left[\frac{1}{\sqrt{2\pi}} \int_{-\infty}^{+\infty} f(u)\,g(x-u)\,\mathrm{d}u\right] \mathrm{e}^{-ikx}\,\mathrm{d}x \\
&= \frac{1}{\sqrt{2\pi}} \int_{-\infty}^{+\infty} f(u) \left[\frac{1}{\sqrt{2\pi}} \int_{-\infty}^{+\infty} g(x-u)\,\mathrm{e}^{-ikx}\,\mathrm{d}x\right] \mathrm{d}u \\
&= \frac{1}{\sqrt{2\pi}} \int_{-\infty}^{+\infty} f(u)\,\mathrm{e}^{-iku}\,\mathcal{F}[g]\,\mathrm{d}u = \mathcal{F}[f]\;\mathcal{F}[g]\,.
\end{aligned} \tag{12.97}$$

12.3.2 Beispiele für Fourier-Transformationen

Funktionen der Zeit: In vielen physikalische Anwendungen der Fourier-Transformation ist die Variable t in der Funktion $f(t)$ eine Zeit. Hier ist die Fourier-Transformierte eine Funktion der Frequenz ω, und wir müssen nur in die anderen Bezeichnungen übersetzen, d.h.

$$f(t) = \frac{1}{\sqrt{2\pi}} \int_{-\infty}^{+\infty} g(\omega)\,\mathrm{e}^{\mathrm{i}\omega t}\,\mathrm{d}\omega \tag{12.98}$$

$$g(\omega) = \frac{1}{\sqrt{2\pi}} \int_{-\infty}^{+\infty} f(t)\,\mathrm{e}^{-\mathrm{i}\omega t}\,\mathrm{d}t\,. \tag{12.99}$$

Rechteck-Puls: Ein Rechteckpuls mit Breite $2T$

$$f(t) = \begin{cases} 1 & -T < t < T \\ 0 & \text{sonst} \end{cases} \tag{12.100}$$

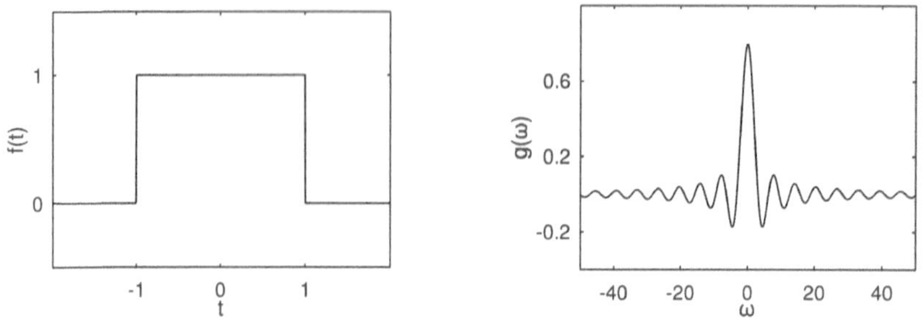

Bild 12.6: Ein Rechteck-Puls (12.100) mit $T = 1$ (linkes Bild) und seine Fourier-Transformierte (12.101) (rechtes Bild).

hat die Fourier-Transformierte

$$\begin{aligned} g(\omega) &= \frac{1}{\sqrt{2\pi}} \int_{-T}^{+T} \mathrm{e}^{-\mathrm{i}\omega t}\,\mathrm{d}t = \frac{1}{\sqrt{2\pi}} \frac{1}{-\mathrm{i}\omega} \Big[\mathrm{e}^{-\mathrm{i}\omega t}\Big]_{-T}^{+T} \\ &= \frac{2}{\omega\sqrt{2\pi}} \frac{\mathrm{e}^{+\mathrm{i}\omega T} - \mathrm{e}^{-\mathrm{i}\omega T}}{2\mathrm{i}} = \sqrt{\frac{2}{\pi}} \frac{\sin \omega T}{\omega}\,, \end{aligned} \tag{12.101}$$

also eine oszillierende Funktion in ω mit einem Maximum bei $\omega = 0$ (vgl. Bild 12.6). Die ersten Nullstellen liegen bei $\omega = \pm\pi/T$. Die Breite dieser Frequenzverteilung lässt sich charakterisieren durch den Abstand $\Delta\omega = 2\pi/T$ dieser Nullstellen, die Breite des Pulses durch $\Delta t = 2T$. Also haben wir die Relation

$$\Delta\omega \sim 1/\Delta t\,. \tag{12.102}$$

Je schärfer der Rechteckpuls lokalisiert ist, desto breiter ist die Frequenzverteilung und umgekehrt. Diese Reziprozität der Breiten ist eine allgemeine Eigenschaft der Fourier-Transformation.

Endlicher Wellenzug: Die Fourier-Transformierte eines endlichen Wellenzuges

$$f(t) = \begin{cases} \mathrm{e}^{\mathrm{i}\omega_0 t} & -T < t < T \\ 0 & \text{sonst} \end{cases} \tag{12.103}$$

berechnet man direkt als

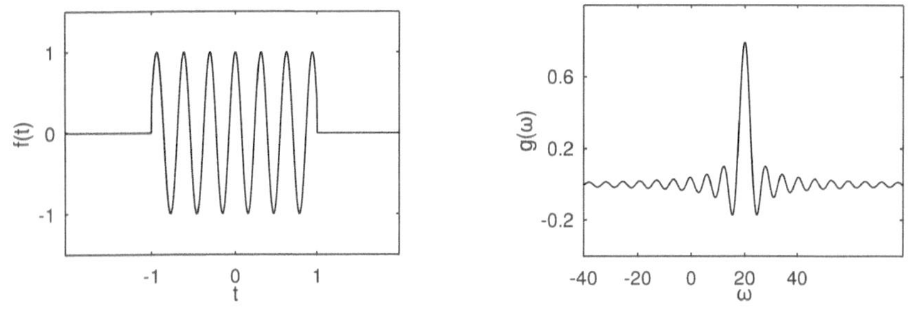

Bild 12.7: Endlicher Wellenzug: Realteil von $f(t)$ aus (12.103) (linkes Bild) für $\omega_0 = 20$, $T = 1$ und seine Fourier-Transformierte (12.104) (rechtes Bild).

$$\begin{aligned} g(\omega) &= \frac{1}{\sqrt{2\pi}} \int_{-T}^{+T} \mathrm{e}^{\mathrm{i}(\omega_0 - \omega)t}\, \mathrm{d}t \\ &= \frac{1}{\sqrt{2\pi}} \frac{1}{\mathrm{i}(\omega_0 - \omega)} \left[\mathrm{e}^{\mathrm{i}(\omega_0 - \omega)t} \right]_{-T}^{+T} \\ &= \sqrt{\frac{2}{\pi}} \frac{\sin(\omega_0 - \omega)T}{\omega_0 - \omega}, \end{aligned} \tag{12.104}$$

also eine Verschiebung der Fourier-Transformierten (12.101) einer Rechteckfunktion um die Frequenz ω_0. Bild 12.7 zeigt ein Beispiel.

Gauß-Puls: Die Fourier-Transformierte einer Gauß-Funktion

$$f(t) = f_0\, \mathrm{e}^{-\lambda t^2} \tag{12.105}$$

ist

$$g(\omega) = \frac{f_0}{\sqrt{2\lambda}}\, \mathrm{e}^{-\omega^2/4\lambda}, \tag{12.106}$$

also wieder eine Gauß-Funktion, deren Breite umgekehrt proportional zur Breite von $f(t)$ ist, ganz entsprechend der Relation (12.102) für die Rechteck-Pulse.

Im Grenzfall $\lambda \to 0$ geht die Gauß-Funktion f gegen eine Konstante und ihre Fourier-Transformierte g gegen eine Delta-Funktion. Vergleiche dazu auch die Darstellung der Delta-Funktion als Grenzwert von Gauß-Funktionen in Gleichung (10.13) und die Fourier-Darstellung der Delta-Funktion in (12.88).

12.3.3 Die Unschärferelation*

Die Unschärferelation wird sehr oft mit der Quantenmechanik in Zusammenhang gebracht. Das ist sicher richtig, aber dennoch hat diese Relation eigentlich nichts mit Quantenphänomenen zu tun, sondern ist eine Eigenschaft der Fourier-Transformation, die auch in der Quantenmechanik eine wichtige Rolle spielt, wie zum Beispiel bei der Transformation von der Orts- in die Impuls-Darstellung. Wir formulieren diese Relation hier allgemein für eine Zeitfunktion $f(t)$ mit der Fourier-Transformierten $g(\omega)$. Mit der Normierung

$$\int_{-\infty}^{+\infty} |f(t)|^2 \,\mathrm{d}t = \int_{-\infty}^{+\infty} |g(\omega)|^2 \,\mathrm{d}\omega = 1 \tag{12.107}$$

[das erste Gleichheitszeichen liefert die Parseval-Relation (12.93)] und den Mittelwerten

$$\left.\begin{aligned} \langle t^n \rangle &= \int_{-\infty}^{+\infty} t^n |f(t)|^2 \,\mathrm{d}t \\ \langle \omega^n \rangle &= \int_{-\infty}^{+\infty} \omega^n |g(\omega)|^2 \,\mathrm{d}\omega \end{aligned}\right\} \quad , \quad n = 1,\, 2, \tag{12.108}$$

lautet die Unschärferelation

$$\Delta\omega\, \Delta t \geq \frac{1}{2}\,. \tag{12.109}$$

Das Produkt der Unschärfen der Frequenz

$$\Delta\omega = \sqrt{\langle \omega^2 \rangle - \langle \omega \rangle^2} = \sqrt{\langle\, (\omega - \langle \omega \rangle)^2\, \rangle} \tag{12.110}$$

und des Zeitsignals

$$\Delta t = \sqrt{\langle t^2 \rangle - \langle t \rangle^2} = \sqrt{\langle\, (t - \langle t \rangle)^2\, \rangle} \tag{12.111}$$

kann also nicht kleiner sein als ein minimaler Wert von 1/2. Mit anderen Worten: Macht man das Zeitsignal breiter, wird das Frequenzspektrum schmaler und umgekehrt.

Der **Beweis** der Unschärferelation ist recht einfach. Dazu definieren wir zunächst eine Hilfsfunktion

$$\widetilde{f}(t) = \frac{\mathrm{d}f}{\mathrm{d}t} - \mathrm{i}\langle \omega \rangle f(t) \tag{12.112}$$

mit der Fourier-Transformierten [siehe dazu Gleichung (12.86)]

$$\widetilde{g}(\omega) = \mathrm{i}\omega\, g(\omega) - \mathrm{i}\langle \omega \rangle\, g(\omega) = \mathrm{i}\big(\omega - \langle \omega \rangle\big)\, g(\omega)\,. \tag{12.113}$$

Für ein beliebiges λ, das wir reell wählen wollen, gilt die Ungleichung

$$\begin{aligned} 0 &\leq \int_{-\infty}^{+\infty} \mathrm{d}t \left| \lambda\,(t - \langle t\rangle)\, f(t) + \widetilde{f}(t) \right|^2 \\ &= \int_{-\infty}^{+\infty} \mathrm{d}t \left\{ \lambda^2\,(t - \langle t\rangle)^2\, |f(t)|^2 + \lambda\,(t - \langle t\rangle)\left(\widetilde{f} f^* + \widetilde{f}^* f\right) + \widetilde{f}^* \widetilde{f} \right\} \\ &= \lambda^2 \Delta t^2 - \lambda + \Delta\omega^2\,. \end{aligned} \tag{12.114}$$

Dabei wurde der Ausdruck in der Mitte von (12.114) mithilfe der Produktintegration (unter Berücksichtigung von $f(t) \to 0$ für $t \to \pm\infty$) ausgewertet:

$$\begin{aligned} &\int_{-\infty}^{+\infty} \mathrm{d}t\,(t - \langle t\rangle)\left(\widetilde{f} f^* + \widetilde{f}^* f\right) \\ &\quad = \int_{-\infty}^{+\infty} \mathrm{d}t\,(t - \langle t\rangle)\left(\frac{\mathrm{d}f}{\mathrm{d}t} f^* + \frac{\mathrm{d}f^*}{\mathrm{d}t} f - \mathrm{i}\langle\omega\rangle f f^* + \mathrm{i}\langle\omega\rangle f^* f\right) \\ &\quad = \int_{-\infty}^{+\infty} \mathrm{d}t\,(t - \langle t\rangle)\,\frac{\mathrm{d}|f|^2}{\mathrm{d}t} = -\int_{-\infty}^{+\infty} \mathrm{d}t\,|f|^2 = -1\,. \end{aligned} \tag{12.115}$$

Der letzte Term des Integrals in (12.114) ist – nach der Parseval-Gleichung (12.91) – gleich

$$\begin{aligned} \int_{-\infty}^{+\infty} \mathrm{d}t\,\widetilde{f}^* \widetilde{f} &= \int_{-\infty}^{+\infty} \mathrm{d}\omega\,\widetilde{g}^* \widetilde{g} \\ &= \int_{-\infty}^{+\infty} \mathrm{d}\,\omega\,(\omega - \langle\omega\rangle)^2 g^* g = \Delta\omega^2\,. \end{aligned} \tag{12.116}$$

Als nächsten Schritt suchen wir den Minimalwert des Ausdrucks (12.114) für variables λ. Nullsetzen der Ableitung nach λ ergibt ein Minimum bei

$$\lambda = \frac{1}{2\,\Delta t^2} \tag{12.117}$$

mit einem Wert

$$0 \leq -\frac{1}{4\Delta t^2} + \Delta\omega^2\,. \tag{12.118}$$

Das liefert nach kurzer Umformung die gesuchte Gleichung (12.109).

Man sieht sofort, dass die Skalenrelation (12.84) und die Relationen zwischen den Breiten einer Gauß-Funktion und ihrer Fourier-Transformierten Spezialfälle der Unschärferelation sind.

12.3.4 Anwendungen der Fourier-Transformation

Einige Beispiele sollen die Anwendungen von Fourier-Transformationen und ihre Nützlichkeit in der Physik demonstrieren.

Der „gepulste" harmonische Oszillator: Als letzte Anwendung soll eine Lösung der Differentialgleichung für einen angetriebenen Oszillator

$$\ddot{x} + 2\gamma\dot{x} + \omega_0^2 x = f(t) \tag{12.119}$$

mit einer beliebigen (auch nichtperiodischen) Antriebsfunktion $f(t)$ angegeben werden. Ein mögliches Beispiel ist ein harmonischer Antrieb mit Frequenz Ω, dessen Amplitude langsam mit der Zeit variiert, zum Beispiel wie ein Gauß-Puls:

$$f(t) = f_0\,\mathrm{e}^{-at^2}\,\mathrm{e}^{\mathrm{i}\Omega t}\,. \tag{12.120}$$

Wir konstruieren die Lösung mithilfe der Fourier-Transformation. Dazu bilden wir die Fourier-Transformierte von $f(t)$,

$$g(\omega) = \frac{1}{\sqrt{2\pi}} \int_{-\infty}^{+\infty} f(t)\,\mathrm{e}^{-\mathrm{i}\omega t}\,\mathrm{d}t\,, \tag{12.121}$$

und machen für die Lösung den Ansatz

$$x(t) = \frac{1}{\sqrt{2\pi}} \int_{-\infty}^{+\infty} y(\omega)\,\mathrm{e}^{\mathrm{i}\omega t}\,\mathrm{d}\omega\,. \tag{12.122}$$

Differentiation liefert

$$\dot{x}(t) = \frac{\mathrm{i}}{\sqrt{2\pi}} \int_{-\infty}^{+\infty} \omega y(\omega)\,\mathrm{e}^{\mathrm{i}\omega t}\,\mathrm{d}\omega \tag{12.123}$$

und

$$\ddot{x}(t) = -\frac{1}{\sqrt{2\pi}} \int_{-\infty}^{+\infty} \omega^2 y(\omega)\,\mathrm{e}^{\mathrm{i}\omega t}\,\mathrm{d}\omega\,. \tag{12.124}$$

Setzt man jetzt alle diese Ausdrücke in (12.119) ein, so erhält man

$$\frac{1}{\sqrt{2\pi}} \int_{-\infty}^{+\infty} \Big[\big(-\omega^2 + 2\mathrm{i}\gamma\omega + \omega_0^2\big)y(\omega) - g(\omega)\Big]\,\mathrm{e}^{\mathrm{i}\omega t}\,\mathrm{d}\omega = 0\,. \tag{12.125}$$

Diese Gleichung kann nur dann für alle Zeiten erfüllt sein, wenn der Integrand verschwindet:

$$\big(-\omega^2 + 2\mathrm{i}\gamma\omega + \omega_0^2\big)y(\omega) - g(\omega) = 0\,, \tag{12.126}$$

oder

$$\left(-\omega^2 + 2\mathrm{i}\gamma\omega + \omega_0^2\right) y(\omega) = g(\omega). \tag{12.127}$$

Gleichung (12.127) ist nichts anderes als die Fourier-Transformierte der Differentialgleichung (12.119). Ein Unterschied besteht allerdings darin, dass (12.127) rein algebraisch ist, also wesentlich einfacher als eine Differentialgleichung, und sofort gelöst werden kann. Die Lösung ist

$$y(\omega) = \frac{g(\omega)}{\omega_0^2 - \omega^2 + 2\mathrm{i}\gamma\omega} \tag{12.128}$$

mit dem Betragsquadrat

$$\begin{aligned} \left|y(\omega)\right|^2 &= \frac{\left|g(\omega)\right|^2}{\left(\omega_0^2 - \omega^2\right)^2 + 4\gamma^2\omega^2} \\ &= \frac{\left|g(\omega)\right|^2}{\left(\omega^2 - \left(\omega_0^2 - 2\gamma^2\right)\right)^2 + 4\gamma^2\left(\omega_0^2 - \gamma^2\right)} . \end{aligned} \tag{12.129}$$

Damit erhalten wir die Lösung $x(t)$ durch die inverse Fourier-Transformation (12.122):

$$x(t) = \frac{1}{\sqrt{2\pi}} \int_{-\infty}^{+\infty} \frac{g(\omega)}{\omega_0^2 - \omega^2 + 2\mathrm{i}\gamma\omega} \, \mathrm{e}^{\mathrm{i}\omega t} \, \mathrm{d}\omega . \tag{12.130}$$

Es wird also das Frequenzspektrum $g(\omega)$ der Anregungsfunktion $f(t)$ überlagert, wobei jede Frequenz mit einer Lorentz-Funktion gewichtet wird (vgl. auch Gleichungen (12.71) und (12.75) für eine Anregung mit diskreten Frequenzen).

An diesem Beispiel haben wir gesehen, dass durch Fourier-Transformation ein Problem wesentlich vereinfacht werden kann.

Das Beugungsgitter: Wenn eine ebene Welle mit Wellenlänge λ durch ein Gitter von N parallelen Spalten, die sich in y-Richtung erstrecken, gebeugt wird, so ist weit hinter dem Gitter die Amplitude der auslaufenden Welle in Richtung θ durch

$$E(\theta) = E(0) \int_{-\infty}^{+\infty} \tau(x) \, \mathrm{e}^{-2\pi \mathrm{i} x \sin\theta / \lambda} \, \mathrm{d}x \tag{12.131}$$

gegeben. Dabei ist $x \sin\theta$ der Wegunterschied der vom Punkte x ausgehenden „Elementarwellen“ (vgl. Bild 12.8) und $\tau(x)$ die Transmissionsfunktion des Gitters mit der Normierung $\int_{-\infty}^{\infty} \tau(x) \, \mathrm{d}x = 1$. Die Wellenamplitude ist also die Fourier-Transformierte der Transmissionsfunktion. Die Intensität der Welle ist

$$I(\theta) = |E(\theta)|^2 . \tag{12.132}$$

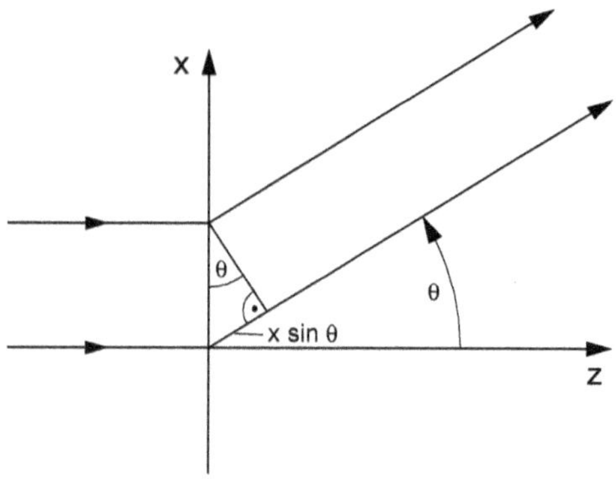

Bild 12.8: Beugung einer ebenen Welle.

Für einen idealen einzelnen Spalt der Breite b, d.h. mit

$$\tau_b(x) = \begin{cases} 1/b & |x| \leq b/2 \\ 0 & \text{sonst}, \end{cases} \tag{12.133}$$

erhalten wir

$$\begin{aligned} E(\theta) &= \frac{E(0)}{b} \int\limits_{-b/2}^{b/2} \mathrm{e}^{-2\pi \mathrm{i} x \sin\theta\,/\lambda}\, \mathrm{d}x \\ &= E(0)\, \frac{\sin(\pi b \sin\theta\,/\lambda)}{\pi b \sin\theta\,/\lambda} \end{aligned} \tag{12.134}$$

für $\theta \neq 0$, was uns schon von der Fourier-Transformierten (12.101) eines Rechteckpulses bekannt ist, genau wie die Formel für die Intensität

$$I(\theta) = |E(\theta)|^2 = I_0 \left[\frac{\sin(\pi b \sin\theta\,/\lambda)}{\pi b \sin\theta\,/\lambda}\right]^2 \tag{12.135}$$

mit $I_0 = I(0) = |E(0)|^2$.

Für die Intensitätsverteilung bei N gleichen Spalten der Breite b mit einem Spaltabstand $d > b$ und der Transmissionsfunktion

$$\tau_N(x) = \frac{1}{N} \sum_{n=1}^{N} \tau_b(x - nd) \tag{12.136}$$

erhält man unter Benutzung des Resultates von Aufgabe 12.5

$$I_N(\theta) = I(\theta) \left[\frac{\sin(N\pi d \sin\theta /\lambda)}{N \sin(\pi d \sin\theta /\lambda)} \right]^2 \tag{12.137}$$

mit $I(\theta)$ aus (12.135).

Die resultierende Intensitätsverteilung ist also das Produkt der Intensität eines Einzelspaltes und der aus Aufgabe 12.5 bekannten Gitterfunktion. Bild 12.9 zeigt die Intensitätsverteilung $I_N(\theta)/I_N(0)$ als Funktion von $\kappa = d\sin\theta/\lambda$ für ein Gitter mit $N = 8$ Spalten und $b = d/2$. Zum Vergleich ist auch die Funktion $I(\theta)/I(0)$ für die Beugung an einem Einzelspalt eingezeichnet.

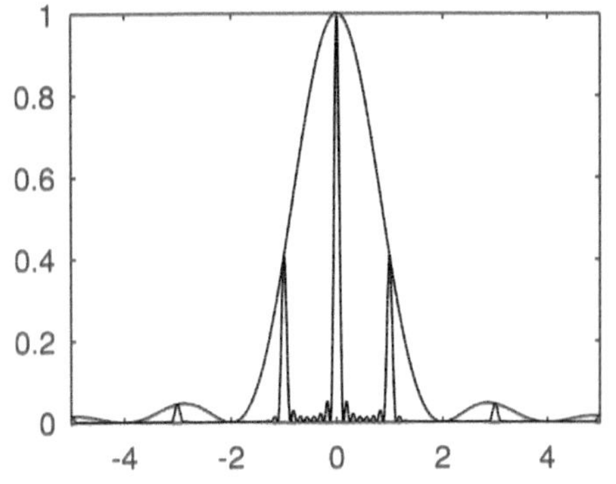

Bild 12.9: Intensitätsverteilung für die Beugung an einem Gitter ($N = 8$ Spalte; $b = d/2$) als Funktion von $d\sin\theta/\lambda$.

12.4 Aufgaben

Aufgabe 12.1 (Lösung Seite 489): Berechnen Sie mithilfe der Rekursionsformel (12.10)

$$(n+1)P_{n+1}(x) = (2n+1)xP_n(x) - nP_{n-1}(x)$$

mit $P_0(x) = 1$, $P_1(x) = x$ die Legendre-Polynome $P_n(x)$ bis $n = 3$. Vergleichen Sie mit den Formeln aus Anhang A.

Aufgabe 12.2 (Lösung Seite 489): Beweisen Sie die Vollständigkeitsrelation der Legendre-Polynome (12.28):

$$\delta(x - x') = \sum_n \frac{2n+1}{2} P_n(x)P_n(x') .$$

Aufgabe 12.3 (Lösung Seite 490): Entwickeln Sie die Funktion $f(x) = |\sin x|$ in eine Fourier-Reihe, die nur Kosinus-Terme enthält.

Aufgabe 12.4 (Lösung Seite 491): Berechnen Sie die Fourier-Transformation (a) einer abgeschnittenen Kosinusschwingung

$$f(t) = \begin{cases} \cos\omega_0 t & \text{für } -\tau \le t \le +\tau \\ 0 & \text{sonst}\,. \end{cases}$$

(b) einer gedämpften Schwingung ($\gamma > 0$), die bei $t = 0$ beginnt:

$$f(t) = \begin{cases} 0 & \text{für } t < 0 \\ \mathrm{e}^{-\gamma t}\,\mathrm{e}^{\mathrm{i}\omega_0 t} & \text{für } 0 \le t\,. \end{cases}$$

Aufgabe 12.5 (Lösung Seite 492): Es sei $g(k)$ die Fourier-Transformierte von $f(x)$. Zeigen Sie:

Die Fourier-Transformierte der Funktion $f_N(x) = \sum_{n=1}^{N} f(x - nd)$ ist gegeben durch

$$g_N(k) = g(k)\,\mathrm{e}^{-ikd}\,\frac{1 - \mathrm{e}^{-ikdN}}{1 - \mathrm{e}^{-ikd}}\,,$$

und es gilt

$$|g_N(k)|^2 = |g(k)|^2\,\frac{\sin^2 kdN/2}{\sin^2 kd/2}\,.$$

Diskutieren Sie wesentliche Eigenschaften dieser Funktion.

Aufgabe 12.6 (Lösung Seite 493): Angenommen, Sie hätten *nur* ein numerisches Verfahren zur Hand, das die schnelle Berechnung einer Fourier-Transformation erlaubt (so etwas gibt es tatsächlich als „Fast-Fourier-Transformation“, abgekürzt FFT). Können Sie damit Funktionen numerisch differenzieren? Wie lautet eine einfache Formel dafür?

Aufgabe 12.7 (Lösung Seite 493): Um die Frequenz eines Musikinstrumentes als „sauber“ zu bezeichnen, verlangt unser Gehör im Frequenzbereich 500 bis 8000 Hz eine (relative) Frequenzgenauigkeit von mindestens 0.03 Prozent. Größere Frequenzunterschiede können noch unterschieden werden.

Wie lang muss ein Tonsignal von 8000 Hz mindestens sein, damit der Ton sauber klingt? Wie lang bei 500 Hz? Warum kann ein Tubabläser nicht so schnelle Tonfolgen produzieren wie ein Flötenspieler? **Hinweis:** Benutzen Sie die Unschärferelation!

Kapitel 13

Wahrscheinlichkeit und Entropie*

Die bisher betrachteten physikalischen Systeme waren in einer bestimmten Weise „einfach", denn sie ließen in der Regel eine vollständige theoretische Beschreibung zu. Oft ist das aber wegen der Komplexität des Systems *nicht* möglich, beispielsweise wegen der großen Anzahl der Freiheitsgrade oder wegen des überaus verwickelten Zeitverhaltens, wie zum Beispiel bei der chaotischen Dynamik, die wir in Kapitel 8 kennen gelernt haben. In solchen Fällen ist man gezwungen, auf eine detaillierte Beschreibung aller Einzelheiten zu verzichten und sich mit gröberen Aussagen zufrieden zu geben. Man wird also beispielsweise nicht versuchen, die Bewegungsgleichungen für alle Teilchen eines Gases zu lösen. Stattdessen gibt man sich mit Wahrscheinlichkeitsaussagen für die Mittelwerte der interessierenden Größen zufrieden.

Ein solcher Zugang erfordert ganz andere Ansätze und mathematische Methoden. In diesem letzten Kapitel wollen wir einige der grundlegenden Ideen der *statistischen Physik* kennen lernen.

13.1 Wahrscheinlichkeit

Grundlegend für eine statistische Beschreibung physikalischer Systeme ist der Begriff der *Wahrscheinlichkeit*. Eine Wahrscheinlichkeitszuweisung $p(A)$ für ein Ereignis A ist ein Mittel um einen bestimmten Kenntnisstand zu beschreiben. Das Ziel der Wahrscheinlichkeitstheorie ist es, den Grad dieser Kenntnis auf ein *quantitatives Maß* zurückzuführen und damit zu rechnen. Man kann sich hier oft erfolgreich auf den „gesunden Menschenverstand“ berufen, aber es ist sicher vorzuziehen, wenn wir uns im Folgenden kurz mit den mathematischen Grundlagen vertraut machen.

13.1.1 Grundlagen der Wahrscheinlichkeitstheorie

Die axiomatischen Forderungen an eine Wahrscheinlichkeit $p(A)$ sind recht einfach:

(A1) Es gilt $0 \leq p(A) \leq 1$ für alle Ereignisse A.

(A2) Für das immer eintretende Ereignis I gilt $p(I) = 1$.

(A3) Falls sich die Ereignisse A und B ausschließen, gilt

$$p(A \text{ oder } B) = p(A) + p(B)\,.$$

Die elementare Regel

$$p(\text{nicht}A) = 1 - p(A)\,. \tag{13.1}$$

folgt direkt aus (A2) und (A3). Wir nennen die Ereignisse A und B *unabhängig*, falls gilt

$$p(A \text{ und } B) = p(A)\,p(B)\,. \tag{13.2}$$

Zum Rechnen mit Wahrscheinlichkeiten ist es nützlich, zunächst einmal so genannte Elementarereignisse zu definieren:

- Die Ereignisse A_1, A_2,..., A_n heißen *Elementarereignisse*, falls sie paarweise disjunkt sind (d.h. aus $A_k \Rightarrow$ „nicht A_i“ für alle $i \neq k$). Die Menge $\Omega = \{A_1, A_2, \ldots, A_n\}$ heißt *Ereignisraum* und ein *Ereignis* ist dann eine Teilmenge von Ω.

Den A_k ordnet man jetzt eine *a priori Wahrscheinlichkeit* p_k zu, mit

$$p_k > 0 \quad \text{und} \quad \sum_{k=1}^{n} p_k = 1\,. \tag{13.3}$$

In manchen Fällen lassen sich die Elementarereignisse so wählen, dass gilt

$$p_k = 1/n \quad \text{für alle} \quad k = 1, \ldots, n\,. \tag{13.4}$$

Unter diesen Bedingungen (!) gilt

$$p(A) = \frac{\text{Anzahl der Elemente in } A}{n} = \frac{\text{Anzahl der günstigen Fälle für } A}{\text{Anzahl der möglichen Fälle}} . \tag{13.5}$$

In den folgenden Abschnitten betrachten wir zwei Beispiele.

Beispiel (1) Würfeln: Das wohl einfachste Beispiel ist das Würfeln mit einem idealen Würfel. Wie groß ist die Wahrscheinlichkeit, die Zahl „4" zu werfen? Es gibt sechs mögliche Fälle:

$$1\ ,\ 2\ ,\ 3\ ,\ 4\ ,\ 5\ ,\ 6\ ,$$

die alle die gleiche Wahrscheinlichkeit $1/6$ besitzen. Also ist die Wahrscheinlichkeit für das Würfeln der Zahl k gleich

$$p(k) = 1/6\ , \quad k = 1, \ldots, 6\,. \tag{13.6}$$

Für das Würfeln einer Primzahl, also einer Zahl aus der Menge 2, 3, 5, ist die Wahrscheinlichkeit gleich $3/6 = 1/2$ (drei günstige Fälle bei sechs möglichen).

Interessanter ist schon die Frage nach der Wahrscheinlichkeit $p^{(2)}(k)$ dafür, mit *zwei* Würfeln k Augen zu werfen. Hier gibt es elf mögliche Resultate

$$2\ ,\ 3\ , \ldots ,\ 10\ ,\ 11\ , 12\ ,$$

die aber *nicht* alle die gleiche Wahrscheinlichkeit haben. Würfel 1 liefert k_1 Augen, Würfel 2 k_2 Augen, also insgesamt $k = k_1 + k_2$. Die folgende Tabelle listet alle Möglichkeiten für k auf:

$k_2 \backslash k_1$	1	2	3	4	5	6
1	2	3	4	5	6	7
2	3	4	5	6	7	8
3	4	5	6	7	8	9
4	5	6	7	8	9	10
5	6	7	8	9	10	11
6	7	8	9	10	11	12

Alle diese 36 Elementarereignisse von Paaren (k_1, k_2) haben die gleiche a priori Wahrscheinlichkeit. Daher kann man die gesuchte Wahrscheinlichkeit für das Würfeln von k Augen einfach durch Abzählen der Anzahl der ks in der Tabelle ablesen. Das Resultat ist

k	2	3	4	5	6	7	8	9	10	11	12
$36\,p^{(2)}(k)$	1	2	3	4	5	6	5	4	3	2	1

Dieses Ergebnis erhält man natürlich auch durch eine direkte Berechnung:

$$p^{(2)}(k) = \sum_j p(j)p(k-j) = \begin{cases} \displaystyle\sum_{j=1}^{k-1} \frac{1}{6}\cdot\frac{1}{6} = \frac{k-1}{36}\,, & 2 \le k \le 7 \\ \displaystyle\sum_{j=k-6}^{6} \frac{1}{6}\cdot\frac{1}{6} = \frac{13-k}{36}\,, & 7 < k \le 12\,. \end{cases} \tag{13.7}$$

Es ist also am wahrscheinlichsten, mit zwei Würfeln sieben Augen zu würfeln, denn hierfür gibt es die meisten Realisierungsmöglichkeiten. Bild 13.1 illustriert die Verteilung $p^{(2)}(k)$. Außerdem zeigt dieses Bild entsprechende Resultate für die Wahrscheinlichkeitsverteilungen $p^{(n)}(k)$ für das Würfeln mit $n = 3$ und $n = 6$ Würfeln. Man sieht, dass die Verteilung mit wachsender Zahl der Würfel immer mehr einer Gauß-Verteilung ähnelt. Dies wird durch den *zentralen Grenzwertsatz* garantiert. Dieser Satz sagt aus, dass die Verteilung der Summe von n gleichartigen Zufallsgrößen mit endlicher Varianz für $n \to \infty$ gegen eine Normalverteilung strebt.[1] Das erhärtet im Nachhinein die Annahme von „normalverteilten Fehlern" in der Fehlerrechnung (siehe Kapitel 2).

[1]Mehr dazu findet man in J. Honerkamp: *Stochastische Dynamische Systeme* (VCH-Verlag, 1990).

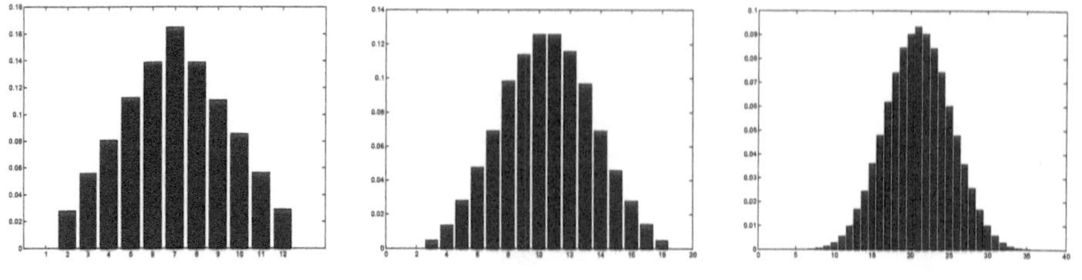

Bild 13.1: Wahrscheinlichkeitsverteilungen $p^{(n)}(k)$ für das Würfeln von k Augen mit n Würfeln für $n = 2$, 3 und 6.

Beispiel (2) Binomial-Verteilung: Wir betrachten hier ein sehr einfaches, aber grundlegendes Modell mit nur zwei möglichen Ereignissen A und $B =$ nicht$A$.

p sei die Wahrscheinlichkeit für Ereignis A.

$q = 1 - p$ ist dann die Wahrscheinlichkeit für Ereignis $B =$ nicht$A$.

Wir machen N Versuche und fragen nach der Wahrscheinlichkeit, dass genau k-mal das Ereignis A auftritt. Für den Fall $N = 6$ und $k = 2$ finden wir also Resultate wie

$$\begin{array}{cccccc} A & A & B & B & B & B \\ A & B & B & B & A & B \\ B & A & B & A & B & B \\ A & B & B & B & B & A \\ . & . & . & . & . & . \end{array} .$$

Jedes dieser Resultate hat die gleiche Wahrscheinlichkeit $p^2q^4 = p^2q^{6-2}$, oder allgemein

$$p^k q^{N-k} . \tag{13.8}$$

Es interessiert uns nicht, in welcher Reihenfolge die Ereignisse A und B auftreten, sondern nur die Anzahl der möglichen (gleichwahrscheinlichen) Anordnungen wie in der Tabelle oben. Man kann zeigen (siehe Aufgabe 13.1): Es gilt

$$n \text{ verschiedene Objekte} \longleftrightarrow \quad n! \text{ Anordnungen} . \tag{13.9}$$

[Dabei sollte man sich klarmachen, dass die Fakultät $n!$ sehr schnell mit n anwächst: $5! = 120$, $10! \approx 3.6 \cdot 10^6$ und $20! \approx 2.4 \cdot 10^{18}$. Für die Anordnung von 100 verschiedenen Objekten gibt es schon $100! \approx 9.3 \cdot 10^{157}$ mögliche Anordnungen. Die *stirlingsche Näherung*

$$n! \approx \sqrt{2\pi n}\; n^n \,\mathrm{e}^{-n} \qquad \text{für} \qquad n \gg 1 \tag{13.10}$$

ist oft eine nützliche Näherung.] Weiterhin gilt (siehe Aufgabe 13.1)

$$n \text{ verschiedene Objekte, davon } k \text{ gleich} \longleftrightarrow \frac{n!}{k!} \text{ Anordnungen} . \tag{13.11}$$

$$n \text{ verschiedene Objekte, davon } k_1 \text{ und } k_2 \text{ gleich} \longleftrightarrow \frac{n!}{k_1!k_2!} \text{ Anordnungen} . \tag{13.12}$$

In unserem Fall haben wir also die möglichen Anordnungen von N Ereignissen abzuzählen, wobei die k Ereignisse A und die $N-k$ Ereignisse B jeweils gleich sind. Wir haben also nach (13.12)

$$\frac{N!}{k!\,(N-k)!} =: \binom{N}{k} \tag{13.13}$$

Möglichkeiten.[2] In dem konkreten Fall $N = 6$ und $k = 2$ ergibt das $\binom{6}{2} = 6!/(2!4!) = 15$ unterschiedliche Auflistungen wie in der Tabelle auf Seite 379.

Die gesuchte Wahrscheinlichkeit für das k-malige Auftreten des Ereignisses A bei N Versuchen ist damit

$$p_N(k) = \binom{N}{k} p^k q^{N-k} = \binom{N}{k} p^k (1-p)^{N-k}\,, \tag{13.14}$$

die *Binomial-Verteilung.*

Eine einfache Anwendung dieser Verteilung findet man bei der Berechnung des Ausdrucks $(p+q)^N$ (ein „Binom"): In einer expliziten Ausmultiplikation wie

$$(p+q)^N = \underbrace{(p+q)(p+q)(p+q)\cdots(p+q)}_{N-\text{mal}} \tag{13.15}$$

treten nur Terme der Form $p^k q^{N-k}$ auf, und zwar $\binom{N}{k}$-mal. Es gilt daher die *binomische Formel*

$$(p+q)^N = \sum_{k=0}^{N} \binom{N}{k} p^k q^{N-k}\,. \tag{13.16}$$

Als Nebenergebnis haben wir – mit $q = 1-p$ – die Summationsformel

$$1 = 1^N = (p+1-p)^N = \sum_{k=0}^{N} \binom{N}{k} p^k (1-p)^{N-k} \tag{13.17}$$

bewiesen. Das heißt, die Binomial-Verteilung in (13.14) ist korrekt normiert:

$$\sum_{k=0}^{N} p_N(k) = \sum_{k=0}^{N} \binom{N}{k} p^k q^{N-k} \tag{13.18}$$

$$= \sum_{k=0}^{N} \binom{N}{k} p^k (1-p)^{N-k} = 1\,. \tag{13.19}$$

[2]Das Klammersymbol in (13.13) nennt man *Binomial-Koeffizient*, wie weiter unten noch deutlich wird.

Man kann sich auch davon überzeugen (siehe Aufgabe 13.2), dass für den Mittelwert von k und die mittlere Abweichung vom Mittelwert die Beziehungen

$$\begin{aligned} \overline{k} &= pN \\ \Delta k &= \sqrt{p(1-p)N} \end{aligned} \qquad (13.20)$$

gelten. Die relative Abweichung vom Mittelwert geht also mit wachsendem N wie

$$\frac{\Delta k}{\overline{k}} \sim \frac{1}{\sqrt{N}} \qquad (13.21)$$

gegen null.

Zwei **Grenzfälle** der Binomial-Verteilung finden häufige Anwendungen:

(a) Für große Werte von N gilt

$$p_N(k) \approx \frac{1}{\sqrt{2\pi pqN}} \, \mathrm{e}^{-(k-pN)^2/2pqN} \,, \qquad (13.22)$$

eine Gauß-Verteilung mit

$$\begin{aligned} \overline{k} &= pN \\ \Delta k &= \sqrt{pqN} \,, \end{aligned} \qquad (13.23)$$

genau wie bei der Binomial-Verteilung.

(b) Für $N \to \infty$ und $p \to 0$ mit $pN = \lambda = konstant$ gilt

$$p_N(k) \approx p_\lambda(k) = \frac{\lambda^k}{k!} \, \mathrm{e}^{-\lambda} \,, \qquad (13.24)$$

eine *Poisson-Verteilung*. Es gilt dafür

$$\begin{aligned} \overline{k} &= \lambda = pN \\ \Delta k &= \sqrt{\lambda} \,. \end{aligned} \qquad (13.25)$$

Dies folgt einerseits direkt aus den entsprechenden Ausdrücken für die Binomial-Verteilung in dem hier betrachteten Grenzfall, kann aber andererseits auch direkt bewiesen werden (Aufgabe 13.3). Ein konkretes Beispiel für die Anwendungen der Poisson-Verteilung in der Physik findet man in Aufgabe 13.4.

13.1.2 Wahrscheinlichkeit und Häufigkeit

Die obigen Beispiele waren recht einfach, denn es war immer möglich, einen endlichen Satz von gleichverteilten Elementarereignissen anzugeben. In solchen Idealfällen ist das klar. Wenn wir beispielsweise oben von einem „Würfel“ gesprochen haben, so haben wir damit *unterstellt*, dass die sechs „Zustände“ dieses Würfels mit der gleichen Wahrscheinlichkeit auftreten, ein *idealer Würfel*, den es im wirklichen Leben sicher nicht gibt. Was wissen wir jetzt über einen *realen Würfel*? Wie bekommt man hier die Wahrscheinlichkeiten $p(1), \ldots, p(6)$? Ähnlich sieht es auch aus, wenn man sich beispielsweise für das Würfeln mit Heftzwecken interessiert. Sind hier die beiden möglichen Resultate gleichwahrscheinlich?

Oft geht man in solchen Fällen pragmatisch vor und ermittelt experimentell eine *Häufigkeitsverteilung* für ein Ereignis A bei N statistisch unabhängigen Experimenten, d.h. man zählt die Anzahl $N(A)$. Für großes N geht die relative Häufigkeit gegen die Wahrscheinlichkeit, also

$$h_N(A) = \frac{N(A)}{N} \xrightarrow[N\to\infty]{} p(A)\,. \tag{13.26}$$

Dabei ist allerdings Vorsicht geboten. Zwar ist die Größe $N(A)$ meist klar definiert, aber bei der Auswahl der betrachteten „Fälle“ können leicht Vorurteile des „Experimentators“ einfließen.

Noch gravierender ist aber die Tatsache, dass eine solche Häufigkeitsanalyse nicht immer durchführbar ist. Wie groß ist beispielsweise die Wahrscheinlichkeit für einen GAU in einem Kernkraftwerk? Wie groß ist die Wahrscheinlichkeit der Hypothese, dass die Lichtgeschwindigkeit im Vakuum nicht konstant ist? Wie groß ist die Wahrscheinlichkeit dafür, dass beobachtete Schwankungen der Bahn des Saturn von einem unbekannten Planeten hervorgerufen werden? In solchen Fällen ist eine Bestimmung der Wahrscheinlichkeiten über Häufigkeitsanalysen unsinnig.

Im Folgenden werden wir einen Ausweg kennen lernen, der sich in der Hauptsache an der *Nachvollziehbarkeit* aller Zuweisungen und Annahmen orientiert:

- „Wahrscheinlichkeitstheorie ist gesunder Menschenverstand, reduziert auf numerische Rechnung“ (P.-S. Laplace).

In vielen physikalischen Untersuchungen beschränkt man sich auf Wahrscheinlichkeitsaussagen über ein vorliegendes System. Als typisches Beispiel soll hier der *boltzmannsche Energieverteilungssatz* angeführt werden. Dabei sind die

Wahrscheinlichkeiten p_k für einen Zustand k mit der Energie ϵ_k gegeben durch

$$p_k = \frac{1}{Z}\,\mathrm{e}^{-\beta\epsilon_k}\,, \tag{13.27}$$

mit der *Zustandssumme*

$$Z = \sum_k \mathrm{e}^{-\beta\epsilon_k}\,. \tag{13.28}$$

Der Parameter $\beta = 1/k_\mathrm{B}T$ ist die reziproke Temperatur und $k_\mathrm{B} \approx 1.380658 \cdot 10^{-23}\,\mathrm{J\,K^{-1}}$ die Boltzmann-Konstante.

Die traditionelle Herleitung dieser boltzmannschen Energieverteilung ist wegen der mathematischen Anforderungen nicht einfach nachzuvollziehen. Im folgenden Abschnitt soll ein gänzlich andersartiger Zugang zu Wahrscheinlichkeitsaussagen über physikalische Systeme dargestellt werden. Wir benötigen dazu ein allgemeines Konzept des statistischen Schließens, das den großen Vorzug hat, die einer Wahrscheinlichkeitsverteilung zugrunde liegenden Annahmen klar herauszustellen und nicht unter einer Vielfalt von Denk- und Rechenschritten zu begraben.

13.2 Entropie

Um eine objektive Zuweisung einer Wahrscheinlichkeitsverteilung zu einem gegebenen System vornehmen zu können, muss man sich vorher Klarheit verschaffen über das, was man tut (oder tun darf). Die grundlegende Forderung ist das

- *Prinzip maximaler Unbestimmtheit*: Von allen möglichen Wahrscheinlichkeitsverteilungen, die mit den bekannten Informationen über ein System verträglich sind, muss man diejenige annehmen, die soweit wie möglich unbestimmt ist, d.h. die auf keinen zusätzlichen Annahmen basiert.

Diese Forderung der Wahl einer „vorurteilsfreiesten“ Wahrscheinlichkeitsverteilung ist schon von Jakob Bernoulli in seiner „Ars Conjectanda“ (1713) als das „Prinzip vom nicht zureichenden Grunde“ ausgesprochen worden. Es ist letztlich nur eine Forderung an die Aufrichtigkeit: Jede Wahrscheinlichkeitsverteilung, die weniger unbestimmt ist, unterstellt mehr Eigenschaften des Systems als vorgegeben sind und ist daher zu verwerfen.

Erst die konzeptionelle Revolution der Wahrscheinlichkeitstheorie in der Mitte unseres Jahrhunderts durch die Informationstheorie machte aus einer abstrakten Forderung ein praktikables Handwerkszeug. Von größter Bedeutung ist hierbei die *Messbarkeit* der Unbestimmtheit. Im folgenden Abschnitt wird eine kurze Herleitung dieses Unbestimmtheitsmaßes gegeben.[3]

13.2.1 Ein Maß für die Unbestimmtheit

Wir betrachten ein System mit n diskreten „Zuständen“ oder „Ereignissen“ $k = 1, \ldots, n$, denen die Wahrscheinlichkeiten p_k zugeordnet werden sollen ($0 \leq p_k \leq 1$, $\sum_k p_k = 1$).

Wenn wir mit *Sicherheit* wissen, welcher Zustand vorliegt, hat eines dieser p_k den Wert 1, alle anderen sind gleich null. Wissen wir sonst nichts, d.h. haben wir keinen Grund anzunehmen, dass irgendeiner der Zustände k bevorzugt ist, so müssen wir eine Gleichverteilung aller Zustände annehmen, also $p_k = 1/n$ für alle k.

Wir suchen nun ein Maß $S(p_1, \ldots, p_n)$ für die Unbestimmtheit einer Verteilung $\{p_1, \ldots, p_n\}$, d.h. wir möchten *quantitativ* angeben, wie unbestimmt die Verteilung ist. Dabei erwarten wir im Falle der Sicherheit $S = 0$ und im Falle einer vollständigen Unkenntnis, also einer Gleichverteilung, den maximal möglichen Wert von S.

Es ist bemerkenswert, dass man ein solches Maß *eindeutig* aus wenigen einleuchtenden Grundforderungen herleiten kann (genauer: eindeutig bis auf einen Faktor, der die Maßeinheit für S angibt). Wir verlangen dazu:

(i) Die Funktion $S(p_1, \ldots, p_n)$ ist stetig in den p_k.

(ii) Falls alle p_k gleich sind, ist

$$A(n) = S(1/n, \ldots, 1/n) \tag{13.29}$$

eine monoton wachsende Funktion von n.

(iii) Die *Kompositionsregel*: Wenn man die Zustände zu Teilmengen zusammenfasst, so ändert dies die Unbestimmtheit nicht. Die gesamte Unbestimmtheit ist gleich der Unbestimmtheit der Teilmengen zuzüglich der Unbestimmtheit innerhalb der Teilmengen, die mit deren Wahrscheinlichkeit gewichtet ist.

[3]Dieser Abschnitt folgt im Wesentlichen dem Artikel des Autors in Physik und Didaktik 15, 93 (1987), der sich auf die Arbeiten von E. T. Jaynes bezieht [siehe Jaynes, E.T.: „Papers on Probability, Statistics, and Statistical Physics“, R.D. Rosenkrantz (Ed.) (Reidel, Dordrecht, 1983)].

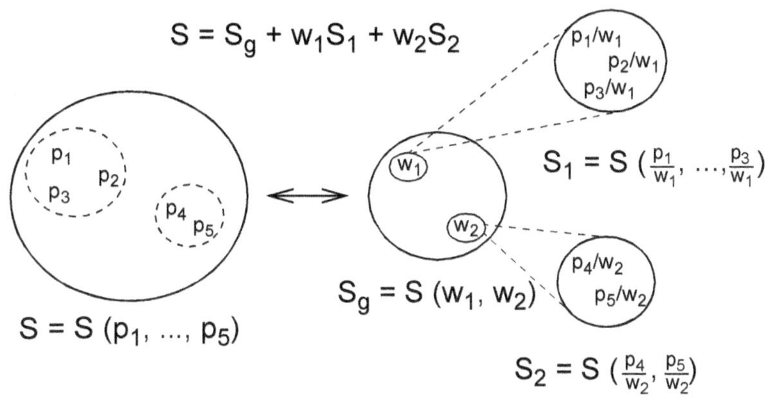

Bild 13.2: Illustration der Kompositionsregel (iii) der Entropie.

Die Forderung (ii) drückt unsere zunehmende Unkenntnis mit wachsender Anzahl der Zustände aus. Forderung (iii) erfordert einige Erläuterungen: Nehmen wir an, wir fassen die Zustände $1, \ldots, k$ zu einer Teilmenge $\mathcal{M}_1$ zusammen, die übrigen Zustände zu $\mathcal{M}_2$. Die Wahrscheinlichkeit für $\mathcal{M}_1$ ist dann $w_1 = p_1 + p_2 + \ldots + p_k$ und die Wahrscheinlichkeit für $\mathcal{M}_2$ ist $w_2 = p_{k+1} + \ldots + p_n$. Innerhalb von $\mathcal{M}_1$ hat das Ereignis j $(1 \leq j \leq k)$ die relative Wahrscheinlichkeit $p_j^{(1)} = p_j/w_1$. Die relative Unbestimmtheit *innerhalb* dieser Gruppe ist $S = S(p_1^{(1)}, \ldots, p_k^{(1)})$ und entsprechend $S(p_{k+1}^{(2)}, \ldots, p_n^{(2)})$ mit $p_j^{(2)} = p_j/w_2$ für $\mathcal{M}_2$.

Die Bilanz der Unbestimmtheiten ergibt sich dann auf folgende Weise: Zunächst erhält man die grobe Unbestimmtheit $S(w_1, w_2)$ für die Wahrscheinlichkeitsverteilung $\{w_1, w_2\}$ der beiden Teilmengen $\mathcal{M}_1$ und $\mathcal{M}_2$. Dazu kommt noch die jeweilige Unbestimmtheit S_1 oder S_2 für die Verteilung der Zustände *innerhalb* der Teilmengen. Da beide Teilmengen mit den Wahrscheinlichkeiten w_1 und w_2 auftreten, müssen die S_1 und S_2 mit diesen Gewichtsfaktoren multipliziert werden. Wir fordern deshalb

$$S(p_1, \ldots, p_n) = S(w_1, w_2) + w_1\, S(p_1^{(1)}, \ldots, p_k^{(1)}) + w_2\, S(p_{k+1}^{(2)}, \ldots, p_n^{(2)}) . \quad (13.30)$$

Bild 13.2 illustriert diese Beziehung für den Fall $n = 5$ und $k = 3$. Entsprechendes gilt für eine Zerlegung in mehr als zwei Teilmengen.

Im Folgenden wollen wir aus den Forderungen (i) bis (iii) die funktionale Form von $S(p_1, .., p_n)$ bestimmen. Wegen der Stetigkeit (i) ist es ausreichend, S für rationale Werte der p_k zu bestimmen. Sei also

$$p_k = \frac{n_k}{N} \,, \quad N = \sum_{k=1}^{n} n_k \tag{13.31}$$

mit ganzzahligen n_k. Wir betrachten nun N gleichwahrscheinliche Alternativen, von denen jeweils n_k zu einer Teilmenge $\mathcal{M}_k$ $(j = 1, \ldots, n)$ zusammengefasst sind, mit der Unbestimmtheit

$$S\big(1/n_k, \ldots, 1/n_k\big) = A(n_k)\,. \tag{13.32}$$

Die gesamte Unbestimmtheit ist

$$S\big(1/N, \ldots, 1/N\big) = A(N)\,. \tag{13.33}$$

Nach Forderung (iii) gilt dann

$$A(N) = S(p_1, \ldots, p_n) + \sum_{k=1}^{n} p_k A(n_k)\,. \tag{13.34}$$

Wählt man jetzt insbesondere alle n_k gleich, also etwa $n_k = m$ für $k = 1, \ldots, n$, so ergibt (13.34) mit $N = nm$, $p_k = 1/n$ und $S(p_1, \ldots, p_n) = S(1/n, \ldots, 1/n) = A(n)$ die Beziehung

$$A(nm) = A(n) + A(m)\,. \tag{13.35}$$

Gleichung (13.35) wird gelöst durch

$$A(n) = a \ln n \tag{13.36}$$

mit $a > 0$ wegen Forderung (ii).

Diese Lösung ist eindeutig, was man auf einfache Weise zeigen kann: Gleichung (13.35) impliziert $A(n^m) = mA(n)$ für $n, m \in \mathbb{N}$. Für $n > 1$ gibt es zu jedem m ein $\ell \in \mathbb{N}$ mit $2^\ell \leq n^m \leq 2^{\ell+1}$. Also ist

$$\ell \ln 2 \leq m \ln n \leq (\ell + 1) \ln 2 \tag{13.37}$$

und folglich

$$\frac{\ell}{m} \leq \frac{\ln n}{\ln 2} < \frac{\ell}{m} + \frac{1}{m}\,. \tag{13.38}$$

Außerdem ist wegen der Monotonie von $A(n)$ und (13.35)

$$\ell\, A(2) \leq mA(n) \leq (\ell + 1)\, A(2)\;, \quad A(2) \geq A(1) = 0\,, \tag{13.39}$$

also auch

$$\frac{\ell}{m} \leq \frac{A(n)}{A(2)} \leq \frac{\ell}{m} + \frac{1}{m} \tag{13.40}$$

und nach (13.38) und (13.40)

$$\left| \frac{A(n)}{A(2)} - \frac{\ln n}{\ln 2} \right| \leq \frac{1}{m} \,. \tag{13.41}$$

Dies gilt bei festem n für alle m. Also muss die linke Seite der Gleichung gleich null sein und somit

$$\frac{A(n)}{A(2)} = \frac{\ln n}{\ln 2} \,, \tag{13.42}$$

d.h. es ergibt sich (13.36) mit $a = A(2)/\ln 2 > 0$.

Jetzt sind wir fast am Ziel. Setzen wir Gleichung (13.36) in Gleichung (13.34) ein, so finden wir

$$\begin{aligned} S(p_1, \ldots, p_n) &= a \ln N - a \sum_{k=1}^{n} p_k \ln n_k \\ &= a\Big(\sum_{k=1}^{n} p_k\Big) \ln N - a \sum_{k=1}^{n} p_k \ln \big(p_k N\big) \\ &= -a \sum_{k=1}^{n} p_k \ln p_k \,. \end{aligned} \tag{13.43}$$

Die Konstante a gibt die Einheiten an, in denen S gemessen wird. Gebräuchlich ist die Wahl $a = 1$, mit der man S in „natürlichen" Einheiten („Nats") erhält. Mit der Wahl $a = 1/\ln 2$ wird wegen $\ln p_k/\ln 2 = \log_2 p_k$ der natürliche Logarithmus zu einem dualen und die Entropie wird in den Einheiten „Bits" angegeben. Schließlich ergibt sich mit $a = k_\mathrm{B} = 1.380658 \cdot 10^{-23}$ Joule/Kelvin (die Boltzmann-Konstante) die Entropie S in „physikalischen" Einheiten. Im Folgenden wählen wir $a = 1$.

Als Name für die Größe

$$S = -\sum_{k=1}^{n} p_k \ln p_k \tag{13.44}$$

ist die Bezeichnung *Entropie* gebräuchlich, oder manchmal auch *Informationsentropie*, wenn zwischen einer „physikalischen" und einer „informationstheoretischen" Entropie unterschieden werden soll.

13.2.2 Eigenschaften von $S(p_1, \ldots, p_n)$:

In diesem Abschnitt wollen wir uns mit der Entropie

$$S(p_1, \ldots, p_n) = -\sum_{k=1}^{n} p_k \ln p_k \tag{13.45}$$

vertraut machen, indem wir einige ihrer Eigenschaften kennenlernen:

(a) S ist nichtnegativ:

$$S \geq 0\,, \tag{13.46}$$

wobei das Gleichheitszeichen dann und nur dann gilt, wenn eines der p_k gleich eins ist, d.h. für den Fall, dass wir das Ereignis mit Sicherheit vorhersagen können. Dann ist natürlich der Informationsgewinn beim Eintreten dieses Ereignisses gleich null!

(b) Es gilt

$$S \leq S(1/n, \ldots, 1/n) = \ln n\,, \tag{13.47}$$

d.h. die Gleichverteilung $p_k = 1/n$ hat maximale Entropie.

(c) Weiterhin gilt die wichtige Ungleichung

$$\sum_{k=1}^{n} \widetilde{p}_k \ln \frac{\widetilde{p}_k}{p_k} \geq 0 \tag{13.48}$$

für zwei beliebige Paare von Wahrscheinlichkeitsverteilungen $\{p_1, \ldots, p_n\}$ und $\{\widetilde{p}_1, \ldots, \widetilde{p}_n\}$. Das Gleichheitszeichen in (13.48) gilt genau dann, wenn gilt $\widetilde{p}_k = p_k$ für alle $k = 1, \ldots, n$.

Wegen der Bedeutung von (13.48) für den folgenden Abschnitt sei hier ein kurzer **Beweis** skizziert: Aus der elementaren Ungleichung $\ln x \leq x - 1$ für $x > 0$ (dabei gilt das Gleichheitszeichen nur für $x = 1$), erhält man über $\ln(1/x) = -\ln x \geq 1 - x$ die Beziehung

$$\ln \frac{\widetilde{p}_k}{p_k} \geq 1 - \frac{p_k}{\widetilde{p}_k} \tag{13.49}$$

und daraus durch Multiplikation mit $\widetilde{p}_k$ und Summation über k

$$\begin{aligned}\sum_{k=1}^{n} \widetilde{p}_k \ln \frac{\widetilde{p}_k}{p_k} &\geq \sum_{k=1}^{n} (\widetilde{p}_k - p_k) \\ &= \sum_{k=1}^{n} \widetilde{p}_k - \sum_{k=1}^{n} p_k = 1 - 1 = 0\,,\end{aligned} \tag{13.50}$$

d.h. also die Ungleichung (13.48).

Als Spezialfall mit $p_k = 1/n$ folgt aus (13.48) die Ungleichung (13.47).

(d) Die Entropie misst die Unbestimmtheit einer Wahrscheinlichkeitsverteilung. Je größer die Entropie S ist, desto weniger *Information* ist in der Verteilung $p_1, \ldots, p_n$ enthalten. Mit

$$I(p_k) = -\ln p_k \tag{13.51}$$

messen wir die Information, die man erhält, wenn man ein Ereignis der Wahrscheinlichkeit p_k beobachtet (je kleiner die Wahrscheinlichkeit, desto größer die Information bei Eintritt des Ereignisses). Wenn man beispielsweise zwei Ereignisse betrachtet, die mit gleicher Wahrscheinlichkeit $p = 1/2$ auftreten, so erhält man die Information $I = -\ln 1/2 = \ln 2$ in Einheiten „Nats" oder $I = \log_2 2 = 1$ in „Bits". Ein Bit ist also die Information durch eine Antwort auf eine Ja-Nein-Frage.

Damit können wir die Entropie einer Wahrscheinlichkeitsverteilung mit

$$S = -\sum_{k=1}^{n} p_k \ln p_k = \sum_{k=1}^{n} p_k I(p_k) \tag{13.52}$$

als Mittelwert der Information in der Verteilung $\{p_1, \ldots, p_n\}$ interpretieren.

(e) Die Annahme endlich vieler Zustände $j = 1, \ldots, n$ lässt sich auf unendlich viele Zustände erweitern, also

$$S(p_1, \ldots, p_n, \ldots) = -\sum_{k=1}^{\infty} p_k \ln p_k\,. \tag{13.53}$$

Außerdem lässt sich auch eine Entropie kontinuierlicher Verteilungen, also von Wahrscheinlichkeitsdichten $p(x)$, definieren, beispielsweise wie

$$S(p) = -\int_{-\infty}^{+\infty} p(x) \ln p(x)\,\mathrm{d}x \tag{13.54}$$

falls die Größe x dimensionslos ist.

13.3 Maximale Unbestimmtheit

In diesem Abschnitt soll ein sehr wichtiges, aber weitgehend unbekanntes Problem behandelt werden:

- Wie findet man die Wahrscheinlichkeiten für die Zustände eines Systems?

Die Antwort kann nur lauten: aus allen Kenntnissen, die wir über das System besitzen. Man sucht eine Wahrscheinlichkeitsverteilung, die mit allen bekannten Eigenschaften des Systems verträglich ist. In den meisten Fällen ist unsere Kenntnis unvollständig – entweder wissen wir nicht genug über unser System, oder wir wollen es auch gar nicht wissen. Wer möchte schon die genaue Position und die Geschwindigkeiten aller $\approx 10^{23}$ Moleküle eines Gases ermitteln? Oft ist auch eine solche vollständige Kenntnis prinzipiell unmöglich (etwa durch die Aussagen der Quantenmechanik).

Wir suchen deshalb bescheiden nach einer Wahrscheinlichkeitsverteilung, die mit unseren (beschränkten) Kenntnissen verträglich ist, also z.B. die korrekte mittlere Energie eines Gases wiedergibt. Das Hauptproblem ist jetzt die Tatsache, dass es in der Regel beliebig viele solcher Verteilungen gibt. Als Beispiel betrachten wir einen „schlechten“ Würfel, von dem wir nur wissen, dass er die Zahlen $k = 1, 2, \ldots, 6$ mit einem Mittelwert von $\overline{k} = 3.6$ liefert, statt $\overline{k} = 3.5$, wie es sich für einen idealen Würfel gehört. Welche Wahrscheinlichkeiten sollten wir jetzt für die gewürfelten Zahlen k angeben? Das Problem ist nicht eindeutig lösbar, denn wir suchen sechs unbekannte Größen $p_1, \ldots, p_6$, die nur zwei Gleichungen erfüllen müssen:

$$\sum_{k=1}^{6} p_k = 1 \quad \text{und} \quad \sum_{k=1}^{6} k\, p_k = \overline{k} = 3.6 \,. \tag{13.55}$$

Eine mögliche solche Verteilung ist $p_2 = 0.6$, $p_6 = 0.4$ und $p_k = 0$ für alle anderen k. Unser Würfel liefert also nur die Zahlen zwei und sechs, wobei die Zahl zwei häufiger erscheint. Aber kaum jemand wird diese Erklärung ohne weiteres akzeptieren, denn es ist ja ohne weitere Kenntnisse über den Würfel nicht einzusehen, warum gerade nur diese beiden Zahlen auftreten.

Es gibt aber eine Lösung dieses unterbestimmten Problems, die auf einem sehr einfachen Prinzip beruht und mit dessen Hilfe viele verwandte Problemstellungen angegangen werden können: das *Prinzip maximaler Unbestimmtheit*.

Wir beginnen mit einer simplen Feststellung: Kennt man von einem System *nur* seine möglichen Zustände $k = 1, \ldots, n$ und sonst nichts, so muss man allen Zuständen die gleiche Wahrscheinlichkeit zusprechen. Die Unbestimmtheit $S = -\sum_k p_k \ln p_k$ ist dann maximal. Wir betrachten nun den Fall, dass wir neben der Kenntnis der Zustände $k = 1, \ldots, n$ des Systems noch weitere Information besitzen. Eine typische Situation ist hier die Kenntnis des Mittelwertes einer oder mehrerer physikalischer Größen. Wir wollen hier der Einfachheit halber annehmen, dass es sich sich um nur *eine* solche Größe handelt, die

Energie E. Eine Verallgemeinerung auf mehrere und andersartige Größen ist leicht durchzuführen. Die Energie des Zustandes k sei also ϵ_k, und die Zustände seinen so nummeriert, dass die ϵ_k mit k anwachsen:

$$\epsilon_1 \leq \epsilon_2 \leq \ldots \leq \epsilon_n \,. \tag{13.56}$$

Von unserem System sei uns der Mittelwert der Energie

$$E = \overline{E} = \sum_k \epsilon_k \, p_k \tag{13.57}$$

bekannt. Welche Verteilung der Wahrscheinlichkeiten $\{p_1, \ldots, p_n\}$ ist nun anzunehmen? Das Prinzip maximaler Unbestimmtheit verlangt, die „vorurteilsfreieste“ unter allen Wahrscheinlichkeitsverteilungen zu wählen, die mit den Nebenbedingungen verträglich sind. Das ist die Verteilung mit maximalem S unter allen Verteilungen, die (13.57) erfüllen. Es muss also gelten:

$$S = -\sum_k p_k \ln p_k = \mathit{maximal} \tag{13.58}$$

unter den Nebenbedingungen

$$\sum_k p_k = 1 \quad \text{und} \quad \sum_k \epsilon_k \, p_k = E \,. \tag{13.59}$$

Solche Maxima unter Nebenbedingungen lassen sich z.B. mithilfe der „lagrangeschen Multiplikatoren“ oder auch „Lagrange-Parameter“ auffinden. Diese Technik werden wir am Ende dieses Abschnittes kennen lernen. Hier soll ein elementarer Weg beschritten werden. Wir gehen dabei von der *Annahme* einer Verteilung der Form

$$p_k = \frac{1}{Z} \, \mathrm{e}^{-\beta \epsilon_k} \,. \tag{13.60}$$

aus. Die Größe Z (die *Zustandssumme*) bestimmt man so, dass die Summe aller Wahrscheinlichkeiten gleich eins ist, also

$$Z = \sum_k \mathrm{e}^{-\beta \epsilon_k} \,. \tag{13.61}$$

Die Konstante β wird durch die Kenntnis des Mittelwertes der Energie E festgelegt:

$$E = \sum_k \epsilon_k \, p_k = \frac{1}{Z} \sum_k \epsilon_k \, \mathrm{e}^{-\beta \epsilon_k} \,. \tag{13.62}$$

Zunächst wollen wir uns davon überzeugen, dass Gleichung (13.62) bei vorgegebenem E eine eindeutige Lösung β hat. Der Wertebereich für die Energie E ist festgelegt durch

$$\epsilon_1 = \epsilon_1\big(\sum_k p_k\big) \leq E = \sum_k \epsilon_k p_k \leq \epsilon_n\big(\sum_k p_k\big) = \epsilon_n \tag{13.63}$$

(d.h. E liegt in der konvexen Hülle der ϵ_k). Betrachten wir nun die Funktion

$$f(\beta) = \frac{1}{Z}\sum_{k=1}^{n} \epsilon_k \,\mathrm{e}^{-\beta\epsilon_k}\,. \tag{13.64}$$

Für sehr große Werte von β dominiert der Beitrag mit dem kleinsten ϵ_k, also ϵ_1. Dann gilt für großes β

$$f(\beta) = \frac{1}{Z}\sum_{k=1}^{n} \epsilon_k \,\mathrm{e}^{-\beta\epsilon_k} \xrightarrow[\beta\to\infty]{} \epsilon_1\,, \tag{13.65}$$

und umgekehrt für $\beta \to -\infty$

$$f(\beta) = \frac{1}{Z}\sum_{k=1}^{n} \epsilon_k \,\mathrm{e}^{-\beta\epsilon_k} \xrightarrow[\beta\to-\infty]{} \epsilon_n\,. \tag{13.66}$$

Da die Funktion $f(\beta)$ monoton fällt – das sieht man mit

$$\begin{aligned}
\frac{\mathrm{d}f}{\mathrm{d}\beta} &= -\frac{1}{Z}\sum_{k=1}^{n} \epsilon_k^2 \,\mathrm{e}^{-\beta\epsilon_k} + \frac{1}{Z^2}\big(\sum_{k=1}^{n} \epsilon_k \,\mathrm{e}^{-\beta\epsilon_k}\big)^2 \\
&= -\Big(\sum_{k=1}^{n} \epsilon_k^2\, p_k - \big(\sum_{k=1}^{n} \epsilon_k\, p_k\big)^2\Big) \\
&= -\sum_{k=1}^{n} \Big(\epsilon_k^2 - 2\epsilon_k \sum_{j=1}^{n} \epsilon_j\, p_j + \big(\sum_{j=1}^{n} \epsilon_j p_j\big)^2\Big) p_k \\
&= -\sum_{k=1}^{n} \big(\epsilon_k - \sum_{j=1}^{n} \epsilon_j\, p_j\big)^2 p_k \leq 0\,,
\end{aligned} \tag{13.67}$$

– ist gezeigt, dass zu jedem möglichen Wert von E $(\epsilon_1 \leq E \leq \epsilon_n)$ genau ein Wert β existiert mit $f(\beta) = E$.

Wir kommen zu dem wichtigsten Punkt und zeigen, dass jede andere Wahrscheinlichkeitsverteilung $\{\widetilde{p}_1, \widetilde{p}_2, \ldots\}$, die $\sum_k \epsilon_k \widetilde{p}_k = E$ erfüllt, zu einem *kleineren* Wert von S führt als die Verteilung (13.60). Sei also $\{\widetilde{p}_1, \ldots, \widetilde{p}_n\}$ eine solche andere Verteilung. Es gilt dann nach Gleichung (13.48) unter Verwendung der Abkürzung $\widetilde{S} = S(\widetilde{p}_1, \widetilde{p}_2, \ldots)$

$$\begin{aligned} 0 &\leq \sum_k \widetilde{p}_k \ln \frac{\widetilde{p}_k}{p_k} = \sum_k \widetilde{p}_k \ln \widetilde{p}_k - \sum_k \widetilde{p}_k \ln p_k \\ &= -\widetilde{S} + \sum_k \widetilde{p}_k \big(\ln Z + \beta \epsilon_k \big) = -\widetilde{S} + \ln Z \sum_k \widetilde{p}_k + \beta \sum_k \epsilon_k \widetilde{p}_k \\ &= -\widetilde{S} + \ln Z \sum_k p_k + \beta \sum_k \epsilon_k p_k = -\widetilde{S} + \sum_k p_k \big(\ln Z + \beta \epsilon_k \big) \\ &= -\widetilde{S} - \sum_k p_k \ln p_k = -\widetilde{S} + S(p_1, p_2, \ldots) , \end{aligned} \tag{13.68}$$

und daraus folgt

$$S(\widetilde{p}_1, \widetilde{p}_2, \ldots) \leq S(p_1, p_2, \ldots) \tag{13.69}$$

für alle Wahrscheinlichkeitsverteilungen, die mit der Nebenbedingung $E = \sum_k \epsilon_k \widetilde{p}_k$ in Übereinstimmung stehen.

Damit ist gezeigt, dass die Verteilung (13.60) die Entropie S unter der Nebenbedingung (13.62) maximiert, d.h. diese Verteilung ist die gesuchte Verteilung mit größtmöglicher Unbestimmtheit. Man bezeichnet die Verteilung (13.60) als die *Boltzmann-Verteilung*.

Zum Abschluss dieses Abschnittes soll noch, wie versprochen, eine allgemeine Methode zur Bestimmung der Extremwerte einer Funktion unter Nebenbedingungen beschrieben werden. Hierbei werden Parameter, die *lagrangeschen Multiplikatoren*, eingeführt, die dann wie zusätzliche Variablen behandelt werden. Wir stellen diese Methode hier am Beispiel der Entropie vor, eine Verallgemeinerung ist offensichtlich.

Sei also ein Extremwert der Entropie $S(p_1, p_2, \ldots) = -\sum_k p_k \ln p_k$ unter den Nebenbedingungen $\sum_k p_k = 1$ und $\sum_k \epsilon_k p_k = E$ gesucht. Wir definieren jetzt die Funktion

$$f(p_1, \ldots, \lambda, \beta) = -\sum_k p_k \ln p_k + \lambda \big(1 - \sum_k p_k\big) + \beta \big(E - \sum_k \epsilon_k p_k\big), \tag{13.70}$$

die zusätzlich zu den p_1, p_2, ... noch von den beiden Lagrange-Parametern λ und β abhängt, und suchen ihre Extrema. Das liefert die Bedingungen

$$\frac{\partial f}{\partial p_k} = -\ln p_k - 1 - \lambda - \beta\epsilon_k = 0 \tag{13.71}$$

$$\frac{\partial f}{\partial \lambda} = 1 - \sum_k p_k = 0 \tag{13.72}$$

$$\frac{\partial f}{\partial \beta} = E - \sum_k \epsilon_k p_k = 0\,. \tag{13.73}$$

Die erste dieser Gleichungen ergibt $\ln p_k = -1 - \lambda - \beta\epsilon_k$, also wie oben

$$p_k = \mathrm{e}^{-1-\lambda-\beta\epsilon_k} = \frac{1}{Z}\,\mathrm{e}^{-\beta\epsilon_k} \quad \text{mit} \quad Z = \mathrm{e}^{1+\lambda}\,. \tag{13.74}$$

Die Werte der Lagrange-Parameter werden durch die Nebenbedingungen festgelegt. Die Normierungsbedingung $\sum_k p_k = 1$ bestimmt den Parameter λ,

$$Z = \mathrm{e}^{1+\lambda} = \sum_k \mathrm{e}^{-\beta\epsilon_k}\,, \tag{13.75}$$

und der Wert der mittleren Energie $E = \sum_k \epsilon_k p_k$ legt den Parameter β fest.

13.4 Die Boltzmann-Verteilung

Die Wahrscheinlichkeitsverteilung der Zustände eines Systems mit vorgegebener mittlerer Energie ist – wie im vorangehenden Abschnitt gezeigt wurde – die Boltzmann-Verteilung

$$p_k = \frac{1}{Z}\,\mathrm{e}^{-\beta\epsilon_k}\,. \tag{13.76}$$

Die Größe β^{-1} werden wir als die *absolute Temperatur* T kennen lernen. Genauer: Es gilt

$$\beta = 1/k_{\mathrm{B}}T\,; \tag{13.77}$$

dabei ist k_{B} die Boltzmann-Konstante. Die Zustandssumme Z ist eine Funktion des Parameters β – und damit der Temperatur – und erlaubt eine einfache Bestimmung des Zusammenhangs zwischen mittlerer Energie $E = \sum_k \epsilon_k p_k$ und Temperatur: Differenzieren von (13.61) nach β liefert

$$\frac{\partial Z}{\partial \beta} = \frac{\partial}{\partial \beta}\sum_k \mathrm{e}^{-\beta\epsilon_k} = -\sum_k \epsilon_k\,\mathrm{e}^{-\beta\epsilon_k} = -Z\sum_k \epsilon_k p_k = -Z\,E \tag{13.78}$$

oder

$$E = -\frac{1}{Z}\frac{\partial Z}{\partial \beta} = -\frac{\partial}{\partial \beta}\ln Z\,. \tag{13.79}$$

Die (maximale) Entropie für die Verteilung (13.76) ist durch

$$\begin{aligned} S &= -\sum_k p_k \ln p_k = -\sum_k p_k\,(-\ln Z - \beta\epsilon_k) \\ &= \ln Z \sum_k p_k + \beta \sum_k \epsilon_k p_k = \ln Z + \beta E \end{aligned} \tag{13.80}$$

gegeben.

13.4.1 Der harmonische Oszillator

Als Beispiel betrachten wir den wichtigen Spezialfall von Zuständen mit äquidistanter Energie. In der Quantenmechanik werden wir diesem System unter dem Namen „Harmonischer Oszillator" wieder begegnen. Dort ergibt sich für den Abstand der Energiezustände als $\hbar\omega$ (ω ist die Frequenz des Oszillatores, $\hbar$ das plancksche Wirkungsquantum dividiert durch 2π). Wir verwenden hier diese Bezeichnung und schreiben die Energien als

$$\epsilon_k = \hbar\omega\,(k + 1/2) \quad \text{für } k = 0, 1, 2, \ldots\,.$$

Hier können wir die Zustandssumme in geschlossenener Form berechnen:

$$Z = \sum_{k=0}^{\infty} \mathrm{e}^{-\beta\hbar\omega(k+1/2)} = \mathrm{e}^{-\beta\hbar\omega/2} \sum_{k=0}^{\infty} \left[\mathrm{e}^{-\beta\hbar\omega}\right]^k . \tag{13.81}$$

Wegen $0 < \mathrm{e}^{-\beta\hbar\omega} < 1$ lässt sich diese geometrische Reihe aufsummieren. Wir erhalten für $0 < \beta < \infty$

$$Z = \frac{\mathrm{e}^{-\beta\hbar\omega/2}}{1 - \mathrm{e}^{-\beta\hbar\omega}} \tag{13.82}$$

und damit nach Gleichung (13.79) für die mittlere Energie E den Ausdruck

$$\begin{aligned} E &= -\frac{\partial}{\partial\beta}\ln Z = \frac{\hbar\omega}{2} - \frac{\partial}{\partial\beta}\ln\left(1 - \mathrm{e}^{-\beta\hbar\omega}\right) \\ &= \frac{\hbar\omega}{2} + \frac{\hbar\omega}{\mathrm{e}^{\beta\hbar\omega} - 1} = \frac{\hbar\omega}{2} + \frac{\hbar\omega}{\mathrm{e}^{\hbar\omega/k_\mathrm{B}T} - 1}\,. \end{aligned} \tag{13.83}$$

Diese Gleichung regelt den Zusammenhang zwischen der mittleren Energie E und dem Parameter β bzw. der Temperatur T. Daraus erhält man dann mit

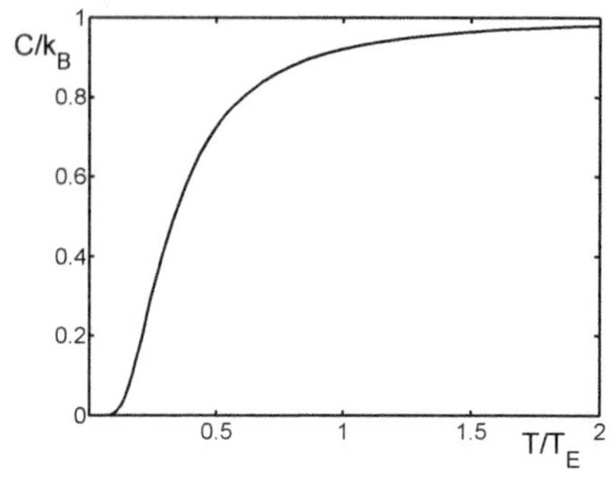

Bild 13.3: Harmonischer Oszillator: Spezifische Wärme C als Funktion der Temperatur T in Einheiten der Einstein-Temperatur $T_{\rm E} = \hbar\omega/k_{\rm B}$: Im (klassischen) Hochtemperaturlimit $T \to \infty$ gilt $C \to k_{\rm B}$, bei tiefen Temperaturen nimmt die spezifische Wärme exponentiell ab.

$\frac{\partial}{\partial T} = \frac{\partial \beta}{\partial T}\frac{\partial}{\partial \beta} = -\frac{1}{k_{\rm B}T^2}\frac{\partial}{\partial \beta}$ die spezifische Wärme pro Teilchen als

$$C = \frac{\partial E}{\partial T} = \frac{\hbar^2\omega^2}{k_{\rm B}T^2}\frac{e^{\hbar\omega/k_{\rm B}T}}{\left(e^{\hbar\omega/k_{\rm B}T} - 1\right)^2} \tag{13.84}$$

mit den Grenzwerten $C \to k_{\rm B}$ für $T \to \infty$, das heißt, das System benimmt sich klassisch, und $C \to 0$, für $T \to 0$, also im tief quantenmechanischen Bereich. Bild 13.3 illustriert die Abhängigkeit der spezifischen Wärme von der Temperatur, die in Einheiten der Einstein-Temperatur $T_{=\rm E}\hbar\omega/k_B$ angegeben ist.

13.4.2 Magnetisierung

Zur weiteren Illustration soll als zweites Beispiel ein System von N Elementarmagneten mit magnetischem Moment μ im Magnetfeld H untersucht werden. Zur Vereinfachung nehmen wir an, dass das magnetische Moment nur zwei Einstellmöglichkeiten besitzt: nach oben (+) mit Energie $\epsilon_+ = +\mu H$ und nach unten (−) mit Energie $\epsilon_- = -\mu H$. Die Wahrscheinlichkeiten maximaler Entropie bei einem vorgegebenen Wert der mittleren Energie $E = p_-\epsilon_- + p_+\epsilon_+$ erhält man nach der Boltzmann-Verteilung als

$$p_\pm = \frac{1}{Z}\, e^{\mp\mu H/k_{\rm B}T} \tag{13.85}$$

mit der Zustandssumme

$$Z = \mathrm{e}^{-\mu H/k_\mathrm{B}T} + \mathrm{e}^{+\mu H/k_\mathrm{B}T} = 2\cosh\frac{\mu H}{k_\mathrm{B}T}\,. \tag{13.86}$$

Die mittlere Energie pro Teilchen ist damit

$$\begin{aligned} E &= \mu H(p_+ - p_-) = \mu H\,\frac{\mathrm{e}^{-\mu H/k_\mathrm{B}T} - \mathrm{e}^{+\mu H/k_\mathrm{B}T}}{\mathrm{e}^{-\mu H/k_\mathrm{B}T} + \mathrm{e}^{+\mu H/k_\mathrm{B}T}} \\ &= -\mu H\tanh\frac{\mu H}{k_\mathrm{B}T}\,, \end{aligned} \tag{13.87}$$

und die mittlere Magnetisierung pro Teilchen, also der Mittelwert des magnetischen Moments, ergibt sich als

$$M = \mu\,(p_+ - p_-) = \frac{E}{H} = -\mu\tanh\frac{\mu H}{k_\mathrm{B}T}\,. \tag{13.88}$$

Für die Entropie findet man nach (13.80) den Ausdruck

$$S = \ln Z + \beta E = \ln\left(2\,\cosh\frac{\mu H}{k_\mathrm{B}T}\right) - \frac{\mu H}{k_\mathrm{B}T}\,\tanh\frac{\mu H}{k_\mathrm{B}T}\,, \tag{13.89}$$

und die spezifische Wärme ist

$$\begin{aligned} C &= \frac{\partial E}{\partial T} = -\mu H\,\frac{1}{\cosh^2\frac{\mu H}{k_\mathrm{B}T}}\left(-\frac{\mu H}{k_\mathrm{B}T^2}\right) \\ &= k_\mathrm{B}\left(\frac{\mu H}{k_\mathrm{B}T\,\cosh\frac{\mu H}{k_\mathrm{B}T}}\right)^2. \end{aligned} \tag{13.90}$$

Bild 13.4 illustriert die Abhängigkeit der spezifischen Wärme von der Temperatur, die in Einheiten von $T_\mathrm{H}\mu H/k_\mathrm{B}$ angegeben ist. Die spezifische Wärme zeigt ein ausgeprägtes Maximum bei $T \approx T_\mathrm{H}$, danach fällt sie wieder ab. Die Beobachtung eines solches Verhaltens im Experiment ermöglicht Rückschlüsse auf die Energieabstände des Systems.

13.4.3 Das ideale einatomige Gas

In diesem Abschnitt soll zum Abschluss unserer Überlegungen zur statistischen Physik eines der einfachsten Modellsysteme der statistischen Physik untersucht

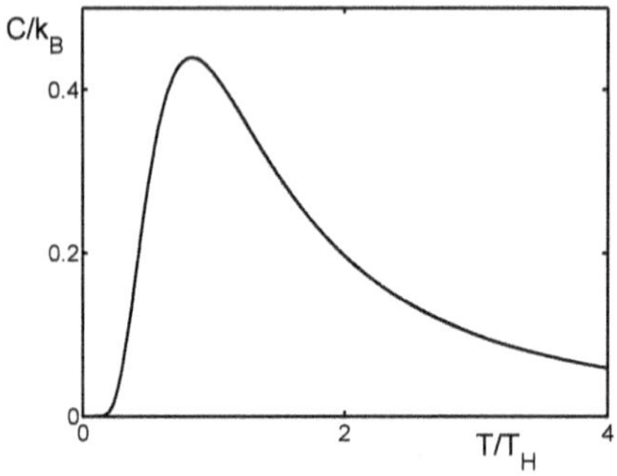

Bild 13.4: Spezifische Wärme C eines Systems mit zwei Zuständen als Funktion der Temperatur T in Einheiten der Temperatur $T_{\mathrm{H}} = \mu H/k_{\mathrm{B}}$:

werden: Das einatomige Gas. Genauer ausgedrückt werden wir das so genannte *ideale einatomige Gas* betrachten und darauf verzichten, eine ganze Reihe von Eigenschaften realer Gase – wie zum Beispiel das endliche Atomvolumen – zu beschreiben. Unsere Absicht ist es hier, eine Brücke zu schlagen von den vorausgegangenen vielleicht etwas theoretischen Betrachtungen zu (fast) realistischen Systemen des täglichen Lebens.

Unser Vorgehen folgt genau dem oben beschriebenen Konzept: Wir bestimmen die Wahrscheinlichkeitsverteilung maximaler Unbestimmtheit, daraus die Zustandssumme und schließlich die uns interessierenden statistischen Größen. In unserem Fall eines idealen Gases ist eines der Endergebnisse sicher bekannt, es ist die Gasgleichung

$$pV = Nk_{\mathrm{B}}T\,, \tag{13.91}$$

die den Druck p und das Volumen V mit der Temperatur T verknüpft. Hier interessiert hauptsächlich die *Herleitung* dieser Beziehung mit den oben dargestellten Methoden.

Es sei also die mittlere Energie E unseres Gases von N Atomen mit Masse m gegeben. Weiterhin wissen wir, dass die Atome nicht miteinander wechselwirken (ideales Gas). Dann ist die Zustandssumme nach (13.28) gegeben durch

$$Z = \sum_k \mathrm{e}^{-\beta\epsilon_k}\,, \tag{13.92}$$

wobei der Wert von $\beta = 1/k_{\mathrm{B}}T$ durch die mittlere Energie E festgelegt wird. Wir vernachlässigen hier Quanteneffekte, die bei tiefen Temperaturen wichtig werden, und beschreiben die möglichen Energiezustände des Systems im Rahmen der klassischen Mechanik durch

$$E_k \longleftrightarrow \sum_{n=1}^{N} \frac{\vec{p}_n^{\,2}}{2m} + V(\vec{r}_1, \vec{r}_2, \ldots, \vec{r}_N) \tag{13.93}$$

und müssen folglich in (13.92) die Summation über alle Zustände durch ein Integral über alle $\vec{r}_1, \ldots, \vec{r}_N, \vec{p}_1, \ldots, \vec{p}_N$ ersetzen. Für den wechselwirkungsfreien Fall $V = 0$ folgt:

$$Z = \frac{1}{h^{3N}} \int \cdots \int \mathrm{e}^{-\beta \sum_{n=1}^{N} \vec{p}_n^{\,2}/2m} \, \mathrm{d}^3 r_1 \ldots \mathrm{d}^3 r_N \, \mathrm{d}^3 p_1 \cdots \mathrm{d}^3 p_N \, . \tag{13.94}$$

Man integriert also über den gesamten $2{\cdot}3N$-dimensionalen Phasenraum des N-Teilchen-Systems. Dabei ist h zunächst eine willkürlich eingeführte Konstante, die die Anzahl der Zustände in einem Phasenraumvolumen $\mathrm{d}r_j \, \mathrm{d}p_j$ angibt. Später in der Quantenmechanik werden wir diese Konstante als das *plancksche Wirkungsquantum* kennen lernen.

Die Integration über $\mathrm{d}^3 r_1 \cdots \mathrm{d}^3 r_N$ liefert die N-te Potenz des Systemvolumens V, also

$$Z = \frac{V^N}{h^{3N}} \left[\int \mathrm{e}^{-\beta \vec{p}^{\,2}/2m} \, \mathrm{d}^3 p \right]^N . \tag{13.95}$$

Nun ist

$$\int \mathrm{e}^{-\beta \vec{p}^{\,2}/2m} \, \mathrm{d}^3 p = \int \mathrm{e}^{-\beta \left(p_x^2 + p_y^2 + p_z^2\right)/2m} \, \mathrm{d}p_x \, \mathrm{d}p_y \, \mathrm{d}p_z \tag{13.96}$$

mit

$$\begin{aligned} \int_{-\infty}^{+\infty} \mathrm{e}^{-\beta p_x^2/2m} \mathrm{d}p_x &= \int_{-\infty}^{+\infty} \mathrm{e}^{-\beta p_y^2/2m} \mathrm{d}p_y \\ &= \int_{-\infty}^{+\infty} \mathrm{e}^{-\beta p_z^2/2m} \mathrm{d}p_z = \sqrt{\frac{2\pi m}{\beta}} \, . \end{aligned} \tag{13.97}$$

Damit finden wir für die Zustandssumme das Ergebnis

$$Z = \left\{ V \left(\frac{2\pi m}{h^2 \beta} \right)^{3/2} \right\}^N . \tag{13.98}$$

Alles Weitere ist vorgezeichnet: Wir berechnen

$$\ln Z = N \left\{ \ln V - \frac{3}{2} \ln \beta + \frac{3}{2} \ln \frac{2\pi m}{h^2} \right\} \tag{13.99}$$

und dann nach Gleichung (13.79) die mittlere Energie

$$E = -\frac{\partial}{\partial \beta} \ln Z = \frac{3}{2} N \frac{1}{\beta} = \frac{3}{2} N k_{\mathrm{B}} T \,. \tag{13.100}$$

Die Energie pro Teilchen und Freiheitsgrad ist also gleich $k_{\mathrm{B}}T/2$. Für die Entropie ergibt sich dann nach (13.80)

$$S = N \left\{ \ln V + \frac{3}{2} \left[1 + \ln \left(\frac{2\pi m}{h^2 \beta} \right) \right] \right\} . \tag{13.101}$$

Der *Druck* ist die Änderung der Energie E mit dem Volumen V, also hier

$$p = -\frac{\partial E}{\partial V} = k_{\mathrm{B}} T \frac{\partial}{\partial V} \ln Z = \frac{N k_{\mathrm{B}} T}{V} \,, \tag{13.102}$$

also die bekannte Gasgleichung

$$pV = N k_{\mathrm{B}} T \,. \tag{13.103}$$

Mithilfe der Boltzmann-Verteilung lässt sich eine Formel für die Verteilung der Geschwindigkeiten der Moleküle eines idealen Gases angeben, die *Maxwell-Boltzmann-Verteilung*: Die Wahrscheinlichkeitsverteilung für die Impulse $\vec{p} = (p_x, p_y, p_z)$ oder die Geschwindigkeiten $\vec{v} = \vec{p}/m = (v_x, v_y, v_z)$ der Teilchen eines idealen (klassischen) Gases erhält man nach der Boltzmann-Verteilung [siehe Gleichungen (13.93) und (13.94)] als

$$\begin{aligned} f(v_x, v_y, v_z) &= \left(\frac{m}{2\pi k_{\mathrm{B}} T} \right)^{3/2} \mathrm{e}^{-mv^2/(2k_{\mathrm{B}}T)} \\ &= \left(2\pi m k_{\mathrm{B}} T \right)^{-3/2} \mathrm{e}^{-m(v_x^2 + v_y^2 + v_z^2)/(2k_{\mathrm{B}}T)} \,. \end{aligned} \tag{13.104}$$

Dabei ist durch $f(v_x, v_y, v_z)\,\mathrm{d}v_x\,\mathrm{d}v_y\,\mathrm{d}v_z$ die Wahrscheinlichkeit gegeben, ein Teilchen mit Geschwindigkeit im „Volumenelement“ $\mathrm{d}v_x\,\mathrm{d}v_y\,\mathrm{d}v_z$ um eine Geschwindigkeit $\vec{v}$ zu finden.

Auch die Dichteverteilung der Moleküle in einem homogenen Gravitationsfeld lässt sich auf ähnliche Weise berechnen: Hier ist das Potential in (13.93) eine Funktion der Höhe z,

$$V(\vec{r}) = mgz \,, \tag{13.105}$$

und wir erhalten die *barometrische Höhenformel*:

$$f(z) = \frac{mg}{k_{\mathrm{B}} T} \mathrm{e}^{-mgz/k_{\mathrm{B}}T} \,. \tag{13.106}$$

Hier ist $f(z)\,\mathrm{d}z$ die Wahrscheinlichkeit, ein Teilchen im Intervall $\mathrm{d}z$ in der Höhe z zu finden. Die Teilchendichte nimmt also exponentiell mit der Höhe ab.

13.5 Entropie und Irreversibilität

Das Prinzip maximaler Unbestimmtheit in Abschnitt 13.3 lieferte das allgemeine Konzept zur Konstruktion der Besetzungswahrscheinlichkeiten p_i der Zustände i eines Systems: Man muss dem System diejenige Wahrscheinlichkeitsverteilung zuschreiben, die die Entropie unter den vorliegenden Kenntnissen maximiert. Dieser Ansatz enthielt bisher kein Zeitverhalten. Was können wir über die *Dynamik* eines Systems sagen? In der Regel ist uns nur ein Teil der wirkenden Kräfte genau bekannt. Außerdem kennen wir in der Regel den Anfangszustand des Systems nicht, sondern meist nur eine Wahrscheinlichkeitsverteilung. Wir können also nicht erwarten, die Dynamik genau zu beschreiben.

Das System ist also zu jeder Zeit in einem bestimmten (uns unbekannten) Zustand, der sich durch bekannte und unbekannte Einflüsse (Kräfte) ändert. Die zeitabhängigen Wahrscheinlichkeiten p_i beschreiben unsere Unkenntnis des „wahren“ Zustands des Systems. Man spricht von einem *irreversiblen Prozess*. Allerdings ist Vorsicht geboten, denn irreversibel ist nicht der physikalische Prozess selbst, sondern unsere Kenntnis davon. Es geht (in der Regel) Information verloren und unsere Unwissenheit nimmt zu. Ausgedrückt durch unser Maß der Unbestimmtheit bedeutet das eine zeitliche Zunahme der Entropie, der *Entropiesatz*:

- Die Entropie S eines abgeschlossenen Systems kann mit der Zeit nur zunehmen, also

$$\mathrm{d}S/\mathrm{d}t \geq 0\,. \tag{13.107}$$

Einen Beweis des Entropiesatzes und eine Diskussion der genauen Voraussetzungen für seine Gültigkeit soll hier nicht einmal ansatzweise versucht werden. Wir sind bescheiden und beschränken uns auf einige Erläuterungen und ein illustratives Beispiel.

Betrachten wir zunächst ein System, dessen Dynamik durch die Ratengleichungen (11.132) für die Besetzungen n_i bestimmt ist. Da die Gesamtbesetzung $N = \sum_i n_i$ zeitlich konstant ist (vgl. Aufgabe 13.5), können wir die Ratengleichung auch in den Besetzungswahrscheinlichkeiten $p_i = n_i/N$ formulieren:

$$\begin{aligned}\frac{\mathrm{d}p_i}{\mathrm{d}t} &= \sum_k \big\{w_{ik}p_k - w_{ki}p_i\big\} \\ &= \sum_k w_{ik}\big\{p_k - p_i\big\} \quad \text{mit } w_{ik} \geq 0\,.\end{aligned} \tag{13.108}$$

Dabei folgt die letzte Gleichung aus der Annahmme, dass keine Richtung der Übergänge bevorzugt ist, d.h. $w_{ik} = w_{ki}$ (ein Charakteristikum eines abgeschlossenen Systems). Für die Zeitableitung der Entropie $S = -\sum_i p_i \ln p_i$ gilt dann

$$\begin{aligned} \frac{\mathrm{d}S}{\mathrm{d}t} &= -\sum_i \frac{\mathrm{d}}{\mathrm{d}t}(p_i \ln p_i) = -\sum_i \frac{\mathrm{d}\,p_i}{\mathrm{d}t}(1 + \ln p_i) \\ &= -\sum_{ik} w_{ik}\{p_k - p_i\}(1 + \ln p_i) \end{aligned} \tag{13.109}$$

Jetzt folgt ein beliebter Trick: Wir vertauschen die Indizes in der Summation und addieren beide Ausdrücke unter Beachtung der Symmetrie $w_{ik} = w_{ki}$:

$$2\,\frac{\mathrm{d}S}{\mathrm{d}t} = \sum_{ik} w_{ik}\{p_i - p_k\}(\ln p_i - \ln p_k) \geq 0\,. \tag{13.110}$$

Die Nicht-Negativität dieses Ausdrucks folgt, weil die beiden Terme in den Klammern das gleiche Vorzeichen haben (für $p_i > p_k$ gilt $\ln p_i > \ln p_k$ und umgekehrt). Also ergibt sich der Entropiesatz.

An dieser Stelle wollen wir unsere einführenden Betrachtungen zur statistischen Physik beenden und alles Weitere den Kursvorlesungen zur Theoretischen Physik überlassen.

13.6 Aufgaben

Aufgabe 13.1 (Lösung Seite 494): Zeigen Sie:

(a) Es gibt $n!$ Möglichkeiten, um n voneinander verschiedene Objekte O_1, $O_2, \ldots, O_n$ aufzureihen, also $n!$ derartige Permutationen.

(b) Es gibt $n!/k!$ solche Möglichkeiten, wenn k dieser Objekte einander gleich sind.

(c) Es gibt $n!/(k_1!k_2!)$ solche Möglichkeiten, wenn k_1 und k_2 dieser Objekte gleich sind.

Aufgabe 13.2 (Lösung Seite 495): Zeigen Sie, dass für die Binomial-Verteilung

$$p_N(k) = \binom{N}{k} p^k (1-p)^{N-k}$$

der Mittelwert von k und die mittlere Abweichung vom Mittelwert durch

$$\overline{k} = pN \quad , \quad \Delta k = \sqrt{p(1-p)N}$$

gegeben sind. **Hinweis:** Untersuchen Sie die Ableitungen der binomischen Formel (13.16) nach dem Parameter p.

Aufgabe 13.3 (Lösung Seite 495): Leiten Sie für die Poisson-Verteilung

$$P_\lambda(k) = \frac{\lambda^k}{k!}\,\mathrm{e}^{-\lambda}$$

die Formeln für den Mittelwert $\overline{k} = \lambda$ und die Standardabweichung $\Delta k = \sqrt{\lambda}$ her.

Aufgabe 13.4 (Lösung Seite 496): In einem Behälter mit Volumen V_0 befindet sich ein Gas, das aus N_0 nicht miteinander wechselwirkenden Molekülen besteht.

Wie groß ist die Wahrscheinlichkeit dafür, N Moleküle in einem Volumen $V \ll V_0$ zu finden? Bestimmen Sie die mittlere Anzahl von Molekülen in V und die Varianz dieser Größe.

Aufgabe 13.5 (Lösung Seite 497): Bei einem Sturm sind 1000 Dachziegel vom Dach gefallen. Sie wissen nur, dass insgesamt 10000 (Bruch-)Stücke aufgesammelt werden. Wie viele Dachziegel sind heruntergefallen, aber ganz geblieben? **Hinweis:** Dies ist ein typisches Problem mit unzureichender Information. Im ersten Augenblick scheint die Frage unsinnig und nicht beantwortbar. Versuchen Sie es dennoch!

Eine **Ergänzungsfrage**: Wie viele Klavierstimmer gibt es in Kaiserslautern?

Anhang A

Der Vektorraum der Polynome*

Zur Illustration eines abstrakten Vektorraums betrachten wir die Menge aller Polynome mit Grad $\leq n$:

$$P(x) = a_0 + a_1 x + a_2 x^2 + \ldots + a_n x^n = \sum_{j=0}^{n} a_j x^j \,. \tag{A.1}$$

Wir definieren eine Multiplikation eines Polynoms mit einer Zahl α durch

$$\alpha P(x) = \sum_{j=0}^{n} \alpha a_j x^j \tag{A.2}$$

und die Summe zweier Polynome als

$$P(x) + Q(x) = \sum_{j=0}^{n} a_j x^j + \sum_{j=0}^{n} b_j x^j = \sum_{j=0}^{n} (a_j + b_j)\, x^j \,. \tag{A.3}$$

Klarerweise sind beide Ausdrücke wieder Polynome von Grad $\leq n$, d.h. wir haben eine Multiplikation mit einer Zahl und eine Addition erklärt. Man prüft leicht nach, dass (G1) – (G4) und (K1) – (K3) erfüllt sind, hier seien explizit nur zwei der Regeln nachgeprüft: Assoziativität der Addition (G1):

$$
\begin{aligned}
P(x) + [Q(x) + R(x)] &= \sum_{j=0}^{n} a_j x^j + \left[\sum_{j=0}^{n} b_j x^j + \sum_{j=0}^{n} c_j x^j\right] \\
&= \sum_{j=0}^{n} a_j x^j + \sum_{j=0}^{n} [b_j + c_j]\, x^j \\
&= \sum_{j=0}^{n} (a_j + [b_j + c_j])\, x^j = \sum_{j=0}^{n} ([a_j + b_j] + c_j)\, x^j \\
&= \sum_{j=0}^{n} [a_j + b_j]\, x^j + \sum_{j=0}^{n} c_j x^j \\
&= \left[\sum_{j=0}^{n} a_j x^j + \sum_{j=0}^{n} b_j x^j\right] + \sum_{j=0}^{n} c_j x^j = [P(x) + Q(x)] + R(x)\,.
\end{aligned} \tag{A.4}
$$

Distributivität der Multiplikation mit einem Skalar (K1):

$$
\begin{aligned}
\alpha[P(x) + Q(x)] &= \alpha \left[\sum_{j=0}^{n} a_j x^j + \sum_{j=0}^{n} b_j x^j\right] = \alpha \left[\sum_{j=0}^{n} (a_j + b_j) x^j\right] \\
&= \sum_{j=0}^{n} \alpha\,(a_j + b_j)\, x^j = \sum_{j=0}^{n} (\alpha a_j + \alpha b_j)\, x^j \\
&= \sum_{j=0}^{n} \alpha a_j x^j + \sum_{j=0}^{n} \alpha b_j x^j = \alpha \sum_{j=0}^{n} a_j x^j + \alpha \sum_{j=0}^{n} b_j x^j \\
&= \alpha P(x) + \alpha Q(x)\,.
\end{aligned} \tag{A.5}
$$

Die restlichen Regeln prüft man in analoger Weise nach. Es folgt:

- Die Polynome bilden einen linearen Raum mit der Dimension $n + 1$. Die Polynome $\{1, x, x^2, \ldots, x^n\}$ bilden eine Basis dieses Polynomraums.

Im Weiteren schränken wir die Polynome auf ein endliches Intervall ein, das wir als $-1 \leq x \leq +1$ annehmen können, denn jedes andere Intervall lässt sich durch eine einfache Transformation auf dieses Intervall abbilden. Es lässt sich jetzt ein Skalarprodukt definieren, denn das Integral

$$
\langle P|Q\rangle = \int_{-1}^{+1} P(x)Q(x)\mathrm{d}x \tag{A.6}
$$

erfüllt alle Eigenschaften des Skalarprodukts. (Hier ist es üblich, die Bezeichnung $\langle P|Q\rangle$ statt $\vec{P}\cdot\vec{Q}$ zu benutzen.) Man kann jetzt beispielsweise ein Polynom normieren auf den Betrag $|P| = \sqrt{\langle P|P\rangle} = 1$ und mit

$$\cos\varphi = \frac{\langle P|Q\rangle}{|P|\,|Q|} \tag{A.7}$$

einen Winkel φ zwischen zwei Polynomen definieren. Zwei Polynome $P(x)$ und $Q(x)$ „stehen daher aufeinander senkrecht", wenn das Integral (A.6) gleich null ist.

Zur Übung sollen einige Polynome $P_n(x)$ der Ordnung n angegeben werden, die paarweise aufeinander senkrecht stehen:

$$P_0(x) = 1 \tag{A.8}$$

$$P_1(x) = x \tag{A.9}$$

$$P_2(x) = \frac{1}{2}\left(3x^2 - 1\right)\,. \tag{A.10}$$

Diese Polynome sind allerdings nicht normiert wie $\langle P_n|P_n\rangle = 1$, sondern sie erfüllen die Bedingung $P_n(1) = 1$.

Man kann diese Polynomfolge fortsetzen, indem man beispielsweise ein beliebiges Polynom dritten Grades $P_3(x) = \sum_{j=0}^{3} a_j x^j$ ansetzt und die vier Koeffizienten $a_0, \ldots, a_3$ so bestimmt, dass die drei Skalarprodukte (A.6) mit den $P_0(x), \ldots, P_2(x)$ gleich null sind, und dass $P_3(1) = 1$ erfüllt ist. Wir berechnen dazu zunächst

$$\begin{aligned}
\langle P_2|P_3\rangle &= \int_{-1}^{+1} P_2(x)P_3(x)\mathrm{d}x \\
&= \int_{-1}^{+1} \frac{1}{2}\left(3x^2 - 1\right)\left(a_0 + a_1x + a_2x^2 + a_3x^3\right)\mathrm{d}x \\
&= \frac{1}{2}\int_{-1}^{+1}\left(-\,a_0 - a_1x + (3a_0 - a_2)x^2 + (3a_1 - a_3)x^3 + 3a_2x^4 + 3a_3x^5\right)\mathrm{d}x \\
&= \frac{1}{2}\left(-\,2a_0 + \frac{2}{3}\left(3a_0 - a_2\right) + \frac{6}{5}a_2\right) = \frac{4}{15}\,a_2 \stackrel{!}{=} 0\,.
\end{aligned} \tag{A.11}$$

Daher gilt $a_2 = 0$. Wir berechnen damit

$$\langle P_0|P_3\rangle = \int_{-1}^{+1}\left(a_0 + a_1x + a_3x^3\right)\mathrm{d}x = 2a_0 \stackrel{!}{=} 0\,, \tag{A.12}$$

und dann – mit $a_0 = 0$ –

$$\langle P_1|P_3\rangle = \int_{-1}^{+1} (a_1x^2 + a_3x^4)\mathrm{d}x = \frac{2}{3}\,a_1 + \frac{2}{5}\,a_3 \stackrel{!}{=} 0\,, \tag{A.13}$$

oder $5a_1 + 3a_3 = 0$. Mit $P_3(1) = a_1 + a_3 \stackrel{!}{=} 1$ ergibt sich sich dann $a_1 = -3/2$ und $a_3 = 5/2$, oder:

$$P_3(x) = \frac{1}{2}\left(5x^3 - 3x\right)\,. \tag{A.14}$$

Entsprechend kann man dann nacheinander die $P_4(x)$, $P_5(x)$,... berechnen. Diese Polynome werden als *Legendre-Polynome* bezeichnet und spielen eine wichtige Rolle in der mathematischen Physik. Mehr über solche orthogonale Polynomsysteme findet man in Kapitel 12.

Anhang B

Komplexe Zahlen

Innerhalb der reellen Zahlen $\mathbb{R}$ kann man Addition und Multiplikationen sowie ihre Umkehrungen unbeschränkt ausführen (außer der Division durch die Zahl Null), nicht jedoch das Potenzieren. Es gibt zum Beispiel keine reelle Zahl, deren Quadrat negativ ist, oder – anders ausgedrückt – aus einer negativen Zahl kann man keine Quadratwurzel ziehen. Die *komplexen Zahlen* $\mathbb{C}$ sind eine Erweiterung der reellen Zahlen $\mathbb{R}$, die dies ermöglichen.

Formal lassen sich die komplexen Zahlen einführen als eine Menge von geordneten Paaren reeller Zahlen (a, b), für die eine Reihe von Rechenoperationen erklärt sind:

$$\begin{aligned} (a,b) + (c,d) &= (a+c, b+d) && \text{Addition} \\ (a,b)\,(c,d) &= (ac-bd, ad+bc) && \text{Multiplikation} \end{aligned} \tag{B.1}$$

Geordnetes Paar heißt: Es muss feststehen, dass a der erste und b der zweite Teil des Paares ist. Man nennt den ersten Teil des Paares den *Realteil* und den zweiten den *Imaginärteil*.

Wenn man weiterhin eine Multiplikation eines solchen Paares (a, b) mit einer reellen Zahl g als

$$g\,(a,b) = (ga, gb) \tag{B.2}$$

definiert, lässt sich jedes Paar (a, b) mit den beiden Basispaaren $(1, 0)$ und $(0, 1)$ schreiben als

$$(a,b) = a\,(1,0) + b\,(0,1)\,. \tag{B.3}$$

Damit sehen wir zunächst, dass wir die reellen Zahlen in die Menge der Paare abbilden können, d.h. $\mathbb{R}$ entspricht der Menge der Paare $(a, 0)$. Dabei bilden sich reelle Addition und Multiplikation in einfachster Weise auf die entsprechenden Operationen (B.1) für die Paare ab:

$$(a,0)+(c,0)=(a+c,0) \quad , \quad (a,0)\,(c,0)=(ac,0) \tag{B.4}$$

Insbesondere übernimmt $(1,0)$ die Rolle der reellen 1. Mit den Abkürzungen $1:=(1,0)$ und $\mathrm{i}:=(0,1)$ hat man also

$$(a,b)=a+\mathrm{i}\,b\,. \tag{B.5}$$

Für die so genannte *imaginäre Einheit* $\mathrm{i}=(0,1)$ gilt nach (B.1)

$$\mathrm{i}^2=(0,1)\,(0,1)=(-1,0)=-(1,0)=-1\,, \tag{B.6}$$

d.h. ihr Quadrat ist negativ. Damit ist klar, dass es eine solche Zahl innerhalb der reellen Zahlen nicht geben kann. Wir sind hier allerdings an einer *Erweiterung* der reellen Zahlen interessiert und schreiben diese komplexen Zahlen – die wir im Folgenden mit Buchstaben wie z oder w bezeichnen – mit der imaginären Einheit i als

$$z=a+\mathrm{i}\,b\,, \tag{B.7}$$

und wir schreiben für Realteil und Imaginärteil von $z=a+\mathrm{i}\,b$ kurz

$$a=\mathrm{Re}\,z\,,\quad b=\mathrm{Im}\,z\,. \tag{B.8}$$

Gleichung (B.7) ist zunächst nichts anderes als ein alternative Schreibweise von $z=(a,b)$. Den Vorteil von (B.7) sieht man aber sofort beim Rechnen. Wir merken uns: Man kann mit den komplexen Zahlen (B.7) rechnen „wie gewohnt", wenn man nur beachtet, dass $\mathrm{i}^2=-1$ gilt und dass man immer die Real- und Imaginärteile zusammenfasst. Einige Beispiele sollen das erläutern (dabei sei $z=a+\mathrm{i}\,b$, $w=c+\mathrm{i}\,d$).

In vielen Fällen ist es nützlich, die komplexen Zahlen graphisch darzustellen. Man trägt dazu auf einer horizontalen Achse den Realteil auf (die „reelle Achse") und auf der vertikalen den Imaginärteil (die „imaginäre Achse") und kann dann in dieser *komplexen Zahlenebene* jede komplexe Zahl $z=a+\mathrm{i}\,b$ als Punkt darstellen (vgl. Bild B.1).

Die Addition liefert

$$z+w=(a+\mathrm{i}\,b)+(c+\mathrm{i}\,d)=(a+c)+\mathrm{i}\,(b+d) \tag{B.9}$$

und die Multiplikation

$$\begin{aligned} zw &= (a+\mathrm{i}\,b)(c+\mathrm{i}\,d)=ac+\mathrm{i}\,ad+\mathrm{i}\,bc+\mathrm{i}^2bd \\ &= (ac-bd)+\mathrm{i}\,(ad+bc)\,, \end{aligned} \tag{B.10}$$

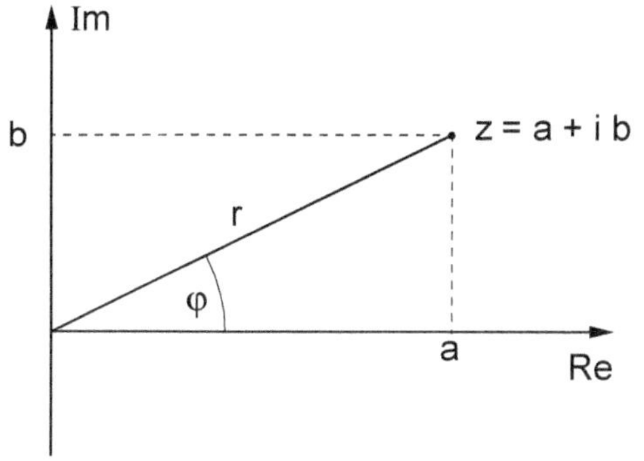

Bild B.1: Darstellung der komplexen Zahlen $z = a + \mathrm{i}\, b$ in der Zahlenebene.

natürlich in Übereinstimmung mit der abstrakten Schreibweise (B.1). Das Bild B.2 stellt die Addition in der komplexen Zahlenebene dar (man vergleiche auch mit der entsprechenden Darstellung der Addition von Vektoren im Bild 1.4). Man kann eine komplexe Zahl auch mit einer reellen Zahl c multiplizieren,

$$cz = c(a + \mathrm{i}\, b) = ca + \mathrm{i}\, cb\,, \tag{B.11}$$

und die Subtraktion erklärt man in sofort einsichtiger Weise als

$$z - w = (a + \mathrm{i}\, b) - (c + \mathrm{i}\, d) = (a - c) + \mathrm{i}\,(b - d)\,, \tag{B.12}$$

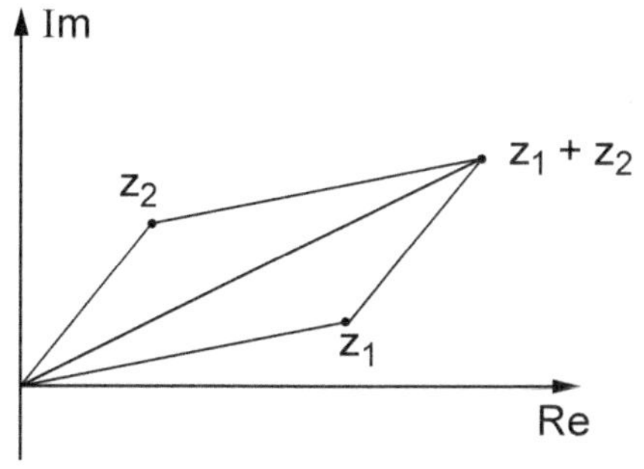

Bild B.2: Addition komplexer Zahlen.

aber bei der Ausführung der Division benötigen wir einen kleinen Trick:

$$\begin{aligned}\frac{z}{w} &= \frac{a+\mathrm{i}\,b}{c+\mathrm{i}\,d} = \frac{(a+\mathrm{i}\,b)(c-\mathrm{i}\,d)}{(c+\mathrm{i}\,d)(c-\mathrm{i}\,d)} \\ &= \frac{(ac+bd)+\mathrm{i}\,(bc-ad)}{c^2+d^2} = \frac{ac+bd}{c^2+d^2} + \mathrm{i}\,\frac{bc-ad}{c^2+d^2}\,,\end{aligned} \tag{B.13}$$

wobei vorausgesetzt ist, dass $w \neq 0 = 0 + \mathrm{i}\,0$. Hier wurde der Bruch mit $c - \mathrm{i}\,d$ erweitert, eine Zahl, die wir weiter unten als konjugiert komplexe Zahl des Nenners kennen lernen werden. Das führt dazu, dass der Nenner reell wird. Es gelten die folgenden **Rechenregeln**, mit denen die komplexen Zahlen $\mathbb{C}$ einen Körper bilden, genau wie die reellen Zahlen $\mathbb{R}$.

$$z_1 + (z_2 + z_3) = (z_1 + z_2) + z_3 = z_1 + z_2 + z_3 \tag{B.14}$$
(Assoziativität der Addition)

$$z_1 + z_2 = z_2 + z_1 \tag{B.15}$$
(Kommutativität der Addition)

$$z + 0 = z\,; \quad 1z = z \tag{B.16}$$
(Existenz eines neutralen Elements)

$$z_1(z_2 z_3) = (z_1 z_2) z_3 = z_1 z_2 z_3 \tag{B.17}$$
(Assoziativität der Multiplikation)

$$z_1 z_2 = z_2 z_1 \tag{B.18}$$
(Kommutativität der Multiplikation)

Zu jedem $z \neq 0$ gibt es ein w mit $zw = 1$. Man schreibt $w = \frac{1}{z}$. (Existenz eines inversen Elements) (B.19)

$$z_1(z_2 + z_3) = z_1 z_2 + z_1 z_3 \quad \text{(Distributivität)}\,.$$

B.1 Konjugiert komplexe Zahlen

Es sei $z = a + \mathrm{i}\,b$. Dann heißt die Zahl

$$z^* = a - \mathrm{i}\,b \tag{B.20}$$

die *konjugiert komplexe Zahl* zu z.[1] In der komplexen Zahlenebene ist die zu z konjugierte Zahl z^* an der reellen Achse gespiegelt, wie im Bild B.3 dargestellt.

[1] Oft findet man stattdessen auch die Schreibweise $\bar{z}$ für die konjugiert komplexe Zahl, besonders in der mathematischen Literatur.

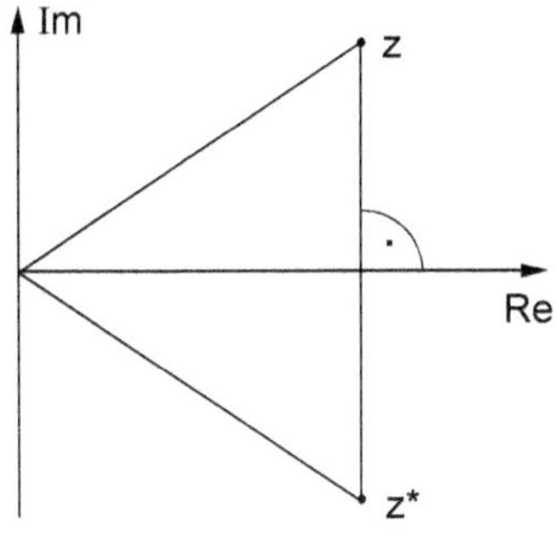

Bild B.3: Die zu einer Zahl $z = a + \mathrm{i}\, b$ konjugiert komplexe Zahl ist $z^* = a - \mathrm{i}\, b$, d.h. eine Spiegelung an der reellen Achse.

Wir notieren die folgenden Eigenschaften:

$$(z_1 + z_2)^* = z_1^* + z_2^* \quad \text{(B.21)}$$

$$(z_1 z_2)^* = z_1^* z_2^* \quad \text{(B.22)}$$

$$(z^n)^* = (z^*)^n \,, n \in \mathbb{N} \,. \quad \text{(B.23)}$$

Falls $z = z^*$ gilt, ist z rein reell (d.h. der Imaginärteil von z ist null). Falls $z = -z^*$ gilt, ist z rein imaginär (d.h. der Realteil von z ist null).

Den *Betrag* einer komplexen Zahl $z = a + \mathrm{i}\, b$ definiert man als $|z| = \sqrt{a^2 + b^2}$, oder

$$|z| = \sqrt{zz^*} = \sqrt{(a + \mathrm{i}\, b)(a - \mathrm{i}\, b)} = \sqrt{a^2 + b^2} \,. \quad \text{(B.24)}$$

Für den Betrag können wir leicht zeigen, dass die folgenden Aussagen erfüllt sind:

$$|z_1 + z_2| \leq |z_1| + |z_2| \quad \text{(Dreiecksungleichung)} \quad \text{(B.25)}$$

$$|z_1 z_2| = |z_1|\,|z_2| \quad \text{(B.26)}$$

$$\left|\frac{z_1}{z_2}\right| = \frac{|z_1|}{|z_2|} \quad \text{(B.27)}$$

$$|z^n| = |z|^n \,. \quad \text{(B.28)}$$

B.2 Die Polardarstellung

Eine beliebige komplexe Zahl z mit Betrag$|z| = 1$ lässt sich schreiben als

$$z = a + \mathrm{i}\, b = \cos\varphi + \mathrm{i}\sin\varphi \tag{B.29}$$

mit dem Polarwinkel φ (vgl. Bild B.4). Man nennt φ auch das *Argument* von z und schreibt $\varphi = \arg(z)$. Wir definieren

$$f(\varphi) = \cos\varphi + \mathrm{i}\sin\varphi \tag{B.30}$$

und wollen uns davon überzeugen, dass diese Funktion die Exponentialfunktion darstellt, d.h.

$$\mathrm{e}^{\mathrm{i}\varphi} = \cos\varphi + \mathrm{i}\sin\varphi \tag{B.31}$$

(die so genannte *eulersche Formel*). Es ist lehrreich, den Beweis dieser Formel auf zwei unterschiedliche Arten zu führen. Einmal gehen wir aus von der Definition der Exponentialfunktion durch die Taylor-Reihe (1.92):

$$\mathrm{e}^{\lambda x} = \sum_{n=0}^{\infty} \frac{1}{n!}\, \lambda^n x^n \,. \tag{B.32}$$

Mit $\mathrm{i}^{2k} = (\mathrm{i}^2)^k = (-1)^k$, $\mathrm{i}^{2k+1} = \mathrm{i}\,\mathrm{i}^{2k} = \mathrm{i}(-1)^k$ und den Taylor-Entwicklungen

$$\cos\varphi = \sum_{k=0}^{\infty} \frac{1}{(2k)!}\, (-1)^k \varphi^{2k} \tag{B.33}$$

$$\sin\varphi = \sum_{k=0}^{\infty} \frac{1}{(2k+1)!}\, (-1)^k \varphi^{2k+1} \,. \tag{B.34}$$

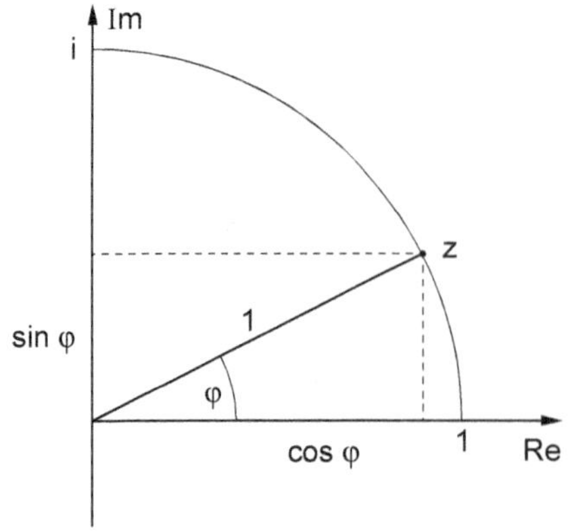

Bild B.4: Einheitskreis $|z| = 1$ in der komplexen Zahlenebene.

erhalten wir nach Aufspaltung der Summation in gerade und ungerade Summationsindizes

$$\begin{aligned} e^{i\varphi} &= \sum_{n=0}^{\infty} \frac{1}{n!} i^n \varphi^n \\ &= \sum_{k=0}^{\infty} \frac{1}{(2k)!} i^{2k} \varphi^{2k} + \sum_{k=0}^{\infty} \frac{1}{(2k+1)!} i^{2k+1} \varphi^{2k+1} \\ &= \sum_{k=0}^{\infty} \frac{1}{(2k)!} (-1)^k \varphi^{2k} + i \sum_{k=0}^{\infty} \frac{1}{(2k+1)!} (-1)^k \varphi^{2k+1} \\ &= \cos\varphi + i \sin\varphi \,. \end{aligned} \tag{B.35}$$

Ein anderer Beweis der Euler-Formel benutzt die Aussage

$$f'(x) = \lambda f(x) \quad \text{und} \quad f(0) = 1 \quad \Longrightarrow \quad f(x) = e^{\lambda x} \,. \tag{B.36}$$

Differenziert man also

$$f(\varphi) = \cos\varphi + i \sin\varphi \tag{B.37}$$

nach φ, so erhält man

$$f'(\varphi) = -\sin\varphi + i\cos\varphi = i(\cos\varphi + i\sin\varphi) = i\, f(\varphi) \,. \tag{B.38}$$

Da weiterhin gilt $f(0) = \cos 0 + i \sin 0 = 1$, ergibt sich die gesuchte Identität $f(\varphi) = e^{i\varphi}$.
Wir notieren der Vollständigkeit halber neben der Euler-Formel (B.31)

$$e^{i\varphi} = \cos\varphi + i \sin\varphi \tag{B.39}$$

ihre Umkehrungen

$$\cos\varphi = \frac{1}{2}\left(e^{i\varphi} + e^{-i\varphi}\right), \tag{B.40}$$

$$\sin\varphi = \frac{1}{2i}\left(e^{i\varphi} - e^{-i\varphi}\right). \tag{B.41}$$

Zwei einfache Anwendungen sollen die Nützlichkeit der eulerschen Formel belegen. Zum einen erhält man die *Formel von Moivre*

$$(\cos\varphi + i\sin\varphi)^n = \cos n\varphi + i \sin n\varphi \tag{B.42}$$

als fast triviale Umschreibung von $(\mathrm{e}^{\mathrm{i}\varphi})^n = \mathrm{e}^{\mathrm{i}n\varphi}$. Zum anderen erhält man aus dem Additionstheorem der Exponentialfunktion

$$\mathrm{e}^{\mathrm{i}(\alpha+\beta)} = \mathrm{e}^{\mathrm{i}\alpha}\mathrm{e}^{\mathrm{i}\beta} \tag{B.43}$$

durch Einsetzen der Euler-Formel auf beiden Seiten

$$\begin{aligned}\cos(\alpha+\beta) + \mathrm{i}\sin(\alpha+\beta) &= (\cos\alpha + \mathrm{i}\sin\alpha)(\cos\beta + \mathrm{i}\sin\beta)\\ &= \cos\alpha\cos\beta - \sin\alpha\sin\beta + \mathrm{i}\,(\cos\alpha\sin\beta + \sin\alpha\cos\beta)\end{aligned} \tag{B.44}$$

und Gleichsetzen von Real- beziehungsweise Imaginärteil die Additionstheoreme für Sinus und Kosinus:

$$\sin(\alpha+\beta) = \cos\alpha\sin\beta + \sin\alpha\cos\beta \tag{B.45}$$

$$\cos(\alpha+\beta) = \cos\alpha\cos\beta - \sin\alpha\sin\beta\,. \tag{B.46}$$

Eine beliebige komplexe Zahl $z = a + \mathrm{i}\,b$ lässt sich jetzt mit $r = |z|$ und $a = r\cos\varphi$, $b = r\sin\varphi$ schreiben als

$$z = a + \mathrm{i}\,b = r\,(\cos\varphi + \mathrm{i}\sin\varphi) = r\,\mathrm{e}^{\mathrm{i}\varphi}\,. \tag{B.47}$$

Diese *Polardarstellung* der komplexen Zahlen ist besonders nützlich bei der Multiplikation und Division komplexer Zahlen. Die Multiplikation lautet

$$z_1 z_2 = r_1\,\mathrm{e}^{\mathrm{i}\varphi_1}\,r_2\,\mathrm{e}^{\mathrm{i}\varphi_2} = r_1 r_2\,\mathrm{e}^{\mathrm{i}(\varphi_1+\varphi_2)}\,. \tag{B.48}$$

In der komplexen Ebene lässt sich die Multiplikation also als eine Drehstreckung beschreiben, wie im Bild B.5 dargestellt: die Polarwinkel der beiden Zahlen werden addiert (Drehung) und die Beträge multipliziert (Streckung). Für die Division erhält man analog

$$\frac{z_1}{z_2} = \frac{r_1\,\mathrm{e}^{\mathrm{i}\varphi_1}}{r_2\,\mathrm{e}^{\mathrm{i}\varphi_2}} = \frac{r_1}{r_2}\,\mathrm{e}^{\mathrm{i}(\varphi_1-\varphi_2)}\,. \tag{B.49}$$

B.3 Komplexe Wurzeln

Eine n-te Wurzel $w = \sqrt[n]{z}$ einer komplexen Zahl z berechnet man auf einfache Weise mithilfe der Polardarstellung. Mit $z = r\mathrm{e}^{\mathrm{i}\varphi}$ und

$$\sqrt[n]{z} = \sqrt[n]{r\,\mathrm{e}^{\mathrm{i}\varphi}} = \sqrt[n]{r}\,\mathrm{e}^{\mathrm{i}\varphi/n} = w = |w|\,\mathrm{e}^{\mathrm{i}\psi} \tag{B.50}$$

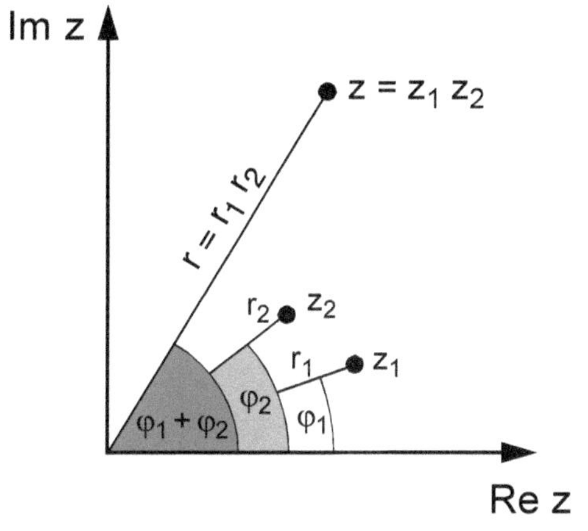

Bild B.5: In der Polardarstellung erscheint die komplexe Multiplikation als eine Drehstreckung.

findet man

$$|w| = \sqrt[n]{r} \tag{B.51}$$

und wegen $w^n = z$

$$n\psi = \varphi + 2\pi k\,, \quad k = 0,\, \pm 1,\, \pm 2, \ldots \tag{B.52}$$

oder

$$\psi = \frac{\varphi}{n} + \frac{2\pi k}{n} = \psi_k\,, \quad k = 0,\, 1,\, 2, \ldots, n-1\,, \tag{B.53}$$

d.h. es gibt n verschiedene Wurzeln.

Als Beispiel berechnen wir die n-ten Wurzeln der Zahl 1, also $w^n = 1$. Das liefert

$$w_k = \mathrm{e}^{\mathrm{i}2\pi k/n} \quad , \quad k = 0,\, 1,\, 2, \ldots, n-1\,, \tag{B.54}$$

da $\varphi = 0$ und $|w| = 1$. Für $n = 3$ ist also

$$w_0 = 1\,, \quad w_1 = \mathrm{e}^{\mathrm{i}2\pi/3}\,, \quad w_2 = \mathrm{e}^{\mathrm{i}2\pi 2/3}\,, \tag{B.55}$$

oder für $n = 4$:

$$w_0 = 1\,, \quad w_1 = \mathrm{e}^{\mathrm{i}2\pi/4} = \mathrm{i}\,, \quad w_2 = \mathrm{e}^{\mathrm{i}2\pi 2/4} = -1\,, \quad w_3 = \mathrm{e}^{\mathrm{i}2\pi 3/4} = -\mathrm{i} \tag{B.56}$$

(vgl. Bild B.6).

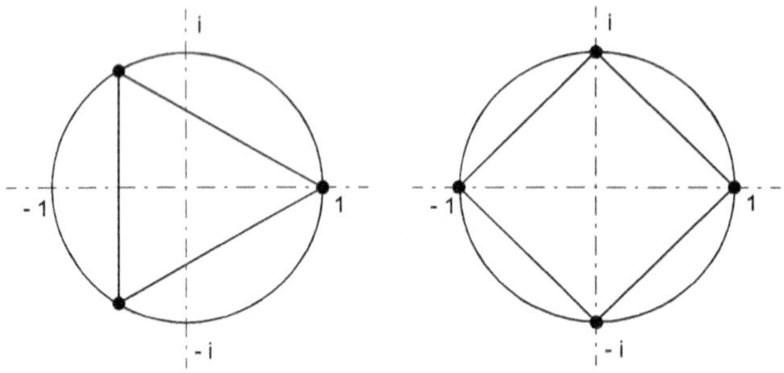

Bild B.6: Komplexe Wurzeln der Gleichung $z^n = 1$ für $n = 3$ (linkes Bild) und $n = 4$ (rechtes Bild).

B.4 Fundamentalsatz der Algebra

Ohne einen Beweis hier auch nur anzudeuten, wollen wir zum Abschluss dieses Abschnittes über komplexe Zahlen den *Fundamentalsatz der Algebra* anführen. Er lautet:

- Jedes Polynom mit Grad n

$$P(z) = a_0 + a_1 z + a_2 z^2 + \ldots + a_{n-1} z^{n-1} + z^n \tag{B.57}$$

mit $a_k \in \mathbb{C}$ und $a_n = 1$ besitzt genau n komplexe Nullstellen $z_1, z_2, \ldots, z_n$ mit

$$P(z) = (z - z_1)(z - z_2) \ldots (z - z_n) . \tag{B.58}$$

Hierbei dürfen Nullstellen doppelt auftreten, wie z.B. bei dem Polynom zweiten Grades $P(z) = 1 - 2z + z^2 = (z-1)(z-1)$.

Anhang C

Kegelschnitte

In diesem Anhang werden einige wichtige zweidimensionale Kurven vorgestellt: Ellipse, Hyperbel und Parabel. Diese Kurven sind einerseits sehr einfache Funktionen, haben aber (eben deshalb!) eine Fülle von interessanten Eigenschaften, so dass ganze Bücher darüber geschrieben wurden. Eine Grundkenntnis dieser Kurven ist für jeden Physiker notwendig, denn es finden sich viele wichtige Anwendungen in der Physik. Beispiele dafür sind etwa die Bewegung der Planeten auf elliptischen Bahnen, die Reflexion von Ellipsen- oder Parabolspiegeln oder die (näherungsweise) Ellipsoid-Gestalt der Erde.

Im Folgenden werden die Kurven Ellipse, Hyperbel und Parabel nacheinander dargestellt, und der abschließende Abschnitt zeigt ihre enge Verwandtschaft als Familie der so genannten *Kegelschnitte*.

Wir beschränken uns dabei in den folgenden Abschnitten auf eine Ebene, die (x, y)-Ebene und beschreiben diese Kurven als implizite Funktionen der Form $f(x, y) = 0$ oder – manchmal zweckmäßiger – in ebenen Polarkoordinaten r, φ.

C.1 Die Ellipse

Definition: In der Sprache der Geometrie lässt sich eine *Ellipse* definieren als die Ortslinie aller Punkte, für die die Summe der Abstände von zwei vorgegebenen Punkten, den *Brennpunkten* F_1 und F_2, einen konstanten Wert hat.

Nach dieser Definition lässt sich sofort eine Methode angeben, um eine Ellipse zu konstruieren, die so genannte *Gärtnerkonstruktion* oder *Fadenkonstruktion* zur Anlage eines elliptischen Gartenbeetes: Man legt um zwei in die Erde getriebene Stäbe ein mit den Enden verknotetes Seil, das man dann mit einem dritten Stab spannt. Bewegt man jetzt diesen Stab bei gespanntem Seil um die beiden festen Stäbe herum, so erzeugt man eine Ellipse.

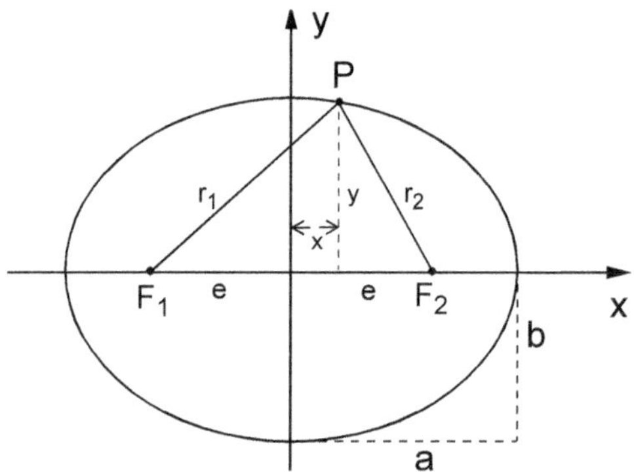

Bild C.1: Die Ellipse ist die Ortslinie aller Punkte, deren Abstandssumme $r_1 + r_2$ von den beiden Brennpunkten F_1 und F_2 konstant ist.

Zur mathematischen Beschreibung der Ellipsengleichung legt man zweckmäßigerweise die x-Achse in Richtung der Verbindungslinie der vorgegebenen Brennpunkte und den Koordinatenursprung in deren Mitte. Die beiden Brennpunkte liegen dann bei $F_1 = (-e, 0)$ und $F_2 = (e, 0)$; e nennt man die *Exzentrizität*. Bezeichnet man die beiden Abstände des Ellipsenpunktes $P = (x, y)$ von den beiden Brennpunkten F_1 und F_2 mit r_1 beziehungsweise r_2, so gilt

$$r_1 + r_2 = \text{konstant} \tag{C.1}$$

(vgl. Bild C.1). Nach Definition ist die Kurve symmetrisch bezüglich Spiegelung an der x-Achse und der y-Achse. Wenn man die Position eines Ellipsenpunktes auf der x-Achse mit $P = (\pm a, 0)$ bezeichnet – der Durchmesser der Kurve in x-Richtung ist also gleich der doppelten *Halbachse* a –, so findet man aus (C.1) für einen Punkt P auf der x-Achse:

$$r_1 + r_2 = (a + e) + (a - e) = 2a\,, \tag{C.2}$$

d.h. die Konstante in (C.1) hat den Wert $2a$.

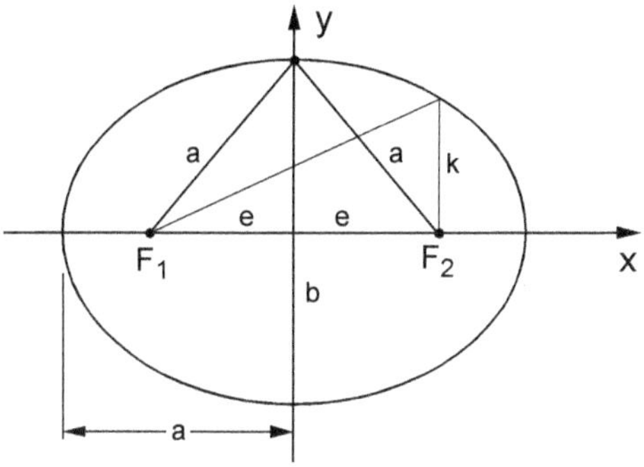

Bild C.2: Halbachsen a, b und Parameter k der Ellipse.

Als nächstes betrachten wir einen Punkt $P = (0, b)$ der Ellipse auf der y-Achse. Wegen der Symmetrie sind die Abstände dieses Punktes von den beiden Brennpunkten gleich groß und – da ihre Summe gleich $2a$ sein muss – jeweils gleich a. Mit dem Satz des Pythagoras ergibt sich für das rechtwinklige Dreieck aus $P = (0, b)$, Brennpunkt und Koordinatenursprung die Beziehung

$$a^2 = e^2 + b^2 \,, \tag{C.3}$$

d.h. die *kleine Halbachse* b der Ellipse ist gleich

$$b = \sqrt{a^2 - e^2} \tag{C.4}$$

oder – bei gegebenem a und b – gilt

$$e = \sqrt{a^2 - b^2} \,. \tag{C.5}$$

Eine weitere zweckmäßige Größe ist die *numerische Exzentrizität*

$$\epsilon = \frac{e}{a} \tag{C.6}$$

mit $0 \leq \epsilon < 1$ und der so genannte *Parameter*

$$k = \frac{b^2}{a} \tag{C.7}$$

der Ellipse, der die y-Koordinate eines Ellipsenpunktes für $x = e$ angibt. Die Beziehung (C.7) erhält man aus

$$r_1 + r_2 = r_1 + k = 2a \tag{C.8}$$

und – wieder mit dem Satz des Pythagoras (siehe Bild C.2) –

$$k^2 + (2e)^2 = r_1^2 = (2a - k)^2 = 4a^2 - 4ak + k^2\,. \tag{C.9}$$

Auflösen nach k liefert dann

$$k = \frac{a^2 - e^2}{a} = \frac{b^2}{a}\,. \tag{C.10}$$

Zur Herleitung einer Gleichung für die Ellipse in kartesischen Koordinaten x und y schreibt man zunächst die Quadrate der Brennpunktabstände eines beliebigen Ellipsenpunktes $P = (x, y)$ als

$$r_1^2 = (x + e)^2 + y^2 \quad , \quad r_2^2 = (x - e)^2 + y^2 \tag{C.11}$$

(Satz des Pythagoras). Subtraktion dieser beiden Gleichungen ergibt

$$\begin{aligned} r_1^2 - r_2^2 &= (x + e)^2 + y^2 - (x - e)^2 - y^2 \\ &= (x + e - x + e)(x + e + x - e) = 4ex\,. \end{aligned} \tag{C.12}$$

Mit $r_1^2 - r_2^2 = (r_1 - r_2)(r_1 + r_2)$ und $r_1 + r_2 = 2a$ [nach (C.2)] findet man $r_1 - r_2 = 2ex/a$ und weiter

$$r_1 = a + \frac{e}{a}\,x \quad , \quad r_2 = a - \frac{e}{a}\,x\,. \tag{C.13}$$

Einsetzen in (C.11) liefert

$$\left(a + \frac{e}{a}\,x\right)^2 = (x + e)^2 + y^2, \tag{C.14}$$

woraus folgt

$$a^2 + 2ex + \frac{e^2}{a^2}\,x^2 = x^2 + 2ex + e^2 + y^2 \tag{C.15}$$

oder

$$x^2\left(1 - \frac{e^2}{a^2}\right) + y^2 = a^2 - e^2 = b^2\,. \tag{C.16}$$

Division dieser Gleichung durch b^2 führt mit $1 - e^2/a^2 = b^2/a^2$ zu der Endformel, die Ellipsengleichung in kartesischen Koordinaten:

$$\frac{x^2}{a^2} + \frac{y^2}{b^2} = 1\,. \tag{C.17}$$

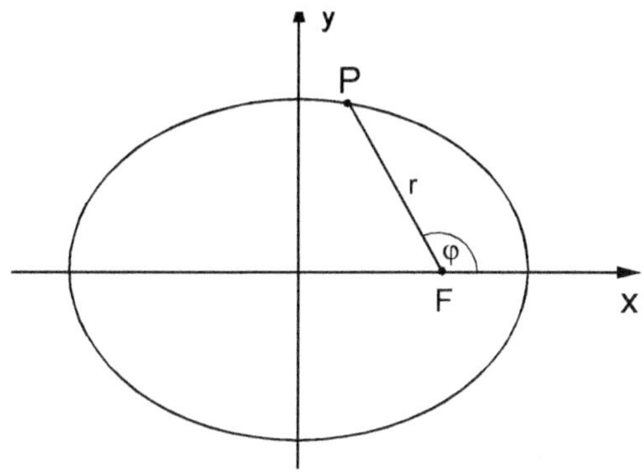

Bild C.3: Ellipse in ebenen Polarkoordinaten.

Für den Fall $a = b = R$ wird daraus die Gleichung eines Kreisen mit Radius R:

$$x^2 + y^2 = R^2 \,. \tag{C.18}$$

In diesem Fall ist die Exzentrizität e gleich null [vgl. Gleichung (C.5)], d.h. beide Brennpunkte liegen im Mittelpunkt.

Für viele Zwecke ist eine Darstellung der Ellipse in ebenen Polarkoordinaten (vgl. Abschnitt 1.4.1) vorteilhafter. Wir wählen dazu Polarkoordinaten r und φ wie im Bild C.3, wobei der Brennpunkt $F = F_2$ im Zentrum liegt. Es gilt dann

$$\begin{aligned} r &= r_2 = a - \frac{e}{a}\,x = a - \frac{e}{a}\,(e + r\cos\varphi) \\ &= \frac{a^2 - e^2}{a} - \frac{e}{a}\,r\,\cos\varphi = k - \epsilon\,r\cos\varphi \end{aligned} \tag{C.19}$$

mit der numerischen Exzentrizität ϵ aus (C.6) und dem Parameter k aus (C.7). Mit $r(1 + \epsilon\cos\varphi) = k$ ist die Ellipse damit durch die Gleichung

$$r(\varphi) = \frac{k}{1 + \epsilon\cos\varphi} \tag{C.20}$$

gegeben. Für $\epsilon = 0$ erhalten wir wieder einen Kreis mit Radius r. Weiterhin sieht man sofort, dass sich für $\varphi = \pi/2$ der Wert $r = k$ ergibt.

Das Bild C.4 illustriert die *Brennpunkteigenschaft* der Ellipse: Zunächst bezeichnen wir die beiden Verbindungslinien eines Ellipsenpunktes mit den Brennpunkten F_1 beziehungsweise F_2 als *Brennstrahlen* und formulieren dann die

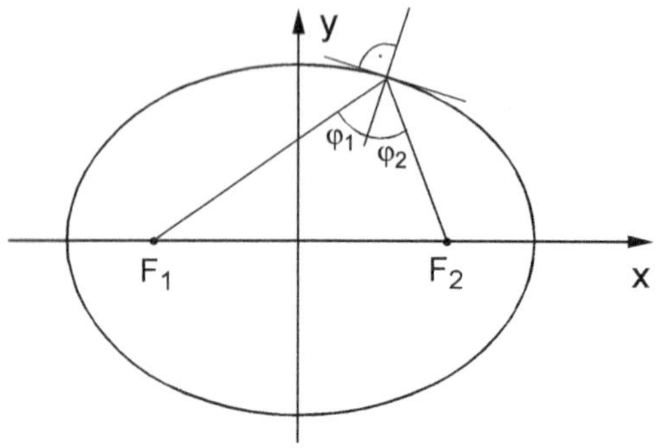

Bild C.4: Die Normale eines Ellipsenpunktes halbiert den Winkel zwischen den beiden Brennstrahlen.

Aussage: Die Normale – also die Senkrechte auf der Tangenten – eines Ellipsenpunktes halbiert den Winkel zwischen den beiden Brennstrahlen. Im Bild C.4 gilt also $\varphi_1 = \varphi_2$. Einen einfachen Beweis mithilfe der Vektorrechnung findet man in Abschnitt 3.1. Alle Strahlen, die von einem der Brennpunkte ausgehen, werden also – bei Gültigkeit des Reflexionsgesetzes „Einfallswinkel gleich Ausfallswinkel“ in den anderen Brennpunkt fokussiert.

Zum Abschluss dieses Abschnitts notieren wir noch (hier ohne Beweis) die Formel für den Flächeninhalt F einer Ellipse:

$$F = \pi ab\,. \tag{C.21}$$

Für den Fall eines Kreises, $a = b$, reduziert sich dieser Ausdruck auf die bekannte Formel für die Kreisfläche.

C.2 Die Hyperbel

Definition: Die *Hyperbel* ist die Ortslinie aller Punkte, deren Entfernungen von zwei vorgegebenen Punkten, den *Brennpunkten* F_1 und F_2, eine konstante Differenz besitzen.

Im Bild C.5 ist eine solche Hyperbel dargestellt, wobei die x-Achse durch die Brennpunkte gelegt wurde, mit dem Koordinatenursprung in ihrer Mitte. Im Gegensatz zur Ellipse besitzt die Hyperbel zwei getrennte Äste, denn im Bereich um die y-Achse sind die Abstände von den beiden Brennpunkten ungefähr gleich und damit ihre Differenz klein. Dieser Bereich bleibt also ausgespart. Wenn wir die konstante Differenz der Abstände r_1 und r_2 von den Brennpunkten mit $2a$ bezeichnen, gilt nach Definition der Hyperbel mit den Bezeichnungen aus Bild C.5

$$|r_1 - r_2| = 2a\,. \tag{C.22}$$

Die dadurch erzeugte Kurve ist wieder symmetrisch bezüglich Spiegelung an der x- und y-Achse, wie die Ellipse, besitzt jedoch zwei Äste für $r_1 > r_2$ und $r_1 < r_2$. Mit der Bezeichnung

$$b^2 = e^2 - a^2 \tag{C.23}$$

und

$$\epsilon = \frac{e}{a} \quad , \quad k = \frac{b^2}{a} \tag{C.24}$$

kann man – genau wie im Fall der Ellipse – die Hyperbelgleichungen

$$\frac{x^2}{a^2} - \frac{y^2}{b^2} = 1 \tag{C.25}$$

in kartesischen und

$$r(\varphi) = \frac{k}{1 + \epsilon \cos\varphi} \tag{C.26}$$

in Polarkoordinaten herleiten. Gleichung (C.26) stimmt sogar genau mit der Ellipsengleichung (C.20) überein, allerdings gilt hier $\epsilon > 1$.

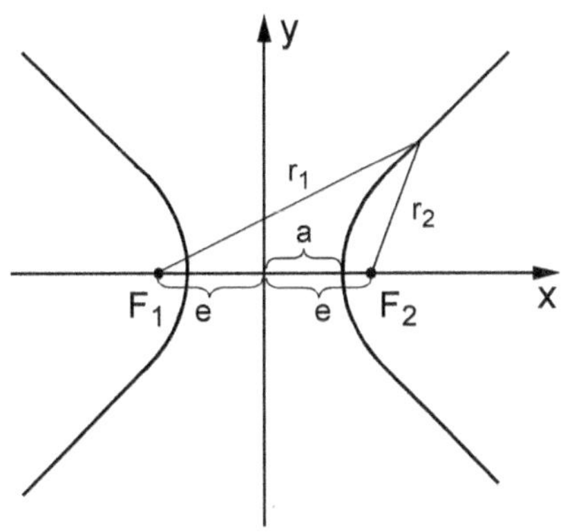

Bild C.5: Die Hyperbel ist die Ortslinie aller Punkte, deren Entfernungen von zwei vorgegebenen Punkten, den Brennpunkten F_1, F_2, eine konstante Differenz besitzen.

Für große Werte von x ergibt sich näherungsweise

$$y(x) = \pm b\sqrt{\frac{x^2}{a^2} - 1} \approx \pm\frac{b}{a}\,x\,, \tag{C.27}$$

d.h. die beiden Hyperbeläste nähern sich asymptotisch zwei Geraden durch den Nullpunkt mit den Steigungen $\pm b/a$, den *Asymptoten* der Hyperbel (siehe Bild C.6). Im Scheitelpunkt der Hyperbel bei $x = a$ hat die Asymptote den Funktionswert $y = b$. Dieser Punkt liegt in einer Entfernung $\sqrt{a^2 + b^2} = e$ vom Ursprung [vgl. (C.23)]. Diese Überlegung erlaubt es, die Größen a und b an der Hyperbelkurve abzulesen, wie im Bild C.6 dargestellt.

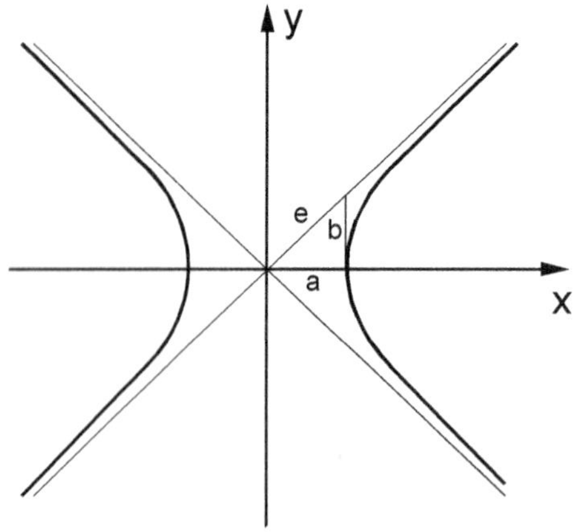

Bild C.6: Asymptoten der Hyperbel.

Als Brennpunkteigenschaft findet man analog zur Ellipse, dass die Normale den Winkel zwischen den Brennstrahlen halbiert, d.h. alle Strahlen, die von einem Brennpunkt ausgehen, werden so reflektiert, als ob sie von dem anderen Brennpunkt ausgingen.

C.3 Die Parabel

Definition: Die *Parabel* ist die Ortslinie aller Punkte, die von einem Punkt, dem *Brennpunkt* F, und einer Geraden G gleichen Abstand haben.

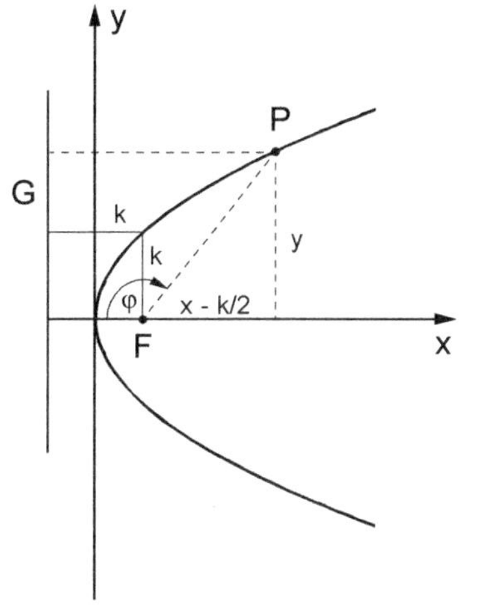

Bild C.7: Die Parabel ist die Ortslinie aller Punkte, die von einem Punkt, dem *Brennpunkt* F, und einer Geraden G gleichen Abstand haben.

Der Abstand zwischen Brennpunkt und der Geraden G sei gleich k. Legt man, wie im Bild C.7, die Koordinatenachsen eines kartesischen Koordinatensystems so, dass die y-Achse parallel zu der Geraden G verläuft mit dem Brennpunkt auf der x-Achse und dem Ursprung in der Mitte zwischen Brennpunkt und Gerade, so gilt für einen Parabelpunkt $P = (x, y)$ nach Definition

$$x + \frac{k}{2} = \sqrt{y^2 + \left(x - \frac{k}{2}\right)^2} \tag{C.28}$$

und damit $\left(x + \frac{k}{2}\right)^2 = y^2 + \left(x - \frac{k}{2}\right)^2$ oder

$$y^2 = 2kx\,. \tag{C.29}$$

Der Funktionswert am Brennpunkt $F = (k/2, 0)$ liefert auch hier wieder der Parameter $y(x = k/2) = k$.

Die Darstellung in Polarkoordinaten zentriert am Brennpunkt erhält man auf einfache Weise mit $r = x + k/2$ (nach Definition der Parabel) und $x - k/2 = r\cos(\pi - \varphi) = -r\cos\varphi$ als

$$r(\varphi) = x + k/2 = k - r\cos\varphi \tag{C.30}$$

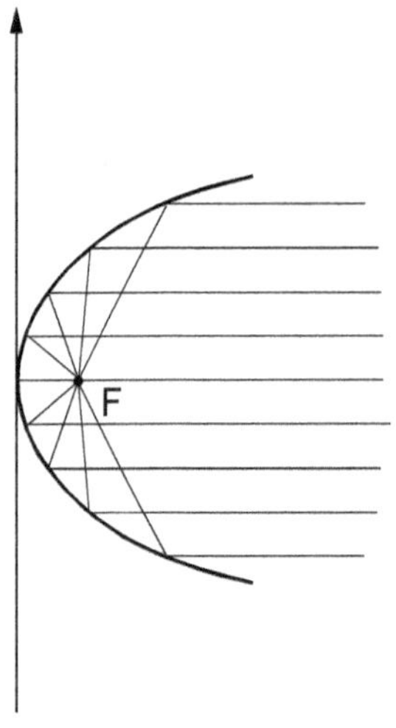

Bild C.8: Strahlen, die von dem Brennpunkt der Parabel ausgehen, werden parallel zur x-Achse reflektiert.

oder

$$r(\varphi) = \frac{k}{1+\cos\varphi}\,. \tag{C.31}$$

Die Brennpunkteigenschaft ist einfach: Alle Strahlen, die von dem Brennpunkt ausgehen, werden parallel zur x-Achse reflektiert (siehe Bild C.8).

C.4 Quadratische Formen

Die Funktion $F(x,y) = a\,x^2 + 2b\,xy + c\,y^2$ heißt *quadratische Form* und die Gleichung

$$F(x,y) = a\,x^2 + 2b\,xy + c\,y^2 = 1 \tag{C.32}$$

beschreibt eine Kurve in der x,y-Ebene. Spezialfälle für $b = 0$ sind Ellipsen ($a > 0$ und $c > 0$) und Hyperbeln (a und c haben unterschiedliche Vorzeichen).

Im allgemeinen Fall mit $b \neq 0$ können wir den Ausdruck durch eine lineare Transformation, eine Drehung des Koordinatensystems,

$$x = x'\,\cos\varphi - y'\,\sin\varphi \quad , \quad y = x'\,\sin\varphi + y'\,\cos\varphi \tag{C.33}$$

vereinfachen. Einsetzen in (C.32) ergibt

$$\begin{aligned} a\left(x'\,\cos\varphi - y'\,\sin\varphi\right)^2 + 2b\left(x'\,\cos\varphi - y'\,\sin\varphi\right)\left(x'\,\sin\varphi + y'\,\cos\varphi\right) \\ +c\left(x'\,\sin\varphi + y'\,\cos\varphi\right)^2 = A\,x'^2 + 2B\,x'y' + C\,y'^2 = 1 \end{aligned} \tag{C.34}$$

mit

$$\begin{aligned}
A &= a\cos^2\varphi + 2b\,\sin\varphi\cos\varphi + c\,\sin^2\varphi \\
2B &= -2(a-c)\,\sin\varphi\cos\varphi + 2b(\cos^2\varphi - \sin^2\varphi) \\
&= -(a-c)\sin 2\varphi + 2b\,\cos 2\varphi \qquad \text{(C.35)} \\
C &= a\,\sin^2\varphi - 2b\,\sin\varphi\cos\varphi + c\,\cos^2\varphi\,.
\end{aligned}$$

Wir fordern, dass in dem gedrehten Koordinatensystem der gemischte Term verschwindet , d.h. $B = 0$. Das liefert für den Drehwinkel φ

$$\tan 2\varphi = \frac{2b}{a-c}\,. \qquad \text{(C.36)}$$

Man kann weiter zeigen, dass mit

$$\delta = ac - b^2 \qquad \text{(C.37)}$$

für $\delta < 0$ eine Hyperbel und für $\delta > 0$ und $s = a + c > 0$ eine Ellipse vorliegt.

Bemerkung: Das sieht man mit den Methoden der Matrizenrechnung in Kapitel 5 sofort, denn man kann die quadratische Form mit $\vec{r} = (x, y)^{\mathrm{t}}$ als $\vec{r}^{\,\mathrm{t}} M \vec{r}$ schreiben, mit der Matrix $M = \left(\begin{smallmatrix} a & b \\ b & c \end{smallmatrix}\right)$ (vgl. dazu auch Abschnitt 5.2). Die Größen δ und s sind Determinante und Spur dieser Matrix, die bei Drehungen invariant bleiben (siehe Seite 152) und mit den entsprechenden Ausdrücken für eine Ellipse oder Hyperbel in achsenparalleler Lage übereinstimmen müssen.

C.5 Die Familie der Kegelschnitte

Die oben beschriebenen Kurven, Ellipse, Hyperbel und Parabel, sind eng verwandt und Mitglieder einer Familie von Kurven, die man als *Kegelschnitte* bezeichnet. Diese Bezeichnung kommt daher, dass diese Kurven als Schnittkurven eines Kegels (genauer eines Doppelkegels) mit einer Ebene auftreten. Bild C.9 zeigt einen solchen Schnitt mit einer Ellipse als Schnittkurve. Erfolgt ein solcher Schnitt horizontal (also senkrecht zur Kegelachse), ergibt sich ein Kreis. Wenn die Schnittebene sehr steil ist, erhält man als Schnitt mit dem Doppelkegel die beiden Äste einer Hyperbel und im Grenzfall eines Schnittes parallel zu den Kegelschalen eine Parabel. Dies lässt sich in recht einfacher Weise mit Methoden der Vektorrechnung beweisen.

Besonders klar kommt jedoch die Verwandtschaft der Kegelschnitte in der Polardarstellung zum Ausdruck. Hier haben alle Gleichungen für die Ellipse, (C.20), die Hyperbel, (C.26), und die Parabel, (C.31), die gleiche Form:

$$r(\varphi) = \frac{k}{1 + \epsilon \cos \varphi} \tag{C.38}$$

mit $0 \leq \epsilon < 1$ für die Ellipse, $1 < \epsilon$ für die Hyperbel und $\epsilon = 1$ für die Parabel. Als Spezialfall der Ellipse ergibt sich für $\epsilon = 0$ ein Kreis.

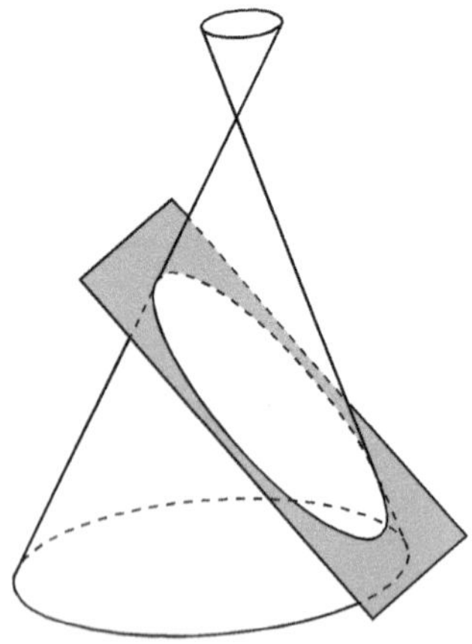

Bild C.9: Die Schnittkurven eines Doppelkegels mit einer Ebene ergeben je nach Neigung der Schnittebene Ellipsen, Hyperbeln oder Parabeln.

Lösungen der Übungsaufgaben

Kapitel 1: Vektoren

Aufgabe 1.1 (Seite 62) Dreiecksungleichung: Aus $\vec{a} \cdot \vec{b} = ab \cos\varphi$ folgt wegen $-1 \leq \cos\varphi \leq 1$ die Ungleichung

$$-ab \leq \vec{a} \cdot \vec{b} \leq ab\,.$$

Multiplikation mit zwei und Addition von $a^2 + b^2$ ergibt

$$\begin{array}{llclcl} \Leftrightarrow & a^2 + b^2 - 2ab & \leq & a^2 + b^2 + 2\vec{a} \cdot \vec{b} & \leq & a^2 + b^2 + 2ab \\ \Leftrightarrow & (a-b)^2 & \leq & (\vec{a} + \vec{b})^2 & \leq & (a+b)^2 \\ \Leftrightarrow & |a-b| & \leq & |\vec{a} + \vec{b}\,| & \leq & |a+b| = a+b \end{array}$$

Aufgabe 1.2 (Seite 62) Satz von Thales: Wir betrachten ein Dreieck über dem Durchmesser eines Halbkreises und definieren die beiden Vektoren $\vec{a}$ und $\vec{b}$ wie in dem Bild. Die beiden Vektoren $\vec{a} + \vec{b}$ und $\vec{b} - \vec{a}$ stehen

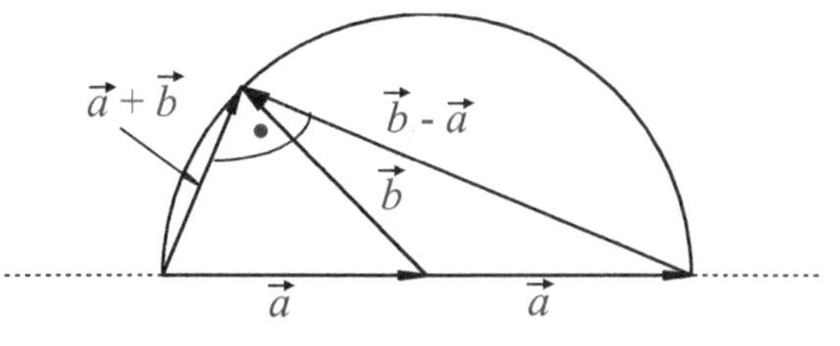

senkrecht aufeinander, wenn ihr Skalarprodukt null ist:

$$(\vec{a} + \vec{b}) \cdot (\vec{b} - \vec{a}) \overset{!}{=} 0$$

Dies ist genau dann der Fall, wenn

$$\vec{a}\cdot\vec{b} - a^2 + b^2 - \vec{b}\cdot\vec{a} \stackrel{!}{=} 0 \qquad \Longleftrightarrow \qquad a^2 = b^2 .$$

Das ist offensichtlich erfüllt.

Aufgabe 1.3 (Seite 63) Skalar- und Vektorprodukt:

(a) Der Winkel zwischen den Vektoren $\vec{a} = (4, 3, -5)$ und $\vec{b} = (-1, 4, 1)$ lässt sich über das Skalarprodukt bestimmen:

$$\begin{aligned} \vec{a}\cdot\vec{b} &= -4 + 12 - 5 = 3 \\ a^2 &= 16 + 9 + 25 = 50, \quad a = 5\sqrt{2} \\ b^2 &= 1 \ + 16 + 1 = 18, \quad b = 3\sqrt{2} \end{aligned}$$

also

$$\cos\gamma = \frac{\vec{a}\cdot\vec{b}}{ab} = \frac{1}{10} \quad \text{und damit} \quad \gamma \approx 84^\circ \quad (\text{genauer } 84^\circ 16') .$$

(b)

$$\vec{a}\times\vec{b} = \begin{vmatrix} \hat{e}_x & \hat{e}_y & \hat{e}_z \\ 4 & 3 & -5 \\ -1 & 4 & 1 \end{vmatrix}$$
$$= (3\cdot 1 + 5\cdot 4)\,\hat{e}_x + (5\cdot 1 - 4\cdot 1)\,\hat{e}_y + (4\cdot 4 + 3\cdot 1)\,\hat{e}_z = (23, 1, 19)$$

$$\begin{aligned} \left|\vec{a}\times\vec{b}\right|^2 = 529 + 1 + 361 &= 891 \\ a^2\,b^2 - \left(\vec{a}\cdot\vec{b}\right)^2 = 900 - 9 &= 891 \end{aligned}$$

(c) Bedingungen: (1): $(\vec{c}\cdot\vec{b})/b = p$ und (2): $(\vec{a}\times\vec{b})\cdot\vec{c} = V$

$$\text{zu (1):} \qquad \vec{c}\cdot\vec{b} = \alpha\,(\vec{a}\cdot\vec{b}+b^2) + \underbrace{\vec{b}\cdot\beta\,(\vec{a}\times\vec{b})}_{=0}$$

$$\Rightarrow \quad \alpha = \frac{p\,b}{\vec{a}\cdot\vec{b}+b^2}$$

$$\text{zu (2):} \qquad (\vec{a}\times\vec{b})\cdot\vec{c} = \underbrace{(\vec{a}\times\vec{b})\cdot\alpha(\vec{a}+\vec{b})}_{=0} + \beta\,\left|\vec{a}\times\vec{b}\right|^2$$

$$\Rightarrow \quad \beta = \frac{V}{\left|\vec{a}\times\vec{b}\right|^2}$$

Einsetzen der Zahlenwerte:

$$\alpha = \frac{\frac{7}{2}\sqrt{2}\cdot 3\sqrt{2}}{3+18} = \frac{21}{21} = 1 \quad , \qquad \beta = \frac{297}{891} = \frac{1}{3}\,.$$

Aufgabe 1.4 (Seite 63) Vektoren und Drehungen: Die zweidimensionalen Vektoren $\vec{a} = (a_x, a_y)$ und $\vec{b} = (b_x, b_y)$ haben nach der Drehung die Komponenten [siehe (1.2)]

$$\begin{aligned} a'_x &= +a_x\cos\varphi + a_y\sin\varphi \\ a'_y &= -a_x\sin\varphi + a_y\cos\varphi \end{aligned} \qquad \text{bzw.} \qquad \begin{aligned} b'_x &= +b_x\cos\varphi + b_y\sin\varphi \\ b'_y &= -b_x\sin\varphi + b_y\cos\varphi \end{aligned}\,.$$

Vor der Drehung sind Addition und Multiplikation mit einer Zahl gegeben als

$$\vec{a}+\vec{b} = (a_x+b_x, a_y+b_y)\ , \qquad \alpha\vec{a} = (\alpha a_x, \alpha a_y)$$

und nach der Drehung

$$\begin{aligned} a'_x + b'_x &= a_x\cos\varphi + a_y\sin\varphi + b_x\cos\varphi + b_y\sin\varphi \\ &= (a_x+b_x)\cos\varphi + (a_y+b_y)\sin\varphi \\ a'_y + b'_y &= -a_x\sin\varphi + a_y\cos\varphi - b_x\sin\varphi + b_y\cos\varphi \\ &= -(a_x+b_x)\sin\varphi + (a_y+b_y)\cos\varphi\,, \\ \alpha a'_x &= \alpha a_x\cos\varphi + \alpha a_y\sin\varphi\,. \end{aligned}$$

Also liefert die Addition der Vektoren nach einer Drehung des Koordinatensystems das gleiche Resultat wie die Drehung des Summenvektors. Das gleiche gilt auch für die Multiplikation mit einer Zahl.

Das Skalarprodukt bleibt bei der Drehung unverändert, ist also ein Skalar:

$$
\begin{aligned}
\vec{a}\,' \cdot \vec{b}\,' &= a'_x b'_x + a'_y b'_y \\
&= (a_x \cos\varphi + a_y \sin\varphi)(b_x \cos\varphi + b_y \sin\varphi) \\
&\qquad + (-a_x \sin\varphi + a_y \cos\varphi)(-b_x \sin\varphi + b_y \cos\varphi) \\
&= a_x b_x \cos^2\varphi + a_x b_y \cos\varphi \sin\varphi + a_y b_x \sin\varphi \cos\varphi + a_y b_y \sin^2\varphi \\
&\qquad + a_x b_x \sin^2\varphi - a_x b_y \sin\varphi \cos\varphi - a_y b_x \cos\varphi \sin\varphi + a_b b_y \cos^2\varphi \\
&= a_x b_x (\sin^2\varphi + \cos^2\varphi) + a_y b_y (\sin^2\varphi + \cos^2\varphi) \\
&= a_x b_x + a_y b_y = \vec{a} \cdot \vec{b}\,.
\end{aligned}
$$

Aufgabe 1.5 (Seite 63) Differentiation von Vektorfunktionen:

(a) $$\frac{\mathrm{d}}{\mathrm{d}t}\,|\vec{r}\,| = \frac{\mathrm{d}}{\mathrm{d}t}\sqrt{\vec{r}\cdot\vec{r}} = \frac{1}{2r}\frac{\mathrm{d}}{\mathrm{d}t}\,(\vec{r}\cdot\vec{r}\,) = \frac{1}{2r}\,(\,\dot{\vec{r}}\cdot\vec{r} + \vec{r}\cdot\dot{\vec{r}}\,) = \frac{\dot{\vec{r}}\cdot\vec{r}}{r}$$

(b) $$\frac{\mathrm{d}}{\mathrm{d}t}\,(\vec{r}\times\dot{\vec{r}}\,) = \underbrace{\dot{\vec{r}}\times\dot{\vec{r}}}_{=\,0} + \vec{r}\times\ddot{\vec{r}} \;=\; \vec{r}\times\ddot{\vec{r}}$$

(c) $$\frac{\mathrm{d}}{\mathrm{d}t}\left[\vec{r}\cdot(\dot{\vec{r}}\times\ddot{\vec{r}})\right] = \underbrace{\dot{\vec{r}}\cdot(\dot{\vec{r}}\times\ddot{\vec{r}})}_{=\,0} + \vec{r}\cdot\underbrace{(\ddot{\vec{r}}\times\ddot{\vec{r}})}_{=\,0} + \vec{r}\cdot(\dot{\vec{r}}\times\dddot{\vec{r}}\,) = \vec{r}\cdot(\dot{\vec{r}}\times\dddot{\vec{r}}\,)$$

Aufgabe 1.6 (Seite 63) Ellipsenbahn:

(a) Aus $r(\varphi) = k/(1+\epsilon\cos\varphi)$ folgt

$$\frac{\mathrm{d}r}{\mathrm{d}\varphi} = \frac{k\,\epsilon\sin\varphi}{(1+\epsilon\cos\varphi)^2} \stackrel{!}{=} 0 \qquad \Rightarrow \qquad \varphi = 0^\circ, \quad 180^\circ$$

$$\Rightarrow \quad r_{\min} = \frac{k}{1+\epsilon} \quad , \quad r_{\max} = \frac{k}{1-\epsilon}\,.$$

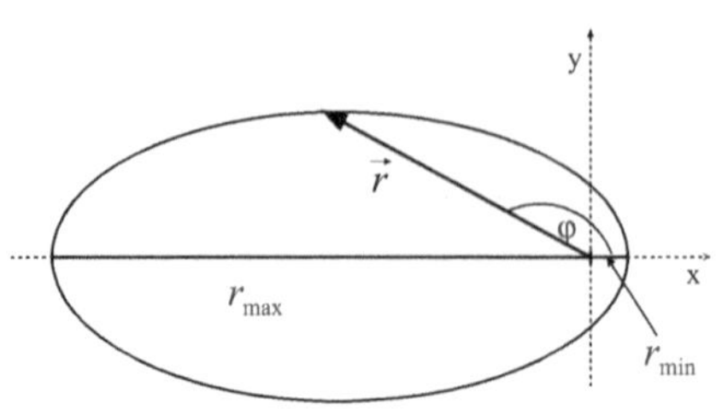

(b) Bahnkurve: $\vec{r} = r(\varphi)\,\hat{e}_r$ Tangentenvektor:

$$\begin{aligned}
\vec{t} = \frac{\mathrm{d}}{\mathrm{d}\varphi}\vec{r} &= \frac{\mathrm{d}}{\mathrm{d}\varphi}\Big(r(\varphi)\;\hat{e}_r(\varphi)\Big) = \left(\frac{\mathrm{d}r}{\mathrm{d}\varphi}\right)\hat{e}_r + r\frac{\mathrm{d}\,\hat{e}_r}{\mathrm{d}\varphi} \\
&= r'\,\hat{e}_r + r\,\hat{e}_\varphi \qquad (\text{mit} \quad \mathrm{d}\hat{e}_r/\mathrm{d}\varphi = \hat{e}_\varphi) \\
&= \frac{k\;\epsilon\;\sin\varphi}{(1+\epsilon\;\cos\varphi)^2}\,\hat{e}_r + r\,\hat{e}_\varphi \\
&= \frac{r\;\epsilon\;\sin\varphi}{1+\epsilon\;\cos\varphi}\,\hat{e}_r + r\,\hat{e}_\varphi
\end{aligned}$$

$$\begin{aligned}
|\vec{t}| &= r\sqrt{\frac{\epsilon^2\,\sin^2\varphi}{(1+\epsilon\;\cos\varphi)^2} + 1} \\
&= \frac{r}{1+\epsilon\;\cos\varphi}\,\sqrt{1+\epsilon^2+2\epsilon\;\cos\varphi} \\
\hat{t} = \frac{\vec{t}}{|\vec{t}|} &= \frac{1}{\sqrt{1+\epsilon^2+2\epsilon\;\cos\varphi}}\left(\epsilon\;\sin\varphi\;\hat{e}_r + (1+\epsilon\;\cos\varphi)\;\hat{e}_\varphi\,\right)
\end{aligned}$$

Aufgabe 1.7 (Seite 64) Parabolische Koordinaten:

(a) Aus der Transformation $x = uv$ und $y = \big(v^2 - u^2\big)/2$ erhält man

$$\begin{aligned}
u &= \textit{konstant} \qquad \Rightarrow \quad y = \frac{1}{2}\left(\frac{x^2}{u^2} - u^2\right) \\
v &= \textit{konstant} \qquad \Rightarrow \quad y = \frac{1}{2}\left(v^2 - \frac{x^2}{v^2}\right),
\end{aligned}$$

also Parabeln, die nach oben ($u = \textit{konstant}$) oder unten ($v = \textit{konstant}$) geöffnet sind, wie im Bild dargestellt.

Der Brennpunkt aller Parabeln liegt bei $(0, 0)$; man spricht dann von *konfokalen Parabeln.*

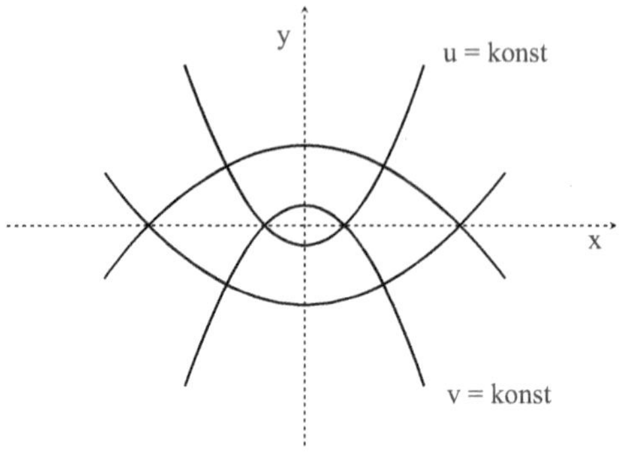

Parabolische Koordinaten.

(b) Einheitsvektoren in den Koordinatenrichtungen:

$$\begin{aligned} b_u &= \left|\frac{\partial\vec{r}}{\partial u}\right| = \left|(\,v,\,-u)\right| = \sqrt{u^2+v^2} = \lambda \\ \hat{e}_u &= \frac{1}{b_u}\,\frac{\partial\vec{r}}{\partial u} = \frac{1}{\lambda}\,(v,\,-u) = \frac{v}{\lambda}\,\hat{x} + \frac{u}{\lambda}\,\hat{y} \\ b_v &= \left|\frac{\partial\,\vec{r}}{\partial v}\right| = \left|(u,v)\right| = \sqrt{u^2+v^2} = \lambda \\ \hat{e}_v &= \frac{1}{b_v}\,\frac{\partial\vec{r}}{\partial v} = \frac{1}{\lambda}(u,v) = \frac{u}{\lambda}\,\hat{x} - \frac{v}{\lambda}\,\hat{y} \\ \hat{e}_u\cdot\hat{e}_v &= \frac{1}{\lambda^2}\big(vu - uv\big) = 0 \qquad \Rightarrow \quad \hat{e}_u \perp \hat{e}_v \end{aligned}$$

(c) Linien- und Flächenelement:

$$\begin{aligned} \mathrm{d}\vec{r} &= b_u\,\mathrm{d}u\;\hat{e}_u + b_v\,\mathrm{d}v\;\hat{e}_v = \underbrace{\lambda\,\mathrm{d}u}_{\mathrm{d}s_u}\;\hat{e}_u + \underbrace{\lambda\,\mathrm{d}v}_{\mathrm{d}s_v}\;\hat{e}_v \\ \mathrm{d}F &= \mathrm{d}s_u\,\mathrm{d}s_v = \lambda^2\,\mathrm{d}u\,\mathrm{d}v = \big(u^2+v^2\big)\,\mathrm{d}u\,\mathrm{d}v \end{aligned}$$

Kapitel 2: Datenanalyse und Fehlerrechnung

Aufgabe 2.1 **(Seite 78) Standardabweichung:** n = Anzahl der Messwerte = 9

(a) Mittelwert:

$$\bar{x} = \frac{1}{n}\sum_{i=1}^{n} x_i = \frac{171.7}{9} \approx\; 19.1$$

(b) Standardabweichung:

$$s = \sqrt{\frac{1}{n}\sum_{i=1}^{n}(x_i - \bar{x})^2} = \sqrt{\frac{29.26}{9}} \approx 1.80$$

(c) Standardabweichung der Grundgesamtheit:

$$\sigma = \sqrt{\frac{n}{n-1}}\, s = \sqrt{\frac{9}{8}}\, 1.80 \approx 1.91$$

(d) Mittlerer Fehler des Mittelwertes:

$$\sigma_n = \frac{\sigma}{\sqrt{n}} = \frac{1.91}{3} \approx 0.64$$

(e) Innerhalb von $\bar{x} \pm \sigma$, d.h. in $17.2 < x < 21$ liegen alle x_i außer x_2, x_3, also 7 Werte. Das entspricht 78%, was ungefähr in Einklang steht mit den erwarteten 68% einer Normalverteilung.

Aufgabe 2.2 (Seite 78) Mittelwerte: Die angegebene Formel gilt in dieser einfachen Weise nur, wenn die Anzahl der Daten jeweils gleich ist, also $n = m$. Für unterschiedlich große Datensätze, $n \neq m$, erhält man

$$\overline{x} = \frac{1}{n+m}\left\{\sum_{j=1}^{n} x_j^{(1)} + \sum_{k=1}^{m} x_k^{(2)}\right\} = \frac{n\,\overline{x}^{(1)} + m\,\overline{x}^{(2)}}{n+m}\,,$$

also ein gewichtetes Mittel. (Eine ähnliche Formel gilt z.B. auch für einen Massenschwerpunkt.)

Aufgabe 2.3 (Seite 78) Kastenförmige Dichteverteilung: Mit der Dichteverteilung $p_{\mathrm{K}}(x) = A$ für $|x| \leq b$ und $p_{\mathrm{K}}(x) = 0$ sonst ist das Normierungsintegral

$$N = \int_{-\infty}^{+\infty} p_{\mathrm{K}}(x)\,\mathrm{d}x = A\int_{-b}^{+b}\mathrm{d}x = 2Ab\,.$$

Hieraus ergeben sich:

$$\overline{x} = \frac{1}{N}\int_{-\infty}^{+\infty} x\,p_{\mathrm{K}}(x)\,\mathrm{d}x = \frac{A}{2Ab}\int_{-b}^{+b} x\,\mathrm{d}x = \frac{1}{2b}\left[\frac{x^2}{2}\right]_{-b}^{+b} = 0\,,$$

$$\overline{x^2} = \frac{1}{N}\int_{-\infty}^{+\infty} x^2\, p_{\mathrm{K}}(x)\,\mathrm{d}x = \frac{A}{2Ab}\int_{-b}^{+b} x^2\,\mathrm{d}x = \frac{1}{2b}\left[\frac{x^3}{3}\right]_{-b}^{+b} = \frac{b^2}{3}\,,$$

$$\Delta x = \frac{b}{\sqrt{3}}\,.$$

Zwischen $-\Delta x$ und $+\Delta x$ liegen

$$\frac{1}{N}\int_{-\Delta x}^{+\Delta x} p_{\mathrm{K}}(x)\,\mathrm{d}x = \frac{2A\Delta x}{N} = \frac{\Delta x}{b} = \frac{1}{\sqrt{3}} \approx 0.577\,,$$

also etwa 58% der Verteilung.

Aufgabe 2.4 (Seite 78) Linearer „Fit“: $S = \sum_{i=1}^{n}\left(\frac{x_i - a\,t_i - b}{\sigma_i}\right)^2$

$$\begin{aligned}
\frac{\partial S}{\partial a} &= -2\sum_i \frac{1}{\sigma_i^2}\left(x_i - a\,t_i - b\right) t_i = 0\\
\frac{\partial S}{\partial b} &= -2\sum_i \frac{1}{\sigma_i^2}\left(x_i - a\,t_i - b\right) = 0
\end{aligned}$$

$$\begin{aligned}
\Rightarrow\quad \sum_i \frac{x_i t_i}{\sigma_i^2} &= a\sum_i \frac{t_i^2}{\sigma_i^2} + b\sum_i \frac{t_i}{\sigma_i^2}\\
\sum_i \frac{x_i}{\sigma_i^2} &= a\sum_i \frac{t_i}{\sigma_i^2} + b\sum_i \frac{1}{\sigma_i^2}
\end{aligned}$$

$$\text{oder}\qquad \overline{xt} = a\,\overline{t^2} + b\,\bar{t}\quad,\quad \bar{x} = a\,\bar{t} + b\,g\,;$$

$$\text{mit}\qquad \overline{x^\nu t^\mu} = \frac{1}{n}\sum_{i=1}^{n}\frac{x_i^\nu\, t_i^\mu}{\sigma_i^2}\qquad \text{und}\qquad g = \frac{1}{n}\cdot\sum_{i=1}^{n}\frac{1}{\sigma_i^2}\,.$$

$$\Rightarrow\qquad a = \frac{g\,\overline{xt} - \bar{x}\,\bar{t}}{g\,\overline{t^2} - \bar{t}^{\,2}}\quad,\quad b = \frac{\bar{x} - a\,\bar{t}}{g}\,.$$

Kapitel 3: Vektoranalysis I

Aufgabe 3.1 (Seite 91) Gradient: Der Abstandsvektor zwischen P und Q ist

$$\vec{r} = (x-a, y-b, z-c)\quad\text{mit}\quad r = \sqrt{(x-a)^2 + (y-b)^2 + (z-c)^2}\,.$$

$$\vec{\nabla} r = \left(\frac{\partial r}{\partial x}, \frac{\partial r}{\partial y}, \frac{\partial r}{\partial z}\right) = \frac{1}{r}\left(x-a, y-b, z-c\right) = \frac{\vec{r}}{r} = \hat{r}\,.$$

Aufgabe 3.2 (Seite 91) Gradient eines Skalarprodukts:

$$f(\vec{r}) = \vec{A}\cdot\vec{B} = \big(-yz, x^2z, xy^2\big)\cdot\big(yz, -xz, xy\big) = -y^2z^2 - x^3z^2 + x^2y^3 \,.$$

$$\vec{\nabla} f = \Big(\frac{\partial f}{\partial x}, \frac{\partial f}{\partial y}, \frac{\partial f}{\partial z}\Big) = \big(-3x^2z^2 + 2xy^3, -2yz^2 + 3x^2y^2, -2y^2z - 2x^3z\big)\,.$$

Test des Satzes von Schwarz:

$$\begin{aligned}
\frac{\partial^2 f}{\partial x\partial y} &= \frac{\partial}{\partial x}\frac{\partial f}{\partial y} = \frac{\partial}{\partial x}\big\{-2yz^2 + 3x^2y^2\big\} = 6xy^2\,,\\
\frac{\partial^2 f}{\partial y\partial x} &= \frac{\partial}{\partial y}\frac{\partial f}{\partial x} = \frac{\partial}{\partial y}\big\{-3x^2z^2 + 2xy^3\big\} = 6xy^2\,;
\end{aligned}$$

die Ableitungen sind also gleich.

Aufgabe 3.3 (Seite 91) Kegelschnitte:

$$\text{Ellipse:}\qquad \frac{x^2}{a^2} + \frac{y^2}{b^2} = 1 \quad,\quad \text{Hyperbel:}\qquad \frac{x^2}{\alpha^2} - \frac{y^2}{\beta^2} = 1$$

Konfokale Ellipsen und Hyperbeln haben die gleiche Exzentrizität:

$$a^2 - b^2 = \mathrm{e}^2 = \alpha^2 + \beta^2 \qquad\Rightarrow\qquad \beta^2 + b^2 = a^2 - \alpha^2$$

Berechnung des Schnittpunkts:

$$\frac{x^2}{a^2} + \frac{y^2}{b^2} = \frac{x^2}{\alpha^2} - \frac{y^2}{\beta^2}$$

$$\begin{aligned}
\frac{x^2}{a^2} - \frac{x^2}{\alpha^2} + \frac{y^2}{b^2} + \frac{y^2}{\beta^2} &= 0\\
\frac{x^2}{a^2\alpha^2}\left(\alpha^2 - a^2\right) + \frac{y^2}{b^2\beta^2}\left(\beta^2 + b^2\right) &= 0\\
\frac{x^2}{a^2\alpha^2} - \frac{y^2}{b^2\beta^2} &= 0 \qquad (*)
\end{aligned}$$

Die Kurven schneiden sich senkrecht $\iff$ ihre Gradienten stehen aufeinander senkrecht.

Ellipse:

$$f_{\mathrm{E}}(x,y) = \frac{x^2}{a^2} + \frac{y^2}{b^2} = 1 = \mathit{konstant}$$

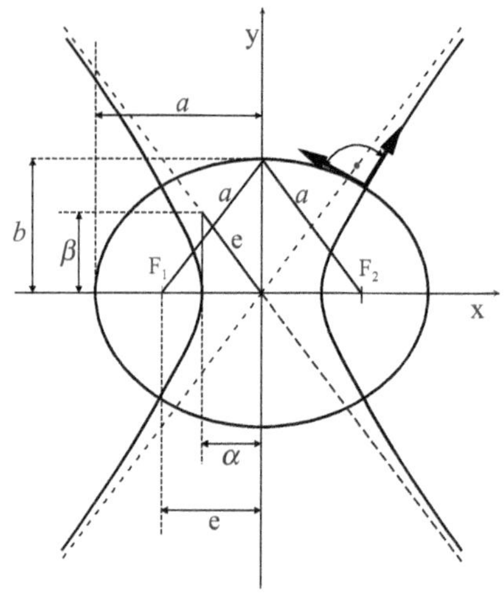

Gradient:

$$\vec{g}_E = \vec{\nabla} f_{\mathrm{E}} = \left(\frac{\partial f_{\mathrm{E}}}{\partial x}, \frac{\partial f_{\mathrm{E}}}{\partial y} \right) = \left(\frac{2x}{a^2}, \frac{2y}{b^2} \right)$$

Hyperbel:

$$f_{\mathrm{H}}(x,y) = \frac{x^2}{\alpha^2} - \frac{y^2}{\beta^2} = 1 = konstant$$

Gradient:

$$\vec{g}_{\mathrm{H}} = \vec{\nabla} f_{\mathrm{H}} = \left(\frac{2x}{\alpha^2}, -\frac{2y}{\beta^2} \right)$$

$$\begin{aligned} \vec{g}_E \cdot \vec{g}_{\mathrm{H}} &= \left(\frac{2x}{a^2}, \frac{2y}{b^2} \right) \cdot \left(\frac{2x}{\alpha^2}, -\frac{2y}{\beta^2} \right) \\ 12mm] &= \frac{4x^2}{a^2\alpha^2} - \frac{4y^2}{b^2\beta^2} = 4 \left(\frac{x^2}{a^2\alpha^2} - \frac{y^2}{b^2\beta^2} \right) = 0 \end{aligned}$$

wegen (∗), d.h. die Gradienten stehen aufeinander senkrecht, und damit schneiden sich Ellipse und Hyperbel in einem rechten Winkel.

Aufgabe 3.4 (Seite 92) Divergenz und Rotation:

(a) z-Achse in Richtung $\vec{\omega}$: $\vec{\omega} = (0,\ 0,\ \omega)$; $\vec{r} = (x,\ y,\ z)$

$$\vec{\omega} \times \vec{r} = \begin{vmatrix} \hat{x} & \hat{y} & \hat{z} \\ 0 & 0 & \omega \\ x & y & z \end{vmatrix} = (-\omega y,\ \omega x,\ 0)$$

$$\vec{F}(x,y,z) = \frac{\omega}{\sqrt{x^2+y^2+z^2}}\,(-y,\ x,\ 0)$$

$$z = 0 \quad \Rightarrow \qquad \vec{F}(x,\ y,\ 0) \;=\; \frac{\omega}{\sqrt{x^2+y^2}}\,(-y,\ x,\ 0)$$

$$\left|\vec{F}(x,\ y,\ 0)\right| \;=\; \omega\,.$$

Das Feld hat also in der Ebene $(x, y, 0)$ einen konstanten Betrag und ist tangential zu den Kreisen um den Ursprung gerichtet (siehe Skizze).

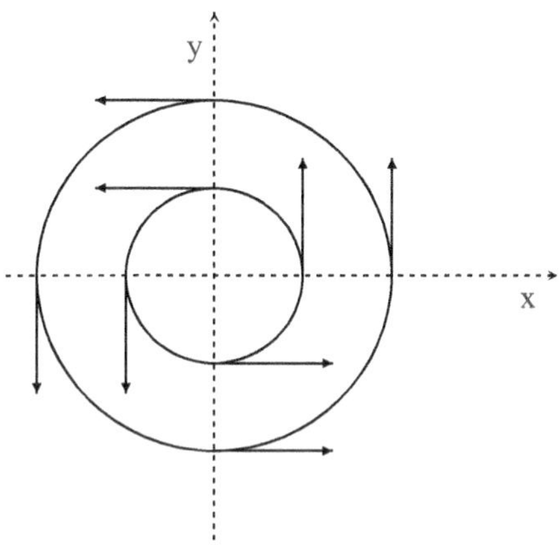

(b) Zunächst gilt nach (3.37)

$$\begin{aligned}\operatorname{div}\left(\vec{\omega}\times\frac{\vec{r}}{r}\right) &= \frac{1}{r}\operatorname{div}(\vec{\omega}\times\vec{r}) + \left(\vec{\nabla}\frac{1}{r}\right)\cdot(\vec{\omega}\times\vec{r})\\ &= \frac{1}{r}\,0 - \frac{1}{r^2}\,\hat{r}\cdot(\vec{\omega}\times\vec{r}) = 0\,,\end{aligned}$$

denn es gilt $\operatorname{div}(\vec{\omega}\times\vec{r}) = 0$ (vgl. Beispiel (3), S. 86), und nach (3.14) ist

$$\vec{\nabla}\frac{1}{r} = -\frac{1}{r^2}\,\hat{r} \quad \text{und} \quad \hat{r}\cdot(\vec{\omega}\times\vec{r}) = 0$$

(Spatprodukt mit zwei parallelen Vektoren).

Mit (3.50) findet man analog

$$\begin{aligned}\operatorname{rot}\left(\frac{1}{r}(\vec{\omega}\times\vec{r})\right) &= \frac{1}{r}\operatorname{rot}(\vec{\omega}\times\vec{r}) + \left(\vec{\nabla}\frac{1}{r}\right)\times(\vec{\omega}\times\vec{r})\\ &= \frac{2}{r}\,\vec{\omega} - \frac{1}{r^2}\,\hat{r}\times(\vec{\omega}\times\vec{r})\end{aligned}$$

mit $\operatorname{rot}(\vec{\omega} \times \vec{r}) = 2\,\vec{\omega}$ [Gleichung (3.58)] und $\vec{\nabla}\,\frac{1}{r} = -\frac{1}{r^2}\,\hat{r}\,.$
Weiterhin gilt:

$$\begin{aligned} -\,\hat{r} \times (\vec{\omega} \times \vec{r}) &= (\vec{\omega} \times \vec{r}) \times \hat{r} \\ &= \vec{r}\,(\vec{\omega} \cdot \hat{r}) - \vec{\omega}\,(\vec{r} \cdot \hat{r}) = \vec{r}\,(\vec{\omega} \cdot \hat{r}) - r\,\vec{\omega} \end{aligned}$$

[nach dem Entwicklungssatz (1.80)]. $\Rightarrow$

$$\begin{aligned} \operatorname{rot}\left(\frac{1}{r}\,(\vec{\omega} \times \vec{r})\right) &= \frac{2}{r}\,\vec{\omega} + \frac{1}{r^2}\,(\vec{\omega} \cdot \hat{r})\,\vec{r} - \frac{1}{r}\,\vec{\omega} \\ &= \frac{1}{r}\,\vec{\omega} + \frac{\vec{\omega} \cdot \hat{r}}{r}\,\hat{r}\,. \end{aligned}$$

Aufgabe 3.5 (Seite 92) Rotation eines Vektorprodukts: Wir rechnen zum Beweis die x-Komponente explizit aus:

$$\left\{\vec{\nabla} \times \{\vec{F} \times \vec{G}\}\right\}_x = \frac{\partial}{\partial y}\,\{\vec{F} \times \vec{G}\}_z - \frac{\partial}{\partial z}\,\{\vec{F} \times \vec{G}\}_y$$

$$= \frac{\partial}{\partial y}\left\{F_x G_y - F_y G_x\right\} - \frac{\partial}{\partial z}\left\{F_z G_x - F_x G_z\right\}$$

$$= +F_x \frac{\partial}{\partial y} G_y + G_y \frac{\partial}{\partial y} F_x - F_y \frac{\partial}{\partial y} G_x - G_x \frac{\partial}{\partial y} F_y$$

$$-F_z \frac{\partial}{\partial z} G_x - G_x \frac{\partial}{\partial z} F_z + F_x \frac{\partial}{\partial z} G_z + G_z \frac{\partial}{\partial z} F_x$$

$$= \quad \ldots \quad " \quad \ldots \quad + G_x \frac{\partial}{\partial x} F_x - G_x \frac{\partial}{\partial x} F_x + F_x \frac{\partial}{\partial x} G_x - F_x \frac{\partial}{\partial x} G_x$$

$$= \left\{G_x \frac{\partial}{\partial x} + G_y \frac{\partial}{\partial y} + G_z \frac{\partial}{\partial z}\right\} F_x - G_x \left\{\frac{\partial}{\partial x} F_x + \frac{\partial}{\partial y} F_y + \frac{\partial}{\partial z} F_z\right\}$$

$$-\left\{F_x \frac{\partial}{\partial x} + F_y \frac{\partial}{\partial y} + F_z \frac{\partial}{\partial z}\right\} G_x + F_x \left\{\frac{\partial}{\partial x} G_x + \frac{\partial}{\partial y} G_y + \frac{\partial}{\partial z} G_z\right\}$$

$$= \{\vec{G} \cdot \vec{\nabla}\} F_x - G_x \{\vec{\nabla} \cdot \vec{F}\} - \{\vec{F} \cdot \vec{\nabla}\} G_x + F_x \{\vec{\nabla} \cdot \vec{G}\}$$

$$= \left\{\{\vec{G} \cdot \vec{\nabla}\}\vec{F} - \vec{G}\{\vec{\nabla} \cdot \vec{F}\} - \{\vec{F} \cdot \vec{\nabla}\}\vec{G} + \vec{F}\{\vec{\nabla} \cdot \vec{G}\}\right\}_x .$$

Dies entspricht der zu beweisenden Formel. Die y- und z-Komponenten berechnet man analog.

Aufgabe 3.6 (Seite 92) Doppelte Rotation: Für die x-Komponente der doppelten Rotation gilt

$$\begin{aligned}
\left\{\vec{\nabla}\times(\vec{\nabla}\times\vec{F})\right\}_x &= \frac{\partial}{\partial y}\{\vec{\nabla}\times\vec{F}\}_z - \frac{\partial}{\partial z}\{\vec{\nabla}\times\vec{F}\}_y \\
&= \frac{\partial}{\partial y}\left\{\frac{\partial}{\partial x}F_y - \frac{\partial}{\partial y}F_x\right\} - \frac{\partial}{\partial z}\left\{\frac{\partial}{\partial z}F_x - \frac{\partial}{\partial x}F_z\right\} \\
&= \frac{\partial^2}{\partial y\partial x}F_y - \frac{\partial^2}{\partial y^2}F_x - \frac{\partial^2}{\partial z^2}F_x + \frac{\partial^2}{\partial z\partial x}F_z \\
&= \quad \dots \quad " \quad \dots \quad + \frac{\partial^2}{\partial x^2}F_x - \frac{\partial^2}{\partial x^2}F_x \\
&= \frac{\partial}{\partial x}\left\{\frac{\partial F_x}{\partial x} + \frac{\partial F_y}{\partial y} + \frac{\partial F_z}{\partial z}\right\} - \left\{\frac{\partial^2}{\partial x^2} + \frac{\partial^2}{\partial y^2} + \frac{\partial^2}{\partial z^2}\right\}F_x \\
&= \left\{\vec{\nabla}\,(\vec{\nabla}\cdot\vec{F}) - \vec{\nabla}^2\vec{F}\right\}_x .
\end{aligned}$$

Dies entspricht der zu beweisenden Formel. Auf die gleiche Weise berechnet man die y- und z-Komponenten.

Aufgabe 3.7 (Seite 92) n-dimensionales Kepler-Potential: Das gesuchte n-dimensionale Gradientenfeld der Potentialfunktion

$$V(r) = -\frac{\alpha}{r^{n-2}}\ , \ \alpha > 0\ , \ n \geq 3$$

hat die Komponenten

$$F_j = -\frac{\partial V}{\partial x_j} = -\frac{\mathrm{d}V}{\mathrm{d}r}\frac{\partial r}{\partial x_j} = -(n-2)\frac{\alpha}{r^n}\,x_j\,.$$

Das Feld

$$\vec{F}(\vec{r}) = -(n-2)\frac{\alpha}{r^n}\,\vec{r}$$

ist - wie das Gravitationsfeld im dreidimesnionalen Raum - zum Zentrum hin gerichtet. Der Betrag des Feldes fällt ab wie r^{n-1}, was genau das Anwachsen einer n-dimensionalen Kugeloberfläche kompensiert. In Kapitel 9 werden wir lernen, dass man dies ausdrücken kann als „der Fluss des Feldes durch die Kugeloberfläche ist unabhängig vom Radius". Das hängt direkt damit zusammen, dass die Divergenz des Feldes für $r \neq 0$ verschwindet, was in dieser Aufgabe zu überprüfen ist. Mit

$$\begin{aligned} \frac{\partial F_j}{\partial x_j} &= -(n-2)\frac{\alpha}{r^n} + (n-2)n\frac{\alpha}{r^{n+1}}\frac{x_j^2}{r} \\ &= (n-2)\frac{\alpha}{r^n}\Big(-1+n\frac{x_j^2}{r^2}\Big) \end{aligned}$$

erhalten wir für die n-dimensionale Divergenz

$$\begin{aligned} \operatorname{div}\vec{F} &= \sum_{j=1}^{n}\frac{\partial F_j}{\partial x_j} = \sum_{j=1}^{n}(n-2)\,\frac{\alpha}{r^n}\,\Big(-1+n\frac{x_j^2}{r^2}\Big) \\ &= (n-2)\,\frac{\alpha}{r^{n+2}}\,\Big(-r^2\sum_{j=1}^{n}1+n\sum_{j=1}^{n}x_j^2\Big) \\ &= (n-2)\,\frac{\alpha}{r^{n+2}}\,\Big(-r^2 n+nr^2\Big) = 0\,. \end{aligned}$$

Kapitel 4: Grundprobleme der Dynamik

Aufgabe 4.1 (Seite 131) Die Salve: Mit Gleichung (4.33) lassen sich die Wurfbahnen schreiben als

$$z(x, x_0) = \tau\,(x-x_0) - \frac{g}{2v_0^2}\,(1+\tau^2)\,(x-x_0)^2\,.$$

Dabei ist x_0 die Startposition auf der x-Achse; τ und v_0 sind hier fest. Das Bild zeigt eine Bahnenschar für variable Werte von x_0. Alle Bahnen haben die gleiche Wurfhöhe h und die Kaustik ist folglich die horizontale Gerade $z(x) = h$, was man auch formal mittels $\partial z(x, x_0)\partial x_0 = 0$ erhält.

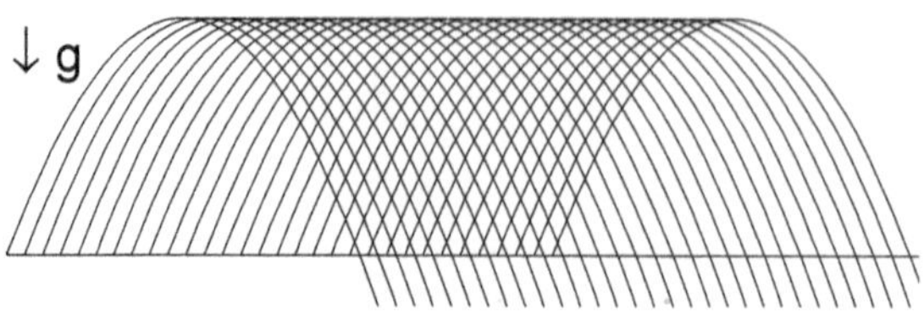

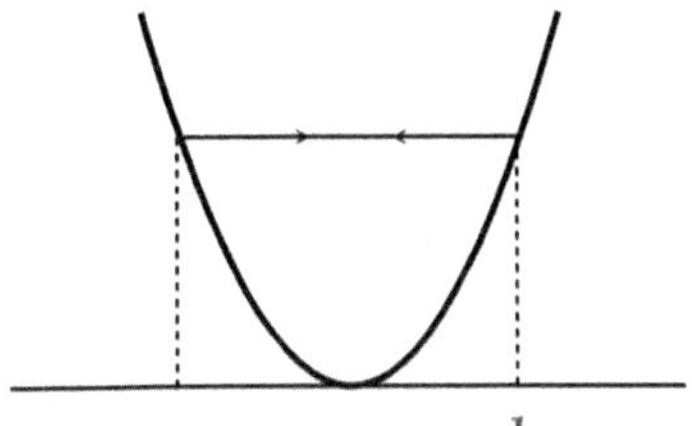

Bahn mit Energie E im Potential $V(x)$ und Umkehrpunkten a und b.

Aufgabe 4.2 (Seite 131) Schwingungsdauer:

(a) Differentiation von

$$E = \frac{m}{2}\dot{x}^2 + V(x)$$

nach der Zeit t liefert

$$\begin{aligned}\frac{\mathrm{d}E}{\mathrm{d}t} &= \dot{E} = m\dot{x}\ddot{x} + \frac{\mathrm{d}V}{\mathrm{d}x}\dot{x} \\ &= \underbrace{\{m\ddot{x} + V'(x)\}}_{=0}\ \dot{x} = 0 \qquad \Rightarrow \qquad E = \textit{konstant}\end{aligned}$$

(b) $E = V(a) = V(b)$ $\quad a, b =$ Umkehrpunkte; $\quad$ Schwingungsdauer:

$$T = \oint \mathrm{d}t = 2\int_a^b \frac{\mathrm{d}x}{v} = 2\int_a^b \frac{\mathrm{d}x}{\sqrt{\frac{2}{m}(E - V(x))}} = \int_a^b \frac{\mathrm{d}x}{\sqrt{\frac{1}{2m}(E - V(x))}}\,.$$

(Der Faktor 2 erscheint, weil ein vollständiger Umlauf aus einer Hin- und Zurückbewegung besteht.)

(c) Für $V(x) = kx^2/2$ (harmonischer Oszillator) ist

$$E = V(a) = \frac{k}{2}\,a^2 \qquad \Rightarrow \qquad a = -\sqrt{\frac{2E}{k}} \quad \text{und} \quad b = +\sqrt{\frac{2E}{k}}$$

$$\begin{aligned}T &= \sqrt{2m}\int_a^b \frac{\mathrm{d}x}{\sqrt{E - V(x)}} \\ &= \sqrt{2m}\int_a^b \frac{\mathrm{d}x}{\sqrt{E - kx^2/2}} \qquad\qquad \text{mit} \quad x = y\,\sqrt{2E/k} \\ &= \sqrt{\frac{2m\,2E}{k\,E}}\int_{-1}^1 \frac{\mathrm{d}y}{\sqrt{1 - y^2}} = 2\,\sqrt{\frac{m}{k}}\,\Big[\arcsin y\Big]_{-1}^1 = 2\pi\,\sqrt{\frac{m}{k}}\,.\end{aligned}$$

Aufgabe 4.3 (Seite 131) Drehimpulszerlegung: Man invertiert zunächst die Gleichungen (4.105) und (4.107) für die Relativkoordinate $\vec{r}$ und den Schwerpunkt $\vec{R}$:

$$\vec{r}_1 = \vec{R} + \frac{m_2}{M}\vec{r} \quad , \quad \vec{r}_2 = \vec{R} - \frac{m_1}{M}\vec{r}\,.$$

Dann ist mit dem Relativimpuls $\vec{p} = m_1 m_2 \dot{\vec{r}}/M = m\dot{\vec{r}}$

$$\begin{aligned}
\vec{L}_1 &= m_1 \vec{r}_1 \times \dot{\vec{r}}_1 = m_1\Big(\vec{R} + \frac{m_2}{M}\vec{r}\Big) \times \Big(\dot{\vec{R}} + \frac{m_2}{M}\dot{\vec{r}}\Big) \\
&= \Big(\vec{R} + \frac{m_2}{M}\vec{r}\Big) \times \Big(m_1\dot{\vec{R}} + \vec{p}\Big) \\
&= m_1\vec{R} \times \dot{\vec{R}} + \vec{R} \times \vec{p} + m\,\vec{r} \times \dot{\vec{R}} + \frac{m_2}{M}\vec{r} \times \vec{p}
\end{aligned}$$

Und entsprechend

$$\vec{L}_2 = m_2\vec{R} \times \dot{\vec{R}} - \vec{R} \times \vec{p} - m\,\vec{r} \times \dot{\vec{R}} + \frac{m_1}{M}\vec{r} \times \vec{p}\,.$$

Eine Addition ergibt

$$\begin{aligned}
\vec{L}_{\text{ges}} &= \vec{L}_1 + \vec{L}_2 = (m_1 + m_2)\vec{R} \times \dot{\vec{R}} + \frac{m_1 + m_2}{M}\vec{r} \times \vec{p} \\
&= \vec{R} \times \vec{P} + \vec{r} \times \vec{p} = \vec{L}_{\text{S}} + \vec{L}\,.
\end{aligned}$$

Aufgabe 4.4 (Seite 131) Gleichförmige Kreisbewegung: Für angegebene die Bahnkurve $\dot{\vec{r}}(t) = \vec{\omega} \times \vec{r}(t)$ ergibt sich:

(a)

$$\begin{aligned}
\frac{\mathrm{d}}{\mathrm{d}t}|\vec{r}|^2 &= \frac{\mathrm{d}}{\mathrm{d}t}\vec{r}\cdot\vec{r} = \dot{\vec{r}}\cdot\vec{r} + \vec{r}\cdot\dot{\vec{r}} = 2\,\vec{r}\cdot\dot{\vec{r}} \\
&= 2\,\vec{r}\cdot\big(\vec{\omega} \times \vec{r}\big) = 0\,.
\end{aligned}$$

(Ein Spatprodukt mit zwei gleichen Vektoren ist gleich null.)

(b)

$$\frac{\mathrm{d}}{\mathrm{d}t}\big(\vec{\omega}\cdot\vec{r}\big) = \vec{\omega}\cdot\dot{\vec{r}} = \vec{\omega}\cdot\big(\vec{\omega} \times \vec{r}\big) = 0\,.$$

(c)

$$\ddot{\vec{r}} = \frac{\mathrm{d}}{\mathrm{d}t}\dot{\vec{r}} = \vec{\omega} \times \dot{\vec{r}}$$

$$\frac{\mathrm{d}}{\mathrm{d}t}\,|\dot{\vec{r}}|^2 = \frac{\mathrm{d}}{\mathrm{d}t}\,\dot{\vec{r}}\cdot\dot{\vec{r}} = 2\,\dot{\vec{r}}\cdot\ddot{\vec{r}} = 2\,\dot{\vec{r}}\cdot(\vec{\omega}\times\dot{\vec{r}}) = 0\,.$$

Wegen (a) liegt die Bahn auf einer Kugel um den Ursprung, wegen (b) in einer Ebene senkrecht zu $\vec{\omega}$, d.h. sie ist eine Kreisbahn, auf der der Betrag der Bahngeschwindigkeit konstant ist]wegen (c)], eine so genannte *gleichförmige Kreisbewegung*.

Aufgabe 4.5 (Seite 132) Dreidimensionaler harmonischer Oszillator: Wie in jedem Zentralfeld liegt die Bahn für den dreidimensionalen harmonischen Oszillator $V(\vec{r}) = kr^2/2$ in einer Ebene, die x,y-Ebene. Bewegungsgleichungen:

$$\ddot{x} + \omega^2 x = 0 \quad , \quad \ddot{y} + \omega^2 y = 0 \quad \text{mit} \quad \omega = \sqrt{k/m}\,.$$

Allgemeine Lösungen:

$$x(t) = a\cos(\omega t + \alpha) \quad , \quad y(t) = b\cos(\omega t + \beta)\,.$$

Mit $\gamma = \omega t + \alpha$ und $\delta = \beta - \alpha$:

$$x = a\cos\gamma \quad , \quad y = b\cos(\gamma + \delta) = b\cos\delta\cos\gamma - b\sin\delta\sin\gamma\,.$$

Auflösen dieser Gleichungen nach $\cos\gamma$ und $\sin\gamma$ und Einsetzen in die Identität $\sin^2\gamma + \cos^2\gamma = 1$ ergibt die Bahngleichung

$$\frac{x^2}{a^2} + \frac{y^2}{b^2} - \frac{2xy\cos\delta}{ab} = \sin^2\delta\,.$$

Diese quadratische Form in x und y beschreibt eine Ellipse in Mittelpunktslage (siehe Anhang C.4), die durch eine Drehung um den Winkel φ mit

$$\tan 2\varphi = \frac{2ab\cos\delta}{a^2 - b^2}$$

auf die Normalform

$$\frac{x'^2}{a'^2} + \frac{y'^2}{b'^2}$$

gebracht werden kann. Die große und die kleine Halbachse a' und b' lassen sich sowohl durch diese Transformation bestimmen, oder direkt aus der Erhaltung von Energie und Drehimpuls:

$$E = \frac{m}{2}(\dot{x}^2 + \dot{y}^2) + \frac{k}{2}(x^2 + y^2) = \frac{k}{2}(a^2 + b^2) = \frac{k}{2}(a'^2 + b'^2)\,,$$

$$L_z = x\dot{y} - y\dot{x} = \omega ab \sin(\alpha - \beta) = \omega a'b' \,.$$

Durch Auflösen dieser beiden Gleichungen erhält man a' und b'. Weiterhin ist die Bahn geschlossen, d.h. periodisch mit der Periode $T = 2\pi/\omega$.

Aufgabe 4.6 (Seite 132) n-dimensionale Kepler-Bahnen:

(a) Mit der in Aufgabe 3.7 berechneten Kraft lautet die Bewegungsgleichung

$$m\ddot{x}_j = F_j = -(n-2)\,\frac{\alpha x_j}{r^n} \,.$$

Die Zeitableitung der verallgemeinerten Drehimpulse

$$L_{jk} = m(x_j\dot{x}_k - x_k\dot{x}_j) \,, \quad j,k = 1,\dots n$$

ist dann gleich null:

$$\begin{aligned}
\dot{L}_{jk} &= m(\dot{x}_j\dot{x}_k + x_j\ddot{x}_k - \dot{x}_k\dot{x}_j - x_k\ddot{x}_j) \\
&= m(x_j\ddot{x}_k - x_k\ddot{x}_j) \\
&= -(n-2)\,\frac{\alpha}{r^n}\Big(x_jx_k - x_kx_j\Big) = 0 \,,
\end{aligned}$$

d.h. die L_{jk} sind Erhaltungsgrößen.

(b) Die Stabilität der gebundenen Bahnen lässt sich mithilfe des Effektivpotentials (4.127):

$$V_{\text{eff}}(r) = V(r) + \frac{L^2}{2mr^2} = -\frac{\alpha}{r^{n-2}} + \frac{L^2}{2mr^2}$$

beurteilen. Im dreidimensionalen Raum, also für $n = 3$, hat das Effektivpotential ein Minimum bei $r_0 = L^2/m\alpha$ [siehe Gleichung (4.143)]. In höheren Dimensionen existiert dieses Minimum nicht mehr. Für $n = 4$ ist das Effektivpotential gleich

$$V_{\text{eff}} = \Big(-\alpha + \frac{L^2}{2m}\Big)\frac{1}{r^2} \,,$$

also eine reines $1/r^2$-Potential, entweder rein attraktiv, repulsiv oder im Ausnahmefall für einen Drehimpuls $L^2 = 2m\alpha$ identisch null. Ein Minimum, das zu einer stabilen Bahn führt, existiert nicht. Für Dimensionen $n > 4$ finden wir wieder ein Extremum des Effektivpotentials bei

$$r_0 = \sqrt[n-4]{(n-2)m\alpha/L^2} \,,$$

aber wegen

$$V_{\text{eff}}''(r_0) = -(n-4)\,\frac{L^2}{mr_0^4} < 0 \quad \text{für } n > 4$$

ist dies ein Maximum, also eine instabile Bahn: Kleine Abweichungen vom Bahnradius r_0 führen also zu einer Zerstörumg der Kreisbahn. Es ist doch sehr günstig für uns Menschen, dass unser Universum dreidimensional ist!

Kapitel 5: Matrizen und Tensoren

Aufgabe 5.1 (Seite 165) Spaltenvektoren: $X^T Y$ ist eine (1×1)-Matrix mit

$$(X^T Y)_{11} = \sum_{k=1}^{n} (X^T)_{1k} Y_{k1} = \sum_{k=1}^{n} X_{k1} Y_{k1} = \sum_{k=1}^{n} x_k\, y_k = \vec{x} \cdot \vec{y}$$

Aufgabe 5.2 (Seite 165) Die Matrix A sei symmetrisch. Dann ist

$$\begin{aligned} \vec{x}^{\,T} A\,\vec{y} &= \sum_k x_k\,(A\,\vec{y})_k = \sum_k x_k \sum_i A_{ki}\,y_i = \sum_{k,i} x_k\,A_{ki}\,y_i \\ &= \sum_{k,i} y_i\,A_{ki}\,x_k \overset{(*)}{=} \sum_{i,k} y_k\,A_{ik}\,x_i \overset{(**)}{=} \sum_{i,k} y_k\,A_{ki}\,x_i = \vec{y}^{\,T} A\,\vec{x} \end{aligned}$$

[(∗): Vertauschung der Indizes; (∗∗) gilt wegen $A_{ik} = A_{ki}$].

Aufgabe 5.3 (Seite 165) Vertauschung unter der Spur:

$$\begin{aligned} \text{Sp}(AB) &= \sum_j (AB)_{jj} = \sum_j \sum_k A_{jk} B_{kj} \\ &= \sum_k \sum_j B_{kj} A_{jk} = \sum_k (BA)_{kk} = \text{Sp}(BA) \end{aligned}$$

Aufgabe 5.4 (Seite 165) Inverse Matrix: Zum Beweis, dass die Inverse der Matrix

$$A = \begin{pmatrix} a & b \\ c & d \end{pmatrix} \qquad \text{durch} \qquad A^{-1} = \frac{1}{\det A} \begin{pmatrix} d & -b \\ -c & a \end{pmatrix}$$

gegeben ist, müssen wir nur diese beiden Matrizen multiplizieren:

$$\begin{aligned} AA^{-1} &= \frac{1}{\det A} \begin{pmatrix} a & b \\ c & d \end{pmatrix} \begin{pmatrix} d & -b \\ -c & a \end{pmatrix} \\ &= \frac{1}{ad-bc} \begin{pmatrix} ad-bc & -ab+ba \\ cd-dc & -cb+ad \end{pmatrix} = \begin{pmatrix} 1 & 0 \\ 0 & 1 \end{pmatrix}. \end{aligned}$$

Aufgabe 5.5 (Seite 165) Drehmatrix: Eigenwerte:

$$|D - \lambda E| = \begin{vmatrix} \cos\varphi - \lambda & \sin\varphi \\ -\sin\varphi & \cos\varphi - \lambda \end{vmatrix} = (\cos\varphi - \lambda)^2 + \sin^2\varphi = 0$$

$$\Rightarrow \quad \lambda = \cos\varphi \pm \sqrt{-\sin^2\varphi} = \cos\varphi \pm \mathrm{i}\ \sin\varphi = \mathrm{e}^{\pm\,\mathrm{i}\varphi}$$

Eigenvektoren:

$$\begin{pmatrix} \cos\varphi & \sin\varphi \\ -\sin\varphi & \cos\varphi \end{pmatrix} \begin{pmatrix} u_\pm \\ v_\pm \end{pmatrix} = \mathrm{e}^{\pm\mathrm{i}\varphi} \begin{pmatrix} u_\pm \\ v_\pm \end{pmatrix}$$

$$\Rightarrow \qquad u_\pm \cos\varphi + v_\pm \sin\varphi = \mathrm{e}^{\pm\mathrm{i}\varphi}\, u_\pm$$

$$\Rightarrow \qquad v_\pm = \frac{u_\pm}{\sin\varphi}\left(\cos\varphi \pm \mathrm{i}\sin\varphi - \cos\varphi\right) = \pm\mathrm{i}u_\pm$$

und damit ergeben sich die normierten Eigenvektoren als

$$\begin{pmatrix} u_\pm \\ v_\pm \end{pmatrix} = \frac{1}{\sqrt{2}} \begin{pmatrix} 1 \\ \pm\mathrm{i} \end{pmatrix}.$$

Aufgabe 5.6 (Seite 165) Trägheitstensor: Bezüglich der Hauptträgheitsachsen hat der (diagonale) Trägheitstensor natürlich auch die gleiche allgemeine Form mit den angegebenen Matrixelementen. Die Diagonalelemente lauten:

$$I_i = I_{ii} = \int \left(r^2 - x_i^2\right) \mathrm{d}m$$

d.h.

$$I_1 = \int \left(x_2^2 + x_3^2\right) \mathrm{d}m \quad , \quad I_2 = \int \left(x_1^2 + x_3^2\right) \mathrm{d}m \quad , \quad I_3 = \int \left(x_1^2 + x_2^2\right) \mathrm{d}m\,.$$

Es gilt nun

$$\begin{aligned} I_1 + I_2 &= \int \left(x_2^2 + x_3^2 + x_1^2 + x_3^2\right) \mathrm{d}m \\ &= \underbrace{\int \left(x_1^2 + x_2^2\right) \mathrm{d}m}_{=I_3} + \underbrace{2\int x_3^2\, \mathrm{d}m}_{\geq 0} \geq I_3 \end{aligned}$$

und entsprechend $I_1 + I_3 \geq I_2$ und $I_2 + I_3 \geq I_1$.

Aufgabe 5.7 (Seite 166) Hauptträgheitsmomente: Die Hauptträgheitsmomente λ sind gegeben durch die Eigenwertgleichung

$$\det(I - \lambda E) = \begin{vmatrix} I_{11} - \lambda & I_{12} & 0 \\ I_{21} & I_{22} - \lambda & 0 \\ 0 & 0 & I_{33} - \lambda \end{vmatrix} = 0 \ .$$

Das ergibt mit $I_{21} = I_{12}$

$$(I_{33} - \lambda)\Big\{(I_{11} - \lambda)(I_{22} - \lambda) - I_{12}^2\Big\} = 0$$

mit den Lösungen

$$\lambda = I_{33}$$

und

$$\lambda^2 - \lambda\,(I_{11} + I_{22}) + I_{11}I_{22} - I_{12}^2 = 0$$

d.h.

$$\begin{aligned} \lambda_\pm &= \frac{1}{2}\left\{I_{11} + I_{22} \pm \sqrt{(I_{11} + I_{22})^2 - 4\,I_{11}I_{22} + 4\,I_{12}^2}\right\} \\ &= \frac{1}{2}\left\{I_{11} + I_{22} \pm \sqrt{(I_{11} - I_{22})^2 + 4\,I_{12}^2}\right\}. \end{aligned}$$

Für $I_{11} = I_{22}$ folgt:

$$\lambda_\pm = I_{11} \pm I_{12}\,.$$

Aufgabe 5.8 (Seite 166) Eine nicht-diagonalisierbare Matrix: Um zu zeigen, dass die Matrix

$$B = \begin{pmatrix} 1 & 1 \\ 0 & 1 \end{pmatrix}$$

nicht mit $Q^{-1}BQ$ auf Diagonalform gebracht werden kann, setzen wir einfach für Q eine allgemeine Matrix an,

$$Q = \begin{pmatrix} a & b \\ c & d \end{pmatrix}.$$

mit der Inversen

$$Q^{-1} = \frac{1}{\det Q}\begin{pmatrix} d & -b \\ -c & a \end{pmatrix}$$

(vgl. Aufgabe 5.4) und bilden das Produkt

$$Q^{-1}BQ = \frac{1}{\det Q}\begin{pmatrix} d & -b \\ -c & a \end{pmatrix}\begin{pmatrix} 1 & 1 \\ 0 & 1 \end{pmatrix}\begin{pmatrix} a & b \\ c & d \end{pmatrix}$$

$$= \frac{1}{\det Q}\begin{pmatrix} d & -b \\ -c & a \end{pmatrix}\begin{pmatrix} a+c & b+d \\ c & d \end{pmatrix}$$

$$= \frac{1}{\det Q}\begin{pmatrix} ad+cd-bc & d^2 \\ -c^2 & ad-bc-cd \end{pmatrix}.$$

Damit dieser Ausdruck diagonal wird, muss gelten $c = d = 0$ und folglich auch $\det Q = ad - bc = 0$ im Widerspruch zu der geforderten Existenz der Inversen Q^{-1}.

Aufgabe 5.9 (Seite 166) Transformation auf Diagonalform: Die Eigenwerte der Matrix

$$A = \begin{pmatrix} 0 & 1 \\ 1 & 0 \end{pmatrix}$$

sind gegeben durch die Lösungen der charakteristischen Gleichung

$$|A - \lambda E| = \begin{vmatrix} -\lambda & 1 \\ 1 & -\lambda \end{vmatrix} = \lambda^2 - 1 = 0,$$

d.h. $\lambda_\pm = \pm 1$. Die zugehörigen Eigenvektoren erfüllen

$$\begin{pmatrix} 0 & 1 \\ 1 & 0 \end{pmatrix}\begin{pmatrix} x_\pm \\ y_\pm \end{pmatrix} = \pm\begin{pmatrix} x_\pm \\ y_\pm \end{pmatrix},$$

also $x_\pm = \pm y_\pm$ und damit

$$\begin{pmatrix} x_\pm \\ y_\pm \end{pmatrix} = \begin{pmatrix} 1 \\ \pm 1 \end{pmatrix}.$$

Die Transformationsmatrix bilden wir spaltenweise aus den Eigenvektoren:

$$Q = \begin{pmatrix} 1 & -1 \\ 1 & 1 \end{pmatrix}$$

mit der Inversen (siehe Aufgabe 5.4)

$$Q^{-1} = \frac{1}{2}\begin{pmatrix} 1 & 1 \\ -1 & 1 \end{pmatrix}.$$

Es gilt dann

$$\begin{aligned} QA_{\text{diag}}Q^{-1} &= \frac{1}{2}\begin{pmatrix} 1 & -1 \\ 1 & 1 \end{pmatrix}\begin{pmatrix} 1 & 0 \\ 0 & -1 \end{pmatrix}\begin{pmatrix} 1 & 1 \\ -1 & 1 \end{pmatrix} \\ &= \frac{1}{2}\begin{pmatrix} 1 & -1 \\ 1 & 1 \end{pmatrix}\begin{pmatrix} 1 & 1 \\ 1 & -1 \end{pmatrix} = \begin{pmatrix} 0 & 1 \\ 1 & 0 \end{pmatrix} = A\,. \end{aligned}$$

Aufgabe 5.10 (Seite 166) Matrixfunktionen: Mithilfe der vorangehenden Aufgabe berechnet man direkt

$$\begin{aligned} 2^A &= f(A) = Q\,f(A_{\text{diag}})\,Q^{-1} = \\ &= \frac{1}{2}\begin{pmatrix} 1 & -1 \\ 1 & 1 \end{pmatrix}\begin{pmatrix} 2^{+1} & 0 \\ 0 & 2^{-1} \end{pmatrix}\begin{pmatrix} 1 & 1 \\ -1 & 1 \end{pmatrix} \\ &= \frac{1}{2}\begin{pmatrix} 1 & -1 \\ 1 & 1 \end{pmatrix}\begin{pmatrix} 2 & 2 \\ -1/2 & 1/2 \end{pmatrix} = \frac{1}{4}\begin{pmatrix} 5 & 3 \\ 3 & 5 \end{pmatrix}. \end{aligned}$$

Kapitel 6: Lineare Differentialgleichungen

Aufgabe 6.1 (Seite 176) Inhomogene Differentialgleichung $\ddot{x} - 10\dot{x} + 9x = 9t$:

(a) Mit dem Ansatz $x(t) = \mathrm{e}^{\gamma t}$ erhält man

$$\dot{x} = \gamma\,\mathrm{e}^{\gamma t} \qquad \Rightarrow \qquad \ddot{x} = \gamma^2\,\mathrm{e}^{\gamma t}$$

$$\Rightarrow \qquad \ddot{x} - 10\,\dot{x} + 9\,x = (\gamma^2 - 10\,\gamma + 9)\,\mathrm{e}^{\gamma t} \;\equiv\; 0\,.$$

$$\Rightarrow \qquad \gamma^2 - 10\,\gamma + 9 = 0 \qquad \Rightarrow \qquad \gamma = 5 \,\pm\, \sqrt{25-9} = \begin{cases} 5+4=9 \\ 5-4=1 \end{cases}$$

$$\Rightarrow \qquad \text{Lösungen} \qquad \mathrm{e}^t \quad \text{und} \quad \mathrm{e}^{9t}$$

Die allgemeine Lösung der homogenen Differentialgleichung ist damit

$$x(t) = \alpha\,\mathrm{e}^{t} + \beta\,\mathrm{e}^{9t}\,.$$

Mit dem Ansatz eines Polynoms zweiten Grades für $x(t)$ ist

$$\begin{aligned} x(t) &= a_0 + a_1\,t + a_2\,t^2 \\ \dot{x}(t) &= a_1 + 2\,a_2\,t \\ \ddot{x}(t) &= 2\,a_2 \end{aligned}$$

Einsetzen in die Differentialgleichung ergibt

$$2\,a_2 - 10\,(a_1 + 2\,a_2\,t) + 9\,(a_0 + a_1\,t + a_2\,t^2) \;\equiv\; 9\,t$$

$$\begin{aligned} &\Rightarrow \quad 2\,a_2 - 10\,a_1 + 9\,a_0 + (-20\,a_2 + 9a_1 - 9)\,t + 9\,a_2\,t^2 \;\equiv\; 0 \\ &\Rightarrow \quad a_2 = 0; \quad a_1 = 1; \quad a_0 = \frac{10}{9} \\ &\Rightarrow \quad x(t) = \frac{10}{9} + t\,. \end{aligned}$$

(b) Allgemeine Lösung:

$$x(t) = \alpha\,\mathrm{e}^{t} + \beta\,\mathrm{e}^{9t} + \frac{10}{9} + t$$

$$\left.\begin{aligned} x(0) = \alpha + \beta + \tfrac{10}{9} &\overset{!}{=} 0 \\ \dot{x}(0) = \alpha + 9\,\beta + 1 &\overset{!}{=} 0 \end{aligned}\right\} \text{ Subtraktion } \Rightarrow \qquad 8\,\beta - \frac{1}{9} = 0$$

$$\Rightarrow \quad \beta = \frac{1}{72} \quad \text{und} \quad \alpha = -1 - 9\beta = -\frac{9}{8}$$

Aufgabe 6.2 (Seite 176) Inhomogene Differentialgleichung: Die allgemeine Lösung von $\ddot{x} + \omega^2 x = \alpha t^2$ lautet

$$x(t) = A\sin\omega t + B\cos\omega t - \frac{2\alpha}{\omega^4} + \frac{\alpha}{\omega^2}\,t^2\,.$$

Aufgabe 6.3 (Seite 176) Allgemeine Lösung der ungedämpften Schwingungsgleichung: Wir setzen

$$\phi(t) = \int_0^t \frac{\mathrm{d}\tau}{\rho^2(\tau)} \qquad \text{mit} \qquad \dot{\phi}(t) = \rho^{-2}(t)\,.$$

Differenzieren von $x(t) = \alpha\rho(t)\,\sin\{\phi(t)+\beta\}$ ergibt

$$\begin{aligned}\dot{x} &= \alpha\dot{\rho}\,\sin\{\phi+\beta\} + \alpha\rho\dot{\phi}(t)\cos\{\phi+\beta\} \\ &= \alpha\dot{\rho}\,\sin\{\phi+\beta\} + \alpha\rho^{-1}\cos\{\phi+\beta\} \\ \ddot{x} &= \alpha\ddot{\rho}\,\sin\{\phi+\beta\} + \alpha\dot{\rho}\rho^{-2}\cos\{\phi+\beta\} \\ &\qquad -\alpha\dot{\rho}\rho^{-2}\cos\{\phi+\beta\} - \alpha\rho^{-3}\sin\{\phi+\beta\}\,.\end{aligned}$$

Dann ist

$$\ddot{x} + b(t)x = \alpha\Big\{\underbrace{\ddot{\rho} + b\rho - \rho^{-3}}_{=0}\Big\}\,\sin\{\phi+\beta\} = 0\,,$$

d.h. $x(t)$ ist Lösung, und eine allgemeine, da sie zwei freie Konstanten α und β enthält, durch deren Wahl jede Anfangsbedingung

$$x_0 = x(0) = \alpha\rho_0\sin\beta \quad , \quad v_0 = \dot{x}(0) = \alpha\dot{\rho}_0\sin\beta + \alpha\rho_0^{-1}\cos\beta$$

erfüllt werden kann; etwa durch

$$\cot\beta = \rho_0^2\Big(\frac{v_0}{x_0} - \frac{\dot{\rho}_0}{\rho_0}\Big)\,, \quad \alpha = \frac{x_0}{\rho_0\sin\beta}$$

(mit $\rho_0 = \rho(0)$, $\dot{\rho}_0 = \dot{\rho}(0)$).

Aufgabe 6.4 (Seite 176) Lewis-Invariante: Differenzieren von

$$I = \frac{1}{2}\Big[\Big(\frac{x}{\rho}\Big)^2 + (x\dot{\rho} - \dot{x}\rho)^2\Big]$$

und Einsetzen von $\ddot{x} = -bx$ und $\ddot{\rho} = \rho^{-3} - b\rho$ ergibt

$$\begin{aligned}\frac{\mathrm{d}I}{\mathrm{d}t} &= \frac{1}{2}\Big[2x\dot{x}\rho^{-2} - 2x^2\rho^{-3}\dot{\rho} + 2(x\dot{\rho} - \dot{x}\rho)(x\ddot{\rho} + \dot{x}\dot{\rho} - \dot{x}\dot{\rho} - \ddot{x}\rho)\Big] \\ &= x(\dot{x}\rho - x\dot{\rho})\rho^{-3} + (x\dot{\rho} - \dot{x}\rho)(x\ddot{\rho} - \ddot{x}\rho) \\ &= x(\dot{x}\rho - x\dot{\rho})\rho^{-3} + (x\dot{\rho} - \dot{x}\rho)(x\rho^{-3} - bx\rho + bx\rho) \\ &= x(\dot{x}\rho - x\dot{\rho})\rho^{-3} + (x\dot{\rho} - \dot{x}\rho)x\rho^{-3} = 0\,,\end{aligned}$$

d.h. die Größe $I(t)$ ist zeitunabhängig, also eine Erhaltungsgröße für dieses explizit zeitabhängige System, die man als *Lewis-Invariante* bezeichnet.

Kapitel 7: Lineare Schwingungen

Aufgabe 7.1 (Seite 200) Gedämpfte Schwingung: Der Ansatz

$$x(t) = \mathrm{e}^{-\lambda t}\, y(t)$$

liefert durch Differentiation die Ableitungen

$$\begin{aligned} \dot{x}(t) &= \mathrm{e}^{-\lambda t}\left(-\lambda y + \dot{y}\right) \\ \ddot{x}(t) &= \mathrm{e}^{-\lambda t}\left(\lambda^2 y - 2\lambda\dot{y} + \ddot{y}\right). \end{aligned}$$

Einsetzen in die Schwingungsgleichung $\ddot{x} + 2\gamma\dot{x} + \omega_0^2 x = f(t)$ ergibt

$$\ddot{y} + 2(\gamma - \lambda)\dot{y} + \left(\omega_0^2 + \lambda^2 - 2\lambda\gamma\right) y = \mathrm{e}^{\lambda t}\, f(t)\,.$$

Wählt man $\lambda = \gamma$, so verschwindet der Dämpfungsterm und man erhält

$$\ddot{y} + \left(\omega_0^2 - \gamma^2\right) y = \mathrm{e}^{\gamma t}\, f(t)\,.$$

Aufgabe 7.2 (Seite 200) Harmonische Schwingung:

(a) Nach Gleichung (7.27) gilt

$$x(t) = \mathrm{e}^{-\gamma\, t}\left(a\,\cos\omega t + b\,\sin\omega t\right)$$

$$\begin{aligned} \Rightarrow\quad y_1(t) &= \mathrm{e}^{\gamma\, t}\, x(t) = a\,\cos\omega t + b\,\sin\omega t \\ \dot{y}_1(t) &= -\,\omega\, a\,\sin\omega t + \omega\, b\,\cos\omega t \\ y_2(t) &= \frac{1}{\omega}\,\dot{y}_1 = -\,a\,\sin\omega t + b\,\cos\omega t\,. \end{aligned}$$

Daraus folgt

$$\vec{y}\,(t) = \begin{pmatrix} y_1(t) \\ y_2(t) \end{pmatrix} = \begin{pmatrix} \cos\omega t & \sin\omega t \\ -\sin\omega t & \cos\omega t \end{pmatrix} \begin{pmatrix} a \\ b \end{pmatrix} = D(\omega t) \begin{pmatrix} a \\ b \end{pmatrix}$$

Die Matrix

$$D(\omega t) = \begin{pmatrix} \cos\omega t & \sin\omega t \\ -\sin\omega t & \cos\omega t \end{pmatrix}$$

ist eine Drehmatrix (vgl. (5.78). Für $t = 0$ gilt

$$\vec{y}_0 = D(0) \begin{pmatrix} a \\ b \end{pmatrix} = \begin{pmatrix} a \\ b \end{pmatrix},$$

also

$$\vec{y}(t) = D(\omega t)\,\vec{y}_0\,.$$

(b) Differentiation der in (a) hergeleiteten Gleichung $\vec{y}(t) = D(\omega t)\,\vec{y}_0$ ergibt

$$\dot{\vec{y}}(t) = \dot{D}(\omega t)\,\vec{y}_0 = \dot{D}(\omega t)\,D^{-1}(\omega t)\,\vec{y}(t)\,.$$

Mit

$$\dot{D}(\omega t) = \frac{\mathrm{d}}{\mathrm{d}t}\begin{pmatrix} \cos\omega t & \sin\omega t \\ -\sin\omega t & \cos\omega t \end{pmatrix} = \omega\begin{pmatrix} -\sin\omega t & \cos\omega t \\ -\cos\omega t & -\sin\omega t \end{pmatrix}$$

und

$$D^{-1}(\omega t) = D(-\omega t) = \begin{pmatrix} \cos\omega t & -\sin\omega t \\ \sin\omega t & \cos\omega t \end{pmatrix}$$

erhält man für die gesuchte Matrix

$$\begin{aligned} A(t) &= \dot{D}(\omega t)\,D^{-1}(\omega t) \\ &= \omega\begin{pmatrix} -\sin\omega t & \cos\omega t \\ -\cos\omega t & -\sin\omega t \end{pmatrix}\begin{pmatrix} \cos\omega t & -\sin\omega t \\ \sin\omega t & \cos\omega t \end{pmatrix} = \begin{pmatrix} 0 & \omega \\ -\omega & 0 \end{pmatrix}, \end{aligned}$$

d.h. die Matrix A in $\dot{\vec{y}} = A\,\vec{y}$ ist zeitlich konstant.
Eigenwerte $\lambda_\pm$ von A:

$$\begin{vmatrix} -\lambda & \omega \\ -\omega & -\lambda \end{vmatrix} = \lambda^2 + \omega^2 \stackrel{!}{=} 0 \qquad \Rightarrow \qquad \lambda_\pm = \pm\mathrm{i}\omega\,.$$

Aufgabe 7.3 (Seite 201) Angetriebener Oszillator:

(a) Wir schreiben die Funktion um als

$$x(t) = \frac{1}{\omega}\int\limits_0^t f(\tau)\,\mathrm{e}^{-\gamma u}\,\sin\omega u\,\mathrm{d}\tau$$

mit $\omega^2 = \omega_0^2 - \gamma^2$ und $u = t - \tau$. Die Funktion

$$\varphi(u) = \mathrm{e}^{-\gamma u}\,\sin\omega u$$

löst die Differentialgleichung

$$\varphi'' + 2\,\gamma\,\varphi' + \omega_0^2\,\varphi = 0$$

mit $\varphi' = \mathrm{d}\varphi/\mathrm{d}u$. Differentiation von $x(t)$ nach der Zeit t ergibt

$$\frac{\mathrm{d}x}{\mathrm{d}t} = \dot{x} = \underbrace{\frac{1}{\omega}\, f(t)\,\mathrm{e}^{-0}\,\sin 0}_{=0} + \frac{1}{\omega}\int_0^t f(\tau)\,\varphi'(u)\,\mathrm{d}\tau \qquad (*)$$

$$\ddot{x} = \frac{\mathrm{d}}{\mathrm{d}t}\,\dot{x} = \underbrace{\frac{1}{\omega}\, f(t)\,\varphi'(0)}_{f(t)} + \frac{1}{\omega}\int_0^t f(\tau)\,\varphi''(u)\,\mathrm{d}\tau$$

$$\text{mit} \quad \varphi'(0) = -\gamma\,\varphi(0) + \omega\,\mathrm{e}^{-\gamma u}\cos\omega u\,\Big|_{u=0} = 0 + \omega\cdot 1 = \omega$$

$$\Rightarrow \quad \ddot{x} + 2\gamma\dot{x} + \omega_0^2 x = f(t) + \frac{1}{\omega}\int_0^t f(\tau)\,[\,\underbrace{\varphi'' + 2\gamma\varphi' + \omega_0^2\varphi}_{=0}\,]\,\mathrm{d}\tau = f(t), \qquad \text{was zu zeigen war.}$$

(b) Für die angegebene Lösung gilt:

$$x(0) = \frac{1}{\omega}\int_0^0 \mathrm{d}\tau\, f(\tau)\,\mathrm{e}^{-\gamma(t-\tau)}\,\sin\omega(t-\tau) = 0; \quad \dot{x}(0) = 0 \qquad [\text{vgl.}(*)]$$

Damit ergibt sich die gesuchte Lösung mit den Randbedingungen $x(0) = 0$ und $\dot{x}(0) = v_0$ als

$$x(t) = \frac{1}{\omega}\int_0^t f(\tau)\,\mathrm{e}^{-\gamma(t-\tau)}\,\sin\omega(t-\tau)\,\mathrm{d}\tau + \frac{v_0}{\omega}\,\mathrm{e}^{-\gamma t}\,\sin\omega t$$

Dabei löst

$$\frac{v_0}{\omega}\,\mathrm{e}^{-\gamma t}\,\sin\omega t$$

die homogene Differentialgleichung mit $x(0) = 0$ und $\dot{x}(0) = v_0$.

Aufgabe 7.4 (Seite 201) Ungedämpfter Oszillator bei resonantem Antrieb: Für den Fall $\gamma = 0$ und $\Omega = \omega_0 =: \omega$ kann man nach der vorangehenden Aufgabe eine Lösung der Bewegungsgleichung

$$\ddot{x} + \omega^2 x = f_0\,\mathrm{e}^{\mathrm{i}\omega t}$$

durch

$$x(t) = \frac{f_0}{\omega} \int_0^t e^{i\omega\tau} \sin\omega(t-\tau)\,d\tau$$

erhalten. Mithilfe der Euler-Formel ist das

$$\begin{aligned}
x(t) &= \frac{f_0}{2i\omega} \int_0^t e^{i\omega\tau} \left(e^{i\omega(t-\tau)} - e^{-i\omega(t-\tau)}\right) d\tau \\
&= \frac{f_0}{2i\omega} \int_0^t \left(e^{i\omega t} - e^{-i\omega t}\, e^{2i\omega\tau}\right) d\tau = \frac{f_0}{2i\omega} \left(t\, e^{i\omega t} - e^{-i\omega t} \left[\frac{1}{i\omega}\, e^{2i\omega\tau}\right]_0^t\right) \\
&= \frac{f_0}{2i\omega} \left(t\, e^{i\omega t} - e^{-i\omega t} \frac{1}{2i\omega} \left\{e^{2i\omega t} - 1\right\}\right) = \frac{f_0}{2i\omega^2} \left(\omega t\, e^{i\omega t} - \sin\omega t\right).
\end{aligned}$$

Durch zweimaliges Differenzieren kann man nachträglich verifizieren, dass dieser Ausdruck wirklich eine Lösung ist. Der Realteil

$$x(t) = \frac{f_0 t}{2\omega} \sin\omega t$$

dieses Ausdrucks ergibt eine Lösung der reellen Schwingungsgleichung

$$\ddot{x} + \omega^2 x = f_0 \cos\omega t\,.$$

Aufgabe 7.5 (Seite 201) CO_2-Schwingungen:

(a) Geschwindigkeit des Schwerpunktes $r = m\,r_1 + M\,r_2 + m\,r_3$:

$$v = m\,\dot{r}_1 + M\,\dot{r}_2 + m\,\dot{r}_3\,.$$

Differentiation nach der Zeit t und Einsetzen der Bewegungsgleichungen liefert

$$\begin{aligned}
\dot{v} &= m\,\ddot{r}_1 + M\,\ddot{r}_2 + m\,\ddot{r}_3 \\
&= k\,(r_2 - r_1 - a) - k\,(r_2 - r_1 - a) + k\,(r_3 - r_2 - a) \\
&\qquad - k\,(r_3 - r_2 - a) \\
&= k\,(r_2 - r_1 - a - r_2 + r_1 + a + r_3 - r_2 - a - r_3 + r_2 + a) \\
&= 0 \\
\Rightarrow \quad v &= \textit{konstant.}
\end{aligned}$$

(b) Mit $x_1 = r_1 + a$, $x_2 = r_2$, $x_3 = r_3 - a$ lauten die Bewegungsgleichungen

$$\begin{aligned}
m\,\ddot{x}_1 + k\,(x_1 - x_2) &= 0 \\
M\,\ddot{x}_2 + k\,(-x_1 + 2\,x_2 - x_3) &= 0 \\
m\,\ddot{x}_3 + k\,(x_3 - x_2) &= 0\,.
\end{aligned}$$

Die weitere Skalentransformation

$$y_1 = \sqrt{m}\,x_1, \quad y_2 = \sqrt{M}\,x_2, \quad y_3 = \sqrt{m}\,x_3$$

führt auf die Matrixgleichung

$$\ddot{\vec{y}} + \Omega^2\,\vec{y} = 0$$

mit der symmetrischen Matrix

$$\Omega^2 = \begin{pmatrix} \dfrac{k}{m} & -\dfrac{k}{\sqrt{mM}} & 0 \\ -\dfrac{k}{\sqrt{mM}} & \dfrac{2k}{M} & -\dfrac{k}{\sqrt{mM}} \\ 0 & -\dfrac{k}{\sqrt{mM}} & \dfrac{k}{m} \end{pmatrix}$$

Die charakteristische Gleichung für die Eigenwerte ist:

$$\begin{vmatrix} \dfrac{k}{m} - \omega^2 & -\dfrac{k}{\sqrt{mM}} & 0 \\ -\dfrac{k}{\sqrt{mM}} & \dfrac{2k}{M} - \omega^2 & -\dfrac{k}{\sqrt{mM}} \\ 0 & -\dfrac{k}{\sqrt{mM}} & \dfrac{k}{m} - \omega^2 \end{vmatrix} = 0$$

$$\begin{aligned} &\left(\frac{k}{m} - \omega^2\right)^2 \left(\frac{2k}{M} - \omega^2\right) - 2\left(\frac{k}{m} - \omega^2\right) \frac{k^2}{mM} \\ &\quad = \left(\frac{k}{m} - \omega^2\right) \left[\left(\frac{k}{m} - \omega^2\right) \left(\frac{2k}{M} - \omega^2\right) - \frac{2k^2}{mM}\right] = 0 \end{aligned}$$

$$\Rightarrow \quad 1. \qquad \omega^2 = \frac{k}{m}$$

$$2. \qquad \left(\frac{k}{m} - \omega^2\right)\left(\frac{2k}{M} - \omega^2\right) = \frac{2k^2}{mM}$$

$$\omega^4 - \omega^2 \left(\frac{k}{m} + \frac{2k}{M}\right) + \frac{2k^2}{mM} = \frac{2k^2}{mM}$$

$$\Rightarrow \qquad \omega^2 \left(\omega^2 - \frac{k}{m} - \frac{2k}{M}\right) = 0$$

$$\Rightarrow \qquad \omega^2 = 0 \qquad \text{oder} \quad \omega^2 = k\left(\frac{1}{m} + \frac{2}{M}\right) = \frac{k}{\mu}$$

mit der reduzierten Masse $\mu = \left(\frac{1}{m} + \frac{2}{M}\right)^{-1} = \frac{mM}{M + 2m}$.

Das ergibt die folgenden Eigenfrequenzen:

$$\omega_1 = 0\,, \qquad \omega_2 = \sqrt{\frac{k}{m}}\,, \qquad \omega_3 = \sqrt{\frac{k}{\mu}}$$

mit

$$\frac{\omega_3}{\omega_2} = \sqrt{\frac{m}{\mu}} = \sqrt{1 + \frac{2m}{M}} \geq 1 \qquad \text{d.h.} \quad \omega_3 \geq \omega_2\,.$$

Eine Analyse der Eigenvektoren ergibt die zugehörigen Normalschwingungen:

$\omega_1 \longleftrightarrow$ Translation des Gesamtsystems
$\omega_2 \longleftrightarrow$ symmetrische Streckschwingung
$\omega_3 \longleftrightarrow$ asymmetrische Streckschwingung

Bei der symmetrischen Streckschwingung schwingen die beiden O-Atome gegenphasig, das C-Atom bleibt in Ruhe, bei der asymmetrischen Streckschwingung schwingen die beide O-Atome gleichphasig und das C-Atom bewegt sich gegenphasig dazu.

(c) CO_2: $\quad m = 16,\ M = 12$

$$\Rightarrow \quad \frac{\omega_3}{\omega_2} = \sqrt{1 + \frac{32}{12}} = \sqrt{\frac{11}{3}} = 1.9$$

Bemerkung: Die Abweichung vom experimentellen Wert $\omega_3/\omega_2 = 1.76$ beruht auf der Anharmonizität der Wechselwirkungen im CO_2-Molekül, die hier nicht berücksichtigt wurde.

Kapitel 8: Nichtlineare Dynamik und Chaos

Aufgabe 8.1 (Seite 231) Euler- und Halbschritt-Verfahren: Das Euler-Verfahren lautet für $\dot{x} = f(x,t) = \lambda x_i$

$$x_{i+1} = x_i + f(x_i, t_i)\,\Delta t = (1 + \lambda\,\Delta t)\,x_i$$

Das lässt sich in diesem Fall geschlossen lösen als

$$x_i = (1 + \lambda\,\Delta t)^i\,x_0\ ; \qquad i = 0, 1, 2, \ldots .$$

Hier: $x_0 = \lambda = 1$; $\Delta t = 0.1$ mit einem Zeitintervall $0 \leq t \leq 1 = 10\,\Delta t$

$$\Rightarrow \qquad x_{10} = (1.1)^{10} = 2.59\,.$$

Exakte Lösung ist $x(t) = x_0\,\mathrm{e}^{\lambda t}$ (Beweis durch Differentiation: $\dot{x} = \lambda\,x_0\,\mathrm{e}^{\lambda t} = \lambda x$), also

$$x(1) = \mathrm{e}^1 \;\approx\; 2.718\ldots$$

Abweichung:

$$x(1) - x_{10} \approx 0.13\,.$$

Das Halbschritt-Verfahren ist wesentlich genauer. Man erhält mit den Startwerten

$$\begin{aligned} x_{-1/2} &= x_0 - \Delta t/2 = 1 - 0.05 = 0.95 \\ x_0 &= 1 \end{aligned}$$

und abwechselnder Berechnung von

$$\begin{aligned} x_{i+1/2} &= x_{i-1/2} + x_i/10 \\ x_{i+1} &= x_i + x_{i+1/2}/10 \end{aligned}$$

die folgenden Zahlenwerte:

i	$x_{i+1/2}$	x_i
0	1.050	1
1	1.161	1.105
2	1.283	1.221
3	1.418	1.349
4	1.567	1.490
5	1.732	1.647
6	1.914	1.820
7	2.115	2.011
8	2.337	2.222
9	2.583	2.456
10		2.714

Also $x_{10} = 2.714$ mit einem Fehler

$$x(1) - x_{10} \approx 0.004\,.$$

Aufgabe 8.2 (Seite 231) Duffing-Oszillator: Ansatz für die Lösung: $x = A\,\cos\omega t\,.$

$$\begin{aligned} \Rightarrow \qquad \dot{x} &= -\omega\,A\,\sin\omega t \\ \ddot{x} &= -\omega^2\,A\,\cos\omega t \end{aligned}$$

Einsetzen in die Differentialgleichung:

$$\begin{aligned} (-\omega^2 + \omega_0^2)\,A\,\cos\omega t + \beta\,A^3\,\cos^3\omega t &= f_0\cos\Omega t \\ = f_0\cos 3\omega t &= f_0\left(-3\cos\omega t + 4\cos^3\omega t\right). \end{aligned}$$

Das muss für alle Zeiten t gelten, deshalb folgt:

$$(-\omega^2 + \omega_0^2)\,A = -3f_0 \quad \text{und} \quad \beta\,A^3 = 4f_0$$

$$\begin{aligned} \Rightarrow \quad A &= \sqrt[3]{4f_0/\beta} \quad \in \mathbb{R},\ \text{da}\ \beta > 0 \\ \Rightarrow \quad \omega^2 &= \omega_0^2 + 3f_0/A \end{aligned}$$

für eine Antriebsfrequenz

$$\Omega = 3\omega = 3\sqrt{\omega_0^2 + 3f_0\sqrt[3]{\beta/4f_0}}\,.$$

Die Gleichung $\cos 3z = -3\cos z + 4\cos^3 z$ folgt direkt aus der Formel von Moivre (B.42):

$$\begin{aligned}
\cos 3z + \mathrm{i}\sin 3z &= (\cos z + \mathrm{i}\sin z)^3 \\
&= \cos^3 z + 3\mathrm{i}\cos^2 z\sin z + 3\mathrm{i}^2\cos z\sin^2 z + \mathrm{i}^3\sin^3 z \\
&= \cos^3 z - 3\cos z\sin^2 z + \mathrm{i}\big(3\cos^2 z\sin z - \sin^3 z\big) \\
&= -3\cos z + 4\cos^3 z + \mathrm{i}\big(3\sin z - 4\sin^3 z\big)\,.
\end{aligned}$$

Aufgabe 8.3 (Seite 232) Dreieck-Abbildung:

(a) Die Abbildungsgleichung

$$x_{n+1} = f(x_n) = r\Big\{1 - 2\Big|\tfrac{1}{2} - x_n\Big|\Big\}$$

liefert eine Dreieck- oder Zeltdach-Funktion, also zwei Geraden durch die Punkte $(0,0)$ bzw. $(1,0)$ und $(0.5, r)$.

Die Iteration lässt sich graphisch veranschaulichen durch abwechselnde vertikale Linien zur Dreieck-Funktion und zur Winkelhalbierenden:

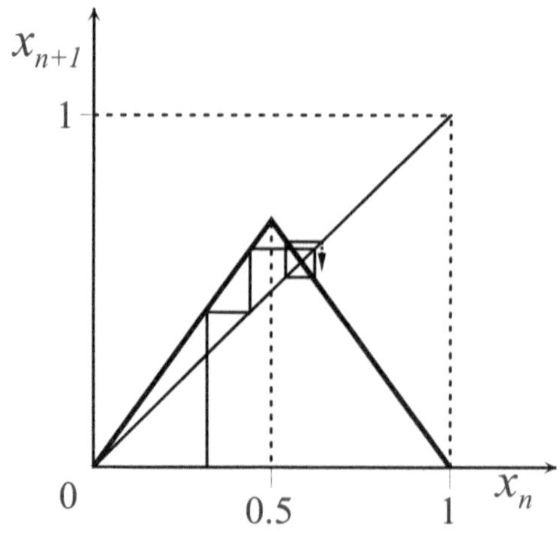

(b) Gleichung für die Fixpunkte x^* :

$$x^* = f(x^*)\,;$$

also in diesem Fall:

$$\Rightarrow \qquad x^* = r\left\{1 - 2\left|\tfrac{1}{2} - x^*\right|\right\}$$

Fall a: Sei $x^* < \frac{1}{2}$

$$\Rightarrow \quad \left|\tfrac{1}{2} - x^*\right| = \tfrac{1}{2} - x^*$$

$$\Rightarrow \quad x^* = r\left\{1 - 2\left(\tfrac{1}{2} - x^*\right)\right\} = 2\,r\,x^*$$

$$\Rightarrow \quad x_0^* = 0$$

Fall b: Sei $x^* > \frac{1}{2}$

$$\Rightarrow \quad \left|\tfrac{1}{2} - x^*\right| = x^* - \tfrac{1}{2}$$

$$\Rightarrow \quad x^* = r\left\{1 - 2\left(x^* - \tfrac{1}{2}\right)\right\} = r\,\{2 - 2\,x^*\}$$

$$\Rightarrow \quad 2\,r = x^*\,(1 + 2\,r)$$

$$\Rightarrow \quad x_1^* = \frac{2\,r}{1 + 2\,r}$$

Das ist konsistent mit $x^* > 1/2$ für $2r/(1+2r) > 1/2$ oder $4r > 1 + 2r \iff r > 1/2\,.$

Stabilität: Fixpunkt x^* stabil $\iff |f'(x^*)| < 1$

$$f'(x) = \begin{cases} 2\,r & \text{für } 0 \le x < \frac{1}{2} \\ -2\,r & \text{für } \frac{1}{2} < x \le 1 \end{cases}$$

$$\Rightarrow \quad |f'(x)| = 2\,r$$

Fixpunkte stabil für $2r < 1$, d.h. $r < 1/2 \quad \Rightarrow x_0^*$ ist für $0 < r < 1/2$ stabil, sonst instabil; x_1^* ist instabil.

(c) Lyapunov-Exponent:

$$\begin{aligned}\lambda &= \lim_{n\to\infty} \frac{1}{n+1} \sum_{k=0}^{n} \ln|f'(x_n)| \\ &= \lim_{n\to\infty} \frac{1}{n+1} \sum_{k=0}^{n} \ln(2\,r) \\ &= \ln(2\,r) \lim_{n\to\infty} \frac{n+1}{n+1} = \ln(2\,r)\end{aligned}$$

und deshalb für $r > 1/2$:

$$\lambda = \ln(2\,r) > \ln 1 = 0\,,$$

d.h. der Lyapunov-Exponent ist positiv. Daher ist die Folge x_n chaotisch.

Aufgabe 8.4 (Seite 232) Sierpinski-Schwamm: Bei jedem Konstruktionsschritt des Sierpinski-Schwammes zerlegt man eine Würfel zunächst in $3^3 = 27$ Teilwürfel. Davon wird in jeder der sechs Seitenflächen der mittlere Würfel entfernt, sowie der Würfel im Zentrum. Es bleiben also $M = 20$ Würfel übrig. Der Vergrößerungsmaßstab ist $p = 3$ und folglich ist die Fraktaldimension $D = \ln 20/\ln 3 = 2.7268\ldots$.

Aufgabe 8.5 (Seite 232) Beispiele für Fraktale:

Cantor-$1/n$-Menge: Konstruktion durch Teilung eines Intervalls in n gleiche Teile und Entfernung des mittleren Teilintervalls (n sei ungerade, d.h. $n = 2\nu+1$). Dieser Prozess wird dann für die übrig gebliebenen Intervalle fortgesetzt (vgl. Skizze):

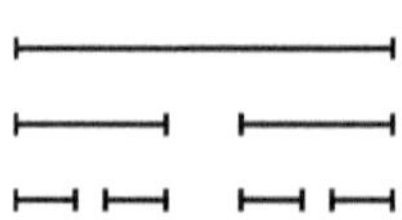

$\Rightarrow$ Einschränkung auf die Hälfte der Menge ($M = 2$) und Vergrößerung um den Faktor $p = 2+1/\nu$ reproduziert die Menge. (Wenn die Intervalllänge L ist, so wird L/n entfernt und jedes der beiden übrig bleibenden Intervalle hat die Länge $(L - L/n)/2 = L(n-1)/2n = L/(2+1/\nu)$.)

$\Rightarrow$ Fraktal-Dimension:

$$D = \frac{\ln M}{\ln p} = \frac{\ln 2}{\ln(2+1/\nu)}\,.$$

Für $\nu = 1$ wird damit der Werte $D = \ln 2/\ln 3$ für die normale Cantor-1/3-Menge reproduziert.

Sierpinski-Quadrat: Konstruktion durch Teilung eines Quadrats in neun gleiche Teilquadrate und Entfernung des Teilquadrats in der Mitte, usw. (vgl. Skizze).

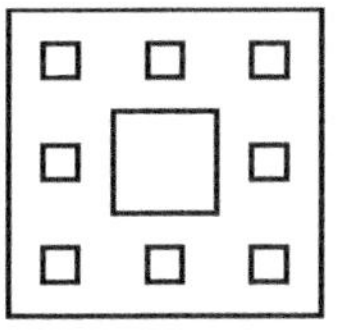

$\Rightarrow$ Fraktal-Dimension: Mit $M = 8$ und $p = 3$ erhält man

$$\Rightarrow \quad D = \frac{\ln 8}{\ln 3} \approx 1.893 .$$

Aufgabe 8.6 (Seite 232) Mandelbrot-Abbildung:

(a) Die Iterationsgleichung

$$z_{n+1} = \lambda z_n(1 - z_n) + c \, , \quad n = 0, 1, 2, \ldots \quad \text{mit} \quad z_n, \lambda \in \mathbb{C}$$

kann man entweder direkt iterieren oder auch durch Aufspalten in Real- und Imaginärteile in zwei gekoppelte reelle Gleichungen umschreiben (siehe unten).

Das Verhalten der Mandelbrot-Abbildung ist extrem reichhaltig. Das Bild unten zeigt beispielsweise eine *Julia-Menge* (die Menge aller Startpunkte z_0, für die $|z_n|$ *nicht* gegen unendlich geht) für den Parameterwert $\lambda = 3$. Eine solche Menge besitzt einerseits höchst verwickelte und interessante strukturelle Eigenschaften, die bei Ausschnittvergrößerungen zum Vorschein kommen; andererseits existiert eine Vielfalt von Julia-Mengen mit sehr unterschiedlicher Struktur. Ähnlich kompliziert ist die Struktur der *Mandelbrot-Menge* (die Menge aller komplexen Parameter λ, für die $|z_n|$ *nicht* gegen unendlich geht) bei einem festen den Startpunkt z_0, z.B. Hier sei auf die Literatur verwiesen.[1]

[1]Mehr dazu z.B. in dem Buch *Chaos - A Program Collection for the PC* (siehe Fußnote auf Seite 207).

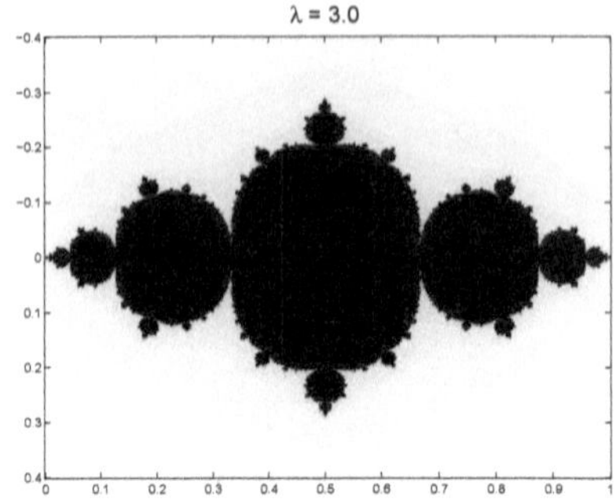

(b) Setzt man die Transformation $z = aw + b$ in die Iterationsgleichung $z' = \lambda z(1-z)$ ein, so ergibt sich

$$aw' + b = \lambda(aw+b)(1-aw-b) = -\lambda a^2 w^2 + \lambda a(1-2b)w + \lambda b(1-b)$$

$$w' = \lambda a w^2 + \lambda(1-2b)w + \lambda b(1-b)/a - b/a \stackrel{!}{=} w^2 + c\,.$$

Durch Koeffizientenvergleich folgt $a = -1/\lambda$, $b = 1/2$ und schließlich $c = \lambda(1-\lambda/2)/2$. Die Standardform der Mandelbrot-Abbildung

$$w_{n+1} = w_n + c$$

ist für viele Anwendungen bequemer zu handhaben, beispielsweise ist die Aufspaltung in Real- und Imaginärteil sehr direkt: Mit $w_n = x_n + \mathrm{i}y_n$ und $c = a + ib$ hat man sofort die gekoppelten reellen Iterationsgleichungen

$$x_{n+1} = a + x_n^2 - y_n^2 \quad , \quad y_{n+1} = b + 2x_n y_n\,.$$

Kapitel 9: Vektoranalysis II

Aufgabe 9.1 (Seite 277) Dipolfeld: Feld zweier Punktladungen Q und $-Q$ bei $\vec{r}_0 = \vec{d}$ und $-\vec{d}$:

$$\vec{F}(\vec{r}) = \alpha\,\frac{\vec{r}-\vec{d}}{\left|\vec{r}-\vec{d}\right|^3} - \alpha\,\frac{\vec{r}+\vec{d}}{\left|\vec{r}+\vec{d}\right|^3}\,.$$

Für $|\vec{r}| \gg |\vec{d}|$ gilt (vgl. Gleichung (3.18) und die Ausführungen auf Seite 84)

$$\frac{1}{|\vec{r}-\vec{d}|^3} \approx \frac{1}{r^3} + \frac{3}{r^5}\,\vec{r}\cdot\vec{d} \qquad \text{und} \qquad \frac{1}{|\vec{r}+\vec{d}|^3} \approx \frac{1}{r^3} - \frac{3}{r^5}\,\vec{r}\cdot\vec{d}.$$

Es folgt

$$\begin{aligned}
\vec{F}(\vec{r}) &\approx \alpha\Big(\frac{1}{r^3}+\frac{3}{r^5}\,\vec{r}\cdot\vec{d}\Big)\,(\vec{r}-\vec{d}) - \alpha\Big(\frac{1}{r^3}-\frac{3}{r^5}\,\vec{r}\cdot\vec{d}\Big)\,(\vec{r}+\vec{d}) \\
&= \frac{\alpha}{r^3}\,(\vec{r}-\vec{d}-\vec{r}-\vec{d}\,) + \frac{3\alpha}{r^5}\,(\vec{r}\cdot\vec{d})\,(\vec{r}-\vec{d}+\vec{r}+\vec{d}\,) \\
&= -\frac{\alpha}{r^3}\,2\vec{d} + \frac{3\alpha}{r^5}\,(\vec{r}\cdot\vec{d})\,2\vec{r} \\
&= \frac{a}{r^3}\Big(\frac{3}{r^2}\,(\vec{p}\cdot\vec{r}\,)\,\vec{r}-\vec{p}\Big) = \frac{a}{r^3}\,\big(3(\vec{p}\cdot\hat{r}\,)\,\hat{r}-\vec{p}\big)
\end{aligned}$$

mit $\vec{p} = 2Q\,\vec{d}$ und $a = \alpha/Q$. Das ist das Dipolfeld aus Gleichung (9.4).

Aufgabe 9.2 (Seite 277) Kurvenintegrale über Kraftfelder: Parameter-Darstellung des Weges: $\vec{r}(t) = (\,t,\, t^{\alpha},\, 0\,)$

$$\Rightarrow \quad \frac{\mathrm{d}\vec{r}}{\mathrm{d}t} = (\,1,\, \alpha\, t^{\alpha-1},\, 0\,) \quad , \quad \vec{F}\big(\vec{r}(t)\big) = \big(\,t^{3\alpha},\, t^{1+2\alpha},\, 0\,\big)$$

$$\begin{aligned}
W &= \int \vec{F}\big(\vec{r}(t)\big)\cdot \mathrm{d}\vec{r} = \int \vec{F}\big(\vec{r}(t)\big)\cdot\frac{\mathrm{d}\vec{r}}{\mathrm{d}t}\,\mathrm{d}t = \int_0^1 \{\,t^{3\alpha}+\alpha\, t^{3\alpha}\,\}\,\mathrm{d}t \\
&= (1+\alpha)\int_0^1 t^{3\alpha}\,\mathrm{d}t = \frac{1+\alpha}{3\,\alpha+1}
\end{aligned}$$

Skizzen des Weges $y(x) = x^{\alpha}$ für verschiedene Werte von α und der Funktion $W(\alpha)$:

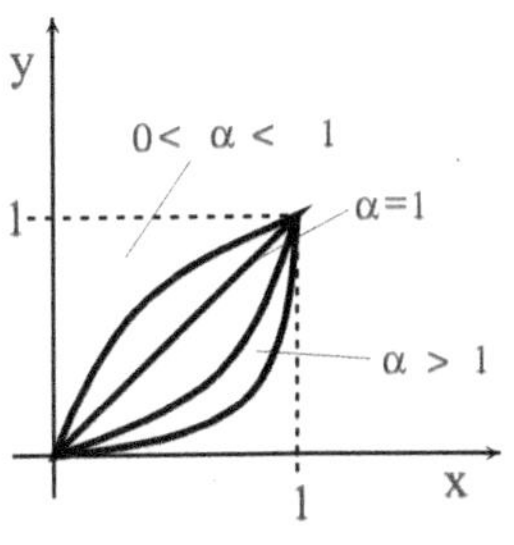

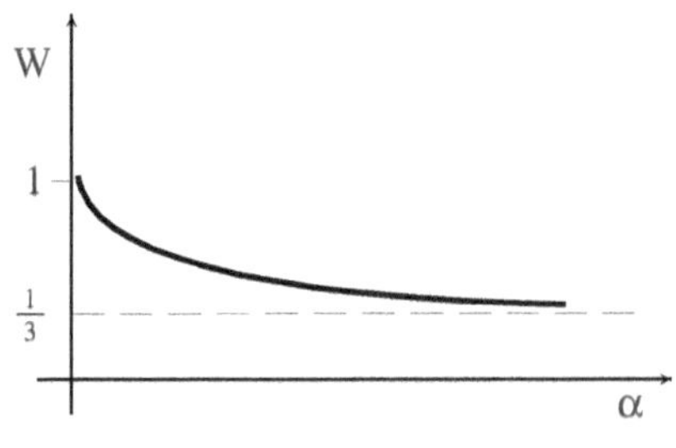

W fällt monoton mit α. Extremwerte:

$$\begin{aligned}
W &= 1 \quad \text{(Maximum)} \qquad \text{für } \alpha = 0 \\
W &= \frac{1}{3} \quad \text{(Minimum)} \qquad \text{für } \alpha \to \infty
\end{aligned}$$

Aufgabe 9.3 (Seite 277) Kurvenintegrale über Kraftfelder: Kreis um $\vec{r}_0$, Radius R; Koordinatensystem $\hat{x}$, $\hat{y}$, $\hat{z}$ mit $\hat{z} = \hat{\omega}$, Kreis in (x, y)-Ebene ($\hat{=}$ Wahl des Ursprungs auf der z-Achse), $\hat{x} = \hat{r}_0$.

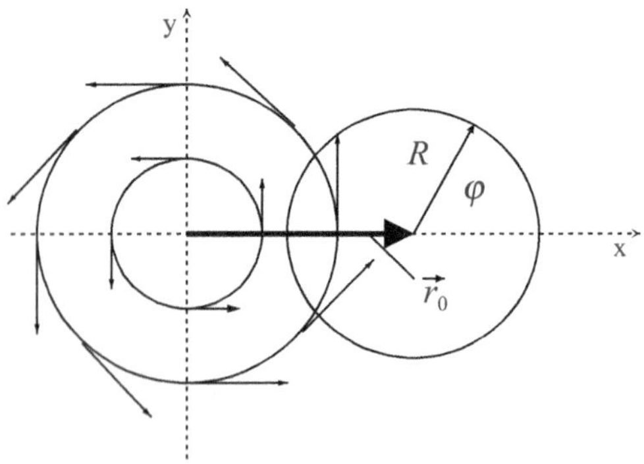

$$\vec{r}(\varphi) = (r_0 + R\cos\varphi,\ R\sin\varphi, 0)\ , \quad \frac{d\vec{r}}{d\varphi} = R\,(-\sin\varphi, \cos\varphi, 0)$$

Mit $\vec{\omega} = (0,\ 0,\ \omega)$ ergibt sich $\vec{\omega} \times \vec{r} = \omega\,(-R\sin\varphi,\ r_0 + R\cos\varphi, 0)$ und

$$\begin{aligned}(\vec{\omega} \times \vec{r}) \cdot \frac{d\vec{r}}{d\varphi} &= R\omega\,\big(-R\sin\varphi,\ r_0 + R\cos\varphi, 0\big) \cdot \big(-\sin\varphi, \cos\varphi, 0\big)\\ &= R\omega\,\big\{R\sin^2\varphi + r_0\cos\varphi + R\cos^2\varphi\big\} = R\omega\,\{R + r_0\cos\varphi\}\ .\end{aligned}$$

Das Integral über die Kreiskurve ist damit

$$\oint \vec{F} \cdot d\vec{r} = \oint (\vec{\omega} \times \vec{r}) \cdot d\vec{r} = \int_0^{2\pi} R\omega\,\{R + r_0\cos\varphi\}\,d\varphi = 2\pi\omega R^2\ .$$

Aufgabe 9.4 (Seite 278) Totales Differential und wegunabhängige Kurvenintegrale: Es ist sinnvoll mit Teilaufgabe (c) zu beginnen und zu testen, ob ein totales Differential vorliegt.

(c) Vektorfeld $\vec{F}(\vec{r}) = (2xy + z^3, x^2, 3xz^2)$ mit $\vec{r} = (x, y, z)$.

$$\begin{aligned}
\frac{\partial F_x}{\partial y} &= \frac{\partial}{\partial y}\left(2xy + z^3\right) = 2x = \frac{\partial}{\partial x}\left(x^2\right) = \frac{\partial F_y}{\partial x} \\
\frac{\partial F_x}{\partial z} &= \frac{\partial}{\partial z}\left(2xy + z^3\right) = 3z^2 = \frac{\partial}{\partial x}\left(3xz^2\right) = \frac{\partial F_z}{\partial x} \\
\frac{\partial F_y}{\partial z} &= \frac{\partial}{\partial z}\left(x^2\right) = 0 = \frac{\partial}{\partial y}\left(3xz^2\right) = \frac{\partial F_z}{\partial y},
\end{aligned}$$

und damit ist $\vec{F} \cdot \mathrm{d}\vec{r}$ ein totales Differential.

$\Rightarrow$ (d) Es gibt $f(\vec{r})$ mit $\vec{F} = \vec{\nabla} f$.

$\Rightarrow$ (b) Kurvenintegrale sind unabhängig von der Form des Weges:

$$\int\limits_{\mathcal{C}(\vec{r}_A, \vec{r}_B)} \vec{F} \cdot \mathrm{d}\vec{r} = \int \vec{\nabla} f \cdot \mathrm{d}\vec{r} = \int \mathrm{d}f = f(\vec{r}_B) - f(\vec{r}_A)$$

(e) Um $f(\vec{r})$ explizit zu finden, können wir z.B. so vorgehen: Es muss gelten

$$\mathrm{grad}_x f = \frac{\partial f}{\partial x} = 2xy + z^3 .$$

Indem wir über x integrieren, folgt

$$f(x, y, z) = x^2 y + xz^3 + g(y, z),$$

wobei g, die Integrationskonstante bezüglich x, durchaus noch von y und z abhängen kann. Somit ist

$$\mathrm{grad}_y f = \frac{\partial f}{\partial y} = F_y,$$

also

$$\frac{\partial}{\partial y}\left(x^2 y + xz^3 + g(y, z)\right) = x^2 .$$

Daraus schließen wir $\partial g / \partial y = 0$, also $g = g(z)$.
Schließlich ist $\partial f / \partial z = F_z$, d.h.

$$\frac{\partial}{\partial z}\left(x^2 y + xz^3 + g(z)\right) = 3xz^2 .$$

Das ergibt $\partial g(z) / \partial z = 0$, also $g = \mathit{konstant}$. Insgesamt ist

$$f = x^2 y + xz^3 + \mathit{konst}.$$

(a) Kennt man erst einmal f, so sind die Kurvenintegrale leicht zu berechnen:

$$\int_{(0,0,0)}^{(1,1,1)} \vec{F}\cdot \mathrm{d}\vec{r} = \int \mathrm{d}f = f(1,1,1) - f(0,0,0) = 2\,.$$

Aufgabe 9.5 (Seite 278) Berechnung eines Oberflächenintegrals: Kugelkoordinaten: $\vec{r} = r\,(\sin\vartheta\,\cos\varphi,\ \sin\vartheta\,\sin\varphi,\ \cos\vartheta)$

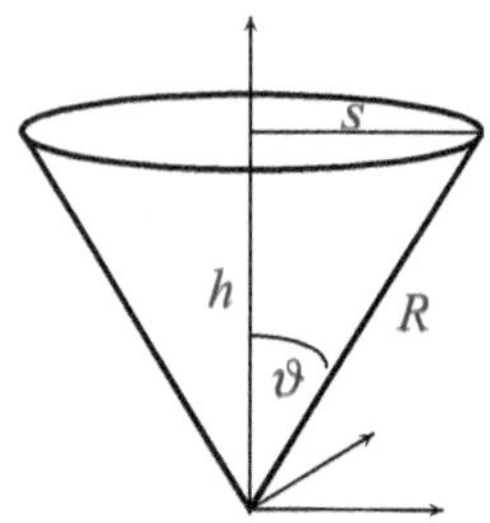

(a) Oberfläche = Mantelfläche M + Deckelfläche D

(i) Mantelfläche:

Beim Differenzieren ist $\vartheta = \textit{konstant}$.

$$\vec{r}_r = \frac{\partial \vec{r}}{\partial r} = (\sin\vartheta\,\cos\varphi,\ \sin\vartheta\,\sin\varphi,\ \cos\vartheta)$$

$$\vec{r}_\varphi = \frac{\partial \vec{r}}{\partial \varphi} = r\,(-\sin\vartheta\,\sin\varphi,\ \sin\vartheta\,\cos\varphi,\ 0)$$

$$\vec{r}_r \times \vec{r}_\varphi = r\begin{vmatrix} \hat{x} & \hat{y} & \hat{z} \\ \sin\vartheta\,\cos\varphi & \sin\vartheta\,\sin\varphi & \cos\vartheta \\ -\sin\vartheta\,\sin\varphi & \sin\vartheta\,\cos\varphi & 0 \end{vmatrix}$$

$$= r\,(-\sin\vartheta\,\cos\vartheta\,\cos\varphi, -\sin\vartheta\,\cos\vartheta\,\sin\varphi,\ \sin^2\vartheta)$$

$$\left|\vec{r}_r \times \vec{r}_\varphi\right|^2 = r^2\,\left\{\sin^2\vartheta\,\cos^2\vartheta\,(\cos^2\varphi + \sin^2\varphi) + \sin^4\vartheta\right\} = r^2\,\sin^2\vartheta$$

$$M = \int_0^{2\pi} d\varphi \int_0^R \mathrm{d}r\ |\vec{r}_r \times \vec{r}_\varphi| = 2\pi\,\sin\vartheta\,\left[\frac{1}{2}r^2\right]_0^R = \pi\,R^2\,\sin\vartheta$$

$$= \pi\,s\,R = \pi\,h\,R\,\frac{\sin\vartheta}{\cos\vartheta}\,.$$

(ii) Deckelfläche:

Es gilt klarerweise $D = \pi\, s^2 = \pi\,(R^2 - h^2)$, aber zur Übung rechnen wir nach:

$$h = r\cos\vartheta = konst. \qquad \Rightarrow \qquad \vec{r} = \left(\sqrt{r^2-h^2}\cos\varphi,\ \sqrt{r^2-h^2}\sin\varphi,\ h\right)$$

Beim Differenzieren ist $h = r\ \cos\vartheta = konstant$:

$$\begin{aligned}
\vec{r}_r = \frac{\partial \vec{r}}{\partial r} &= \frac{r}{\sqrt{r^2-h^2}}\,(\cos\varphi,\ \sin\varphi,\ 0)\\
\vec{r}_\varphi = \frac{\partial \vec{r}}{\partial \varphi} &= \sqrt{r^2-h^2}\,(-\sin\varphi,\ \cos\varphi,\ 0)\\
\vec{r}_r\ \times\ \vec{r}_\varphi &= r\begin{vmatrix} \hat{x} & \hat{y} & \hat{z}\\ \cos\varphi & \sin\varphi & 0\\ -\sin\varphi & \cos\varphi & 0\end{vmatrix} = r\,\hat{z}
\end{aligned}$$

$$D = \int_0^{2\pi}\mathrm{d}\varphi\int_0^R |\vec{r}_r \times \vec{r}_\varphi|\,\mathrm{d}r = 2\pi\int_h^R r\,\mathrm{d}r = 2\pi\left[\frac{1}{2}r^2\right]_h^R = \pi\,(R^2-h^2)\,.$$

(b) Fluss durch die Mantelfläche:

$$\begin{aligned}
\Phi &= \int_0^{2\pi}\mathrm{d}\varphi\int_0^R \mathrm{d}r\vec{A}\cdot(\vec{r}_r \times \vec{r}_\varphi)\\
&= \int_0^{2\pi}\mathrm{d}\varphi\int_0^R \mathrm{d}r\ a r^{n+1}\left\{\sin\vartheta\ \cos\vartheta\,(\cos^2\varphi + \sin^2\varphi)\right\}\\
&= \frac{2\pi\, a\ \sin\vartheta\ \cos\vartheta}{n+2}\,R^{n+2}\,.
\end{aligned}$$

Der Fluss durch die Deckelfläche ist gleich null, da $\vec{r}_r \times \vec{r}_\varphi = r\,\hat{z}$ und $\vec{A}\cdot\hat{z} = 0$.

Aufgabe 9.6 (Seite 278) Sätze von Gauß und Stokes:

(a) Satz von Gauß:

$$\oiint \vec{A}\cdot\mathrm{d}\vec{F} = \int_V \mathrm{div}\,\vec{A}\,\mathrm{d}V \qquad (*)$$

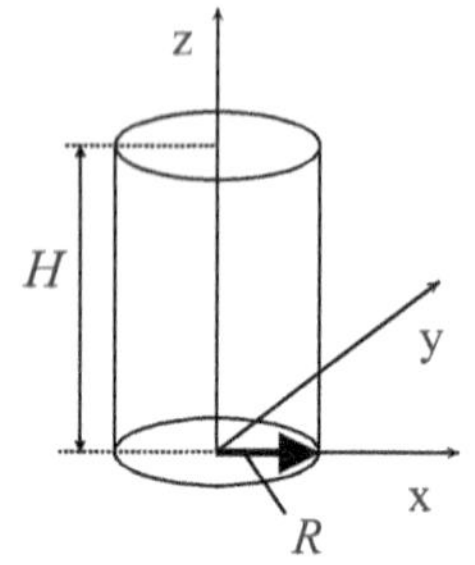

Wir benutzen Zylinderkoordinaten $(\rho,\ \varphi,\ z)$, also

$$\vec{r} = (\rho\cos\varphi,\ \rho\sin\varphi,\ z) \quad , \quad \vec{A}(\vec{r}) = (-\rho\sin\varphi,\ \rho\cos\varphi,\ \lambda z)$$

$$\vec{r}_\varphi = \frac{\partial\vec{r}}{\partial\varphi} = (-\rho\sin\varphi,\ \rho\cos\varphi,\ 0) \quad , \quad \vec{r}_z = \frac{\partial\vec{r}}{\partial z} = (0,\ 0,\ 1) \quad ,$$

(i) Berechnung des Flusses durch die Oberfläche (linke Seite von $(*)$):
Integration über den Zylindermantel $(\rho = R)$:

$$\begin{aligned} \mathrm{d}\vec{F} &= \{\vec{r}_\varphi \times \vec{r}_z\}\,\mathrm{d}\varphi\,\mathrm{d}z = (\rho\cos\varphi,\ \rho\sin\varphi,\ 0)\,\mathrm{d}\varphi\,\mathrm{d}z \\ &= (R\cos\varphi,\ R\sin\varphi,\ 0)\,\mathrm{d}\varphi\,\mathrm{d}z \end{aligned}$$

$$\iint \vec{A}\cdot\mathrm{d}\vec{F} = \int_0^{2\pi}\int_0^H \{-R^2\sin\varphi\cos\varphi + R^2\sin\varphi\cos\varphi\}\,d\varphi\,\mathrm{d}z = 0$$

Integration über die beiden Endflächen $(z = 0$ und $z = H)$:
Mit $\mathrm{d}\vec{F} = \vec{r}_z\,\rho\,\mathrm{d}\rho\,\mathrm{d}\varphi$ erhält man

$$\iint \vec{A}\cdot\mathrm{d}\vec{F} = \int_0^{2\pi}\int_0^R \lambda\,z\,\rho\,\mathrm{d}\rho\,\mathrm{d}\varphi = \begin{cases} 0 & \text{für } z = 0 \\ \lambda\,H\,\pi\,R^2 & \text{für } z = H \end{cases}$$

$$\Rightarrow \quad \oiint \vec{A}\cdot\mathrm{d}\vec{F} = \lambda\,H\,\pi\,R^2\,.$$

(ii) Berechnung des Volumenintegrals über die Divergenz (rechte Seite von Gleichung $(*)$:

$$\operatorname{div}\vec{A} = \frac{\partial A_x}{\partial x} + \frac{\partial A_y}{\partial y} + \frac{\partial A_z}{\partial z} = 0 + 0 + \lambda$$

$$\iiint \operatorname{div}\vec{A}\,\mathrm{d}V = \lambda \iiint \mathrm{d}V = \lambda\, V = \lambda\, H\, \pi\, R^2$$

$$\Rightarrow \quad \oiint \vec{A}\cdot \mathrm{d}\vec{F} = \int\limits_V \operatorname{div}\vec{A}\,\mathrm{d}V\,.$$

(b) Satz von Stokes:

$$\oint \vec{A}\cdot \mathrm{d}\vec{r} = \iint \operatorname{rot}\vec{A}\cdot \mathrm{d}\vec{F} \qquad (**)$$

Für einen Kreis gilt: $\vec{r}(t) = (R\,\cos t,\; R\,\sin t,\; h)$

(i) Berechnung der Zirkulation (linke Seite von $(**)$):

$$\begin{aligned}\oint \vec{A}\cdot \mathrm{d}\vec{r} &= \int\limits_0^{2\pi} \vec{A}\cdot \dot{\vec{r}}\,\mathrm{d}t \\ &= \int\limits_0^{2\pi} (-R\sin t,\; R\cos t,\; \lambda h)\cdot(-R\sin t,\; R\cos t,\; 0)\,\mathrm{d}t \\ &= \int\limits_0^{2\pi} \left\{R^2\sin^2 t + R^2\cos^2 t\right\}\,\mathrm{d}t = R^2\int\limits_0^{2\pi}\mathrm{d}t = 2\pi R^2\,.\end{aligned}$$

(ii) Berechnung des Flächenintegrals über die Rotation (rechte Seite von Gleichung $(**)$):

$$\operatorname{rot}\vec{A} = \begin{vmatrix} \vec{e}_x & \vec{e}_y & \vec{e}_z \\ \dfrac{\partial}{\partial x} & \dfrac{\partial}{\partial y} & \dfrac{\partial}{\partial z} \\ -y & x & \lambda z \end{vmatrix} = 2\,\vec{e}_z$$

$\mathrm{d}\vec{F} = \vec{e}_z\,\mathrm{d}F$ für eine Kreisfläche parallel zu $\vec{e}_z$, und damit

$$\begin{aligned}\iint \operatorname{rot}\vec{A}\cdot \mathrm{d}\vec{F} &= \iint 2\,\vec{e}_z\cdot\vec{e}_z\,\mathrm{d}\vec{F} = 2\,F = 2\pi R^2 \\ &\Rightarrow \quad \oint \vec{A}\cdot \mathrm{d}\vec{r} = \iint \operatorname{rot}\vec{A}\cdot \mathrm{d}\vec{F}\,.\end{aligned}$$

Aufgabe 9.7 (Seite 278) Ladungsverteilung: Die Poisson-Gleichung lautet $\Delta\Phi = -\frac{1}{\epsilon_0}\,\varrho$. Für $\Phi(\vec{r}) = \Phi(r) = \frac{a}{r}\,\mathrm{e}^{-\alpha r}$ erhält man

$$\begin{aligned}
\Delta\Phi &= \frac{1}{r^2}\frac{\partial}{\partial r}\left(r^2\frac{\partial\Phi}{\partial r}\right) = \frac{1}{r^2}\frac{\partial}{\partial r}\left(r^2\left[-\frac{a}{r^2}\,\mathrm{e}^{-\alpha r} - \frac{\alpha a}{r}\,\mathrm{e}^{-\alpha r}\right]\right) \\
&= \frac{1}{r^2}\frac{\partial}{\partial r}\left(-a\,\mathrm{e}^{-\alpha r} - \alpha a r\,\mathrm{e}^{-\alpha r}\right) \\
&= \frac{1}{r^2}\left(+\alpha a\,\mathrm{e}^{-\alpha r} - \alpha a\,\mathrm{e}^{-\alpha r} + \alpha^2 a r\,\mathrm{e}^{-\alpha r}\right) \\
&= \frac{\alpha^2 a}{r}\,\mathrm{e}^{-\alpha r}
\end{aligned}$$

also

$$\varrho(r) = -\frac{\epsilon_0\,\alpha^2\,a}{r}\,\mathrm{e}^{-\alpha r}\,.$$

Gesamtladung Q:

$$\begin{aligned}
Q &= \int \varrho\,\mathrm{d}V = -\,\epsilon_0\,\alpha^2 a\int\frac{\mathrm{e}^{-\alpha r}}{r}\,r^2\,\mathrm{d}r\,\mathrm{d}\Omega = -\,4\pi\,\epsilon_0\,\alpha^2 a\int_0^\infty r\,\mathrm{e}^{-\alpha r}\,\mathrm{d}r \\
&= -\,4\pi\,\epsilon_0\,\alpha^2 a\left[-\frac{1}{\alpha}\left(r+\frac{1}{\alpha}\right)\mathrm{e}^{-\alpha r}\right]_0^\infty \\
&= -\,4\pi\,\epsilon_0\,\alpha^2 a\,\frac{1}{\alpha^2} = -\,4\pi\,\epsilon_0\,a
\end{aligned}$$

und damit

$$\varrho(r) = \frac{Q\,\alpha^2}{4\pi\,r}\,\mathrm{e}^{-\alpha r}\,.$$

Aufgabe 9.8 (Seite 279) Magnetfeld einer zylindersymmetrischen Stromverteilung:

(a) Zylinderkoordinaten ρ, φ, z;

$$\vec{j}\,(\rho) = j(\rho)\,\hat{e}_z = a\,\mathrm{e}^{-\lambda\rho^2}\,\hat{e}_z \quad ; \quad \mathrm{d}\vec{F} = \rho\,\mathrm{d}\rho\,\mathrm{d}\varphi$$

$$\begin{aligned}
I(R) &= \int\limits_{r\le R}\vec{j}\cdot\mathrm{d}\vec{F} = \int\limits_{\rho\le R} j(\rho)\,\rho\,\mathrm{d}\rho\,\mathrm{d}\varphi = 2\pi\,a\int_0^R \mathrm{e}^{-\lambda\,\rho^2}\,\rho\,\mathrm{d}\rho \\
&= 2\pi\,a\left[-\frac{1}{2\lambda}\,\mathrm{e}^{-\lambda\,\rho^2}\right]_0^R = \frac{\pi\,a}{\lambda}\,\left\{1-\mathrm{e}^{-\lambda\,R^2}\right\}
\end{aligned}$$

Gesamtstrom: $I_{\text{ges}} = I(\infty) = \dfrac{\pi\, a}{\lambda}\,.$

(b) Satz von Stokes

$$\underbrace{\oint_{\uparrow} \vec{B}\cdot \mathrm{d}\vec{r} = \int_{\uparrow}}_{\text{Kreis um } \hat{z}\text{, Radius } R} \mathrm{rot}\vec{B}\cdot \mathrm{d}\vec{F} = \mu_0 \int \vec{j}\cdot \mathrm{d}\vec{F}$$

Wegen der Rotationssymmetrie gilt $B = B(R) \quad \Rightarrow$

$$\begin{aligned} 2\pi R\, B(R) &= \mu_0\, I(R) = \frac{\mu_0\, \pi\, a}{\lambda}\left\{1 - \mathrm{e}^{-\lambda\, R^2}\right\} \\ \Rightarrow \quad B(R) &= \frac{\mu_0\, a}{2\lambda\, R}\left\{1 - \mathrm{e}^{-\lambda\, R^2}\right\} = \frac{\mu_0}{2\pi R}\, I_{\text{ges}}\left\{1 - \mathrm{e}^{-\lambda\, R^2}\right\}. \end{aligned}$$

Aufgabe 9.9 (Seite 279) Eine nützliche Formel für den Gradienten: In sphärischen Polarkoordinaten gilt [siehe (9.138) und (9.150)]

$$\vec{\nabla} = \hat{u}_r\,\frac{\partial}{\partial r} + \hat{u}_\vartheta\,\frac{1}{r}\,\frac{\partial}{\partial \vartheta} + \hat{u}_\varphi\,\frac{1}{r\sin\vartheta}\,\frac{\partial}{\partial\varphi}\,.$$

Mit $\vec{r} = r\hat{u}_r$ und der Orthonormalität der Einheitsvektoren ergibt sich sofort die gesuchte Beziehung:

$$\vec{r}\cdot\vec{\nabla} = r\hat{u}_r\cdot\hat{u}_r\,\frac{\partial}{\partial r} + \hat{u}_r\cdot\hat{u}_\vartheta\,\frac{\partial}{\partial\vartheta} + \hat{u}_r\cdot\hat{u}_\varphi\,\frac{1}{\sin\vartheta}\,\frac{\partial}{\partial\varphi} = r\,\frac{\partial}{\partial r}\,.$$

Kapitel 10: Die Delta-Funktion

Aufgabe 10.1 (Seite 296) Rechenregeln für die Delta-Funktion:

(a) Mit

$$\delta\big(h(x)\big) = \sum_n \frac{1}{|h'(x_n)|}\,\delta(x - x_n) \qquad \text{mit} \quad h(x_n) = 0$$

und $h(x) = x^2 - 3x + 2 \overset{!}{=} 0$ ergeben sich die Nullstellen als

$$x_{1,2} = \frac{3}{2} \pm \sqrt{\frac{9}{4} - 2} = \frac{3}{2} \pm \frac{1}{2} = \begin{cases} 2 = x_1 \\ 1 = x_2 \end{cases}.$$

$h'(x) = 2x - 3$ liefert $h'(x_1) = 1$ und $h'(x_2) = -1\,.$

$$\Rightarrow \quad \delta(x^2 - 3x + 2) = \delta(x - 2) + \delta(x - 1)\,.$$

(b) Wie oben, aber mit $h(x) = \sin x$; $h'(x) = \cos x$:

$$\sin x = 0 \quad \Rightarrow \quad x_n = n\pi \quad \text{mit} \quad (n \in \mathbb{N}) \text{ , also } |h'(n\pi)| = 1$$

$$\Rightarrow \quad \delta(\sin x) = \sum_{n=-\infty}^{+\infty} \delta(x - n\pi)$$

(c)

$$\int_{-\infty}^{+\infty} \delta(\sin x)\, \mathrm{e}^{-a|x|}\, \mathrm{d}x = \sum_{n=-\infty}^{+\infty} \int_{-\infty}^{+\infty} \delta(x - n\pi)\, \mathrm{e}^{-a|x|}\, \mathrm{d}x = \sum_{n=-\infty}^{+\infty} \mathrm{e}^{-a\pi|n|}$$

$$= -1 + 2 \underbrace{\sum_{n=0}^{\infty} \left(\mathrm{e}^{-a\pi}\right)^n}_{\text{geom. Reihe}} = -1 + 2\,\frac{1}{1 - \mathrm{e}^{-a\pi}} = \frac{-1 + \mathrm{e}^{-a\pi} + 2}{1 - \mathrm{e}^{-a\pi}}$$

$$= \frac{1 + \mathrm{e}^{-a\pi}}{1 - \mathrm{e}^{-a\pi}} = \frac{\mathrm{e}^{+a\pi/2} + \mathrm{e}^{-a\pi/2}}{\mathrm{e}^{+a\pi/2} - \mathrm{e}^{-a\pi/2}} = \coth \frac{a\pi}{2}$$

Aufgabe 10.2 (Seite 296) Ableitung der Delta-Funktion: Die Gültigkeit der Formel $\delta(x) = -x\, \delta'(x)$ sieht man direkt aus

$$\int f(x)\, \delta(x)\, \mathrm{d}x = -\int x f(x)\, \delta'(x)\, \mathrm{d}x$$

$$= \frac{\mathrm{d}}{\mathrm{d}x}\Big(x f(x)\Big)\Big|_{x=0} = x f'(x) + f(x)\Big|_{x=0} = f(0)\,.$$

Aufgabe 10.3 (Seite 296) Darstellung der Delta-Funktion:

$$\begin{aligned}
\int_{-\infty}^{+\infty} f(x)\, \delta(x)\, \mathrm{d}x &= \frac{1}{\epsilon N} \int_{-\infty}^{+\infty} f(x)\, g(x/\epsilon)\, \mathrm{d}x \\
&= \frac{1}{N} \int_{-\infty}^{+\infty} f(\epsilon\, u)\, g(u)\, \mathrm{d}u \qquad (\text{mit } u = x/\epsilon) \\
&= \frac{1}{N} \int_{-\infty}^{+\infty} \{f(0) + f'(\epsilon\tilde{u})\epsilon u\}\; g(u)\, \mathrm{d}u
\end{aligned}$$

mit $0 \leq \tilde{u} \leq u$ nach dem Mittelwertsatz der Differentialrechnung.

$$\Longrightarrow \quad \lim_{\epsilon \to 0} \frac{1}{N} f(0) \int_{-\infty}^{+\infty} g(u)\,\mathrm{d}u = \frac{1}{N} f(0)\, N = f(0) \qquad \text{für } \epsilon \to 0\,.$$

Aufgabe 10.4 (Seite 296) Harmonische Schwingung mit Kraftstoß: Um zu zeigen, dass die angegebene Funktion $x(t)$ eine Lösung der Schwingungsgleichung ist, differenzieren wir sie und setzen ein:

$$\begin{aligned}
x(t) &= \frac{a}{\omega}\, H(t)\, \sin\omega t \\
\dot{x}(t) &= \frac{a}{\omega}\, \dot{H}(t)\, \sin\omega t + a\, H(t)\, \cos\omega t = \frac{a}{\omega}\, \delta(t)\, \sin\omega t + a\, H(t)\, \cos\omega t \\
\ddot{x}(t) &= \frac{a}{\omega}\, \dot{\delta}(t)\, \sin\omega t + 2a\, \delta(t)\, \cos\omega t - a\,\omega\, H(t)\, \sin\omega t
\end{aligned}$$

$$\begin{aligned}
\ddot{x} + \omega^2 x &= \frac{a}{\omega}\, \dot{\delta}\, \sin\omega t + 2a\, \delta\, \cos\omega t - a\,\omega\, H\, \sin\omega t + a\,\omega\, H\, \sin\omega t \\
&= \frac{a}{\omega}\, \dot{\delta}\, \sin\omega t + 2a\, \delta\, \cos\omega t =: f(t)\,.
\end{aligned}$$

Für die hier definierte Funktion $f(t)$ gilt $f(0) = \infty$ und $f(t) = 0$ für $t \neq 0$, sie erscheint also als ein geeigneter Kandidat für die Delta-Funktion. Man muss aber noch genauer zeigen, dass wirklich gilt $f(t) = a\,\delta(t)$. Also berechnen wir für eine Testfunktion $g(t)$ das Integral:

$$\begin{aligned}
\int_{-\infty}^{+\infty} g(t)\, f(t)\, \mathrm{d}t &= \frac{a}{\omega} \int_{-\infty}^{+\infty} g(t)\, \dot{\delta}\, \sin\omega t\, \mathrm{d}t + 2a \int_{-\infty}^{+\infty} f(t)\, \delta\, \cos\omega t\, \mathrm{d}t \\
&= -\frac{a}{\omega} \frac{\mathrm{d}}{\mathrm{d}t}\Big(g(t)\, \sin\omega t\Big)\Big|_{t=0} + 2a\, f(0)\, \cos 0 \\
&= -\frac{a}{\omega}\Big\{\dot{g}(0)\, \sin 0 + \omega\, g(0)\, \cos 0\Big\} + 2a\, g(0) = a\, g(0)
\end{aligned}$$

(dabei wurden die Gleichungen (10.20) und (10.27) benutzt). Also folgt $f(t) = \; a\,\delta(t)$.

Kapitel 11: Lineare partielle Differentialgleichungen der Physik

Aufgabe 11.1 (Seite 341) Radialsymmetrische Ladungsverteilung: Für das Potential einer radialsymmetrischen Ladungsverteilung gilt [vgl. (11.31)]:

$$\epsilon_0\, \Phi(r) = \frac{1}{r} \int\limits_0^r \varrho(r')\, r'^2\, \mathrm{d}r' + \int\limits_r^\infty \rho(r')\, r'\, \mathrm{d}r'$$

mit $\varrho(r) = -\frac{b}{r}\, \mathrm{e}^{-\alpha r}$ aus der Aufgabenstellung erhält man:

$$\begin{aligned}
\int\limits_0^r \varrho(r')\, r'^2\, \mathrm{d}r' &= -b \int\limits_0^r r'\, \mathrm{e}^{-\alpha r'}\, \mathrm{d}r' = -b \left[-\frac{1}{\alpha} \left(\frac{1}{\alpha} + r' \right) \mathrm{e}^{-\alpha r'} \right]_0^r \\
&= -b \left\{ -\frac{1}{\alpha} \left(\frac{1}{\alpha} + r \right) \mathrm{e}^{-\alpha r} + \frac{1}{\alpha^2} \right\}
\end{aligned}$$

$$\int\limits_r^\infty \rho(r')\, r'\, \mathrm{d}r' = -b \int\limits_r^\infty \mathrm{e}^{-\alpha r'}\, \mathrm{d}r' = -b \left[-\frac{1}{\alpha}\, \mathrm{e}^{-\alpha r'} \right]_r^\infty = -\frac{b}{\alpha}\, \mathrm{e}^{-\alpha r}$$

$$\begin{aligned}
\Rightarrow \quad \Phi(r) &= -\frac{b}{\epsilon_0} \left\{ \frac{1}{r} \left(-\frac{1}{\alpha} \left(\frac{1}{\alpha} + r \right) \mathrm{e}^{-\alpha r} + \frac{1}{\alpha^2} \right) + \frac{1}{\alpha}\, \mathrm{e}^{-\alpha r} \right\} \\
&= -\frac{b}{\epsilon_0} \left\{ -\frac{1}{\alpha^2 r}\, \mathrm{e}^{-\alpha r} - \frac{1}{\alpha}\, \mathrm{e}^{-\alpha r} + \frac{1}{\alpha^2 r} + \frac{1}{\alpha}\, \mathrm{e}^{-\alpha r} \right\} \\
&= +\frac{b}{\epsilon_0\, \alpha^2\, r}\, \mathrm{e}^{-\alpha r} - \frac{b}{\epsilon_0\, \alpha^2\, r}\,.
\end{aligned}$$

Im Vergleich dazu ergab sich in Aufgabe 9.7 das Potential

$$\widetilde{\Phi}(r) = \frac{a}{r}\, \mathrm{e}^{-\alpha r} \quad \text{mit Ladungsdichte} \quad \widetilde{\varrho}(r) = -\frac{\epsilon_0\, \alpha^2\, a}{r}\, \mathrm{e}^{-\alpha r}\,.$$

Wählen wir $a = b/\epsilon_0\, \alpha^2$, so finden wir

$$\widetilde{\Phi}(r) = \frac{b}{\epsilon_0\, \alpha^2\, r} \mathrm{e}^{-\alpha r} \quad \text{und} \quad \widetilde{\varrho}(r) = -\frac{b}{r}\, \mathrm{e}^{-\alpha r} = \varrho(r)$$

mit der Differenz

$$\widetilde{\Phi}(r) - \Phi(r) = \frac{b}{\epsilon_0\,\alpha^2\,r}\,.$$

Das ist ein Coulomb-Potential einer Punktladung $4\pi b/\alpha^2$ im Ursprung.

Die Lösungen der Poisson-Gleichung sind nicht eindeutig; man kann eine beliebige Lösung der Laplace-Gleichung hinzufügen ($b/\epsilon_0\,\alpha^2 r$ löst die Laplace-Gleichung für $r \neq 0$.)

Die Lösung für Φ lässt sich z.B. festlegen durch die Angabe der Gesamtladung: $\widetilde{\Phi}(r)$ hat die Gesamtladung $4\pi b/\alpha^2$ und $\Phi(r)$ hat die Gesamtladung null.

Aufgabe 11.2 (Seite 341) Vektorpotential und Magnetfeld: Aus Symmetriegründen hat das Vektorpotential einer zylindersymmetrischen Stromdichte

$$\vec{j}(\vec{r}\,) = \begin{cases} j_0\,\hat{e}_z & \rho \leq R \\ \vec{0} & \rho > R \end{cases}$$

(in Zylinderkoordinaten ρ, φ, z) nur eine z-Komponente, die nur vom Abstand ρ von der z-Achse abhängt. Die Poisson-Gleichung lautet dann für $\rho < R$

$$\frac{1}{\rho}\,\frac{\partial}{\partial\rho}\Big(\rho\,\frac{\partial\,A_z(\rho)}{\partial\rho}\Big) = -\mu_0 j_0\,.$$

Zweimalige Integration über ρ ergibt

$$A_z(\rho) = -\frac{\mu_0 j_0}{4}\,\rho^2 + a\ln\rho + b$$

mit zwei Konstanten a und b, wobei man $b = 0$ setzen kann. Endlichkeit im Ursprung erfordert $a = 0$.

Im Außenraum $\rho > R$ erhält man entsprechend

$$A_z(\rho) = c\ln\rho + d\,,$$

und mit Stetigkeit von $A_z(\rho)$ und $\partial A_z/\partial\rho$ bei $\rho = R$ schließlich $c\ln R + d = -\mu_0 j_0 R^2/4$, und $c = -\mu_0 j_0 R^2/2$, also

$$A_z(\rho) = \begin{cases} -\dfrac{\mu_0 j_0}{4}\,\rho^2 & \rho \leq R \\ -\dfrac{\mu_0 j_0}{4}\,R^2\left(2\ln\dfrac{\rho}{R} + 1\right) & \rho > R \end{cases}\,.$$

Das Magnetfeld bestimmt man dann aus $\vec{B} = \text{rot}\,\vec{A}$, also hier

$$\vec{B}(\vec{r}\,) = -\frac{\partial A_z(\rho)}{\partial\rho}\,\hat{e}_\varphi = B_\varphi\,\hat{e}_\varphi$$

mit

$$B_\varphi(\rho) = \frac{\mu_0 j_0}{2}\begin{cases} \rho & \rho \le R \\ \dfrac{R^2}{\rho} & \rho > R\,. \end{cases}$$

Dabei fließt ein Gesamtstrom $I = \pi R^2 j_0$.

Aufgabe 11.3 (Seite 341) Eindimensionale Poisson-Gleichung: Mit der Skalierung $x/a \to x$ und $y = \epsilon_0\Phi/\varrho_0$ ist

$$\frac{\partial^2 y}{\partial x^2} = -\,f(x) = \begin{cases} -1 & 0 \le x \le 1 \\ 0 & \text{sonst} \end{cases}$$

zu lösen ist mit den Randbedingungen $y(0) = y(2) = 0$.

(a) Analytische Lösung:

$$\begin{aligned} y''(x) &= -\,f(x) \\ y'(x) &= -\int_0^x f(x)\,\mathrm{d}x = \begin{cases} -\,x + C & 0 < x \le 1 \\ -\,1 + C & 1 < x \le 2 \end{cases} \\ y(x) &= \int_0^x y'(x)\,\mathrm{d}x + \underbrace{y(0)}_{=0} \\ &= \begin{cases} -\,\frac{1}{2}\,x^2 + Cx & 0 < x \le 1 \\ \underbrace{-\,\frac{1}{2} + C + (-1 + C)(x-1)}_{\frac{1}{2}+(C-1)x} & 1 < x \le 2 \end{cases} \end{aligned}$$

$$y(2) = \frac{1}{2} + (C-1)\cdot 2 = 0 \qquad \Rightarrow \qquad C = 1 - \frac{1}{4} = \frac{3}{4}$$

$$\Rightarrow \quad y(x) \quad = \quad \begin{cases} \frac{3}{4}\,x - \frac{1}{2}\,x^2 & 0 < x \le 1 \\ \frac{1}{2} - \frac{1}{4}\,x & 1 < x \le 2 \end{cases}$$

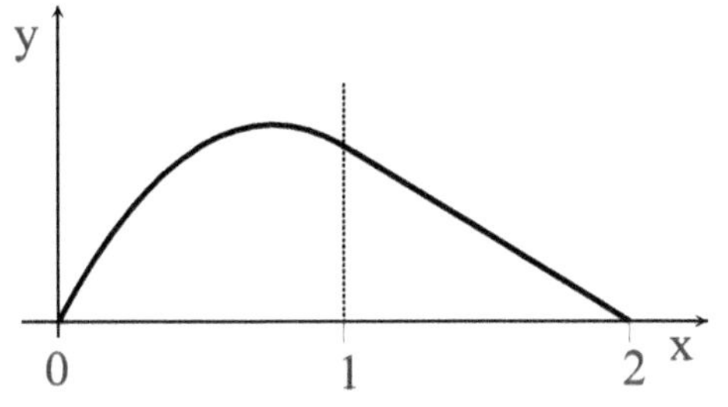

mit einem Maximum bei $x_{\text{max}} = 3/4$ und

$$y_{\text{max}} = y(x_{\text{max}}) = \frac{1}{2}\left(\frac{3}{4}\right)^2 = 0.28125\,.$$

(b) Numerische Lösung:

Relaxationsverfahren [siehe Gleichung (11.71)]:

$$y_i^{\nu+1} = (1-\omega)\,y_i^\nu + \frac{\omega}{2}\,\left(y_{i+1}^\nu + y_{i-1}^\nu + h^2 f_i\right)\,; \qquad i = 1,\ldots,n-1$$

mit

$$\begin{aligned} x_i &= x_0 + ih = ih \qquad i = 0,\ldots,n\,, \qquad h = 2/n \\ y_i &= y(x_i)\,, \quad i = 0,\ldots,n \\ y_0 &= y_n = 0 \end{aligned}$$

und dem Relaxationsparameter ω.
Beobachtungen (qualitativ):

1. Das Resultat hängt von der Anzahl n der Teilpunkte ab und wird besser mit wachsendem n.
2. Die Konvergenzgeschwindigkeit fällt mit wachsendem n.
3. Der Relaxationsparameter beeinflusst die Konvergenzgeschwindigkeit; günstig ist oft $\omega = 1.5$.
4. Eine Vereinfachung der numerischen Rechnung ergibt sich, wenn man statt y_{i-1}^ν jeweils den gerade berechneten (und meist besseren) Wert $y_{i-1}^{\nu+1}$ verwendet, also

$$y_i^{\nu+1} = (1-\omega)\,y_i^\nu + \frac{\omega}{2}\,\left(y_{i+1}^\nu + y_{i-1}^{\nu+1} + h^2 f_i\right)\,, \quad i = 1,\ldots,n-1\,.$$

Das lässt sich dann (zur Not) mit der Hand (Taschenrechner) durchführen. Besser ist allerdings ein kleines Computer-Programm.

Resultate:

x	Lösung	y(x)			exakt
0.0	0.00000	0.00000	0.00000	0.00000	0
0.2	0.14000	0.13500	0.13249	0.13002	0.13
0.4	0.24000	0.23000	0.22499	0.22017	0.22
0.6	0.30000	0.28500	0.27748	0.27051	0.27
0.8	0.32000	0.30000	0.28998	0.28112	0.28
1.0	0.30000	0.27500	0.26248	0.25202	0.25
1.2	0.24000	0.22000	0.20998	0.20120	0.20
1.4	0.18000	0.16500	0.15748	0.15066	0.15
1.6	0.12000	0.11000	0.10499	0.10032	0.10
1.8	0.06000	0.05500	0.05249	0.05013	0.05
2.0	0.00000	0.00000	0.00000	0.00000	0
Teilpunkte	10	20	40	100	

Aufgabe 11.4 (Seite 342) Eindimensionale Diffusionsgleichung: Differentiation der angegebenen Verteilung

$$n(x,t) = \sqrt{\frac{f}{\pi}}\, \mathrm{e}^{-f\,x^2}; \qquad f = f(t)$$

nach t und x ergibt

$$\begin{aligned} \frac{\partial n}{\partial t} &= \frac{\dot{f}}{2\sqrt{\pi\,f}}\, \mathrm{e}^{-f\,x^2} - \sqrt{\frac{f}{\pi}}\, \dot{f}\, x^2\, \mathrm{e}^{-f\,x^2} = \dot{f}\left(\frac{1}{2f} - x^2\right) n \\ \frac{\partial n}{\partial x} &= -2\,f\,x\,n \\ \frac{\partial^2 n}{\partial x^2} &= -2\,f\,n + 4\,f^2\,x^2\,n = \left(-2\,f + 4\,f^2\,x^2\right) n\,. \end{aligned}$$

Einsetzen in die Diffusionsgleichung $\frac{\partial n}{\partial t} = D\,\frac{\partial^2 n}{\partial x^2}$ ergibt

$$\dot{f}\left(\frac{1}{2f} - x^2\right) = D\,\left(-2\,f + 4\,f^2\,x^2\right)\,.$$

Das muss für alle x erfüllt sein. Koeffizientenvergleich liefert

$$\Rightarrow \quad \frac{\dot{f}}{2f} = -\,2\,D\,f \qquad \text{und} \qquad -\,\dot{f} = 4\,D\,f^2\,.$$

Diese Bedingungen sind identisch. Die Integration liefert

$$\Rightarrow \quad \frac{\mathrm{d}f}{f^2} = -\,4\,D\,\mathrm{d}t\,, \qquad \Rightarrow \qquad -\,\frac{1}{f} = -\,4\,D\,t + C$$

$$\text{oder} \quad \frac{1}{f} - \frac{1}{f_0} = 4\,D\,(t-t_0) \quad \Rightarrow \quad f(t) = \frac{f_0}{1 + 4\,f_0\,D\,(t-t_0)}\,.$$

Aufgabe 11.5 (Seite 342) Ratengleichung:

(a) Wählt man in der allgemeinen Ratengleichung (11.132)

$$\frac{\mathrm{d}n_i}{\mathrm{d}t} = \sum_k \{w_{ik}n_k - w_{ki}n_i\} \quad \text{mit } w_{ik} \geq 0$$

die Übergangsraten als

$$w_{ik} = D\,\delta_{i,k\pm 1}/h^2\,,$$

so tragen in der Summe nur die Summanden $k = i-1$ und $k = i+1$ bei. Man erhält

$$\frac{\mathrm{d}n_i}{\mathrm{d}t} = \frac{D}{h^2}\left\{n_{i+1,i} + n_{i-1,i} - 2n_{i,i}\right\},$$

also den Ausdruck (11.131) für die eindimensionale Diffusion.

(b) Für die Zeitableitung der Gesamtbesetzung $N = \sum_i n_i(t)$ gilt

$$\begin{aligned}\frac{\mathrm{d}N}{\mathrm{d}t} &= \sum_i \frac{\mathrm{d}n_i}{\mathrm{d}t} = \sum_{ik} \{w_{ik}n_k - w_{ki}n_i\} \\ &= \sum_{ik} w_{ik}n_k - \sum_{ik} w_{ki}n_i = \sum_{ik} w_{ik}n_k - \sum_{ik} w_{ik}n_k = 0\end{aligned}$$

(dabei wurden in der letzten Gleichung die Bezeichnungen der Summationsindizes vertauscht). Also ist N zeitlich konstant.

Aufgabe 11.6 (Seite 342) Eindimensionale Wellengleichung (feste Enden):

(a) Der Separationsansatz $\xi(x,t) = X(x)\,T(t)$ führt zu

$$X'' + p^2 X = 0 \quad \text{und} \quad T'' + c^2 p^2 T = 0$$

mit p^2 konstant.

$$\Rightarrow \quad X(x) = a \sin px + b \cos px$$

$$X(0) = b = 0 \quad , \quad X(L) = a \sin pL \stackrel{!}{=} 0 \,.$$

$$\Rightarrow \quad pL = n\,\pi \qquad n = 1, 2, 3, \ldots$$

$$\Rightarrow \qquad p = p_n = \frac{n\,\pi}{L} \,, \quad \omega_n = c\,p_n = \frac{c\,n\,\pi}{L} \,.$$

Eigenmoden:

$$\begin{aligned} X_n(x) &= a_n \sin \frac{n\,\pi}{L} x \\ T_n(t) &= \sin\left(\frac{c\,n\,\pi}{L} t + \alpha_n\right) \end{aligned}$$

(b) Spezielle Lösung mit $\xi = 0$, $\partial\xi/\partial t = g(x)$ für $t = 0$:

$$\xi(t=0) \equiv 0 \qquad \Rightarrow \quad T_n(0) = \sin \alpha_n = 0 \qquad \Rightarrow \quad \alpha_n = 0 \,.$$

Allgemeine Lösung:

$$\begin{aligned} \xi(x,t) &= \sum_{n=1}^{\infty} a_n \sin \frac{n\,\pi\,x}{L} \sin \frac{c\,n\,\pi\,t}{L} \\ \frac{\partial \xi}{\partial t} &= \sum_{n=1}^{\infty} a_n \frac{c\,n\,\pi}{L} \sin \frac{n\,\pi\,x}{L} \cos \frac{c\,n\,\pi\,t}{L} \\ \left.\frac{\partial \xi}{\partial t}\right|_{t=0} &= \sum_{n=1}^{\infty} a_n \frac{c\,n\,\pi}{L} \sin \frac{n\,\pi\,x}{L} = g(x) \qquad \left| \cdot \int_0^L \mathrm{d}x \sin \frac{m\,\pi\,x}{L} \right. \end{aligned}$$

$$\sum_{n=1}^{\infty} a_n \frac{c\,n\,\pi}{L} \int_0^L \sin \frac{n\,\pi\,x}{L} \sin \frac{m\,\pi\,x}{L} \,\mathrm{d}x = \int_0^L g(x) \sin \frac{m\,\pi\,x}{L} \,\mathrm{d}x$$

$$\Rightarrow \qquad \sum_{n=1}^{\infty} a_n\, c\, n \underbrace{\int_0^{\pi} \sin(ny) \sin(my) \,\mathrm{d}y}_{= \pi \delta_{nm}/2} = \int_0^L g(x) \sin \frac{m\,\pi\,x}{L} \,\mathrm{d}x$$

$$\Rightarrow \qquad a_m = \frac{2}{\pi\, c\, m} \int\limits_0^L g(x) \sin \frac{m\,\pi\,x}{L}\,\mathrm{d}x$$

Aufgabe 11.7 (Seite 342) Orthogonalität von Lösungen: $y_1(x)$ und $y_2(x)$ seien zwei Lösungen der Differentialgleichung

$$y''(x) + f(x)\,y(x) = \epsilon\,y(x)$$

zu unterschiedlichen Werten von ϵ, also

$$\begin{aligned} y_1''(x) + f(x)\,y_1(x) &= \epsilon_1\,y_1(x) \\ y_2''(x) + f(x)\,y_2(x) &= \epsilon_2\,y_2(x)\,. \end{aligned}$$

Multiplikation der ersten Gleichung mit $y_2(x)$, der zweiten Gleichung mit $y_1(x)$, und Subtraktion ergibt

$$y_1''\,y_2 - y_2''\,y_1 = (\epsilon_1 - \epsilon_2)\,y_1 y_2\,.$$

Integriert man beide Seiten über das Intervall $0 \le x \le L$, so liefert die linke Seite

$$\int_0^L \Big(y_1''(x)\,y_2(x) - y_2''(x)\,y_1(x) \Big)\,\mathrm{d}x = \Big[y_1'(x)\,y_2(x) - y_2'(x)\,y_1(x) \Big]_0^L = 0\,,$$

da an den Intervallgrenzen gilt: $y_1(0) = y_2(0) = y_1(L) = y_2(L) = 0$. Also ist auch

$$(\epsilon_1 - \epsilon_2) \int_0^L y_1(x)\,y_2(x)\,\mathrm{d}x = 0$$

und – wegen $\epsilon_1 \neq \epsilon_2$ –

$$\int_0^L y_1(x)\,y_2(x)\,\mathrm{d}x = 0\,.$$

Die beiden Lösungen sind also orthogonal zueinander.

Aufgabe 11.8 (Seite 342) Schwingungen einer Kreismembran: Die Wellengleichung lautet in ebenen Polarkoordinaten r, φ:

$$\Delta\Phi(\vec{r}, t) = \frac{\partial^2\Phi}{\partial r^2} + \frac{1}{r}\frac{\partial\Phi}{\partial r} + \frac{1}{r^2}\frac{\partial^2\Phi}{\partial\varphi^2} = \frac{1}{c^2}\frac{\partial\Phi}{\partial t^2}\,.$$

Der Separationsansatz $\Phi(\vec{r},t) = R(r)\,\phi(\varphi)\,T(t)$ ergibt

$$\Rightarrow \quad \left(R'' + \frac{1}{r}R'\right)\phi T + \frac{1}{r^2}\phi'' R T = \frac{1}{c^2} R\phi\ddot{T} \qquad \Big|\cdot\frac{1}{R\phi T}$$

$$\underbrace{\frac{1}{R}\left(R'' + \frac{1}{r}R'\right) + \frac{1}{r^2}\frac{\phi''}{\phi}}_{\text{Funktion von } r,\ \varphi} = \underbrace{\frac{1}{c^2}\frac{\ddot{T}}{T}}_{\text{Fkt. von } t}$$

$$\Rightarrow \quad \frac{1}{c^2}\frac{\ddot{T}}{T} = konst. = -p^2\,, \quad \Rightarrow \quad \ddot{T} + c^2p^2T = 0\,,$$

$$\Rightarrow \quad T(t) = A\,\sin(cpt + \alpha)$$

$$\Rightarrow \quad \frac{r^2}{R}\left(R'' + \frac{1}{r}R'\right) + \frac{\phi''}{\phi} = -p^2r^2$$

$$\Rightarrow \quad \frac{\phi''}{\phi} = konst. \stackrel{!}{=} -m^2 \quad \Rightarrow \quad \phi(\varphi) = a\,\sin(m\varphi + \beta)\,.$$

Die Wahl der $\varphi = 0$-Richtung ist frei, d.h. man kann $\beta = 0$ setzen.

$$\phi(0) = \phi(2\pi) \qquad \Rightarrow \quad m \in \mathbb{Z} \quad \text{und} \quad \phi_m(\varphi) = a\,\sin m\varphi$$

$$\Rightarrow \quad R'' + \frac{1}{r}R' + \left(p^2 - \frac{m^2}{r^2}\right)R = 0 \qquad \Big|: p^2, \quad z := p\,r$$

$$\frac{d^2R}{dz^2} + \frac{1}{z}\frac{dR}{dz} + \left(1 - \frac{m^2}{z^2}\right)R = 0\,.$$

Das ist die in der Aufgabe angegebene besselsche Differentialgleichung mit den Lösungen $R(r) = J_m(p\,r)$, den Bessel-Funktionen. Randbedingung auf dem Kreisrand $r = r_0$:

$$J_m(p\,r_0) = 0\,.$$

Die Nullstellen der Bessel-Funktionen[2] bestimmen also die möglichen Werte von p und damit die Frequenzen $= cp$ der Eigenschwingungen. Die kleinste Nullstelle findet man für $m = 0$ bei $2.4048\ldots$, also liegt die tiefste Frequenz der Kreismembran bei $\omega_0 \approx 2.4048c/r_0$.

[2]Eine Liste der Nullstellen der Bessel-Funktionen findet man in Tabelle 9.5 in dem Buch von Abramowitz und Stegun (siehe Seite 106).

Kapitel 12: Orthogonale Funktionen

Aufgabe 12.1 (Seite 373) Legendre-Polynome: Mit der Rekursionsformel

$$P_{n+1}(x) = \frac{2n+1}{n+1}\, xP_n(x) - \frac{n}{n+1}\, P_{n-1}(x)$$

und $P_0(x) = 1$, $P_1(x) = x$ erhält man nacheinander

$$\begin{aligned} n = 1: \quad P_2(x) &= \frac{3}{2}\, xP_1(x) - \frac{1}{2}\, P_0(x) \\ &= \frac{3}{2}x^2 - \frac{1}{2} = \frac{1}{2}\left(3x^2 - 1\right) \\ n = 2: \quad P_3(x) &= \frac{5}{3}\, xP_2(x) - \frac{2}{3}\, P_1(x) \\ &= \frac{5}{3}\,\frac{x}{2}\left(3x^2 - 1\right) - \frac{2}{3}\, x \\ &= \frac{1}{2}\left(5x^3 - 3x\right) \end{aligned}$$

in Übereinstimmung mit Anhang A. Entsprechend berechnet man die weiteren Polynome $P_4(x)$, $P_5(x)$, ...

Aufgabe 12.2 (Seite 373) Vollständigkeit der Legendre-Polynome: Zum Beweis testen wir, ob die rechte Seite der Gleichung die definierende Eigenschaft (10.20) der Delta-Funktion besitzt. Wir bilden also

$$f(x') = \int_{-1}^{+1} f(x)\delta(x - x')\,\mathrm{d}x \overset{?}{=} \sum_n \frac{2n+1}{2} \int_{-1}^{+1} f(x)P_n(x)P_n(x')\,\mathrm{d}x\,.$$

Mithilfe der Formel (12.24)

$$a_n = \frac{2n+1}{2} \int_{-1}^{+1} f(x)P_n(x)\,\mathrm{d}x$$

kann man die rechte Seite schreiben als

$$RS = \sum_n a_n P_n(x')\,,$$

und das ist wiederum nichts anderes als die Legendre-Entwicklung von $f(x')$ auf der linken Seite.

Aufgabe 12.3 (Seite 374) Fourier-Reihe: Eine Fourier-Reihe, die nur Kosinus-Terme enthält, ergibt sich für die Entwicklung gerader Funktionen. Hier ist

$$f(x) = |\sin x|\,, \quad \text{mit Periodizitätsintervall} \quad -\pi \le x \le +\pi$$

gerade. (Wir benutzen hier bequemerweise das Doppelte der eigentlichen Periode π; alternativ kann man eine Variablentransformation $x \to 2x$ durchführen.) Wir erhalten also eine Fourier-Kosinus-Reihe (12.40), $f(x) = a_0/2 + \sum_{k=1}^{\infty} a_k \cos kx$, mit den Koeffizienten

$$\begin{aligned} a_0 &= \frac{1}{\pi}\int_{-\pi}^{\pi} f(x)\,\mathrm{d}x = \frac{1}{\pi}\int_{-\pi}^{\pi} |\sin x|\,\mathrm{d}x = \frac{2}{\pi}\int_0^{\pi} \sin x\,\mathrm{d}x \\ &= -\frac{2}{\pi}\cos x\Big|_0^{\pi} = \frac{4}{\pi}\,, \end{aligned}$$

und für $k \ge 2$:

$$\begin{aligned} a_k &= \frac{1}{\pi}\int_{-\pi}^{\pi} f(x)\cos kx\,\mathrm{d}x = \frac{1}{\pi}\int_{-\pi}^{\pi} |\sin x|\,\cos kx\,\mathrm{d}x \\ &= \frac{2}{\pi}\int_0^{\pi} \sin x\,\cos kx\,\mathrm{d}x = \frac{1}{\pi}\int_0^{\pi}\big[\sin\big((k+1)x\big) - \sin\big((k-1)x\big)\big]\,\mathrm{d}x \\ &= \frac{1}{\pi}\left[-\frac{1}{k+1}\cos\big((k+1)x\big) + \frac{1}{k-1}\cos\big((k-1)x\big)\right]_0^{\pi} \\ &= \frac{1}{\pi}\left\{\frac{1-\cos\big((k+1)\pi\big)}{k+1} - \frac{1-\cos\big((k-1)\pi\big)}{k-1}\right\} \\ &= \frac{1}{\pi}\left\{\frac{1-(-1)^{k+1}}{k+1} - \frac{1-(-1)^{k-1}}{k-1}\right\} = \frac{1+(-1)^k}{\pi}\left\{\frac{1}{k+1} - \frac{1}{k-1}\right\} \\ &= -\frac{2\big(1+(-1)^k\big)}{\pi\big(k^2-1\big)}\,. \end{aligned}$$

Der Koeffizient für $k = 1$ ist schließlich

$$a_1 = \frac{2}{\pi}\int_0^{\pi} \sin x\,\cos x\,\mathrm{d}x = \frac{1}{\pi}\int_0^{\pi} \sin(2x)\,\mathrm{d}x == \frac{1}{2\pi}\int_0^{2\pi} \sin y\,\mathrm{d}y = 0\,,$$

also

$$|\sin x| = \frac{2}{\pi} - \frac{4}{\pi}\left\{\frac{\cos 2x}{2^2-1} + \frac{\cos 4x}{4^2-1} + \frac{\cos 6x}{6^2-1} + \dots\right\}.$$

Aufgabe 12.4 (Seite 374) Fourier-Transformation: Die Fourier-Transformierte $A(\omega)$ der Funktion $f(t)$ ist gleich $A(\omega) = \frac{1}{\sqrt{2\pi}} \int\limits_{-\infty}^{+\infty} f(t)\, \mathrm{e}^{-\mathrm{i}\,\omega\, t}\, \mathrm{d}t$.

(a) Für die abgeschnittene Kosinusschwingung

$$f(t) = \cos\omega_0 t = \frac{1}{2}\left(\mathrm{e}^{\mathrm{i}\,\omega_0\, t} + \mathrm{e}^{-\mathrm{i}\,\omega_0\, t}\right) \text{ für } |t| \leq \tau \text{ , sonst } f(t) = 0$$

ergibt sich nach Gleichung (12.104)

$$\begin{aligned} A(\omega) &= \frac{1}{2\sqrt{2\pi}} \int\limits_{-\tau}^{+\tau} \left(\mathrm{e}^{\mathrm{i}\,\omega_0\, t} + \mathrm{e}^{-\mathrm{i}\,\omega_0\, t}\right) \mathrm{e}^{-\mathrm{i}\,\omega\, t}\, \mathrm{d}t \\ &= \frac{1}{\sqrt{2\pi}} \frac{\sin(\omega_0 - \omega)\,\tau}{\omega_0 - \omega} + \frac{1}{\sqrt{2\pi}} \frac{\sin(\omega_0 + \omega)\,\tau}{\omega_0 + \omega} \,. \end{aligned}$$

Hier eine Skizze der Fourier-Transformierten:

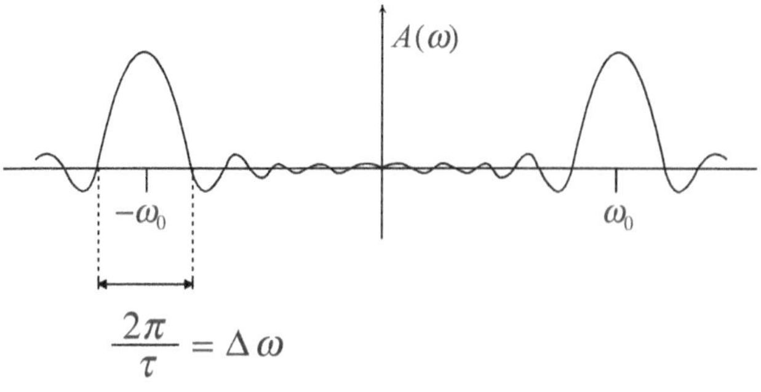

(b) Für die gedämpfte Schwingung

$$f(t) = \begin{cases} 0 & \text{für } t < 0 \\ \mathrm{e}^{-\gamma t}\, \mathrm{e}^{\mathrm{i}\omega_0 t} & \text{für } 0 \leq t\,. \end{cases} ,$$

die in dem folgenden Bild dargestellt ist, erhält man die Fourier-Transformierte

$$\begin{aligned} A(\omega) &= \frac{1}{\sqrt{2\pi}} \int\limits_{0}^{\infty} \mathrm{e}^{-\gamma\, t}\, \mathrm{e}^{\mathrm{i}\,\omega_0\, t}\, \mathrm{e}^{-\mathrm{i}\,\omega\, t}\, \mathrm{d}t = \frac{1}{\sqrt{2\pi}} \left. \frac{\mathrm{e}^{\mathrm{i}\,(\omega_0 - \omega + \mathrm{i}\gamma)\, t}}{\mathrm{i}\,(\omega_0 - \omega + \mathrm{i}\gamma)} \right|_0^\infty \\ &= \frac{1}{\sqrt{2\pi}} \frac{\mathrm{i}}{\omega_0 - \omega + \mathrm{i}\gamma} = \frac{1}{\sqrt{2\pi}} \frac{\gamma + \mathrm{i}\,(\omega_0 - \omega)}{(\omega_0 - \omega)^2 + \gamma^2} , \end{aligned}$$

also eine Lorentz-Kurve.

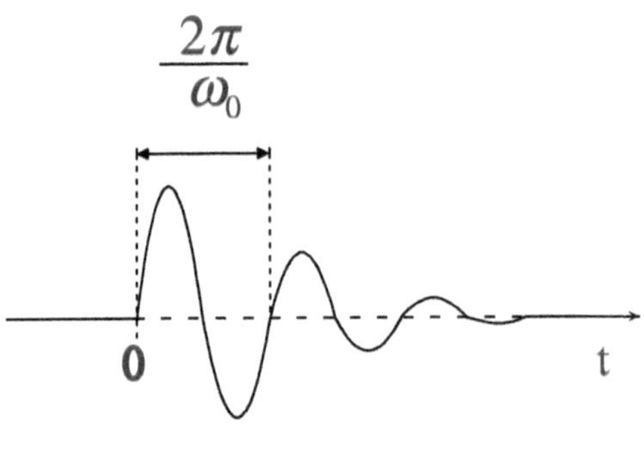

Fourier-Transformierte einer gedämpften Schwingung.

Aufgabe 12.5 (Seite 374) Fourier-Transformierte eines „Gitters": Die Fourier-Transformierte der Funktion $f_N(x) = \sum_{n=1}^{N} f(x - nd)$, ein „Gitter" von N äquidistanten Kopien der Funktion $f(x)$, ist

$$\begin{aligned} g_N(k) &= \frac{1}{\sqrt{2\pi}} \sum_{n=1}^{N} \int_{-\infty}^{+\infty} f(x-nd)\, \mathrm{e}^{-\mathrm{i}kx}\, \mathrm{d}x \\ &= \sum_{n=1}^{N} \mathrm{e}^{-\mathrm{i}knd}\, g(k) = g(k) \sum_{n=1}^{N} \left(\mathrm{e}^{-\mathrm{i}kd}\right)^n \\ &= g(k)\, \mathrm{e}^{-\mathrm{i}kd} \frac{1-\mathrm{e}^{-\mathrm{i}kdN}}{1-\mathrm{e}^{-\mathrm{i}kd}} \end{aligned}$$

Dabei wurde die Verschiebungsrelation (12.85) benutzt, sowie die Summenformel $\sum_{n=1}^{N} q^n = q\, \frac{1-q^N}{1-q}$ der geometrischen Reihe. Mit

$$\begin{aligned} \left|1-\mathrm{e}^{\mathrm{i}\varphi}\right|^2 &= \left(1-\mathrm{e}^{\mathrm{i}\varphi}\right)\left(1-\mathrm{e}^{-\mathrm{i}\varphi}\right) \\ &= 1-\mathrm{e}^{\mathrm{i}\varphi}-\mathrm{e}^{-\mathrm{i}\varphi}+1 = 2-2\cos\varphi = 4\sin^2\varphi/2 \end{aligned}$$

findet man für das Betragsquadrat

$$|g_N(k)|^2 = |g(k)|^2 \left|\frac{1-\mathrm{e}^{-\mathrm{i}kdN}}{1-\mathrm{e}^{-\mathrm{i}kd}}\right|^2 = |g(k)|^2 \frac{\sin^2 kdN/2}{\sin^2 kd/2}\,.$$

Es ergibt sich also die Fourier-Transformierte $|g(k)|^2$ der Funktion $f(x)$, überlagert von der für große Werte von N stark oszillierenden Funktion

$$|g_N(k)|^2 = \frac{\sin^2 kdN/2}{\sin^2 kd/2}\,.$$

Diese (symmetrische) Funktion ist periodisch mit der Periode $2\pi/d$. Mit $\sin u \approx u$ für kleines u sieht man, dass das Maximum bei $k = 0$ den Wert $g_n(0) = N^2$ annimmt. Der Term $\sin^2 kdN/2$ im Zähler oszilliert mit der Periode $2\pi/(Nd)$. Die ersten Nullstelle liegt bei $k = \pm 2\pi/(Nd)$, so dass das zentrale Maximum eine Breite von $\Delta k \approx 2\pi/(Nd)$ besitzt. In den Bereichen weit entfernt von diesen ausgeprägten Maxima oszilliert die Funktion um den Wert eins. Das folgende Bild zeigt ein Beispiel für $N = 8$.

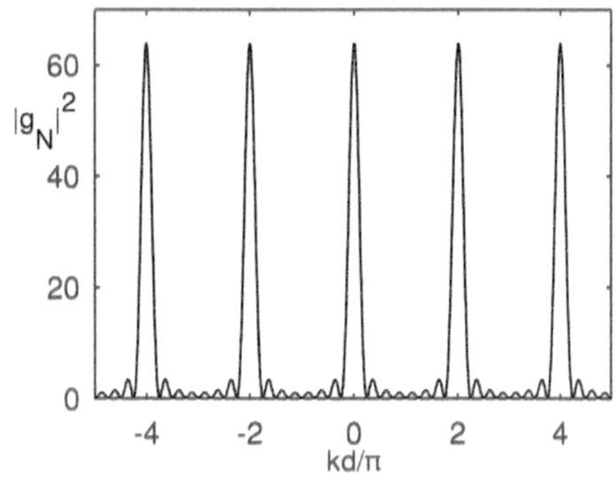

Aufgabe 12.6 (Seite 374) Fourier-Differentiation: Die Antwort liegt in Gleichung (12.86):

$$\mathcal{F}[f'(x)] = \mathrm{i}k\, g(k) = \mathrm{i}k\, \mathcal{F}[f(x)]\,.$$

Das kann man umschreiben als

$$f'(x) = \mathcal{F}^{-1}\Big[\mathrm{i}k\, \mathcal{F}[f(x)]\Big]\,.$$

Zur Differentiation muss man also nur die Fourier-Transformierte $g(k)$ der Funktion berechnen, sie mit ik multiplizieren und dann zurücktransformieren.

Aufgabe 12.7 (Seite 374) Unschärferelation: Mit der Frequenz $\nu = \omega/2\pi$ liefert die Unschärferelation (12.109) für die Länge des Zeitsignals, also des gespielten Tons, die Abschätzung

$$\begin{aligned}\Delta t \geq \frac{1}{2\Delta\omega} &= \frac{1}{2\cdot 2\pi\Delta\nu} = \frac{\nu}{4\pi\nu\Delta\nu} \\ &= \frac{1}{4\pi\nu\cdot 0.03\cdot 10^{-2}} \approx \frac{265}{\nu}\,.\end{aligned}$$

Das ergibt für $\nu = 500$ Hz den Wert $\Delta t \geq 0.5$ sek und für $\nu = 8000$ Hz eine Zeitdauer von mindestens 0.03 sek. Also können jeweils 2 bzw. 33 Töne in einer Sekunde erzeugt werden.

Kapitel 13: Wahrscheinlichkeit und Entropie

Aufgabe 13.1 (Seite 402) Anzahl möglicher Anordnungen:

(a) Wenn man nacheinander die n verschiedenen Objekte O_j auf die n möglichen Positionen setzt, so gibt es für das erste Objekt O_1 n Möglichkeiten. Danach hat man für O_2 noch $n-1$ Möglichkeiten, $n-2$ für O_3 usw., bis man schließlich nur noch eine Möglichkeit für O_n hat. Insgesamt also $n(n-1)(n-2)\cdots 1 = n!$ Anordnungsmöglichkeiten.

Alternativ mit vollständiger Induktion: Die Behauptung ist sicher richtig für $n = 1$. Angenommen, sie ist richtig für n. Dann gibt es also $n!$ unterschiedliche Anordnungen für n Objekte. Wenn wir ein $(n+1)$-tes Objekt hinzufügen, können wir dieses bei jeder der Anordnungen an $(n+1)$ unterschiedlichen Stellen einordnen. Also entstehen aus jeder einzelnen Anordnung $(n+1)$ Fneue; insgesamt also $(n+1)!$.

(b) Es seine k der n Objekte gleich. Sei m die gesuchte Zahl der unterschiedlichen Anordnungen. Wenn jetzt die k gleichen Objekte unterscheidbar gemacht werden, so ergibt jede der m Anordnungen $k!$ neue, jetzt verschiedene Anordnungen; insgesamt also $m\,k! = n!$. Damit folgt $m = n!/k!$.

(c) Folgt durch zweimalige Anwendung von (b).

Aufgabe 13.2 (Seite 402) Mittelwerte der Binomial-Verteilung: Zur Berechnung der Mittelwerte

$$\overline{k} = \sum_{n=0}^{N} k\, p_N(k) \quad , \quad \overline{k^2} = \sum_{n=0}^{N} k^2\, p_N(k)$$

für die Binomial-Verteilung

$$p_N(k) = \binom{N}{k} p^k (1-p)^{N-k}$$

differenzieren wir die Binomial-Formel

$$(p+q)^N = \sum_{k=0}^{N} \binom{N}{k} p^k q^{N-k}$$

zweimal nach dem Parameter p:

$$\frac{\partial}{\partial p}(p+q)^N = N(p+q)^{N-1} = \sum_{k=0}^{N} k\binom{N}{k} p^{k-1}q^{N-k} \qquad (\dagger)$$

$$\frac{\partial^2}{\partial p^2}(p+q)^N = N(N-1)(p+q)^{N-2} = \sum_{k=0}^{N} k(k-1)\binom{N}{k} p^{k-2}q^{N-k}. \qquad (\ddagger)$$

Setzt man jetzt $q = 1-p$, so ist $(p+q) = 1$, und damit wird aus ($\dagger$):

$$N = \frac{1}{p}\sum_{k=0}^{N} k\binom{N}{k} p^k(1-p)^{N-k} = \frac{1}{p}\sum_{k=0}^{N} k\,p_N(k) = \frac{1}{p}\,\overline{k} \quad \text{oder} \quad \overline{k} = pN\,.$$

Entsprechend ergibt ($\ddagger$)

$$\begin{aligned} N(N-1) &= \frac{1}{p^2}\sum_{k=0}^{N} k(k-1)\binom{N}{k} p^k(1-p)^{N-k} \\ &= \frac{1}{p^2}\sum_{k=0}^{N} k(k-1)\,p_N(k) = \frac{1}{p^2}\left\{\overline{k^2} - \overline{k}\right\}, \end{aligned}$$

oder

$$\Delta k^2 = \overline{k^2} - \overline{k}^2 = p^2N(N-1) + pN - p^2N^2 = p(1-p)N$$

und damit

$$\Delta k^2 = \sqrt{p(1-p)N}\,.$$

Aufgabe 13.3 (Seite 403) Mittelwerte der Poisson-Verteilung: Nach Definition der Exponentialfunktion gilt

$$\mathrm{e}^{\lambda} = \sum_{k=0}^{\infty} \frac{\lambda^k}{k!}\,. \qquad (*)$$

Das liefert die Normierung

$$1 = \sum_{k=0}^{\infty} \frac{\lambda^k}{k!}\,\mathrm{e}^{-\lambda} = \sum_{k=0}^{\infty} p_\lambda(k)\,.$$

Differenzieren von $(*)$ nach λ ergibt

$$e^{\lambda} = \sum_{k=0}^{\infty} k\, \frac{\lambda^{k-1}}{k!} = \frac{1}{\lambda} \sum_{k=0}^{\infty} k\, \frac{\lambda^k}{k!}$$

oder

$$\lambda = \sum_{k=0}^{\infty} k\, \frac{\lambda^k}{k!}\, e^{-\lambda} = \sum_{k=0}^{\infty} k\, p_\lambda(k) = \overline{k}\,.$$

Nochmaliges Differenzieren dieser Gleichung nach λ ergibt dann

$$\begin{aligned} 1 &= \sum_{k=0}^{\infty} k^2\, \frac{\lambda^{k-1}}{k!}\, e^{-\lambda} - \sum_{k=0}^{\infty} k\, \frac{\lambda^k}{k!}\, e^{-\lambda} \\ &= \frac{1}{\lambda} \sum_{k=0}^{\infty} k^2 p_\lambda(k) - \sum_{k=0}^{\infty} k\, p_\lambda(k) = \frac{\overline{k^2}}{\lambda} - \overline{k} \end{aligned}$$

oder

$$\overline{k^2} = \lambda\,(1 + \overline{k}) = \lambda\,(1 - \lambda)$$

und damit

$$\Delta k = \sqrt{\overline{k^2} - \overline{k}^2} = \sqrt{\lambda}\,.$$

Aufgabe 13.4 (Seite 403) Anwendung der Poisson-Verteilung: Die Wahrscheinlichkeit für ein Molekül im Teilvolumen V ist $p = V/V_0$. Die Wahrscheinlichkeit für N Moleküle in V ist eine Binomial-Verteilung $p_{N_0}(N)$. Für $V \ll V_0$ kann man diese Verteilung durch eine Poisson-Verteilung approximieren: Also

$$p_{N_0}(N) \approx \frac{\lambda}{N!}\, e^{-\lambda}$$

mit $\lambda = pN_0$. Die mittlere Anzahl von Molekülen in V ist nach der vorangehenden Aufgabe

$$\overline{N} = pN_0 = \frac{V}{V_0}\, N_0$$

und der Varianz

$$\Delta N = \sqrt{p(1-p)N_0} = \sqrt{N_0\, \frac{V}{V_0}\Big(1 - \frac{V}{V_0}\Big)}\,.$$

Aufgabe 13.5 (Seite 403) Zerbrochene Dachziegel: $N_D = 1000$ Dachziegel zerbrechen in $N_B = 10000$ Bruchstücke.
Es sei p_n die Wahrscheinlichkeit für das Zerbrechen eines Dachziegels in n Teile.
Gegeben ist der Mittelwert

$$\overline{n} = \sum_n n\, p_n \approx \frac{N_B}{N_D} = 10\,.$$

Die Verteilung maximaler Unbestimmtheit ist

$$p_n = \mathrm{e}^{-\lambda_0 - \lambda_1 n}\,.$$

Die Parameter λ_0 und λ_1 werden festgelegt durch die Normierung und den Mittelwert $\overline{n}$:

$$1 = \sum_{n=1}^{\infty} \mathrm{e}^{-\lambda_0 - \lambda_1 n} = \mathrm{e}^{-\lambda_0} \sum_{n=1}^{\infty} \left(\mathrm{e}^{-\lambda_1}\right)^n = \mathrm{e}^{-\lambda_0}\, \frac{\mathrm{e}^{-\lambda_1}}{1 - \mathrm{e}^{-\lambda_1}}\,.$$

Dabei ist

$$\mathrm{e}^{\lambda_0} = \frac{\mathrm{e}^{-\lambda_1}}{1 - \mathrm{e}^{-\lambda_1}} = \frac{1}{\mathrm{e}^{\lambda_1} - 1}\,. \qquad (*)$$

Andererseits gilt

$$\mathrm{e}^{\lambda_0} = \sum_{n=1}^{\infty} \mathrm{e}^{-\lambda_1 n}$$

(in anderem Zusammenhang auch als die Zustandssumme bezeichnet), und man erhält durch Differenzieren dieser Gleichung nach dem Parameter λ_1

$$\mathrm{e}^{\lambda_0}\, \frac{\partial \lambda_0}{\partial \lambda_1} = -\sum_{n=1}^{\infty} n\, \mathrm{e}^{-\lambda_1 n}$$

also die allgemeine (!) Beziehung

$$\overline{n} = -\frac{\partial \lambda_0}{\partial \lambda_1}\,.$$

In unserem Fall liefert das mit $\lambda_0 = -\ln(\mathrm{e}^{\lambda_1} - 1)$ nach $(*)$

$$\overline{n} = \frac{\partial}{\partial \lambda_1} \ln\left(\mathrm{e}^{\lambda_1} - 1\right) = \frac{\mathrm{e}^{\lambda_1}}{\mathrm{e}^{\lambda_1} - 1} = \frac{1}{1 - \mathrm{e}^{-\lambda_1}}\,.$$

Also ist

$$e^{-\lambda_1} = \frac{\overline{n} - 1}{\overline{n}}$$

und schließlich

$$p_n = \frac{1}{\overline{n} - 1} \left(\frac{\overline{n} - 1}{\overline{n}} \right)^n$$

und damit ist die Wahrscheinlichkeit für $n = 1$ Bruchstücke, also für nicht zerbrochene Dachziegel, gleich

$$p_1 = \frac{1}{\overline{n}} = \frac{1}{10},$$

d.h. $p_1 N_D = 100$ Dachziegel sind nicht zerbrochen.

Die **Ergänzungsfrage** ist eine der berühmten *Fermi-Fragen*, benannt nach dem Physiker Enrico Fermi, der allerdings seine Studenten nach der Anzahl der Klavierstimmer in Chicago fragte. Solche Fermi-Fragen erfordern typischerweise ein Schätzen (fast) ohne Information. Einzig und allein aus der Kenntnis weniger Fakten und plausiblen Annahmen kann man oft zu verblüffenden Resultaten kommen! Fermi schließt so: Drei Millionen Einwohner hat Chicago, das sind bei vier Personen pro Haushalt und einem Klavier in jedem dritten Haushalt 250000 Klaviere, die alle 10 Jahre gestimmt werden. Ein Klavierstimmer erledigt vier Stimmungen pro Tag, also 1000 Klaviere an 250 Arbeitstagen im Jahr. Folglich kommt man auf 25 Klavierstimmer in Chicago. Umgerechnet auf die 100000 Einwohner in Kaiserslautern wäre das etwa ein Klavierstimmer. In den „Gelben Seiten" findet man dort auch genau einen Eintrag. Nicht schlecht! Eine Erklärung liegt einmal in der *Fehlerkompensation* bei einer Reihe von Schätzungen, die in die Nähe der richtigen Lösung führt. Zum anderen auch in dem Papierkorbeffekt: Was nicht stimmt, landet schnell im Papierkorb. Der Rest wird eventuell vorgezeigt. Mehr darüber findet man in dem Essay am Ende des ersten Kapitels in P. A. Tipler: *Physik* (Spektrum-Verlag, 1994).

Index